A Beautiful Mind

뷰티풀 마인드
A Beautiful Mind

| 실비아 네이사 지음 | 신현용, 이종인, 승영조 옮김 |

승산

뷰티풀 마인드에 바쳐진 찬사

우리가 그의 이야기를 시작하는 순간에도
내쉬는 어쩌면 파인홀로 이어진 아이젠하트 문 밑을 총총히 지나가고 있을지도 모른다…
아니면, 아들 조니와 체스를 두고 있거나 …
아니면, 아내와 사별한 로이드 셰이플리를 위로하는 전화통화를 105분쯤 계속하거나…
아니면, 천문학 강연을 들은 후 밤하늘에 반짝이는 아득히 먼 별을
망원경으로 지그시 바라보고 있을지도 모른다.

지은이는 수학자의 어두운 면과 밝은 면을 그대로 드러내 인간정신의 아름다움을 보여주고자 했다. 수학 천재의 업적을 미화하기보다 그 업적에 이르게 된 천재의 정신적 맥락을 파헤치고 있는 것이다. 이 때문인지 내쉬의 인생 자체가 너무 극적이었던 탓에 이 책 또한 대단히 극적인 소설처럼 읽힌다.
― 한겨레신문

이 슬픈 천재는 30년을 망상에 사로잡혀 프린스턴 대학을 배회했다. 고단함 정도가 아니라, 진리를 찾다 '분열'을 경험해야 했던 이 '정신'은 1990년에야 깨어난다. 이러한 정신이 왜 황금 같은 아름다움이 아니겠는가?
― 조선일보

그에게 지극정성을 다 바친 아내 앨리샤의 사랑이 없었다면 이같은 기적은 없었을 것이다. 그를 키운 것은 고향 블루필드 주변에 무성하게 자라던 하늘빛 치커리와 주변 사람들의 인내, 따뜻한 보살핌이었다.
― 한국경제신문

〈뷰티풀 마인드〉를 다 읽고 책을 덮은 지금, 나는 신비한 온기에 휩싸인다. 인간의 삶이 진정한 의미와 가치를 지니기 위해 반드시 갖추어야 할 그것, '바로 그것'이 무엇인지를 한 천재 수학자의 삶을 통해 보여 주었다.
― YES24 neo019님의 글

"존 내쉬의 정신적 파탄을 가슴 아파한 독자라면 그의 회복을 하나의 인간 승리로 받아들이게 된다. 그가 아내와의 관계를 회복할 수 있었던 것 또한 그러하다. 〈뷰티풀 마인드〉는 내가 읽은 학술적 전기 가운데 최고의 걸작이며, 손수건 석 장은 족히 적시게 하는 감동의 드라마라고 할 수 있다."
― 찰스 맨, 〈월 스트리트 저널〉

"이 작품은 고밀도의 면밀한 연구를 통해 집필된 전기물일 뿐만 아니라, 뜻밖에도 시적인 사랑이 넘치는 성장소설이기도 하다."
― 테드 앤턴, 〈시카고 트리뷴〉

"실비아 네이사는 매력적인 한 인간을, '뷰티풀 마인드'를, 끔찍한 광기를 흥미진진한 이야기로 펼쳐 보였다. 이 책은 광기와 천재성의 세계에서 인간관계가 얼마나 중요한지를 보여주는, 너무나 감동적인 사랑 이야기이기도 하다."
― 리저드 제드 와트 & 케이 레드필드 재미슨, 〈뉴잉글랜드 의학 저널〉

"지적 전기물의 승리다…. 합리적 이론들을 섬세하게 해부할 수 있는 작가가 심연의 광기까지도 파헤쳐 보여줌으로써 〈뷰티풀 마인드〉는 절묘한 극적 긴장감으로 충만해 있다."
― 로버트 보인턴, 〈뉴스데이〉

Contents

옮긴이 서문 · 10
프롤로그 · 14

Part 1 >>> 뷰티풀 마인드

1 블루필드 · 39
2 카네기 공과대학 · · · · · · · · · · · · · · · 68
3 우주의 중심 · · · · · · · · · · · · · · · · · · 85
4 천재의 학교 · · · · · · · · · · · · · · · · · · 102
5 천재 · 117
6 갖가지 게임 · · · · · · · · · · · · · · · · · · 134
7 존 폰 노이만 · · · · · · · · · · · · · · · · · 142
8 게임 이론 · 149
9 협상 문제 · 158
10 내쉬의 라이벌 아이디어 · · · · · · · · 165
11 로이드 · 179
12 위트 전쟁 · 188
13 랜드에서의 게임 이론 · · · · · · · · · · 209
14 징병 · 223

15 아름다운 정리 · · · · · · · · · · · · · · 232
16 MIT · 242
17 시대의 반역아들 · · · · · · · · · · · · 253
18 실험 · 269
19 적색분자 · · · · · · · · · · · · · · · · · · · 278
20 기하학 · 283

Part 2 >>> 분열된 삶

21 특이점 · 301
22 특별한 우정 · · · · · · · · · · · · · · · · 305
23 엘리너 · 309
24 잭 · 326
25 체포 · 333
26 앨리샤 · 353
27 구혼 · 370
28 시애틀 · 378
29 죽음과 결혼 · · · · · · · · · · · · · · · · 386

Part 3 >>> 서서히 타오르는 불

30 올든 레인과 워싱턴 광장 · · · · · · · · 399
31 폭탄 공장 · · · · · · · · · · · · · · · · · · 412
32 비밀 · 422
33 계획 · 436
34 남극의 황제 · · · · · · · · · · · · · · · · · 443
35 태풍의 눈 · · · · · · · · · · · · · · · · · · 459
36 보디치홀에서 동이 트다 · · · · · · · · 467
37 매드 해터의 티파티 · · · · · · · · · · · 484

Part 4 >>> 잃어버린 세월

38 세계 시민 · · · · · · · · · · · · · · · · · · 495
39 절대 영도 · · · · · · · · · · · · · · · · · · 522
40 침묵의 탑 · · · · · · · · · · · · · · · · · · 531
41 강제된 합리성의 막간극 · · · · · · · · 544
42 "확장" 문제 · · · · · · · · · · · · · · · · · 563
43 고독 · 581

44 이상한 세계에 홀로 있는 인간 · · · · · 598
45 파인홀의 유령 · · · · · · · · · · · · · · · · · · 614
46 고요한 삶 · 628

Part 5 >>> 가장 가치있는 사람

47 회복 · 645
48 노벨상 · 658
49 사상 최대의 경매 · · · · · · · · · · · · · 692
50 다시 깨어나다 · · · · · · · · · · · · · · · · 701

감사의 말 · 722
옮긴이 해설 · 726
찾아보기 · 735

옮긴이 서문

이 책은 노벨 경제학상을 받은 천재 수학자 존 내쉬의 삶을 그린 전기 문학작품이다. 한 천재의 '아름다운 정신'과 드라마 같은 생애를 파헤친 이 책은 감동적인 소설처럼 읽힌다. 물론 어떤 소설 못지않은 문학성을 지니고 있다. 그러나 이 문학성에는 소설 곧 허구가 아닌 사실만이 안겨줄 수 있는 진솔한 감동이 담겨 있다.

또한 학자에 관한 전기물답게 당연히, 교양인이라면 누구나 알아둘 만한 풍부한 학술적 정보를 담고 있다. 이 책은 지은이 실비아 네이사가 수백 명을 인터뷰하고, 내쉬와 관련된 수학과 경제학, 심지어 정신의학까지 섭렵하고, 당대의 지성사를 올곧게 통찰해서 빚어낸 역작이 아닐 수 없다. 그래서 번역에도 각별히 공을 들여, 세 명이나 되는 역자가 오랫동안 애를 썼다.

모든 수학자는 수학에 미쳐야 하고, 다소간 미친 것이 사실이다. 궁금해서 견딜 수 없는 수학적 진리에 대한 갈급함 때문이리라. 존 내쉬는 그런 갈급함이나 열정뿐만 아니라, 수학의 최고 정상에 오르려는 야심도 지니고 있었다. 그는 남들이 해결 불가능하다고 생각한 여러 난제를 불가사의한 집중력과 자기만의 독창적인 방식으로 풀어냈다. 그는 '아이디어의 폭풍'을 경험하며 거듭해서 새로운 '해결 불가능'한 문제에 도전했다.

거듭 불가능에 도전하면서도 미치지 않는다면 오히려 이상한 일일지도 모른다. 21세 때부터 약 10년 동안 눈부신 연구업적을 내놓아, '20세기 후반의 가장 주목할 만한 수학자'임을 입증한 후, 그는 정신분열증이라는 '정신의 암'에 걸리고 말았다. 그 결과 그가 그토록 갈망했던 명예도, 인생의 전부였던 수학도, 가정까지도 모래성처럼 무너져 내렸고, 30여 년 동안 망상에 사로잡힌 채 프린스턴 대학의 파인홀을 배회하는 슬픈 유령 같은 존재가 되고 말았다.

내쉬는 1950년 5월에 프린스턴 박사학위 논문으로 제출한 '비협력 게임 *Non-Cooperative Games*'으로 1994년 노벨 경제학상을 수상했다(거의 반세기가 지난 후에!). 수학자가 노벨 경제학상을 받은 것은 이례적인 일이다. 그러나 수학자들은 내쉬의 노벨상 업적인 게임 이론보다 그의 순수 수학적 업적을 훨씬 더 높게 평가한다. 그의 게임 이론이 경제 문제에 관한 수학적 모델과 해답을 제시한 것에 불과하다고 보기 때문이다. 그러나 그의 게임 이론은 경제학을 탈바꿈시켰고, 다른 사회과학과 생물학에도 지대한 영향을 미쳤다.

1958년에 내쉬는 수학자들이 노벨상보다 더 높게 평가하는 필즈 메달 수상자 최종 후보에 올랐다. 업적만 놓고 볼 때는 수상할 자격이 충분했지만, 나이가 아직 젊다는 등의 이유로 메달을 받지 못했고, 곧 정신분열증이 그를 덮쳐 이 메달을 받을 기회를 영영 잃고 말았다. 그리고 그의 존재는 세인의 관심 밖으로 밀려나고 말았다.

그러나 그는 1990년 무렵 다시 극적으로 깨어나 노벨상을 수상하게 되었다. 이때 세인들은 그의 업적을 칭송하기 앞서 그의 인간 승리에 갈채를 보냈다. 이 인간 승리는 한 개인의 노력으로만 이루어진 것이 아니었다. 부모와 누이의 헌신, 대학의 기름진 토양과 교육철학, 스승과 친구 혹은 동료의 뒷받침, 이 모든 것이 어우러져 한 천재가 탄생할 수 있었고, 천재의 '정신의 암'을 치유하는 데에도 그것이 필요했다. 아내의 헌신적인 사랑이 큰 몫을 한 것은 물론이다. 그 모든 것이 바로 '아름다운 정신'의 열림이 아니겠는가. 이 책을 통해 우리는 대학교육을 포함한 모든 교육이 어떻게 열려야 하는지를 실감해볼 수도 있다.

  도움을 주신 많은 분들께 감사드린다. 특히, 수학 교육자이면서도 〈도서출판 승산〉을 훌륭하게 이끌어 가시는 황승기 사장님이 지닌 내쉬에 대한 열정은 수학에 대한 내쉬의 열정에 못지않았다. 그 열정이 이 책의 번역과 출간을 가능케 했다. 한국교원대학교 수학교육과 이기석 교수님, 조민식 교수님, 남서울병원의 신승철 원장님께도 큰 감사의 마음을 전해드린다.

—옮긴이 신현용, 이종인, 승영조

앨리샤 에스더 라드 내쉬에게 이 책을 바친다

또 다른 경주가 끝나고 또 승리의 종려잎이 주어진다.

인간적인 마음 없이는 살 수 없는 탓에,

그 마음의 여림, 마음의 기쁨, 두려움 탓에,

가장 보잘것없이 피어나는 꽃을 보아도 내게는

차마 눈물짓기엔 너무 깊이 자리한 상념이 피어난다.

—윌리엄 워즈워드, 〈불멸을 암시하는 것들〉

Another race hath been, and other palms are won.

Thanks to the human heart by which we live,

Thanks to its tenderness, its joys, and fears,

To me the meanest flower that blows can give

Thoughts that do often lie too deep for tears.

—William Wordsworth, "Intimations of Immortality"

Prologue

존 포브스 내쉬 주니어 *John Forbes Nash, Jr.* 수학 천재이고, 합리적 행동 이론을 창안했으며, 생각하는 기계를 꿈꾸었던 그는 동료 수학자 손님을 맞아 거의 반 시간 동안 말없이 앉아 있었다. 때는 1959년 봄, 어느 평일의 느지막한 오후였다. 5월인데도 벌써 찌는 듯한 느낌이 들었다. 존 내쉬는 병원 휴게실 한쪽 구석의 안락의자에 파묻히듯 앉아 있었다. 옷차림에는 아랑곳하지 않아, 혁대를 매지 않은 바지 위로 나일론 셔츠가 축 늘어져 있었다. 탄탄한 체구는 헝겊 인형처럼 느른했고, 매끈한 이목구비에는 표정이 없었다. 그는 하버드 대학 교수인 조지 매키 *George Mackey*의 왼쪽 발끝만 물끄러미 바라보며 거의 움직이지도 않았다. 이따금 이마로 흘러내린 길고 검은 머리칼을 불현듯 손으로 빗어 넘기곤 할 뿐이었다. 매키는 침묵에 짓눌려 꼿꼿이 앉은 채, 휴게실 문들이 죄다 잠겨 있다는 사실이 여간 신경 쓰이는 게 아니었다. 매키는 더 이상 견딜 수가 없었다. 부드럽게 말하려고 했지만 다소 퉁명스럽게 말이 튀어나왔다.

"어떻게 자네가…, 이성과 논리적인 증명에 몸 바친 수학자인 자네가…, 외계인이 자네에게 메시지를 보내고 있다는 허황한 얘기를 믿을 수가 있단 말인가? 어떻게 외계 생물체가 자네를 차출해서 이 세상을 구하려고 한다는 허황한 얘기를 믿을 수가 있단 말인가? 어떻게 자네가…?"

마침내 존 내쉬가 고개를 들었다. 그는 어떤 뱀이나 새처럼 차갑고 태연한 눈길로 매키를 응시하며 단 한 번도 눈을 깜빡거리지 않았다. "왜냐하면"하고 그는 남부 특유의 느릿한 말투로 나직하게, 독백하듯 말했다. "초자연적 존재에 대한 착상이든, 수학적 착상이든, 내게 떠오를 때는 똑같은 길을 오기 때문이지. 그러니 어떤 착상이든 진지하게 따져볼 수밖에."

수려하고 오만하고 아주 괴짜인 이 젊은 천재는 1928년 웨스트 버지니아 주 블루필드에서 태어나, 1948년 수학계에 홀연히 나타났다. 그후 10년 동안, 저명한 기하학자인 미하일 그로모프 *Mikhail Gromov*의 말대로, "20세기 후반의 가장 주목할 만한 수학자"임을 그는 입증했다. 그 10년의 세월은, 인류의 존속에 대한 암담한 불안감이 팽배했던 것 못지않게 인간의 이성에 대한 확신도 강했던 시기였다. 전략 게임, 기업체간 경쟁, 컴퓨터 구조, 우주의 생김새, 상상공간 기하학, 소수 *prime number*의 미스터리, 그 모든 것이 그의 광범위한 상상력을 촉발시켰다. 그의 착상은 전혀 뜻밖이면서도 깊이가 있어서 과학적 사고방식을 새로운 방향으로 돌려놓을 정도였다.

수학자인 폴 핼모스 *Paul Halmos*는 이렇게 썼다. "천재에는 두 종류가 있다. 하나는, 우리와 똑같지만 양적으로 우리를 압도하는 천재이고, 다른 하나는, 분명, 남다른 인간적 섬광을 지닌 천재이다. 4분 이내에 1마일을 달릴 수 있는 천재가 있지만, 우리 모두 늦게라도 달릴 수는 있다. 그러나 〈위대한 G단조 푸가〉와 비견되는 것을 늦게라도 누구나 창작할 수 있다고는 말할 수 없다."

내쉬의 천재성은 신비한 다양성을 지녔는데, 모든 과학 가운데 가장 해묵은 수학보다는 차라리 음악이나 회화와 더 관계가 깊었다. 그의 천재성은 단지 그의 정신력이 누구보다도 기민하게 작용했고, 누구보다도 기억력이 좋았고, 누구보다도 집중력이 뛰어났다는 차원이 아니었다. 그의 섬광 같은 직관은 비합리적이었다. 다른 수학적 직관의 천재들처럼, 예컨대 게오르크 프리드리히 베른하르트 리만 *Georg Friedrich Bernhard Riemann*이나 쥘르 앙리 푸앵카레 *Jules*

Henri Poincaré나 스리니바사 라마누잔 Srinivasa Ramanujan처럼, 내쉬도 비전을 먼저 떠올린 다음 그것을 증명하는 데 오랫동안 공을 들였다. 그러나 내쉬가 어떤 놀라운 결과를 애써 설명한 다음에도 그가 해낸 추론의 실제 과정은 미스터리로 남았다. 다른 사람들은 아무리 애써도 그 추론 과정을 따라갈 수 없었던 것이다. 1950년대에 MIT에서 내쉬와 알고 지냈던 수학자 도널드 뉴먼 Donald Newman은 이렇게 말하곤 했다.

"다른 모든 사람들은 어딘가에 있는 산길을 찾아 하나의 산봉우리에 오르려고 했다. 내쉬는 다른 산봉우리에도 올라가서, 당초의 산봉우리를 멀리서 서치라이트로 비춰보려고까지 했다."

내쉬는 그 누구보다도 더 독창성에 집착했고, 권위를 경멸했으며, 독립을 열망했다. 젊은 시절의 내쉬는 20세기 과학의 거장들에게 둘러싸여 지냈다. 앨버트 아인슈타인 Albert Einstein, 존 폰 노이만 John von Neumann, 노버트 위너 Norbert Wienner가 그들이다. 그러나 내쉬는 어떤 학파에도 합류하지 않았고, 누구의 제자도 되지 않았으며, 안내자나 추종자도 없이 거의 홀로 자기만의 길을 갔다. 게임 이론부터 기하학에 이르기까지 그가 해낸 거의 모든 분야에 있어서, 그는 공인된 지혜와 통용된 속설과 기존의 방식을 죄다 묵살하고 조롱했다. 그는 묵묵히 머리를 굴리며, 평소에는 산책을 하고, 이따금 바흐의 곡을 휘파람 불며, 거의 언제나 혼자 일했다. 다른 수학자들이 기존에 발견한 것을 연구하기보다는 그것들을 스스로 발견함으로써 수학 지식을 얻었고, 남을 놀라게 하려는 열망도 강해서 항상 커다란 문제를 찾아다녔다. 그가 새로운 수수께끼에 집중하게 되면 새로운 관점들을 발견했다. 그는 몰랐지만 남들은 이미 알고 있어서 처음부터 유치하거나 틀렸다고 치부해, 남들이 거들떠보지도 않았던 것들의 중요성을 발견했던 것이다. 학생 시절에도 남들이 부정하고 의심하고 조롱하는 것에 아랑곳하지 않던 그의 모습은 섬뜩할 정도였다.

합리성과 순수 사유의 힘에 대한 내쉬의 신념은 지극했다. 컴퓨터와 우주 여행과 핵무기 시대의 아주 젊은 신세대 수학자치고는 지나칠 정도였다. 물리학을 제대로 공부하지도 않고 상대성 이론을 수정하려고 든다고 아인슈타인에게 구박을 당한 적도 있었다. 그는 뉴턴 Issac Newton이나 니체와 같은 고독한 사상가나 초인을 흠모했다. 컴퓨터와 공상과학 소설에 빠지기도 했다. 스스로 "생각하는 기계"라고 명명한, 어느 면에서 인간보다 우수한 기계를 궁리하기도 했다. 한때는 마약이 인간의 신체적, 지적 수행 능력을 고양할 수 있다는 가능성에 매료되기도 했다. 또한 모든 감정을 배제하는 수련을 통해 초이성적 존재가 된 외계 종족에 대한 생각에 혹하기도 했다. 충동적 이성을 지녔던 그는 일상적인 선택을 수학적 선택으로 치환하고 싶어했다. 이를테면, 첫 엘리베이터를 탈까 다음 엘리베이터를 탈까, 어느 은행에 예금할까, 어느 직장에 취직할까, 결혼을 할까 말까 따위의 선택을 할 때, 감정과 인습과 전통을 배제한 득실 계산, 연산 혹은 수학적 규칙에 따라 저절로 선택이 이루어졌으면 하고 바랐던 것이다. 인습을 얼마나 싫어했는지, 복도에서 누군가 "안녕하세요"라고 인사치레를 하는 사소한 행위에도 화를 낼 때가 있었다. "왜 내게 그딴 소릴 하는 겁니까?"

동료들은 대체로 그를 무척 이상한 사람이라고 생각했다. 그들에게 그는 "쌀쌀맞은", "시건방진", "감정도 없는", "초연한", "낯도깨비 같은", "고립된", "괴상야릇한" 인간이었다. 그는 동료들과 어울리기보다는 엇갈렸다. 자기만의 세계에 골몰할 뿐 남들과 세속적 관심사를 공유하려 들지 않았다. 다소 차갑고 거만하고 비밀스러운 그의 태도는 뭔가 "불가사의하고 부자연스러운" 분위기를 풍겼다. 외계나 지정학적 추세에 대해 종잡을 수 없는 수다를 떨고 애들처럼 짓궂은 장난을 치다가도 느닷없이 버럭 화를 낼 때면 그의 괴팍함이 여실히 드러났다. 그런 감정 폭발은 그의 침묵만큼이나 이해하기 어려운 것이었다. "그 친구가 우리 같은 줄 알아?"하는 게 동료들의 상투어였다. 고등학문연구소의 한 수학자는 프린스턴 대학의 시끌벅적한 학생 파티에서 처음 만난 내쉬를 이렇게 회상했다.

> 그곳에는 사람들이 많았는데도 그를 한눈에 알아보겠더군요. 그는 반원을 그리고 앉아 뭔가를 토론하는 사람들 속에 있었어요. 그를 보고 있자니 내가 다 불안하더군요. 그는 참 별난 느낌을 주었죠. 어쩐지 낯선 느낌 말입니다. 그에겐 뭔가 남다른 데가 있었어요. 그렇지만 당시 나는 그의 재능이 어느 정도인지 몰랐고, 그가 훗날 그토록 많은 기여를 하게 될 줄은 몰랐습니다.

그는 정말 커다란 기여를 했다. 그가 내놓은 숱한 수학적 아이디어가 전혀 모호하지가 않다는 것은 대단한 역설이다. 1958년에 〈포춘〉지는 내쉬 특집을 실었는데, 게임 이론과 대수기하학, 비선형 이론 들에서 그가 세운 업적을 열거하며, 순수 수학과 응용 수학 모두에 능한 신세대 젊은 수학자들 가운데서도 내쉬를 최고로 꼽았다. 인간 경쟁의 역학에 대한 내쉬의 통찰—합리적 갈등과 협력의 이론—은 20세기에 가장 영향력 있는 이론 가운데 하나가 되었다. 멘델의 유전자 전달 이론, 다윈의 자연 선택 모형, 뉴턴의 천체 역학들이 당시의 생물학과 물리학을 일변시킨 것처럼 내쉬의 이론은 경제학을 탈바꿈시켰다.

사회적 행동이 게임으로 분석될 수 있다는 것을 처음으로 알아낸 사람은 존 폰 노이만이었다. 헝가리 태생의 박식한 수학자인 폰 노이만은 1928년 실내 게임 *parlor game*에 관한 논문을 통해, 논리적이고 수학적인 경쟁의 규칙을 도출하는 데 처음으로 성공을 거두었다. 블레이크 *William Blake*가 모래 한 알에서 우주를 보았듯이, 위대한 과학자들은 일상의 사소하고 낮익은 현상들 속에서 거대하고 복잡한 문제들을 풀 수 있는 단서를 찾아내곤 했다. 아이작 뉴턴은 나무공으로 저글링(던져받기)을 하다가 천체를 통찰했다. 아인슈타인은 상류로 거슬러 올라가는 보트를 명상했다. 폰 노이만은 포커 게임을 골똘히 생각했다.

겉보기엔 사소하고 유희적인 포커 게임을 하면서도 더 큰 인간의 문제를 해결할 수 있는 열쇠를 발견할 수 있다고 폰 노이만은 주장했다. 거기엔 두 가지 이유가 있다. 첫째, 포커든 기업체간 경쟁이든 일종의 추론을 필요로 한다는 점에서 공통점을 지니고 있다. 즉 "다다익선"이라는 일관된 내적 가치 체계를 기초로 한 합리적 득실 계산을 필요로 한다. 둘째, 포커든 기업체간 경쟁이든 개인적 행동의 결과가 자기 행동만이 아닌, 상대의 행동에 따라서도 달라진다는 점에서 공통점을 지니고 있다.

경제적 선택의 문제는 다른 행위자가 아예 없거나 아주 많으면 훨씬 단순화된다고, 프랑스 경제학자 앙투안 오귀스탱 쿠르노 *Antoine-Augustin Cournot*가 1세기 앞서 갈파한 적이 있다. 로빈슨 크루소처럼 외딴 섬에 혼자 있다면, 자기 행동의 결과에 영향을 미치게 될 타인의 존재를 염려할 필요가 없다. 아담 스미스 *Adam Smith*가 언급한 푸줏간 주인과 빵집 주인의 경우도 그러하다. 즉, 주변에 너무 많은 행위자가 있으면 결국 서로의 영향력이 상쇄되어 버린다. 그러나 행위자가 너무 많아 각각의 영향력을 무시해도 좋을 정도는 아니지만 두 명 이상의 행위자가 있을 경우, 전략적 행동을 하게 되면 일견 해결 불가능한 문제가 야기된다. 즉, "그가 생각하는 걸 나도 생각한다고 그가 생각하리라는 걸 나는 생각한다…."

폰 노이만은 2인 제로섬 게임 *zero-sum game*의 경우 순환적 추리가 발생하는 문제에 대한 설득력 있는 해답을 제시할 수 있었다. 2인 제로섬 게임은 한 사람이 따면 그 만큼 다른 사람이 잃는 게임이다. 그러나 제로섬 게임은 경제학에 최소한으로만 적용할 수 있다(어느 작가의 말처럼, 제로섬 게임과 게임 이론의 관계는 "12소절 블루스와 재즈의 관계와 같다." 즉, 제로섬 게임은 게임 이론의 역사적 출발점일 뿐인데, 폰 노이만이 극한적 사례를 적용했다는 것이다). 행위자가 많은 상황에서도 상호 이익의 가능성이 있다는 것이 표준적인 경제 시나리오인데, 그 점에서 폰 노이만의 탁월한 본능은 헛짚고 말았다. 그는 행위자들이 제휴해서 명백한 합의를 도출해야 하며, 그 합의를 강화하기 위해 더 고차원의 중앙집권화된 권위에 복종해야 한다고 확신했다. 그의 확신은 당대에 팽배했던 불신을 반영했던 것이 분명하다. 당시 세계 대전의 와중에서 대공황이 시작되었고, 무제한의 개인주의가 확산되고 있었다. 폰 노이만은 아인슈타인이나 버트란트 러셀 *Bertrand Russell*, 경제학자 존 메이나드 케인스 *John Maynard Keynes* 등의 자유주의적 관점에는 거의 동조하지 않았다. 그러나 개인적 견지에서 타당한 행동일지라도 사회적 혼란을 야기할 수 있다는 관점에는 동조했다. 그래서 그들처럼 폰 노이만도 핵무기 시대의 정치적 갈등에 대한 당시의 인기 있는 해결책—세계 정부 수립—을 지지했다.

청년 내쉬는 전혀 다른 본능을 지니고 있었다. 폰 노이만이 집단에 초점을 맞췄다면, 내쉬는 개인에게 가늠자를 맞추었다. 그렇게 함으로써 게임 이론은 현대 경제학과 맞물리게 되었다. 내쉬가 21세에 쓴 얇은 27쪽짜리 박사논문에서, "그가 생각하는 걸 나도 생각한다고 그가 생각하리라는 걸 나는 생각한다…"는 끝없는 추론의 연쇄를 끊어버릴 수 있는 개념을 고안해냄으로써, 상호 이익의 가능성이 있는 게임 이론을 창안했다. 모든 행위자가 저마다 경쟁자의 최선의 전략에 최선의 대응을 하기만 하면 된다는 것을 그는 통찰했던 것이다.

그리하여, 자신의 감정은 물론이고 타인의 감정에도 아랑곳하지 않는 것 같았던 이 청년은 이제, 가장 인간적인 동기와 행동이 수학만큼이나 신비롭다는 것을 깨달을 수 있었다. 그리고 플라토닉한 이상적 형태의 세계란 순수 사변에 의해 그럴싸하게 고안된 것일 뿐임을 깨닫기도 했다. (하지만 그런 이상 세계도 얼마간은 가장 세속적인 범박한 본성과 연계되어 있다는 것조차 깨달았다.)

내쉬는 애팔래치아 산자락의 신흥 도시에서 자란 사람이었다. 그곳에서 생성되는 재산이란 철도, 석탄, 고철, 전력 등 활기찬 원료산업에서 비롯하는 것이었다. 그곳에서는 어떤 공동선에 대한 합의가 아닌 개인적 합리성과 이해타산만으로도 그럭저럭 참을 만한 질서를 구축할 수 있는 것 같았다. 내쉬는 자신의 고향 마을에 대한 체험을 통해 손쉽게 논리적 도약을 할 수 있었다. 즉, 개인이 이익을 최대화하고 손실을 최소화할 필요가 있다는 논리적 전략에 초점을 맞추는 일이 수월했던 것이다. 내쉬 균형 *Nash equilibrium*은 일단 설명을 들으면 빤한 얘기 같다. 그러나 내쉬는 나름의 방식으로 경제적 경쟁의 문제를 공식화함으로써, 탈중앙집권화된 의사결정 과정이 사실상 일관성을 지닐 수 있음을 보여주었다. 그로써 경제학은 아담 스미스의 '보이지 않는 손'이라는 거대한 은유보다 훨씬 더 세련된 버전으로 업데이트될 수 있었다.

20대 후반에 이미 내쉬는 통찰력과 발견 업적으로 명성을 날렸으며, 존경을 받았고, 자율적인 삶을 살 수 있었다. 그는 수학계의 정상에 화려하게 올라섰고, 널리 여행하고 강의하고 강연하며 당대의 일류 수학자들을 만나면서 스스로도 유명 인사가 되었다. 천재성은 그에게 사랑을 안겨주기도 했다. 그를 숭배한 물리학 전공의 아름다운 여학생과 결혼해서 아이도 한 명 낳았다. 그런 천재성, 그런 인생, 그것은 하나의 탁월한 전략이었다. 겉보기엔 내쉬가 세상에 완벽하게 적응한 듯했다.

위대한 과학자나 철학자 가운데는 기이하고 고독한 성격을 가진 사람이 많았다. 르네 데카르트나 루트비히 비트겐슈타인, 이마뉴엘 칸트, 소스타인 베블런 *Thorstein Veblen*, 아이작 뉴턴, 앨버트 아인슈타인이 그랬다. 격렬하게 고양된 감정이 예술적 표현으로 승화될 수 있듯이, 심정적으로 세상과 괴리된 관조적 기질은 특히 과학적 창조성을 유도한다는 것이 정신과의사나 전기작가들이 늘 하는 소리이다. 영국 정신과의사 앤소니 스토 *Anthony Storr*는 자신의 저서 〈창조의 역학 *The Dynamics of Creation*〉에서 이렇게 주장했다. "증오를 두려워하는 만큼 사랑을 두려워하는" 사람은 미학적 쾌감을 얻기 위해, 혹은 능동적인 정신력을 발휘하는 기쁨을 얻기 위해 창조 활동에 뛰어들 수도 있지만, 인간과 접촉하고 싶으면서도 부대끼는 싫은 모순된 욕구에서 비롯하는 불안감을 씻어내기 위해 자기 방어적으로 그러할 수도 있다. 그러한 맥락에서, 장 폴 사르트르는 천재성을 일컬어 "탈출구를 찾는 사람이 발명해내는 찬란한 어떤 것"이라고 말했다. 큰 보상의 기약이 없는데도 사람들이 흔히 뭔가를 창조하기 위해 좌절과 불행을 기꺼이 감내하는 이유가 무엇인지를 자문한 스토는 이렇게 썼다.

> 강한 스키조이드 *schizoid* 기질이나 우울증 기질을 지닌…일부 창조적 인물들은…자신의 재능을 방어적으로 사용한다(스키조이드 인간 *schizoid person* : 타인을 두려워하며 내성적이고 은둔적이며 온순하지만 가끔 감정을 폭발시켜 밀접한 사회적 관계를 맺기 어려운 인간 유형. 스키조이드의 극단적 형태를 정신분열증 *schizophrenia*이라고 할 수 있다 : 옮긴이주). 창조적 활동이 정신 질환으로부터 인간을 보호해준다면, 열렬히 창조 활동을 일삼는 것도 그리 이상할 게 없다. 스키조이드 상태란…무의미와 허무감에 사로잡힌다는 것이 특징이다. 대다수 사람들은 사교 활동을 통해 인생의 의미와 의의를 발견하는 데 필요한 많은 것들을 얻는다. 그러나 스키조이드 인간은 그렇지 못하다. 창조적 활동은 유달리 쉽게 자아를 표현하는 방법이고…창조적 활동은 고독하다…[그러나] 창조하는 능력과 그 산물은 일반적으로 우리 사회에 가치 있는 것으로 간주된다.

물론, 소위 분열성 인격 *schizoid personality*이라는 것의 품질보증서 격인 "평생 사회적으로 고립된 모습"과 "타인의 감정과 태도에 대한 무관심"을 보이는 사람 가운데 위대한 창조적 재능을 가진 사람은 아주 소수이다. 그리고 그처럼 이상하고 고립적인 성격을 지닌 사람 가운데 절대 다수는 심각한 정신 질환으로 쓰러지는 지경에까지 이르지도 않는다. 하버드의 정신의학 교수인 존 건더슨 *John G.*

*Gunderson*의 말에 따르면, 그들 절대 다수는 "기계적, 과학적, 내세적 따위의 비인간적 테마를 지닌 고독한 활동에 종사하며… 그 활동과 관련된 주변 사람들과 안정적이면서도 거리를 둔 인간관계망을 형성함으로써, 일정 기간이 지나면 차츰 평안을 찾게 되는 경향이 있다." 과학적 천재성을 지닌 사람은 아무리 괴팍하더라도 진짜로 미쳐버리는 일이 거의 없다—그것은 창조성이 잠재적인 보호막으로서의 특성을 지니고 있다는 최상의 증거이다.

내쉬는 비극적인 예외를 보여주었다. 겉으로 찬란해 보인 생애의 이면은 온통 혼란과 모순으로 채워져 있었다. 그는 동성연애를 했고, 내연의 여자에게 사생아를 안겨주고 나 몰라라 했으며, 그를 숭배한 아내, 그를 키워준 대학, 심지어 조국에 대해서까지 심각하게 애증이 엇갈렸고, 마침내는 실패의 두려움에 쫓겼다. 결국 내면의 혼란이 분출했고, 넘쳐흘렀고, 애써 쌓아올린 인생의 금자탑을 사상누각으로 만들어버렸다.

내쉬가 기인에서 광인으로 전락할 조짐을 처음 보여준 것은 서른살 때였다. 그때 그는 MIT의 정교수가 되기 직전이었다. 1959년 초의 어느 겨울날 아침, 그는 〈뉴욕 타임스〉를 들고 교수 휴게실로 들어가, 특별히 누구에게랄 것 없이, 신문 1면의 좌상단에 자기만이 해독할 수 있는, 다른 은하계 거주자가 보낸 암호문이 실려 있다고 외쳤다. 그런 발작은 워낙 뜻밖이어서, 내쉬보다 나이 어린 교수들은 자기들을 제물삼아 내쉬가 짓궂은 장난을 치고 있다고만 생각했다. 몇 달 후, 내쉬는 강의를 그만두고 홧김에 교수직까지 사임한 뒤, 보스턴 교외의 사립 정신병원에 들어갔다. 선구적인 법정 자문 정신과의사 가운데 한 명으로서, 유명한 살인사건인 사코와 반제티 재판에 참여해 증언을 했던 한 전문가는 그때에도 내쉬가 완전히 정상이라고 주장했다. 섬뜩한 변화를 목격한 사람들 가운데 소수만이, 그 가운데에는 인공지능의 창시자인 노버트 위너 같은 사람도 포함돼 있었는데, 그 소수만이 섬뜩한 변화의 진정한 의미를 이해했다.

 서른 살의 나이에 내쉬는 정신 질환 가운데 가장 비극적이고 변화무쌍하고 불가사의하다는 편집증적 정신분열증의 파괴적인 모습을 처음으로 내비쳤다. 이후 30년 동안, 내쉬는 심각한 망상, 환각, 사고와 감각 교란, 의지력 상실 등으로 고통을 받았다. 때로 보편적 공황 상태라고 불리기도 하는 이러한 "정신의 암"에 걸린 내쉬는 수학을 포기하고, 수비학數秘學 numerology과 종교적 예언에 빠져서, 자기가 "막중하지만 은밀한 사명을 띤 요인"이라고 믿었다. 그는 여러 차례 유럽으로 달아나기도 했으며, 1년 반 이상 병원에 강제 구금된 것도 여섯 번이나 되었고, 온갖 종류의 약물과 충격요법 치료를 받았으며, 일시적으로 회복된 적도 있었지만 그 기쁨은 두어 달밖에 지속되지 않았다. 그리고 마침내 그는 슬픈 유령이 되어, 한때 뛰어난 학생으로서 명성을 날렸던 프린스턴 대학 캠퍼스에 출몰해, 괴상한 옷을 입고, 혼자 중얼거리며, 칠판에 신비한 메시지를 휘갈겨 쓰는 일을 몇 년이고 계속했다.

 정신분열증의 원인은 불가사의하다. 이 증상이 최초로 보고된 것은 1806년이었다. 그러나 그 질병—혹은 질병 그룹이랄 수도 있는 것—이, 예전에도 존재했는데 정의를 내리지만 못한 것인지, 아니면 산업화 시대에 들어와 비로소 에이즈 AIDS처럼 재앙으로 출현한 것인지의 여부는 아무도 모른다. 각국마다 줄잡아 인구의 1퍼센트는 이 질병에 걸려 있다고 한다. 누구는 걸리고 누구는 걸리지 않는 이유가 무엇인지는 알려져 있지 않다. 다만 유전적 취약성과 삶의 스트레스가 뒤얽혀 발병하는 것 같다고 짐작해볼 뿐이다. 전쟁이나 투옥 경험, 약물 남용, 혹은 성장 배경과 같은 환경적 요인이 직접적 발병 원인이 된다는 증거는 없다. 정신분열증이 유전되는 경향이 있다는 것에는 이견이 없지만, 가족 가운데 왜 특정인만 전격적으로 발병하는지는 유전만으로 설명이 되지 않는다.

1908년에 정신분열증이라는 용어를 만든 오이겐 블로일러 *Eugen Bleuler*는 "외부 세계와의 관계, 생각, 느낌이 특수하게 변질되는 유형"이라고 규정했다. 정신적 기능의 쪼개짐을 의미하는 그 용어는 "정신적 퍼스낼리티의 내적 일관성이 특수하게 파괴된 상태"를 가리킨다. 초기 환자는 시간, 공간, 신체의 모든 기능이 어긋나는 것을 경험한다. 환청, 기괴한 망상, 극도의 무감각 혹은 흥분, 타인에 대한 무관심과 같은 증후의 어떤 것도 단독으로는 그 질병 특유의 증후라고 할 수 없다. 그리고 증후는 개인들간에 편차가 심하며, 한 사람을 놓고 보아도 시간이 경과함에 따라 큰 편차를 보인다. 그러니 "전형적인 케이스"라고 할 수 있는 개념이 사실상 존재하지 않는다. 능력 상실의 정도도 편차가 심한데, 평균적으로 여자보다 남자에게 훨씬 더 심각하게 나타난다. 현재 이 분야를 주도하고 있는 어빙 고츠먼 *Irving I. Gottesman*의 말에 따르면, 그 증후는 "경미, 보통, 중증, 혹은 완전 무능"으로 진단될 수 있다. 내쉬는 서른 살에 발병했지만, 청소년기에서부터 노년기에 이르기까지 어느 시점에서도 발병할 수 있다. 첫 발작은 몇 주, 몇 달, 혹은 몇 년까지도 지속될 수 있다. 사람에 따라 평생 한두 차례만 발작하는 경우도 있다. 항상 괴팍하고 고독한 사람이었던 아이작 뉴턴은 51세에 편집증적 망상이 수반된 정신 발작을 겪은 것이 확실하다. 젊은 남자와 동성애에 집착했으나 불행했고, 연금술 실험에도 실패한 터라 발작은 예견될 수는 있는 것이었는데, 이 발작으로 뉴턴은 학구적 인생에 종지부를 찍었다. 그러나 약 1년 후, 뉴턴은 회복이 되어 잇따라 고위 공직에 취임했고 상도 많이 받았다. 그러나 내쉬의 경우처럼 상당수의 환자는 갈수록 증세가 악화되며, 갈수록 발작 간격도 짧아진다. 완전히 회복되는 일은 거의 없는데, 회복의 정도는 사회에 편입될 수 있는 정도부터, 영구 입원은 필요치 않지만 사실상 정상적인 생활을 흉내낼 수 없는 정도까지 다양하다.

환자와 의사소통이 불가능하고 접근조차 불가능하다는 심각한 느낌을 받는다면, 다른 어떤 증후보다도 더 뚜렷하게 그것이 정신분열증이라는 것을 알아볼 수 있다. 정신과의사들은 "정말 기이하고, 당혹스럽고, 도무지 이해가 안 되고, 섬뜩하고, 감정이입이 불가능하고, 심지어는 흉흉하고 소름이 끼칠 정도"로 보이는 환자와 "이루 형언할 수 없는 심연"을 사이에 두고 격리되어 있다는 느낌을 받는다고 말한다. 그러한 느낌이 내쉬의 경우에는 발병과 더불어 극적으로 심화되었다. 전부터 내쉬와 알고 지냈던 사람들에게 내쉬는 그들과 근본적으로 단절된 사람이었고, 완전히 수수께끼 같은 인물이었다. 그 점에 대해 스토는 이렇게 썼다.

> 우울증 환자가 아무리 우울해도, 관찰자는 대체로 그 환자와 어느 정도 마음이 통할 수 있다는 가능성을 느낀다. 한편, 스키조이드 인간은 안으로 움츠러들어 가까이 하기가 어려워 보인다. 스키조이드 인간은 타인과 접촉을 멀리하기 때문에 감정 교류가 이루어지지 않는다. 그 결과 그의 정신 상태를 인간적으로 이해하기는 어려워진다. 그러한 사람이―만일 정신병(정신분열증)에 걸리게 되면, 남들이나 세상과의 연결 결핍이 아주 뚜렷해진다. 그 환자의 행동과 발언은 앞뒤가 맞지 않

게 되고 예측이 불가능해진다.

정신분열증에 걸린 사람을 일반적으로 미쳤다고 말하지만 그것은 옳지 않다. 맹렬히 흥분하거나 줄곧 기분이 급격하게 바뀌는 미친 사람의 정신착란 madness과 정신분열증은 다르다. 정신분열증 환자는 예컨대 알츠하이머병 환자나 두뇌 손상자와는 달리, 영구적으로 방향 감각을 잃고 혼란 상태에 빠지는 일이 없다. 어느 정도 현실을 확실하게 파악하고 있을 수 있으며, 대개는 실제로 파악하고 있다. 병에 걸려 있는 동안에도 내쉬는 미국과 유럽을 두루 여행했으며, 법적인 도움을 받았고, 복잡한 컴퓨터 프로그램 작성 기법을 배우기도 했다. 정신분열증은 오늘날 양극성 장애 polar disorder로 불리는 조울증과도 구별되는데, 과거에는 두 증상의 차이를 거의 구별하지 못했다.

그 차이를 말하자면, 정신분열증은 이성을 지닐 수 있다는 것이다. 발병 초기에 특히 그러하다. 20세기에 접어들 무렵, 정신분열증을 연구해온 학자들은 그런 특징에 주목했다. 정신분열증 환자들 가운데는 고도의 정신력을 지닌 사람이 있었다. 그리고 항상은 아니지만 흔히, 그 환자의 망상 속에서는 아주 미묘하고 세련되고 복잡한 사고력이 약동하고 있는 경우가 있었다. 1896년에 처음으로 그러한 정신이상을 밝힌 에밀 크레펠린 Emil Kraepelin은 그것을 "조발성 치매 dementia praecox"라고 명명했다. 그는 그 증상이 이성의 기능을 파괴하는 것이 아니라, "정서적 생활과 의지력에 현저한 손상"을 입힌다고 설명했다. 러트거스 대학의 심리학 교수인 루이스 사스 Louis A. Sass는 이렇게 말했다. "그것은 이성으로부터 도피가 아니라, 병적으로 타협할 줄 모르고 완벽을 추구하는(도스토예프스키가 상상했던) 증상이 악화된 형태이다.… 적어도 부분적으로는 … 의식적 자각이 흐릿해지지 않고 오히려 고양되는 증상이며, 이성으로부터 소외가 아닌, 정서와 본능과 의지력으로부터 소외이다."

내쉬의 경우 발병 초기의 증상은 조증이나 우울증이라기보다는 의식의 고양된 상태, 맑고 투명하게 깨어 있는 불면증의 상태로 보였다. 그가 본 많은 사소한 것들, 예컨대 전화번호, 빨간 넥타이, 종종거리며 길을 가는 개, 히브리 문자, 〈뉴욕 타임스〉의 한 문장조차도 오직 자기만 알 수 있는 숨은 의미를 지니고 있다고 그는 믿기 시작했다. 날이 갈수록 그러한 징조에 홀려 마침내는 평소의 관심사나 중요한 일들을 모두 잊어버리고 말았다. 동시에 그는 바야흐로 우주적 통찰이 임박했다고 믿었다. 순수 수학에 있어서 소위 리만 가설이라고 불리는 커다란 미해결의 문제에 대한 해답을 얻었다고 주장하기도 했다. 후일 그는 "양자물리학의 기초 재정립"에 몰두하고 있다는 말까지 했다. 더 후일에는 예전의 동료들에게 편지 공세를 퍼부었는데, 그 편지에서 그는 여러 거대한 음모를 발견했으며, 수의 신비와 성서 구절들의 비밀스러운 의미를 알아냈다고 주장했다. 그가 "위대한 강신술사이자 수비학자"라고 칭한 대수代數학자 에밀 아틴 *Emil Artin*에게 보낸 한 편지에는 이렇게 썼다.

Algerbiac(대수학, Algebraic을 잘못 씀) 문제를 오랫동안 숙고해왔는데, 마침 귀하도 귀가 솔깃할 몇 가지 흥미로운 점을 발견했습니다.… 조금 전에 어떤 영감에 사로잡혔는데 말이죠, 수비학에서 십진법에 따라 계산을 한다는 게 영 본질적인 것 같지가 않구요, 또 언어와 철자 구조라는 것도 명료한 understands(이해, understanding을 잘못 씀)와 온전한 사유를 가로막는 고대 문화의 상투성을 빼다 박은 것 같다 이겁니다.…나는 기호로 이루어진 새로운 수열을 재빨리 받아써 두었지요.… 그건 소수를 계속해서 곱해 얻은 값을 기초로 한 건데요, 기호로 정수를 표현하는 시스템과 관계가 있는 겁니다. 사실은 그게 자연의 본질에 맞는 것이어서, 계산에 써먹기엔 이상적이지 못한 것 같습니다만, 신비한 의식이나 주술 같은 것에는 딱 맞는 겁니다.

정신분열증 소인素因 *predisposition*은 어쩌면 수학자로서 이색적인 사고 스타일을 지녔던 내쉬에게 불가결한 것이었는지도 모른다. 그러나 그 소인이 완연히 발현되자 그의 창조적 능력은 황폐화되고 말았다. 한때 찬란했던 그의 비전들은 날이 갈수록 사그라졌고, 자기 모순을 드러냈고 완전히 자의적인 의미로만 채워져서 그가 아니면 아무도 이해할 수 없게 되었다. 세계가 합리적이라는 그의 다년간의 신념은 풍자만화 식으로 진화해서, 모든 것에 의미가 있고, 모든 것에 이유가 있으며, 우연하고 임의적인 것은 아무 것도 없다는 불굴의 신념으로 탈바꿈했다. 상당 기간 그는 거창한 망상에 사로잡혀 자신이 모든 것을 잃어버렸다는 뼈아픈 사실도 의식하지 못했다. 그러다가도 느닷없이 참담한 자각의 순간이 닥쳐오곤 했다. 그럴 때마다 그는 수학을 다 잊어버렸고 집중할 수도 없다고 비통해하며, 그것을 충격요법 탓으로 돌렸다. 아무 것도 할 수가 없어서 자신이 무가치하다는 자괴감이 든다고 말하기도 했다. 그렇지만 말없이 고통을 표현하는 때가 더 많았다. 한 예를 들면, 1970년대의 어느 날, 그는 여느 때처럼 혼자 연구소의 식당 테이블에 앉아 있었다. 그곳은 한때 아인슈타인이나 폰 노이만, 로버트 오펜하이머 *Robert Oppenheimer*와 같은 사람들과 더불어 그가 자신의 아이디어를 펼쳐 보였던 학문의 안식처였다. 그날 아침 내쉬를 지켜본 연구소의 한 직원은 이렇게 회상했다. 불현듯 일어선 내쉬는 벽으로 다가가서 한참 동안 우두커니 서 있더니, 주먹을 불끈 쥐고, 고뇌로 얼굴을 일그러뜨린 채, 눈을 질끈 감고, 천천히, 거듭해서, 벽에 머리를 찧어댔다.

인간 내쉬가 악몽 같은 상태에 옥죄어 있을 때, 1970년대와 1980년대에 유령처럼 프린스턴 대학에 출몰해서 칠판에 뭔가를 끼적거리고, 종교 문헌이나 뒤적이고 있을 때, 그의 이름은 경제학 교과서에, 진화 생물학 기고문에, 정치과학 논문에, 수학 저널에 두루 등장하기 시작했다. 내쉬라는 이름은 그가 1950년대에 발표한 논문이 그대로 인용됨으로써 부각되기보다는, 많은 학과목의 기초 개념이 될 정도로 너무나 널리 받아들여지고 너무나 친숙해져서 특별히 어디에서 인용했다는 것을 언급할 필요조차 없게 된 개념들에 덧붙여진 형용사로써 부각되었다. "내쉬 균형 *Nash equilibrium*", "내쉬 협상 해법 *Nash bargaining solution*", "내쉬 프로그램 *Nash program*", "데 지오르지-내쉬 결과 *De Giorgi-Nash result*", "내쉬 매장埋藏 *Nash embedding*", "내쉬-모저 정리 *Nash-Moser theorem*", "내쉬 확장 *Nash blowing-up*". 신판 대형 경제학 백과사전인 〈뉴 팔그레이브〉가 1987년에 간행되었을 때, 편집자들은 이렇게 주석을 달았다. 경제학을 휩쓴 게임 이론이라는 혁명은 "폰 노이만과 내쉬의 기초 수학 정리에서 비롯했으며 그 이상의 새로운 정리는 없다."

게임 이론가 내쉬가 기하학자 내쉬 혹은 해석학자 내쉬와 동일 인물이라는 것을 아는 사람은 별로 없다. 그럴 정도로 폭넓은 이종 분야에서 내쉬의 아이디어가 영향력을 더해가고 있을 때에도, 인간 내쉬는 여전히 베일에 가려 있었다. 대부분의 젊은 수학자나 경제학자들은 그의 아이디어를 차용하면서 논문이 출판된 시점을 보고 내쉬가 이미 죽었을 거라고 지레짐작했다. 수학계의 중진들은 그렇지 않다는 것을 알았지만, 더러 그의 비극적 질병을 의식한 나머지 그를 죽은 사람 취급해버렸다. 1989년에는 계량경제학회에서 내쉬를 특별회원 *fellow*으로 받아들이기 위해 투표를 하자는 제안이 있었다. 그러나 그것은 낭만적이지만 근본적으로 어리석은 제안으로 치부되어 기각되고 말았다. 다른 대여섯 명의 게임 이론 창시자에 대한 일대기를 약술하고 있는 〈뉴 팔그레이브〉에도 내쉬의 약전略傳은 실리지 않았다.

그 무렵, 프린스턴 대학 구내를 배회하는 것이 일과가 되어버린 내쉬는 거의 매일같이 아침식사 시간이면 연구소에 모습을 드러냈다. 가끔 담배나 잔돈을 얻어가기도 했지만, 대부분 혼자서 시간을 보냈다. 남의 이목을 끌지도 않았고 말도 없는 이 남자는 음산하고 음울한 모습으로 구석 자리에 외따로 혼자 앉아서, 날마다 가지고 다닌 탓에 너덜거리는 신문을 펼쳐놓고, 커피를 마시거나 담배를 피웠다.

당시 연구소에서 날마다 내쉬를 본 사람 가운데 프리먼 다이슨 *Freeman Dyson*도 있었다. 20세기 이론 물리학의 거장인 다이슨은 수학 신동이었고, 풍성한 은유가 담긴 대중적 과학 저서를 십여 권 펴내기도 했다. 당시 내쉬보다 다섯 살 많은 60대의 나이였던 다이슨은 작은 체구에 성격이 활달했고, 여섯 자녀의 아버지였으며, 세상과 전혀 거리를 두지 않아서, 과학자치고는 특이하게 타인에 대한 관심이 지극했다. 그는 내쉬의 반응을 전혀 기대하지 않고 그저 존경의 표시로 인사말을 건네곤 했던 사람들 가운데 하나였다.

1980년대 후반의 어느 흐린 날 아침, "안녕하세요!" 하고 그는 평소처럼 내쉬에게 인사를 했다. 그러자 "오늘 뉴스에 또 따님이 나온 걸 보았습니다"하고 내쉬가 말했다. 다이슨의 딸 에스더는 컴퓨터의 권위자로 당시 자주 입에 오르내렸다. 전에 내쉬가 말하는 것을 들은 적이 없는 다이슨은 후일 이렇게 말했다. "그가 내 딸을 알고 있는 줄은 몰랐어요. 아주 감격적이었죠. 그리고 어찌나 놀랐던지 잊혀지지도 않아요. 특히 경이로운 것은 그가 서서히 깨어나고 있었다는 겁니다. 서서히라도 아무튼 그는 깨어났어요. 그 사람처럼 깨어난 사람은 아무도 없었는데 말입니다."

더 많은 회복의 조짐이 잇따랐다. 1990년 무렵, 내쉬는 엔리코 봄비에리 Enrico Bombieri와 이메일을 주고받기 시작했다. 박학다식하고 저돌적인 이탈리아계의 봄비에리는 고등학문연구소의 인기 있는 수학과 교수로 수년 동안 재직해왔으며, 수학 분야의 노벨상이라고 할 수 있는 필즈 메달 Fields Medal 수상자이기도 하다. 유화를 그리고, 야생버섯을 채집하고, 보석 세공을 하는 취미가 있었고, 리만 가설을 붙들고 오랫동안 씨름을 해오기도 했다. 내쉬가 시작한 다양한 추측과 계산에 초점을 맞춘 그들의 메일 교환은 소위 ABC 추측 conjecture이라고 불리는 것과 관계가 있었다. 그런 메일들은 내쉬가 다시 본격적인 수학 연구를 하고 있다는 것을 보여주었다고 봄비에리는 말했다.

그는 오랫동안 혼자 버텨왔다. 그러나 어느 순간 이윽고 사람들에게 말을 걸기 시작했다. 그러다 우리는 정수론에 대해 많은 이야기를 나누었다. 더러는 내 사무실에서, 더러는 식당에서 커피를 마시며 얘기를 나누었다. 그러다 우리는 이메일을 주고받기 시작했다. 그의 정신력은 예리하다…그의 모든 제안은 대단하다…상식을 뛰어넘는다…어떤 분야에서 처음 시작하는 사람은 대체로 잘 알려진 명백한 것만 말한다. 내쉬의 경우는 다르다. 그는 다소 다른 각도에서 사물을 바라본다.

정신분열증에서 저절로 회복되는 일은 아주 드물다. 내쉬처럼 그렇게 오랫동안 심각하게 앓아왔을 때는 더욱 그렇다. 정신분열증은 지금도 널리 퇴행성 질환으로 간주되고 있어서, 날이 갈수록 악화된다는 것이 일반적인 생각이다. 내쉬가 회복되자 정신과의사들은 관례적으로 초진을 의심했다. 그러나 내쉬가 회복되기 전에 프린스턴에서 수년 동안 내쉬를 지켜본 다이슨과 봄비에리와 같은 사람들은 의심치 않았다. 1990년대 초반에 그는 "걸어 다니는 기적"이었던 것이다.

그 기적은 프린스턴 내부 사람들에게 정말 극적으로 보였다. 그러나 또 다른 일만 일어나지 않았다면, 1994년 10월 첫 주말 대학 구내에서 또 다시 일어난 그 일만 없었다면, 이 지식의 올림포스 신전 바깥의 많은 사람들에게까지 그 기적이 알려지는 일은 아마도 없었을 것이다.

수학 세미나가 끝나가고 있었다. 내쉬는 이제 정기적으로 이런 모임에 참석해 가끔 질문을 하기도 했고, 몇 가지 추측을 내놓기도 했다. 내쉬가 막 나가려는 순간, 해롤드 쿤 *Harold Kuhn*이 문간에서 그를 붙들었다. 쿤은 그 대학의 교수였고 내쉬의 가장 가까운 친구였다. 쿤은 그날 아침 내쉬의 집에 전화를 걸어, 세미나가 끝나면 점심을 같이 하자고 했다. 그날은 아주 포근했고, 야외는 유혹적이었으며, 연구소의 숲은 너무나 아름다웠다. 두 사람은 잠시 발길을 돌려 수학과 건물이 마주 보이는 벤치에 앉았다. 널따란 잔디밭 가장자리에 있는 그 벤치 앞에는 우아하고 아담한 일본식 분수가 있었다.

쿤과 내쉬는 50년 가까이 알고 지낸 사이였다. 두 사람은 1940년대 후반에 프린스턴 대학원을 함께 다녔고, 같은 교수들에게 배웠고, 같은 사람들을 알고 지냈으며, 같은 엘리트 수학 서클들을 전전했다. 졸업 후에는 학생 때만큼 가까이 지내지 못했지만, 완전히 연락을 끊고 지낸 적은 없었다. 대부분의 교수 생활을 프린스턴에서 계속해나갔던 쿤은 내쉬에게 접근하기가 비교적 쉬워지자 꽤 정기적으로 내쉬와 만났다. 쿤은 기민하고 정력적이며 세련된 남자여서 "수학적 퍼스낼리티"라는 짐을 지고 있지 않았다. 전형적인 학구파는 아니어서 예술이나 자유주의 정치 운동에도 열정적이었다. 내쉬가 타인들과 각별한 거리를 두었다면, 쿤은 타인들 삶에 각별한 관심을 두었다. 그들은 상보적인 단짝이었다. 기질이나 선체험이 같아서 의기투합한 친구가 아니라, 소중한 추억거리와 연상거리를 쌓아감으로써 맺어진 친구였다.

쿤은 어떻게 말해야 할지 충분히 연습을 해둔 터라 쉽게 본론으로 들어갈 수 있었다. "할 말이 있어"하고 그는 입을 열었다. 내쉬는 평소처럼 처음에는 눈길을 돌린 채 먼 곳만 물끄러미 바라보았다. 쿤이 계속 말했다. 내일 아침 집으로 중요한 전화가 걸려올 것이다. 여섯 시쯤, 스톡홀름에서 말이야. 전화를 할 사람은 스웨덴 과학 아카데미의 사무총장이다. 쿤은 갑자기 감정에 북받쳐 목이 메었다. 그제야 내쉬는 고개를 돌리고 쿤의 말에 자못 골똘히 귀를 기울였다. 쿤은 말을 마무리했다. "사무총장이 자네에게 말할 거다. 자네가 노벨상을 받게 되었다고."

이 책은 존 포브스 내쉬 주니어의 전기이다. 천재, 광기, 회복의 세 부분으로 나누어진, 인간 정신의 신비를 다룬 이야기이다.

Part **1** >>>

A Beautiful Mind
뷰티풀 마인드

블루필드

1928~1945

나는 느끼도록 배웠다, 어쩌면 너무 많이
자족하는 고독의 힘을 느끼도록.
—윌리엄 워즈워드

존 내쉬, 6세 무렵, 블루필드.

존 내쉬의 유년 시절 기억 가운데 이런 것이 있다. 두어 살 무렵, 웨스트 버지니아 주의 블루필드 시가를 굽어볼 수 있는 언덕 마루에 자리한 고풍의 저택 거실에서 그는 외할머니가 치는 피아노 소리에 곰곰이 귀를 기울였다.

그 거실에서 그의 부모는 결혼을 했다. 1924년 9월 6일 토요일 아침 여덟 시. 푸른 수국과 골든로드, 검은눈백합, 희고 노란 마거리트 꽃바구니들로 치장된 거실에는 개신교 찬송가가 낭랑하게 울려 퍼졌다. 서른두 살의 신랑은 키가 크고 의젓한 미남이었다. 네 살 연하인 신부는 검은 눈동자의 가냘픈 미녀였다. 신부는 갈색 벨벳 드레스 때문에 가는 허리와 길고 우아한 등이 돋보였다. 얼마 전 아버지를 여윈 탓에 애도하는 뜻에서 갈색 드레스를 골랐는지도 모른다. 그녀는 거실을 치장한 것과 같은 꽃으로 만든 고풍스런 부케를 들었고, 숱 많은 밤색 머리에는 부케보다 많은 꽃을 꽂고 있었다. 그래서 차분한 애도의 느낌보다는 들뜬 느낌이 강했다. 발랄한 갈색과 노란색 탓에 그녀는 눈부시도록 화사하고 세련된 분위기를 자아냈다— 안색이 더 흰 전형적인 남부 여자였다면 창백하게만 보였을 것이다.

성공회와 감리교 목사들이 주재한 결혼식은 짧고 간소했다. 하객도 열 명 남짓한 가족과 옛 친구들뿐이었다. 11시 무렵, 1890년대 하얀 저택의 화려한 연철 대문 앞에서 신혼부부는 하객들에게 작별인사를 했다. 몇 주 후 애팔래치아 전력회사의 사보에 실린 기사에 의하면, 그들은 북부의 여러 주를 거쳐 "광범위한 여행"을 하기 위해 신랑이 산 크라이슬러 사의 신형 다지 승용차를 타고 떠났다.

그런 낭만적인 결혼식과 모험적인 신혼 여행은, 더 이상 청춘이라고 할 수 없는 두 남녀의 한 단면을 보여주는 일화이다. 그들은 당시 미국의 소읍에 사는 여느 사람들과는 다소 동떨어진 자질들을 지녔던 것이다.

존 내쉬의 여동생인 마사 내쉬 레그 *Martha Nash Legg*의 말에 따르면, 존 포브스 내쉬 시니어 *John Forbes Nash, Sr.*는 "예의 바르고, 근면하고, 매우 진지하며, 모든 면에서 매우 보수적인 사람"이었다. 그러면서도 따분한 사람이 아닐 수 있었던 것은 예리하고 탐구적인 정신력을 지니고 있었기 때문이다. 존 내쉬 시니어는 텍사스에서 태어났는데, 그의 가문은 시골에서도 상류 계층에 속했다. 그의 외가는 북부 뉴잉글랜드에서 이주해 온 경건하고 검소한 청교도 농부 집안이었고, 친가는 남부 주에서 이주해 온 스코틀랜드 침례교 교사 집안이었다. 그는 텍사스 북부의 레드 강가에 위치한 외조부의 농장에서 1892년에 태어났다. 아버지 알렉산더 퀸시 내쉬, 어머니 마사 스미스 내쉬의 세 자녀 중 맏이였다. 처음 몇 년 동안은 텍사스 주 셔먼에서 살았는데, 그곳에는 두 분 다 교사인 조부모가 설립한 셔먼 대학(훗날의 매리 내쉬 여자 대학)이 있었다. 그 대학은 기품이 있으면서도 진보적인 교육기관이었는데, 텍사스 중산층의 딸들에게 품행과 규칙적인 운동의 중요성, 약간의 시와 식물학을 가르쳤다. 그의 어머니는 그 대학을 졸업하고 모교의 교사로 재직하다가 설립자의 아들과 결혼한 것이었다. 내쉬 시니어의 조부모가 세상을 뜨자 부모가 학교를 물려받아 운영했는데, 천연두가 창궐하자 이 학교는 영원히 문을 닫고 말았다.

침례교 고등교육 기관 구내에서 보낸 내쉬 시니어의 유년 시절은 불행했다. 그 불행은 주로 아버지 때문이었다. 어머니의 부고에는 "몸과 마음을 무겁게 짓누른 과중한 짐, 책임감과 실망감"이 언급되고 있다. 어머니의 주된 짐은 아버지였다. 괴팍하고 불안정했던 아버지는 제대로 할 줄 아는 일이 없었고, 주색에 빠져 지냈다. 대학을 문 닫은 직후, 더 정확히는 대학을 내팽개친 직후, 아내와 세 자녀까지 팽개쳐 버렸다. 아버지가 가족을 영영 떠나버린 것이 정확히 언제인지, 떠난 후 그가 어떻게 되었는지에 대해서는 분명치 않다. 어쨌거나 아버지는 자녀들에게 식을 줄 모르는 적개심을 불러일으킬 만한 처신을 오랫동안 해왔고, 특히 막내아들에게는 뿌리 깊은 평생의 상실감을 안겨주었다. 후일 그의 딸은 아버지에 대해 이렇게 말했다. "그분은 겉치레에 여간 신경을 쓰지 않으셨어요. 뭐든 고상해 보이지 않으면 참지 못했죠."

내쉬 시니어의 어머니는 대단히 지적인 재원이었다. 남편과 헤어진 후, 베일러 대학(텍사스 중부의 벨턴에 소재한 침례교 여성 교육 기관)에서 행정가로 여러 해 동안 일하며 딸과 두 아들을 부양했다. 부고에는 그녀가 "훌륭한 행정 능력"과 "탁월한 관리 기술"을 지녔다고 씌어 있다. 〈뱁티스트 스탠다드 *the Baptist Standard*〉지에는 이렇게 실렸다. "그녀는 특출한 능력을 지닌 여성이었으며…거대 기업을 관리할 능력까지 있었고…진정한 남부 신사계층의 진정한 딸이었다." 신실하고 근면했던 그녀는 또 "헌신적이면서도 유능한" 어머니이기도 했다. 그러나 그녀는 가난과 끝없이 싸워야 했고, 건강은 좋지 않았고, 늘 풀이 죽어 있었다. 그런 어머니의 모습이나, 아버지 없이 자랐다는 수치심 때문에 상처를 받은 내쉬 시니어는 후일 자기 자식들에게 애정 표현을 하지 못했다.

집안의 불행에 에워싸여 있었던 내쉬 시니어는 일찍부터 과학과 기술분야에서 위안을 찾았다. 그는 텍사스 농공과 대학에서 전기공학을 전공하고 1912년경 졸업했다. 그후 미국이 제1차 세계대전에 참전하자 곧바로 육군에 입대해, 프랑스에 주둔한 144보병 보급사단에서 중위로 군복무 의무기간의 대부분을 보냈다. 제대 후, 그는 옛 직장이었던 제너럴 일렉트릭 사로 돌아가지 않았다. 텍사스 농공과 대학에서 공학도들을 잠시 가르쳤는데, 그의 배경이나 관심사를 놓고 볼 때 학구적인 삶을 소망했을 가능성이 크다. 그러나 그런 소망은 이루어지지 않았다. 그해 학기가 끝나자 그는 애팔래치아 전력회사(현재의 아메리칸 일렉트릭 파워)의 블루필드 지사에 일자리를 얻었고, 38년 동안 재직했다.

마거릿 버지니아 마틴 *Margaret Virginia Martin*이 내쉬 시니어와 약혼했을 무렵의 사진을 보면, 그녀는 미소를 머금고 활기에 차 있으며, 맵시 있고 호리호리한 여성이었다. 그녀는 "블루필드에서 더없이 매력적이고 교양 있는 숙녀 가운데 한 명"이었다. 외향적이고 활달한 버지니아는 과묵하고 내성적인 남편에 비해 한결 자유 분방했고, 아들의 인생에 훨씬 더 적극적인 영향을 미쳤다. 어찌나 강인하고 생기 발랄했는지, 후일 그녀가 "신경쇠약"에 걸려 오래 입원까지 했다는 소식을 들은 30대의 아들 존은 그것을 믿으려 하지 않았다. 1969년에 그녀가 세상을 떴다는 소식도 마찬가지로 믿으려 하지 않았다.

남편처럼 버지니아도 교회와 고등교육을 중시하는 가문에서 자랐다. 그러나 유사점은 그것이 전부였다. 의사인 아버지 제임스 에버레트 마틴과 어머니 에마 마틴은 일곱 자녀를 낳았는데 네 딸만 살아남았다. 1890년대 초반에 북부 캐롤라이나에서 블루필드로 이주해 온 마틴 집안은 유복한 지방 명문가였다. 그들은 블루필드에서 많은 재산을 모았다. 그후 의사 마틴은 의료업을 그만두고 부동산을 관리하며 살다가 공직에 진출했는데, 한때 우체국장을 지냈고, 블루필드의 시장까지 역임했다. 그러한 가문의 위세로도 흉사를 막을 수는 없어서, 장남이 어려서 죽었고, 둘째인 버지니아는 열두 살 때 성홍열로 한쪽 귀가 들리지 않게 되었고, 버지니아의 남동생은 열차 전복 사고로, 여동생 한 명은 장티푸스로 죽고 말았다. 그래도 버지니아는 남편보다 행복한 환경에서 자란 편이었다. 마틴 집안은 교육 수준도 높아서, 네 딸 모두 대학 교육을 받았다. 버지니아의 어머니도 당시 여성으로서는 드물게 테네시의 한 여자 대학을 졸업했다. 버지니아는 처음에 마사 워싱턴 대학에서, 나중에는 웨스트 버지니아 대학에서 영어와 불어, 독어, 라틴어를 배웠다. 남편 될 사람을 만났을 무렵 그녀는 6년째 교편을 잡고 있었다. 타고난 교사였던 그녀는 그 재능을 후일 천재 아들에게 아낌없이 발휘했다. 남편처럼 그녀도 작은 고향 마을을 넘어선 세계에 대한 안목을 지니고 있었다. 결혼 전, 그녀는 블루필드의 동료 교사인 엘리자베스 셸턴과 함께 여름 방학 때면 먼 곳에 있는 여러 대학을 순례하며 여름강좌를 들었다—뉴욕의 컬럼비아 대학, 샬로츠빌의 버지니아 대학, 버클리의 캘리포니아 대학도 그 중에 포함되어 있었다.

 신혼여행을 마치고 돌아온 신혼부부는 버지니아의 어머니와 여동생들과 함께 태즈웰 스트리트의 집에서 살았다. 내쉬 시니어는 애팔래치아의 직장으로 다시 돌아갔다. 당시 그가 하는 일은 주로 웨스트 버지니아 주 각지를 돌아다니며 전력선을 점검하는 것이었다. 버지니아는 교사직으로 돌아가지 않았다. 1920년대에는 대부분의 학교가 여성에게 결혼 제한 조건을 두고 있어서, 여자 교사는 결혼과 동시에 교사직을 잃었다. 그런 제한이 없었다 해도 버지니아는 교사직을 그만두었을 것이다. 그녀의 남편이 아내를 먹여 살려야 한다는 투철한 의식을 지니고 있었기 때문이다. 그는 아내가 일한다는 것을 수치로 여겼는데, 그것도 양육과정에서 물려받은 또 다른 유산이라고 할 수 있다.

블루필드는 주변에서 무성하게 자라는 "하늘빛 치커리"의 들판이라는 뜻에서 붙여진 이름이다. 오늘날에도 큰 거리는 물론 골목길까지 치커리투성이다. 그러나 이 소도시가 생기게 된 것은 굽이치는 언덕들마다 석탄이 가득했기 때문이다. 외딴 소도시인 블루필드를 에워싸고 있는 산은 "버지니아 혹은 웨스트 버지니아의 산 가운데 가장 야성적이고 가장 울퉁불퉁하며 가장 낭만적인 산"으로 알려져 있다. 노포크-웨스턴 사는 1980년대에 "우격다짐으로 무식하게"로 아노크에서 블루필드에 이르는 철도를 놓았다. 블루필드는 애팔래치아 산맥 가운데서도 거대한 포카혼타스 석탄층의 동부 가장자리에 위치한 요지였기 때문이다. 오랫동안, 블루필드는 엉성하게 만든 전초기지 상태에서 벗어나지 못했다. 그곳에서는 유태인 상인과 흑인 건설 노동자와 테즈웰 카운티 농부들이 힘겹게 살아갔다. 백만장자가 된 탄광업자들은 대부분 10마일 떨어진 브램웰에 살았는데, 이탈리아와 헝가리 혹은 폴란드계 이민 노동자들과 잦은 갈등을 빚었다. 탄광업자들은 존 루이스 등 전미국 탄광노조 지도자들과 협상을 벌이곤 했는데, 종종 협상이 결렬되어 유혈 파업과 직장 폐쇄에 이르기도 했다—그러한 실정은 존 세일리스의 영화 〈매이트원 *Matewan*〉에 사실적으로 묘사되어 있다.

그러나 존 내쉬의 부모가 결혼했던 1920년대에는 블루필드의 모습도 하루가 다르게 달라지고 있었다. 시카고와 노포크를 연결한 철도가 직접적인 변화의 이유였다. 중간 기착지인 블루필드는 교통의 요충지가 되어, 화이트칼라 계층의 관리자, 변호사, 소규모 사업가, 목사, 교사 들이 운집하게 되었다. 화강암 사무실 건물과 가게 건물들이 잔뜩 들어선 번듯한 번화가가 순식간에 만들어졌고, 번듯한 교회도 도처에 들어섰다. 샤론의 장미를 두른 아담한 정원이 딸린 아늑한 목조 주택도 언덕마루에 점점이 자리잡았다. 일간지 신문사와 병원과 양로원도 하나씩 들어섰다. 교육기관도 번성해서, 여러 사립 유치원과 무용학원은 물론, 대학도 두 개나 생겼다—하나는 백인 대학, 하나는 흑인 대학이었다. 라디오, 전보, 전화에 이어, 철도도 놓이고 승용차도 늘어나자 이 소도시의 고립감은 크게 줄어들었다.

존 내쉬는 블루필드가 "학자들의 공동체"는 아니었다고 냉소적으로 말한 적이 있었다. 흥청거리는 상업주의, 소도시 특유의 속물 근성, 노동의 가치를 강조하는 신교도 윤리 등을 특징으로 한 블루필드는 존 폰 노이만과 노버트 위너를 배출한 부다페스트와 케임브리지의 지적 분위기와는 사뭇 거리가 있었다. 그러나 존 내쉬가 성장하는 동안, 그의 아버지처럼 과학적 관심과 공학적 재능을 지닌 사람들이 철도회사와 공공기관, 광업회사 등에 취직하기 위해 블루필드로 몰려들었다. 그들 가운데 일부는 고등학교나 대학에서 과학을 가르치는 교사가 되었다. 자전적 에세이에서 존 내쉬는 "당면한 공동체의 지식보다 세계의 지식을 배운다는 것"이 "하나의 도전"이었다고 썼다. 그러나 사실상 블루필드는 그의 탐구적 정신에 상당한 자극을 주었고, 현실적 다양성에 눈을 뜨게 했던 것이 분명하다. 존 내쉬가 수학자로서 다방면에 관심을 보였던 것이나, 실용주의적 특성을 지니게 된 것도 모두 블루필드 덕분이라고 할 수 있다.

갓 결혼한 내쉬 시니어 부부는 무엇보다도 열심히 노력하는 사람들이었다. 미국에서 새롭게 중산층으로 부상하고 있는 전문 직업인 집단에 속한 그들 부부는 서로 힘을 모아 경제적으로 자립하기 위해 애썼다. 나아가 그 소도시의 존경받는 소수가 되려고 했다. 그들은 과거에 지녔던 정통파 기독교 신앙을 버리고, 블루필드의 여느 중상류층 시민과 마찬가지로 성공회 신자가 되었다. 버지니아의 친정 식구들 대부분과 달리 그들은 굳건한 공화당 지지자였지만, 당원으로 등록하지는 않았다(예비선거에서 민주당 후보로 출마한 사촌에게 표를 던져주기 위해서였다). 그들은 왕성한 사회 활동을 했다. 블루필드에서 신교도 교회 대신 사교계의 중심으로 새롭게 부상한 컨트리 클럽에도 가입했다. 버지니아는 독서 클럽, 브리지 클럽, 원예 클럽 등 다양한 여성 모임에 참여했다. 존 시니어는 공제회 *Elks*와 여러 공학 협회의 회원이 되었다. 후일, 중산층의 처신 가운데 그들이 유일하게 기피했던 일이 있다면, 그것은 아들을 사립학교에 보내지 않은 것이었다. 마사의 말에 의하면 버지니아는 "공립학교 사상가"였다.

존 시니어는 1930년대의 대공황 때에도 애팔래치아의 직장을 잃지 않았다. 이 시기에 이들 부부는 이웃이나 교인들, 특히 소규모 사업자들에 비하면 훨씬 풍족하게 살았다. 당시 존 시니어의 급여라고 해서 후한 것은 아니었지만 꾸준히 지급되었기 때문이다. 금전적 지출을 포함한 모든 결정을 할 때, 그들은 아무리 사소한 사안이라고 해도 심사숙고했다—결정을 아예 하지 않거나 연기하거나 축소하는 게 다반사였다. 당시에는 주택할부금 제도나 연금 혜택이 없었다. 국가의 최대 기업 가운데 한 곳에 근무한 촉망받는 젊은 중간 관리자였던 존 시니어도 예외가 아니었다. 부부싸움을 할 때 버지니아는, 자기가 먼저 죽으면 남편이 젊은 여자와 결혼해서 자기가 애써 모은 재산을 그 여자에게 몽땅 바쳐버릴 게 뻔하다고 남편을 윽박지르곤 했다. 물론 아이들이 듣는 데서는 그렇게 하지 않았다. (후일, 그들의 저축액은 상당했던 것으로 드러났다. 존 시니어가 버지니아보다 약 13년 앞서 세상을 떴지만, 존 주니어에게 막대한 병원비를 대주기까지 하면서도 버지니아는 저축액을 축내지 않고 검소하게 살다가 자녀들에게 상당액의 유산을 물려주었다.)

그들은 에마 마틴 소유의 셋집에서 첫 아이를 낳았지만, 곧 그들만의 집을 마련할 수 있었다. 조촐하지만 안락한, 세 개의 침실이 있는 그 집은 블루필드에서 가장 좋은 주거지 가운데 한 곳인 카운티 클럽 힐에 자리잡고 있었다. 부분적으로 벽돌을 사용한 그 집은 존 시니어가 인근의 애팔래치아 석탄 가공 공장으로부터 헐값에 사들인 것이었다. 언덕에 산재한 석탄 갑부들의 위풍당당한 저택들에 비하면 보잘것없긴 했다. 그래도 건축가가 주문 제작한 집이어서 당시 소도시의 중산층 가정이 원하는 편의시설은 모두 갖추고 있었다. 버지니아가 브리지 클럽 회원들을 초대해서 걸맞게 접대할 수 있는 거실도 있었고, 벽난로나 붙박이 서가도 있었고, 문머리에는 모두 우아한 목공예 장식이 되어 있었다. 깔끔한 부엌에서 간단히 아침식사를 할 수 있었고, 식당이 따로 있어서 일요일이면 식당에서 닭고기와 와플을 먹곤 했다. 훗날 가정부 방으로 개조할 수 있는 제대로 된 지하실도 있었고, 두 아이에게 따로 자기 방을 만들어줄 수도 있었다.

그들은 악착같이 절약을 하면서도 꾀죄죄하게 살지는 않았다. 버지니아에게는 좋은 옷이 여러 벌 있었는데, 대부분 손수 지은 옷이었다. 그녀는 매주 미용실에 들르는 사치 정도는 마다하지 않았다. 그들만의 집으로 이사한 후에는 일주일에 한 번씩 오는 청소부를 두기도 했다. 버지니아에게는 자기만의 다지 승용차가 있었는데, 그것은 당시 중산층 가정에서도 보기 드문 일이었다. 물론 존 시니어에게는 회사차가 있었다. 그는 주로 뷰익을 탔다. 그들 부부는 서로에게 성실했고, 마음이 잘 맞았다.

존 포브스 내쉬 주니어가 태어난 것은 그의 부모가 결혼한 지 거의 4년이 되어갈 무렵이었다. 1928년 6월 13일, 그는 처음으로 세상 빛을 보았다. 블루필드 위생병원에서 태어났는데, 램지 스트리트에 있던 작은 이 병원은 후일 다른 용도로 여러 차례 개조되었다. 그가 집이 아닌 병원에서 태어났다는 것은 어느 정도 유복한 환경을 암시한다. 그러나 그의 탄생에 대해서는 이런 단 하나의 사실밖에는 알려진 것이 없다. 버지니아는 임신중 겨울에 감기라도 걸리지 않았을까? 다른 합병증에 걸리지는 않았을까? 겸자 분만(초산의 경우 만출기는 약 1시간 걸린다. 만출기는 아기의 위치가 잘못 놓여 있을 경우 어렵게 진행될 수도 있다. 이런 경우 아기의 위치를 손이나 겸자 鉗子(집게) 등으로 바꿔주어야 한다 : 옮긴이주)을 하진 않았을까? 자궁이 바이러스에 노출되거나, 출산 때 미묘한 부상을 입지는 않았을까? 그랬다면 후일의 정신 질환에 어떤 영향을 미쳤을 수도 있을 것이다. 그러나 어떤 트라우마(*trauma*: 영구적 정신 장애를 남기는 충격 또는 외상)를 암시하는 기록이나 기억은 없다. 버지니아가 나중에 딸에게 들려준 말에 의하면, 출산 때 마취약을 쓰지도 않았다고 한다. 아기는 약 3.2킬로그램이었고, 누가 봐도 건강했다. 아기는 곧 성공회 교회에서 세례를 받았고, 아버지의 이름을 물려받았다. 사람들은 모두 그를 조니 *Johnny*라고 불렀다.

조니는 고독하고 내성적인 아이였다. 스키조이드 기질이 아동 학대와 방치, 혹은 유기에서 비롯한다는 견해가 한때 우세했던 적이 있었다. 아주 어린 나이에 그런 것을 경험하면 인간관계가 줄 수 있는 만족감을 포기하게 된다는 것이다. 오늘날에는 그런 견해를 인정하지 않지만, 어쨌거나 조니는 그런 범주에 들지 않는다. 그의 부모, 특히 그의 어머니는 조니를 극진히 사랑했다. 고립적이고 별난 유년 시절을 보낸 많은 위인들의 전기를 보면 대체로 이런 생각이 든다. 즉, 내성적인 아이는 어른들이 간섭할수록 더욱 움츠러들어 자기만의 세계로 도피하는 반응을 보일 수 있다. 또 내성적인 아이에게 이래라 저래라 강요할 경우 자기 식대로 하겠다는 고집만 키워줄 수도 있다. 혹은 또래 아이들이 생각 없이 놀려댈 때도 비슷한 결과를 낳을 수 있다. 그러나 여러 모로 보아, 존 내쉬는 당시 미국 소도시의 교양 있는 계층에서 흔히 볼 수 있는 전형적인 어린 시절을 보냈다고 할 수 있다. 그러한 사실은, 그의 스키조이드 기질이 타고난 것임을 암시한다.

두어 살 무렵 외할머니의 피아노 연주를 생생하게 기억하고 있다는 것이 시사하듯, 조니는 사랑하는 어머니뿐만 아니라 할머니, 여러 이모, 어린 사촌들 틈에서 어린 시절을 보냈다. 그가 태어난 직후 이사갔던 하일랜드 스트리트의 집은 태즈웰 스트리트의 집에서 걸어다닐 만한 거리에 있었다. 버지니아는 이사간 후에도 친정집에서 많은 시간을 보냈다. 조니의 여동생 마사가 1930년에 태어난 후에도 그랬다. 그러나 조니가 일곱 살 남짓 되었을 때, 이모들은 그가 책만 좋아하는 좀 이상한 아이라고 생각하게 되었다. 마사와 어린 사촌들이 목마를 타고 놀거나, 그림책의 종이 인형을 자르거나, 소꿉놀이를 하거나, "으스스하지만 근사한" 다락방에서 숨바꼭질을 할 때, 조니는 골똘히 책을 보며 거실에만 앉아 있었다. 집에서도 그랬다. 나가서 이웃 아이들과 놀라고 어머니가 채근해도 그는 혼자 집안에 남아 있기를 좋아했다. 마사가 밖에서 물놀이나 공차기를 하며 대부분의 시간을 보내는 동안, 조니는 혼자 집에서 장난감 비행기나 자

버지니아 내쉬와 두 자녀 조니와 마사, 1935년 4월, 웨스트 버지니아 주 블루필드

동차를 가지고 놀았다.

 조니는 신동이 아니었지만 총명하고 호기심이 많았다. 조니는 어머니 곁을 떠나지 않으려고 했고, 그런 조니를 어머니는 정성을 다해 가르쳤다. 마사는 이렇게 말한다. "어머니는 타고난 교사였어요. 책읽기를 좋아했고, 가르치는 것을 좋아했어요. 여느 가정주부와는 달랐죠." 버지니아는 네 살배기 조니에게 글을 가르쳤고, 유치원에도 보냈다. 사친회 활동에도 적극적으로 참여했으며, 초등학교 시절에는 한 학기를 월반시켰고, 집에서는 개인 지도를 했다. 후일 고등학교 시절에는 블루필드 대학에 등록시켜, 영어와 과학, 수학 강좌

를 듣게 했다. 아들 교육에 아버지가 나선 흔적은 별로 보이지 않는다. 버지니아에 비하면 초연했다고 할 수 있다. 그렇다고 자녀들에게 관심이 없었던 것은 아니어서, 일요일에는 조니와 마사를 데리고 드라이브하며 전력선을 점검하곤 했다. 그보다 중요한 것은, 전기나 날씨, 천문학, 지질학, 여타 과학기술이나 자연 세계에 대한 아들의 끝없는 질문에 성심껏 답해주었다는 것이다. 이웃 사람들의 기억에 의하면, 존 시니어는 항상 자녀들을 성인 대하듯 했다. 한 이웃은 이렇게 말했다. "그 사람은 조니에게 아동용 그림책을 주는 게 아니라 늘 과학책만 주더군요."

학교에서 조니는 특별한 지적 재능을 보이지 않았다. 그저 미성숙해 보이고, 또래와 잘 어울리지 못하는 것만 눈에 띄었다. 교사들은 그에게 학습 지진아라는 딱지를 붙였다. 조니는 공상에 잠기지 않으면 끝없이 입을 놀렸고, 교사의 지시를 잘 따르지 못했다. 그런 점에 대해서는 조니의 어머니도 답답해했다. 4학년 생활기록부를 보면, 음악과 수학에서 최하 점수를 받았고, "노력 부족, 학습 습관 결여, 규칙 준수 태만"으로 개선이 필요하다는 취지의 촌평이 적혀 있다. 악필이었던 그는 막대기 잡듯 연필을 쥐었다. 자꾸 왼손을 쓰려는 경향도 있어서, 존 시니어는 오른손으로만 글을 쓰라고 강요했다. 버지니아는 어쩔 수 없이 그를 비서 양성소의 습자 과정에 등록시켰다. 거기서 조니는 인쇄체를 배웠고 타자도 배웠다. 버지니아가 신문 스크랩을 한 것 가운데, 십대 소녀들이 줄 맞춰 앉아 있는 비서 양성소의 한 교실에서 조니가 고개를 쳐들고 멍하니 권태롭게 앉아 있는 사진이 있다. 악필에다, 차례를 지키지 않고 불쑥 말하기 혹은 심지어 "학급 토론을 독차지하기", 주의 산만 등에 대한 지적은 고등학교를 졸업할 때까지 계속되었다.

가장 친한 친구는 책이었다. 그는 항상 혼자 뭔가를 배우며 행복해했다. 자전적 에세이에는 그가 무엇을 좋아했는지 암시되어 있다.

어릴 때 부모님은 〈캄턴 그림 백과사전 *Compton's Pictured Encyclopedia*〉을 마련해주셨다. 나는 그것을 읽으며 많은 것을 배웠다. 또 우리 집이나 조부모님 집에는 교육적 가치가 있는 다른 책도 있었다.

하루 중 가장 좋은 시간은 저녁식사를 마친 후였다. 식사 후 존 시니어는 거실과 별도로 있는 작은 두레방(공동방) *common room*의 자기 책상에 앉아 있곤 했다. 조니는 라디오 앞으로 기어가서 고전 음악이나 뉴스에 귀를 기울이거나, 백과사전이나 묵은 〈라이프〉지 혹은 〈타임〉지를 읽으며, 아버지에게 질문을 하곤 했다.

그는 유난히 실험을 좋아했다. 열두 살 무렵 그는 자기 방을 실험실로 바꾸어버렸다. 라디오를 몇 개씩 뜯어보며 전기 부품을 가지고 놀았고, 화학 실험을 하기도 했다. 조니가 집 전화기를 뜯어보는 동안 수화기가 떼어진 상태에서 벨이 울렸던 것을 기억하는 이웃도 있다.

그는 가까운 친구가 없었지만 다른 아이들 앞에서 재주를 선보이는 걸 좋아했다. 한번은 전기가 흐르는 커다란 자석을 쥐고서, 전력을 높여가며 자기가 얼마만큼의 전류를 견뎌낼 수 있는지 보여주기도 했다. 옛날 인디언들이 독 담쟁이에 대한 면역성을 기르기 위해 사용한 방법을 책에서 읽은 그는, 다른 아이들이 보는 앞에서 담쟁이 잎사귀를 다른 몇 가지 잎사귀에 싸서 그것을 씹어 삼켰다.

어느 날 블루필드에 찾아온 카니발에 놀러간 적이 있었다. 많은 아이들이 여흥 쇼를 구경하고 있었는데, 한 남자가 양손에 칼을 쥐고 전기 의자에 앉아 있었다. 맞닿은 칼끝에서 불꽃이 튀었다. 그 남자가 자기처럼 해볼 사람이 있느냐고 외치자, 당시 열두 살이었던 조니가 성큼 앞으로 나섰다. 조니는 칼을 쥐고 그 남자처럼 해보였다. 조니는 제자리로 돌아가서 말했다. "이까짓 건 별 거 아냐." "어떻게 한 건데?" 한 아이가 물었다. "정전기일 뿐이야"하고 대답한 조니는 장황한 설명을 늘어놓기 시작했다.

조니는 다른 아이들이 좋아하는 것에는 관심이 없어서 친구도 없었다. 부모로서는 그것이 가장 큰 걱정거리였다. 그래서 조니를 좀 더 "원만한" 아이로 만들어야 한다는 것이 집안의 강박관념이 될 정도였다. 조니는 누가 뭐라든 제 버릇대로 살겠다는 결심이라도 한 것 같았다. 그것이 기질적인 문제였는지, 성격을 바꾸려는 부모의 한결같은 노력에 대한 반발이었는지는 알 수 없다. 어쨌거나 그는 자기만의 세계로 움츠러들었다. 항상 조니와 티격태격했던 마사는 이렇게 회상한다.

> 오빠는 항상 남달랐어요. 부모님도 그걸 아셨죠. 총명하다는 것도 알았구요. 오빠는 뭐든 자기 식대로만 하려고 했어요. 어머니는 나더러 오빠를 위해주라고 강요하다시피 했어요. 친구들과 놀 때도 같이 끼워주라고 하셨구요. 데이트까지 시켜주라고 하실 정도였어요. 그러실 만했죠. 하지만 나는 괴짜 오빠를 누구한테 소개시켜준다는 게 내키지가 않았어요.

내쉬 부부는 공부 못지않게 사회생활도 열심히 하라고 조니의 등을 떠밀었다. 처음에는 보이스카웃 캠프와 일요 성서반에 넣었다. 나중에는 플로이드 워드 댄스 교습소에 보냈고, 어린 회원들에게 예의범절을 가르쳐주는 존 올든스 소사이어티에도 가입시켰다. 고등학교 시절에는 사교성이 좋은 마사를 닦달해서, 친구들과 어울릴 때 꼭 오빠를 데려가도록 했다. 여름 방학이 되면 아르바이트를 하라고 강요해서 신문 배달을 시키기도 했다. 마사는 이렇게 말했다. "신문 돌리는 일을 돕기 위해 부모님은 꼭두새벽에 일어나셨어요. 오빠가 원만하게 살 수 있도록 도와주는 것을 아주 중차대한 일이라고 생각하셨으니까요. 오빠가 자기만의 취미와 발명에 골몰해 줄곧 집에만 있는 것을 탐탁하게 생각하지 않으셨죠."

조니는 노골적으로 반항하지는 않았다. 마지못해 캠핑을 떠났고, 의무적으로 댄스 교습소와 성서반에 나갔다. 후일 어머니의 성화에 못 이겨 마사가 주선한 데이트도 했다. 그러나 그것은 모두 부모를, 특히 어머니를 즐겁게 해주기 위한 것이어서, 친구가 없고 붙임성이 없는 건 여전했다. 운동을 하고, 교회에 가고, 컨트리 클럽의 무도회에 참석하고, 친척집을 방문하는 일 따위는 그에게 따분한 것이었다. 또래 아이들은 그걸 좋아하고 즐겼지만, 그는 책을 읽고 실험을 할 시간만 뺏긴다고 생각했다. 소프트볼을 하려고 편을 가를 때도 그는 가장 마지막에 뽑혔다. 그는 인기 없는 외야에 서서 풀을 씹으며 물끄러미 구름이나 쳐다보곤 했다. 한번은 애팔래치아 전력회사에서 가족 동반 디너 파티를 열었다. 버지니아는 조니도 같이 가야 한다고 고집했다. 조니는 갔다. 그러나 그는 저녁 내내 엘리베이터를 타고 오르락내리락하기만 했다. 엘리베이터가 그를 매료시켰던 것이다. 하지만 부모로서는 여간 곤혹스러운 일이 아니었다. 여름 아르바이트를 하면서도 그는 나름대로 즐기는 방법을 찾아내곤 했다. 블루필드 보급소에서 그가 갑자기 실종된 적이 있었는데, 몇 시간 후에 발견된 그는 정교하게 만든 쥐덫을 분해하고 있었다. 한번은 무도회에 가서 댄스 플로어에 의자를 몇 개 쌓아놓더니, 여자 대신 의자와 춤을 추었다.

버지니아는 자녀들이 살아가며 뭔가를 이룩해 가는 모습들을 연대순으로 스크랩해놓았다. 빛 바랜 신문 스크랩 가운데, 앤젤로 파트리가 쓴 에세이가 한 편 있다. 그 에세이에 버지니아가 밑줄을 치거나 동그라미를 그려놓은 것을 보면, 그녀의 소망과 두려움에 대한 신랄한 암시를 받을 수 있다.

독자적인 한 인간의 형성에는 온갖 이상하고 사소한 변수가 개입함으로써 인성이 이루어진다. 그런데 그 모든 변수의 개입을 막고 틀에 박힌 규범만 따른다면, 개인은 다중이라는 중립적 회색지대에서 길을 잃어버릴 것이다. 그것은 인류의 좋은 자질을 계승하는 진실된 방법이 아니다. …인생은, 그 찬란한 인생의 자질은, 남들의 규범에 따름으로써 성취되는 것이 아니다. 우리가 다같이 허기와 갈증을 느낀다는 것은 사실이다. 그러나 그것이 무엇을 향한 허기와 갈증인지, 언제, 어떤 식으로 닥쳐오는 허기와 갈증인지는 사람에 따라 다르다.…당신만의 인생을 설계하라, 그 설계에 따라 절정까지, 당신 나름의 절정까지 나아가라. 그렇지 않으면 당신은 인생의 문 밖에 주저앉아 누군가 차임벨을 울리는 소리를 들을 뿐, 당신 자신의 차임벨을 울릴 만큼 성숙하지 못할 것이다.

조니가 처음으로 수학적 잠재능력을 보여준 것은 초등학교 4학년 때 산수에서 B 마이너스를 받았을 때였다. 그것은 아이러니한 사건이었다. 조니가 그렇게 잘할 리가 없는데, 하며 교사는 의아해했다. 그러나 버지니아에게는 자명했다. 조니는 어떻게든 문제를 푸는 자기만의 방법을 발견했던 것이다. "오빠는 무슨 일을 하든 항상 남다른 방식을 찾으려고 했다"고 그의 누이는 코멘트했다. 그러한 경험은 계속 이어졌다. 특히 고등학교 시절에 그랬다. 교사가 안간힘을 다해 공들여서 장황하게 증명해 보인 문제에 대해, 그는 두어 단계의 우아한 진술만으로 완벽하게 증명할 수 있다는 것을 보여주곤 했다.

내쉬 가문에 수학 천재가 나올 조짐 같은 것은 없었다. 집안 분위기도 수학과는 이렇다할 만한 관계가 없었다. 버지니아는 문학적이었다. 존 시니어는 현대 과학과 기술의 발달에 관심이 많기는 했지만, 추상적 수학에는 그리 조예가 깊지 못했다. 나중에 수학을 공부하면서도 내쉬는 아버지와 수학적 토론을 한 적이 없었다. 식탁에서의 대화는, 자녀들이 읽고 있는 책이나 낱말의 의미, 시사성 있는 사건들에 대한 것이 대부분이었다고 마사는 회상했다.

존 내쉬가 수학이라는 사과를 처음으로 한 입 깨물게 된 것은 열서너 살 무렵이었을 것이다. 그때 그는 벨 E. T. Bell의 독특한 책인 〈수학의 사람들 Men of Mathematics〉(1937)을 읽었다. 그는 자전적 에세이에 그때의 경험을 언급하고 있다. 벨의 책을 읽음으로써 내쉬는 진짜 수학이 무엇인지를 처음으로 엿본 것 같다. 학교에서 배운 수학이나 기하학 규칙들은 일견 딱딱하고 지루하기만 했다. 화학 실험이나 전기 실험을 할 때 했던 계산도 재미는 있었지만 결국 시시한 것이었다. 그런데 벨의 책을 통해 그런 따분한 수학이 아닌 고혹적인 기호로 둘러싸인 신비스런 수학을 맛보았던 것이다.

〈수학의 사람들〉은 생생한—그러나 그리 정확하지는 않는—인물 평전으로 구성되어 있다. 캘리포니아 공대의 수학 교수였던 저자는 장식적 문체로 이렇게 단언했다. "수학자가 전적으로 상식을 결여한 게으른 몽상가일 뿐이라는 가소롭고 거짓된 전통적 편견을 혐오한다." 그는 역사상 위대한 수학자들이 대단히 남성적이고 모험적이기까지 한 집단이라고 장담했다. 그는 자신의 견해를 입증하기 위해, 천재의 조숙성, 터무니없이 둔감한 교육 당국, 절망적인 가난, 질투심에 불타는 경쟁자들, 연애 사건들, 왕족의 후견, 온갖 유형의 요절(결투로 인한 것도 포함한) 사례를 생생하게 묘사하고 있다. 나아가서 수학자를 옹호하기 위해 이렇게 자문 자답했다. "위대한 수학자들 가운데 변태가 얼마나 있었는가? 한 명도 없다. 더러는 독신으로 살았다. 그것은 주로 경제적 무능 때문이었다. 그러나 대다수는 행복한 결혼 생활을 했다.… 여기서 논의한 수학자들 가운데 프로이트 Sigmund Freud에게 관심거리를 제공할 만한 삶을 산 것은 파스칼밖에 없다." 이 책은 출간되자마자 베스트셀러가 되었다.

벨의 책은 대중적으로 인기가 있으면서 지적으로도 매혹적인 데가 있다. 어린 수학자들을 사로잡았던 수학 문제들을 실감나게 묘사하고 있다는 점에서 그렇다. 아직도 심오하고 아름다운 문제들이 많은데, 그 중에는 열네 살의 아마추어 소년 수학자가 풀 수 있는 문제도 있다고 호언장담한 점도 그렇다. 페르마 Pierre de Fermat에 대한 얘기는 특히 내쉬를 사로잡았다. 페르마는 시대를 통틀어 더없이 위대한 수학자 가운데 한 명이었지만 더없이 보수적인 17세기 프랑스 판사이기도 했는데, "조용하고 근면하고 파란 없는" 생애를 보낸 인물이다. 뉴턴과 함께 미적분을 발명했고, 데카르트와 함께 해석 기하학을 발명했던 페르마의 주된 관심사는 정수론, 곧 "고등 산수"였다. 정수론은 "우리가 말을 배우는 것과 거의 동시에 입에 올리게 되는, 하나, 둘, 셋, 넷, 다섯, …… 등의 정수들 사이의 관계를 탐구한다."

소수(1보다 큰 정수 p가 1과 p 자신 이외의 약수를 갖지 않을 때의 p. 이를테면 2, 3, 5, 7, 11, 13, ……)에 관한 유명한 페르마의 정리 하나를 증명한 내쉬는 일종의 계시를 경험했다. 다른 수학 천재들, 그 중에서 특히 아인슈타인이나 버트란트 러셀 등도 어릴 적에 유사한 계시를 경험했다고 술회한 적이 있다. 아인슈타인은 열두 살 때 유클리드 *Euclid*의 세계를 처음 경험했을 때의 "경이"를 다음과 같이 회고했다.

> 여기에는 여러 가지 주장들이 있었다. 예컨대 한 삼각형의 세 수선 垂線 *altitudes*(각 꼭지점에서 마주 보는 변과 수직되게 그은 직선)은 한 점에서 만난다는 것이 그것이다. 그러한 명제는 결코 자명하지 않았다. 그런데도 그 주장들은 한 점 의혹의 여지도 없이 명명백백하게 입증될 수 있었다. 그러한 명료함과 확실성은 내게 형언할 수 없는 감동을 주었다.

n이 정수이고 p를 소수라고 할 때, n의 p제곱에서 n을 뺀 것은 p로 나누어진다(모든 정수 n에 대하여 $n^p - n$은 소수 p의 배수이다)라는 페르마의 정리 하나를 성공적으로 증명했을 때 내쉬가 어떤 심정이었는지는 언급한 적이 없다. 그러나 자전적 에세이에서 그 정리를 증명한 사실을 언급하며, 페르마와의 첫 만남을 강조하고 있다─그 대목은 내쉬가 자신의 지적 능력을 발견하고 발휘했을 때 얼마나 전율했는지를 시사하고 있다. 수많은 수학자들이 수학자의 길을 걷게

된 것은 다분히 그러한 전율 때문이었다. 벨의 책에는 다음과 같은 얘기도 나온다. 유명한 독일 수학자 칼 프리드리히 가우스 *Carl Friedrich Gauss*는 수학과 문헌학에 모두 재능이 있었다. 진로를 고민하던 가우스가 결정적으로 수학의 길을 선택하게 된 것은 다름 아닌 페르마가 제기한 문제를 풀었을 때의 전율 때문이었다. "바로 그 발견의 전율, 그것이 그 젊은이로 하여금 문헌학 대신 수학을 평생의 과업으로 선택하게끔 했던 것이다."

페르마의 정리 하나를 증명할 수 있었다는 것은 흥분을 자아내는 일이긴 했다. 그러나 그런 경험만으로는 수학자가 될 꿈을 품기에 충분치 않았다. 당시 고등학교 3학년이었던 내쉬는 블루필드 대학에서 수학을 청강하며 이미 정수론을 깊이 배웠지만, 아버지의 뒤를 이어 전기 기사가 되겠다는 확고한 생각을 버리지 않았다. 그가 수학자의 길을 선택하게 된 것은 카네기 공대에 들어간 후였다. 입학 당시 그는 대학의 초급 과정을 뛰어넘는 수학 실력을 갖추고 있었다. 그런 그에게, 교수들은 선택된 소수라고 할 수 있는 수학자가 되는 것이 현실적 선택임을 확신시켰다.

1941년 12월 7일, 일본이 하와이의 진주만 해군기지를 공격했을 때 조니는 고등학교 1학년생이었다. 며칠 후 조니와 마사는 아버지에게서 22구경 소총 사용법을 배웠다. 아버지는 그들을 차에 태워, 눈 덮인 작은 소나무 숲을 뚫고 전력선이 지나가는 길을 따라 산등성이로 올라갔다. 잿빛 구름 아래 낮게 엎드린 마을을 가리키며 아버지는 여느 때처럼 부드러운 목소리로 말했다. 일본은 이곳 웨스트 버지니아의 마을을 점령할 때까지 공격을 계속할 것이다. 이곳이 비록 외지고 산에 둘러싸여 있기는 하지만, 막강한 미국의 전력을 무력화하는 유일한 방법은 석탄 열차를 폭파하는 것뿐이기 때문이다.

22구경은 다람쥐나 잡는 거라고 아버지는 말했다. 사슴이나 곰을 잡을 수는 없다. 하지만 가벼워서 여자들이나 애들이 다루기엔 좋다. 정말이지, 총을 들지 않을 수가 없다. 일본은 열차를 폭파하는 것만으로 만족하지 않을 테니까. 그들은 이 도시를 산산조각 내고, 남자들을 죄다 잡아가고, 양민을 학살할 것이다. 너희들 같은 학생도 죽일지 모른다. 너희가 이 총을 쏠 수 있다면, 잡으려고 달려드는 사람을 물리치고 멀리 달아날 수 있을 것이다. 그러면 아군이 구해주러 올 때까지 숨어 있으면 된다. 후일 내쉬가 도처에서 외계 침략자의 비밀스러운 흔적을 발견하고 오직 자기만이 세상을 구할 수 있다고 믿게 되었을 때, 그는 불안에 떨고 진땀을 흘리며 몇 날 며칠이고 잠을 이루지 못했다. 그러나 12월 오후의 이날만큼은 소총을 만지작거리며 흥분했고 행복해했다.

그 전쟁은 블루필드까지 뒤흔들었다. 거대한 포카혼타스 탄전에서 석탄을 산더미처럼 실은 화물차가 떼지어 요란한 소리를 내며 서쪽으로 몰려갔다—석탄 채굴량의 40퍼센트는 군수물자로 쓰였다. 인디애나와 아이오와 농장 출신의 얼굴이 둥근 젊은이들, 피츠버그와 시카고 공장 출신의 얼굴이 각진 젊은이들로 가득한 군용열차도 잇따라 지나갔다. 전쟁은 대공황으로 침체되었던 블루필드를 일으켜 세웠다. 빈 창고, 빈 거리가 없었고, 고철 투기업자 등 눈치 빠른 온갖 장사꾼들이 하룻밤에 갑부가 되기도 했다. 갑자기 일손이 부족해져서 원하기만 하면 누구나 일자리를 구할 수 있었다. 블루필드의 십대들은 기차역 주변을 어슬렁거리며 그 모든 것을 지켜보았고, 전시 공채 매장에도 기웃거렸다(영화배우 그리어 가슨이 모습을 드러내기도 했다). 십대들은 용돈으로 공채를 사기도 했고, 학교에서는

1. 블루필드 ♦ 61

양철 깡통 수집 운동에 참여했다. 블루필드의 소년들은 어서 자라서 전쟁이 끝나기 전에 참전하고 싶어 안달했다. 그러나 조니만큼은 그렇지 않았다. 그는 암호를 고안하느라 여념이 없었다. 그 암호는 이상한 작은 동물과 상형문자로 이루어졌는데, 가끔 암호표를 성서 구절로 장식하기도 했다. "비록 부자들이 고고하고 / 영광과 장엄 속에서 뒹굴지라도 / 나 그들을 부러워하지 않는다. / 난 감히 선언하노라. *Though the wealthy be great / Roll in splendor and state / I envy them not, / I declare it.*"

사춘기는 견디기 힘들었다. 지적으로 조숙하지만 붙임성이 없고 스포츠도 좋아하지 않아 또래들과 어울릴 수 없는 소년에게는 유난히 그랬다. 카운티 클럽 힐의 소년 소녀들은 내쉬를 데리고 숲 속으로 하이킹을 하러 가거나, 함께 동굴을 탐사하며 박쥐를 잡기도 했다. 그러나 또래들은 그를 이상하게 생각했다. 말투도, 행동도 이상했고 고집스럽게 배낭을 메고 다니는 것도 이상했다. 내쉬네 집 길 건너편에 살았던 도널드 레이놀즈는 이렇게 회상했다. "그는 놀림을 많이 당하는 편이었어요. 너무 엉뚱했으니까요. 그가 실험이라고 생각하는 걸 우리는 미친 짓이라고 생각했죠. 우리는 그를 대두 *Big Brains*라고 불렀어요." 한번은 이웃 아이들이 권투 시합을 하자고 부추겨 그를 실컷 두들겨 팼다. 그러나 그는 키가 크고 뚝심도 있어서, 또래들은 은근히 놀릴 뿐 함부로 학대하진 못했다. 그는 자기가 얼마나 영리하고, 얼마나 힘이 세고, 얼마나 용감한지를 선보일 수 있는 기회만 있으면 그냥 지나가지 않았다.

사춘기의 두드러진 공격성과 권태 때문에 짓궂은 장난도 쳤는데, 가끔 장난이 지나칠 때도 있었다. 그는 싫어하는 급우들의 얼굴을 기괴한 만화로 표현하기도 했다. 훗날 MIT의 동료 수학자에게, 자기가 어렸을 때 가끔 "동물 학대 쾌감"을 즐겼다는 말을 한 적도 있었다. 한번은 흔들의자에 전선을 연결해놓고 마사를 앉히려고 했다. 이웃 아이에게도 비슷한 장난을 친 적이 있었다. 블루필드 상공회의소 소장인 넬슨 워커는 신문기자에게 이런 얘기를 했다.

> 나는 조니보다 두어 살 어렸습니다. 어느 날 카운티 클럽 힐의 그의 집 앞을 지나가는데, 그가 현관 앞 계단에 앉아 있더군요. 그는 나더러 가까이 와서 자기 손을 잡아보라고 했습니다. 나는 다가갔지요. 그의 손을 잡는 순간, 나는 평생 두 번 다시 없는 충격을 받았습니다. 어떻게 했는지는 모르지만, 자기는 감전되지 않고 나만 감전되도록 등뒤에 배터리와 전선을 설치해놓았던 겁니다. 나는 산채로 불고기가 되는 듯한 충격을 받았어요. 그런 후 그는 그저 씩 웃었고, 나는 갈 길을 갔습니다.

장난 때문에 곤욕을 치른 경우도 있었다. 고등학교 화학 실험실에서의 작은 폭발 사고로 교장실에 불려간 적도 있었고, 야간 통행 금지 시간을 어겨 다른 아이들과 함께 경찰서에 잡혀간 적도 있었다.

열다섯 살 무렵, 내쉬는 도널드 레이놀즈나 허먼 커시너 등의 이웃 아이들과 어울려 직접 폭탄을 만들기도 했다. "실험실"이라고 부른 커시너의 집 지하실에 모여, 파이프로 포를 만들고 폭약도 제조해서 물건을 집어넣고 쏘아댔다. 한번은 양초를 집어넣고 쏘아서 두꺼운 나무판자를 뚫기도 했다. 어느 날 내쉬는 비커를 하나 들고 실험실에 나타났다. "방금 니트로글리세린(다이너마이트나 로켓 연료를 만드는 물질)을 만들었어." 그가 신이 나서 말했다. 도널드는 믿지 않았다. "그럼 산에 올라가서 벼랑 아래로 던져보자. 어떻게 되나 보게." 내쉬는 도널드의 말대로 했다. "다행히 폭발하지 않았어요. 하마터면 산 한쪽을 날려버릴 뻔했지요." 그러나 결국 폭탄 제조는 비참한 결말에 이르고 말았다. 1944년 1월 어느 날 오후, 허먼 커시너는 집에서 혼자 파이프 폭탄을 만들고 있었는데, 그것이 무릎 위에서 폭발해 동맥을 끊어놓았다. 그는 구급차에 실려가던 도중 출혈 과다로 사망했다. 도널드 레이놀즈의 부모는 다음 학기에 아들을 기숙 학교로 보내버렸다. 내쉬의 부모가 아들의 관련 여부를 어느 정도나 알았는지는 확실치 않다. 아무튼 내쉬는 그 혹독한 경험을 통해 실험의 위험성을 뼈저리게 깨우칠 수 있었다.

본질적으로, 내쉬는 가까운 친구 한 명도 없이 성장했다. 그는 지적 성취도를 보여줌으로써 자기 처신에 대한 부모의 힐난을 비켜 가는 방법을 배웠다. 같은 식으로, 남들이 따돌릴 때면 무관심이라는 딱딱한 껍질을 뒤집어씀으로써 비켜 가거나, 뛰어난 지적 능력으로 반격을 가함으로써 남들의 공격을 막아내는 방법도 배웠다. 미국 수학협회의 최초 여성 회장인 줄리아 로빈슨 *Julia Robinson*은 자서전에서 이렇게 말했다. "많은 수학자들이 어렸을 때 스스로를 미운 오리새끼라고 생각했던 것 같다. 그들은 어른들의 말을 잘 듣는 틀에 박힌 또래들과 사귀지 못했고 사랑도 받지 못했다." 조니의 명백한 우월감, 세상과의 괴리, 이따금의 잔혹함 등은 불확실성과 외로움에 대처하는 방법이었다. 또래 아이들과 진실한 교제를 하지 못함으로 인해 그는 "인간 계급조직 속의 실제적 자기 위상에 대한 실감 *lively sense*"을 잃었다. 사회적 접촉이 많은 다른 아이들은 그런 실감을 가짐으로써 자기가 비현실적으로 약한 존재라거나, 비현실적으로 강한 존재라는 극단적인 생각을 갖지 않게 된다. 내쉬의 경우, 자기가 사랑스러운 존재라는 것을 믿을 수 없을 때, 강력한 존재라고 믿는 것은 좋은 대안이었다. 그것이 성공적으로 작용하는 한 자존심을 지킬 수 있었던 것이다.

조니는 소도시적 삶의 굴레로부터 벗어나기 위해 해묵은 도피로를 선택했다. 학교 공부를 잘하는 것이 그것이다. 그는 어머니의 권고대로 블루필드 대학의 강좌를 수강했고 탐욕스럽게 책을 읽었다. 그가 읽은 것은 주로 미래 공상물이나 대중 과학 잡지, 본격 과학교재들이었다. 그의 고등학교 화학 교사는 후일 〈블루필드 데일리 텔리그래프〉지에 이렇게 썼다. "그는 문제를 푸는 데 정말 탁월했다. 내가 칠판에 화학 문제를 적으면 다른 학생들은 모두 연필과 종이를 꺼내 들었다. 존은 꼼짝도 하지 않았다. 그는 칠판에 적힌 공식을 물끄러미 바라보다가, 공손하게 일어서서 답을 말했다. 모든 것을 머리 속에서 해결할 수 있었던 것이다. 그는 연필이나 종이를 꺼낸 적이 없었다." 청소년기의 이러한 사고 연습은 후일 그가 수학 문제에 접근하는 방식을 형성하는 데 실제적인 도움이 되었다. 또래들은 날이 갈수록 그를 존경하게 되었다. 전쟁 때문에 과학자들이 영웅시되던 당시에, 조니의 급우들은 그가 영웅이 되는 건 떼 놓은 당상이라고 생각했던 것이다.

고등학교 시절 조니는 동급생 두 명과 가깝게 지냈다—친한 친구였던 것은 아니다. 존 윌리엄스와 존 루단이 그들인데, 둘 다 아버지가 블루필드 대학의 교수였다. 세 학생은 학교까지 함께 일반 버스를 타고 통학했다. 라틴어 번역을 하는 데 조니의 도움을 받았던 윌리엄스는 이렇게 회상했다. "우리는 그에게 끌렸습니다. 그는 흥미로운 친구였어요. 그런데 우리는 존의 집에 놀러가 본 적이 없어요.

학교에서만 어울렸죠." 세 학생은 또 기회만 있으면 수업을 빼먹으려고 머리를 짜냈다. 당시에는 수능고사인 SAT가 널리 적용되기 전이어서, 관례처럼 대학의 요원들이 입학 시험지를 들고 고등학교에 찾아갔다. "우리는 오전에 시험을 보며 시간을 때우곤 했다"고 윌리엄스는 말했다.

그해 초, 조니는 그들을 부추겨, 절대 책을 들춰보지 않고 우등생이 되자는 내기를 했다—금액이 얼마인지 기억하는 사람은 없다. 세 학생은 저마다 꽤 영리하다고 생각했고, 교사들의 애완 동물 같은 공부벌레들을 경멸했다. 블루필드 대학에서 여러 과목을 듣느라 부담이 컸던 내쉬는 0.1퍼센트쯤의 차이로 우등생이 되지 못했다. 두 학생은 해냈다. 간발의 차이였지만.

존 시니어는 조니에게 웨스트 포인트 육사에 지원하라고 권했다. 그것 역시 조니가 원만한 성격을 갖지 못한 것을 걱정하는 아버지의 마음이 반영된 것일 수도 있다. 물론 육사에 가면 학비를 전액 면제받는다는 장점은 있었다. 그러나 "그게 부질없는 소리라는 것은 나도 알 수 있었어요"하고 마사는 말했다. 조니가 과학자가 되는 것에 대해 어떻게 생각했는지 모르지만, 장래 희망을 묻는 작문에서 그는 아버지처럼 엔지니어가 되고 싶다고 썼다. 그는 아버지와 공동으로 논문을 쓴 적이 있었다. 그것은 몇 주에 걸친 현장 답사를 필요로 하는 작업이었는데, 전선과 케이블의 적정 압력을 계산하는 데 더 나은 방법에 대한 것이었다. 그 논문은 한 공학 저널에 실렸다. 조니는 전국적으로 손꼽히는 조지 웨스팅하우스 장학금 심사에 참가해 대학 전학년 등록금을 장학금으로 받게 되었다. 하버드 대학의 유명 천문학자인 할로 셰이플리 *Harlow Shapely*의 아들인 로이드 셰이플리 *Lloyd Shapely*도 같은 해에 그 장학금을 받았다. 그러한 사실 때문에, 내쉬 집안에서 보기에 아들의 성취는 더없이 눈부셨다. 조니는 카네기 공대로부터 입학 허가를 받았다. 당시에는 전쟁 때문에 모든 대학이 학사 일정을 앞당겨, 학생들이 3년 만에 졸업할 수 있도록 방학 없이 연중 강의를 계속했다. 1945년 6월 중순, 조니는 블루필드를 떠나 피츠버그로 갔다. 몇 주 전, 히틀러의 패배를 축하하는 유럽 전승 기념일(5월 8일) 퍼레이드가 있었다.

카네기 공과대학

1945년 6월~1948년 6월

당시 수학자가 되는 사람은 극소수였다.
그것은 콘서트 피아니스트가 된다는 것과 비슷하다.
-라울보트, 1995

존 내쉬와 여동생 마사, 1948년
가을, 블루필드

내쉬가 피츠버그로 간 것은 화학 엔지니어가 되기 위해서였다. 그러나 그는 날이 갈수록 수학에 끌렸다. 얼마 되지 않아 계산자나 실험실에 등을 돌리고 뫼비우스의 띠 *Möbius Strip*와 디오판투스 방정식 *Diophantine equations*에 몰두했다.

피츠버그 하면 먼저 떠오르는 것은 제련공장과 발전소, 오염된 강, 도처에 쌓인 광물 찌꺼기였다. 격렬한 파업과 잦은 홍수로도 유명했다. 번화가를 삼켜버린 유황 연기는 어찌나 짙은지, 기차를 타고 아침에 도착한 여행객들이 아직도 한밤중인 줄로 알 정도였다. 스쿼럴 힐의 중턱에 터를 잡은 카네기 공대도 열악한 환경에서 벗어날 수 없었다. 대학 건물의 상아빛 벽돌은 누르스름한 잿빛으로 변색했다. 학생들 말에 의하면, 앤드류 카네기의 이 학교는 여차하면 공장 건물로 전용할 작정으로 설계된 것이었다. 구내의 보도에는 그을음이 뭉쳐 생긴 자갈 크기의 검댕이 즐비했다. 학생들은 수업 도중에 공책에 내려앉은 재를 털어내며 필기를 해야 했다. 한여름 정오에도 사람들은 맨눈으로 태양을 쳐다볼 수 있었다.

당시 현지의 지배층 가문에서는 카네기를 기피하고, 자녀를 모두 하버드나 프린스턴 등의 동부 대학에 보냈다. 종전 후에 카네기 공대의 교수가 되어 후일 총장까지 지낸 리처드 사이어트는 이렇게 회상했다. "내가 처음 왔을 때 이곳은 정말 낙후된 곳이었다." 당시 이 공과대학의 학생 수는 2천명이나 되었지만, 세기초에 전기공이나 벽돌공의 자녀를 위한 직업학교로 개교했을 당시와 달라진 것이 별로 없었다. (이 학교는 1905년 카네기 공업학교로 개교했으며, 1912년에 카네기 공대가 되었고, 1967년 카네기멜론 대학으로 개칭했다 : 옮긴이주)

그러나 종전 직후 다른 많은 대학과 마찬가지로 카네기 공대도 변모하기 시작했다. 당시 총장인 로버트 도허티는 전시 연구개발 붐으로 인해 창출된 기회를 놓치지 않고, 엔지니어링 스쿨 차원의 학교를 본격 종합대학 수준으로 끌어올리려고 했다. 전쟁이 끝나 입학생이 급증할 것으로 예상되는 데다가 방위산업 연구 계약을 따낸 것도 많아서, 그것을 이용해 수학과 물리학, 경제학 분야의 준재들을 대폭 교수로 영입했다. 수학자 리처드 더핀 Richard Duffin은 이렇게 회상했다. "이론과학 분야를 중점적으로 키웠지요. 도허티는 카네기 공대를 최고 수준으로 끌어올리려고 했어요."

피츠버그에 본사를 둔 웨스팅하우스와 같은 대기업들은 후한 장학금을 제공하며 영재들을 카네기로 불러오려고 했다. 1945년에 카네기에 입학한 장학생 가운데, 공학을 포기하고 존 내쉬처럼 수학이나 과학 분야를 선택한 젊은이가 많았는데, 앤디 워홀처럼 예술의 길을 간 학생들도 있었다.

내쉬는 1945년 6월 기차를 타고 피츠버그에 도착했다―휘발유 배급제 때문에 승용차를 이용하긴 어려웠다. 카네기 공대는 여전히 전시 운영방식을 따르고 있었다. 이를테면, 연중 강의가 계속되었고, 대부분의 캠퍼스 과외활동은 계속 유예되었고, 대부분의 동아리 건물도 폐쇄된 상태였다. 1년이 지나지 않아 캠퍼스는 제대군인들로 넘쳐서 강의실마다 나이 많은 학생들로 가득 찼다. 그러나 종전 2개월 전인 그 해 6월에 캠퍼스에 있던 학생은 대부분 신입생이거나 2학년생이었다. 장학금을 받는 학생들은 웰치홀에서 함께 기숙했고 대부분 함께 강의를 들었다. 이들 소수의 학생들은 엄선된 교수들이 가르쳤는데, 교수 중 일부는 일류급이었다. 예를 들어, 내쉬는 물리학 기초를 이마누엘 에스터만 Immanuel Estermann에게 배웠는데, 에스터만은 실험 경험이 풍부한 최고 수준의 물리학자였다. 그는 독일계 이민자인 오토 슈테른 Otto Stern에게 1943년 노벨 물리학상을 안겨주었던 실험 작업의 상당 부분을 수행하기도 했다. (슈테른은 양성자 자기모멘트 측정 업적으로 노벨상을 수상했다 : 옮긴이주)

엔지니어가 되겠다는 내쉬의 열망은 첫 학기를 넘기지 못했다. 기계 도면을 그리는 것이 질색이었기 때문이다. 후일 그는 이렇게 썼다. "규격화된 일에는 마음이 내키지 않았다." 그러나 새로 전공으로 선택한 화학도 그의 관심사나 기질과는 동떨어진 것이었다. 한 교수 밑에서 실험실 보조로 잠깐 일하던 중, 실험 장비를 깨뜨리는 바람에 곤욕을 치르기도 했다. 여름 방학 동안 웨스팅하우스 실험실에서 아르바이트를 할 때도 따분하기만 했다. 두 달 동안 그가 주로 한 일은 실험실 내 기계공작소에서 놋쇠 달걀을 깎거나 다듬는 일이었다. 물리화학 과목에서 C학점을 받은 것이 결정타가 되었다. 낮은 학점을 받은 것은, 수업중에 걸핏하면 교수가 수학적 엄밀성을 결여했다고 따졌기 때문이다. 데이빗 라이드는 이렇게 회상했다. "그는 교수가 바라는 방식대로 문제를 풀려고 하지 않았습니다." 일반 화학에 대해 내쉬는 이렇게 꼬집곤 했다. "얼마나 생각을 잘할 수 있느냐는 것은 중요하지 않았다.… 시험관을 얼마나 잘 다룰 수 있느냐, 시약을 몇 방울 떨어뜨려야 할지 얼마나 잘 계산할 수 있느냐, 그것이 중요했다."

내쉬는 실험실에서 전력을 다하고 있을 때에도 카네기에 탁월한 교수들이 영입되고 있다는 사실을 이미 알고 있었다. 그가 2학년이 되었을 때, 도허티 총장의 이론과학 분야 육성 방침에 힘입어 존 싱 *John L. Synge*이 수학과 학과장으로 영입되었다. 존 싱은 아일랜드 극작가 존 밀링턴 싱의 조카였다. 존 싱은 한쪽 눈에 검은 안대를 댔고 코에 넣은 필터가 밖으로 빠져 나온 기괴한 모습을 하고 있었다.

그래도 그는 대단히 매력적인 인물이어서, 리처드 더핀과 라울 보트 Raoul Bott, 알렉산더 웨인스타인 같은 젊은 학자들을 스카웃해왔다. 웨인스타인 Alexander Weinstein은 유럽계 이민자로 한때 아인슈타인이 공동 연구자로 초빙한 적이 있는 인물이었다. 그해에 프린스턴 대학의 위상수학자인 앨버트 터커 Albert Tucker가 카네기에 강연을 하러 온 적이 있었다. 오퍼레이션스 리서치 operations research(조업도 조사. 정부, 군, 기업 등의 문제점들을 수리과학적으로 분석 평가하는 작업 : 옮긴이주)의 개척자인 그는 카네기의 수학과 교수진 수준에 탄복해서 "광산에 석탄 가져온 격" 같은 기분을 느꼈다고 토로했다.

내쉬는 처음부터 수학 교수들을 매료시켰다. 교수 가운데 한 명은 그를 "젊은 가우스"라고 불렀다. 내쉬는 싱 교수에게 상대성 이론과 텐서 해석 tensor calculus(아인슈타인이 일반상대성이론을 구축할 때 사용한 수학적 도구 : 옮긴이주)을 배웠다. 내쉬의 독창성과 난해한 문제에 대한 갈구는 싱에게 깊은 인상을 심어주었다. 싱은 물론 다른 교수들도 내쉬에게 수학을 전공하라고 독려하기 시작했다. 수학자가 되면 밥벌이나 할 수 있을까 싶은 의구심을 떨치는 데에는 시간이 필요했다. 어쨌거나 2학년 중반에 들어섰을 무렵 그는 거의 수학에만 몰두했다. 웨스팅하우스 장학금 집행인들은 내쉬가 수학으로 돌아선 것을 달가워하지 않았지만, 그런 사실을 알게 되었을 때에는 이미 엎질러진 물이었다.

대학 시절은 많은 미운 오리새끼가 백조임을 자각하는 때이다. 지적으로만이 아니라 사회적으로도 그렇다. 조숙하면서도 미숙한 웰치홀의 대다수 학생들은 서로 관심사가 같았고 의기 투합했으며, 고통스러웠던 고등학교 시절과 달리 대학사회에서는 널리 인정을 받앉다. 한스 와인버거 *Hans Weinberger*는 이렇게 회상했다. "고교시절에 우리는 모두 말이 안 통하는 얼간이였지만, 여기서는 말이 통했습니다."

내쉬는 그리 운이 좋지 못했다. 교수들은 그를 미래의 스타로 꼽았지만, 새로운 또래들에게 그는 여전히 이상했고 여전히 붙임성이 없었다. "그는 촌놈이었습니다. 우리 기준에서 보아도 어딘가 덜 떨어진 데가 있었죠"하고 로버트 시겔은 회상했다. 물리학을 전공한 시겔의 기억에 의하면, 내쉬는 교향악 연주회에 한 번도 가본 적이 없었다. 행동도 괴팍해서 피아노 앞에 앉으면 하나의 건반만 끝없이 두드려댔다. 휴게실에서는 벗어둔 옷 위에 아이스크림을 얹어놓고 다 녹도록 방치했다. 불을 끄려고 잠든 룸메이트를 밟고 지나가기도 했고, 브리지 게임에서 지면 삐치곤 했다.

내쉬는 콘서트나 식당에 같이 가자는 초대를 받아본 적이 거의 없었다. 브리지에 빠져 있던 폴 츠바이펠에게 게임 규칙을 배웠지만, 자세한 규칙에는 무관심하고 삐치길 잘해서 좋은 파트너가 될 수 없었다. "그는 게임의 이론적 측면을 토론하고 싶어했다." 내쉬는 한 학기 동안 와인버거와 같은 방을 썼는데 서로 다투기 일쑤였다―한 번은 와인버거를 와락 밀어버리고 논쟁을 끝낸 적도 있었다. 결국 내쉬는 기숙사 끝에 있는 독방으로 옮겨갔다. "그는 지독하게 혼자만 지냈죠." 시겔이 회상했다.

내쉬가 수학적 업적을 쌓았을 때 그랬더라면 또래들도 그의 괴팍한 행동을 용서하기 쉬웠을 것이다. 그러나 24시간 다른 청소년들에게 둘러싸여 있던 카네기 시절에는 집중 공격을 받지 않을 수 없었다. 다른 학생들이 그의 뚝심이나 기질을 두려워했기 때문에 학대를 당할 정도는 아니었지만, 가차없이 놀림을 받고 따돌림을 당했다.

덩치가 크고 머리가 좋아서 남들의 부러움을 샀지만, 그런 사실은 오히려 따돌림을 부채질하기만 했다. 물리학을 전공한 조지 힌맨은 이렇게 회상했다. "남다르다는 점 때문에 놀림감으로 삼기엔 제격이었죠. 주변머리 없고 유치하게 구는 놈이 있으니 한번 실컷 골려주자는 심산이었다고 할까요? 우리는 불쌍한 존을 괴롭혔어요. 친절하게 대해주는 법이 없었죠. 우리는 악랄하게 굴었어요. 그에게 정신적 문제가 있다는 걸 우리는 감지하고 있었습니다."

첫해 여름날, 내쉬와 폴 츠바이펠과 또 다른 학생 한 명이 어울려, 카네기 지하 스팀 터널의 미로를 탐사한 적이 있었다. 어둠 속에서 내쉬가 갑자기 다른 학생들을 돌아보며 불쑥 말했다. "쯧쯧, 여기 갇히면 꼼짝없이 호모가 되겠는걸." 당시 열다섯 살이었던 츠바이펠은 별 망측한 소리를 다 듣는다고 생각했다. 그런데 추수감사절 연휴 때, 텅 빈 기숙사에서 망측한 일이 일어났다. 내쉬가 침대에서 잠들어 있던 츠바이펠에게 올라타 추파를 던졌던 것이다.

집을 떠나 다른 청소년들과 맞붙어 살면서 내쉬는 남학생들에게 성적으로 끌린다는 것을 자각했다. 그는 나름대로 자연스럽게 말하고 행동하려고 했지만 또래들에게 멸시당할 뿐이었다. 같은 기숙사의 츠바이펠과 다른 남학생들은 내쉬를 "호모"라거나 "내쉬-모"라고 부르기 시작했다. "일단 별명이 지어지자 입에 붙었어요. 존이 꽤 당했죠"하고 시겔은 회상했다. 내쉬는 물론 그런 별명이 치욕적이라는 것을 알았지만, 화만 낼 뿐 다른 반응을 보이지는 않았다.

내쉬는 짓궂은 장난의 표적이 되기도 했다. 한번은 와인버거와 몇몇 학생들이 군용 트렁크로 내쉬의 방문을 부순 적이 있었다. 또 한번은 내쉬가 담배 연기를 끔찍이 싫어한다는 것을 알게 된 츠바이펠

등 학생 몇이서 묘한 장치를 만들어, 담배 한 갑을 송두리째 태워 그 연기를 모았다. "존의 방문 앞으로 몰려간 우리 일당은 밑으로 연기를 뿜어 넣었죠. 그의 방안에는 순식간에 담배 연기로 가득 찼어요." 츠파이벨의 회상에 의하면, 내쉬는 격분해서 뛰쳐나왔다. "와락 뛰쳐나온 존은 잭을 번쩍 들어 침대에 내동댕이쳤어요. 그러고는 잭의 셔츠를 찢어발기고 등을 후려치더니, 밖으로 휑하니 뛰쳐나가 버리더군요."

내쉬는 더러 자기만의 방식으로 자기 방어를 하기도 했다. 그는 독설이나 냉소나 조롱에는 서툴러서 남들을 제대로 경멸하지도 못했다. 시겔은 이렇게 회상했다. "그는 '바보 멍청이'라는 말을 주로 썼어요. 지적으로 자기보다 못하다고 생각되는 애들을 대놓고 경멸했는데, 우리는 너나없이 경멸을 당했죠. '무식한 놈들 *ignoramus*'이라고 말입니다." 한 해쯤 지나 그가 천재라는 명성을 얻게 되었을 때, 그는 학생 회관인 스키보 홀에서 판관처럼 굴기 시작했다. 양손에 칼을 든 동화 속의 마법사처럼 의자에 떡 하니 버티고 앉아서 어려운 문제를 내보라고 다른 학생들을 채근했던 것이다. 많은 학생들이 숙제를 들고 그를 찾아갔다. 그는 스타였다. 그러나 따돌림당하는 것은 여전했다.

내쉬는 행정본부의 수학과 사무실 밖 게시판에 붙은 공고문을 우울하게 응시하고 있었다. 그곳은 대낮이었는데도 어두웠다. 그는 게시판 앞에 한참 동안 우두커니 서 있었다. 그는 상위 5등 안에 들지 못했다.

단숨에 영광을 거머쥐려던 내쉬의 꿈은 깨지고 말았다. 윌리엄 로웰 퍼트남 수학 경시대회는 학부 학생을 대상으로 한 전국 규모의 권위 있는 대회였다. 이 대회는 하버드 대학의 총장과 학장을 다수 배출한 유서 깊은 재벌인 보스턴 가에서 후원했다. 오늘날 이 대회의 응시생은 2천명이 넘지만, 1947년 3월에는 응시생이 120명 정도였다. 대회가 시작된 지 10년째가 된 당시에도, 이 대회에서 입상하면 큰 주목을 받을 수 있었다. 이 대회는 수학계에서 자신의 서열을 매겨볼 수 있는 첫 기회이기도 했다.

현재와 마찬가지로 당시에도 열두 문제가 출제되었고, 각 문제당 30분이 주어졌다. 문제는 난해하기로 소문이 나 있었다. 어느 해에는 총점 120점 가운데 중간 분포 점수가 영점인 적도 있을 정도였다—응시생의 절반 이상이 단 한 문제에 대한 부분 점수조차 받지 못했다는 뜻이다. 응시생 대부분이 소속 대학에서 엄선된 학생인데도 그랬다. 상위 5등 안에 들려면 두뇌 회전이 비상하거나 창의성이 두드러져야 했다. 상금 규모는 미미해서, 10등까지 각 개인에게 40달러에서 20달러까지, 상위 5등 안에 든 학교에는 400달러에서 200달러까지 주었다. 그러나 수상자는 수학계에서 즉각 이름을 날렸고, 명문 대학원에 입학이 보장되었다. 다른 대학원에서도 다소간 퍼트남상을 인정했지만, 특히 하버드는 오늘날에도 그렇고 과거에도 대단히, 아주 대단히 이 상을 중시했다. 그해에 하버드는 수상자에게 일인당 1천 5백 달러의 장학금을 약속했다.

내쉬는 1학년과 2학년 때 응시했다. 두 번째 응시했을 때 10등 안에 들기는 했지만 5등 안에는 들지 못했다. 이번에도 해내지 못했던 것이다. 1946년에 모스코비츠 *David Moskovitz*라는 수학자가 기출문제로 카네기 공대 팀을 가르쳤는데, 다른 학생은 물론 모스코비츠조차 풀지 못한 문제를 내쉬는 거뜬히 풀 수 있었다. 그런데도 1946년에 조지 힌맨이 10등 안에 들었을 때 내쉬는 그렇지 못했다. 그것은 내쉬에게 커다란 충격이었다.

19세의 평범한 학생이었다면 실망감을 금방 떨쳐버릴 수 있었을 것이다. 화학과에 다니다가 수학 교수들의 눈에 들어, 장차 훌륭한 수학자가 될 거라는 칭찬을 듣고 전공을 바꾼 여느 학생이라면 더욱 쉽게 잊을 수 있었을 것이다. 그러나 또래들에게 줄곧 따돌림을 당해왔던 십대에게는 달랐다. 몇몇 교수들의 따뜻한 칭찬만으로는 너무 미흡했고, 너무 때늦은 일이기도 했다. 내쉬는 인정받기를 열망했다. 그 인정은, 정서적이거나 개인적인 유대감으로 채색되지 않은, 객관적이고도 보편적인 기준에 바탕을 둔 것이어야 했다. 해롤드 쿤은 최근에 이렇게 회상했다. "그는 항상 자신의 위상을 알고 싶어했습니다. 그래서 유명 클럽의 회원이 된다는 것이 늘 중요했지요." 수십 년 후, 순수 수학계에서 세계적 명성을 얻고 노벨 경제학상까지 받게 되었을 때에도 그랬다. 내쉬의 노벨상 수상 약전略傳을 보면, 퍼트남 경시대회가 아직도 마음에 사무친다는 것을 알 수 있다. 그때의 실패는 대학원 선정에 결정적인 역할을 하기도 했다. 오늘날에도 내쉬가 어느 수학자를 아는 체할 때면 퍼트남상을 들먹인다. "아, 그 사람. 그 친구는 퍼트남상을 세 번 탔지."

1947년 가을, 리처드 더핀이 묵묵히 얼굴을 찌푸리고 칠판 앞에 서 있었다. 그는 힐버트 공간 *Hilbert spaces*에 대해 잘 알고 있었다. 그런데 그는 너무 다급하게 강의 준비를 하는 바람에 증명 도중 갑자기 생각이 막히고 말았다. 그것은 흔히 있는 일이었다.

대학원 고급 과정을 수강하고 있던 학생 다섯 명은 차츰 불안해졌다. 오스트리아 출신의 와인버거는, 더핀이 교재로 쓰고 있던 폰 노이만의 저서 〈양자역학의 수학적 기초 *Mathematische Grundlagen der*

Quantenmechanik》를 세부적인 데까지 해설할 수 있는 능력을 지니고 있었다. 그러나 이번에는 와인버거도 얼굴을 찌푸렸다. 잠시 후, 우물쭈물하며 어색하게 앉아 있던 학부 학생에게 모두의 눈길이 쏠렸다. "어이, 존. 칠판 앞으로 가서, 나를 곤경에서 구해줄 수 있겠는지 좀 봐주게." 더핀이 말하자 내쉬는 벌떡 일어나 성큼 칠판 앞으로 다가갔다.

보트는 이렇게 회상했다. "그는 우리에 비하면 무한대로 정교했습니다. 그는 난해한 문제들을 본능적으로 이해했어요. 더핀 교수가 막혔을 때 내쉬가 도와줄 정도였으니까요. 다른 학생들은 힐버트 공간 개념에 필수적인 테크닉조차 이해하지 못했어요." 다른 학생은 또 이렇게 회상했다. "그는 항상 탁월한 증명과 반례를 준비해두고 있었습니다."

더핀 교수는 1995년 사망 직전에 이렇게 회상했다. "어느 날 수업이 끝난 후 얘기를 나눈 적이 있어요. 내쉬가 브로우어의 부동점 정리 *Brouwer's fixed point theorem*에 대한 얘기를 꺼내더군요. 그는 모순율을 이용해서 간접적으로 그것을 입증했어요. 'A는 A가 아니다'라는 말이 모순이듯이, 부동점이 있지 않으면 모순이 된다는 것을 보여준 거지요. 그때 내쉬가 브로우어라는 사람의 이름이나 들어봤는지 모르겠어요."

내쉬는 카네기에서의 3년차이자 마지막인 해에 더핀의 강의를 들었다. 내쉬는 19세에 이미 성숙한 수학자로서의 면모를 지니고 있었다. 더핀은 이렇게 회상했다. "그는 뭐든지 구체적인 것으로 환원하려고 했습니다. 기존에 알고 있던 것과 연결시켜서, 그것을 먼저 감각적으로 느낀 다음 본격적으로 문제 해결에 들어간 거지요. 그건 라마누잔이나 푸앵카레가 쓰던 방법입니다. 라마누잔은 마음으로 문제를 파악하고 답을 알아낸다고 주장했습니다. 푸앵카레는 버스에서 내리면서 위대한 정리 하나를 떠올렸다고 말했지요."

내쉬는 아주 일반적인 문제들을 좋아했다. 재치가 필요한 아기자기한 문제는 그리 잘 풀지 못했다. 라울 보트는 이렇게 회상했다. "그는 대단히 몽상적인 인물이었습니다. 한번 생각하면 끝이 없었지요. 그가 생각에 잠기기 시작하면, 다른 사람들은 아예 책을 펼쳐 들었습니다." 또 와인버거는 이렇게 회상했다. "내쉬는 누구보다도 많은 것을 알고 있었습니다. 또 우리가 전혀 이해할 수 없는 것들을 연구하고 있었죠. 그가 가진 지식의 양은 엄청났어요. 정수론에 대한 박식함은 혀를 내두를 정도였습니다." 또 시겔은 이렇게 회상했다. "그는 디오판투스 방정식을 아주 좋아했습니다. 그런 게 있다는 것을 우리는 들어보지도 못했는데, 그는 벌써 연구를 하고 있었던 겁니다."

그런 일화를 통해 볼 때, 수학자로서 내쉬가 평생 지녔던 관심사의 대부분—정수론, 디오판투스 방정식, 양자역학, 상대성원리 등—은 십대 후반에 이미 그를 매료시켰다는 것을 알 수 있다. 내쉬가 카네기에서 게임 이론을 배웠는지에 대해서는 기억이 엇갈린다. 내쉬 자신은 기억하고 있지 않다. 그러나 그는 국제무역 강의를 들은 적이 있었다. 졸업 전에 들은 경제학 관련 강의는 오직 그것뿐이다. 내쉬가 장차 노벨 경제학상을 받게 될 이론에 대한 기본 통찰을 얻기 시작한 것도 다름 아닌 그 강의를 통해서였다.

1948년 봄 무렵, 그러니까 카네기 공대 3학년 시절, 내쉬는 하버드와 프린스턴, 시카고, 미시건 등의 대학원으로부터 입학 허가를 받앉다. 훌륭한 수학 교수로서의 미래를 보장받으려면 이들 미국의 4대 수학 대학원에 입학하는 것이 필수였다.

그는 하버드를 1순위로 꼽았다. 내쉬는 하버드의 수학 교수진이 최고일 거라고 친구들에게 말하곤 했다. 하버드의 공신력과 사회적 위상도 그에게는 매력적이었다. 종합대학으로서도 하버드는 전국 최고라는 명성을 지녔는데, 주로 유럽 교수로 채워진 시카고나 프린스턴은 그렇지 못했다. 그에게는 무조건 하버드가 최고여서, 하버드 출신이 된다는 것보다 더 바람직한 일은 있을 수 없었다.

문제는 하버드가 프린스턴보다 장학금이 약간 적다는 것이었다. 하버드가 그에게 상대적으로 인색한 것은 퍼트남 경시대회에서 약간 쳐졌기 때문이라고 확신한 내쉬는, 하버드가 진심으로 자기를 원하는 게 아니라고 판단했다. 그런 홀대에 보복하기 위해 그는 하버드 입학을 거절했다. 50년 후 노벨상 수상 약전를 쓰면서도 내쉬는 하버드의 미온적인 태도 때문에 받은 상처를 잊지 못했다. "나는 하버드든 프린스턴이든 마음대로 대학원을 선택해서 갈 수 있었다. 그러나 퍼트남 경시대회에서 상을 받지 못했기 때문에 프린스턴의 장학금이 다소 후했다."

프린스턴은 미온적이지 않았다. 1930년대부터 프린스턴은 수학과가 크게 강화되어 최고의 학생을 유치하기 위해 열심이었다. 당시 프린스턴은 사실상 하버드보다 더 입학이 까다로웠다. 하버드가 매년 25명 정도를 뽑은 반면, 프린스턴은 소수 정예로 10명만 뽑았다. 프린스턴의 교수들은 퍼트남상 등의 각종 상은 물론이고 학점까지도 중시하지 않았다. 오직 해당 대학 수학자들의 의견만 중시했다. 그리고 일단 뽑고 싶은 학생을 결정하면 발벗고 나서서 그 학생을 유치했다.

더핀과 싱은 프린스턴을 강력히 추천했다. 프린스턴에는 위상수학자와 대수학자, 정수론 학자 등 순수 수학자들이 포진해 있었다. 더핀은 특히 내쉬의 관심사나 기질로 보아 가장 추상적인 수학 쪽이 어울린다고 판단했다. 더핀은 이렇게 회상했다. "프린스턴은 위상수학 분야에서 최고였습니다. 그래서 내쉬를 프린스턴에 보내고 싶어했지요." 내쉬가 프린스턴에 대해 아는 거라고는, 아인슈타인과 존 폰 노이만이 그곳에 있다는 것 정도였다. 그 밖에는 유럽계 이민자 교수들투성이였다. 외국인, 유태인, 좌파 등의 학자가 뒤섞인 프린스턴의 다국적 수학 환경이 내쉬에게는 분명 하버드보다 열등해 보였다.

내쉬가 망설이고 있다는 것을 감지한 프린스턴의 수학과 학과장 솔로몬 레프셰츠 *Solomon Lefschetz*는, 프린스턴을 선택해달라고 이미 편지를 띄우기도 했지만, 마지막 카드인 존 에스 케네디 펠로십을 제시했다. 1년짜리 그 펠로십은 대학원 학생용 기숙사를 제공하고, 조교 의무를 전면 면제해주는 것으로, 수학과에서 제공한 역대 최고의 특혜였다. 그것만 보아도 프린스턴이 내쉬를 얼마나 원했는지 알 수 있다. 연간 1,150달러 상당의 그 펠로십은, 학비 450달러를 내고 연간 기숙사비 200달러와 각종 생활비는 물론 식대로 주당 14달러까지 쓸 수 있었다.

그런 제안 때문에 내쉬는 마음을 굳힐 수 있었다. 실제로 장학금 차이가 그리 큰 것은 아니었다. 그러나 후일 내쉬의 인생에서 여러 차례 그런 일이 있었던 것처럼, 당시에도 사소한 금액 차이가 결정에 영향을 미쳤다. 프린스턴에서 상대적으로 후한 장학금을 준다는 것은 그만큼 자기를 높이 평가한다는 척도가 된다고 내쉬는 생각했다. 레프셰츠의 아첨 역시 결심을 굳히는 데 한몫을 했다. "우리는 장래가 촉망되는 개방적인 젊은이를 붙잡고자 합니다" 하는 레프셰츠의 이 말이 내쉬의 심금을 울렸던 것이다.

카네기에서의 마지막 봄날, 내쉬의 마음을 짓누른 것이 또 있었다. 졸업이 다가오자 병역 문제가 점점 걱정이 되었던 것이다. 미국이 다시 참전하게 되면 보병으로 징집될지도 몰랐다. 제2차 세계대전이 끝난 지도 3년이 지나 병력이 계속 축소되고 있었지만, 내쉬는 안심이 되지 않았다. 그가 정기구독하고 있던 신문에서는 연일 징집의 조짐을 시사하고 있었다. 특히 러시아의 베를린 봉쇄, 그에 따른 미국과 영국의 생필품 공수, 냉전의 가속화 등이 그랬다. 그는 자신의 미래가 타율적으로 결정되는 것을 무척이나 싫어했다. 자신의 자율성이나 미래 계획에 위협이 되는 일로부터 자신을 지켜야 한다는 강박관념에 시달릴 정도였다.

그래서 레프셰츠가 여름 아르바이트로 해군 조사 프로젝트에 참여하게 해주겠다고 하자 내쉬는 크게 마음이 놓였다. 메릴랜드 주 화이트오크에서 수행된 그 프로젝트의 책임자는 레프셰츠의 제자인 클리포드 앰브로스 트루스델 *Clifford Ambrose Truesdell*이었다. 그해 4월 초, 내쉬는 레프셰츠에게 이런 편지를 보냈다.

> 미국이 참전하게 된다면, 저는 보병으로 징집되는 것보다 연구 프로젝트에서 일하는 것이 더 쓸모 있고, 더 잘 해낼 수 있을 것입니다. 이번 여름에 제가 정부의 연구 프로젝트에서 일할 수 있게 되면 궁극적으로 바람직한 길을 가는 셈입니다.

내쉬가 고민을 드러내지는 않았지만, 그해 봄날의 근심과 실망감은 카네기를 졸업하고 프린스턴에 입학할 때까지 여름 내내 암울한 그림자를 드리웠다.

화이트오크는 워싱턴 시 교외에 있었다. 1948년 여름에 그곳은 너구리와 주머니쥐, 뱀 등이 우글거리는 질퍽한 삼림지대였다. 화이트오크에 모인 수학자들의 구성은 잡다했다. 제2차 세계대전중에 해군으로 참전했던 사람도 있었고, 독일인 전쟁 포로까지 있었다. 내쉬는 워싱턴 시 번화가에 집을 구했다. 집주인은 워싱턴 시의 경찰관이었는데, 날마다 독일인 두 명과 함께 카풀로 화이트오크까지 출근했다.

내쉬는 어서 여름이 오기만 기다렸다. 순수 수학 차원의 일을 할 거라고 레프셰츠는 장담했다. 연구 책임자인 트루스델은 너그럽고 훌륭한 수학자였다. 그는 자기 팀의 수학자들에게 스스로 알아서 연구하도록 격려할 뿐 간섭하지 않았다. 내쉬에게는 거의 백지 위임을 하다시피 했다. 여름이 끝나서 돌아가기 전에 뭔가 써놓은 것만 있으면 된다고 말할 뿐, 달리 아무런 지시도 하지 않았던 것이다. 그러나 내쉬는 일을 힘들어하는 것 같았다. 여름이 시작되기 전에 트루스델에게 내쉬가 막연히 말했던 연구 과제들 가운데 가시적 성과를 보인 것은 하나도 없었다. 그는 아무 것도 서면으로 넘겨주지 못했다. 여름이 끝났을 때 내쉬는 시간만 낭비한 것을 트루스델에게 사과해야 했다.

내쉬는 그저 생각에 잠겨 주변을 배회하며 대부분의 시간을 보냈다. 트루스델의 아내로서 연구 프로젝트의 잡일을 도맡았던 샬로트 트루스델은 내쉬가 "열여섯 살 정도"로 어려 보였고, 거의 말이 없었다고 회상한다. 한번은 무슨 생각을 골똘히 하느냐고 물었다. 그러자 내쉬가 반문했다. 수학자들이 앉아 있는 의자에 살아 있는 뱀을 풀어놓으면 재미있을 것 같지 않느냐고. "그는 그렇게 하지 않았죠"하고 그녀가 말했다. "하지만 그런 생각을 많이 했어요."

우주의 중심

프린스턴, 1948년 가을

…고풍스럽고 엄숙한 마을.
—앨버트 아인슈타인
…수학적 우주의 중심.
—해롤드 보어

1948년 노동절(5월 1일), 내쉬는 뉴저지 주 프린스턴에 도착했다. 이날은 트루먼 대통령의 재선 캠페인이 개시된 날이다. 내쉬는 이제 스무 살이었다. 그는 기차를 타고 블루필드에서 워싱턴 시와 필라델피아를 거쳐 곧장 프린스턴으로 왔다. 그는 새 양복을 입고 큼직한 가방을 들고서 프린스턴 연락역에 내렸다. 가방에는 침구와 옷, 편지와 공책, 몇 권의 책이 담겨 있었다. 그는 어서 학교에 도착하고 싶어 안달이었다. 별 특징이 없는 중산층의 작은 마을이 자리한 이 연락역에서 프린스턴 대학까지는 10리쯤 떨어져 있었다. 그는 대학까지 순환 운행되는 작은 단선열차 딩키에 황급히 올라탔다.

완만하게 오르내리는 삼림지대와 천천히 흘러가는 냇물, 듬성듬성한 옥수수밭으로 둘러싸인 한적한 중세풍의 마을이 보였다. 17세기 말경 퀘이커 교도들이 정착하게 된 프린스턴은 워싱턴 장군이 대영제국 군대를 상대로 대승을 거둔 곳이기도 하다. 1783년에는 6개월 동안 새 공화국의 사실상의 수도 구실을 하기도 했다. 아름드리 나무들 사이에 둥지를 튼 고딕식의 대학 건물, 석조 교회들, 장중한 고풍의 가옥들로 이루어진 프린스턴 읍내는 뉴욕이나 필라델피아 외곽의 부유하고 잘 다듬어진 준전원 주거지역과 닮아 보였다. 나른한 읍내의 중앙로인 낫소 스트리트에는 "고급" 신사복 가게들, 술집 몇 개, 약국 하나, 은행 하나가 있었다. 도로는 전쟁 전에 포장이 되었지만, 길에는 자전거를 타거나 걸어 다니는 사람이 대부분이었다. 〈낙원의 이쪽 *This Side of Paradise*〉에서 스코트 피츠제럴드는 제1차 세계대전 발발 무렵의 프린스턴을 "미국에서 가장 쾌적한 컨트리 클럽"이라고 묘사했다. 1930년대에 아인슈타인은 이곳을 "고풍스럽고 엄숙한 마을"이라고 했다. 대공황이나 몇 번의 전쟁도 이곳을 변화시키지 못했다. 프린스턴의 부유한 수학자 오스왈드 베블런 *Oswald Veblen*의 아내 메이 베블런은 오늘날까지 이 읍내를 속속들이 기억하고 있을 정도다. 백인이든 흑인이든, 재산이 많든 적든, 모든 집의 모든 사람들 이름을 외울 수도 있었다. 이곳에 새로 온 사람들은 유서 깊은 마을의 풍모에 주눅이 들었다. 서부 출신의 한 수학자는 이렇게 회상했다. "늘 바지 지퍼가 열려 있는 기분이었다."

대학의 수학과 건물도 부귀하고 근접하기 어렵다는 인상을 주었다. "파인홀 *Fine Hall*은 세계의 수학과 건물 가운데 가장 호화로울 것입니다." 한 유럽계 학자가 부럽다는 듯이 말했다. 그것은 박공 구조의 신고딕풍 빨간 벽돌과 판석으로 된 성채였다. 그 스타일은 파리의 콜레주 드 프랑스와 옥스퍼드 대학을 연상시켰다. 파인홀의 초석에는 납 상자가 하나 들어 있는데, 납 상자에는 프린스턴 수학자들의 작품 사본과 작품 제작의 도구들—연필 두 자루, 분필 하나, 당연히 지우개도 하나—이 담겨 있다. 파인홀은 위대한 사회학자

소스타인 베블런의 조카인 오스왈드 베블런이 설계했는데, 수학자들이 "떠나기 싫은" 성소로 만들려고 했다. 이 건물을 둘러싸고 있는 어둑한 석조 회랑은 혼자서 거닐거나 수학적 한담을 나누며 교제하기에 안성맞춤이었다. 원로 교수를 위한 아홉 개의 "연구실 *studies*"—사무실 *offices*이라고 하지 않는다!—은 조각이 된 패널벽, 눈에 안 띄는 서류 캐비넷, 제단처럼 열리는 칠판, 동양의 양탄자, 육중하고 호화로운 가구 들을 갖추고 있었다. 빠르게 발전하는 수학 사업의 긴박감을 보여주기라도 하듯 각 교수 사무실마다 전화가 놓여 있었고, 화장실마다 독서용 전등이 설치되어 있었다. 3층의 도서관은 수학 저서와 저널에 관한 한 세계 최고였고, 24시간 개방되었다. 테니스를 좋아하는 수학자들은 운동 후 집에 들렀다가 사무실로 돌아갈 필요가 없었다. 사무실 인근에 있는 테니스 코트에는 샤워장이 딸린 탈의실도 있었기 때문이다. 1921년에 개관했을 때, 한 대학생 시인은 파인홀을 "목욕도 할 수 있는 수학 컨트리 클럽"이라고 묘사했다.

1948년에 프린스턴은 수학자의 요람이었다—화가와 소설가에게 파리가, 정신분석학자와 건축가에게 비엔나가, 철학자와 극작가에게 고대 아테네가 요람이었던 것에 비견될 수 있다.

물리학자 닐스 보어 *Niels Bohr*의 동생인 해롤드 보어 *Harold Bohr*는 1936년 파인홀을 가리켜 "수학적 우주의 중심"이라고 불렀다. 제2차 세계대전 직후 수학계의 원로들이 첫 국제회의를 열었을 때 회의장소로 쓰인 곳도 프린스턴이었다. 파인홀의 수학과는 세계에서 가장 경쟁력이 있었고 가장 첨단을 달렸다. 바로 옆에는 미국 최고의 물리학과가 있었는데, 유진 위그너 *Eugene Wigner*를 위시해 유수한 물리학자들이 포진하고 있었다—위그너는 전시에 원자폭탄 제조를 돕기 위해 실험장비를 꾸려서 일리노이, 캘리포니아, 뉴멕시코 등을 전전했던 인물이다. 파인홀에서 1마일 정도 떨어진 올든팜에는 고등학문연구소가 자리잡고 있었다. 플라톤의 아카데미아에 비견되는 이 연구소에서는 아인슈타인과 괴델 *Kurt Gödel*, 오펜하이머, 폰 노이만 등이 칠판을 사이에 두고 심오한 담화를 나누었다. 세계 각지의 방문객과 학생들은 뉴욕에서 남쪽 50마일 지점에 있는 이 다국적 수학의 오아시스로 끊임없이 흘러들었다. 프린스턴 세미나에서 의제로 오른 것은 다음 주에 파리와 버클리에서 논의되었고, 그 다음 주에는 모스크바와 도쿄에서 논의되었다.

아인슈타인의 조수였던 레오폴드 인펠드는 회고록에 이렇게 썼다. "프린스턴에서 미국을 배우기는 어렵다. 케임브리지에서 영국을 배우기 어려운 것보다 훨씬 더하다. 파인홀에서 쓰이는 영어는 억양이 워낙 다양해서 파인홀 영어라는 말까지 생겼다.… 프린스턴의 대기는 수학적 아이디어와 공식으로 넘실거린다. 공중에 손을 뻗어 재빨리 오므리기만 하면 손아귀 속에서 수학이 꿈틀거리는 것을 느낄 수 있다. 손을 펴보면 공식 몇 개가 손바닥에 달라붙어 있다. 유명한 수학자를 보고 싶다면 일부러 찾아갈 필요가 없다. 묵묵히 파인홀에 앉아 있기만 하면 된다. 조만간 어김없이 모습을 드러낼 테니까."

프린스턴은 불과 10여년 전, 사실상 하룻밤 사이에, 수학계에서 독보적인 위치를 차지하게 되었다. 이 대학의 설립 시기는 미공화국 수립 시기보다 족히 20년은 앞선다. 1746년 장로교 신자들이 세운 뉴저지 칼리지로 시작해, 1896년부터 프린스턴으로 불렸다. 1903년에 평신도인 우드로 윌슨이 총장에 취임하기 전까지는 종교 지도자들이 학교를 운영했다. 그러나 그때에도 프린스턴은 이름만 대학이었다. 특히 과학 분야에서는 "한심한 곳" 혹은 "비대해진 예비학교"쯤으로 인식되었다. 이런 점에서 프린스턴은 미국의 전반적인 분위기를 반영하고 있었다. 즉, 한 역사학자가 말했듯이, "양키의 재간은 존중하지만 그들은 순수 수학은 쓸데없다고 보는" 분위기였던 것이다. 유럽에서는 석좌 교수를 40명 가까이 두고 오로지 새로운 수학 창조에만 몰입토록 한 반면, 미국에는 그런 교수가 한 명도 없었다.

젊은 미국인이 학사 이상의 훈련을 받으려면 유럽으로 유학을 떠나야 했다. 미국의 수학 교수는 평균적으로 주당 20시간 가까이 가르쳤다. 그것은 고등학교 교사의 수업 시간에 해당하는 것이었다. 급여 수준도 열악했고 연구 기회나 인센티브도 거의 없었다. 따분해하는 학부 학생들 머리 속에 원뿔 곡선론 *conic sections*이나 주입하던 프린스턴의 수학과 교수들은 17세기의 선배들보다도 못한 처지였을 것이다. 페르마는 판사 노릇이라도 했고, 데카르트는 왕실의 후원을 받았고, 뉴턴은 교수였지만 강의를 할 필요가 없었다. 솔로몬 레프셰츠는 1924년 프린스턴에 왔던 당시를 이렇게 회상했다. "수학을 연구하는 사람은 일곱 명뿐이었습니다. 처음에는 사무실조차 없어서 집에서 연구를 했습니다." 프린스턴의 물리학자들도 사정은 마찬가지였다. 토마스 에디슨이나 알렉산더 그레이엄 벨의 시대보다 나을 게 없어서, 신입생들의 끝없는 실습을 돌봐주며 전기 측정이나 할 뿐이었다. 1920년대의 저명한 천문학자 헨리 노리스 러셀 *Henry Norris Russell*은 강의에 소홀하고 자기 연구에 너무 많은 시간을 쓴다는 이유로 대학 당국과 마찰을 빚었다. 과학 연구를 경시한다는 점에서는 예일이나 하버드도 마찬가지였다. 예일은 유럽까지 명성을 날린 물리학자 윌러드 깁스 *Willard Gibbs*에게 7년 동안의 급여를 지불하지 않았다. 그의 여러 연구가 대학과 "무관하다"는 이유에서였다.

프린스턴 등의 미국 대학에서 수학과 물리학이 시들어가고 있는 동안, 3천 마일 밖의 괴팅겐, 베를린, 부다페스트, 비엔나, 파리, 로마 등 지성의 핵심부에서는 수학과 물리학 혁명이 일어나고 있었다.

과학사가인 존 데이비스는 사물의 본성 이해에 있어서의 극적인 혁명을 다음과 같이 묘사한다.

뉴턴 고전 물리학의 절대 세계가 붕괴되고 있었다. 도처에서 지성의 발효가 이루어졌다. 1905년 베른 특허국에서 근무하던 무명의 이론가 앨버트 아인슈타인이 네 편의 획기적인 논문을 발표했고, 뉴턴처럼 하룻밤에 유명해졌다. 그 논문들 가운데 가장 중요한 것은 소위 특수상대성이론이라는 것이었다. 그 이론에 따르면, 물질이란 다만 응축된 에너지이며, 에너지란 붕괴된 물질이다. 또 전에는 절대적인 것으로 간주되었던 시간과 공간은 상대적 운동에 의존하는 것으로 바뀌었다. 10년 후 아인슈타인은 일반상대성이론을 공식화했다. 그 이론에 따르면, 중력은 물질 자체의 한 기능이며, 물질 입자에 영향을 미치는 것과 마찬가지로 빛에도 중력이 영향을 미친다. 바꿔 말하면, 빛은 직진하지 않는다. 따라서 뉴턴 법칙상의 우주는 실제 우주가 아니라, 중력이라는 비실제적 안경을 끼고 본 우주이다. 여기서 더 나아가, 아인슈타인은 우주를 제대로 묘사할 수 있는 일련의 수학 법칙, 즉 원자 구조 법칙들과 운동 법칙들을 제시했다.

같은 시기에, 괴팅겐 대학의 독일인 수학 천재 데이빗 힐버트 *David Hibert*는 수학 혁명을 일으켰다. 힐버트는 1900년에 유명한 계획을 하나 추진했는데, 그 목적은 "정해진 방법에 따라 기계적으로 해답을 얻을 수 있도록 모든 수학을 공리화"한다는 것이었다. 괴팅겐 대학은 기존의 수학을 좀더 확실한 토대 위에 올려놓자는 운동의 중심지가 되었다. 사학자 로버트 레너드는 이렇게 썼다. "힐버트 계획은 20세기 초 수학의 위기에 대한 반작용으로 등장했다. 이 계획의 목적은 수학자들이 분발하여 칸토어 집합론을 깨끗이 정리하여, 수학을 일정수의 확고한 공리라는 반석 위에 올려놓자는 것이었다.… 이로써 수학은 일대 방향 전환을 하여 추상성을 더욱 강조하는 쪽으로 나아갔다. 직관으로부터는 갈수록 멀어졌다—여기서 직관이란 직선과 면으로 이루어진 우리의 일상 세계에 대한 직관이다. 수학 용어도 직접 경험 차원의 직관적 내용 *intuitive content*을 걸러내고, 이론 차원의 상황적 문맥 *context of situation* 내에서 공리로 단순 정의되는 쪽으로 나아갔다. 말하자면 형식주의 시대가 도래한 것이다."

힐버트와 그의 제자들은 또 그때까지 수학으로 다룰 수 없다고 생각되었던 문제들에도 수학을 적용하고 싶은 강렬한 충동을 촉발시켰다—제자들 가운데 미래(1930년대와 1940년대)의 프린스턴 스타들이 포함돼 있었는데, 헤르만 바일 *Hermann Weyl*과 존 폰 노이만 등이 그들이다. 힐버트와 그의 제자들은 광범위한 분야에 대한 공리적 접근의 길을 넓히는 데 크게 성공했다. 가장 두드러진 분야는 물리학인데, 특히 "양자역학"이라는 "신물리학"에서 그러했다. 그뿐만 아니라 논리학과 새로운 게임 이론에도 공리적 접근이 가능해졌다.

그러나 과학사가 데이비스가 썼듯이, 20세기 초의 사반세기 동안 프린스턴은 물론 모든 미국 대학은 "그처럼 극적으로 빠른 발전에서 비켜나 있었다." 프린스턴이 수학과 이론물리학 분야의 세계적 중심지로 탈바꿈하게 된 것은 순전히 우연이었다. 바꿔 말하면 우정 때문이었다. 당시의 교양 있는 여느 미국인처럼 우드로 윌슨 총장도 수학을 경멸하며 이렇게 혹평했다. "자연인은 수학을 싫어할 수밖에 없다. 고통스러운 연마 과정을 거쳐야만 습득될 수 있는 수학은 일종의 잔잔한 고문이다." 윌슨은 기계적 반복과 암기가 아닌 세미나와 토론을 강조하는 교육 체계를 갖춘, 대학원 중심의 본격 종합 대학을 만들겠다는 야심을 지니고 있었지만, 그 야심에 수학은 포함되지 않았다. 그런데 윌슨의 가장 친한 친구인 헨리 버처드 파인 *Henry Burchard Fine*이 우연찮게도 수학자였다. 윌슨이 문학가와 역사가를 대거 교수로 초빙하려고 하자 파인이 말했다. "과학자도 두어 명 뽑지 그래?" 다른 무엇보다도 그저 우정의 표시로, 윌슨은 그 제안에 동의했다. 1912년 윌슨이 총장직을 그만두고 백악관에 입성한 후, 파인은 이과대학 학장이 되었다. 그는 일부 일류급 과학자들을 초빙했다. 그들 중에는 수학자 버코프 *G. D. Birkhoff*와 오스왈드 베블런, 루터 아이젠하트 *Luthor Eisenhart* 등이 있었는데 이들은 대학원에서 가르쳤다. 이들은 프린스턴에서 "파인의 연구팀"으로 통했다. 학부에는 수학이나 물리를 전공하는 학생이 한 명도 없어서, 학부생들은 그 교수들이 "외국인 억양에, 유럽식 즉 신격화된 교과 이론으로 무장한 탓에, 훌륭한지는 모르지만 도무지 이해할 수 없는 강의를 하는 사람들"이라고 신랄하게 혹평했다.

파인은 1928년 낫소 스트리트에서 자전거 사고로 아까운 나이에 세상을 떴다. 이때 개인 독지가가 여러 차례 극적인 후원을 하지 않았더라면 "파인의 연구팀"은 뿔뿔이 흩어졌을 것이다. 그 후원 덕분에 프린스턴은 세계 최고의 수학 스타들이 달라붙을 수밖에 없는 하나의 자석으로 탈바꿈했다. 미국의 과학 발전이 제2차 세계대전의 부산물이라고 생각하는 사람이 대부분이지만, 사실은 황금빛 1880년대와 격동의 1920년대 사이에 축적된 재산이 이미 터를 닦아놓은 것이라고 할 수 있다.

록펠러 가문은 석탄과 석유, 철강, 철도, 금융 등의 사업으로 재벌이 되었다―바꿔 말하면, 19세기 말과 20세기 초에 블루필드나 피츠버그 같은 고장을 크게 변모시킨 산업화의 대대적인 물결 덕분이었다. 록펠러 가와 그 대리인들이 재산의 일부를 사회에 환원하기 시작했을 때, 그들은 미국의 고등교육 실태를 개탄하면서 "과학을 육성하지 않는 나라는 장래가 없다"고 확신했다. 유럽을 휩쓸고 있는 과학혁명을 잘 알고 있던 록펠러 재단은 로버트 오펜하이머 등의 미국 대학원생들을 해외로 유학 보내기 시작했다. 그러나 1920년대 중반에 록펠러 재단은 생각을 바꾸었다. "마호메트를 산으로 보낼 게 아니라 산을 이곳으로 가져오자." 즉, 유럽 학자들을 수입하기로 결정한 것이다. 이를 뒷받침하기 위해, 록펠러 재단은 자체 수입 외에도 1천 9백만 달러(오늘날의 1억 5천만 달러 상당)의 기금을 내놓았다. 록펠러 재단의 위원이었던 철학자 위클리프 로즈는 베를린이나 부다페스트 등 유럽의 과학 중심지를 순회하면서 새로운 과학적 업적을 귀동냥한 다음 그 업적을 이룩한 과학자를 찾아갔다. 그 동안 재단에서는 대규모의 지원금을 받게 될 미국 대학 세 곳을 선정했다. 그 세 곳에 포함됨으로써 프린스턴은 거액의 연봉을 지급하는 유럽식의 연구 교수직 다섯 개를 마련할 수 있었다. 또 학부생과 대학원생을 지원하는 연구 기금도 마련할 수 있었다.

1930년, 프린스턴에 처음으로 유럽 학자들이 도착했다. 그들 가운데 헝가리 출신의 천재 존 폰 노이만과 독일 출신의 헤르만 바일, 그리고 유진 위그너가 포함되어 있었다. 위그너는 1963년에 노벨 물리학상을 수상했는데, 원자폭탄 제조에 핵심 역할을 한 업적 때문이 아니라, 원자핵과 소립자 구조에 관한 연구 업적으로 노벨상을 수상했다. 록펠러 재단의 기부금으로 마련된 교수직 하나로 두 교수를 채용했기 때문에, 연구 교수들은 1년에 한 학기만 프린스턴에서 강의하고 남은 한 학기는 베를린이나 부다페스트 등의 고국 대학에서 강의했다. 위그너의 자서전에 의하면, 처음에는 연구 교수들이 향수병으로 고생했다. 유럽에서 정열적으로 이론적 토론을 벌였던 찻집이 그리웠던 것이다—찻집에서조차, 교수들과 학생들은 정해진 안건 없이 시의 적절한 주제를 정해 세미나를 열어 최근 연구 사항에 대한 열띤 토론을 벌였던 것이다. 위그너에게는 연구 교수라는 게 얼굴 마담인지도 모른다는 생각이 들었다. 그러나 폰 노이만은 미국적인 것에 대한 열정적인 찬미자였던 터라 비교적 빠르게 적응했다. 유럽에서는 대공황 때문에 연구 기회가 줄어들었고, 독일 대학에서는 유태인 핍박이 점점 심해졌기 때문에, 그들은 결국 미국에 눌러앉았다.

두 번째로 후원의 손길이 미쳐서 열매를 맺은 곳은 고등학문연구소였다—이 연구소는 대학과는 별도의 독자적인 연구기관이다. 이번 후원은 록펠러 재단의 후원보다 훨씬 더 우연한 계기로 이루어졌다. 뱀버거 가문은 뉴와크에 처음으로 가게를 열었던 백화점 상인들이었는데, 포목류 사업에 진출해 큰돈을 벌었다. 백화점 소유주인 남매는 1929년 증권시장 대붕괴 6주 전에 소유주식을 매각했다. 2천 5백만 달러의 현금을 확보한 남매는 뉴저지 주에 대한 감사 표시를 하기로 마음먹었다. 처음에는 치과대학을 설립할 생각이었다. 그런데 의학 교육의 전문가였던 에이브러햄 플렉스너가 남매를 설득해 치과대학 설립은 그만두고 1급 연구소를 세우게 했다. 교수도 없고 학생도 없고 수업도 없이, 바깥 세상의 부침과 압력으로부터 연구자들을 완벽하게 보호해주는 곳을 만들도록 했던 것이다. 플렉스너는 당초 경제학을 이 연구소의 핵심 분야로 삼기를 원했다. 그러나 수학이 좀더 "근본적인" 학문이므로 수학을 선택하는 것이 더 바람직하다는 주위의 설득을 선뜻 받아들였다. 누가 최고의 수학자인가 하는 문제는 수학자들 사이에 완전히 의견이 일치되어 있었다. 이제 위치만 결정하면 되었다. 염색 공장과 도살장이 잔뜩 들어찬 뉴와크는 수학계의 세계적 대스타들을 집결시킬 만한 곳이 아니었다. 프린스턴이 한결 나아 보였다. 소문에 의하면 오스왈드 베블런이 뱀버거 남매를 설득했는데, (베블런의 표현에 따르면 "위상수학적 의미에서") 프린스턴이 뉴와크의 교외나 다름없다는 말이 주효했다고 한다.

어떤 흥행주 못지않은 열의와 든든한 주머니로 무장한 플렉스너는 세계적인 스타를 물색하기 시작했다. 그는 전대미문의 연봉, 연구에 따른 후한 부수입, 완전한 독자적 연구 약속 등을 미끼로 던졌다. 때마침 히틀러가 독일 정권을 장악해서, 독일 대학에서는 대량으로 유태인을 퇴출시킨 데다가, 또 다른 세계대전에 대한 두려움이 고조되고 있었다. 3년 동안 치밀하게 섭외한 결과, 최고 스타인 아인슈타인의 승낙을 받아냈다. 그러자 아인슈타인의 독일 친구 가운데 한 명이 이렇게 빈정댔다고 한다. "물리학의 교황이 가버렸으니 이제 미국이 자연과학의 중심지가 되겠군." 비엔나 출신의 논리학자 쿠르트 괴델도 1933년에 미국으로 건너왔다. 독일 수학계의 제왕인 헤르만 바일도 1년 뒤 아인슈타인의 뒤를 따랐다. 바일이 내건 전제 조건에 따라, 연구소는 수학계의 차세대 주자들도 발탁했다. 그리하여 이제 서른 살에 접어든 폰 노이만도 괴팅겐 대학을 그만두고 고등학문연구소의 최연소 교수가 되었다. 프린스턴은 하룻밤 사이에 새로운 괴팅겐이 되어버렸다.

연구소의 교수들은 일단 파인홀의 초호화 시설을 기존 교수들과 함께 쓰다가, 1939년에 연구소 건물인 펄드홀 *Fuld Hall*이 완공되자 그곳으로 옮겨갔다. 펄드홀은 네오-조지아 풍의 벽돌 건물로, 숲과 연못으로 둘러싸인 널따란 잔디밭 한가운데 자리잡았다. 파인홀에서는 2킬로미터 남짓 떨어진 곳이었다. 아인슈타인 등의 교수들이 그곳으로 옮겨갈 무렵, 연구소 교수들과 프린스턴 교수들은 이미 한 가족이 되어 이후에도 계속 시골 사촌처럼 어울렸다. 공동으로 연구도 했고, 저널도 함께 펴냈고, 다른 교수의 강의와 세미나와 다과회에도 참석했다. 연구소가 프린스턴 구내에 있었기 때문에 최고의 학생과 교수들을 프린스턴으로 유치하는 것이 더 쉬워지기도 했다. 또한 프린스턴 수학과는 연구소를 잠시 방문하거나 연구소에 몸담고자 하는 사람들의 관문이 되었다.

이와는 대조적으로, 한때 미국 수학계의 보석이었던 하버드는 1940년대 후반 무렵 "일식 상태"에 있었다. 수학과의 전설적인 학과장이었던 버코프 교수는 사망했다. 최고의 차세대 스타였던 마셜 스톤 *Marshall Stone*, 마스톤 모스 *Marston Morse*, 해슬러 휘트니 *Hassler Whitney* 등은 얼마 전에 이직했다. 그 가운데 두 명은 고등학문연구소로 자리를 옮겼다. 아인슈타인은 그 연구소 재직 시절에 "버코프는 학자 가운데 가장 지독한 반유태주의자"라고 힐난하곤 했다. 그것이 사실이든 아니든, 자신의 편견 때문에 버코프는 나치 독일을 피해 미국으로 망명한 탁월한 유태인 수학자들을 받아들이지 못했다. 실제로 하버드는 미국에서 태어난 당대 수학자 가운데 가장 탁월했던 노버트 위너까지 무시했다. 위너는 인공두뇌학의 아버지이며, 브라운 운동 *Brownian motion*(액체나 기체 안에 떠다니는 미소 입자의 불규칙 운동 : 옮긴이주)에 관한 정밀 수학의 창시자이기도 한데, 공교롭게도 유태인이었던 것이다. 역시 유태인이자 후일 노벨 경제학상을 수상한 폴 새뮤얼슨 *Paul A. Samuelson*과 함께 그는 케임브리지의 한쪽 끝에 있는 MIT에서 피난처를 얻었다. 당시 MIT는 카네기 공대와 같은 엔지니어링 스쿨에 지나지 않았다.

미국의 저명한 철학자이자 소설가인 헨리 제임스의 형 윌리엄 제임스는, 천재들의 임계질량이 문명의 전분야에 "진동과 지진"을 일으킨다고 쓴 적이 있다(임계질량이란 핵분열 연쇄반응을 유지할 수 있는 한계인 최소 질량 : 옮긴이주). 거리의 일반 시민들이 프린스턴에서 파급된 진동을 느끼게 된 것은 제2차 세계대전이 끝난 다음이었다. 종전과 더불어, 얄궂은 억양에 옷도 별나게 입고 애매 모호한 과학 이론에 열을 올리던 괴팍한 유럽 학자들이 일약 국민적 영웅으로 떠올랐던 것이다.

유럽의 두뇌 유출은 처음부터 미국의 수학계와 이론물리학계에 즉각적이고도 엄청난 영향을 미쳤다. 미국으로 이민 온 천재들 그룹은 넓고 깊은 수학적 노하우뿐만 아니라, 신선한 학문적 태도를 함께 가져왔다. 특히 이들 수학자와 물리학자들은 유럽 출신이어서, 20세기 벽두부터 유럽에서 진행되었던 방대한 양의 새로운 연구 성과를 소상히 알고 있었고, 수학을 물리학이나 공학에 적용하는 것을 끔찍이 좋아했다. 또 이들의 대다수는 젊었고, 연구 능력이 절정에 달해 있었다.

일부 역사가들은 제2차 세계대전을 과학자들의 전쟁이라고 불렀다. 그러나 과학은 정교한 수학을 필요로 하기 때문에, 따지고 보면 수학자들의 전쟁이나 다름없었다. 프린스턴 수학 공동체의 방대한 재능이 전쟁에 동원되었음은 물론이다. 프린스턴 수학자들은 암호 해독에 깊이 관여했다. 적국의 암호를 해독함으로써 미국은 미드웨이의 주요 전투에서 승리할 수 있었다. 그 승리를 통해 미국은 일본과의 해전에서 일대 전환점을 마련했다. 영국에서는, 프린스턴에서 박사학위를 얻은 앨런 튜링 *Alan Turing*과 그의 팀이 나치의 암호를 해독해냈다. 그 결과 대서양 장악의 관건인 잠수함 전투의 양상을 일거에 뒤집어놓았다.

오스왈드 베블런과 몇몇 동료 교수들은 애버딘 실험장에서 기존의 탄도학을 근본적으로 뒤엎었다. 얼마전 하버드에서 고등학문연구소로 옮겨온 마스턴 모스는 병참 참모 본부에서 그와 유사한 실험을 했다. 또 다른 프린스턴 수학자이자 통계학자인 샘 윌크스 *Sam Wilks*는 전날의 관측 결과를 바탕으로 하여 독일 잠수함의 위치를 추측하는 나날의 작업에서 최선의 결과를 도출해냈다.

가장 혁혁한 기여는 무기개발 분야였다. 레이더, 적외선 탐지기, 폭격기, 장거리 로켓, 수중 폭뢰를 장착한 어뢰정 등이 이 시기에 개발되었다. 이런 신무기들은 제작비가 엄청나서, 무기의 효율성을 측정하는 새로운 방법과, 가장 효율적인 사용법 등을 짜내기 위해 군 당국은 수학자들의 도움을 받았다. 오퍼레이션스 리서치는 군대에서 필요로 하는 숫자를 알아내는 데 가장 체계적인 방법이었다. 일정량의 피해를 주기 위해서는 몇 톤의 폭발력을 가진 폭탄을 투하해야 하는가? 비행기를 중무장시켜야 하는가, 혹은 더 빨리 날기 위해

방어 장비를 제거해야 하는가? 만약 루르 지대를 폭격한다면 얼마만큼의 폭탄을 사용해야 하는가? 이 모든 질문이 수학적 능력을 필요로 했다.

두말할 것 없이 가장 결정적으로 기여한 것은 원자폭탄이었다. 프린스턴의 유진 위그너와 컬럼비아 대학의 레오 실라르드 *Leo Szilard*는 루즈벨트 대통령에게 경종을 울리는 편지를 써서 아인슈타인의 동의 서명을 받았다. 편지 내용은 이랬다. 베를린의 카이저 프리드리히 연구소에서 근무하는 독일 물리학자 오토 한 *Otto Hahn*이 우라늄 핵을 붕괴하는 데 이미 성공했다. 덴마크로 밀입국한 오스트리아계 유태인 리제 마이트너 *Lise Meitner*는 오토 한의 성공 등을 기초로 해서 원자폭탄을 만드는 데 필요한 수학적 계산을 이미 끝냈다. 이러한 소식은 모두 덴마크 물리학자 닐스 보어가 1939년에 프린스턴을 방문해서 전해준 것이었다. 이와 관련해서 데이비스는 이렇게 썼다. "이 새로운 지식의 군사적 의미를 감지한 것은 미국 태생의 과학자가 아닌 바로 그들이었다." 그 편지를 받은 루즈벨트는 참전 두 달째인 1939년 10월, 우라늄 자문위원회를 결성토록 지시했다. 이 지시는 후일 맨해튼 프로젝트로 이어졌다.

이 전쟁은 미국의 수학계를 활성화하고 강화시켰다. 결국 유럽 학자들의 수입을 지지한 사람들의 견해가 타당했음이 입증된 셈이다. 이제 미국 수학계는 뒤이은 전후 번영의 열매를 함께 즐길 수 있는 권리를 갖게 되었다. 전쟁은 새 이론의 위력뿐만 아니라, 정교한 수학적 분석의 우수성을 널리 알리는 계기가 되었다. 원자폭탄은 아인슈타인의 상대성이론의 위상을 대대적으로 높여주었다. 이전에는 상대성이론이 막강한 뉴턴 역학을 약간 수정한 정도로밖에 인식되지 않았던 것이다.

미국 사회가 수학의 위상을 새롭게 발견함으로써 프린스턴은 호시절을 구가하게 되었다. 프린스턴은 위상수학과 대수학, 정수론 분야에서 최고였을 뿐만 아니라, 컴퓨터 이론과 오퍼레이션스 리서치, 새로운 게임 이론 등에서도 단연 선두주자였다. 1948년이 되자 전쟁에 나갔던 사람들이 모두 돌아왔다. 1930년대의 불안과 좌절감은 씻은 듯이 사라졌고, 호연지기와 낙관주의가 대신 들어섰다. 과학과 수학은 더 나은 세계를 여는 열쇠로 간주되었다. 이제 정부는, 특히 군 당국은 순수 연구에 돈을 쓰고 싶어했다. 연구 저널이 우후죽순처럼 생겨났고, 전쟁 전야 이후 처음으로 세계 수학 학술대회를 열자는 계획들이 상정되었다.

그리고 새로운 세대가 물밀듯이 밀려왔다. 그들은 게걸스레 구세대의 지혜를 흡수했지만 독자적인 생각과 태도를 잃지 않았다. 아직 프린스턴에는 여성 학자가 없었다―옥스퍼드의 메어리 카트라이트가 있었을 뿐인데, 그녀는 1948년에 프린스턴으로 왔다. 프린스턴은 문호를 개방하고 있었다. 유태인 혹은 외국인이라거나, 막노동 일꾼의 액센트를 사용한다거나, 동부 해안에 위치하지 않은 대학 출신이라거나 하는 모든 것이 갑자기 전혀 장애가 되지 않았다. 영특하고 젊은 수학자이기만 하면 되었다. 캠퍼스를 나누는 가장 큰 잣대는 "애 *kids*"인가 참전용사인가 하는 것이었다―이십대 중후반인 참전용사들은 내쉬와 같은 스무 살짜리들과 함께 대학원 생활을 시작했다. 수학은 더 이상 신사의 직업이 아니라, 놀랍도록 역동적인 사업이 되었다. 이 시기의 한 프린스턴 학생은 후일 이렇게 회고했다. "수학적 아이디어만 있으면 인간의 정신력으로 못 할 게 없다는 것이 당시의 생각이었습니다. 전후에도 위협은 있었지요. 한국전쟁이나 냉전, 중국의 공산화 등 말입니다. 그러나 사실상, 과학에 관한 한 낙관론이 압도적이었습니다. 프린스턴에 있으면서 학생들은 위대한 지적 혁명에 그저 근접해 있다는 느낌이 아니라, 그 혁명의 한 부분이라는 느낌을 받았습니다."

천재의 학교

프린스턴, 1948년 가을

대화는 이해를 증진시킨다.
그러나 고독은 천재의 학교이다.
―에드워드 기븐

　내쉬가 프린스턴에 온 지 이틀째 되는 날 오후, 학과장 솔로몬 레프셰츠는 1년차 대학원생들을 서쪽 두레방에 소집했다. "인생사 얘기를 좀 들려주겠네"하고 그는 프랑스 억양으로 말문을 열며 학생들을 뚫어지게 바라보았다. 그리고 한 시간 동안, 그는 눈을 부라리며, 고함을 지르며, 장갑 낀 목제 의수義手로 연단을 탕탕 내리쳤다. 그의 연설은 목사의 고상한 설교와 신병 훈련소 조교의 상소리 사이를 오락가락했다.

　여러분은 수재다. 여러분 모두가 석탄더미에서 다이아몬드를 골라내듯 엄선된 수재 중의 수재다. 그러나 이곳은 프린스턴이다. 여기서는 진짜 수학자들이 진짜 수학을 한다. 이들 수학자에 비하면 여러분은 젖먹이나 다름없다. 무지하고 애처로운 젖먹이 말이다. 프린스턴은 여러분을 길러줄 것이다, 제기랄!

　진취적이고 정력적인 레프셰츠는 평범했던 프린스턴 수학과를 최고 수준으로 끌어올린, 그야말로 엔진이 펄펄 끓는 인간 기관차였다. 그는 수학자를 초빙할 때 오직 한 가지 기준만을 적용했다. 연구 능력이 그것이다. 그는 독단적이고 특이한 편집 방침으로 다 죽어가던 프린스턴 수학 계간지 〈수학 연보 Annals of Mathematics〉를 전세계에서 가장 존중되는 수학 저널로 탈바꿈시켰다. 그는 다수의 유태인 학생을 입학시키지 않아 반유태주의에 굴복했다는 이유로 가끔 비난을 받기도 했다(기껏 졸업을 시켜 놓아도 사회에서 받아주지 않기 때문이라는 것이 그의 논리였다). 어쨌거나 그가 탁월한 순간 판단 능력을 지녔다는 것을 아무도 부인하지 못한다. 그는 훈계하고 지배하고 못살게 굴기도 했지만, 그것은 모두 수학과를 키우고 학생들을 진짜 수학자로, 자기처럼 강인하게, 만들기 위한 것이었다.

1920년대에 처음 프린스턴에 왔을 때, 그는 "투명인간"이었다고 종종 말하곤 했다. 그는 프린스턴 교수가 된 최초의 유태인 가운데 한 명이었고, 목소리 크고, 거칠고, 옷차림은 물론 신발까지 추레하던 사람이었다. 사람들은 복도에서 그를 만나도 아는 척하지 않았다. 교수 모임에서는 홀대를 당했다. 그러나 그는 깔끔 떠는 앵글로색슨계 백인 신교도(미국의 실질적 지배 계층) 속물들보다 훨씬 가혹한 인생의 험난한 장애를 극복해온 사람이었다. 그는 모스크바에서 태어나 프랑스에서 교육을 받았다. 수학을 사랑했지만, 프랑스에서는 교수가 되기 어려웠다. 프랑스 시민이 아니었기 때문이다. 그는 공학을 공부한 뒤 미국으로 이주했다. 스물세 살 때 그는 끔찍한 사고를 당해 인생의 행로가 달라지고 말았다. 피츠버그의 웨스팅하우스에서 일하다가 변압기 폭발 사고로 두 손을 잃고 말았던 것이다. 상처가 아무는 데는 여러 해가 걸렸다. 그 동안 그는 깊은 우울증에 시달렸다. 그러나 사고 덕분에 그는 진정으로 사랑했던 수학을 공부하겠다는 자극을 받게 되었다. 그는 클라크 대학의 박사 과정에 등록했다. 클라크 대학은 1912년에 프로이트가 정신분석학을 강의한 곳으로 유명한 대학이었다. 그는 다른 수학도와 사랑에 빠져 결혼까지 했다. 그후 거의 10년 동안 네브라스카와 캔자스에서 무명의 교수로 지냈다. 말 그대로 뼈빠지게 힘든 교직 생활 틈틈이, 탁월하고 독창적이며 파급효과가 큰 논문을 잇따라 발표함으로써 그는 결국 프린스턴의 "부름"을 받게 되었다. "서부에서 오로지 은둔자처럼 고립되어 있던 시절은 내 성장에 '등대지기' 같은 역할을 했다. 아인슈타인도 젊은 수학자라면 등대지기처럼 고독한 시간을 보내야 한다고 말하곤 했다. 그래야 제 나름의 방식으로 자기만의 아이디어를 개발할 수 있다는 것이다." 레프셰츠의 회고록 〈자화상〉에 나오는 말이다.

레프셰츠는 독자적인 사고와 독창성을 가장 높이 평가했다. 그는 실제로, 요지가 빤히 들여다보이는 것을 짐짓 우아하게 혹은 꼬치꼬치 증명하려고 하는 사람들을 멸시했다. 그는 자신의 정리 가운데 하나를 제자가 새로 영리하게 증명한 것을 보고서 이렇게 일축했다. "이렇게 예쁘장한 증명 따위를 들고 나를 찾아오지 말게. 소꿉장난이나 하자고 우리가 여기 있는 게 아니야." 소문에 의하면, 그는 정확한 증명을 문자화시킨 적도 없고, 부정확한 정리를 입에 올린 적도 없다고 한다. 그는 위상수학에 관한 포괄적인 첫 논문에 완벽하게 정확한 증명을 하나도 담지 않았다—큰 반향을 일으켰던 그 책에서 그는 "대수적 위상수학 *Algebraic Topology*"이라는 신조어를 선보였다. 그 책은 안식년 휴가 때 썼기 때문에 제자들이 교정을 볼 기회가 없었다는 소문도 있다.

그는 수학의 거의 모든 분야를 잘 알고 있었다. 그러나 그의 강의는 대부분 두서가 없었다. 그의 제자인 수학자 지안-카를로 로타 *Gian-Carlo Rota*는 기하학 강의의 서두를 이렇게 회상했다. "음, 리만곡면 *Riemann surface*이라는 건 일종의 하우스도르프 공간 *Hausdorff space*이지. 하우스도르프 공간이 뭔지 아나? 그건 콤팩트 *compact* 공간이라고도 할 수 있어. 내가 보기엔 다양체 *manifold* 같기도 해. 다들 다양체가 뭔지는 알겠지. 그럼 이제 자명하지 않은 정리 하나를 말해주겠네. 리만-로흐 정리 *Riemann-Roch theorem*라는 건…."

1948년 9월 중순쯤인 그날 오후, 레프셰츠는 대학원 신입생들을 모아놓고 달떠 있었다. "옷을 잘 입는 게 중요해." 그리고 펜홀더를 가리키며 말했다. "그런 건 치워버려!" 또, 다른 학생에게는 "자네는 막노동자 같잖아. 수학자로 보이지가 않아"라고 말했다. "프린스턴 이발사에게 머리 좀 깎아달라고 하게"하고 또 다른 학생에게 말했다. 여러분은 수업 시간에 들어가도 좋고 빠져도 좋다. 그까짓 게 무슨 대수인가. 학점이라는 건 쓸데없다. 학점은 "빌어먹을 학장들"이나 즐겁게 해줄 뿐이다. 중요한 것은 "종합시험"뿐이다.

단 한 가지 요구사항은 있다. 차를 마시러 가는 것. 매일 오후 반드시 차를 마시러 가야 한다. 그렇지 않으면 세계 최고의 수학자들을 어디서 만나겠는가. 아, 그리고 여러분만 좋다면, "향기나는 거실"에 언제든 들러도 좋다. 거긴 고등학문연구소라는 곳이다. 거기 가면 아인슈타인이나 괴델이나 폰 노이만을 멀리서라도 바라볼 수 있다. "명심하라"하고 그는 거듭해서 말했다. "우리는 여러분의 응석이나 받아주자고 여기 있는 것이 아니다." 내쉬에게는, 레프셰츠의 개강 연설이 존 필립 수자의 행진곡만큼이나 감정을 격앙하는 것이었음에 틀림없다.

레프셰츠의, 곧 프린스턴의, 대학원 수학 교육철학은 연구를 강조하는 독일과 프랑스의 명문 대학의 교육철학에 뿌리를 둔 것이었다. 요점은, 학생들을 가능한 한 빨리 자기만의 연구에 몰입하도록 해서, 인정해줄 만한 학위 논문을 재빨리 제출하도록 하는 것이었다. 프린스턴의 소규모 교수들이 스스로도 연구에 매진하고 있었고, 서로 허물없이 지내는 사이였으며, 학생들의 연구를 지도하는 것도 용이했다는 점에서, 프린스턴은 유럽식 교육철학을 구현하는 것이 가능했다. 레프셰츠는 완벽하게 세공된 다이아몬드를 목표로 삼지 않았다. 그는 젊은 수학자를 너무 많이 세공하면 훗날 창조성을 발휘하지 못하게 된다고 생각했다. 세공하면 박학다식해질 수는 있지만, 그의 목표는 감탄을 자아낼 만큼 박식한 수학자를 만들어내는 것이 아니었다. 독창적이고 중요한 발견을 할 수 있는 인물을 배출하는 것이 그의 목표였다.

프린스턴은 학생들에게 최대한의 압력을 가했지만, 경이적으로 최소한의 요식 행위만을 요구했다. 레프셰츠가 강의를 듣지 않아도 좋다고 말했을 때 그것은 결코 빈말이 아니었다. 커리큘럼은 있었지만 수강 신청도 학점도 모두 허구였다. 어떤 교수는 전학생에게 A학점을 주었고, 어떤 교수는 C학점만 주었는데, 둘 다 기분 내키는 대로 매긴 학점이었다. 강의실에 한 번도 나타나지 않은 학생도 그런 학점을 받았다—학점이란 대개 "속물들을 만족시키기 위한" 허구였다. 시험이라는 것도 있으나마나였다. 수학과 교수들이 출제한 외국어 시험은, 프랑스어나 독일어 수학책에서 뽑은 문장을 번역하라는 것이었다. 그런데 그것은 하나의 익살이었다. 그 문장은 대부분 수학 기호로 이루어져 있었던 것이다. 그럴 리가 없지만 설령 무슨 뜻인지 전혀 모른다고 해도, 나중에 알아보겠다고 약속만 하면 통과시켜 주었다. 유일하게 중요한 시험은 종합시험이었다. 그것은 다섯 개 과목에 대한 자격검정 시험이었는데, 1학년 말, 늦으면 2학년 말에 치러졌다. 세 과목은 교수가 지정했고, 두 과목은 학생이 정했다. 그러나 종합시험조차도 이따금 학생의 강점과 약점을 감안해 조정되었다. 예를 들어, 학생이 한 과목에 아주 출중해서 교수들을 감동시킬 정도인데 다른 과목에는 서툴다면, 잘 아는 과목에서만 문제를 출제하기도 했던 것이다. 무엇보다 중요한 것은 논문이었다. 이 논문 집필에 들어가기 전에 원로 지도교수를 찾는 것도 까다로운 문제였다.

교수들이 학생 개개인의 능력을 환히 파악한 후, 아무개 학생을 자격 미달이라고 판단하면, 레프셰츠는 서슴없이 해당 학생의 장학금을 취소하거나 학교를 그만두라고 권고했다. 학생들은 계속 나아가지 못하면 바로 탈락했다. 그 결과, 종합시험을 통과한 프린스턴 학생들은 2~3년이면 단숨에 박사가 되었다. 반면 하버드 학생들이 박사가 되는 데에는 6년, 7년, 8년씩 걸렸다. 그 이름이 지닌 권위와 매력 때문에 내쉬가 열망했던 하버드는 당시 악몽에 시달리고 있었다. 관료적 형식주의와 텃세가 판을 쳤고, 교수들은 학생들에게 헌신할 시간이 부족했던 것이다. 당시 내쉬는 그런 사실을 전혀 몰랐겠지만, 하버드가 아닌 프린스턴을 택한 것은 정말 행운이 아닐 수 없었다.

천재는 환경과 무관하게 출현한다는 것이 일반적인 믿음이다. 예를 들어, 위대한 인도 수학자 라마누잔의 전기를 썼던 로버트 캐니겔은 이렇게 주장했다. "젊은 시절, 라마누잔은 교사 자리도 얻지 못하고 다른 수학자들과 완전히 격절된 채 5년의 세월을 보냈다. 그런데 그 역경은 오히려 경이적인 발견을 이룩한 계기가 되었다." 그러나 라마누잔의 부고를 쓴 하디 G. H. Hardy는 그런 견해를 "가소로운 감상주의"라고 일축했다. 케임브리지의 수학자이자 라마누잔과 절친했던 하디 자신도 과거에는 천재가 환경과 무관하다는 견해를 가지고 있었지만, 라마누잔이 33세의 나이에 세상을 뜨자 이렇게 썼다. "라마누잔의 비극은 그가 요절했다는 것이 아니다. 그가 불운하게 보낸 5년의 세월 동안, 그의 천재성이 오도되고 탈선되어, 방향 감각조차 잃을 정도였다는 것이야말로 진정한 비극인 것이다."

프린스턴이 대학원생들에게 완전한 자유를 주면서도 창조성에 가차없는 압력을 가한 것은, 내쉬와 같은 기질이나 스타일을 지닌 수학자에게는 더없이 적절한 교육 방식이었다. 내쉬의 진정한 천재성의 증거를 최초로 이끌어내는 데에는 그런 교육 방식보다 더 바람직한 것이 있을 수 없었다. 그것은 내쉬가 입학한 후 몇 달 만에 뚜렷이 입증되었는데, 행운이라면 행운일 수도 있었다. 그가 특히 필요로 했던 것을 안성맞춤으로 제공해주는 적소適所에, 그리고 적시適時에 입학했다는 것은 커다란 행운이 아닐 수 없었다. 그래서 진정한 일류급의 훈련을 받을 수 있는 환경이 갖춰짐으로써, 그의 독자적 정신력과 야망과 온전한 독창성은 날개를 달게 되었다.

프린스턴의 다른 대학원생들과 마찬가지로 내쉬도 대학원 건물에서 거주했다. 이 건물은 위풍당당한 영국식의 진회색 석조건물이었다. 4각의 안뜰을 감싸고 있는 이 건물에서는 골프 코스와 호수를 굽어볼 수 있었다. 파인홀에서 1마일 정도 떨어진 알렉산더 로드 끝의 언덕배기에 위치했는데, 파인홀과 고등학문연구소의 중간쯤 되는 지점이었다. 오후 세미나가 끝나 날이 저물 무렵이면 다들 밖으로 나가기를 싫어했는데, 겨울에 특히 그랬다. 어딘가 가려면 한참 걸어야 했기 때문이다. 그러한 위치는 우드로 윌슨 총장과 앤드류 웨스트 학장이 논란 끝에 타협해서 결정한 것이었다. 윌슨 총장은 대학원생들이 학부생들과 어울려 지내기를 원했다. 웨스트 학장은 시끄럽고 저속한 학부 식당에서 가능하면 멀리 떨어진 곳에, 옥스퍼드나 케임브리지와 같은 분위기를 연출하고 싶어했다.

1948년에 대학원생은 6백 명쯤 되었다. 참전용사들이 학부와 대학원에 복학하면서 수가 크게 늘어났기 때문이다. 대학원 건물은 학생들로 흘러 넘쳤고, 전쟁 전보다 더 낡아서 개보수가 필요했다. 운이 없는 대학원 신입생은 기숙사를 얻지 못해 인근 마을에 셋집을 얻어야 했고, 기숙사에 입주한 학생도 대부분 방을 같이 써야 했다. 파인 타워에 살았던 내쉬는 펠로십 특혜 덕분에 독방을 쓸 수 있었다. 파인 타워에는 20명 정도의 수학과 학생과 두어 명의 강사가 거주했다.

웨스트 학장이 꿈꾸었던 대로, 대학원 생활은 남성답고, 수도자답고, 학자다운 것이었다. 대학원생들은 주당 14달러를 내고 아침, 점심, 저녁을 모두 해결했다. "아침" 식당에서 제공된 아침과 점심은 늘 허겁지겁 먹어야 했다. 그러나 저녁은, 영국식을 모방한 프락터 홀에서 한결 여유 있게 즐길 수가 있었다. 그곳에는 높다란 창문과 기다란 나무 식탁이 있었고, 프린스턴 출신의 유명 인사들 초상화가 사방 벽에 걸려 있었다. 저녁식사 기도는 학장인 휴 테일러 경 아니면 부학장이 드렸다. 촛불이나 와인은 없었지만 음식만큼은 훌륭했다. 전쟁 전처럼 가운을 입어야 할 필요는 없었지만, 정장 차림에 넥타이를 매야 했다. (가운 착용은 1950년대 초에 다시 도입되었다가 1970년대에 폐지되었다.)

이 식당은 남성만의 토론회장과 라커룸과 세미나실을 합쳐 놓은 것 같은 분위기를 자아냈다. 역사학자, 영문학자, 물리학자, 경제학자 들 모두가 수학자들과 한 울타리에서 살았지만, 프라터 홀에 들어선 수학자들은 인종차별이 합법화된 세상에서 살기라도 한다는 듯이 다른 분야 학자들과 엄격하게 거리를 두고 항상 자기들끼리만 모여 앉았다. 나이가 더 많고 더 세련된 학생들, 이를테면 해롤드 쿤과 레온 헨킨 *Leon Henkin*, 데이빗 게일 *David Gale* 등은 저녁식사 전에 쿤의 방에서 셰리주를 마셨다. 저녁식사 때에도 수학 얘기를 나누곤 했지만, 차를 마실 때보다는 대화의 폭이 넓었다. 한 졸업생의 회고에 의하면, 대화는 주로 "정치, 음악, 여자"에 대한 것이었다. 정치를 토론할 때도 스포츠 얘기를 나누듯 승률을 계산하거나 내기를 걸었고, 이데올로기에는 관심을 두지 않았다. 그해 초가을의 트루먼과 듀이의 대선 경합은 대단한 오락거리였다. 학부생들의 98퍼센트가 듀이를 지지했는데, 대학원생들은 성향이 다양해서 여러 후보에게 고르게 표를 던졌다. 한 대학원생은 공산당 전위 조직인 미국 노동당 후보 헨리 월리스를 지지해서, 월리스 단추를 달고 다니기도 했다.

여자 얘기, 아니 여자가 없다는 얘기, 여자를 만나기가 어렵다는 얘기도 열띤 토론 주제가 되었다. 나이가 많거나 좀더 세속적인 학생들은 진짜인지 상상인지 모를 무용담을 늘어놓기도 했다. 데이트를 하는 학생은 거의 없었다. 주요 식당에는 여성의 출입이 허용되지 않았고, 여자 대학원생은 한 명도 없었다. "여기서는 우리 모두가 호모입니다." 학장 부인을 민망하게 했다는 한 대학원생의 이 말은 아주 유명하다. 고립된 생활 때문에 여자를 만난다는 것은 생각도 하기 어려웠다. 존 터키라는 젊은 강사가 다소 모험적인 학생들을 몇 명 모아서, 목요일 밤에 읍내의 고등학교에서 열린 포크 댄스에 참석한 적은 있었다. 그러나 대부분의 대학원생들은 수줍음이나 자의식이 너무 강해서 차마 그런 모험을 하지 못했다. 휴 테일러 학장은 학생들이 여자와 어울리는 것을 막기 위해 안간힘을 다했다—그는 답답한 사람이어서 수학자들의 호감을 사지 못했다. 한 학생을 학장실로 소환한 적이 있었는데, 그의 방에서 여자 팬티 한 장이 나왔기 때문이었다. 알고 보니 그 학생의 누나가 찾아왔는데, 그 학생이 남의 눈을 의식해 다른 곳에서 잤다가 그런 일이 생긴 것이었다. 학장은 때로 하등 필요가 없어 보이는 지시를 내리기도 했다. 즉, 자정 이후 여자를 방에서 접대하면 안 된다는 것이었다. 여자 친구가 있던 소수의 학생들은 이 지시를 문자 그대로 받아들였다—여자를 방에 들여도 좋은데 접대만 하지 않으면 된다고. 해롤드 쿤은 이곳에서 허니문을 보냈다. 여자가 학생들과 어울리는 것이 허용된 것은, "아침" 식당에서, 오직 토요일 점심 때만이었다.

한 마디로 말해서, 사교 생활은 좁은 울타리 안에서 이루어졌다—진정으로 고독하기는 어려웠을 것이다. 그와 동시에 남자들끼리의 교제로 국한되었고, 내쉬의 경우에는 특히 다른 수학자와의 교제로 국한되었다. 그래서 학생들의 방에서 이루어진 파티는 남자들만의 모임일 수밖에 없었다. 그런 저녁 파티는 흔히 수학을 논의하는 자리가 되었는데, 대개는 방문객을 접대하라는 레프셰츠의 요청에 따라 대학원생 가운데 한 명이 주최했다. 말은 접대였지만, 사실상 그것은 학생들에게 교수로 나아갈 수 있는 면접 기회를 주는 것이었다.

대학원생들끼리의 대화는 말할 것도 없고, 수학 교수들과 연구소 교수들, 세계 도처에서 끊임없이 몰려드는 방문객들이 나누는 수학적 대화의 질과 양과 다양성은 내쉬가 전에 경험해본 적도, 상상해본 적도 없는 것이었다. 수학은 혁명을 일으키고 있었고, 프린스턴은 그 혁명의 핵심부에 있었다. 위상수학, 논리학, 게임 이론, 그 모든 분야에서 그랬다. 강연, 토론회, 세미나, 수업, 아인슈타인과 폰 노이만이 이따금 참석한 연구소의 주간 미팅 들을 통해서만 그 혁명을 접할 수 있었던 것이 아니었다. 아침, 점심, 저녁식사는 물론이고, 대부분의 수학자들이 거주한 대학원 건물에서의 저녁식사 후 모임, 두레방에서의 일상적인 오후 다과 모임, 그 모든 시간에도 수학 혁명을 접할 수 있었다. 당시 프린스턴에서 공부하던 젊은 경제학자 마틴 슈빅 Martin Shubik은 훗날 이렇게 썼다. 수학과는 "아이디어로, 아이디어 사냥의 순수한 기쁨으로 충전되어 있었다. 길을 잃은 열 살짜리 소년이 맨발에, 넥타이를 매지 않고, 찢어진 청바지 차림으로, 흥미로운 수학 정리 하나를 달랑 들고, 파인홀 다과 시간에 나타난다 해도, 누군가는 그 소년의 말에 귀를 기울였을 것이다."

다과회는 하루 일과의 핵심이었다. 다과회는 매일 오후 3시와 4시 사이에 파인홀에서 열렸다—오후 3시 전에 마지막 수업이 끝났고, 세미나는 4시 반에 시작되어 5시 반이나 6시쯤 끝났다. 매주 수요일에는 교수실이라고 불리는 서쪽 두레방에서 다과회가 열렸다. 이 다과회는 공식적인 성격이 짙었다. 여기서는 기다란 가운을 입고 하얀 장갑을 낀 레프셰츠 부인과 다른 원로 교수 부인들이 그림자처럼 돌아다니며 차를 따라주고 쿠키를 돌렸다. 또 여기서는 묵직한 은제 차주전자와 우아한 영국제 찻잔이 나왔다.

다른 날에는 학생실로 알려진 동쪽 두레방에서 다과회가 열렸다. 늘 학생들로 붐비고 퀴퀴한 냄새가 난 이 두레방에는 푹신한 안락의자와 낮은 테이블들로 가득 차 있었다. 3시가 되어갈 무렵이면 관리인이 차와 쿠키를 갖다 놓곤 했다. 곧 이어, 혼자 공부하거나 강의를 듣거나 세미나에 참석하는 일상에 지친 학생들이 하나 둘, 혹은 떼로 몰려들었다. 대부분의 대학원생과 일부 조숙한 학부생들이 이곳에 왔고, 교수들도 거의 매일 나타났다. 이 다과회는 소규모의 다정한 가족 모임과도 같았다. 학생들이 다른 수많은 수학자들과 사귈 수 있는 모임치고 이 다과회만한 것도 달리 없었을 것이다.

  딱딱한 대화만 오간 것은 결코 아니었다. 누가 무슨 연구를 하고 있고, 누가 어느 대학으로부터 입질을 받았고, 누가 종합시험에서 낭패를 당했다는 등, 수학 주변의 한담도 풍성했다. 당시 프린스턴의 대학원생이었던 멜빈 호스너 *Melvin Hausner*는 후에 이렇게 회상했다. "거기 가는 이유는 많습니다. 우선 수학을 토론하러 가죠. 자기만 아는 소문을 떠벌리려고 가죠. 교수들을 만나러 가죠. 친구들을 만나러 가죠. 거기서 우리는 수학 문제를 토론했고, 최근의 수학 논문을 읽은 소감을 주고받기도 했습니다."

  교수들은 다과회에 참석하는 것을 의무로 여겼다. 학생들을 잘 알기 위해서도 필요했지만, 교수들끼리 한담을 나누고 싶어서 참석하기도 했다. 위대한 논리학자 알론조 처치 *Alonzo Church*는 "팬더와 올빼미를 교배시킨 잡종"으로 통했는데, 누가 말을 걸지 않으면 입을 여는 법이 없었다. 그는 과자를 한 입에 집어넣지 않고, 손가락 사이에 끼워놓고 야금야금 뜯어먹었다. 카리스마를 지닌 대수학자 에밀 아틴은 건장하고 우아한 몸뚱이를 가죽 안락의자에 내던지듯 주저앉아, 카멜 담배에 불을 붙이고, 비트겐슈타인 같은 위인들의 인물평을 제자들에게 들려주었다. 독일의 유명 오페라 가수의 아들이기도 한 스승의 발치에서 제자들은 문자 그대로 다소간 몸을 조아리고 경청했다. 바둑 유단자인 위상수학자 랠프 폭스 *Ralph Fox*는

4. 천재의 학교 ◆ 113

두레방에 들어서기가 무섭게 바둑판을 꺼내놓고 학생들에게 도전해 보라고 눈짓을 보냈다. 또 다른 위상수학자인 노먼 스틴로드 *Norman Steenrod*는 주로 체스를 하기 위해 들르곤 했다. 그는 호감을 주는 인상에 다정한 마음씨를 가진 중서부 출신의 교수였는데, 지금은 고전이 된 섬유 다발 *fiber bundles* 이론을 내놓아 당시 명성을 날리고 있었다. 레프셰츠의 오른팔 격인 앨버트 터커는 두레방에 들어서기 전에 방안을 휘 둘러본 다음 이것저것 바로잡느라고 법석을 떨었다―커튼이 뒤틀려 있으면 그것을 바로잡았고, 쿠키를 너무 많이 집어먹는 학생에게는 사려 깊은 말씀을 들려주었다. 그는 캐나다 감리교 목사의 아들로 태어나 엄격한 가정 교육을 받은 사람이었는데, 후일 내쉬의 논문 지도교수를 맡았다. 그 밖에도 흔히 방문객 몇 명이 나타나게 마련이었는데, 그들은 대개 고등학문연구소의 교수들이었다.

두레방에 모인 학생들도 어느 면에서는 교수들 못지않은 개성들을 지니고 있었다. 가난한 유태인, 이민자, 부유한 외국인, 노동자 계층의 아들, 20대 후반의 참전용사 등, 머리가 좋다는 것 못지않게 다양하다는 특성도 지녔던 것이다. 이들 학생 가운데 훗날 이름을 날린 학자로는 존 테이트 *John Tate*와 서지 랭 *Serge Lang*, 제라드 워시니처 *Gerard Washnitzer*, 해롤드 쿤, 데이빗 게일, 레온 헨킨, 유제니오 캘러비 *Eugenio Calabi* 등이 있다. 수줍음 많고 친구가 없고 붙임성도 없는 젊은이들에게 다과회는 천국과도 같았다. 앞서 언급한 젊은이들은 대부분 그런 범주에 속했다. 수학과 역사상 가장 뛰어난 학부 신입생이었던 존 밀너 *John Milnor*는 다음과 같이 다과회를 묘사했다. "내게는 모든 것이 새로웠습니다. 나는 붙임성도 없었고 수줍음도 많이 탔고 늘 외톨이였어요. 그런데 그곳은 완전히 신세계였어요. 모든 게 경이적이었죠. 집에 있는 것처럼 편안한 느낌을 주는 완전한 하나의 공동체가 거기 있었어요."

그러나 다과회의 분위기는 우호적인 것 못지않게 경쟁적이기도 했다. 은근히 남을 깔보며 자기가 한 수 위라는 식의 악의 없는 농담을 늘 주고받기도 했다. 두레방은 젊은 수사슴들이 신경을 곤두세운 채 서로 키를 재고, 허세를 부리고, 으스대며, 뿔을 들이받는 각축장이기도 했던 것이다. 개인의 장점과 권위를 정확하게 서열화한다는 점에 있어서 수학계보다 더 위계가 엄격한 곳은 달리 없었다. 그러나 서열은 항상 유동적이었기 때문에, 새로운 도전과 투쟁이 그칠 날이 없었다. 학부 시절을 돌이켜보면, 대다수의 이들 젊은이는 누구보다도 영리한 최고의 수재들이었지만, 이제 그들은 다른 학교에서 온 최고의 수재들과 각축을 벌여야 했다. 내쉬와 함께 입학한 멜빈 호스너는 이렇게 말했다. "경쟁이란 일종의 호흡과도 같은 것이었어요. 우리는 경쟁을 먹고 살았죠. 우리는 야비했어요. 그 친구는 멍청해 하고 우리는 말하곤 했는데, 그러면 그 친구는 더 이상 존재하지 않았습니다."

파벌도 있었는데, 주로 전공 분야에 따라 형성되었다. 위계질서의 정점을 차지한 것은 위상수학 파벌이었다. 이 파벌은 레프셰츠와 폭스, 스틴로드를 중심으로 뭉쳤다. 다음은 해석학 파벌이었는데, 이들은 수학과에서 레프셰츠의 호적수인 살로몬 보흐너 *Salomon Bochner*가 이끌고 있었다. 보흐너는 음악과 예술을 사랑하는 박식한 학자이기도 했다. 다음은 대수학 파벌이었는데, 이들은 에밀 아틴과 소수의 추종자들로 이루어져 있었다. 무슨 이유에서인지, 논리학은 높이 평가되지 않았다. 이 분야의 좌장격인 알론조 처치가 컴퓨터 이론의 초기 개척자로서 명성이 하늘을 찌를 듯했는데도 그랬다. 앨버트 터커가 이끄는 게임 이론 파벌은 순수 수학의 상아탑에서 아예 존재조차 없었다. 각 파벌은 자기 분야의 중요성을 가장 높게 치고 다른 분야는 낮추어 보았다.

내쉬는 그처럼 이색적인 작은 수학의 열탕 같은 것을 전에는 경험해본 적이 없었다. 그러나 곧 그것은 그를 부각하는 데 너무나 필수적이며, 정서적이고 지적인 상황이 되었다.

천재

프린스턴, 1948~1949

내가 누구의 영향도 받지 않았다는 것은 좋은 일이다.
―루트비히 비트겐슈타인

가이 라이 청 *Gai Lai Zhong(Kai Lai Chung)*은 교수실 문이 빠끔히 열린 것을 보고 가슴이 뛰었다. 교수실은 잠겨 있는 게 보통이었다. 가이 라이는 어쩌다 문이 열려 있고 주변에 아무도 없으면 교수실을 둘러보길 좋아했다. 그는 일본이 중국 본토를 침략했을 때 잔혹한 참상을 피해 가까스로 목숨을 건진 사람인데, 스탠퍼드 대학의 수학 교수가 되기 전에 프린스턴에서 강사로 있었다. 교수실은 텅 빈 교회 같은 느낌을 주었다. 수학의 발광체들로 붐비는 오후의 눈부시고 위압적인 분위기와는 달리, 오전의 교수실은 고즈넉하고 아름다운 성소 같았다.

아침 햇살이 서쪽 두레방의 두꺼운 착색 유리창으로 흘러들어 찬란한 무늬를 수놓았다. 유리창에는 뉴턴의 중력법칙과 아인슈타인의 상대성이론, 하이젠베르크 *Werner Heisenberg*의 양자역학에 관한 불확정성 원리 등의 공식이 상감 세공되어 있었다. 한쪽 끝에는 제단과도 같은 육중한 석조 벽난로가 있었고, 벽난로 옆면에는 뫼비우스 띠의 역설에 맞닥뜨린 파리 한 마리가 새겨져 있었다. 뫼비우스는 종이띠를 180도 비틀어서 양쪽 끝을 이어 붙임으로써 일견 불가능해 보이는 물건, 즉 안팎이 없이 한 면만을 가진 띠를 만들어낸 사람이다. 가이 라이는 벽난로 위에 새겨진 별난 글을 읽어보길 특히 좋아했다. 그것은 아인슈타인이 자신의 과학에 대한 신념을 표현한 글이었다. "*Der Herr Gott ist raffiniert aber Boshaft ist Er nicht.*" 그 뜻은 이렇다. "신은 오묘하지만 심술궂지는 않다."

이 특별한 가을날 아침, 가이 라이는 살며시 반쯤 문을 열고 문지방을 넘어서다가 멈칫했다. 몇 걸음 떨어진 대형 테이블 위에 아름다운 검은 머리의 청년이 벌렁 드러누워 있었던 것이다. 교수실을 압도하듯 자리잡고 있는 테이블 위에는 산더미처럼 서류가 쌓여 있었다. 그 테이블 서류 위에 누워 천장을 바라보고 있는 청년은 마치 느릅나무 아래 잔디밭에 누워 나뭇잎 사이로 하늘을 바라보고 있기라도 하는 듯했다. 양손으로 머리를 괴고 느긋이 누워 꼼짝도 하지 않고 있는 그는 뭔가 골똘히 생각에 잠긴 채 나직이 휘파람을 불었다. 가이 라이는 그가 누군지 이내 알 수 있었다. 웨스트 버지니아에서 온 대학원 신입생. 조금은 놀랍고 조금은 당혹스러운 가이 라이는 슬그머니 문에서 물러서서, 내쉬의 눈에 띄지 않도록 총총히 자리를 떴다.

대학원 1년차 학생들은 말할 수 없이 시건방졌다. 그런데 내쉬는 모든 사람들에게 더 말할 수 없이 시건방지고, 더 괴팍하다는 인상을 주었다. 외모는 그런 인상을 더욱 부추겼다. 스무 살이 된 내쉬는 나이보다 어려 보였다. 그러나 이제 그는 트랙터에서 방금 내려온

촌뜨기처럼 보이지는 않았다. 키 183센티미터, 몸무게 77킬로그램, 떡 벌어진 어깨, 근육질의 가슴, 군살 없는 허리. 위풍당당한 체격은 아닐지라도 운동선수 같은 체격이었다. "대단히 강하고, 대단히 남성적인 육체"였다고 동료 학생은 회상했다. 게다가 "작은 신神처럼 매끈"했다고 다른 학생이 회상했다. 시원한 이마, 약간 튀어나온 귀, 우뚝한 코, 두툼한 입술, 쪽 빠진 턱 등은 영국 귀족의 풍모를 느끼게 했다. 그는 이마로 흘러내린 머리카락을 곧잘 빗어 넘기는 버릇이 있었다. 손톱을 꽤 길게 기른 탓에, 나긋하고 고운 손과 길고 섬세한 손가락이 더욱 두드러져 보였다. 음성은 카랑카랑하고 서늘했는데, 느릿한 남부 말투가 어우러져 다소 냉소적으로 들렸다. 길게 말을 할 때는 장식적이고 위엄을 갖췄기 때문에 남들에게 짐짓 젠체한다는 느낌을 주었다. 게다가 표정도 다소 거만했고, 남을 깔보는 듯한 미소를 지었다.

다과회에서 그는 처음부터 이목을 끌었다. 그는 주목을 받지 못해 안달인 것 같았고, 그 자리의 어느 누구보다도 더 영리하다는 것을 다짐받고 싶어하는 것 같았다. 뉴욕 시티 칼리지 출신의 한 동급생은 이렇게 회상했다. "그는 남들이 중요하다고 생각하는 것을 '시시하다'고 말하는 버릇이 있었습니다. 그런 식으로 상대를 제압하려 했던 거지요." 내쉬는 남들이 헛소리를 한다고 힐난하기도 했다. 누군가가 쉬지 않고 말을 계속한다면, 그건 헛소리를 하는 것이었다. "대수는 헛소리다"라고 그가 칠판에 휘갈겨 쓰기라도 하면, 대수를 전공하는 다른 학생은 얘기 중간에 입을 다물곤 했다. "해커 *hackers*"라는 말도 내쉬가 즐겨 쓰던 말이었다. 해커는 쓸데없는 일에 열을 올리는 사람을 뜻했다. 또 다른 학생은 이렇게 말했다. "내쉬는 자기가 얼마나 영리한지를 사람들이 알아야 한다고 열을 올렸습니다. 그런데 그건 찬양받고 싶어서가 아니라는 겁니다. 그가 영리하다는 것을 모르는 사람은 정상에 있다고 할 수가 없기 때문이라는 거죠. 그걸 모르는 학생을 만나면 애써서 그걸 인식시키려고 했지요." 또 다른 학생은 이렇게 회상했다. "그는 무엇보다도 주목을 받고 싶어했습니다."

그는 기회만 있으면 자기가 해낸 일을 자랑하려고 했다. 그는 난데없이 말하곤 했다—학부 시절에 가우스의 대수 기본 정리 증명에 관한 독창적인 증명을 발견했는데, 그 정리는 19세기 수학의 위대한 업적 가운데 하나이며, 오늘날에는 복소변수론 *the theory of complex variables* 고급 과정에서나 가르치는 것이라고.

내쉬는 자칭 자유 사상가였다. 프린스턴 입학 원서에서, "무슨 종교를 가지고 있는가?"라는 질문에 그는 "신도 神道"라고 답했다. 그는 자기 혈통이 동료 학생들, 특히 유태인 학생들보다는 훨씬 우수하다는 것을 넌지시 내비치기도 했다. 마틴 데이비스는 브롱크스의 가난한 집안에서 자란 동급생인데, 어느 날 대학원 건물에서 파인홀까지 걸어가다가 앞서 가던 내쉬를 따라잡아 동행한 적이 있었다. 그때 내쉬는 자신의 혈통, 곧 타고난 귀족이라는 것에 대해 혼자 생각에 잠겨 있었다. 데이비스는 이렇게 말했다. "그는 귀족에 대한 일단의 신념을 갖고 있더군요. 인종 혼합은 반대했어요. 잡혼은 혈통을 타락시킨다고 말하더군요. 자신의 혈통이 꽤 우수하다는 것을 암시한 거지요." 내쉬는 데이비스에게 혹시 빈민가에서 자라지 않았느냐고 물어본 적이 있었다.

내쉬는 거의 모든 수학 분야에 관심을 보였다. 위상수학, 대수기하학, 논리학, 게임 이론 등에 대해 1년차에 이미 엄청난 지식을 흡수한 것 같았다. 프린스턴에서 별로 힘들지 않게 "꽤 광범위하게 수학을 공부했다"고 스스로도 말한 적이 있었다. 하지만 그는 수업을 들으려 하지 않았다. 내쉬와 함께 수업을 들었다는 것을 기억하는 사람은 아무도 없다. 그는 스틴로드의 대수적 위상수학 강의를 듣기는 했다고 후일 말한 적이 있다. 스틴로드는 그 분야의 실질적인 창시자이다. 스틴로드와 새뮤얼 에일렌버그 *Samuel Eilenberg*는 호몰로지 이론의 기초가 되는 공리들을 막 정립한 상태였다. 그것은 매우 최신 학문이어서 많은 학생을 끌어들였다. 그러나 내쉬는 그 과목이 너무 형식을 중시하고 기하학적이 아니어서 자기와는 맞지 않는다고 생각하고 중도에 포기하고 말았다.

또 대학원 생활 내내 내쉬가 책을 들고 있는 것을 보았다는 사람이 없다. 사실 놀랍게도 그는 거의 책을 읽지 않았다. 내쉬보다 한 해 먼저 프린스턴에 들어온 이탈리아계 이민자인 유제니오 캘러비는 이렇게 말했다. "내쉬와 나는 어느 정도 독서장애자였습니다. 나는 고도의 집중력을 요구하는 독서에 몰입한다는 게 너무 어려웠어요. 그리고 나는 독서가 게으른 짓이라고 생각했지요. 반면 내쉬는 간접적으로 너무 많이 배우게 되면 창조성과 독창성이 질식할 거라는 생각에서 독서하지 않는 것을 옹호했습니다. 수동적이고 타율적인 것을 싫어했던 거죠."

내쉬가 필요하다고 생각한 정보를 얻는 주된 방식은 교수와 동료 학생들에게 질문을 던지는 것이었다. 그는 클립보드(집게가 달린 필기판)를 들고 다니면서 끊임없이 기록을 했다. 사소한 힌트, 아이디어, 사실, 하고 싶은 일들 등이 기록되었다고 캘러비는 회상했다. 내쉬의 필체는 거의 알아볼 수 없었다. 그는 편지를 쓸 때도 줄 쳐진 공책 종이를 써야 했는데, 줄이 없으면 글이 "아주 불규칙한 파도"를 그리기 때문이라고 레프셰츠에게 해명한 적이 있었다. 그의 기록에는 썼다가 지워버린 것이 많았고, "InteresEted"와 같이 쉬운 단어의 철자도 틀리곤 했다.

그는 두레방의 대화를 통해 배웠고, 방문 수학자들의 강연을 들음으로써 부족한 것을 보충했다. 캘러비의 말에 따르면, 내쉬는 "아주 체계적일 만큼 날카로운 질문을 던지고 그 대답으로부터 자기만의 아이디어를 발전시켜 나갔다." 그렇게 해서 완성된 아이디어들을 캘러비도 본 적이 있었다. 내쉬의 최고의 아이디어 가운데 일부는 "반쯤 배우다 만 것, 심지어는 잘못 배운 것에서 시작해서 그것들을 재구성하려고 애쓰는 과정에서 나온 것이었다. 완벽하게 해낼 수 없다고 할지라도 처음부터 포기하는 법이 없었다."

그는 언제나 날카로운 질문을 던졌다. 게임 이론뿐만 아니라, 위상수학 혹은 기하학에 대한 그의 질문은 대개 핵심을 찌르는 것들이었다. 존 밀너는 두레방에서 제기된 그런 질문 하나를 기억하고 있었다. 그 질문은 이렇다. k차원의 특이 대수 다양체 *variety* V_0가 어떤 매끄러운 다양체 M_0 속에 매장되어 있다고 하자. 그리고 $M_1 = G_k(M_0)$를 M_0에 대한 탄젠트 k면의 그라스만 다양체 *Grassmann variety*라고 하자. 그러면 V_0는 k차원 다양체인 $V_1 \subset M_1$으로 자연스럽게 올라간다 *lift*. 귀납적으로 계속해 나가면 우리는 k차원 다양체의 열 *sequence*을 얻게 된다.… 그렇다면 우리는 궁극적으로 비특이 다양체 V_q를 얻게 되는가? (밀너가 덧붙인 말에 의하면, 이 추측은 그후 특별한 경우에만 사실인 것으로 입증되었다.)

내쉬는 그저 생각만 하며 대부분의 시간을 보낸 것으로 보인다.

그는 빌린 자전거를 타고 작은 8자형이나 그보다 더 작은 원을 그리며 시간을 보내곤 했다. 대학원 건물의 4각 안뜰을 서성거리기도 했다. 파인홀의 어둑한 이층 복도 벽에 어깨를 맞대고, 패널 벽에 맞붙어 굴러가는 이동활차처럼 미끄러져 가기도 했다. 또 비어 있는 두레방이나 3층 도서관의 의자나 테이블에 누워 있곤 했다―도서관에 있는 날이 더 많았다. 그럴 때면 대부분 바흐의 푸가를 휘파람 불곤 했다. 수학과 비서들은 휘파람 좀 못 불게 해달라고 레프셰츠나 터커를 찾아가 하소연했다.

멜빈 호스너는 이렇게 회상했다. "그는 두레방에 혼자 앉아 있곤 했습니다. 늘 생각에 잠겨 있었죠. 우리 곁을 지나가면서도 우리가 있다는 것을 모를 정도였습니다. 늘 혼자 중얼거렸고, 늘 휘파람을 불었고, 늘 생각을 했지요…. 테이블 위에 누워 있다면 그건 생각 중이라는 뜻이었습니다. 그저 생각만 했죠. 그가 생각에 잠겼다는 것을 누구나 알아볼 수 있었습니다."

그는 그런 시간을 무한히 즐기는 것처럼 보였다. 단순히 지식을 주입받는 것을 혐오했고, 능동적으로 터득하겠다는 강한 충동을 지니고 있었다. 그것은 확실한 천재의 징표 가운데 하나였다. 프린스턴에서, 내쉬의 생각은 과녁을 향해 집중적으로 치달린다고 할 수 있는 특성을 띠기 시작했다. 그는 무無에서 깨달음을 얻겠다는 욕구가 강했다. 밀너는 이렇게 회상했다. "그는 수학의 3백 년 역사를 스스로 재발견하고 싶어하는 것 같았습니다." 1년차가 지난 후 내쉬의 자문교수가 된 스틴로드는 여러 해 뒤 이렇게 썼다. "내가 아는 어느 학생보다도 내쉬는 직접 파고들어 연구함으로써 배운다는 신념이 강했다."

19세기 독일 수학자 칼 프리드리히 가우스는 이렇게 투덜거린 적이 있었다. "스무 살도 되기 전에 이루 헤아릴 수 없이 많은 아이디어가 폭풍처럼 내 정신을 강습해왔다. 나는 그것들을 걷잡을 수 없었고, 시간이 없어서 작은 편린밖에 다룰 수 없었다." 내쉬도 아이디어가 넘쳐흐른 것 같다. 스틴로드는 이렇게 썼다. "대학원 1년차였을 때, 내쉬는 평면 위의 단순 폐곡선의 한 특징을 나에게 제시했다. 그것은 1932년에 와일더 Raymond Wilder가 내놓은 것과 근본적으로 같은 것이었다. 얼마 후 그는 연결성 connectedness의 기초 개념에 바탕을 둔 위상수학의 공리 체계를 고안했다. 나는 그에게 윌리스의 논문을 참고하라고 말해주었다. 2년차에 그는 내게 새로운 호몰로지 군 homology group에 대한 정의를 내놓았다. 그것은 호모토피 고리 homotopy chains에 바탕을 둔 라이데마이스터 군 Reidemeister group과 똑같은 것으로 입증되었다." 이러한 내쉬의 아이디어는 조숙한 학생의 총명함을 과시하기 위한 두뇌 연습 수준의 아이디어가 아니었다. 그것은 수학적으로 흥미롭고 중요한 아이디어였다.

   내쉬는 늘 문제를 찾아다녔다. 밀너의 말에 따르면, "그는 미해결된 문제들이 무엇인지 환히 꿰고 있었다. 그 가운데 중요한 문제가 무엇인지 여러 사람에게 물어 재확인을 하곤 했다. 그는 아주 야심에 찬 계획을 갖고 있었던 것이다." 연구를 하는 데 있어서도 내쉬는 강한 자신감과 자만심을 보였다. 이를테면, 입학한 지 얼마 되지 않았을 때 아인슈타인을 찾아가서, 양자이론을 수정할 몇 가지 아이디어 초안을 제시한 일까지 있었다.

   프린스턴에 입학한 첫해 가을, 내쉬는 다소 길을 우회해서 머서 스트리트를 걷곤 했다. 그곳에 사는 세계적인 학자들을 멀리서라도 한번 보기 위해서였다. 대개 아침 9시와 10시 사이에 아인슈타인은 머서 스트리트 112번지에 있는 자신의 하얀 집을 나서서 고등학문 연구소까지 1마일쯤 걸어갔다. 내쉬는 여러 번 그 성자 같은 과학자를 길에서 지나칠 수 있었다. 아인슈타인은 헐렁한 스웨터 차림에 바지는 축 쳐졌고, 맨발에 샌들만 신었다. 얼굴은 무표정했다. 아인슈타인을 멈춰 세우고, 깜짝 놀랄 만한 발견을 제시하며 대화를 나눌 수 있다면 얼마나 좋을까 하고 내쉬는 상상하곤 했다. 한번은 쿠르트 괴델과 함께 걷고 있던 아인슈타인 곁을 지나가며, 그들이 독일어로 말하고 있다는 것을 알았다. 그는 독일어를 못 한다는 것이 서글퍼졌다. 극복할 수 없는 언어 장벽 때문에 저 위대한 사람들과 의사소통을 하지 못할 것이 걱정되었던 것이다.

1948년이라면, 아인슈타인이 전세계의 추앙을 받는 위대한 과학자가 된 지도 이미 사반세기나 지난 때였다. 그의 특수상대성이론이 발표된 것은 1905년이었다. 일반상대성이론은 1916년에 나왔다. 아인슈타인은 일반상대성이론에서 유도되는 한 결론으로서 강한 중력장 속에서 빛이 구부러진다는 것을 예언했는데, 1919년에 이르러 천문학자들은 그것이 사실임을 확인했다. 이로써 아인슈타인은 과학자로서 전무후무한 명성을 얻게 되었다. 그후 원자폭탄 제조, 핵무장 반대 운동, 세계 정부, 이스라엘 국가의 수립 등에서 보여준 일련의 정치적 활동을 통해 성자의 분위기까지 겸비하게 되었다.

지난 수십 년 동안 과학 분야에서 아인슈타인이 추구해온 것은 두 가지였다. 하나는 어느 정도 성공을 거두었지만, 다른 하나는 완전히 실패였다. 그는 양자이론의 기본 원리 몇 가지에 대해 꾸준히 의심을 품어왔다―양자이론은 물리학에서 상대성이론과 더불어 가장 성공적이고 가장 널리 받아들여진 이론인데, 양자이론도 사실은 그가 1905년에 광양자 *light quanta*의 존재를 입증함으로써 먼저 제안했던 것이었다. 그후 닐스 보어와 베르너 하이젠베르크가 양자이론을 더욱 발전시켜, 관찰 행위가 관찰되는 물체를 변화시킨다는 주장을 내놓았다. 아인슈타인은 1935년에 양자이론을 공격했다. 그것은 〈뉴욕 타임스〉 1면에 실렸는데, 누구도 설득력 있게 그의 공격을 막아내지 못했다. 1990년대 중반의 최근 실험 결과도 그의 비판에 새로운 힘을 불어넣었다.

아인슈타인이 더욱 힘을 쏟은 것은, 빛과 중력 현상을 하나의 이론으로 통합하는 것이었다. 한 전기학자가 말한 대로, 그는 "우주가 한쪽은 상대성이론으로 다른 한쪽은 양자역학으로 두 쪽이 나는 것"을 결코 용인할 수 없었다. 70회 생일 직전까지도 아인슈타인은 우주의 다양한 힘과 입자들 모두에 적용할 수 있는 일관된 단 하나의 원리를 찾아내려고 애썼다. 소위 "통일장이론 *unified field theory*"이라는, 생애 마지막이 될 논문을 준비하고 있었던 것이다.

내쉬는 아인슈타인을 먼발치에서 바라보는 것으로 만족하지 않고 면담을 신청했다. 그것은 내쉬의 야망과 환상이 어느 정도인지를 잘 보여주는 사례이다. 프린스턴에 입학한 지 고작 두어 주 지났을 무렵, 내쉬는 펄드홀의 아인슈타인 사무실을 찾아가서 면담 신청을 했다. 그는 조수에게 아인슈타인 교수와 토론하고 싶은 아이디어가 있다고 말했다.

아인슈타인의 사무실은 지저분했지만 널찍했고 퇴창(바깥쪽으로 돌출한 창)으로 환한 빛이 흘러들었다. 아인슈타인의 조수인 존 케메니 *John Kemeny*가 내쉬를 들여보냈다. 케메니는 스물두 살의 헝가리계 논리학자로, 줄담배를 피웠다. 후일 컴퓨터 언어 베이직을 발명했고, 다트마우스 대학의 총장이 되었으며, 스리마일 *Three Mile* 섬 원전 사고 조사위원장을 역임하기도 했다. 아인슈타인은 내쉬의 손을 잔뜩 힘 주어 잡고 한 번 손을 비틀고 놓았다. 그러고는 내쉬에게 사무실 한 쪽의 커다란 목제 회의탁자를 가리켰다.

퇴창으로 흘러드는 오전의 햇살은 아인슈타인 둘레에 일종의 후광을 드리웠다. 그러나 내쉬는 기죽지 않고 서둘러 자신의 아이디어를 설명했다. 아인슈타인은 한 손가락으로 뒤쪽 머리카락을 꼬아대며 점잖게 경청했다. 빈 파이프를 빨다가 이따금 뭐라고 혼자 중얼거리기도 했다. 말을 계속하며 내쉬는 아인슈타인의 혼잣말이 일종의 반향 언어(남의 말을 그대로 흉내내는 행동 혹은 음성 모방)라는 것을 알 수 있었다.

내쉬는 당시 "중력, 마찰, 복사"에 대한 아이디어를 가지고 있었다고 후일 회고했다. 그는 광자 *photon* 따위의 입자가 공간을 이동할 때, 광자의 요동치는 중력장이 다른 중력장들과 상호작용을 하기 때문에 마찰이 일어날 수 있다는 것을 착안했다. 그러한 직감을 이론적으로 충분히 따져보았던 내쉬는, 면담 시간 동안 줄곧 칠판 앞에 서서 방정식을 써가며 설명을 했다. 아인슈타인과 케메니도 칠판 앞에 서 있었다. 토론은 족히 한 시간 동안 계속되었다. 그러나 결국 아인슈타인이 히죽 웃으며 한 말은 이렇다. "젊은이, 물리학을 좀더 공부해야겠어." 내쉬는 아인슈타인의 충고를 곧바로 받아들이지 않았다. 자신의 아이디어를 논문으로 남기지도 않았다. 그러나 젊은날 물리학에의 외도는 평생의 관심사로 지속되었다. 물론, 통일장이론에 대한 아인슈타인의 연구처럼, 딱히 이렇다 할 열매를 맺지는 못했다. 그런데 수십 년이 지난 후, 한 독일 물리학자가 내쉬와 유사한 아이디어를 내놓았다.

수학과나 연구소 교수 가운데 내쉬가 특별히 좋아해서 따른 교수는 없었다. 일부러 기피하는 것으로 보일 정도였다. 그것은 수줍어서가 아니라, 자신의 독립성을 지키고 싶어했기 때문이라고 동료 학생들은 생각했다. 당시의 내쉬를 잘 알고 있는 수학자 캘러비는 이렇게 말했다. "내쉬는 지적 독립성을 지키고 싶어했습니다. 지나치게 영향받는 것을 원치 않았지요. 다른 학생들과는 자유롭게 얘기를 나누었지만, 교수들과는 너무 가까워질까봐 걱정했습니다. 압도당할지도 모른다는 것이 겁났던 겁니다. 그는 지배당하길 원치 않았습니다. 지적으로 은혜를 입는다는 것조차 싫어했지요."

그러나 최소한 교수 한 명을 이용하기는 했다. 스틴로드를 상담교수로 삼았던 것이다. 기질적으로 스틴로드는 레프셰츠나 보흐너처럼 언변이 뛰어나고 지배하기를 좋아하는 유형과는 전적으로 달랐다. 레프셰츠와 보흐너의 강의는 "재미있지만 90퍼센트는 오류"라는 소문이 돌았다. 스틴로드는 면밀하고 논리 정연한 사람이어서 양복과 운동복조차 수학 공식에 맞추어 골라 입었고, 범죄와 같은 사회문제에 대한 해결책을, 비록 비현실적이라 해도 아주 논리적으로 추론해내는 버릇이 있었다. 또한 자애롭고 인내심이 많고 도움을 베풀 줄 아는 사람이었다. 그는 내쉬의 장점을 발견하고 깊은 인상을 받았으며, 내쉬가 시건방지고 괴팍한 것조차 재미있어 하며 관대하게 대했다.

자기 수준에는 못 미치지만 적어도 대화는 나눌 만하다고 생각되는 또래들과 난생처음 어울리게 된 내쉬는 다른 학생들의 아이디어를 즐겨 따먹곤 했다. "일부 수학자들은 연구를 혼자서 해내려고 했는데, 그는 아이디어 교환을 좋아했다." 동료 학생의 말이다. 영리한 젊은 수학자들 가운데 가장 먼저 내쉬의 마음을 끈 것은 존 밀너였다. 키가 크고 호리호리하며 동안童顔에 운동선수 같은 체격을 가진 밀너는 학부 1년생에 지나지 않았지만 이미 프린스턴의 보석으로 평가받고 있었다. 학부 1학년생 시절 밀너는 앨버트 터커가 강의한 미분기하학 시간에 폴란드 위상수학자 카롤 보숙 *Karol Borsuk*의 증명되지 않은 추측에 대해 배운 적이 있었다. 그것은 공간 속 매듭곡선의 전체 곡률에 관한 추측이었는데, 밀너는 그것이 숙제인 줄 알았다. 며칠 후 터커의 사무실로 찾아간 그는 증명을 내밀며 이렇게 요청했다. "이 증명상의 오류를 지적해주시기 바랍니다. 오류가 있다는 것은 분명한데, 찾아낼 수가 없습니다." 터커는 그것을 검토한 다음, 폭스에게, 그리고 싱선 천 *Shiing-shen Chern*에게 보여주었다. 아무도 오류를 발견할 수 없었다. 터커는 밀너에게 그 증명을 〈수학 연대기〉에 내보라고 권했다. 몇 달 후 밀너는 매듭곡선 곡률에 대한 완전한 이론을 전개한 정밀한 논문을 제출했다. 그 논문에서 보숙 추측을 증명한 것은 부산물에 지나지 않았다. 대다수 박사논문보다 훨씬 알찬 그 논문은 1950년 〈수학 연대기〉에 실렸다. 밀너는 또 1학년 2학기 때 퍼트남상을 받음으로써 수학과는 물론 내쉬까지 전율시켰다. (그는 두 번 더 퍼트남상을 받았고, 하버드 장학금 제의를 받았다.)

내쉬는 함께 수학 얘기를 할 상대를 까다롭게 골랐다. 나중에 내쉬와 함께 랜드 코퍼레이션 *RAND Corporation*에서 근무한 멜빈 페이사코프 *Melvin Peisakoff*는 이렇게 회상했다. "내쉬하고는 긴 얘기를 할 수가 없었습니다. 얘기 도중에 나가버리니까요. 아니면 아예 대꾸를 하지 않았습니다. 그가 순조롭게 대화를 계속해서 마무리를 짓는 걸 본 적이 없어요. 또 수학에 관한 대화를 나누는 것조차 본 적이 없습니다. 교수들도 자기가 연구하고 있는 문제를 남들과 의논하는데 말입니다."

그러나 한번은 두레방에서, 갑자기 떠오른 아이디어를 다른 대학원생에게 얘기한 적이 있었다. 상대가 그의 말에 큰 관심을 보이자 내쉬는 그 아이디어를 공들여 다듬기 시작했다. 그리고 내쉬가 말했다. "이건 〈국립학술원 회보 Proceedings of the National Academy〉에 논문으로 내야겠어." 그러자 다른 학생이 말했다. "그럼 내 공로도 인정해 줘야 해." 내쉬의 대답은 이랬다. "알았어. 내가 아이디어를 떠올렸을 때 아무개가 곁에 있었다고 각주를 달아줄게."

내쉬는 존중받았지만 사랑받지는 못했다. 쿤의 방에서 같이 셰리주를 마시자는 초대도 받지 못했고, 낫소 스트리트로 함께 맥주를 마시러 가자는 초대도 받지 못했다. 캘러비는 이렇게 회상했다. "내쉬는 친한 친구로 삼고 싶을 만한 사람이 아니었습니다. 그에게서 친밀감을 느낀 사람은 별로 없을 겁니다." 대학원생들은 대부분 약간씩은 별난 사람들이었다. 수줍음, 어눌함, 이상한 습성, 그리고 신체적이고도 심리적인 일종의 경련 같은 것들을 지니고 있었다. 그런데 다 모아놓고 보면 내쉬만 두드러지게 별나 보였다. "내쉬는 정상이 아니었다"고 한 동창생은 말했다. "그가 한 스무 명의 학생과 같이 있다면, 그리고 다들 얘기를 나누고 있는데 그 중 이상해 보이는 사람 하나만 꼽아보라면, 누구나 내쉬를 꼽았을 겁니다. 그가 의식적으로 이상한 짓을 해서가 아닙니다. 그의 태도, 어딘가 다른 곳에 가 있는 듯한 태도 때문이지요."

또 다른 동창생은 이렇게 회상했다. "내쉬는 정말 기인이었습니다. 얘기 상대를 바라보려고 하질 않았죠. 뭘 물어봐도 바로 대답을 하는 일이 없었어요. 질문이 어리석다고 생각하면 아예 입을 다물어 버렸습니다. 감정도 없는 사람 같았어요. 그저 자만심으로 똘똘 뭉친 사람 같았죠. 늘 외톨이였지만, 사실 밑바탕에는 남들에 대한 배려와 따뜻함이 흐르고 있었습니다."

내쉬가 갑자기 수다스러워지면, 그건 큰 소리로 생각을 하고 있는 것처럼 보였다. 호스너는 이렇게 회상했다. "우리는 내쉬가 하는 말을 상당히 에누리해서 들었습니다. 워낙 황당한 얘기를 많이 했기 때문에, 아무도 그를 대화에 끌어들이려고 하지 않았죠. '화성인이 쳐들어오면 도대체 어떻게 될까?' 하고 느닷없이 말하는 식이죠. 우리는 그가 무슨 얘기를 하려는 것인지 종잡을 수가 없었습니다. 내쉬는 별의별 얘기를 다 늘어놓았어요. 도무지 끝이 없어서 들어줄 수가 없었죠. 나는 아예 내쉬의 얘기에는 신경을 쓰지 않았습니다. 내쉬와 같이 있으면 도무지 편치가 않았어요."

내쉬의 유머 감각은 유치하고 기괴하기까지 했다. 저녁식사 때 가운을 입는 관습이 잠깐 부활된 것도 순전히 내쉬 때문이었다고 한 동창생은 회고했다. "내쉬는 휴 테일러 학장에게 가운 착용의 관습을 부활시키자는 편지를 보냈어요. 점잔 빼기를 좋아한 학장은 그렇지 않아도 핑계만 찾고 있었죠. 그 관습이 부활되자 아무도 홀에서 식사를 하지 않았습니다. 그러니 누가 내쉬를 좋아하겠습니까."

내쉬는 또 화가 나면 폭력을 쓸 때도 있었다. 이따금 놀리고 약을 올리는 장난이 느닷없이 폭력으로 번지기도 했던 것이다. 한번은 내쉬가 아틴의 제자 가운데 한 명인 서지 랭을 곯려주고 있었다. 아틴의 눈에 드는 가장 좋은 방법은 그의 미모의 딸 캐린을 사로잡는 거야 하고 내쉬는 이죽거렸다. 서지 랭이 여자만 보면 쩔쩔맨다는 것을 모르는 사람은 없었다. 랭은 내쉬의 얼굴에 뜨거운 홍차를 끼얹었다. 내쉬는 테이블을 돌아가서 랭을 바닥에 쓰러뜨린 후, 그의 목덜미 셔츠를 떠들고 얼음을 쏟아 부었다. 또 한번은, 묵직한 유리 재떨이를 올려놓은 금속 받침대를 집어들고 멜빈 페이사코프의 정강이를 내리친 적도 있었다.

 1949년 봄, 내쉬는 다소 곤경에 빠지게 되었다. 내쉬는 교수들 가운데 스틴로드와 레프셰츠, 터커 등으로부터는 꽤 신망을 받았다. 터커는 내쉬가 "매우 총명하고 독창적인데 좀 괴짜"라고 생각했다. 그래서 "그의 창조적 능력을 인정해서…괴팍한 점은 너그럽게 보아주어야 한다"고 주장했다. 그러나 교수들 모두가 그렇게 생각한 것은 아니었다. 더러는 내쉬가 전혀 프린스턴에 다닐 만한 재목이 아니라고 생각했다. 에밀 아틴이 특히 그랬다.

 날씬하고 잘생긴데다가 연푸른 눈에 매혹적인 목소리를 지닌 아틴은 1920년대의 독일 미남 배우 같았다. 그는 학기 내내 검은 가죽 트렌치코트(벨트가 있는 레인코트)에 샌들만 신었고, 장발에 골초였다. "현대" 대수학의 대표격인 아틴은 원래 헤르만 바일이 고등학문연구소 교수로 지목한 사람이었다(그 자리는 폰 노이만이 차지했다). 아틴은 세련미와 학자 정신을 숭상하는 뛰어난 교수였는데, 자기가 세운 까다로운 기준에 미달하는 학생들에게 무자비한 것으로도 유명했다. 또 수업 시간에 미련한 질문을 하는 학생들에게 외마디 고함을 지르며 분필을 내던지는 것으로도 유명했다.

 아틴과 내쉬는 두레방에서 여러 차례 충돌했다. 아틴은 항상 재능 있는 학생들과의 대화를 즐겼지만, 내쉬는 짜증날 정도로 시건방졌다. 그뿐만 아니라 놀랍도록 무식하기까지 한 것 같았다. 그해 봄, 교수회의에서 아틴은 내쉬가 종합시험에 통과할 리가 없다고 한 마디 했다—우수한 학생들은 보통 대학원 1년차가 끝나면 종합시험을 보았다. 레프셰츠가 이듬해 내쉬에게 원자력 위원회 펠로십을 주겠다고 하자, 아틴은 대뜸 반대하면서 아예 내쉬를 프린스턴에서 내보내는 것이 낫다는 소견을 피력했다.

　레프셰츠와 터커는 펠로십 문제에 대한 아틴의 견해를 묵살했다. 그러나 내쉬에게는 그해 봄에 종합시험을 보지 말고 가을에나 보라고 권했다. 당분간 내쉬에게 문제될 일은 없게 되었다. 그러나 2년 후, 그가 프린스턴 수학과의 조교수가 되려고 하자, 그를 마땅치 않게 생각한 일부 교수들이 다시 반대하고 나섰다.

갖가지 게임

프린스턴, 1949년 봄

존 폰 노이만. 후배들에게 일명 '위대한 사람'으로 불린 그는 북적거리는 사람들 사이를 헤치고 나아갔다. 여느 날처럼 말쑥하게 차려입고, 우아하게 한 손에는 찻잔을, 다른 손에는 받침 접시를 들고 있었다. 봄날 늦은 오후, 학생 두레방은 평소와 달리 발 디딜 틈이 없었다. 수학과는 물론이고 고등학문연구소와 물리학과의 많은 사람들이 강연을 듣기 위해 두레방에 나타나 차를 마시며 서성거리고 있었다. 폰 노이만은 다소 허름한 옷을 입은 두 대학원생 옆에 잠시 멈춰 섰다. 두 학생은 특이한 마분지를 사이에 놓고 골똘히 굽어보고 있었다. 그것은 6각형이 잔뜩 그려진 마름모꼴 마분지였다. 두 젊은이는 하얀 바둑돌과 검은 바둑돌을 차례로 놓아가며 판을 거의 전부 메웠다.

폰 노이만은 주변 사람에게 그것이 무슨 게임인지 물어보지 않았다. 그러다 터커와 눈길이 마주치자 얼른 고개를 돌리더니 재빨리 자리를 떴다. 그러나 그날 저녁 늦은 시각, 교수 식당에서 노이만은 터커와 긴 얘기를 나누다가 짐짓 지나가는 말로 물었다. "아, 그런데, 아까 학생들이 하고 있던 게 무슨 게임이었나요?" "내쉬." 터커는 입꼬리를 살짝 올리며 대답했다. "내쉬 게임."

1930년대에 이민 온 학자들이 파인홀로 오면서 함께 가져온 매력적인 유럽 관습 가운데 하나가 게임이었다. 이후 학생 두레방에서는 이런 저런 게임이 크게 유행했다. 오늘날에는 백개먼 *backgammon*(두 사람이 각자 15개의 말을 가지고, 주사위를 던져 나온 수대로 말을 움직이는 게임)이 유행하지만 1940년대 후반에는 크리그스필 *Kriegspiel*과 바둑이 유행했다. 그 이후에는 창안자의 이름을 딴 "내쉬" 혹은 "존" 게임이 인기를 끌었다.

내쉬가 대학원 1년차였을 때, 랠프 폭스가 이끄는 작은 바둑 동호회가 있었다. 온화한 성격의 위상수학자인 폭스는 종전 후 바둑을 보급한 사람이었다. 정열적인 탁구 선수이기도 했지만, 바둑 단증까지 가지고 있었는데, 수학자라는 사실을 감안하면 그리 놀라운 일은 아니었다. 일본에 건너가서 초청대국을 가질 정도로 잘 알려진 고수였는데, 일본의 바둑 명인 후쿠다를 파인홀로 초청해 대국을 가지기도 했다. 아인슈타인은 물론 폭스도 후쿠다의 상대가 되지는 못했다. 내쉬를 포함한 몇몇 사람들은 폭스의 패배를 아주 고소하게 여겼다.

그러나 가장 인기를 끈 것은 크리그스필이었다. 체스의 사촌격인 크리그스필은 프로이센에서 한 세기 동안 인기를 끈 게임이었다. 〈죄수의 딜레마 *Prisoner's Dilemma*〉라는 책을 쓴 윌리엄 파운드스톤 *William Poundstone*의 말에 의하면, 이 게임은 18세기에 독일 군사학교의 교육용 게임으로 고안되었다고 한다. 처음에는 프랑스와 독일 국경지대 지도에 3천 6백 개의 네모 칸을 그어놓고 게임을 했고, 이후 게임판은 다양하게 발전했다. 부다페스트에서 성장한 폰 노이만은 형제들과 크리그스필 게임을 했다. 그것은 그래프 종이 위에 성곽과 고속도로, 해안 등을 그려놓고 정해진 규칙에 따라 군대를 전진 후퇴시키는 게임이었다. 크리그스필은 남북전쟁 후 미국에도 선을 보였다. 그러나 "너무 어려워서 수학자가 아니면 쉽게 익힐 수 없는 게임"이라고 어떤 장교가 불평했다는 것을 파운드스톤이 자기 책에 인용해놓기도 했다. 파운드스톤은 이 게임을 외국어 학습에 비유했다. 1930년대에 프린스턴 두레방에 등장한 이 게임의 버전은 체스판 세 개를 가지고 하는 것이었다. 그 중 하나는 양 선수의 움직임을 정확히 볼 수 있는 것이었는데, 심판만 그것을 볼 수 있었다. 두 선수는 등을 맞대고 앉아 있어서 상대의 움직임을 알 수 없었다. 심판은 그들에게 군대의 움직임이 규칙에 맞는지 틀리는지 알려주고 죽은 말을 들어내는 역할만 했다.

당시 학생들이 보기엔 내쉬가 두레방에서 내내 게임만 하며 시간을 보내는 것 같았다. 고등학교 때 체스를 했던 내쉬는 프린스턴에서 바둑과 크리그스필 게임을 배웠다. 그는 특히 스틴로드나 터커 교수와 함께 크리그스필 게임을 자주 했다. 솜씨가 뛰어나지는 않았지만 유난히 공격적이었다. 게임에서도 내쉬의 경쟁 심리가 드러났던 것이다. 한번은 다른 학생들이 크리그스필을 하고 있던 두레방에 성큼 들어서서 게임판을 쓰윽 훑어보더니, 즉석에서 누구나 다 들을 수 있게 큰 소리로 말했다. "세 수 전에 백白이 성을 빼앗을 수 있었는데 기회를 놓쳤군."

대학원 신입생이었던 하틀리 로저스 *Hartley Rogers*는 내쉬와 바둑을 두었던 경험을 이렇게 회고했다. "그는 나를 그저 압도하는게 아니라 파괴하려 했어요. 일부러 실수하면서 나로 하여금 그가 판단 착오를 했다고 생각하게 만들었어요. 그것은 일본에서 하마테(사석 捨石)라고 하는 일종의 속임수죠. 자기가 남보다 우월하다는 것을 입증하기 위해 별 연극을 다하는구나 하는 생각이 들었어요."

그해 봄, 내쉬는 두레방의 인기를 독차지하게 된 멋진 게임을 만들어 모두를 놀라게 했다. 사실은 덴마크 사람인 피에트 하인이 내쉬보다 몇 년 앞서서 이 게임을 발명했는데, 1950년대 중반에 파커 브라더스 사에서 이것을 헥스 *Hex*라는 이름으로 시판했다. 그러나 내쉬가 만든 게임은 하인의 게임과 전혀 관계가 없는 것으로 밝혀졌다.

폰 노이만은 그 게임이 웨스트 버지니아 출신의 1년차 대학원생이 만든 것이라는 터커 교수의 얘기를 듣고 시기심을 느꼈을지도 모른다. 많은 위대한 수학자들은 예로부터 새로운 게임과 퍼즐을 즐겨 구상하곤 했다. 그러나 다른 수학자들에게 지적으로나 미학적으로 매력적인 게임이라고 인정받을 뿐만 아니라, 일반인도 즐길 수 있는 게임을 만들어낸 수학자는 단 한 명도 찾아보기 어렵다. 체스든, 크리그스필이든, 바둑이든, 오늘날에도 사람들이 즐기는 게임의 창안자가 누구인지는 물론 다 잊혀지고 말았다. 그런데 내쉬의 게임은 정말로 그가 처음 만들어낸 것이었고, 천재성을 입증하는 구체적인 첫 증거였다.

내쉬의 게임은 또 다른 대학원생인 데이빗 게일의 도움이 없었다면 빛을 보지 못했을 것이다. 게일은 뉴욕 출신으로, 전시에는 MIT의 복사 *Radiation* 실험실에서 일했는데, 내쉬가 프린스턴에 와서 처음 알게 된 학생 가운데 한 명이었다. 게일과 쿤과 터커는 매주 게임 이론 세미나를 개최하기도 했다. 현재 버클리 대학 교수이자, 〈수학 지식인 The Mathematical Intelligencer〉지의 게임과 퍼즐 칼럼 편집자이기도 한 게일은 수학 퍼즐과 게임 애호가이다. 내쉬는 일찍부터 게일이 게임에 관심이 있다는 것을 알고 있었다. 게일은 대학원 식당에서 식사를 할 때면, 말없이 동전 한 줌을 꺼내 일정한 문양으로 늘어놓곤 했다. 그리고 누구를 막론하고 맞은편에서 식사하고 있는 사람에게 느닷없이 그 퍼즐을 풀어보라고 닦달하는 버릇이 있었다. (내쉬의 노벨상 수상을 축하하기 위해 샌프란시스코에서 열린 조촐한 파티에서 50년 만에 내쉬를 다시 만났을 때, 게일이 한 행동도 바로 그것이었다.)

1949년 늦겨울의 어느 날 아침, 내쉬는 대학원 안뜰에서 자기보다 키가 좀 작고 탄탄한 체격의 게일과 말 그대로 부닥쳤다. "게일! 완벽한 정보로만 이루어진 게임의 예를 내가 찾아냈어." 내쉬가 난데없이 말했다. "이 게임에 운이라는 건 없어. 순전히 전략만 있지. 처음 두는 사람이 항상 이길 수 있다는 건 입증할 수 있지만, 어떤 전략으로 이길 것인지는 말할 수 없어. 처음 둔 사람이 졌다면 그건 실수 때문이지. 하지만 완벽한 전략이 무엇인지는 아무도 알 수 없어."

내쉬의 설명은 늘 그렇듯이 너무 간략했다. 그는 6각형이 들어찬 마름모꼴의 게임판이 아니라 체스판으로 그 게임을 설명했다. "네모 칸들이 수직이나 수평으로, 또 대각선으로 인접해 있다고 치자구." 그렇게 말한 그는 게임 방법을 설명하기 시작했다.

마침내 내쉬의 설명을 알아들은 게일은 그 게임에 매혹되었다. 그는 곧바로 실제 게임판을 어떻게 디자인할 것인가 생각하기 시작했다. 내쉬는 카네기 공대 4학년 때부터 그 게임을 구상해왔지만, 실제 게임판을 만든다는 생각은 해본 적이 없었다. "게일, 너라면 예쁘게 만들 수 있을 거야." 게일은 부유한 사업가 집안에서 태어났고, 손재주가 좋은데다가 심미적인 안목도 있었다. 그는 내쉬의 게임이 상업적 잠재력도 지녔다고 판단했고, 내쉬에게도 그런 말을 했다. "그래서 내가 판을 만들게 되었죠." 게일이 말했다. "사람들은 바둑알로 게임을 했어요. 나는 그 판을 파인홀에다 남겨두었습니다. 중요한 것은 게임판이 아니라 수학적 아이디어였으니까요. 나는 그저 내쉬를 대신해서 판을 디자인했을 뿐입니다."

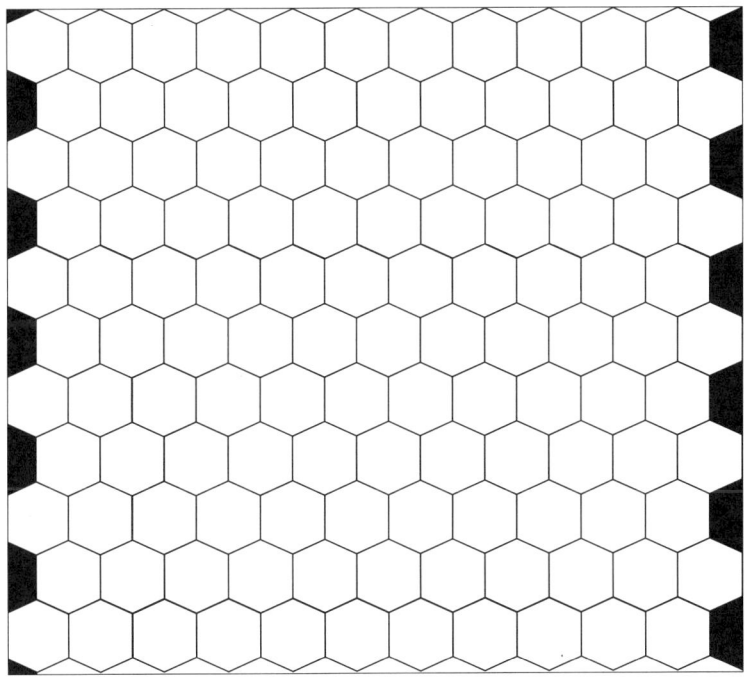

11×11 내쉬 게임판

"내쉬" 혹은 "존" 게임은 완벽한 정보로만 이루어진 2인 제로섬 게임의 멋진 사례이다. 체스와 3목놀이 tic-tac-toe(아홉 개의 칸 안에 두 사람이 O나 X를 표시해서 수평이나 수직이나 대각선 상의 세 칸을 같은 표시로 채우면 이기는 게임)도 요행과는 무관하게 완벽한 정보로만 이루어지는 2인 제로섬 게임인데, 이들 게임에는 무승부가 있다. 그러나 내쉬 게임에는 결코 무승부가 없다. "내쉬"는 진정으로 위상수학적인 게임이다. 밀너는 내쉬 게임판을 "n × n"으로 묘사했다. 즉, 마름모꼴의 내쉬 게임판은 줄과 열이 n개인 6각형이 타일처럼 깔려 있다. 이상적인 크기는 줄과 열이 14개인 경우이다. 게임판의 마주 보는 가장자리(테두리) 두 줄에는 백색, 다른 두 줄에는 흑색이 칠해진다. 각자 백색과 흑색의 바둑알을 사용한다. 차례로 한 번씩 6각형 위에 돌을 놓으며, 한번 놓은 돌은 움직일 수 없다. 흑을 잡은 사람은 흑색으로 칠해진 테두리 양쪽을 연결하려고 하고, 백을 잡은 사람은 백색으로 칠해진 테두리 양쪽을 연결하려고 한다. 어느 한 쪽이 성공할 때까지 게임은 계속된다. 이 게임은 체스처럼 복잡한 규칙이 없기 때문에 누구나 재미있게 할 수 있다.

내쉬는 이 게임에서 먼저 두는 사람이 항상 이길 수 있다는 것을 수학적으로 증명했다. 그의 증명은 지극히 정교하다. 이 게임을 아주 잘 했던 밀너의 말에 따르면 그의 증명은 "믿기 어려울 정도로 비구성적"이다. 마름모꼴의 마주 보는 양쪽 테두리를 잇는 게임이므로 어느 한쪽만 성공할 수 있다. 그것을 게일은 이렇게 비유했다. "멕시코에서 캐나다까지 걸어갈 수도 있고, 캘리포니아에서 뉴욕까지 헤엄쳐 갈 수도 있다. 그러나 두 가지를 동시에 할 수는 없다." 이 게임은 3목놀이와 달리 무승부가 나오지 않는다. 서로 지려고 한다거나, 서로 비기려고 해도 한 명은 이길 수밖에 없다.

이 게임은 곧 두레방에 선풍을 일으켰다. 이 게임으로 인해 내쉬는 많은 사람의 칭송을 받게 되었다. 존 밀너도 이 게임의 교묘함과 아름다움에 반했다. 이 게임을 팔아보려고 애썼던 게일은 이렇게 말했다. "나는 뉴욕까지 가서 여러 회사에 내쉬 게임을 보여주었습니다. 이 게임이 팔리면 나도 한몫받기로 존과 합의를 했거든요. 그런데 회사들은 거절했어요. 머리를 쓰는 게임은 팔리지 않을 거라면서요. 하지만 내쉬 게임은 정말 훌륭한 게임이었어요. 이 게임을 파커 브라더스 사에도 보냈는데 아무런 응답이 없었습니다." 게일은 파커 브라더스에 보낸 편지에서 이 게임의 이름을 헥스라고 짓자고 제안했다. 그런데 이 회사는 피에트 하인의 게임에 헥스라는 이름을 사용했다. 해롤드 쿤은 내쉬가 대학원 건물에서 식사를 하면서 자기에게 그 게임을 설명해준 것을 기억하고 있었다. 내쉬는 당시 각 점에서 6개의 화살이 발사되는 개념으로 그 게임을 설명했다. 쿤이 보기에 그러한 개념은 피에트 하인의 게임과 전혀 무관함을 보여주는 증거였다. 쿤은 내쉬 게임판을 자녀들에게 만들어 주었다. 그들은 아주 즐겁게 그 게임을 했는데, 나중에는 그들의 자녀들에게도 그 게임을 가르쳐주었다. 밀너 역시 자녀들에게 만들어 준 그 게임판을 아직도 간직하고 있다. 밀너는 내쉬가 노벨상을 탄 직후 〈수학 지식인〉에 내쉬의 수학적 기여에 대한 예리한 글을 썼는데, 이 글은 내쉬 게임을 자상하게 설명하는 것으로 시작된다.

7 존 폰 노이만

프린스턴, 1948~1949

존 폰 노이만은 수학의 창공에서 찬란하게 빛나는 스타였고, 수학의 새 시대를 알린 사도였다. 당시 45세였던 폰 노이만은 20세기가 배출한 가장 지적이고, 가장 활동이 다채롭고, 가장 세계동포주의자다운 수학자로 널리 인정받았다. 미국 지성계에서 수학의 중요성을 새롭게 인식하게 된 것도 다분히 폰 노이만 덕분이었다. 전기작가 윌리엄 파운드스톤이 말한 대로, 폰 노이만은 오펜하이머보다 덜 유명하고, 아인슈타인보다 덜 초연했지만, 내쉬 세대에게는 둘도 없는 귀감이 되었던 인물이다. 그는 열 개가 넘는 컨설턴트 직을 맡고 있었지만, 프린스턴에서는 그의 존재가 더욱 크게 느껴졌다. "우리는 모두 폰 노이만에게 매료되었다"고 해롤드 쿤은 회상했다. 내쉬 또한 그랬다.

최후의 진정한 박식가라고 할 수 있는 폰 노이만은 화려한 이력을 지니고 있었다. 그는 많은 분야에 자주 과감히 뛰어들어 고도의 추상수학적 사고력으로 새로운 통찰을 이끌어냈다. 에르고드 정리 *ergodic theorem*의 엄밀한 첫 증명, 기상 통제 방법들, 원자폭탄 내파 장치, 게임 이론, 양자 물리학 연구를 위한 새로운 대수인 연산자 환 *rings of operators*, 컴퓨터 프로그램 내장 개념 등 여섯 분야에서도 그는 눈부신 업적을 이룩했다. 나이 서른에 이미 순수 수학계의 거인이 된 그는 물리학자, 경제학자, 무기 전문가, 컴퓨터 고안자 등으로 입지를 넓혀나갔다. 그가 발표한 150편의 논문 가운데 60편은 순수 수학, 20편은 물리학, 60편은 통계학과 게임 이론을 포함한 응용 수학에 관한 것이었다. 1957년 53세의 나이에 암으로 세상을 뜰 당시, 그는 인간의 두뇌 구조에 관한 이론을 연구하고 있었다.

구세대 미국 수학자들의 추앙을 받은 정수론 학자 하디는 근엄하고 탈속적이었다. 반면에 폰 노이만은 세속적이었고 현실 참여적이었다. 하디는 정치학을 혐오했고, 응용 수학에도 반감을 지니고 있었다. 순수 수학이란 미학적 탐구여서, 시나 음악처럼 스스로를 위해 존재하는 것이 최선이라고 보았던 것이다. 그러나 폰 노이만은 순수 수학과 공학 사이에, 또는 초연한 사상가와 정치 활동가의 역할 사이에 무슨 모순이 있다고 보지 않았다.

폰 노이만은, 늘 기차나 비행기를 타고 뉴욕과 워싱턴, 로스앤젤레스 등지로 바삐 돌아다니며, 신문에도 자주 이름이 오르내린 최초의 학사 건설턴트 그룹 가운데 한 명이었다. 1933년 고등학문연구소에 들어간 이후에는 가르치는 일을 포기했다. 1955년에 막강한 원자력 위원회의 일원으로 취임하면서부터는 전업 연구활동도 포기했다. 그는 원자폭탄과 러시아에 대한 견해는 물론이고, 원자력 에너지의 평화적 사용에 대한 견해를 미국인에게 설득력 있게 피력한 사람이기도 했다. 1963년에 나온 스탠리 쿠브릭의 영화 〈닥터 스트레인지러브 *Dr. Strangelove*〉의 실제 모델이었다는 말도 있었던 폰 노이만은, 러시아에 대한 선제공격을 주장하고 핵실험을 옹호한 냉전의 전사였다. 그는 두 번 결혼했고, 부유했으며, 비싼 옷과 독한 술, 빠른 차, 걸쭉한 농담을 좋아했다. 일에 관한 한 퉁명스럽고 때로는 매몰찬 일 중독자였다. 한 마디로 그는 이해하기 어려운 존재였다. 프린스턴에서는 그가 인간의 언어를 완벽하게 습득한 진짜 외계인이라는 농담이 사그라지지 않을 정도였다. 그러나 공식 석상에서는 헝가리인다운 매력과 재치가 빛을 발했다. 프린스턴의 우아한 라이브러리 플레이스에 있는 그의 벽돌집에서 벌어진 파티는 "빈번했고, 유명했고, 길었다"고 폴 핼모스는 말했다. 4개 국어로 유창하게 척척 말을 받아넘기는 그의 언변은 역사와 정치와 증권시장에 대한 화제까지 두루 넘나들었다.

그의 기억력은 놀라웠고, 정신력이 발휘되는 속도 또한 놀라웠다. 전화번호부 세로줄 한 칸을 단숨에 외울 수 있을 정도였다. 엄청난 계산력으로 컴퓨터를 이겼다는 얘기도 무성하다. 폴 핼모스가 쓴 〈폰 노이만의 전설〉이라는 부고 기사에는 폰 노이만이 전자 컴퓨터를 처음 시험했을 때의 얘기가 실려 있다. "2를 거듭 제곱을 했을 때 오른쪽에서 네 번째 숫자가 7이 되는 십진수 가운데 가장 작은 숫자는 무엇인가?"하고 누군가 질문을 했다. 핼모스의 말에 따르면, "기계와 폰 노이만이 동시에 시작했는데 폰 노이만이 먼저 끝냈다."

그 부고 기사에는 또, 누군가가 폰 노이만에게 유명한 파리 수수께끼를 풀어달라고 요청한 에피소드가 실려 있다.

갑과 을 두 사람이 20마일 떨어진 곳에서 자전거를 타고 서로를 향해 시속 10마일로 달려간다. 그와 동시에, 파리 한 마리가 시속 15마일로 날아간다. 이 파리는 갑 자전거의 앞바퀴에서 출발해, 을 자전거의 앞바퀴까지 직선으로 날아간다. 도착하면 방향을 바꿔 다시 갑 자전거의 앞바퀴까지 날아가며, 두 앞바퀴 사이에 끼어 압사할 때까지 그런 행동을 되풀이한다. 질문 : 파리가 비행한 총 거리는?

이 문제를 푸는 방법은 두 가지이다. 하나는, 두 자전거 사이를 매번 날아간 거리를 꼼꼼히 계산해서 모두 합치는 것이다. 그러자면 무한수열을 더해야 한다. 그보다 빠른 방법이 있다. 두 자전거가 맞부딪치는 순간은 정확히 1시간 후이다. 따라서 파리는 딱 1시간 동안 비행하므로 답은 15마일이다. 이 문제를 들은 폰 노이만이 순식간에 답을 제시하자, 질문한 사람은 실망했다. "비법을 이미 알고 계셨군요?" "비법이라니?" 폰 노이만이 되물었다. "나는 그저 무한수열을 더했을 뿐이야."

그것은 정말 놀라운 일이다. 그러나 폰 노이만이 여섯 살 때 천만 단위 숫자 둘을 암산으로 나눌 수 있었다는 사실을 알고 나면 그리 놀라운 일도 아니다.

부다페스트의 유태인 은행가 가문에서 태어난 폰 노이만이 조숙했다는 것은 부정할 수 없다. 여덟 살에 미적분을 터득했고, 열두 살에는 에밀 보렐 *Emile Borel*의 〈함수 이론 *Theorie des Fonctions*〉과 같은 전문 수학가용 책을 읽었다. 그러나 장난감 기계를 만드는 것도 좋아했고, 비잔틴 역사와 미국 남북전쟁사, 잔다르크의 재판 등에 대해서는 꼬마 전문가 행세를 하기도 했다. 대학에 갈 때가 되자, 화학 공학을 전공하기로 아버지와 타협을 했다—수학자가 되면 밥벌이를 못 할까봐 아버지가 걱정했던 것이다. 폰 노이만은 부다페스트 대학에 입학했다가 곧 베를린 대학으로 유학을 떠났다. 거기서 수학 공부를 하며 시간을 보냈는데, 아인슈타인의 강의를 들으러 가서 학기말이 되어서야 시험을 치기 위해 부다페스트로 돌아오기도 했다. 그는 열아홉 살에 두 번째 논문을 발표했는데, 그 논문에서 서수 ordinal number를 현대적으로 정의한 것은 칸토어 Cantor의 정의를 대체하는 혁신적인 것이었다. 스물다섯 살까지 발표한 중요 논문이 10편이나 되었고, 서른 살 무렵에는 40편 가까이 되었다.

베를린 시절에 폰 노이만은 세 시간이나 기차를 타고 자주 괴팅겐 대학을 찾아갔다. 거기서 그는 힐버트를 알게 되었다. 그는 힐버트의 도움을 받아 1928년에 집합론의 공리화에 관한 유명한 논문을 발표할 수 있었다. 후일 에르고드 정리에 대해 수학적으로 엄밀한 첫 증명을 발견했고, 소위 콤팩트 위상군에서의 힐버트 제5문제라는 것을 해결했으며, 연산자 환이라는 새로운 대수와 "연속기하학 continuous geometry"이라는 새로운 분야도 만들어냈다―연속적으로 변화하는 차원들의 기하학을 일컫는 연속기하학 덕분에, 4차원이라는 말 대신, $3\frac{3}{4}$차원이라는 말도 가능해졌다. 이 무렵 수학자들 사이에는 새로운 접근법으로 다른 분야를 점령해가려는 충동이 일기 시작했는데, 그런 점에서도 그는 단연 선두주자였다. 아직 20대였을 때 저 유명한 실내 게임 이론을 썼고, 또 새로운 양자물리학을 다룬 획기적인 수학책 〈양자역학의 수학적 기초〉를 썼다―내쉬가 카네기 공대 시절 독일어 원서로 공부한 책이다.

폰 노이만은 처음에는 베를린 대학에서, 다음에는 함부르크 대학에서 시간 강사 privatdozent를 지냈다. 1931년 프린스턴의 비상근 교수 half-time professor가 되었고, 1933년에는 서른 살의 나이에 고등학문연구소에 들어갔다. 전쟁이 일어나자 관심사가 다시 바뀌었는데, 헬모스는 이렇게 말했다. "그때까지 그는 물리학을 아는 일급의 순수 수학자였습니다. 그후 그는 순수 수학을 기억하는 응용 수학자가 되었습니다." 전시에 그는 오스카 모르겐슈테른 Oskar Morgenstern과 함께 1,200쪽에 달하는 〈게임 이론과 경제행위 The Theory of Games and Economic Behavior〉라는 책을 썼다. 또 1943년부터는 오펜하이머가 이끄는 맨해튼 프로젝트에서 수석 수학자로 활약했다. 그는 원자폭탄 제조에도 기여했는데, 핵연료를 폭발시킬 때 내파 방법을 써야 한다고 제안한 것이 그것이다. 이 아이디어 덕분에 미국은 원자폭탄 개발 시기를 1년이나 앞당길 수 있었다.

1948년에 폰 노이만은 다시 고등학문연구소에 돌아와 있었고, 프린스턴에서 막강한 존재로 인식되었다. 그는 강의를 하지 않았지만, 연구소 회의에 참석했고 편집 일도 했다. 이따금 파인홀의 다과회에 들르기도 했다. 수소폭탄을 제조할 수 있는가, 있다면 제조해야 하는가에 대한 문제를 오펜하이머와 함께 깊이 있는 논의를 하기도 했다. 그는 기상 예측과 통제에도 관심이 많았다. 한번은, 남극과 북극의 빙판을 파랗게 염색해서 지구의 기온을 높이자는 제안을 한 적도 있었다(그러면 아이슬란드의 기후가 하와이와 비슷하게 될 것이라는 취지에서 한 말이다 : 옮긴이주). 그는 물리학자와 경제학자, 전기공학자들에게 순수 수학이 그들의 분야에 획기적인 돌파구를 마련해줄 수 있음을 보여주었다. 그뿐만 아니라, 젊은 순수 수학자들에게는 수학을 실세계의 각 분야에 응용하는 것이 얼마나 멋진 일인지를 실감케 해주었다.

종전 무렵, 폰 노이만은 컴퓨터에 온 정열을 쏟았다. 그러면서 그는 그런 분야에 관심을 두는 것이 "외설적"이라고 익살을 부렸다. 그가 처음 컴퓨터를 만든 것은 아니었지만, 컴퓨터 구성에 대한 그의 아이디어는 채택되었고, 컴퓨터에 필요한 수학적 테크닉도 그가 고안해낸 것이었다. 그는 협력자들과 함께 배선 프로그램보다는 프로그램 저장 방식(stored program: 1946년 폰 노이만에 의해 제창된 컴퓨터의 개념으로, 컴퓨터가 할 모든 일을 프로그램의 형태로 기술하여 기억장치에 넣어놓고 그것을 하나씩 꺼내어 순차적으로 실행하게 하는 방식. 오늘날 사용되고 있는 컴퓨터의 대부분은 이 방식을 따른 소위 폰 노이만 형 컴퓨터이다: 옮긴이주)을 개발했다―협력자 가운데 후일 IBM의 과학 이사가 된 헤르만 골드스타인 Hermann Goldstine도 포함되어 있었다. 또 디지털 컴퓨터 원형을 고안했고, 일기예보 시스템도 고안했다. 이론에 무게를 둔 고등학문연구소는 컴퓨터 시스템 구축에 별 관심이 없었다. 그래서 폰 노이만은 일기예보 시스템을 미해군에 팔았다―노르망디 상륙작전이 기상예측의 실수 때문에 하마터면 실패할 뻔했다고 그는 역설했다. 그는 기상예측을 한결 개선할 수 있는 도구로, 후일 매니악 *MANIAC*이라고 명명된 컴퓨터를 권했다. 폰 노이만은 이 "생각하는 기계"의 잠재력을 누구보다도 잘 알고 있었다. 그래서 1945년 몬트리올 연설에서 그는 이렇게 말했다. "순수 수학과 응용 수학의 많은 분야가 계산기계를 절실히 필요로 하고 있습니다. 비선형 문제에 대한 순수 해석학적 접근의 실패로 인해 빚어진 현재의 교착상태를 돌파하려면 컴퓨터가 있어야만 합니다."

폰 노이만이 손댄 모든 것에는 그의 마력이 배어 있다. 수학과 동떨어진 분야에도 과감히 발을 내딛음으로써 그는 내쉬를 포함한 젊은 수학자들의 귀감이 되었다. 상이한 문제에 유사한 접근방식을 적용해서 성공을 거둔 폰 노이만의 사례는, 특수 전문가보다는 포괄적인 문제 해결자를 지향하는 젊은이들에게 청신호나 다름이 없었다.

게임 이론

> 의도적으로 과잉 단순화한 이론을 발명하는 것은 과학에서 흔히 쓰이는 기교이다. 수학적 분석을 광범위하게 사용하는 "정밀" 과학에서 특히 그렇다. 생물리학자가 단순화된 세포 모델을, 천문학자가 단순화된 우주 모델을 유용하게 쓸 수 있다면, 마찬가지로 단순화된 게임도 복잡한 갈등을 푸는 유익한 모델이 될 수 있을 것이다.
> ─존 윌리엄스, 〈완전한 전략가〉

내쉬는 파인홀에서 회자된 수학의 새 분야 하나에 눈을 뜨게 되었다. 게임 이론. 그것은 1920년대에 폰 노이만이 개척한 것이다. 게임은 인간의 합리성이 발휘되는 단순화된 무대장치라고 할 수 있다. 그런 관점에서 게임에 초점을 맞춤으로써, 합리적인 인간 행동에 관한 체계적인 이론을 구축하려는 하나의 시도가 바로 게임 이론이다.

폰 노이만과 오스카 모르겐슈테른이 공저한 〈게임 이론과 경제행위〉 초판이 발행된 것은 1944년이었다. 당시 터커는 파인홀에서 게임 이론에 대한 인기 높은 새 세미나를 개최하고 있었다. 미해군은 대잠수함 전투 때 게임 이론의 가치를 알게 되어 프린스턴의 게임 이론 연구에 돈을 쏟아 부었다. 프린스턴과 고등학문연구소의 순수 수학자들은 사회과학 혹은 군사 용도로 쓰인 이 새로운 수학 분야를

"하찮은 것", "한때의 유행", "천한 것"쯤으로 치부하는 경향이 있었다. 그러나 당시 프린스턴의 학생들 대다수에게는, 폰 노이만과 관련된 다른 모든 분야가 그랬듯이, 이 분야도 대단히 매력적으로 보였다.

쿤과 게일은 언제나 폰 노이만과 모르겐슈테른의 책 얘기만 했다. 내쉬는 터커 세미나의 첫날 연사 가운데 한 명이었던 폰 노이만의 강의를 들었다. 그 분야에 해결되지 않은 흥미로운 문제가 아주 많다는 사실에 내쉬는 매력을 느꼈다. 그는 곧 매주 목요일 오후 5시에 열린 터커 세미나의 단골이 되었고, 오래지 않아 "터커파"로 분류되었다.

수학자들은 늘 게임에 매료되어 왔다. 우연으로 이루어진 게임에 매료되어 만들어낸 것이 확률이론이다. 마찬가지로 1920년대의 괴팅겐(1940년대의 프린스턴)에서는 포커와 체스가 수학자들을 매료시켰다. 이때 폰 노이만은 최초로 게임을 완벽하게 수학적으로 묘사해냈으며, 최대 최소 정리 *the min-max theorem*라는 기초적인 연구 성과도 처음으로 내놓았다.

폰 노이만은 1928년 〈사교게임의 이론에 관하여 *Zur Theorie der Gesellschaftspiele*〉라는 논문에서, 게임 이론이 경제학에도 적용될 수 있다고 주장했다. "일정한 외부적 조건이 주어지고, 그 조건 상황에 자발적으로 참여한 사람들이 자유 의지로 행동할 경우, 어떠한 사건이라도 전략 게임으로 간주될 수 있다. 그 전략이 참여자에게 미치는 영향을 살펴보면 그것은 자명하다." 또 이런 각주가 붙어 있다. "고전경제학의 핵심 문제는 이것이다. 즉, 절대적으로 이기적인 '경제 동물 *homo economicus*'이 주어진 외부 조건에서 어떻게 행동할 것인가?" 그러나 1930년대 게임 이론은 근본적으로 체스나 포커 따위의 실내 게임의 탐구에 국한되어 있었다―폰 노이만 강의와 수학계의 토론 내용을 돌아볼 때 그렇다. 경제학과 연계가 굳건해진 것은 폰 노이만이 1938년에 프린스턴에서 모르겐슈테른을 만난 이후의 일이다.

모르겐슈테른 역시 유럽에서 이민 온 학자였다. 비엔나 출신의 키가 크고 당당한 체격의 모르겐슈테른은 나폴레옹처럼 거만한 태도를 지닌 사람이었다. 그는 자기가 카이저 *Kaiser* 가문의 시조인 프리드리히 3세의 손자라고 주장하기도 했다. 그는 "차가운 잿빛 눈동자와 육감적인 입술"을 가진 장신의 미남이었다. 승마를 할 때면 우아한 자태가 두드러졌는데, 미모의 빨간 머리 여성과 갑자기 결혼함으로써 학생들 사이에서 화제를 뿌렸다―도로시라는 이름의 그 젊은 여성과는 나이 차이가 컸다. 모르겐슈테른은 1902년 독일 슐레지엔에서 태어나, 지성과 예술이 크게 발흥하고 있던 비엔나에서 성장하고 교육받았다. 그는 3년 동안 록펠러 재단에서 제공한 해외장학금을 받기도 했다. 그후 교수가 되었고, 히틀러가 오스트리아를 합병할 때까지 경기 순환 연구기관의 소장을 지냈다. 히틀러가 비엔나로 진격해 들어왔을 때는 마침 프린스턴을 방문중이었고, 차라리 미국에 눌러앉는 것이 좋겠다고 판단하게 되었다. 결국 프린스턴의 경제학과 교수가 되었지만, 미국인 동료 교수들과 마음이 맞지 않았다. 그는 당시 아인슈타인과 폰 노이만, 괴델 등이 있는 고등학문연구소에 마음이 끌렸지만 받아주지 않자 낙담하게 되었다. 그는 한 친구에게 보낸 편지에서 대학을 이렇게 경멸했다. "여긴 불꽃이 튀지 않아. 촌스럽기 짝이 없고."

모르겐슈테른은 타고난 비평가였다. 첫 저서 〈경제 예측 *Wirtschafts-*

prognose〉에서 그는 경제의 상승과 하강을 예측하려는 것이 무모한 일이라는 것을 입증하려고 했다. 한 서평가는 이 책을 가리켜 "어떤 이론적 혁신보다는 비관주의가 돋보이는 책"이라고 지적했다. 천문학의 경우와는 달리, 경제 예측은 결과를 바꾸어놓을 수도 있다는 점에 특징이 있다. 공급 부족이 예측될 경우, 기업이나 소비자가 그에 반응하면, 결과적으로 공급 과잉을 초래할 수도 있다.

모르겐슈테른이 더 중점을 둔 주제는, 기존의 경제 이론이 경제적 행위자들의 상호의존을 적절히 감안하지 않는다는 점이었다. 그는 상호의존이 경제적 결정의 가장 두드러진 특징이라고 보았다. 그래서 이것을 무시한 다른 경제학자를 늘 비판의 대상으로 삼았다. 역사가 로버트 레너드는 이렇게 썼다. "모르겐슈테른이 경제 이론을 그토록 모질게 비판한 것은, 경제 이론에 대한 수학자들의 비판적 입장이 어느 정도 반영된 것이라고 할 수 있다. 그는 폰 노이만이 경제 이론의 핵심에 도사린 블랙홀에 초점을 맞추고 있다는 것을 알게 되었다." 폰 노이만의 한 전기작가가 쓴 글에 따르면, 모르겐슈테른은 "경제적 상황의 여러 국면에 관심을 두었다. 특히 2인 이상 다자간의 상품 교환 문제에 관심을 두었고, 독과점과 자유경쟁 문제에도 관심을 두었다. 그러한 관심사를 수학적으로 도식화하기 위해 폰 노이만과 서로 토론하는 과정에서 게임 이론은 오늘날과 같은 형태로 모습을 갖추기 시작했다."

모르겐슈테른은 "진정으로 과학적 정수가 깃들인 무엇인가"를 하고자 열망했다. 그는 함께 논문을 쓰자고 폰 노이만을 설득하며, 게임 이론이 모든 경제 이론의 올바른 토대가 될 수 있다고 주장했다. 모르겐슈테른은 수학이 아닌 철학을 전공한 터라, 게임 이론을 정교화하는 데는 별로 기여하지 못했다. 그는 영감의 신 뮤즈이자 프로

듀서의 역할을 했다. 1,200쪽에 달하는 논문은 폰 노이만이 거의 혼자서 썼다. 그러나 수학계와 경제학계 모두의 관심을 사로잡을 수 있도록 도발적인 서문을 초안하고, 여러 쟁점의 큰 틀을 잡은 것은 모르겐슈테른이었다.

〈게임 이론과 경제행위〉는 모든 면에서 혁명적인 책이었다. 모르겐슈테른의 의도에 맞추어 집필된 이 책은 경제학의 기존 패러다임과 케인스의 전망을 신랄하게 공격했다―케인스는 개인 심리학 이론을 기초로 삼으려고 했을 뿐만 아니라, 개인적인 여러 동기와 개인 행동까지 이론에 끌어들이려고 했다. 이 책은 나아가서, 과학적 논리의 언어로서 수학을, 특히 집합론과 조합론적 방법을, 적용함으로써 기존의 사회 이론까지 개혁하려고 했다. 공저자는 이 새로운 이론을 과거 과학혁명의 망토로 포장했다. 다시 말하면, 그들이 경제학을 엄밀한 수학적 반석 위에 올려놓고자 한 것은, 뉴턴이 미적분을 창안해서 물리학을 수학화한 것에 비견되며, 그들의 논문은 뉴턴의 〈프린키피아 *Principia*〉에 비견된다고 은연중 과시했던 것이다. 레오 허위츠라는 논평가는 이렇게 썼다. "이런 책이 열 권만 더 있다면 경제학의 앞날은 보장된 거나 다름없다."

폰 노이만과 모르겐슈테른이 내놓은 메시지의 핵심은 이렇다. 즉, 경제학은 구제할 수 없을 정도로 비과학적인 학문이다. 유수한 경제학자들이라는 게 코앞에 닥친 문제―고용 안정 따위―의 해법을 보따리장수처럼 팔러 다니느라고 바빠서, 그 해법의 과학적 근거는 안중에도 없다. 지금까지 대부분의 경제 이론을 미적분이라는 언어로 치장했던 것은 "허세"였고 실패였다고 공저자는 주장했다. 그것은 인간적인 요인 탓도 아니며, 경제 변수의 열악한 측정 탓도 아니었다. 공저자의 주장에 따르면, 오히려 "경제 문제가 분명하게 정의되지 않고, 종종 막연한 용어로 진술된다는 것이 문제이다. 그리하여 선험적인 수학적 처리가 불가능해진다. 정말 무엇이 문제인지조차 아주 불확실하기 때문이다."

경제학자들은 긴급한 사회 문제를 해결할 수 있는 전문가 행세를 하지 말고, "이론의 점진적 개발"에 힘을 쏟아야 한다. 공저자는 새로운 게임 이론이 "경제행위 이론을 개발하는 데 적절한 도구"라고 주장했다. 또 "경제행위에 관한 전형적인 문제의식은, 타당한 전략 게임에 관한 수학적 사고와 엄격하게 일치하게 되었다"고도 주장했다. "목적의 제한이 필요하다"라는 소제목 아래 폰 노이만과 모르겐슈테른은, 새 이론을 경제 문제에 적용해 본 결과 "이미 다 알고 있는 결과"에 이르렀을 뿐이라는 것을 인정했지만, 기존의 수많은 경제적 명제들에 대한 정확한 증명이 축적되지 못한 탓이라고 주장하며 스스로를 변호했다.

해당 증명이 이루어지기 전에는 어떤 이론도 과학적 이론이라고 할 수 없다. 그것은 행성의 움직임이 뉴턴의 이론으로 계산되고 설명되기 훨씬 전부터 알려져 있었던 것과 같다….

우리는 개인의 행동과 가장 단순한 교환 형태에 대해 가능한 한 많이 알 필요가 있다고 믿는다. 이러한 관점은 한계효용 학파의 창시자들이 채택해서 괄목할 만한 성공을 거두기도 했다. 그런데도 이 관점은 일반적으로 받아들여지지 않는다. 경제학자들은 흔히 좀더 크고 좀더 긴급한 문제들에 관심을 돌리고, 관심사의 진술에 방해가 되는 것은 일체 묵살해버린다. 좀더 선진화한 학문, 예컨대 물리학에서의 경험을 돌아보면, 그런 조급성이 다만 학문의 발전을 지체시킬 뿐만 아니라,

긴급한 현안의 해결 또한 지체시킨다는 것을 알 수 있다.

이 책이 1944년에 나왔을 때 폰 노이만의 명성은 절정에 이르렀다. 이 책은 영예롭게 〈뉴욕 타임스〉 1면에서 다뤄지는 등 세인의 큰 관심을 끌었다. 아인슈타인의 특수상대성이론과 일반상대성이론을 제외하고, 밀도 높은 수학 저작이 그토록 주목을 받은 적은 일찍이 없었다. 몇 년 만에 일류급 수학자와 경제학자들의 논평문도 10여 편이나 나왔다.

출판 타이밍도 완벽했다―모르겐슈테른은 그것을 미리 감지하고 있었다. 전쟁 발발과 더불어, 학계에는 광범위한 분야의 온갖 문제를 조직적으로 공략하는 추세가 형성되었다. 그런 추세는 경제학 분야에서 특히 두드러졌다. 새로운 게임 이론이 출현한 것을 차치하더라도 경제학 분야에서는 커다란 변화가 일어나고 있었다. 〈경제분석의 기초 *Foundations of Economic Analysis*〉라는 책을 펴낸 폴 새뮤얼슨은 미적분과 고등 통계 방법을 사용함으로써 경제 이론을 더욱 정밀하게 만들고자 했다. 폰 노이만은 새뮤얼슨의 시도에 비판적이었다. 그러나 오히려 그런 시도들 덕분에 게임 이론이 수용될 수 있는 입지가 쉽게 마련될 수 있었다.

경제학자들의 반응은 사실상 수학자들에 비해 냉담한 편이었다. 모르겐슈테른이 경제학자들을 적대시한 탓에 그런 반응이 나타났다고 할 수 있다. 후일 새뮤얼슨은 이렇게 비아냥거렸다. "모르겐슈테른이 훌륭한 주장을 내놓은 것은 사실이다. 그러나 그런 주장을 구체화할 수 있는 수학적 능력이 그에겐 없었다. 게다가 [모르겐슈테른은] 진저리나도록 줄기차게 온갖 물리학자들의 권위에 빌붙는 버릇이 있었다." 프린스턴 경제학과 학과장인 제이콥 바이너 *Jacob*

Viner 교수는 모르겐슈테른을 경멸하며 이렇게 말했다. "경제학은 체스보다 훨씬 더 복잡하다. 그런데 체스 따위의 게임조차 해결하지 못한 게임 이론이 경제학에 무슨 쓸모가 있단 말인가?"

〈게임 이론과 경제행위〉는 학생들 사이에 "바이블"로 통했다. 이 바이블은 수학적으로 혁신적인 것이었다. 그러나 폰 노이만의 경이적인 최대 최소 정리를 초월하는 새로운 정리를 담고 있지는 못했다. 그러한 사실을 내쉬는 일찌감치 파악한 것이 분명하다. 내쉬가 보기엔, 폰 노이만이 새 이론을 사용했다고는 하지만 경제학의 주요 현안을 전혀 해결하지 못했고, 게임 이론 자체도 그리 발전시키지 못했다. 게임 이론을 경제학에 적용했다지만, 그것은 경제학자들이 여태껏 씨름해온 문제들을 재진술한 것에 불과했다. 더욱 중요한 것은, 게임 이론을 가장 잘 전개한 부분이 2인 제로섬 게임만을 다루고 있다는 것이다—그 분량이 책의 3분의 1에 달한다. 그런데 제로섬 게임은 총체적 갈등 상황의 게임이기 때문에 사회과학에는 거의 적용될 수가 없었다. 또 2인 이상의 게임에 대한 설명은 불완전하다—이것 역시 책의 상당 부분을 차지한다. 폰 노이만은 다자간의 게임에도 해결책이 존재한다는 것을 증명하지 못했다. 〈게임 이론과 경제행위〉의 마지막 80쪽은 비제로섬 *non-zero-sum* 게임을 다루었다. 그런데 폰 노이만은 그런 게임도 제로섬 게임의 형식으로 환원하고 말았다. 잉여분을 소비하거나 결손분을 보상해주는 허구의 참여자를 도입했던 것이다. 후일 존 하사니 *John C. Harsanyi*는 이렇게 논평했다. "그러한 도입이 비제로섬 게임을 대충 논의하는 데는 도움이 되었지만 완벽한 논의로써는 미흡했다. 그것은 안타까운 일이다. 경제행동에서 실제로는 비제로섬 게임이 더 쓸모가 많기 때문이다."

내쉬처럼 야심에 찬 젊은 수학자에게, 폰 노이만 이론의 허점이나 결함은 오히려 유혹적이었다. 광파光波가 헤엄치는 공간으로 추정되었던 에테르 층이 부재한다는 당혹스러운 사실이 알려졌을 때, 젊은 아인슈타인은 유혹을 느끼고 연구에 들어갔다. 마찬가지로 내쉬는 즉시 그 문제를 숙고하기 시작했다. 폰 노이만과 모르겐슈테른이 새로운 그 이론의 가장 중요한 시험대라고 말했던 그 문제를···.

협상문제

프린스턴, 1949년 봄

전적으로 새로운 각도, 즉 "전략 게임"이라는 관점에서 교환의 문제를 연구함으로써 우리는 어떻게든 그 문제를 진정으로 이해하고자 했다.
— 폰 노이만과 모르겐슈테른, 〈게임 이론과 경제행위〉, 제2판, 1947

내쉬가 첫 논문을 쓴 것은 대학원 두 번째 학기 때였다—그 논문은 현대 경제학의 훌륭한 고전이 되었다. "협상 문제 The Bargaining Problem"는 특히 젊은 수학자에게 대단히 현실적인 논문 주제이다. 그러나 탁월한 수학자가 아니고는 그런 주제에 도전해볼 생각을 품을 수 없었다. 내쉬는 카네기 공대 시절 경제학이라고는 한 과목밖에 수강한 적이 없었다. 그런데 이 논문에서 그는 경제학의 가장 오래된 문제 가운데 하나인 협상 문제에 대해 "전적으로 새로운 각도"에서 접근했고, 그지없이 놀라운 해결책을 제시했다. 인간의 행동이 사실상 체계적으로 분석 가능하다는 것을 보여주었던 것이다—오랫동안 경제학자들은 인간의 행동이 심리학 분야에 속하므로 경제적 추리의 범위를 넘어선다고 생각해왔다.

교환 exchange이라는 경제학의 기본 개념은 태고적부터 있어온 것이다. 주고받는 거래는 전설에도 나온다. 레반트의 왕들과 파라오들은 무기나 노예를 황금이나 전차와 맞바꾸었다. 현대에 들어와서는 수백만의 구매자와 판매자가 서로 얼굴을 맞대지 않는, 거대한 몰개성적 자본주의 시장이 형성되었다. 하지만 부유한 재벌이나 막강한 정부, 노동조합, 대기업 등이 관련된 1 대 1 협상은 여전히 큰 뉴스거리이다. 그러나 아담 스미스의 〈국부론 The Wealth of Nations〉이 나온 지 2세기가 지났는데도, 잠재적 협상 당사자들이 어떻게 상호작용하고 또 어떻게 파이를 나눠 갖는지 설명해주는 경제 원칙은 아직도 나오지 않은 상태였다.

경제학자이자 옥스퍼드의 학장인 프랜시스 이시드로 에지워드 Francis Ysidro Edgeworth가 협상 문제를 처음으로 제시한 것은 1881년이다. 에지워드를 비롯한 빅토리아 시대 경제학자들은 스미스와 리카르도 David Ricardo, 마르크스 Karl Marx 등의 역사적이고도 철학적인 전통을 포기한 최초의 학자들이었다. 대신 그들은 물리학에서의 수학적 전통을 경제학에도 도입하고자 했다. 이 점에 대해 로버트 헤일브로너는 〈위대한 경제학자들 The Worldly Philosophers〉에 이렇게 썼다.

> 에지워드가 경제학에 매료된 것은 그 학문이 세상을 정당화하거나 설명해주거나 비난하기 때문이 아니었다. 밝든 어둡든 간에 미래의 전망을 밝혀주기 때문도 아니었다. 이 기인이 경제학에 매료된 것은 경제학이 양 quantities을 다루기 때문이었고, 양을 다루는 것은 무엇이든 수학으로 환원될 수 있기 때문이었다.

에지워드는 인간을 다채로운 손익 계산기라고 생각했다. 또 완전한 경쟁의 세계는 "수학적 계산을 특히 좋아하는 어떤 특성"을 갖는다고 보았다. 다시 말해서, 한없는 다양성과 분할성을 갖는데, 그것은 수리 물리학 *Mathematical Physics*을 크게 촉진시킨 무한성과 무한소성無限小性에 비견된다는 것이다. (원자 이론과 미분해석의 여러 응용을 생각하여 보라.)

이러한 논리에는 에지워드 자신도 꺼림칙하게 생각했던 약점이 있었다. 인간은 단순히 경쟁 형태로만 행동하지 않는다는 것이 그것이다. 오히려 경쟁을 하지 않을 때가 더 많다. 인간이 독자적인 판단에 따라 행동한다는 것은 사실이다. 그러나 독자적인 것에 못지않게 서로 돕고, 서로 힘을 합치고, 거래를 하기도 하는데, 분명 자기 이익에 상반되는 행동을 하기도 한다. 인간들은 노동조합을 결성하고, 정부를 구성하고, 대기업이나 카르텔을 설립하기도 한다. 에지워드의 수학 모델은 경쟁의 결과를 잘 포착했지만, 협력의 결과는 포착하지 못했다.

전쟁인가 평화인가? 경제적 경쟁이라는 "멍석 *Maud*"을 깔고 싶어 하는 사람이 묻는다. 답은 둘 다이다. 계약 당사자들간에 계약이나 협정이 맺어진다면 평화이고, 다른 계약자들의 동의 없이 일부 계약자들만 계약을 맺는다면 전쟁이다.

경제학의 제1원리는 모든 행위자가 자기 이익에 따라서만 움직인다는 것이다. 이 원리의 작용은 두 국면에서 검토될 수 있다. 즉, 행위자가 자기 행위에 영향을 받는 타인들의 동의를 얻어 행동하느냐, 아니냐가 그것이다. 넓은 의미에서, 첫 번째 국면은 평화이고 두 번째 국면은 전쟁이라고 할 수 있다.

분명, 협상 당사자들은 협력이 단독 행동보다 더 많은 이익을 가겨오리라는 기대에 따라 행동하고 있었다. 그래서 어떻게든 당사자들은 파이를 나눠 갖기로 합의했다. 파이를 어떻게 쪼갤 것인지는 협상 능력에 달려 있었다. 그러나 협상 능력에 대해서는 경제 이론 차원에서 할 말이 없었다. 그리고 그처럼 광범위한 기준을 충족하는 타당한 해결책을 발견할 수도 없었다. 그래서 에지워드도 패배를 시인하고 이렇게 말했다. "일반적으로 대답하면, 경쟁 없는 계약은 불확정적 *indeterminate*이다."

다음 세기로 접어들어서까지 유수한 경제학자들이 에지워드의 문제에 달라붙었지만 결국 손을 들고 말았다―그들 가운데 영국인 존 힉스 *John Hicks*와 알프레드 마셜 *Alfred Marshall*, 덴마크인 초이든 *Dane F. Zeuthen* 등도 포함돼 있었다. 폰 노이만과 모르겐슈테른도 그 문제를 전략 게임으로 재규정하는 데에 해답이 있다고 제안하긴 했지만, 뾰족한 해결책을 내놓지는 못했다.

내쉬는 합리적인 두 협상자가 어떻게 상호작용할 것인가를 예측하는 문제에 대해 전적으로 새로운 각도에서 접근했다. 그는 어떤 직접적인 해결책을 제시하려고 하지 않았다. 역으로, 임의의 그럴듯한 해결책이 나올 수밖에 없는 일단의 합리적인 조건을 제시했고, 그런 조건들 하에서 어떤 결과가 도출되는지를 살펴보았다.

이것은 공리적 접근 *the axiomatic approach*이라고 부르는 방법이다. 1920년대에 수학계를 휩쓸었던 이 방법은, 폰 노이만이 양자이론 단행본과 집합론 논문에서 원용했던 것이었고, 1940년대 후반 프린스턴에서도 크게 유행했다. 내쉬의 논문은 사회과학 문제에 이 방법을 적용한 최초 논문 가운데 하나이다.

에지워드가 협상 문제를 "불확정적"이라고 말했던 것을 되새겨보

자. 다시 말하면, 협상자들이 서로 자신들이 선호하는 것들만 알고 있을 경우, 그들이 어떻게 상호작용할 것인지, 어떻게 파이를 나눌 것인지 예측할 수 없다. 내쉬는 불확정의 이유를 분명히 알고 있었을 것이다. 그 이유는 상대에 대한 정보가 충분치 않다는 것이다. 따라서 협상자는 여러 가지 가정을 할 수밖에 없다.

내쉬 이론의 가정은 이렇다. 즉, 상대가 어떻게 행동할 것인지에 대한 예측은 그 협상 상황 자체의 고유 특성을 기초로 해서 이루어진다. 어떤 상황에서 거래가 이루어졌다면, 그 상황의 본질은 "두 개인이 상호이익을 위해 한 가지 이상의 방식으로 협력할 수 있는 기회를 가지고 있다"는 것이다. 그들이 몫을 어떻게 나눌 것인지는, 그 거래가 각 개인에게 지닌 가치를 반영한다고 내쉬는 추리했다.

내쉬는 먼저 이런 질문을 던졌다. 어떤 해답이 나올 수밖에 없는 합리적인 조건은 어떤 것들인가? 그는 이어서 네 가지 조건을 제시하고, 정교한 수학적 논증을 이용해서, 그런 조건에서는 이런 답밖에 없다는 것을 보여주었다. 다시 말해서, 공리가 자명한 것이라면, 거래 당사자들의 이익을 최대화할 수 있는 유일한 답이 존재한다는 것을 보여준 것이다. 어느 면에서 내쉬는 문제를 "해결"하는 데 기여했다기보다는, 단순하고도 정확한 방법으로 문제를 "진술"하는 데 기여했다고 할 수 있다. 물론 그렇게 문제가 진술되기만 한다면 유일한 해결책을 찾아내는 것도 가능해진다.

내쉬의 논문이 지닌 두드러진 특징은 난해하고, 심오하고, 심지어는 우아하고 보편성까지 지녔다는 데 있지 않다. 하나의 중요한 문제에 대한 답을 마련해 준다는 데 있다. 오늘날 읽어보아도 내쉬의 논문은 독창적이기 이를 데 없다. 그의 아이디어는 무無에서 나온 것만 같다. 이런 인상을 받는 데는 몇 가지 이유가 있다. 내쉬의 핵심 아이디어는 폰 노이만과 모르겐슈테른의 책을 읽기도 전에, 터커의 게임 이론 세미나에 참석하기도 전에, 프린스턴에 입학하기도 전에, 카네기 공대 시절에 이미 완성되었던 것이다. 그 핵심 아이디어는 이렇다—거래가 성사될 경우 얼마나 큰 이익을 얻는가, 성사되지 않을 경우의 대안들은 얼마나 든든한가, 이 양자의 조합에 거래 여부가 달려 있다. 이런 아이디어를 떠올린 것은 학부 시절 유일하게 들었던 한 경제학 관련 강의를 통해서였다.

그 강의는 국제무역에 관한 것이었다. 담당 교수는 유럽에서 이민 온 30대의 학자 베르트 호젤리츠 *Bert Hoselitz*였다. 이론을 특히 강조했던 호젤리츠는 경제학은 물론 법학 학위도 갖고 있었는데, 경제학박사 학위는 시카고 대학에서 받은 것이었다. 양차 대전 사이의 시기에는 정부간 혹은 독점 기업들간의 국제 협약이 무역의 주조를 이루었다. 특히 필수품에서 그랬다. 호젤리츠는 이 국제 무역과 국제 카르텔 전문가였다. 내쉬는 4학년 2학기 때인 1948년 봄에 모자란 학점을 채우기 위하여 이 강의를 들었다. 그러나 언제나 그랬듯이, 중요한 미해결 문제가 내쉬를 유혹했다.

그 문제는, 화폐가 다른 국가들간의 무역 거래에 관한 것이었다—1996년에 게임 이론가인 노스웨스턴 대학의 로저 마이어슨 *Roger Myerson*에게 내쉬가 고백한 사실이다. 내쉬의 공리 가운데 하나를 국제 무역이라는 문맥에 적용해 보면, 한 국가가 자국 화폐를 재평가했다 하더라도 협상 결과는 달라지면 안 된다. 내쉬는 프린스턴에 들어가자마자 폰 노이만과 모르겐슈테른의 이론을 알게 되었다. 그는 호젤리츠의 강의를 들으며 떠올렸던 아이디어가 더욱 폭넓게 적용될 수 있다는 것을 깨달았다. 내쉬는 터커 교수의 세미나에서 협상 해법에 관한 자신의 아이디어를 제시했을 가능성이 높다. 그래서 오스카 모르겐슈테른—내쉬가 늘 오스카 라 모르그라고 부른 사람—이 논문으로 써보라고 권했을 가능성도 높다.

　내쉬 자신이 조장했음직한 소문에 의하면, 그는 이 논문을 호젤리츠 수업 시간에 모두 썼다고 한다—밀너가 보숙의 매듭 이론 문제를 숙제인 줄 알고 풀었던 것처럼 우연히. 그래서 그가 프린스턴에 도착했을 때 이미 가방 속에는 그 논문이 들어 있었고, 그것을 계속 수정해왔다고 한다. 그러나 이 논문이 1950년에 수리경제학의 선구적 저널인 〈에코노미트리카 *Econometrica*〉에 실렸을 때, 내쉬는 그 아이디어가 전적으로 자기 것이라는 주장을 조심스럽게 유보했다. 대신 이렇게 썼다. "원고 상태의 논문을 읽고 유익한 조언을 해주신 폰 노이만 교수와 모르겐슈테른 교수에게 감사드린다." 그리고 노벨상 수상자 약전에서 내쉬는, 협상 문제에 평소 관심을 가졌기 때문에 프린스턴의 게임 이론 그룹과 가깝게 된 것이지, 그 반대가 아니라고 분명하게 밝혔다. "경제 관련 문제와 아이디어에 접하게 되면서, 후일 〈에코노미트리카〉에 실린 〈협상 문제〉라는 논문을 쓰게 된 아이디어를 떠올리게 되었다. 프린스턴 대학원에서 게임 이론 연구에 관심을 갖게 된 것도 그 아이디어 때문이었다."

내쉬의 라이벌 아이디어

프린스턴, 1945~1950

나는 단순히 폰 노이만과 연합을 추구했다기보다
그가 관련된 비협력 게임을 하고 있었습니다.
—존 포브스 내쉬 주니어, 1993

존 내쉬, 1950년 5월, 프린스턴 대학원 졸업식 때(약 22세)

1949년 여름, 앨버트 터커는 볼거리(유행성 이하선염)에 걸렸다. 자녀에게서 옮은 것이었다. 그는 8월 말에 캘리포니아 주 팰로앨토에 가서 안식년 휴가를 보낼 예정이었다. 하지만 아직 떠나지 못하고 파인홀의 자기 사무실에서 책과 논문들을 정리하고 있었다. 그때 내쉬가 불쑥 들어와 논문 지도교수가 되어줄 수 있겠느냐고 물었다.

터커 교수는 그런 요청에 깜짝 놀랐다. 그는 지난 1년 동안 내쉬와는 직접적인 관계를 맺은 적이 없었다. 더구나 스틴로드가 내쉬의 지도교수가 될 거라는 인상을 받았다. 내쉬는 별다른 설명도 하지 않고 밑도 끝도 없이 "게임 이론과 관련된 몇 가지 좋은 성과"를 이미 확보했다고 말했다. 볼거리 때문에 기운이 없어서 어서 집에 가고만 싶었던 터커는 지도교수가 되겠다고 쾌히 응낙했다. 그랬던 것은 오직, 그가 안식년 휴가를 끝내고 이듬해 여름 프린스턴으로 돌아와도 내쉬의 연구는 초기 단계를 벗어나지 못하고 있을 거라고 확신했기 때문이었다.

6주 후 내쉬와 또 한 명의 대학원생은 지하 선술집 낫소인에서 교수들과 대학원생들에게 맥주를 샀다. 전통적으로 종합시험에 합격한 사람들이 한잔 내는 자리였다. 수학자들은 시간이 갈수록 취했고 시끌벅적해졌다. 신바람이 난 사람들은 리머릭 *limerick*(아일랜드에서 유행된 5행의 속요)을 읊조리기 시작했다. 프린스턴 수학과의 한 사람을 대상으로 해서, 기왕이면 술집에 있는 사람을 골라, 누구보다 더 재치 있고 누구보다 더 야한 리머릭 시구를 짓는 것이 그들의 목표였다. 그리고 그들은 그 시구를 목 터지게 읊어댔다. 어느 순간,

맥비스 *Macbeath*(맥베스 *Macbeth*를 풍자한 이름 : 옮긴이주)쯤으로 이름지어 지당한 털북숭이 스코틀랜드계 학생이 벌떡 일어섰다. 그는 맥주병을 손에 들고, 인기 좋고 음탕한 술노래를 낭랑하게 불렀고, 다른 사람들은 입 맞춰 후렴을 넣었다. "그녀의 젖가슴에 손을 얹었더니 / 그녀가 하는 말, '젊은이, 난 그게 제일 좋더라' / (합창) 얼씨구, 절씨구, 난 부끄러워 죽겠네."

그날 밤, 그 남성적이고도 흥취 있는 통과의례와 더불어 내쉬의 학창 시절은 사실상 마감되었다. 그는 무덥고 끈적거리는 여름 내내 프린스턴에 틀어박혀, 그 동안 몰두해왔던 흥미로운 문제들을 마지 못해 접어두고, 오직 종합시험 준비에 매달렸다. 다행히 레프셰츠가 우호적인 교수 세 사람을 시험관으로 붙여주었다. 처치, 스틴로드, 그리고 스탠퍼드의 방문교수인 도널드 스펜서 *Donald Spencer*가 그들이었다. 온 신경을 곤두세워야 했던 종합시험은 무난히 통과했다.

많은 수학자들은 부분적으로만 해결된 문제를 잠시 잊어버리고 무의식에 맡겨놓는 것의 가치를 증언해왔다. 가장 유명한 경우는 프랑스의 천재 수학자 앙리 푸앵카레이다. 수학적 발견의 기원에 대해 푸앵카레가 1908년에 쓴 에세이 가운데 흔히 인용되는 다음과 같은 문장이 있다.

> 열닷새 동안, 나는 푹스 함수 *Fuchsian functions*라고 내가 불러왔던 것과 유사한 함수는 존재할 수 없다는 것을 증명하려고 안간힘을 다했다. 당시 나는 무지막지했다. 매일 책상에 앉아 한두 시간을 보내며, 무수한 조합을 시도해 보았으나 아무런 결과도 얻지 못했다….
>
> 그런 뒤, 당시 내가 살고 있던 캉 *Caen*을 떠나 탄광학회가 주최한 지

질탐사에 참여하게 되었다. 여행길이 험했기 때문에 수학 문제 따위는 까맣게 잊어버렸다. 쿠탕스 *Coutances*에 도착한 우리는 또 다른 탐사에 나서기 위해 버스를 탔다. 버스 승강대에 발을 얹는 순간, 아이디어가 뇌리를 스쳤다. 푹스 함수에 대해 전에 내가 그토록 생각해왔던 것과는 전혀 무관한 아이디어였다.

연구를 중단하지 않을 수 없었던 내쉬의 "낭비된" 여름은 봄날부터 품어왔던 막연한 여러 예감들을 투명하게 했고 숙성시켰다. 그해 10월, 내쉬는 아이디어의 폭풍을 경험하기 시작했다. 그 중에는 인간 행동에 대한 찬란한 통찰도 있었다. 다름 아닌 내쉬 균형 *Nash equilibrium*이 그것이다.

내쉬는 종합시험을 통과한 며칠 후 폰 노이만을 만나러 갔다. 그는 비서에게 뻐기듯이, 폰 노이만 교수도 귀가 솔깃할 아이디어를 논의하러 왔다고 말했다. 그것은 대학원생으로서는 좀 시건방진 일이었다. 폰 노이만은 이름난 공인이어서, 가끔 강연을 해주는 것 이외에는 프린스턴 대학원생들과 거의 교류가 없었다. 그는 대학원생들이 연구 논문을 들고 찾아오는 것도 일체 거절했다. 그러나 1년 전에도 갓 발아한 아이디어를 들고 아인슈타인을 찾아갔던 내쉬에게는, 그런 방문이야말로 내쉬다운 것이었다.

폰 노이만은 육중한 책상에 앉아 있었다. 조끼까지 딸린 값비싼 정장, 실크 넥타이, 멋을 부린 윗주머니 손수건 등의 차림새만 보면 학자라기보다 부유한 은행장 같았다. 그는 바쁜 업무에 여념이 없는 분위기를 풍겼다. 당시 그는 열 개도 넘는 컨설턴트 직을 맡고 있었고, 수소폭탄 개발과 관련해 "로버트 오펜하이머와 입이 닳도록 논의"했고, 두 대의 초기 컴퓨터 제작과 프로그래밍을 감독하고 있었다. 그는 내쉬에게 앉으라고 손짓했다. 내쉬가 누구인지는 물론 알고 있었지만, 느닷없는 방문에 약간 당황한 눈치였다.

폰 노이만은 주의 깊게 귀를 기울였다. 그는 고개를 한쪽으로 살짝 숙이고, 손가락으로 책상을 톡톡 두들기곤 했다. 내쉬는 염두에 두었던 증명을 풀어가기 시작했다. 둘 이상의 경기자가 참여하는 게임에서의 균형 문제에 대한 것이었다. 그러나 내쉬가 두서없이 몇 마디 하기도 전에 폰 노이만은 말을 가로막고, 내쉬가 아직 말하지도 않은 결론까지 앞질러 가서 불쑥 이렇게 말했다. "그러니까 그건 하찮은 걸세. 그건 부동점 정리에 지나지 않아."

두 천재가 충돌한 것은 그리 놀라운 일이 아니다. 인간의 상호작용 방식에 대해 서로 반대되는 관점에서 게임 이론에 접근했기 때문이다. 폰 노이만은 인간이 항상 의사소통을 하는 사회적 존재라고 생각했다—그가 유럽의 카페에서 토론을 하면서 성년이 되었고, 그 후 원자폭탄과 컴퓨터 제작에 참여했다는 것도 그런 인간관과 무관하지 않을 것이다. 그러니 폰 노이만으로서는 사회적 존재간의 연합과 협력을 강조하는 것이 너무나 당연했다. 반면 내쉬는 사람들이 서로 접촉 없이 독자적인 판단에 따라 행동하는 것에 비중을 두는 경향이 있었다. 따라서 내쉬로서는 사람들이 개인적 동기에 따라 반응한다는 관점을 갖는 것이 너무나 당연했다.

관심과 칭찬을 바라고 찾아온 내쉬를 폰 노이만이 일거에 내쳐버린 것은 분명 내쉬에게 상처를 주었을 것이다. 1년 전 아인슈타인을 찾아갔을 때도 상처를 받기는 했지만, 그래도 아인슈타인은 비교적 부드럽게 그를 돌려보냈다. 내쉬는 그후 다시는 폰 노이만을 찾아가지 않았다. 나중에 폰 노이만의 그런 반응을 나름대로 이해해주긴 했다—입지를 굳힌 사상가로서는 젊은 라이벌의 아이디어에 수세적일 수밖에 없었을 거라고. 그렇게 이해했다는 것은, 폰 노이만을 찾아갔을 때의 내쉬의 심리 상태를 잘 말해준다. 즉, 연장자를 뵈러 간다기보다 라이벌에게 도전하러 간다는 마음이 없지 않았던 것이다. 노벨상 수상 약전에 내쉬는 이렇게 썼다. "내 아이디어는 폰 노이만과 모르겐슈테른이 낸 책의 '노선'('정당의 노선'과 같은 노선)에서 다소 일탈한 것이었다."

흔히 천재들은 외로운 거인으로 나타나는 것이 아니라, 특정 도시 특정 분야에서 무리 지어 나타난다. 왜 그러한가에 대해 처음으로 이론을 제기한 사람은 로마 철학자 발레이우스이다. 플라톤과 아리스토텔레스, 피타고라스 Pythagoras, 아르키메데스 Archimedes, 아이스킬로스, 유리피데스, 소포클레스, 아리스토파네스 등을 그는 염두에 두었지만, 후대에도 그런 사례는 많다—뉴턴과 로크, 프로이트, 융 Carl Jung, 아들러 Alfred Adler 등. 창조적 천재들은 젊은이들에게 경쟁심과 질투심을 불러일으키고, 자극을 받은 잠재적 천재들은 앞선 천재들의 아이디어를 수정하고 완성하려 든다고 발레이우스는 추측했다.

역사학자 로버트 레너드에게 보낸 편지에서 내쉬는 살짝 비틀어 이렇게 썼다. "나는 단순히 폰 노이만과 연합을 추구했다기보다 그가 관련된 비협력 게임 non-cooperative game을 하고 있었습니다. 따라서 라이벌 이론의 접근에 그가 반가워할 수만은 없었던 것도 심리적으로 당연한 일이었습니다." 폰 노이만 입장에서는 불공정하게 행동한 것이 아니었다는 것이다. 내쉬는 스스로를 아인슈타인에게 도전한 젊은 물리학자 테오도르 칼루자 Theodor F. E. Kaluza에 비유했다. 칼루자는 중력장과 전기장의 5차원적 통합이론을 내놓았는데, 아인슈타인은 처음에 이 이론을 비판했다가 나중에는 후원자가 되었다. 다른 사람들의 감정이나 동기에 대해서 그토록 무관심한 내쉬가 이 경우에는, 폰 노이만의 저변의 감정을, 특히 질투심과 부러움의 감정을 재빨리 포착해냈다는 것은 아이러니한 일이다. 어느 의미에서, 그는 따돌림이나 거절을 천재의 대가로 생각했다.

폰 노이만을 만나 참담한 경험을 한 며칠 후, 내쉬는 데이빗 게일을 찾아가 말했다. "폰 노이만의 최대 최소 정리를 일반화하는 방법을 찾아낸 것 같아. 아이디어의 기본적인 골격을 말하자면, 2인 제로섬 해법에 있어서 양자를 위한 최선의 전략은···. 바로 그것에 전체 이론이 기초하고 있지. 그리고 그건 참여자가 다수일 때도 적용되니까 제로섬 게임이어야 할 필요도 없어." 게일은 내쉬의 말을 이렇게 기억하고 있었다. "나는 그걸 균형점 *equilibrium point*이라고 부를 거야." 내쉬는 끝까지 지속되는 경향이 있는 자연적 휴지점 *natural resting point*을 균형이라는 개념으로 파악했다. 폰 노이만과 달리 게일은 내쉬의 논점을 이해했다. "음, 괜찮은 박사논문감이야." 게일이 말했다. 게일은 내쉬의 아이디어가 폰 노이만의 제로섬 게임의 개념보다 실세계 상황에서 훨씬 폭넓게 적용될 수 있다는 것을 꿰뚫어 보았다. 훗날 게일은 이렇게 말했다. "내쉬의 개념은 군비 축소 문제에도 적용될 수 있는 일반적인 것이었습니다." 그러나 당시의 게일은 여러 가지 적용 가능성보다는 그 아이디어의 우아함과 보편성에 매혹되었다. "그 수학은 너무 아름다웠습니다. 수학적으로도 완벽했구요."

게일은 또 다시 내쉬의 대리인 노릇을 하게 되었다. "그건 훌륭한 성과라고 말해주었지요. 그래서 저작 우선권 *priority*을 받아놓으라고

요." 게일은 그것이 탁월한 논문감이라고 내쉬에게 말해주었다. 그러면서 누군가가 비슷한 아이디어를 내놓기 전에 서둘러서 그 성과에 대한 우선권을 확실히 해놓으라고 독촉했던 것이다. 국립과학원을 찾아가서 과학원 월보에 증거를 제출해놓으라고 구체적으로 제안하기까지 했다. "그는 참 어수룩했어요. 우선권 등록 같은 것은 생각하기도 싫다는 거예요." 그는 최근 회상했다. "그래서 그가 나한테 들려준 대로 내가 과학원 월보에 실을 노트를 작성했지요." 레프셰츠는 그 노트의 가치를 인정하고 즉시 제출해서, 11월호 과학원 월보에 실리게 되었다. 게일은 나중에 이렇게 덧붙였다. "나는 그게 박사논문감이라는 건 즉시 알아보았습니다. 하지만 노벨상 수상감이라는 것까지는 몰랐습니다."

약 50년 후, 세상을 뜨기 두 달 전에 터커는 당시 내쉬가 그토록 빨리 논문을 써냈다는 것에 놀랐다고 회상했다. 내쉬는 터커가 안식년 휴가에서 돌아오길 기다리지 않고 스탠퍼드에 있던 터커에게 우편으로 초고를 보냈다. 터커는 처음 초고를 받아 읽었을 때의 소감을 기억하지 못했지만, 큰 감명을 받지 못했다는 것은 분명하다. 그는 이렇게 말했다. "경제학자들에게 흥미를 끌 수 있을지 없을지 잘 모르겠더군요."

내쉬는 터커를 "기계"라고 말하곤 했다. 터커에게 상상력이 없고 다만 기계적인 방법론만 있다고 본 것이다. 그러나 내쉬가 그를 지도교수로 택한 것은 잘한 일이었다. 터커는 엄격한 캐나다 감리교 집안에서 컸다. 그런 성장 환경에도 불구하고, 그는 파격적인 아이디어와 인재를 알아보고 기꺼이 편들어줄 줄 아는 드문 심성을 지니고 있었다. 그는 타고난 교육자였다. 그는 학생들이 교수의 눈에 들기 위한 연구 주제가 아닌, 자신들이 열정을 느끼는 주제를 잡아 논문을 써야 한다는 신념을 지니고 있었다. 몇 년 후, 또 다른 파격적인 어린 천재 마빈 민스키 *Marvin L. Minsky*를 격려해 인공지능의 시조 가운데 한 명이 되도록 이끌어준 것도 터커였다. 민스키가 처음에 논문 주제로 선택했던 수학 문제는 당시 주류를 이루고는 있었지만 지루했다. 그는 터커의 설득에 따라 그 주제를 포기하고, 자기가 진정으로 열정을 느꼈던 두뇌 구조에 관한 논문을 씀으로써 인공지능의 시조가 되었다.

터커는 내쉬의 얇은 27쪽짜리 박사논문에 대해 서명을 한 것밖에는 도와준 것이 없다고 일관되게 주장했다. "나는 결정적인 역할을 한 게 없습니다." 그러나 내쉬에게 빨리 논문을 내라고 독려했고, 수학과 사람들에게 그 논문의 장점을 옹호해주었다. 터커와 가까웠던 해롤드 쿤은 후일 이렇게 회상했다. "그 논문은 터커 교수의 끈질긴 독려와 자문을 받은 후 완성되어 제출되었습니다. 존은 끝없이 자료를 보완하고 싶어했는데, 터커 교수가 지혜롭게도 '빨리 결과를 내놓으라'고 독려했던 겁니다."

내쉬의 초안을 검토한 터커 교수는 균형 아이디어에 대한 구체적 사례 하나를 포함하라고 요구했다. 또 몇 군데 표현을 고치라고 제안했다. "나는 그에게 일반론보다는 차라리 각론을 다루라고 했습니다." 그렇게 주문한 것은 터커 나름대로 미학적인 고려를 했기 때문이다. "일반론을 다룰 때는 아주 읽기 어려운 복잡한 주석을 달아야 합니다." 그가 말했다. 내쉬는 한동안 그런 주문에 반응을 보이지 않았다. 그런 침묵은 사실상 분노를 의미하는 것이었다. "그는 주로 묵묵부답하는 식으로 불만을 나타냈습니다. 오랫동안 그에게서 소식을 듣지 못했지요." 그렇게 터커는 회고했다.

실제로 내쉬는 그 논문을 포기해버리고, 대신 스틴로드를 새로운 지도교수로 삼아 대수기하학의 야심에 찬 문제에 도전해보려는 생각까지 하고 있었다. 그는 터커가 수정 요구를 하자, 수학과에서 게임 이론을 박사논문으로 받아주지 않으려고 한다고 해석해버렸다—폰 노이만이 매몰찬 반응을 보였던 것도 그런 해석에 한몫했다. 하지만 놀랍도록 끈질겼던 터커 교수는 결국 내쉬를 설득해 당초의 계획을 밀고 나가게 했고, 수정 요구도 관철시켰다. "내쉬는 모든 질문에 답을 준비해두고 있었습니다. 수학적 오류도 전혀 없었지요." 터커가 말했다. 1950년 5월 10일, 터커가 레프셰츠에게 보낸 편지는 이렇다. "수정된 원고를 내가 볼 필요는 없습니다. 수정 과정을 (거의 매일) 내게 보고했으니까요." 또 이렇게 덧붙였다. "그의 논문에 대해 오랫동안 서신 교환을 하는 동안 내쉬가 기꺼이 태도를 바꾼 것을 보고 기뻤습니다. 논문이 끝나갈 즈음 그는 아주 협조적이었고 고마워하기까지 하더군요. 나는 시어머니처럼 굴었는데도 내쉬가 태도를 바꾼 것은, 당신이나 프린스턴의 누군가가 영향력을 발휘했기 때문일 거라고 봅니다."

게임 이론의 전체 구조는 두 가지 정리를 기초로 삼고 있다. 폰 노이만의 최대 최소 정리(1928)와 내쉬의 균형 정리(1950)가 그것이다. 내쉬의 정리는, 그의 생각처럼, 폰 노이만의 정리를 일반화시킨 것으로 볼 수도 있고, 급진적인 일탈로 볼 수도 있다. 폰 노이만의 정리는 완전한 대립 게임, 곧 2인 제로섬 게임에 대한 이론의 초석이 되었다. 그러나 2인 제로섬 게임은 실제 세계와 사실상 관련이 없다. 전쟁 상황에서도 거의 언제나 협력에 의한 소득이 있기 마련이다. 내쉬는 협력 게임과 비협력 게임의 차이를 뚜렷이 했다. 협력 게임은 참여자가 다른 참여자에게 합의를 강제할 수 있는 게임이다. 바꾸어 말하면, 참여자들을 단일 집단화해서 특정 전략에 완전히 예속할 수 있다. 이와는 달리, 비협력 게임에서는 그런 집단적 구속이 불가능하다. 강제적인 합의도 없다. 내쉬는 협력과 경쟁이 혼합된 게임을 포함시켜 이론을 확대시킴으로써, 게임 이론이 경제학은 물론, 정치학, 사회학, 진화 생물학 등에도 적용될 수 있는 길을 여는 데 성공했다.

내쉬는 폰 노이만이 제안한 것과 동일한 전략 형태를 사용했지만, 접근 방법은 전혀 달랐다. 폰 노이만과 모르겐슈테른이 공저한 책의 절반 이상은 협력 이론을 다루고 있다. 게다가 폰 노이만과 모르겐슈테른의 해결 개념—안정된 집합 *stable set*이라고 부르는 것—은 모든 게임에 존재하는 것이 아니다. 이와는 대조적으로, 내쉬는 참여자의 수와 상관없이 모든 비협력 게임에 적어도 하나의 내쉬 균형점이 있다는 것을 그의 논문 6쪽에서 입증했다.

내쉬의 결론이 얼마나 아름다운지를 이해하려면, 상호의존이 전략 게임의 두드러진 특징이라는 것부터 알아야 한다—애비내시 딕시트 *Avinash Dixit*와 배리 네일버프 *Barry Nalebuff*의 공저 〈전략적으로 사고하기 *Thinking Strategically*〉에 나오는 말이다. 한 참여자의 게임의 결과는 다른 모든 참여자들이 어떤 행동을 선택했느냐에 달려 있으며, 그 역도 마찬가지이다. 3목놀이나 체스 같은 게임에는 한 종류의 상호의존만 있다. 서로 상대방의 수를 의식하며 순서대로 두게 되는데, 그런 순차 게임 *sequential game*의 원리는 앞수를 내다보며 상대의 의중을 추리한다는 것이다. 서로 자신의 착수에 대해 상대가 어떻게 응수할 것인지, 그 응수에 대해서는 또 어떻게 착수할 것인지를 알아내려고 한다. 초기 결정이 궁극적으로 어떤 결과로 귀결될 것인지를 예상해서, 예상된 정보를 이용해 현재의 최선의 수를 두게 되는 것이다. 원칙적으로, 둘 수 있는 수가 한정된 모든 게임은 완벽한 해답이 제시될 수 있다. 즉, 가능한 모든 결과를 미리 예측함으로써 최선의 전략을 결정할 수 있다. 3목놀이와는 달리 체스의 경우, 계산이 너무 복잡해서 인간의 머리로는 완벽한 예측을 할 수 없다—인간이 만든 컴퓨터 프로그램도 마찬가지이다. 그래서 다만 몇 수 앞만 내다보고 착수하며, 경험을 밑바탕으로 해서 그 결과를 평가하려고 한다.

한편 포커 같은 게임에는 동시 착수 *simultaneous moves*가 포함된다. 딕시트와 네일버프는 이렇게 썼다. "순차 게임에서 선형적 연쇄 추론 *the linear chain of reasoning*이 발생한다면, 동시 착수 게임에서는 논리적 순환 *logical circle*이 발생한다. 참여자들은 상대가 어떻게 행동할지도 모른 채 서로 동시에 행동하지만, 서로가 마찬가지로 상대의 의중을 추리하고 있다는 사실을 생각하지 않을 수 없다. 포커 게임은 '그가 생각하는 걸 나도 생각한다고 그가 생각하리라는 걸 나는 생각한다…'의 한 예이다. 각 참여자는 다른 모든 사람의 처지에 서봐야 하고, 그런 처지에서 결과를 계산해봐야 한다. 자신의 최선의 행동이 무엇인지를 알아내는 것이 그 계산의 궁극적 목표이다."

일견, 순환적 추리는 결론이 나지 않을 것처럼 보인다. 내쉬는 각 참여자가 최선의 전략을 선택함으로써 균형에 도달한다는 개념을 도입함으로써 그러한 순환적 추리에 종지부를 찍었다. 모두가 최선의 전략에 따라 행동한다고 전제할 때, 각 참여자는 수많은 선택 가운데 자기에게 최선인 선택을 찾게 된다는 것이다.

때로 한 사람의 최선책은 상대가 어떻게 행동하든 동일할 수 있다. 그 최선책을 그 사람의 지배전략 *dominant strategy*이라고 한다. 때로 또 어떤 사람의 선택은 상대의 행동과 관계없이 항상 나쁠 수도 있다. 그처럼 상대가 어떻게 행동하든 한결같이 나쁜 결과만 나오는 선택을 피지배전략 *dominated strategy*이라고 한다. 균형 찾기는, 피지배전략을 배제하고 지배전략을 찾는 데서 시작해야 한다. 그러나 위에서 든 예는 상대적으로 희귀하고 특별한 경우이다. 대부분의 게임에서 각자의 최선의 선택은 상대가 어떻게 행동하느냐에 따라 달라진다. 그러니 내쉬의 말에 귀를 기울이지 않을 수 없다.

내쉬는 균형을 이렇게 정의했다. 누구든 다른 대체 전략을 선택해서 더 나은 결과를 얻을 수 없는 상황. 그러나 이 정의는, 각자가 개인적으로 최선의 선택이라고 생각하는 것이 집단적 최적 결과 *collectively optimal result*를 낳을 거라는 의미를 지니고 있지는 않다. 내쉬는 아주 광범위한 영역의 다자간 게임들에서도 반드시 균형점이 하나는 존재한다는 것을 입증했다—단, 혼합 전략을 허용해야 한다. 그런데 일부 게임에는 많은 균형점이 있을 수 있다. 또 내쉬가 다루지 않은 영역의 몇몇 게임에는 균형점이 없을 수도 있다.

오늘날, 전략적 게임과 관련된 내쉬 균형 개념은 사회과학이나 생물학에서 기본적인 패러다임이 되었다. 내쉬는 성공적으로 자신의 비전을 펼침으로써 게임 이론을 널리 퍼뜨릴 수 있었다. 〈뉴 팔그레이브〉에는 이렇게 씌어 있다. 내쉬 균형은 "점점 복잡해지고 있는 주제를 논하는 아주 강력하고 우아한 방법이다. 뉴턴의 천체 역학이 고대인들의 원시적이고 임시적인 방법들을 일거에 대체했던 것에 비견된다." 뉴턴의 중력 이론에서 다윈의 자연선택 이론에 이르기까지 많은 위대한 과학적 아이디어가 다 그랬듯이, 처음에는 내쉬의 아이디어도 너무 단순해서 흥미로워 보이지가 않았다. 너무 협소해서 광범위하게 적용될 수 있을 것 같지가 않았다. 그리고 후에는, 너무 명백해서 내쉬가 아니어도 누군가는 발견할 수밖에 없는 것처럼 보였다. 1994년에 존 내쉬 그리고 존 하사니와 함께 노벨 경제학상을 공동 수상한 독일 경제학자 라인하르트 젤텐 *Reinhard Selten*은 이렇게 말했다. "일반 사회과학과 경제학에 끼친 내쉬 균형의 엄청난 영향을 예측한 사람은 아무도 없었을 것이다. 하물며 내쉬의 균형점 개념이 생물학적 이론에서도 커다란 의미를 갖게 될 줄이야 누가 알았겠는가." 세인들은 내쉬 균형의 깊은 의미를 즉각 알아차리지 못했다. 패기 넘친 21세의 아이디어 창안자 자신도 그랬다. 내쉬를 고무시킨 천재, 폰 노이만 역시 그랬다.

로이드 11

프린스턴, 1950

모든 수학자는 서로 다른 두 세계에 산다. 그들은 완벽한 플라톤적 형태를 갖춘 수정水晶 세계에 산다. 얼음 궁전에. 동시에 그들은 모든 것이 덧없고, 애매하고, 영고성쇠하는 속세에 산다. 수학자들은 이 세계에서 저 세계로 진퇴를 거듭한다. 그들은 수정 세계에 사는 어른이며 실세계에 사는 어린아이이다.
—S. 캐펠, 쿠랑 수학연구소, 1996

21세에 수학 천재 내쉬는 두각을 나타냈고, 주위의 더욱 큰 수학 공동체와 굳게 연결되었다. 그러나 인간 내쉬는 많은 부분 속세와 괴리된 괴짜라는 벽 뒤에 감춰져 있었다. 교수들에게는 꽤 인기가 있었지만, 또래들과는 거의 접촉이 없었다. 혹시 또래와 접촉했다면 대부분 그것은 공격적인 경쟁심 때문이었거나, 냉정한 잇속에 대한 고려 때문이었다. 동료 학생들은 내쉬가 사랑도, 우정도, 동정심 비슷한 것조차도 느끼지 못하는 위인이라고 생각했다. 그러나 그들은 내쉬가 그처럼 무미건조한 정서적 고립 상태에서도 완벽할 만큼 편안해 한다고밖에는 판단할 수 없었다.

그러나 그것은 사실과 달랐다. 여느 인간처럼 내쉬도 누군가와 가깝게 지내고 싶었다. 프린스턴 2년차에 접어들었을 때 그는 마침내 구하던 것을 찾아냈다. 내쉬보다 나이가 많은 대학원생 로이드 셰이플리와의 우정이 그것이다. 그런 우정 관계는 내쉬에게 처음 있는 일이었다. 이후 내쉬는 주로 탁월한 라이벌 수학자들과 우정을 맺었고 대개는 내쉬보다 나이가 어렸다. 그러한 우정은 대개 상호 존경과 치열한 지적 교환으로 시작해서, 곧 일방적이 되어 어느 한 쪽의 거절로 끝나는 것이 전형적이었다. 셰이플리와의 우정도 1년 만에 끝장났다. 그러나 내쉬는 수십 년 후까지도 셰이플리와의 접촉을 완전히 끊지는 않았다—병을 앓고 있던 오랜 세월 동안에도, 회복되기 시작한 후에도 그랬다. 두 사람이 직접적인 노벨상 경쟁자가 될 때까지.

로이드 셰이플리는 1949년 가을 프린스턴 대학원에 들어왔고, 그의 방은 내쉬의 방과 방문 몇 개를 사이에 두고 있었다. 그는 내쉬보다 5년 11일 연상인 스물여섯 살이었다. 웨스트 버지니아 출신의 촌스럽고, 어린애 같고, 잘생겼고, 제멋대로인 괴짜 내쉬와 대조되는 사람으로 셰이플리 이상 가는 사람을 꼽을 수는 없었을 것이다.

매사추세츠 주 케임브리지에서 나고 자란 셰이플리는 다섯 자녀 가운데 하나였다. 그의 아버지 할로 셰이플리는 하버드 대학 천문학과 교수였고, 존경받는 유명한 과학자였다. 미국의 교양 있는 가정에 잘 알려진 공인이기도 했으며, 정치적으로도 활발하게 활동했다. 또한 1950년 조셉 매카시 상원의원이 공산주의 비밀당원 리스트를 만들어 세상을 떠들썩하게 했을 때, 과학자로서는 그 리스트의 첫머리에 오르기도 했다.

로이드 셰이플리는 전쟁 영웅이었다. 1943년 징집되었을 때 장교가 되라는 제안을 물리치고 사병으로 입대했다. 같은 해 그는 중국 성두에 주둔중인 미육군 항공대에 병장으로 배치되었다. 그는 일본의 기상 암호를 해독한 공로로 동성훈장을 받기도 했다. 1945년에는 하버드 대학 수학과에 복학해 1948년 졸업했다.

셰이플리가 프린스턴에 입학했을 때, 폰 노이만은 그를 게임 이론 연구 분야에서 최고의 젊은 스타라고 생각했다. 그는 하버드를 졸업하고 1년 동안 산타모니카 소재의 두뇌 집단인 랜드 코퍼레이션에서 근무했다. 당시 랜드는 군사적인 문제에 게임 이론을 적용하는 방안을 검토하고 있었다. 셰이플리는 랜드에서 휴직하고 프린스턴 대학원에 들어갔다. 그는 입학 즉시 장래가 촉망되는 수재로 인식되었다. 당시의 한 학생은 그가 "수학 얘기를 많이 했고, 아는 것도 많았다"고 회상했다. 그는 〈뉴욕 타임스〉 퀴즈난에 실린 고난도의 수학 문제를 암산으로 풀 수 있었다. 크리그스필이나 바둑에서도 승부욕이 대단했고 실력도 좋았다. 다른 동료 학생은 이렇게 회상했다. "모두들 그의 게임 방식이 파격적이라는 것을 알고 있었습니다. 그는 자기만의 수를 개발하려고 애썼어요. 그래서 그가 어떤 수를 둘지 아무도 예측할 수 없었습니다." 그는 독서도 많이 했고 피아노도 잘 쳤다. 또 자신이 명문 집안 출신이라는 것과 자신의 장래를 예리하게 의식하는 듯한 태도를 보였다. 예컨대 레프셰츠가 그에게 프린스턴으로 오면 후한 장학금을 주겠다는 편지를 보냈을 때, 셰이플리는 은근한 냉소조의 오만한 답신을 보냈다. "친애하는 레프셰츠 교수님, 배려가 만족스럽습니다. 요식 절차를 진행시켜 주십시오. 셰이플리."

셰이플리는 오만한 이 답신만큼 실제로 자신감에 넘치는 사람은 아니었다. 그의 외모는 좀 이상하다고밖에 달리 묘사할 수가 없었다. 키가 크고, 얼굴빛이 검고, 몸은 너무 말라서 옷을 걸친 허수아비 같았다. 한 여성은 그를 보고 거대한 곤충을 연상했다. 또 다른 사람은 그가 말같이 생겼다고 말했다. 평소의 점잖은 행동과 냉소적인 농담 이면에는 난폭한 기질과 자기 비판적 성향이 깔려 있었다. 난데없이 도전을 받으면 히스테리 증세를 보이며, 분노로 인해 말 그대로 온몸을 부들부들 떨었다. 후일 많은 연구 결과를 발표하지 않고 묻어둔 것은 다분히 그의 지독한 완벽주의 때문이라고 할 수 있다. 게다가 그는 당시 프린스턴 수학과의 수재들보다 꽤 나이가 많다는 사실을 지나치게 의식했다.

세이플리가 대학원에 들어와 처음 만난 학생 가운데 한 명이 내쉬였다. 상당 기간 두 사람은 욕실을 같이 사용했다. 그들은 매주 목요일마다 터커의 게임 이론 세미나에 참석했는데, 당시는 터커가 스탠퍼드에 가 있어서 쿤과 게일이 세미나를 이끌고 있었다. 두 사람이 처음 수학에 대해 얘기를 나눌 때 내쉬가 세이플리에게 준 인상을 가장 잘 묘사한 말은 이렇다―내쉬는 세이플리를 숨막히게 했다. 세이플리는 물론 남들이 본 것―유치함, 제멋대로 하는 행동, 불유쾌한 태도 등―을 볼 수 있었지만, 그보다 훨씬 많은 것을 또 볼 수 있었다. "예리하고, 아름답고, 논리적인 정신"이라고 후일 묘사했던 내쉬의 내면을 들여다본 그는 눈이 부셨다. 나이 어린 친구의 별난 태도와 기묘한 행동을 보고 남들처럼 따돌리는 대신, 그는 그것을 단지 어린 나이 탓으로 해석했다. 마틴 슈빅은 이렇게 회상했다. "내쉬는 사회적 아이큐가 12밖에 안 되는 악동이었는데, 로이드는 그의 재능을 높이 샀다."

내쉬로서는 애정에 굶주려 있었으니 세이플리에게 끌리지 않을 도리가 없었을 것이다. 내쉬의 눈에 세이플리는 모든 것을 가진 사람으로 보였다. 촉망받는 수학자, 전쟁 영웅, 하버드 출신, 할로 세이플리의 아들, 폰 노이만과, 곧 이어 터커까지 밀어주는 학생. 교수와 학생 모두에게 인기가 있는 학생이었던 셰이플리는 프린스턴 주변에서 학부생인 밀너를 제외하고는 거의 유일하게 내쉬와 수학적 대화 상대가 되고 적수가 되는 학생이었다. 그는 또 내쉬에게 뜻 깊은 추론을 계속 밀고 나가라고 격려해주었다. 그런 이유 때문에—그의 공개적인 존경심과 명백한 동정심까지 가세한 탓에—셰이플리는 내쉬의 마음을 흔들 수 있는 유일한 사람이었다.

내쉬는 첫사랑에 빠진 13세 소년처럼 행동했다. 그는 셰이플리를 막무가내로 들볶았다. 크리그스필 게임에 빠진 셰이플리를 보면 가만히 놔두는 법이 없었고, 때로는 판을 쓸어버리기까지 했다. 셰이플리의 우편물을 샅샅이 뒤져 읽었고, 책상 위에 놓인 서류까지 읽었다. 셰이플리에게 이런 메모를 남기기도 했다. "내쉬가 다녀갔다!" 또 온갖 짓궂은 장난을 쳤다.

당시 셰이플리의 가장 별난 점은, 스스로도 주장했듯이 그가 25시간 수면 사이클을 타고 있다는 것이었다. 그는 아주 엉뚱한 시간에 공부를 하거나 잠을 자서, 낮과 밤이 뒤바뀌기 일쑤였다. 한 동창생은 이렇게 회상했다. "때때로 그는 증발해 버리곤 했습니다. 제 입으로도 그렇게 말했는데, 아무튼 우리는 인정했어요." 세상 모르게 잠이 든 셰이플리를 깨우는 것도 늘 재미있는 장난거리였다. "당시 고등학문연구소에서 드 램 *Georges de Rham*과 코다이라 *Kunihiko Kodaira*가 세미나를 열고 있었습니다. 우리 그룹은 늘 그 세미나에 가고 싶어서 안달이었는데, 차를 가진 친구는 서너 명밖에 되지 않았어요. 로이드 셰이플리에게 차가 있었는데, 한 가지 난점이 있었습니다. 로이드는 늦게 자는 것을 좋아해서 걸핏하면 오후 2시에도 자고 있는 경우가 많았던 겁니다. 우리는 그를 깨우려고 별의별 수단을 다 썼지요. 뜨거운 촛농을 몸에 떨어뜨린 적도 있었습니다. 잠을 깨우는 온갖 방법을 다 고안해냈지요. 한번은 로이드가 좋아하는 중국 음악 레코드판을 전축에 걸고 바늘을 빼버린 채 틀었습니다. 잡음 고문을 한 셈이지요." 한번은 내쉬가 그를 올라타고서 안약 넣는 점안기로 귓속에 물방울을 떨어뜨리기도 했다.

이따금 내쉬는 셰이플리의 다른 친구들을 대상으로 지나친 장난을 치기도 했다. 셰이플리는 경제학 전공의 마틴 슈빅과 한 방을 쓰고 있었다―슈빅은 게임 이론에 관심이 많았고, 셰이플리와는 평생의 친구가 되었다. 슈빅은 이렇게 회상했다. "내쉬는 화장실 전구를 빼놓기도 했습니다. 전구 밑에는 유리 갓이 있었는데, 그곳에는 물을 가득 채워놓았지요. 그러면 우리는 감전되기 십상이었어요. 그가 나를 일부러 감전시키려고 했던 걸까요? 일부러가 아니라고는 말 못하겠어요."

내쉬는 슈빅을 줄기차게 슈우비-우비라고 부르며 걸핏하면 비아냥거리곤 했다. 슈빅이 교통사고를 당해 다쳤을 때 내쉬는 위로의 편지를 보냈는데, 말미에다 노골적으로 비아냥거리는 추신을 붙였다. "오스카 르 모르그가 바라는 건…누군가가 보몰[당시 프린스턴 경제학과의 떠오르는 젊은 샛별인 윌리엄 보몰 *William Baumol*]을 한방에 날려버리는 거야. 모르그의 유일한 진리를 혼란스럽게 공격하는 논문을 발표해서 아주 괘씸하니까 말이야. 그의 존엄성에 걸맞지 않는 짓이긴 하지만, 자네가 그 일의 적임자라고는 추호도 생각하지 않더군.… '슈빅은 글을 명석하게 쓰지 못한다'는 이유에서 말이야."

인공지능 발명자의 한 사람인 존 매카시 *John McCarthy*도 셰이플리와 친해서 내쉬의 질투심을 불러일으켰다. 어느 날 매카시는 필라델피아의 한 백화점으로부터 셔츠를 주문했느냐는 문의를 받았다.

그 회사에서는 셔츠의 주문량이 엄청나서 매카시의 신용 상태를 알고 싶어했던 것이다. 그런 주문을 낸 적이 없는 매카시는 당장 내쉬를 범인으로 지목하고 셰이플리의 의견을 물어보았다. 셰이플리도 같은 생각이었다. 매카시는 그 백화점에 주문서 원본을 보내달라고 요구했다. 원본 카드에는 내쉬가 늘 사용하는 초록 잉크로, 내쉬만이 쓸 수 있는 필체의 글씨가 씌어 있었다. 슈빅과 매카시는 내쉬를 몰아붙이며 다그쳤다. "그의 소행이라는 것은 의심의 여지가 없었어요. 우리는 우편 검열관을 들먹이며 그를 위협했지요. 우체국에서는, 그에게 야단만 쳐달라는 우리 요구를 거절했어요. '그러느니 그를 기소하겠소' 하고 그들은 말하더군요." 슈빅과 매카시는 내쉬를 충분히 혼내주었다고 생각하고 그 일을 잊어버렸다. 그후 내쉬는 매카시의 침대에 손을 써서 드러눕는 순간 침대가 함몰하도록 만들어 놓았다.

셰이플리는 내쉬의 엉뚱한 장난을 너그럽게 웃어넘겼다. 내쉬의 장난기를 좀더 지적이고 건설적으로 승화할 수 있는 방법을 제시한 것도 셰이플리였다. 그래서 내쉬와 셰이플리, 슈빅, 매카시, 멜 호스너는 연합과 배신이 허용되는 게임을 고안했다. 내쉬는 이 게임의 이름을 "친구 엿먹이기 *Fuck Your Buddy*"라고 지었는데, 훗날 "안녕, 얼간이 *So Long, Sucker*"라는 이름으로 시판되었다. 이 게임은 여러 색깔의 포커 칩으로 하는 놀이였다. 내쉬와 친구들은 아주 복잡한 게임 규칙을 만들었다. 전진을 하기 위해서는 다른 세력과 연합을 해야 하지만, 끝에 가서 이기기 위해서는 서로 배신을 해야 했다. 이 게임의 요점은 심리적 혼란 상태를 일으키는 것인데, 실제로 종종 그런 일이 벌어졌다. 매카시는 마지막 직전 라운드에 냉정하게 자기를 배신해버린 내쉬에게 울분을 터뜨렸다는 것을 아직도 기억하고 있었다. 내쉬는 매카시의 그런 울분을 도무지 이해하지 못하고 어안이 벙벙한 표정을 지었다. "하지만 나는 더 이상 네가 필요 없어졌단 말이야." 내쉬는 그 말을 몇 번이고 되풀이했다.

대체로 셰이플리는 스승의 역할을 하려고 했다. 예를 들어, 터커 교수가 내쉬에게 균형점의 구체적 사례를 논문에 포함하라고 주문했을 때, 내쉬가 좋은 예를 떠올리지 못하자 셰이플리가 도와주었다. 셰이플리는 몇 주 동안이나 노심초사하다가, 자신의 또 다른 주특기인 3자 포커 게임을 이용해 정교하면서도 설득력 있는 내쉬 균형 사례를 만들어냈다.

두 친구의 우정에는 언제나 경쟁의 날이 서 있었다. 나이가 더 많고 더 현명한 사람으로서 우정을 쌓아간 셰이플리로서는 내쉬가 천재라는 명성을 얻은 것에 화가 났을지도 모른다. 그는 "달리기 출발점"에 있다는 말을 자주 하면서 자기가 남들보다 뒤졌다는 느낌을 분명히 드러냈다. 선의로 조언을 해주는데도 완고하게 자기 주장만 내세운 내쉬의 처신은 이제 웃어넘길 수 없었고 화가 치밀기 시작했다. 하지만 내쉬의 진짜 죄는, 셰이플리가 아직 박사논문 주제도 못 정했는데 내쉬는 1년 동안 중요한 논문을 세 편이나 발표했다는 사실인지도 모른다. 그 세 편 가운데 하나는 두 사람이 오랜 시간에 걸쳐 함께 토론하면서 연구한 주제였는데, 내쉬가 셰이플리보다 선수를 쳐서 논문으로 발표한 것이었다.

그러나 셰이플리는 사실상 장래에 대해 그리 걱정할 이유가 없었다. 내쉬의 박사논문이 뛰어난 것이기는 했어도, 당시 프린스턴 수학과에서는 차세대 진짜 주자이자 폰 노이만의 계승자로 셰이플리를 꼽는 데 주저하지 않았던 것이다. 터커 교수는 1953년에 이렇게 썼다―셰이플리가 "이 분야에서 연구중인 젊은 미국 수학자 가운데 최고"라고. 터커는 또 덧붙였다. 인품을 볼 때도 셰이플리는 "교수와 학생 모두에게서 호평받고, 마음이 맞고, 협조적인" 인물이라고. 셰이플리의 스승 프레드릭 보넨블러스트 H. *Frederic Bohnenblust*가 1953년에 쓴 편지에 의하면, 셰이플리는 "아마도 새로운 이론을 개발할 능력이 없어서, 다른 사람의 아이디어에 의존했다." 그러나 셰이플리는 "게임 이론의 창시자인 존 폰 노이만에 버금 가는 수학자"라고 생각한다는 말을 그는 덧붙였다. 1954년 1월의 폰 노이만 편지에는 이렇게 씌어 있다. "나는 셰이플리를 매우 잘 알고 있으며, 그가 '대단히' 탁월하다는 것을 알고 있다. 나는 그가 보넨블러스트보다 한 수 위라고 보며, 시걸이나 버코프에 필적한다고 본다."

그러나 갑자기 우정이 깨진 것은 대학원생들간의 경쟁심과는 다른 어떤 것 때문이었다. 이듬해 중반 무렵, 내쉬가 논문을 이미 끝내고 일자리를 찾아 나섰을 때, 셰이플리는 한 친구에게 이렇게 털어놓았다. 랜드로부터 영구 보직 제안을 받은 내쉬가 그것을 수락한다면, 자기는 결코 랜드에 복직하지 않을 거라고. 그리고 50년 후, 한때 내쉬와 아주 가까운 친구인 줄 알았다고 누군가 말하면, 셰이플리는 그때마다 그것은 잘못 아는 것이라고 바로잡아 주었다.

위트 전쟁

랜드, 1950년 여름

오, 랜드 코퍼레이션은 이 세상의 축복,
그들은 사례받으며 하루 종일 생각하기만 하지.
그들은 화염 날아오르는 게임을 하며 앉아 있기만 하지.
그들에게 계산기로 쓰이는 당신과 나, 꿀벌인양,
계산기로 쓰이는 당신과 나.
—말비나 레이놀즈, "랜드 찬가", 1961

DC-3 비행기가 잘게 진동하며 사막과 산맥을 지나 칙칙한 태평양과 물빛 하늘을 향해 날아갔다. 몇 천 피트 아래 로스앤젤레스가 내려다보였다. 짙은 유황 안개에 싸여 있는 모습이 마치 공상과학 소설에 나오는 우주 식민지 같았다. 내쉬는 24시간 전에 뉴욕 공항에서 TWA 항공기에 탑승했다. 그는 전혀 잠을 이루지 못했다. 쑥대머리에 옷은 꼬깃꼬깃했고, 진땀이 났고, 온몸이 찌뿌드드했고, 탈진된 상태였다. 그러나 비행기가 고도를 낮추자, 그간의 불편함은 씻은 듯 사라졌다. 발 아래에 펼쳐진 이국적인 파노라마에 몰입한 채 그는 강렬한 흥분에 사로잡혔다.

1950년에는 비행기를 타본다는 것이 여간 신기한 게 아니었다. 22세의 웨스트 버지니아 청년에게는 더욱 그랬다. 내쉬는 로아노크와 프린스턴 사이를 왕복하는 노포크-웨스턴 철도회사의 기차밖에는 별로 타본 것이 없었다. 첫 비행과 더불어 그는 비밀스러운 랜드 코퍼레이션의 컨설턴트 일을 시작했다. 랜드는 산타모니카에 소재한 민간 두뇌 집단이다. 1951년에 〈포춘〉지는 랜드를 "미공군의 인재 유치 벤처"라고 지칭했다. 그곳에서는 뛰어난 학자들이 핵전쟁과 새로운 게임 이론을 연구했다. 내쉬는 4년간 랜드에 몸담고 있으면서 인생의 탈바꿈을 경험했다. 1950년 여름, 그가 랜드와 인연을 맺은 무렵에는 냉전이 최고조에 달했고, 한국전쟁이 막 일어났고, 1954년 여름 내쉬가 랜드와 인연을 끝냈을 때는 매카시즘이 최고조에 달했다.

순전히 개인적 차원에서 보면, 내쉬의 세계관과 자아관에는 랜드의 시대정신 *Zeitgeist*이 미묘하면서도 항구적으로 채색되어 있었다―그 시대정신은 합리적인 생활과 수량화의 숭배, 지정학적 강박관념, 그리고 올림포스적 현실기피증과 편집증과 과대망상증의 기묘한 뒤섞임 등을 특징으로 한 것이었다. 그러나 지적인 차원에서 내쉬를 바라보면 얘기가 전혀 다르다. 랜드에 도착한 순간부터, 내쉬는 자기를 랜드로 오게 한 관심사들과 사람들로부터 일부러 멀어지기 시작했다. 그는 게임 이론에서 발을 빼고 빠르게 순수 수학 속으로 파고들었다. 이러한 발뺌은 1950년대 넘어서까지 여러 차례 되풀이되었다.

1950년대 초의 랜드는 전무후무한 집단이었다. 그것은 독창적인 두뇌 집단이자 이상한 혼성 집단이었다. 러시아보다 우세한 전력을 갖기 위해―혹시 그런 전쟁 억지책이 실패할 경우에는 전쟁에서 이기기 위해, 가공할 신무기인 핵폭탄을 어떻게 사용할 것인가의 문제를 합리적으로 분석하고, 최신의 수량화 방법을 적용하는 것, 그것이 이 집단의 유일한 임무였다. 랜드의 사람들은 생각할 수 없는 것을 생각하기 위해 거기 있었다―미래학자 허먼 칸 *Herman Kahn*의 유명한 말이다. 이 집단에는 수학과 물리학, 정치학, 경제학의 최고 인재들이 모여 있었다. 랜드는 아이작 아시모프의 〈파운데이션 *Foundation*〉 시리즈의 모델이기도 했다―이 소설 속의 랜드식 집단에는 초이성 사회과학자, 곧 정신역사학자들로 가득한데, 주된 임무는 카오스로부터 은하계를 구하는 것이다. 랜드의 가장 유명한 사상가인 칸과 폰 노이만은 〈닥터 스트레인지러브〉의 모델로 알려져 있다. 랜드의 전성기는 10년 정도에 불과했지만, 인간의 갈등을 관찰하는 랜드의 방식은 20세기 후반의 미국 국방정책의 기틀이 되었다. 그뿐만 아니라 미국 사회과학에 지속적이고도 뿌리 깊은 영향을 미쳤다. 랜드가 발족한 것은 제2차 세계대전 때문이었다. 당시 미군은 사상 처음으로 과학자와 수학자, 경제학자들을 징집해 활용함으로써 전쟁 승리에 한몫하도록 했다. 핵전략에 있어서의 랜드의 역할에 대해 프레드 캐플런은 이렇게 썼다.

  [제2차 세계대전은] 전무후무하게, 거의 사치스러울 정도로 과학자들의 재능이 동원된 전쟁이었다. 먼저, 온갖 신무기가 개발되었다―레이더, 적외선 탐지기, 폭격기, 장거리 로켓, 수중폭뢰를 장착한 어뢰정, 원자폭탄 등이 그것이다. 그런데 군 당국은 이런 발명품들을 어떻게 사용해야 할지 제대로 알지 못했다.…그런 신무기들의 사용법, 사용 효율성 측정법, 가장 효율적인 사용법 등을 누군가는 새로 고안해내야 했다. 그런 일은 모두 과학자들에게 맡겨졌다.

 처음에 과학자들은 협소한 기술적 문제들만 연구했다―예를 들어, 폭탄 제조법, 수중폭뢰 폭파 수심 결정, 폭격 과녁 선택 등이 그것이다. 그러나 사람들이 엄청난 고가의 파괴적인 무기류를 사용하는 최적의 방법을 모른다는 것이 분명해지자, 과학자들이 점점 깊숙이 개입해 전략 문제까지 다루게 되었다.

전시의 군 당국과 과학계의 일시적 관계는 원자폭탄의 도래와 더불어 지속적인 관계로 변했다. 이 신무기를 통제했던 미공군은 전후 국방의 보루로 등장하게 되었다. 캐플런은 이렇게 썼다. "현대전의 전반적인 개념, 국제 관계의 본질, 세계 질서의 문제, 무기류의 기능 등에 대해 전면적으로 재고되어야 했다. 그러나 답을 알고 있는 사람은 아무도 없었다." 또 다시 군 당국은 학계에 의지했다. 1950년대에 랜드의 컨설턴트로 일했던 오스카 모르겐슈테른은 국방 문제를 다룬 저서 〈국방의 문제 *The Questions of National Defense*〉(1959)에서 이렇게 썼다. "군사문제는 너무나 복잡하게 다방면에 걸쳐 있어서, 장군이나 제독들의 일상적인 경험과 훈련만으로는 더 이상 문제를 해결할 수가 없게 되었다. …종종 그들의 태도는 이렇다. '큰 문제가 생겼다. 당신네가 좀 도와줄 수 없겠는가?' 그런데 그것은 새로운 폭탄이나 더 좋은 연료, 더 새로운 유도체계 등에만 국한된 문제가 아니다. 그런 태도는 현재 군비와 계획된 군비의 전술 전략적 사용 차원에도 해당된다." 〈포춘〉지는 이 문제를 좀더 극명하게 기술했다. "제2차 세계대전이 무기 전쟁이었다면, 새로운 전쟁은 서로 최고 수준의 지식을 동원하는 위트 전쟁 *war of wits*이 될 것이다."

제2차 세계대전 막바지에 미공군 장성들은 일급 과학자들의 두뇌유출을 우려하기 시작했다. 군사 문제에 관한 최고 수준의 과학자들을 계속 유치할 수 있는 뾰족한 방법이 없었던 것이다. 존 폰 노이만 같은 수준의 학자들을 민간 기업에 유치한다는 방안은 현실성이 없었다. 군 당국에서는 대학과의 계약에만 의지할 수 없었기 때문에, 어떻게든 유수 과학자들이 군사 기밀을 계속 취급할 수 있도록 해야 했다. 그 방법으로, 군 외부에 사설 비영리 조직을 구성해 미공군과 긴밀한 관계를 유지하도록 하자는 아이디어가 나왔다. 1945년 가을, 헨리 아놀드 장군은 더글러스 항공사에 전시 연구벤처 조달기금 잔여분 1천만 달러를 넘겨주면서 랜드 프로젝트를 발족케 했다―랜드 RAND는 "연구 그리고 발전 *Research ANd Development*"의 뜻인데, 후일 "연구와 비발전 *Research And NonDevelopment*"의 두문자어라고 익살을 부리는 사람들도 있었다. 랜드 프로젝트는 더글러스 항공사의 산타모니카 공장 3층에 자리잡았다. 그러나 이 프로젝트와 더글러스 사이에 마찰이 생기자, 1946년 랜드라는 사설 비영리 조합이 만들어졌고, 이때 산타모니카 번화가에 사옥을 얻어 이주했다.

윌리엄 파운드스톤이 쓴 랜드 역사를 보면, 미공군은 랜드에 대폭적인 자유 재량권을 주었다. 계약서상으로 미공군은 대륙간 전쟁에 관한 연구를 요구했다. 그래서 핵무기의 역할이 클 수밖에 없는 연구를 맡은 랜드는 사실상 미국 국방전략의 최일선을 두루 섭렵할 수 있는 무제한의 권한을 부여받았다. 랜드 과학자들은 그러한 계약서상의 가이드라인 범위 내에서 흥미를 끄는 것이라면 무엇이든 연구할 수 있었다. 랜드는 또 미공군이 요구하는 특정 연구 과제를 거부할 권리도 갖고 있었다.

처음부터 랜드의 연구 작업에는 협소한 특수 공학과 비용 손익 연구, 비현실적인 추측 등이 기묘하게 뒤섞여 있었다. 1957년의 스푸트니크 발사보다 10년 이상 앞서 나왔던 저 유명한 1946년의 연구는 놀라운 선경지명을 보여주었다. "지구를 도는 실험적 우주선 예비 디자인"이라는 이 연구 논문에서 랜드 과학자들은 이렇게 주장했다. "우주 여행 분야에서 의미 있는 업적을 먼저 달성한 국가는 군사와 과학기술 두 분야에서 세계의 리더로 인정받게 될 것이다. 그것이 세상에 얼마나 큰 영향을 미칠지 상상해보라. 가령 다른 어떤 국가가 성공적으로 인공위성을 쏘아 올렸다는 것을 미국이 갑자기 알게 된다면, 미국인들은 얼마나 경악하겠는가."

랜드의 민간인 과학자들은 미국의 국방정책에 영향을 미치기 시작했다. 윌리엄 파운드스톤은 랜드 집단이 대륙간 탄도미사일 *ICBM* 개발에 주도적 역할을 했다고 보고했다. 랜드는 또 미공군을 설득해, 제트 폭격기의 비행중 재급유 프로젝트를 채택하게 했다. 또 폭격기를 늘 공중에 대기시켜 위기 발생시 적국의 주요 목표물로 향하게 하는 완벽한 체계를 갖추게 했다. 랜드는 또 정신병자가 권력을 장악할 경우 핵전쟁을 촉발할지도 모른다고 미공군을 설득했다. 그리하여 미공군은 여러 명이 상호 협력을 할 때만 핵탄두를 장착하고 발사할 수 있도록 해서 좀더 안전한 핵 버튼 체계를 갖추었다.

학구적 세계에서 발을 빼고 은밀한 군사 세계에 잠시 발을 들여놓는 것은 수학 엘리트들에게 일종의 통과 의례가 되었다. 제2차 세계대전중에 가장 뛰어난 수학자들은 뉴멕시코 사막지대인 로스앨러모스로 가서, 폰 노이만 옆에서 원자폭탄 개발에 참여하거나, 런던 북부의 블레츨리 파크로 파견되어 나치 암호문을 해독하는 튜링 팀에 합류했다. 나이가 비교적 어리거나 이름이 나지 않은 수학자들은 별로 이름없는 지역으로 발령받아서, 무기 디자인이나 암호화, 폭탄 투하지역 선정, 잠수함 추적 등의 일을 도왔다.

전쟁이 끝난 후에도 군 당국이 학자 영입을 중단하지 않자 사람들은 꽤 놀라워했다. 많은 수학자와 과학자들이 전쟁 전의 캠퍼스로 돌아가지 않았다. 그들은 군 당국과 연구계약을 체결하고, 미국방부나 원자력 위원회를 빈번히 들락거렸다. 로스앨러모스에 눌러앉거나 정부 무기 실험실에 정착한 학자도 얼마간 있었다. 응용 수학과 컴퓨터 공학, 정치학, 경제학 분야의 엘리트들은 랜드를 로스앨러모스와 동일시했다.

군 당국이 과학자들에게 요구한 문제 해결을 위해서는 새로운 이론과 기술이 필요했다. 그리하여 랜드의 자랑이라 할 수 있는 최상급의 과학자들이 유치되었다. 랜드 부사장을 지낸 브루노 아우겐슈타인은 수년 뒤 이렇게 말했다. "우리에게는 수학자들의 도움이 필요한 현실적 문제가 많았습니다. 그런데 타당한 도구가 없었지요. 그래서 우리는 그런 도구를 발명하거나 완성시켜야만 했습니다." 한때 랜드의 컨설턴트였던 심리학자 덩컨 루스 *Duncan Luce*의 말에 따르면, "랜드는 전시에 표면화된 아이디어들을 밑천으로 삼았다." 그 아이디어들은, 과거에 "경험 있는" 인사들의 배타적 전유물로 여겨졌던 문제들에 대해 과학적이거나 적어도 체계적인 접근방법을 적용한 것들이었다. 또 병참과 잠수함 연구, 영공 방위 분야의 아이디어도 있었다. 오퍼레이션스 리서치, 선형 계획법, 역학 계획법, 시스템 분석 등은 랜드가 "생각할 수 없는 것을 생각"하는 과정에서 만들어낸 테크닉이었다. 그 모든 새로운 테크닉 가운데, 게임 이론보다 더 세련된 것은 없었다.

그러나 수량화의 정신은 전염성이 있었다. 넓게는 수학적 모델링이, 좁게는 게임 이론이 전후 경제 사상의 주류에 편입된 것은 다른 어느 곳보다도 랜드에서부터 이루어졌다. 당시 사회과학 분야의 순수 연구를 후원한 정부 기관으로는 군 당국이 유일했다—이 역할은 후에 미국립 과학재단 *National Science Foundation*이 떠맡게 된다. 그리하여 군 당국은, 군대와는 별 관련이 없지만 다른 학문 분야에는 크게 도움이 되는 것으로 후일 판명된 많은 위대한 아이디어를 재정적으로 후원했다. 랜드는 수학적으로 세련된 신세대 경제학자들을 많이 끌어들였다. 이들 신세대는 컴퓨터를 비롯한 여러 새로운 도구와 방법을 받아들여, 정치철학의 한 갈래였던 경제학을 정확하고 예견 가능한 과학으로 바꾸어 놓으려고 노력했다.

일찍이 노벨 경제학상을 수상한 케네스 애로 Kenneth Arrow의 예를 들어보자. 1948년에 랜드에 온 애로는 무명의 젊은이에 불과했다. 그의 유명한 박사논문은 당시로서는 낯선 상징논리의 언어로 씌어졌는데, 그것은 랜드에서 부과한 과제의 결과물이었다. 그 과제는 개인에게 적용되는 게임 이론이 다수의 개인들 집단, 곧 국가에까지 적용될 수 있음을 입증하는 것이었다. 당초 애로는 게임 이론의 적용 가능성을 보여주는 간단한 메모를 작성하도록 요청받았다. 그러나 그 메모는 결국 애로의 박사논문으로까지 이어졌다. 그 논문은 영국 경제학자 존 힉스의 이론을 현대 수학언어로 재진술한 것이었다. "바로 그것이었어요! 그건 1948년 9월에 썼는데 닷새쯤 걸렸습니다. 온갖 시도가 실패했을 때 나는 불가능성 정리 *impossibility theorem*를 떠올렸던 겁니다." 애로의 회상이다. 애로는 개인의 선택을 집적해 명확한 사회적 선택으로 변화시킨다는 것이 논리적으로 불가능하다는 것을 보여주었다. 다수결 원칙에 바탕을 둔 헌법 아래에서뿐만 아니라 독재를 제외한 모든 상상 가능한 헌법 제도 아래에서도 그것은 불가능하다는 것이다. 내쉬에게서 어느 정도 영향을 받은 경쟁적 균형 *competitive equilibrium*의 존재를 입증하는 증명과 더불어 애로의 정리는 1972년 그에게 노벨 경제학상의 영예를 안겨주었다. 또한 그 정리는 경제학 이론에 정교한 수학을 사용하는 시대를 앞당겨 열었다.

1950년대 초, 랜드에서 생산적인 연구를 한 현대 경제학의 거인으로는 폴 새뮤얼슨과 허버트 사이먼 Herbert Simon을 들 수 있다. 새뮤얼슨은 20세기에 가장 큰 영향을 미친 경제학자라고 할 수 있다. 그리고 사이먼은 조직 내부 의사결정 연구의 개척자이다.

랜드의 위치도 커다란 매력 가운데 하나였다. 랜드 본부는 한적한 해변에 자리잡고 있었는데, 그곳은 산타모니카 산맥의 남쪽 5마일 지점에 있는 말리부 크레슨트의 끝자락이었다. 1950년대 초의 산타모니카는 내쉬에게 이탈리아나 프랑스의 작은 마을을 연상시켰다. 남북을 가로지르는 널따란 대로에는 연필처럼 가느다란 종려나무들이 줄지어 서 있었다. 크림 색깔의 집들은 타일 지붕을 얹었고, 어깨 높이의 담을 두르고 있었다. 해변 산책로 맞은편에는 해변 호텔과 휴양소들이 자리잡았다. 부겐벨레아(분꽃과 科)와 하이비스커스(무궁화속 屬)의 자홍색과 적색은 강렬했다. 놀랍도록 서늘한 산들바람에는 바닷내와 협죽도 냄새가 배어 있었다. 랜드의 최고 연구 성과 가운데 일부는 해변 의자에서 이루어졌다.

공식 랜드 건물에서는 바다가 보이지 않았다. 산타모니카의 다소 낙후된 상업 지구의 끝에 자리잡고 있었기 때문이다. 1920년대에 은행이 들어섰던 그 건물은 빅토리아 풍으로 장식된 하얀 회벽 건물이었다. 랜드가 입주하기 전에 이 건물을 차지하고 있던 〈산타모니카 이브닝 아웃룩 Santa Monica Evening Outlook〉 신문사는 대각선으로 길 건너편에 있는 전 시보레 자동차 대리점으로 옮겨갔다. 1950년 무렵, 랜드 본사는 더욱 확충되어 신문사 자리는 물론 그 옆의 자전거 가게까지 차지하게 되었다. 1년 뒤 〈포춘〉지는 일반 독자들에게 랜드의 모습을 이렇게 소개했다. "밝은 색의 벽은 안개 낀 날에도 환하게 빛난다. 하얗게 불이 밝혀진 널찍한 창문도 밤이 새도록 쉬지 않고 빛난다. 이 건물은 결코 닫히지 않으며, 활짝 열리지도 않는다."

〈포춘〉지에 따르면, 랜드 건물은 미국에서 가장 들어가기 어려운 건물 가운데 하나였다. 내쉬가 도착한 첫날, 제복을 입고 무장을 한 경찰이 정문과 로비에서 경비를 서고 있었다. 그들은 내쉬의 얼굴을 꼼꼼히 살펴보고 그 얼굴을 기억했다. 그후 여름 내내, 그리고 그후 몇 해 동안, "안녕하십니까, 내쉬 박사님"하고 그들은 깍듯이 인사를 했다. 당시에는 신분증이 없었던 것이다. 건물 안에는 겹겹이 문이 잠겨 있었다. 보안 검색이 철저한 그 문들을 통과해야 사무실로 들어갈 수가 있었다. 작은 개인 사무실들이 모여 있는 수학부는 1층 한가운데 자리잡고 있었다. 거기서 계단을 내려가면 폰 노이만의 새 컴퓨터 조니악이 설치된 전자숍이 있었다. 내쉬에게도 개인 사무실이 있었다. 창문이 없는 조그마한 칸막이방이었는데, 벽은 천장까지 이어져 있지 않았고, 책상과 칠판, 환풍기, 그리고 물론 금고도 있었다.

랜드에는 자신감과 사명감, 유대감이 넘쳐흘렀다. 군복을 입은 사람들은 워싱턴에서 출장 온 군인들이었다. 방위산업체의 중역들도 회의를 하기 위해 찾아왔다. 대부분 서른 살 이하인 컨설턴트들은 서류가방을 들고 다녔고, 파이프 담배를 피웠고, 요인인양 거들먹거리며 주위를 돌아다녔다. 폰 노이만이나 허먼 칸 같은 거물들은 누가 목소리가 큰지 경쟁하듯 복도에서 언성을 높이기도 했다. 랜드의 전 부사장이 말했듯, 그곳에는 "적을 앞지르고 싶어하는" 분위기가 팽배했다. 브롱크스 출신의 참전 용사인 케네스 애로는 이렇게 말했다. "지적인 비전을 펼칠 다른 일도 많았지만, 우리는 모두 자신의 사명이 대단히 중요하다고 확신했습니다."

랜드의 사명감은 주로 한 가지 사실 때문에 고무되었다. 즉 소련이 원자폭탄을 가지고 있다는 사실. 그런 충격적인 사실은 지난 해 트루먼 대통령이 공표한 것이었는데, 나가사키와 히로시마에 원폭을 투하한 지 4년 만의 일이었다. 미국 정부가 예상했던 것보다 몇 년이나 빨랐다. 트루먼 대통령은 1949년 9월 13일의 한 연설에서, 소련이 핵폭발 실험을 했다는 객관적인 증거를 갖고 있다고 밝혔다. 과학계 인사들은 소련이 핵무기 개발 능력을 갖고 있다는 사실을 의심치 않았다. 폰 노이만이 오펜하이머와 함께 수소폭탄 '수퍼'의 개발 가능성을 거의 매일 논의했던 프린스턴에서 특히 그랬다. 그것이 충격적이었던 것은 예상보다 너무 빨랐기 때문이다. 그러나 소련의 과학기술이 미국보다 뒤떨어졌다고 생각지 않았던 물리학자와 수학자들도 꽤 있었다. 그들은 미국의 핵 독점이 앞으로 10년이나 15년 혹은 20년까지도 더 지속될 거라는 정부 고위관리들의 예상을 순진한 것으로 일축하면서 전부터 미국 정부에 계속 경고해왔다. 어쨌거나 미국이 방심한 사이에 일거에 따라잡혔다는 것은 대단히 충격적이었다. 이에 따라 수소폭탄 개발에 대한 찬반 논의는 거의 단숨에 결론이 나버렸다. 트루먼 대통령은 일반 대중에게 소련의 핵개발 성공 소식을 공표하는 동시에, 로스앨러모스에서의 수소폭탄 단기 속성 생산계획을 인가했다.

그런 파괴력이 실제로 사용될 거라고는 생각도 할 수 없었다. 그래서 랜드는 오히려 그 가능성을 생각해볼 필요가 있다고 역설했다.

그들은 합리적인 삶을 거의 터무니없을 정도로 숭배했다. 가장 복잡한 문제를 해결할 수 있는 열쇠는 다름 아닌 체계적인 생각과 수량화라고 믿는 남녀 학자들로 가득 찬 곳이 바로 랜드였다. 거기서는 감정과 인습과 고정관념에서 벗어난 객관적 사실만이 최고로 군림했다. 핵전쟁 문제를 포함한, 복잡한 정치 군사적 선택의 문제를 수학 공식으로 환원하는 것이 가능하다면, 동일한 접근 방식이 다른 무수한 세속적인 문제에도 훌륭하게 적용될 수 있지 않겠는가. 랜드 과학자들은, 세탁기를 살 것인가 말 것인가의 문제도 결국 "최적화의 문제 optimization problem"일 뿐이라고 아내들을 설득하려고 했다.

당시 미국은 날이 갈수록 더욱 편집증적으로 군사기밀 유지에 신경을 쓰고 있었다. 그런 시기에 랜드는 일급 군사기밀에 관여했고, 또 속속들이 알고 있었다. 1950년 여름부터는 러시아가 미국 군사기밀에 접근하고 있다는 우려가 고조됨에 따라 랜드도 차츰 영향을 받게 되었다. 그것은 1950년의 푹스 재판 Fuchs trial에서 비롯된 것이었다. 푹스 Klaus Fuchs는 독일에서 이민 온 과학자인데, 제2차 세계대전중에 영국으로 망명했다가 결국에는 로스앨러모스에서 폰 노이만과 에드워드 텔러 Edward Teller 밑에서 일하게 되었다. 영국 공산당 비밀당원이었던 푹스는 1950년 1월에, 러시아인에게 원자폭탄 관련 기밀을 건네주었다는 사실을 자백했고, 그해 2월 런던에서 재판을 받고 유죄가 인정되었다. 같은 달 조셉 매카시 상원의원은 반공산주의 캠페인을 시작하며, 보안법 위반으로 연방정부를 기소했다. 4년 뒤인 1954년 4월, 아이젠하워는 로버트 오펜하이머를 보안상 위험인물로 선언했다—당시 미국에서 가장 유명한 과학자였던 오펜하이머는 맨해튼 프로젝트의 과거 책임자였고 고등학문연구소의 소장이었다. 결국 오펜하이머는 매스컴의 집중 조명을 받아 비밀 취급 인가를 박탈당했다. 표면상의 이유는 오펜하이머가 젊은 시절 좌익 활동에 연루되었다는 것이었다. 그러나 진짜 이유는, 당시 폰 노이만과 대부분의 과학자들이 증언했듯이, 오펜하이머가 수소폭탄 개발을 거부했기 때문이었다.

결국에는 매카시도 비난의 대상이 되었지만, 그렇다고 해서 랜드의 소심하고 편집증적인 보안유지 분위기가 사라진 것은 아니었다. 당시 랜드는 미공군과 원자력 위원회의 돈으로 꾸려가고 있었고, 수소폭탄과 대륙간 탄도 미사일 작업에 깊숙이 관여하고 있었기 때문이다. 대부분의 수학자들이 연구하는 과제는 기밀사항으로 분류된 것도 아니었지만, 분류 여부는 중요하지 않았다. 랜드는 비밀취급 인가에 대해서 아주 까다롭게 나오기 시작했다. 사실 당시의 랜드에는 리처드 벨맨 *Richard Bellman*과 같은 괴짜들이 많았다. (프린스턴 수학 교수였던 벨맨은 각종 공산당 활동에 연루되었는데, 소련의 스파이였던 줄리어스 로젠버그와 에델 로젠버그의 사촌과 우연히 만난 사건을 포함해, 대부분 우연히 연루된 것이었다.)

이제는 모든 사람에게 비밀취급 인가증이 필요했다. 임시 인가증도 없이 랜드에 찾아온 사람들은 "격리" 혹은 "인가전" 등으로 분류되어 쫓겨났고, 다른 어떤 사람과의 접촉도 허용되지 않았다. 내쉬는 1950년 10월 25일에 2급 비밀취급 인가를 받았다. 수학부에 근무하는 사람들은 대부분 1급 극비문서 취급인가 *Q clearance*를 받았다. 특히 원자력 위원회 관련 일을 하는 수학자는 반드시 1급 인가를 받아야 했다. 핵무기의 제작과 사용에 관한 서류를 다루기 때문이었다. 내쉬는 부모에게 보낸 1952년 11월 10일자 엽서에서 1급 인가를 신청했다고 말하고 있다. 그러나 내쉬는 최근 그 신청이 허가되지 않았다고 회상했다—랜드에서 그의 역할이 순전히 이론적인 연구에만 국한되었다는 것을 의미한다. 즉, 폰 노이만과 허먼 칸, 토마스 셸링 *Thomas C. Schelling* 같은 사람이 했던 일—핵전략의 문제에 게임 이론을 적용하는 일—은 하지 않았던 것이다.

랜드의 모든 사람에게는 비밀 문서를 보관하는 금고가 지급되었고, 서류를 외부로 유출하거나 그 내용을 누설하는 것이 엄격히 금지되었다. 퇴근할 때에는 모든 서류를 금고 속에 넣어야 했다. 불심검문도 있었고, 건물 내에는 1급 인가를 갖고 있지 않은 사람이 들어갈 수 없는 지역도 있었다.

1953년경 아이젠하워 대통령이 새로운 보안지침을 시달하자, 조금이라도 수상한 사람은 눈여겨보자는 보안의식이 점점 팽배해졌다. 아이젠하워의 지침은 기존의 비밀취급 인가 박탈 혹은 인가 불허의 근거를 확대시켰다. 정보 유출에 대한 공포감 때문에, 보안에 위협이 되지 않는 사람 혹은 집단에 대해서까지 들끓는 적개심을 보이는 경우가 많았다. 정치적으로든 개인적으로든 보안지침에 부합되지 않는 사람은 잠재적인 보안법 위반자로 간주되었다. 예컨대 동성애자는 믿을 수가 없다는 생각까지도 아이젠하워의 지침에 성문화되었는데, 동성애자는 판단력이 부족하고 협박에 취약하다고 보았기 때문이었다.

1950년대의 시대상과 마찬가지로, 랜드의 성격도 분열되어 있었다. 랜드는 격식을 따지지 않았고, 기이한 사람들에게 너그러웠다. 어느 면에서는 대학 사회보다 더 민주적이었다. 폰 노이만을 포함한 거의 모든 사람이 서로 친근하게 이름을 불렀다. 경비원 외에는 상대방을 박사나 교수, 선생님 등으로 부르는 사람이 없었다. 대학원 생들도 학교 사회에서는 상상도 할 수 없을 정도로 교수들과 허물없이 지냈다. 전에 더글러스 항공사의 중역을 지낸 랜드의 사장은 워낙 깔끔한 사람이어서 조끼까지 딸린 정장 차림을 하지 않은 적이 거의 없었다. 그러나 한두 명의 수학자를 제외하고, 내쉬를 포함한 모든 사람이 반소매 셔츠 차림으로 출근했다. 너무나 캐주얼했던 그들의 옷차림을 타락의 징표라고 생각한 어느 수학자 한 명은 날마다 조끼까지 걸친 정장에 넥타이를 매고 출근함으로써 타락에 저항하는 것을 의무로 여겼다.

파이프 담배와 짧은 머리가 유행했고 짓궂은 장난도 잦았다—그것은 랜드 문화의 일부였다. 수학자와 물리학자들은 남들의 파이프 담뱃가루에 고무줄을 썰어 넣었고, 개밥용 비스킷을 쿠키와 섞어놓았다. 위트는 높이 평가받았다. 랜드 수학부의 부장 존 윌리엄스 *John Williams*가 연구보고서로 게임 이론 개요서를 발간했는데, 그 책에 존 내쉬와 알렉스 무드 *Alexander Mood*, 로이드 세이플리, 존 밀너 등의 수학부 인물들을 우스꽝스럽게 만화로 그려 넣기도 했다.

여느 곳과 마찬가지로 랜드에서도 가장 자유로운 기질을 지닌 사람들은 수학자들이었다. 그들에게는 정해진 시간이 없었다. 새벽 3시에 출근을 하겠다고 해도 누가 뭐라는 사람이 없었다. 여름 방학 동안 와 있던 세이플리는 수면 사이클을 계속 고집해서 정오 전에 나타나는 법이 없었다. 헤이스팅스라는 전기 공학자는 자기가 아끼는 컴퓨터 옆에 잠자리를 마련했다. 수학자들은 점심 시간도 길어서 엔지니어들의 원성을 사기도 했다. 엔지니어들은 항상 시간 맞춰 일하는 것을 자랑으로 여겼던 것이다. 수학자들은 봉지에 든 점심을 가지고 회의실로 가서 체스판을 꺼냈다. 그들은 늘 크리그스필 게임을 했는데, 대개는 입을 꾹 다물고 게임을 했다. 심판이나 상대의 실수를 참지 못하고 버럭 화를 내는 셰이플리의 목소리만 이따금 회의실 밖으로 들렸다. 게임은 점심 시간이 끝난 후에도 한참 계속되다가 마지못해 중간에 그만두곤 했다. 포커와 브리지 패들은 몇 시간 후 퇴근해서 다시 모였다.

랜드에서는 오후 다과회와 공식 세미나, 교수 회의 같은 것이 없었다. 물리학자나 엔지니어들과 달리, 수학자들은 보통 혼자서 일했다. 각자 기분 내키는 대로 자기만의 아이디어나 문제를 선택해서 혼자 연구했지만, 봉착한 여러 문제점들을 풀 때는 서로 도움을 주고받는 방식으로 일했다. 사람들은 서로의 사무실에 격의 없이 왕래했고, 흔히 복도에서 커피를 마시며 대화를 주고받았다. 랜드의 영구 본사 건물은 "우연한 만남을 극대화하기 위해" 안뜰을 중심으로 한 격자 구조로 되어 있었다. 존 윌리엄스가 설계한 그 건물로 수학자들이 이주한 것은 1953년이었는데, 내쉬는 그곳에서 랜드에서의 마지막 여름을 보냈다. 새로운 연구 결과는 그처럼 우연한 만남의 자리에서 "공표"되었다. 수학자들이 다른 부서의 동료들이 해결하고자 하는 문제가 무엇인지를 알게 되는 것도 그런 만남을 통해서였다. 대부분의 연구 결과는 공식적으로 보고되는 일이 없었다. 또한 연구 결과가 발간될 때도 공식 승인 절차를 거치는 일이 없었다. 컨설턴트는 그저 수학부 비서들에게 손으로 쓴 원고를 넘겨주었고, 그러면 하루나 이틀 후에 연구보고서 형태로 문서화되어 나왔다. 그러나 외부 배포용 보고서를 간행할 때는 엄격한 심사 과정을 거쳤다.

이런 훌륭한 분위기는 주로 존 윌리엄스가 만들어낸 것이었다. 그는 재치 있고, 매력적이며, 체중이 130킬로그램이나 나갔고, 늘 고급 양복을 입었다. 그는 주머니에 손만 넣으면 언제든 20달러짜리

지폐를 한 움큼 꺼낼 수 있는 사업가처럼 보였다. 애리조나 출신의 천문학자인 윌리엄스는 프린스턴 파인홀에서 두어 해 강의를 했고, 거기서 포커를 하면서 게임 이론에 심취했다. 전시에는 워싱턴에서 무보수로 자원봉사를 했고, 랜드에는 다섯 번째로 고용되었다. 그는 비행기 타는 것을 싫어했고, 빠른 차를 좋아했다. 진한 갈색의 재규어에 강력한 캐딜락 엔진을 장착하는 실험을 하며 꼬박 1년을 보내기도 했다. 그런 일을 해내기 위해서는 상당한 허세가 필요했지만, 랜드에 자동차 수리소가 있어서 가능한 일이기도 했다. 캐딜락 기계공과 재규어 기계공은 그런 결합이 비현실적인 아이디어라고 일축했지만 그는 뜻을 굽히지 않았다. 결국 밤중에 태평양 해안 고속도로를 시속 125마일로 달림으로써 그는 인습적인 생각에 사로잡혔던 기계공들을 무색케 했다.

윌리엄스의 경영관리 방식은 오늘날 실리콘 밸리에서도 통할 만한 것이었다. 과거 프린스턴 교수였던 당시의 부부장 알렉산더 무드는 이렇게 회상했다. "윌리엄스에게는 지론이 있었습니다. 사람들은 혼자 내버려두어야 한다는 게 그겁니다. 기초 연구의 중요성에 대한 믿음이 컸지요. 행정가치고는 대단히 융통성이 있었습니다. 그 때문에 사람들은 수학부에 괴짜들만 모였다고 생각했지요." 폰 노이만에게 매달 2백 달러의 수임료를 주겠다며 보낸 윌리엄스의 편지에 그의 스타일이 여실히 나타나 있는데, 이렇게 씌어 있다. "우리가 조직 차원에서 부탁드리고자 하는 것은, 귀하의 많은 생각 가운데 그저 면도를 하시며 흘려보내는 것들만 건네달라는 것입니다. 그런 일을 하시다가 혹시 떠오른 아이디어가 있으시면 그것을 우리에게 넘겨주시면 됩니다." 윌리엄스가 처음 랜드에 왔을 때, 랜드는 3만 명의 근로자들이 매일 출퇴근하는 거대 항공기 제작사의 작은 부설 기관에 지나지 않았다. 윌리엄스는 수학자들에게 시간의 자유를 주었고, 다음에는 커피와 칠판을 제공했다. 그런 것이 없으면, 아무도 가치 있는 것을 생산해내지 못할 거라는 것이 그 이유였다. 랜드가 더글러스 항공사로부터 분리되자, 윌리엄스는 한 발 더 나아갔다. 그는 오전 여덟 시에서 오후 다섯 시까지만이 아니라 24시간 랜드 건물을 개방해야 한다고 주장했다. 그는 또 수학자들에게 개인 사무실을 제공했다. 복도에는 여러 곳에 커피대를 마련해 24시간 관리인을 붙여놓았다. 왜 수학자들에게 그토록 자유를 주어야 하는지 의아해하는 엔지니어와 미공군 장성들을 이해시킨 것도 그였다.

모든 사람이 곧 내쉬를 알아보았다. 그는 복도를 끊임없이 배회했다. 그는 이빨 사이에 빈 종이컵을 물고 씹어대고 있기 일쑤였다. 얼굴을 찡그리고 생각에 잠긴 채 복도를 몇 시간이고 배회하기도 했다. 셔츠를 바지 속에 집어넣지도 않고, 떡 벌어진 어깨를 앞으로 웅그린 채, 예민한 코를 킁킁거리며 어슬렁거리다가, 가끔은 누구에게도 말해주고 싶지 않은 은밀한 즐거움을 혼자 만끽하는 듯 얄궂은 미소를 머금기도 했다. 그는 아는 사람과 마주쳐도 인사를 나누는 법이 없었다. 또 누가 먼저 말을 걸지 않으면 아는 척도 하지 않았다. 종이컵을 씹지 않을 때는 휘파람을 불었는데, 늘 같은 가락이었다. 그는 바흐의 〈푸가의 기법 *The Art of the Fugue*〉만 거듭해서 휘파람 불었다.

그가 오기도 전에 소문부터 퍼져 있었다. 케네스 애로의 회상에 의하면, 동료들 눈에 비친 내쉬는 "무엇이든 할 수 있는 젊은 천재, 문제 해결을 즐기는 친구"였다. 까다로운 문제와 씨름하고 있던 수학자들은 복도에서 그의 길을 가로막고 물고 늘어지는 방법을 재빨리 터득했다. 제기한 문제가 아주 흥미롭고, 문제를 제기한 사람이 수학적으로 유능한 사람이라는 인상만 심어주면 쉽사리 내쉬의 관심을 끌 수 있었다. 그러면 그는 기꺼이 동료의 사무실까지 따라가서, 칠판에 적힌 복잡한 문제에 매달렸다.

그런 일을 시도한 최초의 인물은 알렉스 무드였다. 산뜻한 재치와 친근한 매너를 지닌 이 거구의 남자는 전쟁 전 프린스턴에서 처음에 박사논문 주제로 잡았다가 끝내 해결하지 못한 문제 때문에 고민하고 있었다. 그는 기존의 유명한 해결책보다 더 나은 방법을 찾기는 했는데, 그 증명이 너무 길고, 너무 복잡하고, 도무지 우아하지가 못했다. "내쉬, '더 짧고 더 간단한' 방법이 없겠나?" 내쉬는 귀를 기울이며 칠판을 노려보다가 얼굴을 찡그리고 사라져 버렸다. 그러나 바로 그 다음날, 내쉬는 다시 무드의 사무실로 돌아왔다. 그리고 전혀 예상치 못한 해결책을 제시했다. 내쉬는 "정수들을 변수로 간주해서 이미 드러난 극한치로 처리해버림으로써 귀납의 모든 과정을 비켜지나갔다." 무드는 무엇보다도 내쉬의 스타일에 매혹되었다. 무드는 이렇게 회상했다. "그는 문제를 발견하면 즉시 책상에 앉아 공략하기 시작합니다. 도서관에 달려가서 관련 자료부터 찾아보려는 여느 사람들과는 전혀 달랐습니다."

윌리엄스 역시 곧바로 내쉬에게 매혹되어 내쉬를 끼고 살았다. 그는 수학적 구조에 대해 내쉬만큼 예리한 통찰력을 지닌 수학자를 본 적이 없다고 입버릇처럼 말하곤 했다. 1930년대 후반을 파인홀에서 보내며 폰 노이만을 가까이 알고 지낸 윌리엄스가 그런 말을 했다는 것은 특기할 만한 일이다. "10만 개의 인수가 있어도 내쉬는 가장 중요한 인수를 금방 알아보았다"고 그는 말하곤 했다. 그는 내쉬가 어떤 식으로 문제를 해결했는지 말하길 좋아했다. 예컨대, 내쉬는 어떤 사무실로 들어가서, 방정식이 빽빽하게 적힌 칠판을 노려보며, 묵묵히 서서, 묵상을 한다. "그러다가, 단숨에 문제를 풀어버린다. 그는 구조를 빤히 들여다볼 수 있었다."

그러나 내쉬는 주로 혼자 시간을 보냈다. 자신의 연구 과제에 대해서는 선택된 소수의 사람들에게만, 어쩌다 가끔씩만 얘기했다. 얘기한다고 해서 도움을 청하려는 것도 아니었다. 다른 컨설턴트는 이렇게 회상했다. "그건 조언을 얻자는 게 아니었습니다. 거울이 필요했던 거지요. 자신의 창조성을 비춰볼 거울 말입니다." 내쉬가 주기적으로 만난 사람은 셰이플리뿐이었다. 수학부 사람들은 곧 두 사람을 한 쌍의 분더킨더 *Wunderkinder*(신동들)로 생각하기 시작했다.

그런데도 내쉬의 기이한 태도는 랜드의 입방앗간을 돌리는 동력이 되었다. "그는 수학자들이 약간 돌았다는 랜드의 고정관념을 강화시켰다"고 무드는 말했다. 내쉬는 사무실에 붙어 있는 법이 없었는데, 그의 사무실은 잔뜩 어질러져 있었다. 그해 여름 랜드를 떠나면서도 책상을 정리하지 않았다. 대신 책상을 치워야 했던 직원의 눈에 띈 것들은 다음과 같다. "바나나 껍질, 수천 달러가 예금된 스위스 은행의 잔액 증명, 이백 달러쯤의 현금, 비밀 문서, C-1 등거리 매장 *isometric embedding* 논문."

내쉬가 터무니없는 어린애 같다고 생각한 사람도 많았다. 내쉬는 동료들에게 사춘기 시절의 농담을 던지길 좋아했다. 그의 휘파람 소리는 음악을 사랑하는 한 수학자를 특히 짜증나게 했다. 그 사실을 안 내쉬는 그 수학자의 녹음기에 자신의 휘파람 소리를 녹음해놓았다. 푸른 제복의 경비원과 보수요원들은 내쉬를 재미있어 했다. 그들은 내쉬가 본사를 나서서 북쪽 4번가로 걸어가는 모습을 지켜보곤 했다. 그들 가운데 몇몇은 여러 차례 랜드의 매니저에게 다음과 같은 일을 고해바쳤다. 내쉬가 대로변에서 과장된 몸짓으로 살금살금 비둘기 떼에게 접근하더니, 느닷없이 와락 덮치면서, "비둘기들을 걷어차려 했다."

랜드에서의 게임 이론

> 우리는 게임 이론이 주효하기를 바랬습니다.
> 1942년에 원자폭탄이 주효하기를 바랬던 것처럼.
> —익명의 펜타곤 과학자가 〈포춘〉지에 한 말, 1949

내쉬가 노벨상을 수상하게 된 다자간 게임에 대한 아이디어는 그가 랜드에 가기 몇 달 전에 이미 거기 도착해 있었다. 다자간 게임에 균형이 존재한다는 그의 우아한 첫 증명은 국립 과학원의 1949년 11월호 관보에 두 쪽에 걸쳐 실렸다. 이 첫 증명은 4번가 브로드웨이의 하얀 벽토 건물(랜드 본사)을 들불처럼 휩쓸었다.

내쉬 균형 개념의 최대 매력은 2인 제로섬 게임으로부터 해방을 약속한다는 것이었다. 랜드의 수학자, 군사 전략가, 경제학자들은 2인 제로섬 게임의 전면적인 갈등—나의 승리는 너의 패배, 혹은 그 역—에만 거의 전적으로 매달려 왔다. 셰이플리와 드레셔 *Melvin Dresher*가 1949년에 작성한 게임 이론 검토 보고서에 의하면, 랜드는 "2인 제로섬 게임에만 몰두했다." 그것은 당연한 일이었는데, 왜냐하면 그것은 폰 노이만의 이론이었고, 견고하면서도 이성적으로 완벽했기 때문이다. 또 제로섬 게임은 두 강대국 사이의 핵전쟁이라는 문제와도 걸맞았기 때문에, 랜드의 관심을 사로잡을 수밖에 없었다.

그런데 사실상 제로섬 게임만으로는 충분치 않았다. 랜드에서 최소한 몇몇 연구자만큼은 제로섬 게임이 상정하는 이득 합 일정 *fixed payoff*이라는 중심 개념에 반감을 가지고 있었다고 케네스 애로는 회상했다. 신무기의 파괴력이 점점 높아지면서, 적들간에 공동의 이해관계를 조금도 갖지 않은 순수 갈등 상황은 이미 사라지고 없었다. 총력전이라 해도 그랬다. 적국에 가공할 파괴력을 퍼부어 그 나라를 석기 시대로 되돌려 보낸다는 것은 더 이상 의미가 없었다. 그러한 사실은 독일에 마지막 결정타를 날리는 동안 미국 전략가들도 깨달아서, 루르의 탄전과 공단 지대를 파괴하지 않기로 결정했다. 랜드의 핵전략가 토마스 셸링은 10년 후 이렇게 표현했다.

국제 문제에는 대립 못지않게 상호 의존도 있다. 두 적대 세력간의 이해관계가 완전히 배치되기만 하는 순수 갈등은 특별한 경우에만 존재한다. 그것은 완전 섬멸전에서나 있을 법한 것이다. 섬멸전이 아닌 어떤 전쟁 상황에서도 순수 갈등은 존재하지 않는다. 상호 화해의 가능성은 갈등 요소만큼이나 중요하고 또 극적인 것이다. 협상뿐만 아니라, 전쟁 억지, 제한전, 군비 축소 등은 갈등 당사자간에 존재하는 공동 이해관계와 상호 의존을 바탕으로 한 것이다.

셸링은 계속해서 그 이유를 설명했다. "갈등 요소가 극적인 이해관계를 설정하지만, 이들 게임에 있어서는 논리 구조상 상호 의존성이 일종의 협력이나 상호 화해를 요구하게 된다. 명료하게든 암묵적으로든, 상호 재앙을 피하기 위해서라도 그러하다."

1950년 당시 적어도 랜드의 경제학자들만큼은 그것을 깨닫고 있었다. 게임 이론이 실제의 군사적, 경제적 갈등에 유용하게 적용될 수 있는 기술적 이론으로 발전하려면, 갈등뿐만이 아닌 협력도 용인되는 게임에 초점을 맞추지 않을 수 없었다. 케네스 애로는 이렇게 회상했다. "모두들 제로섬 게임에 이미 식상하고 있었습니다. 전쟁을 할 것인가 말 것인가를 어떤 근거에서 판단해야 할까요. 패자의 손해가 곧 승자의 이익이라는 근거에서 판단을 내릴 수는 없었습니다. 그건 아주 난감한 문제였죠."

게임 이론이라는 아이디어를 먼저 포착한 것은 군사 전략가들이었다. 대부분의 경제학자들은 〈게임 이론과 경제행위〉라는 책을 무시했다. 무시하지 않은 경제학자는 극소수였다—〈포춘〉지에 지지 기고를 한 존 케네스 갈브레이스 *John Kenneth Galbraith*, 후일 고등학문연구소의 소장이 된 칼 케이슨 *Carl Kaysen*이 그들이다. 그들은 전시에 군사 전략가들과 자주 접촉했다. 1949년 존 맥도널드가 〈포춘〉지에 기고한 기사를 보면 그런 사실을 알 수 있다. 즉, 군 당국은 첩보 활동과 폭격 방식, 핵방위 전략 등에 폰 노이만의 게임 이론을 적용하고 싶어했다. 연구 자금은 충분했는데 새로운 아이디어가 없었던 미공군은 열광적으로 게임 이론을 수용했다—2백여 년 전 프러시아 군대가 확률이론 *probability theory*을 수용했을 때처럼 열광적이었다.

게임 이론은 이미 군사 기획실에서 활발히 논의되고 있었다. 게임 이론은 독일 잠수함이 미수송선을 파괴하던 제2차 세계대전 당시 이미 대잠수함 전술로 활용된 적도 있었다. 존 맥도널드는 〈포춘〉지에 이렇게 썼다.

"게임"의 군사적 적용은 제2차 세계대전 초반에 시작되었다. 사실상, 대잠수함 작전 평가 그룹 *ASWOEG*이 완전한 이론을 공표하기도 전부터 적용했던 것이다. 그 그룹의 수학자들은 1928년에 발간된 폰 노이만의 포커 게임 관련 첫 논문을 입수했다.

그러나 폰 노이만이 여러 차례 산타모니카를 열광적으로 방문한 것은 순전히 컴퓨터 엔지니어와 핵 과학자들을 만나기 위해서였다. 폰 노이만의 막강한 권위와 존 윌리엄스의 능란한 세일즈 정신 때문에, 랜드는 1947년부터 1950년대까지 게임 이론에 집중하게 되었다. 그들은 게임 이론이 인간 갈등 이론에 수학적 기초를 제공해주리라고 기대했고, 또 게임 이론이 수학 이외에 다른 학문 분야에까지 파급되기를 기대했다. 윌리엄스는 미공군을 설득해, 수학 이외에 경제학과 사회과학 두 부서를 신설했다. 내쉬가 도착했을 무렵에는 이미 게임 이론 연구집단이 형성되어 있었다. 이 집단의 게임 이론 학자로는 셰이플리와 맥킨지 *J. C. C. Mckinsey*, 댈키 *N. Dalkey*, 톰슨 *F. B. Thompson*, 보넨블러스트 등이 있었고, 순수 수학자로는 존 밀너, 통계학자로는 데이빗 블랙웰 *David Blckwell*과 샘 칼린 *Sam Karlin*, 에이브러햄 거식 *Abraham Girschick*, 경제학자로는 폴 새뮤얼슨과 케네스 애로, 허버트 사이먼 등이 있었다.

랜드에서 게임 이론을 군사적으로 적용한 것은 대부분 전술 차원이었다. 전투기와 폭격기 사이의 공중전은 양자 대결로 모델화되었다. 양자 대결의 전략적 문제는 타이밍의 문제였다. 양자 대결에서 첫 번째 발사는 빗나갈 가능성이 가장 크다. 그러나 좀더 정확히 발사하려고 하면 피격될 가능성이 커진다. 문제는 언제 발사할 것인가이다. 물론 트레이드오프 *tradeoff*(동시에 달성할 수 없는 몇 개 조건을 취사 선택하여 평균을 취하기)도 가능하다. 그래서 약간 기다림으로써 격추할 가능성을 높일 수 있는데, 그것 역시 그만큼 피격당할 위험성이 높아진다. 이러한 양자 대결에는 소리가 날 수도 있고 나지 않을 수도 있다. "소음총"을 가졌을 경우, 대결자는 피격당하기 전까지 상대가 총을 쏘았는지 알 수가 없다. 상대방이 총알을 가지고 있는지, 총을 쏘았는지, 오발했는지, 현재 무방비 상태인지 등을 알 수도 없다.

드레셔와 셰이플리는 1947년 가을부터 1949년 봄까지 랜드에서 축적한 게임 이론 연구 성과를 요약하는 보고서를 작성했는데, 이 보고서에는 당시 분위기가 잘 나타나 있다. 그들은 폭격 임무에 있어서 난해한 공격 문제를 이렇게 기술하고 있다.

문제 :

전투기 I대를 보유한 요격 기지 하나가 있다. 각 전투기는 항속 시간이 일정하다. 만약 폭격기를 요격하려고 나선 전투기 한 대가 당초의 목표물과 아직 교전하지 않았다면, 지상 관제탑의 선택에 따라 그 전투기는 두 번째 목표물과 교전하기 위해 방향을 돌릴 수 있다.

공격측은 N대의 폭격기와 A두의 폭탄을 지니고 있다. 공격측은 2개의 공격 지점을 선택해서, 첫 번째 공격 지점에 A_1두의 폭탄을 탑재한 N_1대의 폭격기를 보낸다. t분 후 두 번째 공격 지점에 $A_2 = A - A_1$두의 폭탄을 탑재한 $N_2 = N - N_1$대의 폭격기를 보낸다.

공격측에 가장 중요한 것은 격추되지 않은 폭격기에 남은 폭탄을 극대화하는 것이다.

해법 :

양측은 순수 최적 전략을 갖는다. 공격측의 최적 전략은 (1)두 공격 지점을 동시에 공격하며 (2)A두의 폭탄을 공격에 나선 폭격기 수에 비례해서 배분하는 것이다. 수비측의 최적 전략은 (1)공격측 폭격기의 수에 비례해서 전투기를 내보내며 (2)전투기의 공격 목표물을 수정하지 않는 것이다. 공격측의 게임의 값 V는 다음과 같다.

$$V = \max\left(0,\ A\left(1 - \frac{I}{N}k\right)\right)$$

이 경우 k는 전투기가 폭격기를 격추할 수 있는 확률이다.

내쉬가 구상한 게임은 의사소통이나 협력이 없어도 해결할 수 있는 것이었다. 폰 노이만은 오래 전부터 랜드 연구자들이 협력 게임에 집중해야 한다고 생각해왔다. 협력 게임이란, 갈등 상황에서 참여자들이 의사소통과 협력을 하고, "상황을 토론하여 합리적인 공동 행동 계획에 합의하고, 그 합의를 강제할 수 있는 것이 가정된" 게임을 말한다. 그 핵심 '가정'은 합의를 강제할 심판이 있어야 한다는 것이다. 협력 게임의 수학은 제로섬 게임의 수학처럼 내용이 풍성하고 우아하다. 그러나 케네스 애로를 포함한 대부분의 경제학자들은 그런 아이디어에 냉담했다. 그 아이디어가 다음과 같은 사실을 전제하고 있기 때문이다―즉, 위험하고 소모적인 핵무기 경쟁을 예방할 수 있는 유일한 방법은 동시적인 군비 축소를 강제할 수 있는 세계 정부를 수립하는 것뿐이다. 당시 수학자들과 과학자들 사이에서는 세계 정부가 인기 있는 아이디어였다. 앨버트 아인슈타인, 버트란트 러셀 등 세계적인 엘리트 지성인들은 "하나의 세계"라는 주의에 경도되어 있었다. 보수적 매파인 폰 노이만조차도 이런 주의에 경의를 표했다. 그러나 대부분의 사회과학자들은, 소련은 말할 것도 없고 대체 어떤 나라가 그런 정도까지 주권을 양도할 것인지 회의적이었다. 협력 게임 이론은 또 대부분의 경제, 정치, 군사 문제와 거의 관련이 없어 보였다. 케네스 애로는 농담하듯 이렇게 말했다. "협력 게임 이론이라는 게 있긴 있지요. 하지만 상대방을 협력하도록 강제할 수가 없다는 게 문제입니다."

공동 행동을 필요로 하지 않는 비협력 게임이 안정된 해법을 제공한다고 입증함으로써, "내쉬는 올바른 질문을 던질 수 있는 이론의 틀을 제공했다"고 애로는 말했다. 그리하여 랜드에서는 "많은 사람들이 균형점 계산에 매달리게 되었다."

내쉬 균형에 대한 소식이 전해지자, 사회과학 분야에서 가장 유명한 전략 게임인 '죄수의 딜레마'에도 영감이 불어넣어졌다. 죄수의 딜레마는 내쉬가 랜드에 도착하기 몇 달 전 2명의 랜드 수학자가 부분적으로 창안한 것이다—이 수학자들은 내쉬의 아이디어가 가져올 혁명적인 결과를 알아차리지 못하고 회의적인 반응만 보였다. 게임의 의미를 쉽게 설명하기 위해 사용되어 왔던 죄수 이야기는 사실상 내쉬의 스승인 앨 터커가 먼저 시작한 것이었다. 터커는 스탠포드 대학의 심리학자들 앞에서 행한 연설에서 게임 이론의 핵심을 설명하기 위해 그 이야기를 이용했다.

터커의 이야기는 다음과 같다. 경찰이 두 명의 용의자를 붙잡아 각자 다른 방에서 심문한다. 각 용의자에게 주어진 선택은 세 가지이다. 자백하기, 다른 용의자에게 죄를 떠넘기기, 침묵하기 등이 그것이다. 이 게임의 핵심적인 특징은, 다른 용의자가 어떤 행동을 하든 각 용의자는(자기만 생각할 경우) 솔직하게 자백하는 것이 더 낫다는 것이다. 한 용의자가 자백을 할 경우, 다른 용의자도 자백을 해야 한다―그래야만 자백하지 않은 데 따른 중형을 피할 수 있다. 한 용의자가 침묵한다면, 다른 용의자는 자백함으로써 감형을 받을 수 있다. 따라서 자백이 지배전략이 된다. 그러나 두 용의자가 자기만 생각하지 않고 서로를 생각할 경우 아이러니가 발생한다. 이 경우에는 두 용의자가 모두 자백을 하지 않는 것―다시 말해 서로 협력을 하는 것―이 더 낫다. 그러나 각 용의자는 자백에 따른 인센티브를 알고 있기 때문에, 자백을 하는 것이 두 용의자 모두에게 "합리적"이다.

 1950년 이후 죄수의 딜레마에 관한 방대한 심리학 서적이 출판되었다. 심리학은 특히 협력과 배반의 결정인자에 관심을 집중했다. 개념적 차원에서 이 게임이 강조하는 것은 다음과 같다. 즉, 내쉬 균형―상대가 최선의 전략에 따라 행동할 거라고 가정하여 각 참여자가 각자의 최선의 전략을 추구하는 것―은 참여 집단의 관점에서 본다면 반드시 최선의 해결책이 아닐 수도 있다. 따라서 죄수의 딜레마는 아담 스미스 경제학상의 '보이지 않는 손'과 정면으로 배치된다. 게임의 각 참여자가 자기 이익만 추구할 경우, 그것이 반드시 집단의 최선의 이익을 증진하는 것은 아니라는 얘기이다.

 미국과 소련의 핵무기 경쟁도 죄수의 딜레마에 빗대어 볼 수 있었다. 두 나라는 서로 협력해서 경쟁을 피하는 것이 더 좋을 것이다. 그러나 지배전략은 각 나라가 철저하게 무장을 해야 한다는 것이다. 드레셔와 플라드, 터커, 폰 노이만 등은 초강대국 사이의 경쟁이라는 문맥에서 죄수의 딜레마를 생각해보지 않았다. 그들이 볼 때 이 딜레마는 그저 내쉬의 아이디어에 도전하는 흥미로운 문제일 뿐이었다.

드레셔와 플러드 *Merrill Flood*가 내쉬의 균형 아이디어를 알게 된 당일 오후, 두 사람은 존 윌리엄스와 UCLA 경제학자 아멘 알치언을 대상으로 삼아 실험을 해보았다. 파운드스톤의 말에 따르면, 드레셔와 플러드는 "내쉬나 내쉬 균형점에 대해 들어본 적이 없는 사람이 게임을 하면 묘하게 균형 전략에 이끌릴지도 모른다고 생각했다. 플러드와 드레셔는 결과를 확신할 수 없어서, 그 실험을 백 번이나 되풀이했다."

내쉬의 이론에 의하면, 두 참여자는 지배 전략을 따르게 되어 있었다. 피지배 전략에 따르는 것이 각자에게 더 나은 결과를 낳는다고 해도 그럴 것이다. 윌리엄스와 알치언이 늘 협력한 것은 아니었지만, 실험 결과는 내쉬 균형과 달랐다. 드레셔와 플러드는 다음과 같이 결론을 내렸고, 폰 노이만도 동의했다. 즉, 실험 결과, 참여자들은 내쉬 균형 전략을 선택하는 경향을 보이지 않고, "절충"하는 경향을 보였다.

윌리엄스와 알치언은 서로 속이는 것보다는 협조하는 것을 더 많이 선택하는 것으로 나타났다. 각 참여자가 다른 참여자의 전략을 알기 전에 자신의 전략을 결정하고서 기록해놓은 코멘트에 의하면, 승리를 극대화하기 위해서는 참여자들이 협력해야 한다는 것을 깨달았음을 보여준다. 알치언이 협력을 하지 않으면 윌리엄스는 그를 징벌했고, 이어 다음 번에는 협력으로 돌아섰다.

터커로부터 이 실험 결과를 통보받은 내쉬는 드레셔와 플러드에게 다음과 같은 편지를 보내, 그들의 해석에 동의하지 않는다고 밝혔다―이 편지는 후일 그들 보고서의 각주에 실렸다.

균형점 이론을 테스트하려는 그 실험에는 결함이 있습니다. 그 실험이 사실상 참여자로 하여금 동시에 여러 수를 둘 수 있는 게임을 시켰다는 것이 그것입니다. 그것은 제로섬 게임의 경우처럼 각각 독립된 순차 게임이라고 볼 수가 없습니다. 그 실험에는 상호작용이 너무 많습니다.…그 실험은 참여자 갑과 을이 보상을 얻는 데 있어서 도대체 얼마나 무능한지만을 눈에 띄게 보여줄 뿐입니다. 참여자는 좀더 합리적으로 생각했어야 할 것입니다.

내쉬는 랜드에 온 이후, 지난 해 셰이플리와 함께 연구해왔던 문제를 푸는 데 성공했다. 그것은 두 참여자—서로의 이해관계가 일치하지도 않고 정면으로 배치되지도 않는 두 참여자 사이의 협상 모델을 고안해내는 문제였다. 그 협상 모델은 참여자들이 협상 과정에서 어떤 위협 카드를 쓸 것인지 결정하는 데 사용할 수 있었다. 이 문제에서 내쉬는 셰이플리를 완패시켰다. 마틴 슈빅은 후일 자신의 프린스턴 시절을 회상한 회고록에 이렇게 썼다. "우리는 모두 그 문제를 연구했습니다. 하지만 내쉬가 위협 카드를 사용하는 2인 거래의 좋은 모델을 먼저 공식화했습니다."

내쉬는 공리적으로 해결책을 이끌어내지 않았다—공리적인 방법은 "합리적인" 해결책의 바람직한 속성을 모두 열거한 다음, 그 속성들이 사실상 하나의 특정 결과로 귀착된다는 것을 입증하는 방법인데, 내쉬가 협상 모델을 처음 공식화했을 때는 이 방법을 썼다. 그러나 이번에 그는 4단계 협상을 제시했다. 1단계: 각 참여자는 하나의 위협 카드를 선택한다. 이것은 거래를 체결할 수 없을 경우, 즉 각자의 요구 조건들이 양립할 수 없을 경우, 어쩔 수 없이 꺼내드는 카드이다. 2단계: 각 참여자는 상대에게 위협 카드의 내용을 통보한다. 3단계: 각 참여자는 하나의 요구 조건을 선택한다. 즉 자기에게 일정량의 가치가 있는 결과를 선택한다. 그 거래가 해당량의 가치를 보장하지 않으면 거래를 체결하지 않는다. 4단계 : 두 참여자의 요구 조건을 모두 만족시키는 거래가 존재할 경우, 참여자들은 각자 요구하는 것을 얻게 된다. 다른 경우, 위협이 행사되어야 한다.

이 게임에는 무한수의 내쉬 균형이 존재한다는 것이 밝혀졌다. 그러나 내쉬는 자신이 전에 공리적으로 도출했던 협상 해법과 일치하는 안정된 하나의 특정 균형을 입증하는 정교한 논증을 전개했다. 그는 각 참여자가 "최적" 위협 카드를 갖고 있음을 입증한 것이다. 즉, 다른 참여자가 어떤 전략을 선택하든 거래가 체결될 수밖에 없는 위협 카드가 존재한다는 것을 입증했다.

내쉬는 1950년 8월 31일자의 랜드 보고서를 통해 이 결과를 최초로 발표했다—이러한 사실은 그가 랜드를 떠나 블루필드로 가기 직전에 이 논문을 대강 완성했다는 것을 시사한다. 더 길고 더 자세한 논문은 〈에코노미트리카〉에 접수되었다—1950년 4월에 "협상 문제"라는 논문을 실어주었던 그 저널이다. "2인 협력 게임"이라는 이 논문은 이듬해에 출판될 예정이었지만, 뒤늦게 1953년 1월에 가서야 출판되었다. 게임 이론에 커다란 기여를 한 이 논문 이후, 내쉬는 더 이상 게임 이론에 의미 있는 기여를 하지 않았다.

비협력 게임 이론에서 새로운 중요 문제를 풀어낸 사람은 랜드에 아무도 없었다. 내쉬는 도전 의지가 있었지만, 1950년에 들어와서는 이 분야의 연구를 완전 중단했다. 랜드에서 게임 이론에 주력한 것은 수학자들이었다. 특히 셰이플리가 그랬는데, 그들은 게임 이론의 적용보다는 순수 수학 차원에서 연구했다. 1950년대에 셰이플리는 협력 게임에 초점을 맞추었는데, 경제학자나 군사 전략가들은 협력 게임에 그다지 흥미를 보이지 않았다.

모든 수학적 모델은 어느 면에서 지나치게 단순화되고, 비현실적이고, 심지어 잘못된 것일 수도 있다. 그런데도 그런 모델을 내놓게 되는 것은, 그것이 없으면 생각해낼 수 없는 어떤 가능성들을 가시화할 수 있기 때문이다. 물리학과 의학의 역사를 돌아보면 잘못되었거나 불완전한 이론이 무척이나 많다. 그러나 그런 이론들 가운데 일부는 획기적인 학문적 돌파구를 열어주었다. 물리학자들이 입자 구조를 이해하기도 전에 원자폭탄이 만들어진 것도 그러한 예이다.

군사 문제에 특히 중요하게 적용된 게임 이론은 양자 대결 이론 연구로부터 시작해서 차츰 전략적 연구까지 이어졌다―랜드에서 연구한 것 가운데 유일하게 영향력이 컸다고 할 수 있는 것이 전략적 연구이다. 전략적 연구는 수학자인 알 월스테터 *Al Wohlstetter*로부터 시작되었다. 월스테터는 내쉬가 수학 그룹에 합류한 지 6개월쯤 되었던 1951년 초에 랜드의 경제학 그룹에 합류했다.

프레드 캐플런에 의하면, 1950년대 초반의 미전략 공군 사령부 SAC의 작전 계획은, 먼저 미국 본토에서 해외 기지로 폭격기를 발진시켜 그곳에서 소련을 공격한다는 것이었다. 미공군의 전쟁 억지 전략은, 어떠한 공격을 받더라도 같은 식의 반격을 가할 수 있는 미국의 전력과 수소폭탄의 위력에 바탕을 둔 것이었다. 그런데 월스테터 이전에는 선제공격을 당할 위험성을 집중 검토한 학자가 없었다. 미국 본토가 아닌 전략 공군 사령부가 먼저 초토화되고, 이어서 소련의 공격 범위 내에 있는 소수의 해외 기지가 집중 공격을 받을 위험성을 제기한 것이 월스테터이다. 캐플런은 〈아마겟돈의 마법사들 *The Wizards of Armageddon*〉이라는 책에 이렇게 썼다.

그 시점까지 게임 이론의 군사적 적용은 전술에 집중되어 있었다—전투기와 폭격기 양자 대결에서의 최선의 방법, 폭격기 편대의 편성 요령, 혹은 대잠수함 작전 등에 적용되었다. 월스테터는 적용 범위를 확대시켰다. 적군의 최선의 움직임에 비추어 볼 때 아군의 최선의 움직임은 무엇인가를 집중적으로 연구하는 과정에서 월스테터는 지도를 들여다보고 이렇게 결론을 내렸다. 우리가 적에게 가까이 갈수록 적도 우리에게 가까이 다가온다—우리가 적을 공격하기 쉬워질수록 적도 우리를 공격하기 쉬워진다. 월스테터와 그의 연구팀은 단지 120두의 폭탄이면 해외 기지에 방치된 B-47 폭격기의 75~85퍼센트를 폭파할 수 있다고 추론했다. 세계에서 가장 강력한 공격력을 갖춘 것으로 보이는 미전략 공군 사령부는 여러 면에서 너무나 취약한 상태에 놓여 있었다. 그래서 사령부가 작전 계획을 실행하려는 순간, 사령부는 소련으로부터 선제공격을 받는 집중 과녁이 될 수 있다.

월스테터의 연구는 미공군 본부에 충격을 주었다. 미국의 취약성과 소련의 기습공격 가능성을 집중 조명한 그 연구는 미군 당국의 편집증적인 태도를 합리화했다. 그리하여 그런 태도는 정계에까지 스며들게 되었고, 1950년대 후반의 "미사일 갭 *missile gap*"에 대한 국민적 히스테리로까지 번져나갔다. 프레드 캐플런은 이렇게 썼다. 랜드 보고서는 "수학적 계산과 합리적 분석을 통해 적과 미지에 대한 공포를 합법화했다. 또 새로운 위협적 상황—소련의 장거리 핵무기 획득—에 대해 논의하고 대처할 수 있는 테크닉과 전반적인 전망을 제공했다."

수학자와 전략 기획자, 경제학자의 관점에서 볼 때, 랜드의 황금

시대는 이미 끝나가고 있었다. 한철이 지나자, 랜드 후원자들은 순수 연구에 대한 관심이 식어, 랜드의 별난 특성에 대한 너그러운 태도도 자취를 감추었고 점점 더 현실적인 것을 요구하게 되었다. 수학자들은 게임 이론에 따분해졌고 좌절했다. 더 이상 우수한 컨설턴트가 들어오지 않았고 기존 직원들은 대학으로 자리를 옮겼다. 내쉬는 1954년 여름 이후 랜드로 돌아가지 않았다. 메릴 플러드도 1953년에 컬럼비아 대학으로 옮겨갔다. 폰 노이만은, 어느 면에서 보면 랜드에서 한 일이 별로 없다고 할 수 있지만, 1954년 컨설턴트를 그만두고 원자력 위원회의 일원이 되었다.

아무튼 게임 이론은 랜드에서 인기를 잃었다. 덩컨 루스와 하워드 레이파 *Howard Raiffa*는 공저 〈게임과 결정 *Games and Decisions*〉(1957)에 이렇게 썼다. "많은 사회과학자들이 게임 이론에 환멸을 느낀 것은 역사적 사실이다. 처음에는 게임 이론이 사회학과 경제학의 수많은 문제를 해결해주리라는 막연한 기대가 있었다. 혹은 적어도 게임 이론에 의한 해결책이 수년 동안은 실용적으로 위력을 발휘하리라고 생각했다. 그러나 사실은 그렇지 못했다." 군사 전략가들도 같은 생각이었다. 토마스 셸링은 1960년에 이렇게 썼다. "전쟁 억지와 원폭 위협, 세력 균형 등을 말할 때마다 우리는 게임 이론에 깊숙이 빠져 들어갔다. 그러나 공식화된 게임 이론은 그런 분야를 명백히 밝히는 데 별로 도움이 되지 못했다."

징병 14

프린스턴, 1950~1951

존 윌리엄스는 내쉬에게 그 두뇌집단의 영구 보직을 제의했다. 그러나 군사 전략가가 된다는 전망도, 아름다운 산타모니카에서 산다는 것도, 후한 연봉을 받는다는 것도 내쉬는 내키지 않았다. 랜드의 동지애나 사명감을 공감하지도 못했다. 그는 자신만의 연구를 하고 싶었고, 자유롭게 수학의 세계를 두루 배회하고 싶었다. 그러자면 앞서가는 대학의 교수직을 얻어야 했다.

당시 내쉬는 다가오는 학기를 프린스턴에서 지내려고 계획했다. 터커는 그를 밀어주기 위해 학부생에게 미적분을 가르치는 강사 자리와 더불어, 자신이 맡은 해군 연구소 프로젝트의 연구 조수 자리도 마련해주었다. 내쉬는 새 학년이 시작되는 가을 학기부터 연구에 몰입할 생각이었다. 그러나 그러기 앞서, 그의 계획을 위협하고 있는 발등의 불부터 꺼야 했다. 다름 아닌 한국전쟁이 일어났던 것이다.

북한은 1950년 6월 25일 남한을 침략했다. 그날 내쉬는 산타모니카로 날아가고 있었다. 일주일 후 트루먼은 침략자를 격퇴하기 위해 미군을 파견하겠다고 약속했다. 7월 19일, 첫 함대가 한국에 상륙했다. 7월 31일, 트루먼은 선발징병청에 10만 명의 젊은이를 선발하되, 그 중 2만 명은 즉각 징병하라고 지시했다. 한두 주일 후, 존 시니어와 버지니아는 내쉬에게 징병이 임박한 것 같다는 편지를 보냈다. 대다수 공화당원과 마찬가지로 내쉬의 부모도 트루먼을 좋아하지 않았고, 그 전쟁에 대해서도 회의적이었다. 그들은 내쉬더러 속히 블루필드로 내려와, 지방 징병 위원들과 개인 상담을 해서 징병 연기를 타진해보라고 독촉했다. 그들은 또 내쉬가 군복을 입는 것보다는 랜드나 프린스턴에 있는 것이 분명 더 값진 일이라는 말을 덧붙였다.

　8월 말, 랜드를 떠난 내쉬는 로스앤젤레스를 경유해 보스턴으로 날아갔다. 케임브리지에서 열린 국제수학자회의에 참석하기 위해서였다. 그는 소수의 청중 앞에서 대수 다양체 *algebraic manifolds*에 대한 연구 결과를 발표했는데, 젊은 수학자로서는 꽤 영예로운 일이었다. 케임브리지에서 하루를 보낸 그는 어서 블루필드로 내려가야 한다는 생각 때문에 나머지 회의에는 참석하지 않았다.

　그는 어떻게든 징병을 피할 생각이었다. 그 전쟁은 인기도 없었고 선전 포고조차 없었지만, 징집될 경우 얼마나 오래 복무해야 할지 알 수 없었다. 연구를 중단하면 일류 대학의 수학과 교수가 되겠다는 그의 꿈이 무산될지도 몰랐다. 이미 교수 시장은 제2차 세계대전에서 돌아온 참전 용사들로 넘쳤고, 징병 때문에 학생 등록율은 떨어지고 있었다. 2년만 더 지나면, 새롭게 진출한 젊은 준재들까지 나서서 몇 안 되는 교수직 자리다툼을 하게 될 것이다. 게임 이론을 다룬 그의 박사논문은 순수 수학자들로부터 무관심과 경멸이 뒤섞인 차가운 반응만 얻었다. 그러니 좋은 교수 자리를 얻으려면 대수다양체 논문을 서둘러 끝내는 수밖에 없다고 그는 생각했다.

게다가, 그는 타인의 거창한 의도에 종속된 부속품이 되기를 원치 않았고, 군대 생활은 생각만 해도 끔찍했다—남부에서 태어나 강경 매파 본능을 지녔는데도 그랬다. 비버 고등학교 시절에도 그는 예외적인 소수에 속했다—참전할 수 있는 나이가 될 때까지 전쟁이 오래 계속되기만 바랐던 대다수 아이들과는 달랐다. 혹독한 훈련, 무의미한 일과, 사생활 무시 등으로 얼룩진 군생활은 생각만 해도 역겨웠다. 그는 이미 다른 수학자들로부터, 무례하고 무식한 젊은이들과 함께 어울린다는 것이 얼마나 고역인지 귀가 따갑게 들어왔다. 그가 카네기 공대에 입학해서 블루필드를 떠날 때도 그런 젊은이들에게서 벗어난다는 것이 너무나 좋았다.

내쉬는 조직적으로 일을 추진했다. 블루필드에 내려간 그는 우선 징병 위원 두 명을 찾아갔다. 한 명은 위원장을 맡고 있는 사람이었는데, T. H. 스코트라는 이름의 퇴역 변호사였다. 그는 후일 "철석같은 공화당원(트루먼=얼간이=루즈벨트)"으로 통했다. 다른 한 명은 블루필드 외곽에 자리잡은 흑인 전문대학 블루필드 스테이트의 총장인 H. L. 디커슨 박사였다. 내쉬는 자기 운명의 칼자루를 쥐고 있는 두 사람에 대해 먼저 가능한 한 많은 정보를 입수했다. 징병 위원들은 내쉬가 어떤 존재인지 거의 알지 못했다. 피어리 빌딩의 그들 앞에 내쉬가 나타났을 때 그들은 그가 박사학위를 받았다는 사실도 몰랐다. 그저 가을에 프린스턴으로 돌아갈 학생쯤으로만 막연히 생각했던 것이다. 그는 아직도 서류상 재학생 징병 연기자로 기록되어 있었다.

스코트와의 만남은 전혀 내쉬의 불안을 덜어주지 못했다. 징병 위원회는 이미 22세 장정 목록을 작성하고 있었다. 징병 위원회는 이제 내쉬가 더 이상 대학원생이 아닌 것을 알았기 때문에, 내쉬는 그달 20일로 계획된 징병 소집 대상자가 될 가능성이 많았다. 20일까지는 2주일도 남지 않았다. 내쉬는 랜드에서 비밀 군사 연구를 수행 중이며, 프린스턴의 해군연구소 프로젝트에도 관여하고 있다고 말했다. 스코트는 직무상 징집 연기자로 분류해줄 수 있는 가능성을 배제하지 않았지만, 젊은 수학자가 국가 비상시에 군복무를 면제받는 민간인 필수요원이 될 수 있다는 것을 믿으려고 하지 않았다. 그러나 디커슨 박사를 만난 후에는 다소 마음이 놓였다. 디커슨은 제2차 세계대전 전에 수학과 물리학을 가르쳤던 사람이라, 내쉬의 프린스턴 학위와 지인들에 대해 호감을 보였다. 내쉬에게 직무상 징병 연기 신청을 하라고 귀띔해준 사람도 아마 디커슨 박사였을 것이다. 아무튼 그 신청을 하면 일단 자동 징집을 당하는 일은 없을 테고, 그 신청자들까지 징집할 생각을 하지 않는 한 징병 대기자 명단에서도 빠질 수 있을 거라는 말을 그는 들었다.

내쉬는 서둘렀다. 그는 블루필드 도서관을 찾아가 선발징집에 관한 법률을 찾아 읽어보았다. 또 징병 위원들의 심리도 헤아려 보았다. 그는 프린스턴의 터커에게, 그리고 워싱턴의 해군연구소에 편지를 보냈다. 랜드의 존 윌리엄스에게도 편지를 보낸 것이 분명하다—그 편지는 남아 있지 않다. (워싱턴의 해군연구소가 9월 15일자로 터커 교수에게 보낸 편지는 이렇게 시작된다. "존 내쉬가 징병 연기 혜택을 받도록 해군연구소가 도와줄 수 있는지 묻는 편지를 보내왔습니다.") 내쉬는 그들에게 직무상 징병 연기를 받게 해달라고 요청했지만, 그저 간단한 사실만 진술해달라고 부탁했다. 더 자세한 정보는 나중에 제출함으로써, 단지 처음의 진술을 되풀이하지 않고 "훗날 실속 있는 결정타를 가하기 위해서"였다. 그는 가능하면 많은 시간을 벌겠다는 생각뿐이었다. 후일 다른 상황에서 내쉬는 "정치"와 "음모"에 대한 혐오감과 적개심을 거듭 드러내곤 했다. 그러나 평소 비현실적이고, 어린애 같고, 세상 모든 관심사와 괴리되어 있던 그는, 막상 징병 문제에 부닥치자 전략을 짜고, 필요한 정보를 사냥하고, 아버지의 연줄까지 동원하고, 동지와 지지자를 규합하는 데에 너무나 유능한 모습을 보였다.

터커 교수와 대학 당국, 해군, 랜드 등은 모두 우호적이었다. 그들은 즉각적으로 입을 모아, 내쉬가 민간인 필수요원이라고 주장했다—대체 인력을 훈련시키려면 몇 년이 걸릴지 모를 뿐만 아니라, 내쉬의 직무는 "국가 안보와 복지에 필수적"이라고. 워싱턴 해군연구소의 리그비는 터커 교수에게 최선의 방법을 일러주었다. 대학 당국에서 해군연구소 뉴욕 지부에 요청해서 블루필드 징병 위원회에 서신을 띄우는 것이 그것이었다. 리그비는 이렇게 말했다. "그런 방법이 가장 효과적입니다. 정상적으로는 일단 갑종 징집 대상자가 된 후 그런 절차를 취하지만, 미리 절차를 취하지 말라는 법은 없습니다. 그래도 되느냐고 질문하는 사람이 요즘 꽤 있습니다." 국방부와 관계된 일을 하는 젊은이들 가운데 징병 연기를 시도하는 사람이 내쉬 외에도 많다는 얘기였다. 리그비는 뉴욕 지부를 동원한 방법이 통하지 않을 경우도 언급했다. "그렇다면 2차로 우리가 직접 나서서 중앙 징병청에 호소하겠습니다." 그러나 그럴 필요까지는 없을 거라고 그는 덧붙였다.

당시 여러 사람이 내쉬를 징병에서 구해내려고 했던 것은 예외적인 배려가 아니었다. 다른 수많은 젊은 과학자들의 경우에도 그랬던 것이다. 한국전쟁은 제2차 세계대전처럼 애국심을 불러일으키지 못했다. 많은 학자들이 방위산업 근무를 군복무나 다름없다고 생각했고, 민간인 필수요원이라고 생각되는 사람들의 병역을 면제하는 것은 제2차 세계대전 때도 있었던 관례였다. 해롤드 쿤은 해군 V-12 계획에 참여하려고 했다가 실패한 경험을 회상했다. 참여했다면 전쟁 기간에 군복을 입기는 해도 민간인으로서 카네기 공대에서 계속 강의를 할 수 있었다. 그러나 해군의 엄격한 신체검사에서 탈락해 결국 보병이 되어야 했다. 한국전쟁은 베트남전쟁(사실상의 노동자 계급 전쟁)과는 달리 대량 병역 기피 현상을 불러일으키지는 않았다. 그러나 내쉬 세대의 일부 엘리트들은 병역에서 특별 대우를 받을 자격이 있다고 생각했고 그것을 수치스러워하지도 않았다.

징병을 피하기 위한 내쉬의 필사적인 노력은, 장래의 야망이나 개인적 편의와 관련된 것이기보다는 오히려 내면의 두려움을 시사하는 것이다. 엄격한 규율, 자율성의 상실, 낯선 사람들과의 부대낌 등을 그는 그저 불쾌한 일쯤으로 생각하지 않았다. 그것은 대단히 위협적인 일이었다. 그는 후일 자신의 정신병 발병이 어느 정도는 강의 스트레스 때문이라고 둘러댄 적이 있다—군생활의 경우에 비하면 아무 것도 아니었을 텐데도 그랬다. 징병에 대한 공포는 한국전쟁이 끝나고 그가 스물여섯 살(징집 제한 연령)을 넘긴 다음에도 사라지지 않았다. 그 공포는 끝내 망상 수준에까지 이르러, 그는 미국 시민권을 버리고 해외로 정치적 망명을 떠날 생각까지 했다.

흥미롭게도, 정신분열증 연구자들은 내쉬와 같은 그런 본능적 두려움이 발병의 원인이 된다는 것을 오래 전부터 확인해왔다. 우울증이나 불안 노이로제와 같은 정신이상을 일으키는 것으로 알려진 일상사들—전투, 사랑하는 사람의 죽음, 이혼, 실직—은 정신분열증의 발병과는 밀접한 관계가 없다. 그런데 여러 차례 연구 결과, 이전에는 정신분열증 증후를 전혀 보이지 않았던 젊은이가 평화시 기초 군사 훈련을 받다가 발병한 경우가 많다는 것이 밝혀졌다. 정신병력자를 면밀히 조사해서 연구 대상에서 제외했는데도, 군사 훈련 때문에 정신분열증으로 입원하는 비율이 비정상적으로 높게 나타났던 것이다―강제 징집된 사병의 경우 특히 그랬다.

리그비가 말한 대로 곧 일이 처리되었다. 내쉬는 프린스턴 수학과의 여비서 애그니스 헨리에게 전화했다. 교무처장 더글러스 브라운으로 하여금 해군연구소에 서신을 보내달라고 부탁하는 전화였다―1950년 9월 15일자로 교무처장 비서가 수학과 비서의 전화를 받아 메모한 그 내용이 브라운 서류철에 들어 있다. 며칠 후 내쉬는 "국가 비상시에 필요한 정보"라는 대학 서류를 작성했다. 그는 블루필드 제12징병 위원회에 등록되었으며, 현재 갑종 징병 대상자로 분류되었는데, "직무상 징병 연기 가능, 연기 신청은 계류된 상태"라고 적었다. 또 터커 교수의 해군연구소 727프로젝트에 관여하고 있다고도 적었다. "국가에 이익이 되는 기타 연구나 자문직에 참여하고 있습니까?"라는 질문에는 그렇다고 답하고 "랜드 코퍼레이션의 컨설턴트"라고 적었다. 프린스턴의 연구 프로젝트 기금 사무소장이 첨부한 것으로 보이는 노트에는 이렇게 적혀 있다. "3년 이상 게임이론과 관련 분야 연구. 카네기 공대 학부생 시절에 그 분야의 논문 작성. 2년 후 프린스턴에서 박사학위 취득. 리그비 박사가 이미 해군연구소 뉴욕 지부에 지원 부탁."

대학 당국은 즉시 해군연구소 뉴욕 지부에 다음과 같은 서신을 보냈다. "이 프로젝트는 워싱턴 해군연구소의 병참 본부가 현재의 국가 비상시 대단히 중대한 기여를 하는 프로젝트라고 인정하고 있는 것입니다. 내쉬 박사는 이 프로젝트의 핵심 멤버이며, 이 분야에서 훈련을 받은 우리 나라의 몇 안 되는 인재 가운데 한 명입니다." 해군연구소 뉴욕 지부는 1950년 9월 28일자로 블루필드 징병 위원회에 서신을 보냈다. 내쉬가 "핵심 연구 요원"이고, "이 프로젝트는 해군 연구에 필수적인 것이며, 국가 안보에도 도움이 된다"는 취지의 서신이었다.

랜드도 내쉬를 보호했다. 랜드의 보안과장이었던 리처드 베스트는 내쉬와 멜빈 페이사코프를 징집으로부터 "구제"하기 위해 편지를 쓴 적이 있다고 회상했다(그러나 페이사코프가 회상한 것은 베스트와 다르다. 그는 입대하고 싶었는데 랜드의 상사들이 만류했다는 것이다). 베스트는 이렇게 회상했다. "우리에게는 예비역도 많았고 젊은이도 아주 많았습니다. 1948년 당시, 평균 연령이 28.35세였지요. 병역 사안은 인사과에서 처리해야 하는데 제 구실을 못 하더군요. 그래서 내가 대신 내쉬를 위해 징병 위원회에 편지를 보냈습니다."

내쉬의 로비 작전은 주효했다. 그러나 바란 대로 징병 연기가 곧바로 허가된 것은 아니었다. 1950년 10월 6일, 대학 당국은 내쉬에게 "내년 6월 30일까지는 안전한 것 같다"고 통보했다. 분명 징병 위원회는 그저 1951년 6월 말까지만 현역 복무 지명을 연기했던 것이다. 대학 당국은 내쉬에게 이렇게 충고했다. "내년 봄까지는 더 이상의 어떠한 조치도 취하지 말기 바랍니다. 그때 가서 우리가 다시 연기 신청을 하면 됩니다. 만약 기각되면 이의 제기를 하면 됩니다." 아무튼 당분간 내쉬는 군대 문제로 계획이 무산되는 일은 없게 되었다. 더욱 중요한 것은, 개인적인 자유를 보장받음으로써 내쉬가 온전히 자신의 퍼스낼리티를 지킬 수 있었다는 사실이다. 그렇지 못했다면, 더 이상 능력을 발휘할 수 없게 되는 비극이 훨씬 앞당겨 찾아왔을 것이다.

15 아름다운 정리

프린스턴, 1950~1951

돌아보면 참 묘한 일이지만, 장차 내쉬에게 노벨상까지 안겨줄 박사논문이 당시에는 그리 높은 평가를 받지 못했다. 당연히 내쉬는 일류 수학과의 교수직 제의를 받지 못했다. 게임 이론은 당시 수학계 엘리트들의 관심을 끌지 못했고 제대로 평가를 받지도 못했다—이름 높은 폰 노이만이 개발한 것인데도 그랬다. 사실, 내쉬의 카네기와 프린스턴 스승들은 그에게 약간 실망하고 있었다. 브로우어와 가우스의 정리를 재증명한 젊은 천재답게 위상수학 같은 추상 분야의 심오한 문제를 다뤄줄 것을 기대했기 때문이다. 내쉬의 가장 큰 후원자였던 터커 교수조차도 내쉬가 "순수 수학 분야에서 버티기"는 하겠지만, 그 분야가 "그의 진짜 본령"은 아니라고 단정지었다.

징병 위험을 성공적으로 비켜 지나간 내쉬는 이제 순수 수학자로서 인정받을 수 있는 논문 작성에 들어갔다. 다양체 *manifold*라고 불리는 기하학적 대상에 관한 문제는 당시 수학자들의 큰 관심을 끌고 있었다. 다양체는 세상을 바라보는 새로운 방법이었다. 워낙 새로운 탓에 유명 수학자들도 더러는 그것을 제대로 정의조차 하지 못했다. 해석학의 선두주자였고 뛰어난 교수였던 살로몬 보흐너는 프린스턴 대학원 강의에서, 다양체를 정의하기 시작하다가 수렁에 빠지곤 했다. 그는 정의 내리길 포기하고 한 차례 분통을 터트리고는, "이만하면 자네들 모두 다양체가 어떤 건지 알았을 거야"하고는 다른 얘기로 넘어가버렸다.

 1차원에서는 다양체를 직선이라 할 수 있다. 2차원에서는 평면이라고 할 수 있다. 혹은 입방체나 풍선이나 도넛 등의 표면이라고 할 수 있다. 그러한 물체 위의, 관찰이 유리한 어느 한 점에서 바라볼 때, 가까운 주변부가 완전히 규칙적이고 정상적인 유클리드 공간처럼 보인다는 것이 다양체의 특징이다. 여러분이 하나의 점으로 축소되어 도넛의 표면 위에 앉아 주위를 둘러본다고 생각해 보라. 여러분은 평면 원반 위에 앉아 있는 것처럼 느낄 것이다. 1차원으로 내려가서 곡선 위에 앉아 있다면, 주변의 선이 직선으로 보일 것이다. 여러분이 3차원 다양체 위에 앉아 있다면, 좀 난해하긴 하지만, 여러분의 주변 공간은 공의 내부처럼 보일 것이다. 바꿔 말하면, 물체가 아주 멀리서 나타나는 방식과 여러분의 근시안적인 눈에 나타나는 방식에는 현격한 차이가 있을 수 있다.

 1950년 무렵, 위상수학자들은 눈에 보이는 모든 대상을 위상수학적으로 재정의해가며 다양체 연구에 대성공을 거두고 있었다. 2차원의 대상은 위상수학적으로 모두 정의가 되었지만, 말 그대로 없는 게 없을 정도인 3차원과 4차원 대상은 오늘날에도 전혀 정확히 묘사되지 못했다고 할 정도로, 다양체는 종류가 너무나 다양하고 그 수가 거의 무한하다. 다양체는 물리학 문제에서 아주 폭넓게 나타나는데, 특히 우주론의 다양체 문제는 다루기가 여간 까다롭지 않다. 푸앵카레가 참석한 1885년의 수학 경시대회에서 스웨덴과 노르웨이의 국왕 오스카 2세는 난해한 것으로 악명 높은 3체문제 *three-body problem*를 출제했다. 다양체가 특히 부각되는 이 문제를 풀기 위해서는 해와 달과 지구처럼 3천체의 궤도를 예측하는 것이 필요하다.

내쉬가 다양체 문제에 매료된 것은 카네기에서였다. 그러나 그의 아이디어가 분명한 모습을 띠게 된 것은, 프린스턴에 와서 스틴로드와 정기적인 대화를 나누면서부터인 것 같다. 내쉬의 노벨상 수상 약전을 보면, 다자간 게임의 균형 연구 결과를 얻었던 1949년 가을에 그는 또 "다양체 *manifolds*와 실 대수 다양체 *real algebraic varieties*에 관한 멋진 발견"을 했다. 내쉬가 다자간 게임의 균형 아이디어를 들고 폰 노이만을 찾아갔다가 박대만 당한 후, 박사논문감으로 고려했던 것이 바로 이 다양체 문제였다.

그러한 발견은, 내쉬가 공들여 실제 증명을 하기 오래 전에 이루어진 것이었다. 그는 한 문제를 붙들고 거듭해서 숙고하곤 했는데, 그러다 어느 순간 섬광처럼 떠오른 통찰이나 직관을 통해 구하던 답을 얻곤 했다. 그에겐 항상 통찰이 앞섰다. 때로는 먼저 통찰을 한 후, 갖은 노력을 다해 일련의 논리적 단계를 거친 후 결론을 도출해 낼 수 있기까지 몇 년이 걸리기도 했다―협상 문제의 경우에도 그랬다. 다른 위대한 수학자들―리만이나 푸앵카레, 위너 같은 사람들―도 그런 식으로 연구를 했다. 수학자 마틴 데이비스는 내쉬의 정신이 작용하는 방식을 이렇게 설명했다. "그는 여러 재능 가운데서도 기하학적, 시각적 통찰력이 가장 돋보이는 부류의 수학자이다. 그는 수학적 상황을 정신에 비친 하나의 그림으로 보곤 했다. 수학자가 제시하는 모든 해답은 엄격한 증명을 통해 정당화되어야 한다. 그러나 내쉬에게는 해답이 증명을 통해 모습을 드러낸 것이 아니었다. 해답이 먼저 직관의 실다발로 모습을 드러냈고, 그것을 나중에 잘 엮어내기만 하면 되었다. 그리고 초기의 해답 일부는 시각적으로 모습을 드러냈다."

스틴로드의 독려를 받은 내쉬는 1950년 9월 케임브리지에서 열린 국제수학자회의에서 자신의 정리에 대해 간단한 발표를 했다. 그러나 발간된 초록집을 살펴보면, 내쉬가 아직도 일부 필수적인 증명을 다 해내지 못했음을 알 수 있다. 내쉬는 그것을 프린스턴에서 완성할 생각이었다. 불운하게도 그때 스틴로드는 프랑스로 휴가를 떠나버렸다. 레프셰츠는 2월의 연례 교수 채용이 있기 전에 논문을 완성하라고 압력을 가하며, 도널드 스펜서를 찾아가 지도를 받으라고 독촉했다—스탠퍼드에서 온 방문교수였던 스펜서는 내쉬의 종합시험 출제를 맡기도 했다.

도널드 스펜서는 방문교수인 탓에, 아틴의 커다란 사무실과 똑같이 커다란 윌리엄 펠러 *William Feller*의 사무실 사이에 끼어 있는 작은 사무실을 쓰고 있었다. 레프셰츠가 교무처장에게 써낸 추천서대로 스펜서는 "아마도 당대 미국에서 가장 매력적인 수학자"였을 뿐만 아니라, "미국 태생의 수학자 가운데 더없이 다재 다능한 사람 가운데 하나"였다. 콜로라도에서 의사의 아들로 태어난 스펜서는 하버드 입학 허가를 받았다. 거기서 그는 의학을 전공할 생각이었다. 그러나 마음을 바꿔 MIT에서 이론 기체역학을 전공한 다음, 영국 케임브리지 대학에 가서 하디의 공동연구자로 유명한 리틀우드 *J. E. Littlewood*의 제자가 되었다. 스펜서는 복소해석학 *complex* *analysis* 분야의 뛰어난 논문을 써냈다—그 분야는 공학 분야에 폭넓게 적용되는 순수 수학의 한 갈래이다. 그는 많은 학자들이 공동 연구자로 삼고 싶어하는 수학자였다—필즈 메달을 받은 일본인 수학자 고다이라 구니히코 *Kunihiko Kodaira*와 함께 한 공동 연구가 가장 유명하다. 스펜서는 보셔상 *Bôcher Prize*을 수상했다. 그는 주로 이론 분야에서 연구를 했지만, 유체역학과 같은 응용 분야에도 관심을 갖고 있었다.

활기 넘치고 수다스러운 스펜서는 "때로 앞뒤 가리지 않는 에너지로 남을 겁주는" 인물이었다. 난해한 문제에 대한 욕심은 한이 없었고, 집중력은 대단했다. 주량도 대단해서 마티니를 "큰 대접"으로 다섯 잔이나 마셨고, 그렇게 마신 다음에도 수학을 논할 수 있었다. 그렇게 원기 왕성한 기질을 타고났는데도 내성적이고 우울한 경향이 심했던 그는, 추상적인 문제를 좋아하는 것 못지않게 곤경에 빠진 동료들에 대한 동정심도 지극했다.

그러나 그는 바보들을 즐겨 괴롭혔다. 내쉬의 논문 초고를 본 스펜서는 과연 내쉬가 스스로 정한 과제를 끝까지 잘해낼 수 있을 거라고는 전혀 확신하지 못했다. "내쉬가 뭘 하려고 하는지 잘 모르겠더군요. 어쨌거나 그가 뭘 해낼 거라는 생각도 들지 않았습니다." 그러나 몇 달 동안, 내쉬는 일주일에 한두 번씩은 꼭 스펜서의 사무실에 나타났다. 그때마다 한두 시간씩 자신의 논문 계획을 스펜서에게 강의하곤 했다. 칠판 앞에 서서 방정식을 써가면서 자신의 논점을 설명했던 것이다. 스펜서는 가만히 앉아서 듣다가, 논증의 허점을 찔렀다.

스펜서가 처음 느꼈던 회의는 서서히 존경으로 바뀌었다. 그가 아무리 화를 돋우는 지적을 하고 아무리 야단스럽게 이의 제기를 해도, 전문가답게 태연히 받아넘기는 내쉬에게 그는 깊은 인상을 받았다. 그는 이렇게 회상했다. "내쉬는 자기 방어에 급급하지 않았습니다. 그는 자신의 연구에 몰입해 있었고, 내 질문에 사려 깊게 답변했습니다." 스펜서는 또 내쉬가 칭얼거리지 않는 점이 좋았다. 내쉬는 신변 잡담을 하지 않았다. "평가받지 못하고 있다고 생각하는 다른 학생들과 달리, 내쉬는 어떤 불평도 하지 않았다"고 스펜서는 회상했다. 게다가 내쉬의 설명에 귀를 기울일수록 스펜서는 그 주제에 대한 내쉬의 완벽한 독창성에 혀를 내두르게 되었다. "그건 누가 정해준 주제가 결코 아니었습니다. 남이 주제를 정해준다는 것 자체가 불가능합니다. 그는 더없이 독창적이었어요. 그의 주제는 남들이 생각해낼 수도 없는 것이었습니다."

  수학에 있어서 많은 획기적 진전은, 감당하기 힘든 대상들과 이미 친근해진 대상들 사이의 뜻밖의 관계를 통찰함으로써 이루어진다.
  내쉬는 아주 광범위한 범주의 다양체를 염두에 두고 있었다. 콤팩트 다양체 *compact manifolds*(이미 경계가 지어져서, 평면과 달리 무한히 뻗어나갈 수 없는, 구체球體처럼 닫힌 다양체)와 매끄러운 다양체 *smooth manifolds*(입방체처럼 모서리나 날카로운 굴곡을 갖지 않는 다양체)를 포함하는 모든 다양체를 내쉬는 궁리했다. 그의 "멋진 발견"은 근본적으로, 이런 대상들이 겉보기와는 달리 비교적 쉽게 다룰 수 있다는 것이었다. 왜냐하면 이런 것들이 실 대수 다양체라고 불리는 좀더 단순한 대상들과 사실상 밀접한 관계를 맺고 있기 때문이다.
  대수 다양체 *algebraic varieties*는 다양체 *manifolds*와 마찬가지로 기하학적 대상이다. 그러나 대수 다양체는 하나 혹은 그 이상의 대수 방정식으로 기술되는 점들의 궤적 *locus of points*으로 정의되는 대상이다. 따라서 $x^2 + y^2 = 1$은 평면 위의 원을 나타내는 반면, $xy = 1$은 쌍곡선을 나타낸다. 내쉬의 정리는 다음과 같다. k차원의 매끄러운 콤팩트 다양체 M이 있다고 할 때, R^{2k+1}에는 실 대수 다양체 V와 V의 연결된 성분 *connected component* W가 존재하여, 이 W는 M과 미분동상 *diffeomorphic*인 매끄러운 다양체가 된다. 쉽게 말하면, 그 어떤 다양체에서도 대수 다양체를 발견할 수 있으며, 그 대수 다양체의 한 부분은 필수적으로 원래의 대상과 일치한다고 내쉬는 주장한 것이다. 그런 다양체를 발견하기 위해서는 더 높은 차원에서 바라보아야 한다고 내쉬는 주장했다.

내쉬의 연구 결과는 아주 놀라운 것이었다. 1996년에 내쉬를 국립과학 아카데미의 회원으로 지명하자고 주장한 수학자들은 이렇게 썼다. "과거에는 매끄러운 다양체가 다양체 *varieties*보다 훨씬 더 일반적인 대상이라고 가정되어 왔다." 오늘날에도 내쉬의 연구 결과는, 다채로운 적용성을 접어두더라도 "아름다운" 혹은 "놀라운" 것이라는 인상을 수학자들에게 준다. MIT의 수학과 교수 마이클 아틴 *Michael Artin*은 "그런 정리를 생각해냈다는 것만으로도 주목받을 만하다"고 말했다. 하버드 수학과 교수 배리 마주르 *Barry Mazur*와 아틴은 1965년 논문에서 내쉬의 연구 결과를 이용해 역학 시스템의 주기점 *periodic point*을 계산했다.

생물학자들은 아주 사소한 차이만을 지닌 수많은 변종을 발견해 냄으로써 진화의 연속적 패턴을 추적한다. 마찬가지로 수학자들도 간단한 위상수학적 공간과 대수 다양체처럼 복잡한 구조 사이를 연속적으로 공백을 채워 나가고자 한다. 이 거대한 사슬에서 잃어버린 고리를 발견하는 것은—내쉬가 그랬듯이—문제 해결을 위한 새로운 탄탄대로를 개통하는 것이다. 배리 마주르는 최근에 이렇게 말했다. "위상수학의 어떤 문제를 풀고자 한다면, 마이크와 내가 그랬듯이, 사닥다리를 한 단 더 올라가서 대수기하학의 테크닉을 사용할 수 있어야 한다."

스틴로드와 스펜서, 그리고 나중에 아틴과 마주르 세대의 수학자들을 감동시킨 것은 내쉬의 대담성이었다. 첫째, 모든 다양체가 다항 방정식 *polynomial equation*으로 기술될 수 있다는 생각은 참으로 영웅서사시 같은 구상이다. 그런 생각이 옳다면, 수없이 다양한 다양체 전부를 상대적으로 아주 단순하게 묘사하는 것이 가능해질 것이기 때문이다—그런 가능성은 상상하기도 어려운 것이었다. 둘째, 그런 거대한 문제를 풀 수 있다고 믿는 것 자체가 오만할 정도로 대담하지 않으면 불가능한 것이다. 내쉬가 찾고자 한 답은 "너무 강한" 것이어서 결코 있음직 하지 않고 결코 입증할 수도 없는 것으로 보였다. 내쉬 이전의 수학자들은 몇몇 다양체와 대수 다양체 사이의 관계를 파악하긴 했지만, 그 상응 관계를 아주 특수하고 이례적인 것으로 협소하게 해석했다.

그해 초겨울 무렵, 스펜서와 내쉬는 그 답이 견고하다는 것을 확신했다. 기나긴 증명의 다채로운 부분들도 모두 정확했다. 내쉬가 최종 논문 원고를 〈수학 연보〉에 넘긴 것은 1951년 10월이었지만, 그 전 2월에 스틴로드는 이미 결과를 자신하며 이렇게 말했다. "논문은 거의 완성되었으며, 나는 상담교수로서 그 내용을 잘 알고 있다." 스펜서는 오랫동안 내쉬와 만나면서도 게임 이론에 대해서는 단 한마디도 물어보지 않았다. 게임 이론이 너무 지겹다고 생각했기 때문이다.

대수 다양체에 관한 내쉬의 논문은 그의 최고의 논문은 아니었지만, 진정으로 만족감을 준 유일한 논문이었다. 이 논문을 내놓음으로써 내쉬는 일류급의 순수 수학자라는 명성을 얻을 수 있었다. 그러나 이 논문에도 불구하고 그해 겨울의 충격을 피할 수는 없었다.

내쉬는 프린스턴의 수학과 교수가 되고 싶었다. 수학과의 방침은 모교 졸업생을 채용하지 않는다는 것이었지만, 탁월한 인재인 경우에는 사실상 예외를 인정했다. 레프셰츠와 터커는 채용될 가능성이 있다는 언질을 주었다. 터커 교수 이외의 프린스턴 수학과 교수들은 내쉬의 논문 주제를 이해하지도 못했고 관심도 없었다. 다만 그의 박사논문이 경제학자들 사이에서는 높은 평가를 받았다는 것 정도만 알고 있었다.

1월에 터커와 레프셰츠는 내쉬를 조교수로 임명하자고 정식으로 제안했다. 보호너와 스틴로드는 그 제안에 동의했다―스틴로드는 토론회 석상에 나오지 않았다. 그러나 그 제안은 기각될 수밖에 없는 운명이었다. 프린스턴 수학과처럼 규모가 작은 학과에서는 만장일치로 교수 임명이 결정되었는데, 에밀 아틴을 포함한 최소 3명의 교수가 강력히 반대했던 것이다. 아틴은 무조건 내쉬와 같이 지내고 싶지 않다는 입장이었다―내쉬가 공격적이고, 무례하고, 거만해 보였기 때문이다. 아틴은 또 내쉬가 잘 가르치지도 못하고 학생들과 어울리지도 못한다고 힐난했다―아틴은 내쉬가 학부 우등생을 대상으로 한 학기 동안 가르친 미적분 시간을 감독했다.

결국 내쉬는 임용되지 못했다. 그것은 쓰라린 일이었다. 내쉬는 실력 때문이 아니라 성격 때문에 탈락했다는 것을 몰랐을 리가 없다. 그를 내친 교수들이 학부 3년생에 불과한 존 밀너를 훗날 프린스턴의 교수로 임명하고 싶어한다는 것을 알고 있었으니 그의 충격은 더욱 클 수밖에 없었다. (실제로 밀너는 그후 프린스턴의 교수가 되었다.)

취업 시장은 대공황 때처럼 참담하지는 않았지만 그리 좋다고도 할 수 없었다. 한국전쟁 때문에 대학생 등록수가 줄고 있었기 때문이다. 프린스턴에서 거절당한 내쉬는 이제 유수한 대학의 임시 강사 자리를 얻기만 해도 다행이라는 것을 알았다.

MIT와 시카고 대학이 내쉬를 강사로 채용하겠다는 의사를 밝혔다. MIT 수학과 학과장으로 새로 취임한 윌리엄 테드 마틴 *William Ted Martin*을 잘 알고 있던 보흐너는, 내쉬에게 강사 자리를 주라고 마틴을 독려했다. 그러면서 내쉬의 까다로운 성격에 대한 소문은 무시하라고 충고했다. 한편 터커는 시카고 대학을 섭외하고 있었다. MIT가 내쉬에게 무어 *C. L. E. Moore* 강사직을 제안하자, 케임브리지에서 살고 싶었던 내쉬는 그 제안을 받아들였다.

16 MIT

존 내쉬, 1950년대 초, 매사추세츠 주 케임브리지

    1951년 6월 말, 내쉬는 보스턴의 찰스 강변에 자리잡은 싸구려 셋방에서 살고 있었다. 매일 아침 그는 찰스 강의 흙탕물 위를 가로지르는 하버드 다리를 건너, MIT가 있는 동부 케임브리지까지 걸어갔다. MIT의 캠퍼스는 현대적이고 활동적이며 실용적이었는데, 찰스 강과 공장지대 사이에 위치해 있어서 대학 안으로 들어서기 전부터 온갖 공장 냄새가 났다. 네코 캔디 공장과 P&G 세제 공장의 초콜릿과 비누가 뒤섞인 냄새도 멀리서 풍겨왔다. 오른쪽 메모리얼 드라이브로 접어들면 우뚝 솟은 2호 건물이 마주 보였다. 볼품없는 그 시멘트 건물에는 갈색이 칠해져 있었고, 오른쪽 바로 옆에는 도서관이 신축중이었다. 그의 사무실은 3층 계단통 옆에 있었다. 여러 강사들이 함께 쓰는 그 사무실은 폭이 좁고 천장이 높았다. 창 밖으로는 찰스 강과 보스턴의 낮은 스카이라인이 내다보였다.

스푸트니크 인공위성은 아직 발사되지 않았고, 베트남전쟁도 일어나지 않은 1951년에, MIT는 딱히 지적으로 떨어진다고는 할 수 없었지만 오늘날에 비하면 전혀 보잘것없었다. 링컨 실험실은 전시 연구로 유명했지만, 실험실의 젊은이들은 아직 무명이어서 그들이 학계의 대스타로 등장하려면 더 세월이 흘러야 했다. 이후 이름을 떨치게 되는 유명 학과인 경제학과 언어학, 컴퓨터 과학, 수학 등의 4대 학과도 당시에는 두각을 나타내지 못했다—걸음마 단계였다고 할 수 있다. 사실상 그리고 성격상, MIT는 좋은 공과대학이었을 뿐, 연구에서 앞서가는 훌륭한 대학은 아니었다.

프린스턴의 열탕 같은 분위기와 대조되는 대학치고 MIT만한 곳도 없었다. MIT의 대규모 시설과 현대적인 외관은 중서부의 거대 주립대학 같은 분위기를 풍겼다. 산업체와 군 당국의 대학 내 위상이 너무나 커서, 사복을 입은 무장 경비원들이 구내에 흩어져 있는 대여섯 군데의 "기밀" 시설을 지키며 보안 인가증이나 신분증이 없는 사람들의 출입을 막았다. MIT의 2천여 학부생들은 ROTC와 군사학 과정을 반드시 이수해야 했다. 수학과와 경제학과는 공학도의 요구를 채워주기 위해 존재했다고 할 수 있다—폴 새뮤얼슨은 공학도를 "버르장머리없는 짐승"이라고 지칭했다. 공학 이외의 학과는 모두가 "서비스 학과"로 간주되었는데, 공학도들이 차를 몰기 위해 필요한 기름—기초 수학, 물리학, 화학 등—을 기름탱크에 채워 넣기 위해 잠시 거치는 주유소쯤으로 여겼던 것이다. 경제학과는 제2차 세계대전 발발 전까지 대학원 과정이 없었고, 물리학과에는 노벨상 수상 교수가 없었다. 강의 부담도 커서, 원로 교수조차도 1주에 16시간을 가르쳐야 했다. 게다가 미적분, 통계학, 선형 대수 등 입문과정 강좌가 큰 비중을 차지하고 있었다. 교수들은 하버드와 예일, 프린스턴에 비해 더 젊은 만큼 지명도나 신뢰도가 더 떨어졌다.

"이점도 있었다." 새뮤얼슨이 말했다. "교수들 다수가 박사학위를 받지 않은 사람이어서 나도 공식 학위 없이 교수가 되었습니다. 솔로 *Robert Solow*도 학위를 받기 전에 이곳에 왔는데, 우리는 아주 좋은 대우를 받았습니다. 실력을 중시했으니까요. 어디나 다 그런 것 아니냐고 사람들은 묻곤 했는데, 강북 쪽은 그렇지 않다고 우리는 대답했지요. 뭐랄까, 우리는 명문이 아닌 탓에, 더욱 노력했다고 할 수 있습니다."

사회적으로, MIT를 지배한 것은 상류사회 지식인 보수파가 아니라, 중산층 공화당원과 엔지니어들이었다. 당시 25세였던 새뮤얼슨은 이렇게 말했다. "교수 구성원들은 교양 있는 브라만 계급이랄 수 없었습니다. 내가 여기 왔을 때[1940년에], 85퍼센트는 공학이고 과학은 15퍼센트에 지나지 않았습니다."

또 MIT는 하버드나 프린스턴에 비해 배타적이지 않았다. 수학과 교수와 학생의 약 40퍼센트가 유태인이었다. 뉴욕 시 공립학교에 다닌 수재들은 프린스턴 대학에 진학하기가 어려워 MIT로 왔다. 1950년에 MIT에 입학한 조셉 콘 *Joseph Kohn*은 이렇게 회상했다. "유태인은 프린스턴에 입학하는 것이 불가능했습니다. 그러나 브루클린 공업고등학교에서는 한 학생이라도 MIT에 입학하면 경사가 났습니다."

내쉬는 프린스턴에서 거부당해 상심하긴 했지만, 군계일학이라는 생각을 견장처럼 달고 2호 건물에 도착했다. 그러나 MIT는 이미 변화하고 있었다. 내쉬 같은 젊은 연구자를 수학과 강사로 영입했다는 것도 변화의 징표였다.

MIT는 갑자기 돈이 생겼다. 폭발적으로 증가한 학생들을 가르치기 위한 돈만이 아니라, 연구 기금도 들어왔다. 스푸트니크 이후나 오늘날의 기준으로 보면 보잘것없었지만, 전쟁 전에 비하면 막대한 액수였다. 과학 지원 열기가 처음에는 제2차 세계대전에서 비롯했지만, 이제는 냉전으로 인해 더욱 뜨거워졌다. 연구 지원 기금은 육해공군뿐만 아니라 원자력 위원회와 CIA에서도 흘러나왔다. MIT만 혜택을 받은 것은 아니었다. 중서부 북부의 주립대학은 물론 스탠퍼드 대학도 이 시기에 크게 성장할 수 있었다. 인재들도 많아서, 물리학과는 다수의 로스앨러모스 인재들을 유치했다. 전기공학과는 1세대 컴퓨터 과학자들을 끌어들였다. 이들 중에는 신경생물학자, 응용수학자, 제롬 레트빈 *Jerome Lettvin*과 월터 피츠 *Walter Pitts*같은 몽상가도 끼여 있었다―레트빈과 피츠는 컴퓨터가 인간 두뇌의 구조와 기능을 연구하는 모델이 될 수 있다고 본 사람들이다. "대학은 대대적인 성장 환경을 갖추었습니다. 특히 과학이 성장 분야였지요." 새뮤얼슨이 말했다. 공학과 과학의 비율이 85 대 15였던 것이 전쟁 후 50 대 50으로 바뀌었다고 그는 덧붙였다. "그렇게 된 것은 재력이 현저히 증가했기 때문이지요. 전후 모든 대학사회가 그랬습니다."

수학과도 중요 학과로 부상하고 있었다―물론 모두가 그런 변화를 감지한 것은 아니었다. MIT 수학과에서 유명한 사람으로는 노버트 위너가 있었다(그는 하버드의 반유태주의 때문에 MIT로 왔다). 그 밖의 위상수학자 조지 화이트헤드 *George Whitehead*, 해석학자 노먼 레빈슨 *Norman Levinson* 같은 일급의 젊은 학자가 두어 명 있었다. 수학 교수들은 대체로 훌륭한 학자라기보다는 유능한 교사여서, 수학과는 "두어 명의 거인과 다수의 보통 사람"으로 구성되어 있었다.

MIT 수학과를 탈바꿈시킨 사람은 1947년에 수학과 학과장으로 임용된 윌리엄 테드 마틴이었다. 그를 아는 사람은 모두가 그를 테드라고 친근하게 불렀다. 아칸소 시골 의사의 아들인 그는 키가 크고, 여위고, 금발머리에 푸른 눈동자를 지니고 있었다. 그는 또 활달한 기질에 말이 많고 잘 웃었다. 스미스 칼리지 총장의 손녀와 결혼한 마틴은 야망에 불타고 있었다. 천부적으로 너그러운 사람이어서, 나중에 내쉬가 정신병으로 고통받을 때 끝까지 내쉬를 지켜준 사람이기도 한데, 마틴 자신도 곧 시련을 당하게 되었다. 매카시의 마녀 사냥 열풍이 절정에 달했을 때, 마틴이 1930년대 후반부터 1940년대 초반까지 지하 공산당원이었다는 비밀이 폭로되었던 것이다. 그러자 MIT 수학과를 키우겠다는 그의 야심은 물론 교수직까지 위협받게 되었다. 그러나 1951년이 되자 과거사는 불문에 부쳐졌다. "점화전點火栓 과장" 마틴은 일을 점화하는 데 타고난 재능이 있어서, MIT 본부와 해군, 공군 등으로부터 많은 자금을 끌어와, 이를 이용해 놀랍도록 훌륭한 결과를 빚어냈다.

마틴이 천재적인 솜씨를 발휘한 것 한 가지는, 수학과를 격상하는 가장 빠르고 가장 값싼 방법을 알아낸 것이었다. 그는 소수의 거물을 영입하기보다, 젊은 준재들을 데려와 한두 해 동안 최대한의 우대를 해주었다. 하버드의 벤자민 피어스 연구원 *Benjamin Pierce*

Fellows 제도를 들여온 그는 무어 강사직을 신설했다—1920년대에 MIT의 수학과를 빛낸 수학자 무어를 기린다는 뜻도 있었다. 무어 강사들에게는 정교수로 발령받는 것이 보장되지 않았다. 마틴의 아이디어는, 준재 강사들을 계속적으로 영입해서 촉매로 작용시킴으로써, MIT의 단조로운 분위기에 불을 붙여 더 좋은 학생들을 끌어들인다는 것이었다. 당시 최고의 학생들은 모두 아이비 리그(북동부의 명문대)나 시카고 대학으로 자동 진학하고 있었기 때문이다.

마틴은 무어 강사들과 오랫동안 같이 지낼 필요가 없다고 생각했기 때문에 강사의 성격이 괴팍한 것쯤은 아랑곳하지 않았다. "'다른 일은 걱정하지 말게!' 하며 보흐너는 내쉬가 임용할 가치가 있는 사람이라고 말했다"고 마틴은 회상했다. 그는 걱정하지 않았다. 그는 내쉬를 "재기 발랄하고 창조적인 젊은이"로 평가했을 뿐만 아니라, 수학과를 훌륭하게 키우고자 하는 그의 뜻에 맞는 동지로 평가했다. 그는 내쉬의 지적 정직성을 특히 신뢰했다. "내쉬가 누군가를 [강사 후보로] 언급하면, 그 사람이 그의 친구인지 연줄인지 따져볼 필요가 없었습니다. 누가 최고라고 내쉬가 말하면, 다른 사람의 의견은 더 들어볼 필요가 없었지요."

내쉬가 볼 때 MIT에서 가장 매력적인 인물은 노버트 위너였다. 어느 면에서 미국산 폰 노이만이라고 할 수 있는 위너는 독창성이 뛰어난 박식가였다. 그는 제2차 세계대전 발발 전에 순수 수학에 커다란 기여를 했고, 이후 응용 수학 분야에도 도전해 역시 큰 업적을 남겼다. 폰 노이만처럼 위너도 일반인에게는 후기의 업적이 더 잘 알려져 있다. 특히 그는 인공지능의 시조로 알려졌는데, 그는 인공지능 커뮤니케이션과 제어 문제에 수학과 공학을 적용했다.

위너는 괴짜로도 유명했다. 외모만 보아도 특이했다. 그의 수염은 "고대 선원의 수염" 같았다—1964년 위너가 사망한 후 새뮤얼슨이 한 말이다. 위너는 두툼한 시가를 늘 뻐끔거렸다. 오리처럼 뒤뚱거리는 모습은 넋 나간 근시 교수처럼 우스꽝스러웠다. 그는 두 권의 책에서 아버지 레오 위너에게 직접 교육받은 특이한 성장과정을 기술하고 있다. 〈나는 천재다 I Am a Genius〉와 〈나는 수학자다 I Am a Mathematician〉가 그것인데, 전자는 1950년대 초에 베스트셀러가 되었다. 많은 정리를 발표한 위너는 많은 일화도 만들어냈다. 그는 자기가 무엇을 하고 있었는지 잊어버리기 일쑤였다. 예를 들면 이렇게 묻곤 했다. "우리가 만났을 때 내가 가던 방향이 교수식당 쪽이었나요, 그 반대였나요? 후자라면 내가 점심을 먹었다는 얘긴데." 그는 또 안절부절못하는 것으로도 유명했다. 아는 사람이 손에 책을 들고 지나가는 것을 보면, 두 번 가운데 한 번은 초조해하며 묻곤 했다—그 책에 자기 이름이 나오느냐고. 그의 친구들과 추종자들은 그런 성격을 강박적이고 위압적인 아버지 탓으로 돌렸다. 그의 아버지는 한때 빗자루로도 수학자를 만들 수 있다고 큰소리치던 인물이었다. 버코프가 학과장으로 있던 하버드 수학과의 반유태주의도 위너의 불안감을 부채질했다고 할 수 있다. 위너가 사망한 후 추도사에서 새뮤얼슨이 말했듯이, "하버드에서 추방당한 것은 위너에게 지워지지 않는 정신적 상처를 남겼다. 그의 아버지가 하버드 교수였다는 사실도 도움이 되지 않았다.…혹은 그의 어머니가 그의 좌천을 인생의 잔혹한 영락이라고 여긴 것도 그랬다."

위너의 MIT 동료들은 그가 심각한 우울증이 수반되는 조증의 흥분 상태로 고통을 받았다는 것을 알고 있었다. 그 때문에 그는 끊임없이 사임 압력을 받았고, 가끔은 자살하겠다는 말도 했다. 노먼의 아내 지포라 레빈슨은 이렇게 말했다. "그가 흥분 상태에 빠지면, MIT를 휘젓고 돌아다니며 아무나 붙잡고 자신의 최신 정리를 들려주곤 했습니다. 그럴 때는 아무도 그를 말리지 못했어요." 때로 그는 레빈슨의 집에 찾아와 흐느끼며, 차라리 죽고 싶다고 말하곤 했다. 위너는 자기가 미쳐버릴까봐 늘 걱정했다—두 조카는 물론이고 동생 테오도 정신분열증을 앓고 있었다.

위너가 다른 사람들의 시련을 끔찍이 동정한 것도 그런 심리적 고민 탓인지 모른다. "그는 자기 중심적이고 어린애 같았지만, 남들이 무엇을 필요로 하는지 민감하게 알아차렸다"고 레빈슨 부인은 회상했다. 논문을 쓰려는 젊은 동료가 타자기 살 돈이 없다는 것을 알아차린 위너는, 휴대용 로열 타자기를 들고 예고도 없이 동료의 집에 나타난 적도 있었다.

1951년에 내쉬가 MIT에 도착하자, 위너는 그를 열렬히 감싸고돌며, 유체역학에 대한 내쉬의 관심을 더욱 고무시켰다—이 관심은 결국 내쉬의 가장 중요한 업적으로 이어졌다. 예를 들면, 1952년 11월에 내쉬는 위너에게 쪽지를 보내 한 세미나에 초대했는데, 그 세미나에서 그는 "통계 역학, 충돌 함수 등을 활용한 교류 *turbulence* 연구"를 발표했다. 그 쪽지의 추신에서, "드디어 일정 형태에서 평탄 효과 *smoothing effect*를 발견했다"고 언급한 것으로 보아, 내쉬는 자신의 연구 내용을 위너와 논의했음을 알 수 있다—다른 교수와는 논의하는 법이 없었다. 한때 추앙을 받다가 따돌림당하게 된 천재 위너를, 내쉬는 자기와 기질이 비슷한 동료 유배자로 여겼다. 내쉬는 연장자에 대한 경의의 표시로 위너의 극단적인 버릇 몇 가지를 흉내내기도 했다.

그러나 내쉬는 노먼 레빈슨과 훨씬 더 가까워지게 된다. 1급 수학자이자 인품도 훌륭한 레빈슨은 프린스턴의 스틴로드와 터커 못지않게 내쉬를 도와주었다. 상담교수 겸 아버지 구실을 해주었던 것이다. 당시 40대 초반이었던 레빈슨은 마틴보다 더 괴팍했지만 위너보다는 더 다가가기 쉬운 사람이었다. 중간 키에 강인하고 외모가 험상궂은 레빈슨은, 학생들에게 안색을 바꾸는 법이 없고 업적을 자랑하는 법도 없는 훌륭한 교사였다. 그는 우울증을 앓았고, 기분의 변동폭이 컸다. 오랫동안 들떠서 강렬한 창조적 활동을 한 뒤에는 몇 달, 때로는 몇 년씩 어떤 일에도 흥미를 느끼지 못하는 우울증에 빠졌다. 마틴처럼 한때 공산주의자였던 레빈슨은 매카시 시절에 이중고를 겪었다. 수학자로서 그의 경력이 위협받았을 뿐만 아니라, 10대였던 딸이 정신병에 걸렸던 것이다. 그런 부담감에도 불구하고 레빈슨은 당시 수학과에서 가장 존경받는 교수였고, 이후에도 계속 존경을 받았다. 사려 깊고 결단력이 있었으며, 주위 사람들에게 지적으로나 개인적으로 많은 도움을 준 탓에, 수학과에서는 아버지 같은 사람이자 현명한 연장자로 통했다. 사람들은 끊임없이 그에게 조언을 구했고, 연구에서 인사 발령 문제에 이르기까지의 모든 사안에 대해 그의 의견을 가장 존중했다.

그의 개인사는 열악한 환경을 극복한 인간 승리의 역사였다. 레빈슨은 제1차 세계대전 직전에 매사추세츠 주 린 *Lynn*에서 구두공장 직공의 아들로 태어났다. 주급 8달러를 받던 아버지의 교육 수준은 예시바 *yeshiva*(종교 교육과 보통 교육을 행한 유태교 초등학교 과정)에 몇 년 다닌 정도였다. 어머니는 문맹이었다. 레빈슨은 유년시절 비참할 정도로 가난해서 낙후된 직업학교밖에 다닐 수 없었지만, 누가 봐도 영리했다. 그는 자신의 재능을 알아본 위너의 도움으로

MIT에 입학했고, 이어 영국 케임브리지 대학으로 유학을 떠났다. 케임브리지에서 그는 하디의 수제자가 되어, 상미분 방정식에 관한 일련의 논문을 발표했다. "그는 무뚝뚝하고 촌스러웠다"고, 귀국 직후 레빈슨을 만난 그의 아내 지포라가 1995년에 회상했다. "그는 고집불통에다가 무식하기까지 해서 자기가 모든 것을 알 수는 없다는 사실도 몰랐어요. 그래도 외곬으로 파고들어 좋은 논문을 발표했죠. 문학에 대해서는 문외한이었지만요. 위너는 그의 다듬어지지 않은 면을 눈감아 주었어요."

당시 촉망받은 다수의 젊은 유태계 수학자들과 마찬가지로, 레빈슨은 귀국한 후 교수 자리를 얻기가 어려웠다. 1937년에 그에게 MIT의 교수 자리를 구해준 것은, 그해에 하버드를 방문한 그의 스승 하디였다. 처음에 위너는 MIT 교무처장인 배너바 부시 *Vannevar Bush*에게 레빈슨을 조교수로 임명하자고 추천했지만 기각되었다. 그러자 하디가 위너와 함께 부시를 찾아가 항의했다―독일 수학회의 가장 유명한 회원이었던 하디는 나치의 반유태주의를 공개적으로 비난한 인물이었다. 그는 이렇게 말했다. "부시 선생, 당신이 운영하는 것이 공과대학입니까 신학대학입니까?" 부시가 당황하자 하디가 덧붙여 말했다. "후자가 아니라면, 레빈슨을 임용하시오."

내쉬는 레빈슨의 강인한 인품에 끌렸다. 서로 닮은 점이 있다는 것에도 끌렸다. 레빈슨도 새롭고 어려운 문제에 기꺼이 도전하는 흔치 않은 자질을 지니고 있었다. 레빈슨은 편미분 방정식 *partial differential equations* 이론의 초기 개척자였고, 보셔상을 수상했으며, 입자의 산란을 설명하는 양자이론 분야의 중요 정리를 내놓기도 했다. 특히 주목할 만한 것은, 그가 60대 초반에 뇌종양으로 고통을 받으면서도 리만 가설의 일부를 해결했다는 것이다. 그는 결국 뇌종양으로 세상을 떴는데, 말년의 성과는 그의 생애에서 가장 중요한 업적으로 기록되었다. 레빈슨은 여러 면에서 내쉬에게 귀감이 되는 인물이었다.

시대의 반역아들 17

사람들은 그가 악동 *bad boy*이지만, 대단한 아이라고 생각했다.
— 도널드 뉴먼, 1995

위대한 사람은… 여느 사람보다 더 차갑고, 더 거칠고, 주저하는 일이 더 적고, "남들 생각"에 겁내지 않는다. 존경과 "체통"을 따지는 미덕, 곧 "떼거리의 미덕"이랄 수 있는 모든 것을 결여하고 있다. 그는 앞장설 수 없으면 혼자 간다. … 그는 남들과 말이 통하지 않는다는 것을 안다. 길든다는 것의 비속함을 안다. … 자신에게 말할 때가 아니면 가면을 쓴다. 그의 내면에는 칭찬할 수도 비난할 수도 없는 고독이 자리잡고 있다.
— 프리드리히 니체, 〈권력에 대한 의지〉

내쉬가 MIT 강사가 된 것은 갓 23세가 되었을 때였다. 그는 강사 가운데 최연소였을 뿐만 아니라, 다수의 대학원생들보다도 나이가 적었다. 사춘기 소년 같은 외모와 행동 때문에 소년 아브넬 *Abner*(히브리어로 빛의 아버지라는 뜻: 옮긴이주) 혹은 애 교수 *Kid Professor*라는 별명이 붙었다.

당시 MIT 기준으로 볼 때 무어 강사들의 강의 부담은 가벼운 편이었다. 그런데도 내쉬는 강의 부담이 싫었다—그는 연구에 방해가 되는 일이나 판에 박은 일이라면 뭐든 질색이었다. 후일 그는 자기 연구 분야의 강의를 맡지 않은 소수의 연구자 가운데 한 명이 되었다. 그것은 부분적으로 기질 덕분이기도 했고, 계산 덕분이기도 했다. 그는 학생들을 잘 가르치든 못 가르치든 승진과 관계가 없다는 것을 기민하게 깨닫고, 다른 강사들에게 이렇게 충고하기까지 했다.

"MIT에 왔으면 강의는 잊어버려요. 연구나 하라구요."

아마도 그런 이유 때문에, 내쉬는 주로 학부 필수과목만 가르쳤다. MIT에 재직한 7년 동안 대학원 강의는 세 과목만 맡았는데, 그것도 모두 입문 과목이었다―강사 2년차였을 때 논리학과 확률, 1958년 가을에 게임 이론이 그것이다. 주로 그가 학부에서 가르친 것은 미적분이었다.

그의 강의는 설명이라기보다 자유연상에 가까웠다. 한번은 신입생들에게 앞으로 어떻게 복소수를 가르칠 것인지 계획한 내용을 이렇게 설명했다. "그러니까…, 그들에게 i는 -1의 제곱근이라고 말해줄 겁니다. 그러나 그게 -1의 제곱근의 마이너스라고도 말해줄 수도 있을 겁니다. 그래서 어떻게 하느냐 하면…." 그는 두서없이 말하기 시작했다. 당시의 신입생이었던 한 학생은 1995년에 넌더리 난다는 듯이 이렇게 회상했다. "그는 학생들이 이해하건 말건 아랑곳하지 않았어요. 학생들에게 말도 안 되는 요구를 했고, 과목과 상관이 없거나 너무 앞서간 얘기를 했어요." 게다가 내쉬는 학점에도 인색했다.

때로는 강의가 교육이라기보다 마인드 게임에 더 가까웠다. 당시 MIT 신입생이었고 후일 뛰어난 게임 이론가가 된 로버트 오만 *Robert Aumann*은, 강의실에서의 내쉬의 일탈을 "화려한" 혹은 "장난기 넘치는" 것이었다고 말했다. 후일 프린스턴 수학과의 학과장이 된 조셉 콘은 내쉬를 "일종의 노름꾼"이라고 불렀다. 1952년 스티븐슨과 아이젠하워의 대통령 선거전에서 내쉬는 아이젠하워의 승리를 제대로 예측했다. 그러나 대부분의 학생들은 스티븐슨을 지지했다. 그는 학생들과 아주 정교한 내기를 했는데, 선거에서 누가 승리해도 내쉬가 이기는 게임을 만들어냈다. 아주 영리한 학생들은 즐거워했지만,

대부분의 학생들은 경악했다. 이후 소문에 민감한 학생들은 그의 강좌를 기피하기 시작했다.

MIT에 온 첫해에 그는 학부의 우수한 학생들에게 해석학을 가르쳤다. 그 강의는 미적분을 소개하는 입문과정으로 개설된 것인데, 단순한 기술적 조작을 배우기보다는 다소 추상적인 명제의 견고한 증명을 익히고, 그런 증명을 구축하는 방법을 배우는 과정이었다. 1년 두 학기에 걸친 그 강의의 수강생은 처음에 30명이었다가 5명으로 줄어들었다.

콘의 회상에 의하면, "그는 한 시간짜리 시험 문제를 내서, 청색 표지에 수강생 이름과 강의명을 적는 칸이 있는 문제지를 나누어주었다. 종이 울리자 문제지를 펼쳐서 문제를 풀게 했다. 문제는 네 개였다. 1번 문제는 '자네의 이름은 무엇인가?'였다. 다른 세 문제는 꽤 어려웠다. 그 무렵 나는 그의 성격을 잘 알고 있었기 때문에, 1번 문제 옆에 '내 이름은 조셉 콘입니다'라고 분명하게 써넣었다. 표지에 이름을 쓴 것만으로 충분하다고 생각한 학생은 25점이 감점되었다."

해결되지 않은 고전적인 문제를 출제하는 것도 내쉬가 즐겨 사용한 수법이었다. 로버트 오만은 이렇게 회상했다. "학생들에게 π가 무리수임을 증명하라는 문제가 출제되었어요. 그건 결국 페르마의 마지막 정리를 증명하라는 것과 같았습니다. 나중에 학과장에게 질책을 당한 내쉬는 이렇게 대답했다고 합니다. 사람들은 그것이 어려운 문제라는 선입견을 갖고 있는데, 아무래도 그게 문제인 것 같다. 어쩌면, 그 문제가 '어렵다'는 선입견을 갖고 있지 않다면 풀 수 있을지도 모른다."

또 한번은, 내쉬가 낸 시험 문제에 채점 조교가 항의하고 나선 적이 있다. 문제는 이렇다.

π 3.141592 ······의 일부를 취한다고 할 때···소수점에서 시작해서 첫 숫자를 취해 그 왼쪽에 소수점을 찍으면 .1이 된다.
이어 다음 두 숫자를 취하면 .41이 된다.
이어 다음 세 숫자를 취하면 .592가 된다.
이렇게 계속한다.
그러면 0과 1 사이에 있는 분수의 수열을 얻게 된다.
그렇게 얻은 수집합의 극한점 *limit points*은 무엇인가?
(어떤 수열의 극한점이란 그 점을 포함하는 어떠한 개구간 *open interval*이라 하더라도, 그 구간이 아무리 작더라도, 그 개구간 안에, 그 수열의 항이 무한히 많이 있게 되는 그러한 점을 말한다.)

채점 조교는 그것이 아무도 풀 수 없는 문제라는 것을 즉시 알 수 있었다. π의 소수 표현에 관한 문제는 유명한 것은 아니었다. 그러나 그것은 학부생들이 아닌 수학자들끼리나 논의할 수 있는 문제였다. 지금까지 입증된 것은 단 한 가지 사실뿐인데, 적어도 하나의 극한점은 반드시 존재해야 한다는 것이 그것이다. 그런 사실을 학생들이 알아야 한다는 것은 분명했다. 그러나 내쉬는 0과 1 사이에 있는 모든 수가 극한점이라고 직관적으로 생각했다. 내쉬는 답을 직관적으로 안다고 믿었는데, 그것은 물론 견고한 증명을 내어놓는 것과는 전혀 다른 얘기이다. "그런 문제를 내는 것은 별난 일이었다"고 채점 조교는 1996년에 회상했다.

그런 장난을 치는 내쉬의 버릇은 너무나 잘 알려져서 농담거리가 되었다―당시 MIT 수학과의 위상수학자였던 조지 화이트헤드가

1995년의 한 대화에서 회상한 말이다. 내쉬는 여러 단과대학의 신입생들에게 미적분을 가르쳤는데, 그 과목은 일부 대학원생들이 가르치기도 했다. 각 단과대학에서 치르는 기말 시험은 문제가 똑같았기 때문에 채점도 같이 했다. 모두 오답만 적어낸 답안지가 하나 있었는데, 작성자 이름은 포브스 해커 *J. Forbes Hacker, Jr*.였다. "해커"라는 말은 내쉬가 좋아하는 혹평, 곧 난도질하는 것을 뜻하는 것이기도 했고, 익살꾼을 가리키는 MIT의 은어이기도 했다(예를 들어, MIT 해커들은 전쟁 전 MIT에서 강사로 잠시 일했던 도널드 스펜서의 차를 매사추세츠 애버뉴의 주차장에서 끌어내 밤새 해체를 해버렸다. 그리고 스펜서가 이튿날 아침 수업에 들어가기 전에 차가 해체된 것을 보게 해놓고, 강의를 마치고 나오기 전에 다시 완전히 조립해놓았다). 또 어떤 때에는, 2호 건물의 여러 칠판에 이런 낙서가 적혀 있었다. "오늘은 존 내쉬를 미워하는 날!"

그러나 내쉬는 수학적 재능이 뛰어나다고 생각되는 학생들에게는 아주 자상해서, 그런 학생들은 내쉬를 대단히 존경했다. 선택된 소수의 학부생들에게 내쉬는 "아주, 아주 유익한 수학 얘기를 많이 해주었다." 하버드 대학의 정수론 교수인 배리 마주르는 MIT 신입생 시절 내쉬에게서 배웠다. 그는 이렇게 회상했다. "그가 자발적으로 해준 수학 얘기는 정말 놀라웠습니다. 그런 얘기를 듣고 있을 때면 시간이 영원한 것만 같았습니다."

한번은 마주르와 내쉬가 두레방에서 대화를 나누고 있었다. 그때 누군가가 가우스의 제자인 디리클레 *Peter Gustave Lejeune Dirichlet*의 고전적 정리를 입에 올렸다. 그 정리는 특정 등차수열 *arithmetic progression*에 소수가 무한하게 있다는 것이었다. "그건 그냥 받아들이거나 대충 넘어갔다가 나중에 필요하면 참고나 하면 되는 거야" 하고 마주르가 그때 말했다. 그러나 내쉬는 벌떡 일어나더니 칠판으로 다가가서, "몇 시간에 걸쳐 그 정리를 제1원리부터 증명까지 우아하게 요모조모 따지고 들어갔다." 마주르를 위해서.

강의실 밖에서 내쉬는, 동굴처럼 소리가 울리는 2호 건물의 복도를 걸으며 프린스턴 대학원 다닐 때의 버릇처럼 바흐를 휘파람 불거나 잠깐씩 사교활동을 했다. 낮에 무어 강사들이 함께 쓰는 사무실에서 시간을 보내는 일은 거의 없었다. 주로 그는 수학과 두레방에서 시간을 보냈다—강사 사무실 계단을 내려가면 바로 아래층에 있는, 초라하고 별 특징이 없는 이 두레방은 파인홀의 두레방에 비하면 전혀 볼품이 없었다.

이 두레방의 분위기는 컬트 영화 〈이프 *If*〉—"소년들"이 학교를 접수해버리는 영국 공립학교를 다룬 영화—의 뜨악한 분위기와 흡사했다. 내쉬는 프린스턴의 규칙적인 다과회 풍습을 MIT에 가져왔지만, 기품 있는 분위기까지 정착시킬 수는 없었다. 동료 무어 강사였던 싱어 *Isadore M. Singer*는 1994년에 이렇게 회상했다. "내쉬는 가장 빨리 문제를 푸는 사람이 되고 싶어했습니다. 경쟁심이 대단했지요." 프린스턴에서도 그랬지만, 그는 대화에 불쑥 끼여들어 도전을 하고 도전받는 것을 좋아했다. 그는 정말 문제 풀기를 좋아했다.

학생들은 종종 교수들과 바둑을 두거나 체스와 브리지를 했다—위너 교수는 체스를 잘하지도 못하면서 대단히 좋아했다. 싱어의 회상에 의하면 내쉬는 브리지를 잘하지 못했다. "형편없었지요. 카드의 확률 법칙에 대해 전혀 감각이 없었어요." 그러나 함께 하는 게임 가운데 다수는 즉석에서 만들어낸 것들이었다. 어느 날 학생들은 괴팍한 행동들의 목록을 만들고, 그것으로 여러 수학 교수들의 점수를 매겼다. 내쉬 아닌 위너가 최고 점수를 받았다. 또 어느 날 학생들은 셔레이드 *charade* 게임을 했는데, 추상적인 그림을 그려서 그것이 어느 수학 교수를 가리키는 것인지 알아맞히는 것이었다. 한 대학원생이 택시처럼 보이는 정교한 그림을 내밀었다. 그 택시가 누구를 가리키는지 아무도 알아맞히지 못했다. 그것은 내쉬를 묘사하려는 그림이었다. 그 택시는 1940년대와 1950년대에 만들어진 것이었는데 아주 둔해 보이는 차였다. 머리가 둔한 학생들을 혹평하길 좋아하는 내쉬의 버릇을 은근히 야유하는 것이었다.

두레방의 분위기를 휘어잡은 것은, 스타이버선트 *Stuyvesant*와 브롱크스 *Bronx* 과학 고등학교의 수학팀 출신, 그리고 시티 칼리지 "수학 테이블 *Math Table*" 출신의 재치 있고 말이 빠른 학생들이었다—"수학 테이블"은 한때 시티 칼리지 카페에 마련된 유명한 테이블인데, 주로 노동자 계층의 유태계 학생들과 이민자 학생들이 모여 수학 문제풀이 실력과 재치 있는 말솜씨를 연마하던 곳이다.

그 학생들은 파인홀 학생들에 비해 거칠고 투박했지만, 더 여유 있고 관대해서, 내쉬의 취향에 더 잘 맞는 청중이라고 할 수 있었다. 제대로 알고만 있다면 그것을 과시하는 것은 흉이 되지 않았고, 사회적 예의범절을 결여하는 것은 진정한 수학자의 필수 요소로 간주되었다. "그들의 태도는 반부르주아적, 자기과시적, 방종적인 것으로 유명했다"고 펠릭스 브로더 *Felix Browder*는 회상했다. 말하자면, 그것들 모두가 괴팍함과 터무니없는 언행에 일종의 프리미엄을 얹어주었던 것이다. 그러나 오늘날 기준으로 보면, 비인습적인 행동이나 매너도 그리 심한 것은 아니었다—그저 말을 좀 비틀고, 익살이 심하고, 옷차림을 제멋대로 하는 정도였다. 어떤 사람은 바지 단추를 한두 개 풀어놓고 다녔다. 한 대학원생은 이렇게 회상했다. "당시 우리는 괴팍할수록 수학 실력이 좋다고 생각했습니다. 그래서 모두가 다소 과격한 행동을 즐겼지요. 내키지 않는 인습을 무시해버리는 것이 총명함을 발휘하는 것이라고 생각했어요. 우리는 어느 정도 연극배우처럼 행동했지요."

그런 무리들 속에서 내쉬는 의식적으로 자기가 "자유 사상가"라는 것을 강조했다. 그는 부득이 자유 사상가일 수밖에 없는 사람인데, 그것을 자랑으로 삼는 법을 배웠던 것이다. 그는 자기가 무신론자라고 선언했고, 자기만의 용어를 만들어 썼다. 대화 도중에 난데없이 "이런 관점도 있다"면서 자기 얘기를 시작하기도 했다. 그는 사람들을 "휴머노이드 *humanoid*(인간 비슷한 것)"라고 불렀다.

내쉬는 괴팍한 다른 천재들의 버릇을 흉내냈다. 가령 지독한 근시였던 위너는 복도 벽의 타일들 사이에 난 홈에 한 손가락을 얹고 주춤주춤 복도를 걸어갔는데, 내쉬도 똑같은 짓을 했다. 뉴먼은 베토벤 이후의 음악을 싸잡아 매도했는데, 내쉬도 음악 도서관에 들어서면 현대음악을 듣고 있는 사람들에게 "그건 쓰레기야"라고 말하곤 했다. 딸이 조울증을 앓고 있던 레빈슨은 정신과의사들을 싫어했는데, 내쉬도 정신과의사를 끔찍이 싫어하는 태도를 보였다. 워렌 앰브로스 *Warren Ambrose*는 "안녕하세요?" 같은 인습적인 인사말을 혐오했는데, 내쉬도 본을 따랐다.

마빈 민스키는, 내쉬가 프린스턴 말년에 만나 가장 지적인 "휴머노이드"라고 봐준 사람인데, 이렇게 회상했다. "우리는 다같이 세상을 냉소적으로 바라보았습니다. 우리는 만물의 존재 방식의 이유를 수학적 이성으로 따져보곤 했지요. 또 사회 문제에 대한 급진적이고도 수학적인 해결책을 찾아보곤 했어요. 어느 날, 내쉬는 뭔가를 완전히 새롭게 해야 한다고 주장했습니다. 일단 어떤 문제가 있으면, 우리는 정말 우스꽝스럽도록 극단적인 해결책을 찾는 데 능했지요." 한번은 부모가 "자기 파괴적"이어야 한다고, 즉 자살해서 자녀들에게 재산이나 물려주어야 한다고 내쉬가 말한 적이 있다. 그게 간편하고 원리원칙에도 맞다는 것이었다. 또 한번은 학부생들의 수업에 들어가, 미국 시민의 투표권은 소득(혹은 재산) 비율에 따라 주어져야 한다고 말하기도 했다. 여러 면에서 내쉬의 견해는 19세기 영국 엘리트 정치관에 부합하는 것이었다. 그것은 1950년 당시 MIT 수학과를 지배한 좌익 반문화적 분위기와는 어울리지 않았다.

그 모든 것에도 불구하고 내쉬는 화려한 옷을 입고 다녔다. 속옷을 입지 않고 반투명의 백색 데이크론 셔츠만 입고 다녀서, 다른 사람들은 그가 남성다운 몸매를 과시하려 한다고 생각했다. 그는 사진기를 샀고, 사진첩을 뒤적거리면서 많은 시간을 보냈다. 한때는 헤로인 같은 향정신성 마약 실험에 대한 많은 책을 읽었고 얘기도 자주 했다—그런 실험을 직접 해보았는지는 알 수 없다. 돌이켜보면, 그의 잡다한 관심사와 비정상적인 행동이 증가했다는 것은, 사회와 인습으로부터 점점 소외되고 있다는 명백한 징조라고 할 수 있다. 이 징조는 후일 급진적인 단절감과 소외감으로 진화했다.

그러나 그때 그러한 태도는 그의 사회적 매력을 감소시켰다기보다 오히려 증가시켰다. 강사이기도 했지만, 수학자로서 명성도 점점 높아져서 내쉬는 새로운 차원의 존경을 받게 되었다. 이제는 흥미로운 대화 상대로 평가되었던 것이다. 그의 오만과 괴팍함은 천재의 증거로 보였는데, 특히 그의 괴팍함은 즐거움과 존경의 원천이 되었다—그것은 천재라는 동전의 양면이었다. MIT 수학과의 대모代母였던 지포라 레빈슨은 1996년에 이렇게 회상했다. "내쉬에게는 인습에서 벗어나는 것이 그렇게 충격적인 것이 아니었어요. 그들은 모두 프리마돈나였습니다. 평범한 수학자라면 남들처럼 인습을 따라야 했겠지요. 그러나 탁월한 수학자라면 어떻게 행동해도 용납이 되었습니다."

MIT의 대학원생이었던 제롬 뉴워스 *Jerome Neuwirth*는 이렇게 말했다. "해법이 옳다는 것이 밝혀지면 우리는 합당한 존경을 표합니다. 행동의 자유를 주는 셈이지요. 내쉬가 평범한 수학자였다면 우리는 그의 불쾌한 처신을 참지 못했을 겁니다." 도널드 뉴먼은 이렇게 덧붙였다. "사람들은 내쉬의 경박한 처신에 화를 냈지만, 진심으로 화를 낸 것은 아니었습니다. 사람들은 그가 악동이지만, 대단한 아이, 대단한 황금의 아이라고 생각했습니다."

일명 디제이 *DJ*라고 불린 뉴먼도 내쉬 주변의 악동 가운데 한 명이었다. 하버드 대학원생이었던 그는 MIT에 와서 살다시피 하며 시티 칼리지의 옛 친구들이나 내쉬와 어울렸다. "하버드는 너무 속물"이라는 이유에서였다. 악동 가운데 월터 웨이스블럼이라는 학생도 있었는데, 요령 없는 수재에 술꾼이고 마음이 비단 같은 곱추인 그는 끝내 학위를 받지 못했다. 후일 러트거스 대학 교수로 임용된 해리 건쇼 *Harry Gonshor*는 코카콜라 병유리로 만든 안경을 쓰고 다녔다. 안경을 쓴 건쇼는 공중에 떠다니는 사람 같은 인상을 주었는데, "AFL = CIO"라고 진술되는 정리를 증명하기도 했다. 그 무리들 가운데 가장 인간적이었던 거스타브 솔로몬 *Gustave Solomon*은 후일 리드-솔로몬 코드 *Reed-Solomon code*의 공동 발명자가 되었다. 그 밖에

존 내쉬, 월터 웨이스블럼, 이스라엘 영, 도널드 뉴먼, 제이콥 브리커, MIT 두레방

도 철두철미한 인간 관찰자 겸 이야기꾼 레오폴드 플래토가 있었고, 1952년 이후 그들 집단의 우디 앨런 *Woody Allen*(희극배우)이라 할 수 있는 제이콥 레온 브리커 *Jacob(Jack) Leon Bricker*가 있었다.

그들 집단에 뒤늦게 끼여든 뉴워스는 이렇게 말했다. "우리가 어떤 존재였고, 무엇을 하려고 했느냐구요? 모든 집단에는 어떤 공통분모가 있습니다. 우리의 공통분모는 무엇인가를 늘 생각하고 있었다는 것입니다. 누가 영리한가? 누가 무엇을 하고 있는가? 누가 무슨 문제를 풀 수 있는가? 얼마나 멀리 나아갔는가? 그런 생각이 근사한 것이랄 수는 없지만 아주 자극적이긴 했습니다."

두뇌와 경쟁력, 오만함 등에서 내쉬 수준에 육박한 인물은 뉴먼이었다. 그 집단에서 뉴먼은 천재로 통했고, 문제도 가장 잘 풀었다. 큰 덩치에 성급하고 거들먹거리기를 좋아하는 금발머리의 뉴먼은 세 번이나 퍼트남상을 수상해서 내쉬에게는 강한 인상을 주었다. 그에게는 이미 처자식이 딸려 있었지만, 그것은 화려한 기행을 하는 데 전혀 장애가 되지 않았다. 그는 빨간 가죽 시트를 입힌 하얀 선더버드 차를 몰고 한밤중에 메모리얼 드라이브에서 자동차 경주를 벌

이길 좋아했다. 시티 칼리지의 학부생이었을 때, 실력 없는 수학 선생의 수업시간에 잎사귀가 잔뜩 달린 커다란 나뭇가지를 들고 나타나, 생물학 시간인 줄 알았다고 주장했던 사건으로 이름을 날리기도 했다.

내쉬와 뉴먼은 처음 본 순간 서로 기질이 같다는 걸 알아보았다. "그들은 서로 불꽃이 튈 정도로 좋아했다"고 싱어는 회상했다. 또 매틱 *Arthur Mattuck*은 이렇게 말했다. "그들은 서로의 야유를 존중했습니다. 그들은 서로 악의 없는 야유를 해댔지요. 그런데 디제이가 훨씬 빨리 문제를 풀었어요. 수학에 관한 한 기억력도 대단했습니다. 사람들은 24시간 안에 풀 수 있는 문제라면 뭐든지 디제이가 풀 수 있다고 말하곤 했지요. 내쉬의 지속적인 집중력은 뉴먼도 따라가지 못했습니다. 내쉬는 한 문제를 반년이라도 물고 늘어질 수 있었으니까요."

뉴먼은 내쉬가 이끈 세미나에 참석했다. "내쉬의 강의도 몇 과목 들었다"고 뉴먼은 말했다. 그는 내쉬의 강의를 흥미진진하게 들었다. "그의 강의는 달랐습니다. 아주 재미있었죠. 여느 강사와는 달리 그는 좌충우돌했는데, 많은 것을 단숨에 얘기해버리길 좋아해서였죠. 그건 멋진 강의였습니다.…우리는 서로를 잘 이해했지요. 우리는 허물없는 친구였습니다."

뉴먼과 그의 친구들이 받아준 덕분에, 내쉬는 진정한 사교생활을 누릴 수 있었다. 그들은 자주 워커 메모리얼에서 같이 점심을 먹었고, 일과가 끝난 후에는 또 값싼 식당과 찻집, 술집에서 만났다. 오늘날에도 그렇지만 1950년대 당시의 케임브리지와 보스턴에는 값싼 술집이 많았는데, 맥주 한 병만 시켜놓고 밤을 새워도 뭐라는 사람이 없었다. 더진 파크 같은 유명한 보스턴 레스토랑도 그랬다—이 식당은 뉴잉글랜드 전통요리를 푸짐하게 제공했는데, 죄송스러울 정도로 맛있는 로스트 비프나 인디언 푸딩을 거저 내주기도 했다. 엄청난 오크통을 갖춘 구식 독일 레스토랑 제이크 워스, 그리고 하버드 광장의 부르스트하우스도 유명했다. 그들이 전전했던 다른 업소로는 크로닌스, 셰 드레퓌스, 뉴베리 스테이크하우스 등이 있었다. 밤새 문을 연 헤이스-빅포드와 월도프 커피숍도 그들이 자주 모인 장소였다. 때로는 대학원생의 아파트에 몰려가기도 했다. 또 마틴 부부나 레빈슨 부부, 그리고 1950년대 중반에 민스키 부부가 연 파티에 우르르 몰려다니기도 했다.

이 새로운 동아리에서 내쉬는 끊임없이 자신의 독특함, 우월함, 자족함을 강조했다. 그의 모든 처신에는 "나는 세상에 하나밖에 없는 내쉬다!"라는 웅변이 깔려 있었다. 내쉬는 MIT 수학과에서 한두 명만이 자기 수준에 걸맞다고 말하곤 했다—그 중 한 명은 항상 위너였다. 그의 혹평은 너무나 유명했다. 그가 가장 잘 쓰는 표현은 "아직 어리군"이라는 말이었다. "넌 쥐뿔도 몰라. 아이고 시시해! 원 멍청하긴! 그래서야 네가 뭘 해내겠어!"라는 말도 자주 썼다.

그는 뭔가 보여주기를 좋아했다. 파티에서는 말보다는 행동이 앞섰다. 한번은 민스키 부부의 집에서 열린 파티에서 내쉬는 사람들에게 어려운 수학 문제를 내보라고 큰소리치며 이렇게 말했다. "나는 술을 몇 잔 걸쳤어. 술을 마셨을 때 내 사고력은 더 강해질까 약해질까?"

그는 갈채를 받기 위해 약간의 속임수도 서슴지 않았다. 논쟁에서 패배하면 토라졌고, 자기보다 못하다고 생각한 사람에게 도전받는 것을 싫어했다. 어느 날 두레방에서 학생들이 제2차 세계대전의 유명한 병참 수수께끼인 "지프 *Jeep*" 문제를 논의하고 있었다. 지프 문제의 핵심은, 2천 마일 거리의 사하라 사막을 횡단하려고 하는데 지프의 기름탱크 용량으로는 2백 마일밖에 가지 못한다는 것이다. 단, 한 번에 1백 마일을 더 갈 수 있는 휘발유 통을 실을 수 있다고 가정한다. 사막을 건너는 유일한 방법은 2보 전진, 1보 후퇴 전략을 따르는 것이다. 즉, 지프에 휘발유 통을 싣고 1백 마일을 간 다음, 통을 내려놓고 다시 시작 지점으로 돌아가는 일을 반복한다. 그런 다음 1백 마일 지점에서 기름탱크를 가득 채우고 휘발유 통도 싣고 1백 마일을 더 가서 통을 내려놓고 돌아가서 통을 가져오는 일을 반복한다. 문제는, 사막을 횡단하는 데 휘발유가 몇 통이나 필요한가이다.

이 문제에는 최적 해결책이 없다는 것이 밝혀졌다. 모든 사람들이 나름대로 답을 내놓았는데, 내쉬도 답을 제시했다. 그때 내쉬의 채점 조교였던 세이무어 하버가 내쉬의 반밖에 안 되는 답을 제시했다. 내쉬는 코웃음치며 하버의 답을 일축했다. 하버가 증명을 해보이라고 고집하자 내쉬가 말했다. "내 해결책이 훨씬 우수해."

그러나 하버는 물러서지 않았다. "나는 그렇게 생각하지 않았어요. 그래서 증명을 해보라고 요구했지요. 그는 그것이 자명하다는 것이었어요. 나는 그런 말을 받아들일 수 없었죠. 그래서 그는 마지못해 계산을 해보였어요. 결국 그의 주장이 옳다는 게 밝혀졌지만, 그는 나한테 무척이나 화를 냈어요. 답이 뻔한데도 귀찮은 일을 시켰다고 화를 낸 거죠. 그 일로 그후에도 한동안 나한테 화를 냈어요."

그는 서슴없이 사람들을 혹평했다. 전형적인 예는 이렇다. 어느 날 점심 시간에 한 대학원생이 교수가 윤곽을 제시해준 어떤 문제의 공리적 접근방식을 설명하고 있었다. 그때 내쉬가 난데없이 이렇게 소리쳤다. "개똥 같은 소리 하지 말고, 네가 그 문제를 어떻게 풀었는지나 말해봐! 너는 도대체 뭘 배운 거야? 그따위 남의 생각은 아무런 의미도 없어."

다른 수학자들을 어찌나 혹평했던지 그에게 "내쉬 *Gnash*(이를 갈다)"라는 별명이 붙었다. 내쉬는 이렇게 둘러댔다. "내 별명 앞의 G는 천재 *Genius*의 머릿글자인 게 분명해. 사실, 요즘 MIT에는 천재들이 몇 명 있지. 나는 물론이고, 노버트 위너도 천재에 들어가지만, 노버트조차 이제는 천재가 아닌지도 몰라. 하지만 한때 그가 천재였다는 증거는 있지." 그후 내쉬는 뉴먼을 지뉴 *Gnu*라고, 당시 힐버트의 제5문제를 풀었던 하버드의 젊은 교수 앤드류 글리슨 *Andrew Gleason*을 지-스퀘어드 *G-squared*라고 불렀다.

내쉬가 프린스턴 시절부터 알고 지낸 존 맥카시가 MIT에서 세미나를 열고 있을 때, 내쉬는 맥카시에게 이렇게 말했다. "저널이 너무 많아. 시시한 논문만 발표하면서 말이야. 연구를 한다는 인간이 또 왜 그렇게 많은지 몰라. 연구는 우리 같은 소수의 사람들만 해야 하는 건데 말이야. 나머지는 다 사인 엑스 *sin x*에 불과해."—사인 엑스는 고교용 삼각측량법 책 뒤에 있는 거의 참고할 게 없는 산술표를 가리킨다.

내쉬는 자기가 블루필드에서 자랐다는 것을 자랑하며 속물 취향을 드러내기도 했다. 대대로 부유한 가문 출신이라는 허풍을 떤 것이었다. 그는 파티 석상에서 와인을 킁킁거리고는 "어울리는 키안티 포도주로군"하고 말하기도 했다. 그가 "절대적인 유태인 분위기 속의 비유태인"이라는 말을 할 때 특히 그의 속물 취향은 최고조에 달했다. 후일 내쉬가 편집증 환자가 되어 온갖 망상에 시달리게 되었을 때, 뉴먼을 비롯해 "유태소년 *Jewboy*"이라고 지칭한 몇몇 사람에게 편지를 보내, 그가 이스라엘 국가 문제에 사로잡혀 있다며 "비밀 시온니스트 음모"에 대한 얘기를 늘어놓았다. 그러나 1950년대 초 그의 태도는 단지 사회적 우월감을 표시한 것에 지나지 않았다. 그는 종종 뉴먼에게 "너무 유태인" 같아 보인다는 말을 했다. 그라우초 마르크스처럼, 내쉬는 자기를 받아주는 클럽을 멸시하는 경향이 있었다. 그는 자기보다 한 수 아래의 사람이나 사물을 노골적으로 경멸했다. 동료 강사였던 프레드 브라우어는 40년 뒤 이렇게 말했다. "한 수 아래인 것들이 허다했다."

실험 18

랜드, 1952년 여름

산타모니카에서의 두 번째 여름철 어느 날 오후, 내쉬는 파도를 타며 수영을 했다. 랜드의 수학자 해롤드 샤피로 *Harold N. Shapiro*와 함께 부두 남쪽의 산타모니카 해변에서였다. 바다는 꽤 거칠었다. 그 해변은 방파제 바로 밑에 좁고 길게 가파른 모래톱을 이루고 있었다. 늘 3미터 가까운 높이의 파도가 쳐서, 서프보드 없이 맨몸으로 파도타기를 하는 사람들이 즐겨 찾는 곳이기도 했다.

내쉬와 샤피로는 강한 해류에 밀려 해안 멀리 밀려갔다. 두 사람은 모두 수영을 잘했다. 내쉬는 "그리스 신 같은 체격"이었다고 샤피로는 회상했다. 샤피로 역시 강인한 근육질의 남자였다. 그러나 샤피로는 해류에 휘말려 파도 밑에 잠긴 순간 겁에 질렸다. 내쉬도 사투를 벌이고 있기는 마찬가지였다. "해변으로 돌아오는 것은 정말 힘들었다"고 샤피로는 회상했다. 마침내 해변에 닿은 두 젊은이는 모래톱에 몸을 던진 채, 탈진해서 가쁜 숨을 몰아쉬었다. 샤피로는 익사하지 않은 것이 천만다행이라고 생각했다. 그런데 놀랍게도 잠시 후 내쉬는 벌떡 일어나더니 다시 물 속으로 뛰어들겠다고 소리쳤다. "그게 우연이었을까? 다시 들어가서 알아봐야겠어." 내쉬는 침착하고 초연한 어조로 말했다.

두 번째 여름에 접어들자마자 내쉬는 녹슨 구형의 다지 승용차를 몰고 블루필드에서 산타모니카까지 횡단했다. 그 무렵 프린스턴 대학원생이었던 존 밀너가 동행했는데, 밀너는 자기 차를 몰았다. 루스 힝크스와 내쉬의 여동생 마사도 동행했다—루스는 체이플 힐의 노스 캐롤라이나 대학에서 언론학을 전공했는데, 그들은 체이플 힐에서 만나 블루필드까지 차를 몰고 갔다. 루스의 기억에 의하면, 마사가 내쉬는 물론 밀너와도 같은 집에서 지내게 될 거라는 사실을 절대 누설하지 말라는 다짐을 받았다. 루스는 1997년에 그 일을 회상하며, 그것이 비밀이라는 것을 이상하게 여겼다고 말했다. 출발할 때 루스는 내쉬의 차에 탔고, 마사는 밀너의 차에 탔다. 루스는 내쉬가 자기에게 전혀 무관심하다는 인상을 받았다. 루스는 이렇게 회상했다. "나는 당시 날씬하고 매력적이고 지적인 여자였어요. 하지만 내쉬는 내가 옆에 앉아 있다는 것조차 모르는 것 같았어요." 그녀는 내쉬와 밀너의 사이도 뜨악한 것 같은 인상을 받았다. "그들은 소닭 보듯 했어요. 어제 처음 만난 사람들처럼 말예요. 함께 나눈 추억을 얘기하는 법도 없어서, 실제로는 서로 알지도 못하는 사람 같았어요." 남매간의 관계도 "쌀쌀맞아서 애정이라고는 전혀 없는" 것 같았다고 루스는 말했다. "아무튼 그 여행에서 애정이라고는 흔적도 안 보였어요."

그들은 40번 국도를 타고, 캔사스와 네브라스카를 경유했다. 중간에 콜로라도 주 그랜드 레이크스에서 하루 머물며 승마를 하러 갔다. 솔트레이크 시티에서도 잠시 머물며 몰몬 사원을 방문했다. 남자들은 모텔과 식당, 주유소 비용을 모두 두 여자에게 떠넘겼다. 1952년에 자기 차로 미대륙을 횡단한다는 것은 소수에게만 가능한 것이어서, 이들 젊은이들에게는 멋진 경험이어야 했다. 그러나 여행이 끝나기도 전에 내쉬와 루스가 서로 말다툼을 하는 바람에, 밀너와 동승했던 마사가 남은 여정 동안 마지못해 오빠와 동승해야 했다.

멋진 모험으로 시작되긴 했다. 마사는 이제 막 체이플 힐을 졸업했는데, 여행이라고는 거의 해본 적이 없었다. 마사는 오빠처럼 키가 크고 인상이 좋은데다가 아주 총명했다. 그녀는 공부벌레라는 소리를 듣지 않으려고 안간힘을 다했는데도 SAT에서 비버 고등학교 학생 중 수석을 해서 펩시콜라 장학금을 받았고, 래드클리프와 스미스 등 명문 여대의 입학 권유를 받았다. 그러나 딸의 장래를 생각한 아버지는 장학금 제안을 거절하고, 집안에서 학비를 대줄 수 있는 인근의 세인트 메리로 진학시켰다. 2년제 전문대학이었던 그곳은 주로 남부의 부유한 집안 여성들이 다녔다. 승마를 즐긴 그곳 여학생들은 취직 아닌 결혼을 잘하기 위한 교육을 받았다. 세인트 메리를 졸업한 마사는 노스 캐롤라이나 대학에 진학해 교육학을 전공했다.

내쉬는 마사가 산타모니카에서 자기와 여름 한 철을 보내면 좋을 거라고 부모를 설득했다. 마사가 집안일을 해주면 자기 연구에 도움이 될 거라는 이유에서였다. 마사는 열렬히 가고 싶어했다. 일단 결정이 나자 내쉬는 여동생과 존 밀너가 서로 사귀었으면 좋겠다고 터놓고 말했다.

여행을 함께 하자고 처음 제안한 것은 내쉬였다. 물론 밀너와 내쉬는, 밀너가 4년 전 프린스턴의 신입생이었을 때부터 서로 잘 아는 사이였다. 밀너는 아직 박사논문을 끝내지 못했지만 이미 프린스턴 수학과 교수직을 제의받은 상태였다. 내쉬는 마사에게 밀너의 재능이 부럽다고 고백한 적이 있었다. 밀너의 겸손한 성격, 명석한 정신, 날씬하고 호감이 가는 외모에도 내쉬는 마음이 끌렸다.

네 사람이 산타모니카에 도착하자마자 루스는 작별을 고했다. 마사, 내쉬, 밀너는 조지나 애버뉴에 있는 스페인 풍 빌라의 꼭대기에 있는 가구 딸린 작은 아파트를 임대했다. 조지나 애버뉴는 산타모니카 옛 시가지에 있는 고풍스러운 거리였다. 펠리세이즈 파크를 통해 걸어가면 랜드까지 10분쯤 걸렸다. 그들은 요리나 집안 청소는 거의 하지 않았다. 그 집에 점심 초대를 받은 적이 있는 한 사람은 이렇게 회상했다. "청소를 한 적이 없는 것 같더군요. 한 번두요. 먼지투성이였고 그릇은 죄다 더러웠습니다. 주위를 둘러보니 식사 준비를 하지 않은 게 분명했습니다. 나는 달걀이나 달라고 했죠. 존이 프라이팬을 들고, 전에 프라이했다가 남긴 찌꺼기를 긁어내더군요. '대단한 사람들이군' 하고 나는 생각했죠." 마사는 제과점에 일자리를 얻었다. 그녀는 두 룸메이트와 거의 마주치지 못했다—두 남자는 깨어 있는 시간에는 줄곧 랜드에서만 지내는 것 같았다. 마사는 어느 날 랜드로 찾아갔는데, 출입증이 없어서 들어가지 못했다. 그녀와 밀너는 첫 주나 두 번째 주에 같이 외출해서 저녁식사를 한 적이 있었다. 여행을 하며 많은 시간을 같이 보내기도 했지만, 밀너는 같이 있으면서 마음이 편하지 않았고 말도 없었다. 로맨스는 물 건너갔다는 것을 마사는 일찌감치 알아챘다.

두 남자는 주로 각자의 연구만 했다. 밀너는 "자연에 거스르는 게임 *Games Against Nature*"이라는 멋진 논문을 썼다. 내쉬는 컴퓨터로 할 수 있는 게임을 연구했다. 이 무렵 내쉬는 주로 유체역학 연구시 제기되는 수학적 문제에 관심을 기울이고 있었다. 전쟁 게임에 대한 논문은 월급 값을 하기 위해 마지못해 한 작업이었는데, 9월 초에 케임브리지로 돌아가기 전에 황급히 해치운 것이었다.

그러나 내쉬와 밀너가 공동 연구한 것도 있었다. 그것은 고용된 피실험자들을 포함한 협상 실험이었는데, 이 실험은 뜻밖에도 후일 많이 인용되는 고전이 되었다. 그해 여름 랜드에 파견된 미시간 대학 출신 연구자 두 명이 고안한 이 실험은, 오늘날 번성하는 실험 경제학 *experimental economics* 분야를 수십 년 앞서 예고한 것이었다.

랜드 실험은, 다소 수학자들이 여가 시간에 몰두했던 게임 습관에서 비롯한 것이었다. 새로운 게임을 발명하고 발명자가 피실험자가 되어 직접 시험해보는 것은 프린스턴에서 유행하던 것이었다. 게임을 하는 사람들 다수는 내쉬처럼 처음에는 화학이나 전기 실험에 몰두하다가 최근 들어 그런 소년 시절의 열정을 뛰어넘은 사람들이었다. 사람들이 게임 이론으로 예측한 방식대로 게임을 하는지 살펴보기 위해 과정을 기록한다는 아이디어는 이미 랜드에서 하나의 전통이 되어 있었다—그런 전통의 막을 연 것은 유명한 죄수의 딜레마 실험이었다. 마사는 피실험 자원자들이 "놀면서" 하루에 50달러나 번다는 것을 알고 깜짝 놀랐다.

이틀에 걸쳐 수행된 그 실험은, 실제 사람들이 결정을 내릴 때 연합과 협상의 여러 가지 이론에 얼마나 부합하는 행동을 하는지 테스트하기 위한 것이었다. 다자간 게임에 관심을 가졌던 폰 노이만과 모르겐슈테른은 일치 단결하여 행동하는 사람들 집단과, 그들의 연합에 초점을 맞추었다. 그들의 주장에 의하면, 합리적인 참여자들은 모든 가능한 연합의 이점을 계산해본 다음, 최선의 연합―그들에게 가장 이로운 연합―을 선택한다는 것이었다. 참여자가 기업간 담합에 관심이 있는 중역들이건, 노조에 가입하기를 원하는 노동자이건 관계가 없었다.

내쉬와 밀너 등 다른 연구자들은 대학생과 가정주부로 구성된 8명의 피실험자를 고용했다. 그들은 주로 네 조로 나뉘어 돌아가며 여러 가지 게임을 했는데, 한 명이 일곱 명을 상대하기도 했다. 그 게임은 폰 노이만 이론의 "경기자가 n명인" 게임을 흉내낸 것이었다. 피실험자들에게 미리 알려진 내용은 이렇다. 연합을 하면 현금을 딸 수 있는데, 연합의 형태에 따라 걸린 상금이 다르다. 그러나 상금을 받으려면, 연합한 파트너들이 각자의 몫을 사전에 합의해야 한다.

유명한 실험 경제학자인 알 로스 *Al Roth*의 말에 따르면, 그 실험을 통해 아주 중요한 두 가지 통찰을 얻을 수 있었다. 첫째, 참여자가 가진 정보에 관심을 기울여야 한다. 만일 동일한 참여자가 그 게임을 되풀이하면, 참여자는 "같은 게임을 다음 번에는 더 복잡한 게임으로 간주"하는 경향이 있다고 연구자들은 결론을 내렸다. 둘째, 공정성에 대한 걱정이나 관심이 흔히 참여자들의 결정에 동기가 된다―1950년에 멜빈 드레셔와 메릴 플러드가 고안했던 죄수의 딜레마 실험에서 그랬다. 특히 어떤 참여자도 우월한 입장이 아닌 상황에서 참여자들은 전형적으로 "절충"을 하는 경향을 보였다.

그러나 그 실험의 고안자들 입장에서 본다면, 그런 결과는 게임이론의 예측력을 회의하게 만드는 것이었다. 그뿐만 아니라, 그들이 게임이론에 대해 가졌던 자신감을 뒤흔드는 결과이기도 했다. 특히 밀너는 게임이론에 환멸을 느꼈다. 그는 그후 10년 동안 랜드에서 컨설턴트로 일했지만, 사회적 상호작용의 수학적 모델에 흥미를 잃어버렸다―그는 그런 수학적 모델이 앞으로 가까운 장래에 유익하거나 지적으로 만족스러운 단계까지 진화할 가능성이 없다고 결론을 내렸다. 폰 노이만이나 내쉬의 게임 이론은 모두 합리성이라는 강력한 가정을 기초로 한 것이었는데, 밀너에게는 그런 가정이 특히 치명적인 결함으로 보였다. 1994년 내쉬가 노벨상을 수상했을 때, 밀너는 내쉬의 수학적 업적에 대한 에세이를 썼는데, 그 글에서 밀너는 당시 순수 수학자들 사이에 널리 통용된 견해를 취했다. 즉, 내쉬의 게임 이론 업적은 순수 수학 업적에 비하면 사소하다는 것이었다. 그 에세이에는 이렇게 씌어 있다.

일부 실생활 문제를 해결하기 위해 수학적 모델을 구축한 이론의 경우, 우리는 그 모델이 얼마나 현실적인가를 물어야 한다. 그 모델은 우리가 실세계를 이해하는 데 도움이 되는가? 그것은 검증 가능한 예측을 하는가?…

먼저 기초 모델의 현실성부터 검토해 보자. 전제 조건은 이렇다―모든 참여자들은 합리적이며, 게임의 정확한 룰을 이해하고 있고, 모든 상대 참여자의 목적에 대한 완벽한 정보를 가지고 있다. 분명, 이런 조건들은 현실적일 수가 없다.

특히 주목해야 할 요점 하나는, 내쉬의 정리에 포함된 선형성 가정 *linearity hypothesis*이다. 그것은 폰 노이만-모르겐슈테른의 수치 효용 이론 *theory of numerical utility*을 직접적으로 적용한 것인데, 이렇게 주장한다. 즉, 확률상 선형적인 실수 값을 갖는 함수 *real-valued function*를 이용함으로써, 여러 가능한 결과의 상대적 효용성을 측정할 수 있다고.… 이런 주장은 규범 이론 *normative theory*으로서는 타당하지만,

기술 이론 *descriptive theory*으로서는 현실적이지 못하다고 나는 믿는다.

내쉬의 이론이 경쟁 상황을 이해하는 문제에 대한 최종 답안이 아니라는 것은 분명하다. 사실, 단순한 어떤 수학적 이론도 완벽한 답안을 제공할 수는 없다는 것을 강조하지 않을 수 없다. 경쟁 상황을 좀더 정확히 이해하기 위해서는 필수적으로, 참여자들의 심리와 그들간의 상호작용 메카니즘을 먼저 이해해야 하기 때문이다.

그러나 수십 년 후, 밀너와는 달리 경제학자들은 이 실험의 "실패"를 아주 값진 것으로 여기게 되었다. 어느 면에서 그 실험은 무심코 이루어진 것이었는데, 경제 연구의 새로운 방법을 제시하는 모델이 된 것이다. 그것은 아담 스미스가 '보이지 않는 손'을 꿈꾼 이래 2백년 동안 아무도 시도해보지 않았던 것이었다. 비록 그 실험이 인간의 두뇌 작용을 보여줄 정도로 정교한 것은 아니었지만, 사람들이 게임을 하는 방식을 관찰함으로써 연구자들은 상호작용의 요소들—신호를 보내거나 위협을 암시하는 등의 요소를 눈여겨볼 수 있었는데, 그런 요소들은 공리적으로 추출될 수 없는 것이었다.

그 실험이 끝나갈 무렵, 내쉬와 밀너의 관계는 틈이 벌어지기 시작했고, 밀너는 조지나 애버뉴 아파트에서 나와버렸다.

밀너가 오늘에 와서야 한 말에 의하면, 내쉬가 성적인 접근을 해왔다는 것이다. "나는 아주 순진해서 호모를 무척 두려워했습니다. 그것은 당시 사람들이 말하던 종류와는 다른 것이었습니다." 그러나 내쉬가 밀너에게 느꼈던 것은 사랑에 가까운 감정이었을 수도 있다. 십여 년 후, 밀너에게 보낸 편지에 내쉬는 이렇게 썼다. "사랑에 관한 라틴어 동사 변화를 나는 알고 있다. amo, amas, amat, amamus, amatis, amant. 이 가운데 2인칭 변화인 amas는 명령법이기도 하다. 사랑하라! 이 명령형을 사용하려면 그 사람은 대단히 남성적이어야 할 것이다."

19 적색분자

1953년 봄

자, 이제 내가 생각하고 있는 바는 위원 여러분들에게 대단히 흥미로울 것입니다. … 박사님 … MIT에 비정상적으로 공산주의자 비율이 높은 것이 어찌 된 영문이라고 생각하십니까? —로버트 쿤지그, 상원 비미非美 활동 특별조사위원회 HUAC, 1953년 4월 22일.

냉전은 MIT 수학과의 든든한 후견인이나 다름없었다. 그러나 곧 매카시즘이 수학과를 삼켜버릴 기세로 휘몰아쳤다—매카시즘 McCarthyism은 냉전에 따른 퇴보를 미국 내 공산주의자들의 음험한 음모 탓으로 돌린 반공 선풍으로, 1950년부터 1954년까지 미국을 강타했다.

내쉬와 그의 대학원생 친구들이 수학과 두레방에서 서로 공박하거나 게임을 하고 있는 동안, 케임브리지 일대에는 FBI 수사관들이 깔려 있었다. 그들은 쓰레기통을 뒤지고, 개인들을 감시하고, 이웃과 동료, 학생, 심지어 어린아이들에게까지 질문을 던지며 뒤를 캐고 다녔다. 그들은 MIT 수학과의 학과장과 부과장은 물론, 정교수인 더크 스트루이크 Dirk Struik까지도 제물로 삼으려고 했다—내쉬 등 MIT의 모든 사람들은 이 사실을 1953년 초에 알게 되었다. 사실 그 세 사람은 한때 미국공산당 케임브리지 지부에서 활약한 당원이거나 지도자였다. 그들은 상원의 비미활동 특별조사위원회에 소환되었다. 일종의 포위공격 상태에 놓인 수학과에서는 모든 사람이 위협을 느꼈다.

당시 내쉬로서는 은사들의 박해를 물리치는 일에 나설 수가 없었다. 자신의 징병 문제는 물론, 점점 복잡해지는 개인적 문제를 해결하기도 벅찬 상태였기 때문이다. 어쨌거나 그 사건은 내쉬를 비롯한 모든 수학자들이 살고 있는 세계가 대단히 취약하다는 경종을 울려 준 일대 사건이었다. 징병 위원회가 수학자를 지구 반 바퀴 멀리 보내버릴 수 있었던 것처럼, 상원 위원회도 아무개의 인생을 파멸시킬 수 있었다.

모든 사건은 하나의 소극笑劇에서 발단되었다. 매카시는 1950년 2월 학자들의 이름이 점점이 박힌 공산주의자 리스트를 발표했다ㅡ내쉬의 친구 로이드 셰이플리의 아버지이자 하버드 대학 천문학자인 할로 셰이플리의 이름도 들어 있었는데, 매카시는 그를 "하워드 셰이플리, 천문학자"라고 기자들에게 잘못 발표했다. 곧 빨갱이 사냥이 가속도를 얻자 과학계 전체가 뒤흔들리기 시작했다. 조사단체는 프린스턴의 솔로몬 레프셰츠도 공산주의 동조 혐의자로 지목했다. 얼마 후 로버트 오펜하이머ㅡ맨해튼 프로젝트의 총책임자이자, 미국에서 가장 존경받는 과학자이며, 고등학문연구소장ㅡ도 매카시주의자들에게 능멸당했다.

소환장을 발부할 당시, MIT가 어떻게 대응해야 할 것인지는 아무도 알 수 없었다. 다른 대학은 해당 교수를 즉각 파면하거나 정직 처리했다. 노먼 레빈슨의 아내 지포라 레빈슨은 이렇게 회상했다. "매카시즘은 일류 대학들에게 커다란 위협이었어요. 전시에 정부는 이들 대학에 돈을 쏟아 붓기 시작했는데, 이제는 연구 자금을 끊어버리겠다고 위협했지요. 그건 사활이 걸린 문제였어요." 마틴과 레빈슨은 다른 많은 사람들처럼, 실직은 물론이고 영구 블랙리스트에 올라갈 것이라고 확신했다. 레빈슨은 연관공이 되어 용광로 수선이나 해야겠다고 말했다. 조사관들은 전 공산당 당수인 얼 브로더의 세 아들을 예의 주시했다—세 아들 모두 MIT 수학과에서 공부를 마쳤거나 공부중이었고, 장학금 수령자들이기도 했다.

레빈슨 부인은 이렇게 회상했다. "MIT는 발칵 뒤집혔어요. 교수들은 토론하고 또 토론했지요. 어떻게 하면 MIT가 애국적인 대학이라는 것을 입증할 것인가 하고 말예요. 연루자들의 이름을 대라는 압력은 점점 가중되고 있었죠." MIT의 총장이며 소문난 진보주의자인 칼 콤턴은 중국 혁명의 지지자이자 장개석 비판자라는 것이 드러나서, 자기도 곧 소환될 거라는 생각을 떨칠 수 없었다. 총장은 보스턴 법률회사의 아이비리그 출신 변호사들을 명목상의 수임료로 고용해서 마틴과 레빈슨 등의 교수들을 변호하도록 했다. 마틴과 레빈슨이 증언을 강요당한 1953년 4월, MIT 대학신문인 〈더 테크 *The Tech*〉는 관련 기사를 하루 단위로 보도했고, 캠퍼스에서는 반-매카시 감정이 고조되었다.

수사관들은 레빈슨과 마틴의 공산당원 전력과 비밀 국방 연구 사이에 연결 고리를 짜 맞추려고 안간힘을 다했는데, 그런 고리는 존재 가능성이 거의 없었다. 그들은 종전과 더불어 공산당과 결별을 했기 때문이다. FBI 수사관들이 내쉬나 다른 교수 또는 학생들을 상대로 탐문조사를 했다는 증거는 없다. 수학과의 대학원생들과 소장 교수들은 옆에 비켜선 채, 고참 교수들의 삶과 경력, 가정, 심지어 자동차 보험까지 박탈당하는 것을 지켜볼 수밖에 없었다. 레빈슨 부인의 회상에 의하면, "그 무렵 젊은 학자들은 미래의 전망과 직업에 대해 낙관론을 지니고 있었다. 그래서 내쉬를 포함한 젊은 학자들은 고참 교수들을 지나치게 감싸고 나설 수가 없었다. 그들은 겁이 났고, 서로 거리를 두기 시작했다."

마틴과 다른 여러 교수들은 과거 공산당 관련자들의 이름을 댔다. 노먼 레빈슨은 이미 이름이 알려진 사람을 제외하고는 어떤 이름도 대지 않았다. 레빈슨 부인은 이렇게 회상했다. "제 남편 노먼은, 테드와 이지 아마더 부부가 수사에 협조하리라는 것을 알았어요. 그들은 이름을 죄다 불었죠. 노먼은 공산당에 대해서는 솔직히 말하겠지만, 동료들 이름은 대지 않겠다고 말했어요. 변호사도 노먼에게 이름을 댈 필요가 없다고 했지요. 그이는 정부 조사에 협력했지만 결코 어떤 이름도 대지 않았어요." 마틴은 겁을 집어먹고 딱한 행동을 했다. 이와는 대조적으로, 레빈슨의 증언은 수학계의 한 기둥으로서 지녀야 할 지성과 인품이 어떠해야 하는지를 감동적으로 보여주었다. 레빈슨은 직접적인 질문에 대해서는 힘차면서도 웅변적인 답변을 했다. 그는 공산당에 들어가게 된 청년기의 이상주의를 옹호하는 한편, 공산주의의 지적 빈곤성을 공격했고, 공산주의가 미국에 위협이 된다는 위원회의 가정에 암묵적인 의문을 던졌다. 그는 과거 공산당 동료였던 자들의 사냥개 행각을 당당히 성토했고, 얼 브로더의 맏아들 펠릭스 브로더를 블랙리스트에 올리는 행위를 위원회가 반대해달라고 당당히 요구했다—당시 박사학위를 받은 펠릭스는 아버지의 전력 때문에 교수직을 얻을 수 없었다.

MIT의 지원 덕분에 레빈슨 등의 교수들은 일자리를 지킬 수 있었다. 그러나 몇 달씩이나 괴롭힘과 위협의 나날이 계속된 이 사건으로 인해 관련자 모두가 깊은 상처를 받았다. 특히 마틴은 산산조각이 나서 깊은 우울증에 빠졌고, 45년 가까이 지난 훗날에도 그 일을 입에 담으려 하지 않았다. 당시 중학교에 다닌 레빈슨의 둘째 딸은 정신쇠약에 걸려 조울증 진단을 받았다. 레빈슨 부부는 딸아이의 발병에 FBI도 한몫을 했다고 비난했다. 주변에 서 있어서 특별한 외상을 입지 않은 사람들도 중요한 교훈을 얻었다. 즉, 그들이 너무나 당연시했던 세계가 실은 위험할 정도로 취약하며, 통제할 수 없는 힘 앞에서는 너무나 무력하다는 것을 깨달았던 것이다.

대학원생들은 수학자들이 정부와 협조하기로 결정한 일이 도덕적으로 옳은 일인가에 대해 열띤 토론을 했지만, 내쉬는 그런 토론에 끼여들지 않았다. 그가 보기에는 어떠한 도덕성 토론도 위선의 유령을 불러올 뿐이었다. 그러나 그 분노와 공포, 혼돈의 시대는 후일 그에게 출몰할 박해하는 유령들 일부를 미리 만들어놓은 셈이었다.

기하학

> 수학적 업적에는 두 가지가 있다.
> 수학사적으로 중요한 업적과,
> 다만 인간 정신의 승리인 업적이 그것이다.
> —폴 코언, 1996

1953년 봄, 시카고 대학의 수학자 폴 핼모스는 오랜 친구이자 내쉬의 MIT 동료인 워렌 앰브로스로부터 다음과 같은 편지를 받았다.

늘 그렇듯, 이곳엔 특별한 뉴스가 없다네. 다만 마틴이 내쉬를 조교수로 임명하려고 해서 나는 꽤 화가 났지(일리노이 주의 내쉬가 아니고, 스틴로드가 가르친 프린스턴의 내쉬 얘길세). 내쉬는 유치하면서도 똑똑한 친구인데 "근본적으로 독창적"이길 바란다네. 어떤 근본적인 독창성을 지닌 사람에게는 걸맞은 바람이겠지. 내쉬는 또 그런 철학과는 상반되게, 갖가지 방식으로 자신을 바보로 만들고 있다네. 그는 최근에 리만 다양체를 유클리드 공간에 등거리 사상으로 매장하는 것에 관한 미해결 문제가 있다는 말을 듣고, 그 문제가 노력을 기울일 만한 가치가 충분하다면 자기한테 제격인 문제라고 생각했지. 그래서 수학계의 모든 사람에게 정말 그런지 자문을 구하는 편지를 써 보내서, 아마 그럴 거라는 답을 들었다네. 그러자 자세한 것은 나중에 발표하겠다면서 자기가 그 문제를 이미 풀었다는 것을 공표해달라고 했다네. 그리고 매키에게는 하버드 세미나에서 그것을 발표하고 싶다고 했지. 그러는 한편 레빈슨을 찾아가서 자신의 해법과 관련된 미분방정식에 대해 물었는데, 레빈슨은 그게 편미분 방정식이니까 좀더 간단한 상미분 방정식으로 바꾼다면 꽤 좋은 논문이 될 거라고 대답했다더군. 그런데 내쉬는 그 모든 것을 막연하게만 생각하고 있더라는 걸세. 그래서 그가 아무런 해법도 얻지 못할 거라는 것이 중론이지. 내쉬가 자기보다 통찰력이 못하다고 생각했던 사람들은 오히려 내쉬를 바보라고 생각해왔는데, 이번 일 때문에 내쉬는 더욱 바보라는 소리를 듣게 될 걸세. 그러나 우리는 그의 실체를 알았으니, 진짜 수학자 한 명을 얻었을 가능성을 훌훌 털어버릴 수 있게 되었지. 그는 똑똑한 친구지만 지독하게 거들먹거리고, 유치하기가 워너 같고, 경솔하기는 X 같고, 설치기는 Y 같고, 제멋대로이기는 X와 Y를 합친 것 같지.

앰브로스가 내쉬를 미더워하지 않고 화를 낸 데에는 충분히 그럴 만한 이유가 있었다.

30대 후반의 앰브로스는 침울하고, 성격이 격하고, 약간은 좌절한 수학자였으며, 위 편지가 보여주듯 냉소적인 유머로 가득 차 있었으며, 과격하고 비순응적이기도 했다. 그는 세 번 결혼했고, "나는 왜 무신론자인가?"에 관한 강연을 하기도 했다. 한번은 아르헨티나에서 경찰과 대치한 좌익 시위자들을 도와주려다가 구타를 당하고 투옥된 적도 있었다. 또 재즈광이었고, 찰리 파커와 가까운 친구였으며, 트럼펫 연주자였다. 잘생긴 얼굴에, 체구가 건장했고, 권투선수처럼 코가 부러졌다—엘리베이터에서 당한 사고의 결과였다. 그래서 수학과에서 가장 인기 있는 교수 가운데 한 명이었는데, 내쉬와는 처음부터 충돌했다.

"나는 단순한 사람이라서, 그것을 이해하지 못하겠습니다"라는 식으로, 그는 일부러 우둔한 인상을 주려는 계산된 행동을 하곤 했다. 로버트 오맨은 이렇게 회상했다. "어느 날 앰브로스가 강의실에 들어왔을 때, 한쪽 구두끈이 풀려 있었습니다. '오른발 구두끈이 풀려 있는 거 아세요?' 하고 우리가 물었지요. '이런, 젠장, 왼발 구두끈을 매고서 오른쪽은 대칭상 당연히 매진 줄 알았지' 하고 그는 말하더군요."

수학과의 원로교수들은 대부분, 내쉬의 혹평이나 망아지 같은 처신에 아랑곳하지 않았다. 앰브로스는 달랐다. 곧 티격태격하는 라이벌 의식이 움텄다. 앰브로스는 무엇보다도 꼬치꼬치 따지는 것으로 유명했다. 그의 칠판 글씨는 너무 빽빽해서, 그의 조수 하나는 필기를 포기하고 아예 사진을 찍었다. 내쉬는 꼼꼼하게 한 단계씩 설명을 늘어놓는 것을 싫어해서 앰브로스를 조롱거리로 삼았다. 앰브로스가 세미나 도중 칠판에 판서를 하면, 내쉬는 그것이 역겨운 나머지 세미나실 뒤쪽에서 "핵, 핵 *Hack*"하고 중얼거렸다.

내쉬는 여러 차례 앰브로스에게 짓궂은 장난을 쳤다. 그는 어느 날 이런 게시문을 내걸었다. "'진짜' 수학 세미나! 매주 목요일 오후 2시 두레방에서." 목요일 오후 2시는 앰브로스가 대학원에서 해석학을 가르치는 시간이었다. 또 한번은, 앰브로스가 하버드 수학과 세미나에서 강연을 한 다음, 내쉬는 연단의 앰브로스에게 커다란 빨간 장미 꽃다발을 전하게 했다. 마치 앰브로스가 갈채받는 발레리나라도 되는 것처럼.

앰브로스도 반격을 가했다. 내쉬가 필기판에 적어 책상 위쪽에 걸어놓은 "할 일" 목록에 "나를 엿먹이자 *Fuck Myself*"라고 앰브로스는 써놓았다. 내쉬가 다른 수학자들을 끊임없이 업신여기는 발언을 한다고 '내쉬 *Gnash*'라는 별명을 붙여준 것도 그였다. 또 어느 날 두레방 토론에서, 쓸데없이 억척스럽게 일하는 사람 *hacks*과 빈둥거리는 사람을 통렬히 비난하자 앰브로스가 역겹다는 듯이 말했다. "자네가 그토록 우수하다면, 다양체 매장 문제 *embedding problem for manifolds*를 직접 풀어보지 그래?"—그것은 리만이 제기한 이래 풀리지 않고 있는 악명 높은 문제였다.

그래서, 내쉬는 풀었다.

2년 후 시카고 대학 강의에서 내쉬는 자신의 첫 중요 정리를 설명하며 이렇게 말문을 열었다. "이 정리를 만든 것은 내기 때문이었습니다." 이런 말은 내쉬가 어떤 사람이었는지를 잘 보여준다. 그는 수학을 어떤 거대한 체계가 아닌, 도전적인 문제들의 집합이라고 본 수학자였다. 수학자를 분류하면, 문제 해결자와 이론가로 나눌 수 있는데, 내쉬는 기질상 문제 해결자에 속했다. 그는 게임 이론가도, 해석학자도, 대수학자도, 기하학자도, 위상수학자도, 수리물리학자도 아니었다. 다만 그는 이들 학문 분야에서 근본적으로 아무도 업적을 달성하지 못한 영역에 가늠자를 맞추었다. 뭔가 발언할 수 있는 흥미로운 문제를 발견하는 것, 그것이 그에게는 중요한 것이었다.

앰브로스와 내기를 하기 전에 내쉬는 그 문제를 해결하면 자신에게 얼마나 영광이 돌아오는지를 확실히 알고 싶어했다. 그는 여러 방면의 전문가들에게 그 문제의 중요성을 문의했다. 그뿐만이 아니라, 무어 강사였던 펠릭스 브로더의 말에 의하면 내쉬는, 그 문제를 아직 실제로 풀지는 않았지만 오래 전에 이미 [직관으로] 해결한 적이 있다고까지 주장했다. 내쉬와 마주친 하버드의 한 수학자가 사실을 묻자, 내쉬는 이렇게 둘러댔다고 한다. "나는 그 문제가 정말 작업할 만한 가치가 있는지 알아보고 싶었던 겁니다."

1995년 조셉 콘은 이렇게 말했다. "당시에는 어디서나 다양체 얘기만 했습니다. 두레방에서 앰브로스가 내쉬에게 한 질문은 정확하게 이런 것이었습니다. 유클리드 공간에 리만 다양체를 매장하는 것이 가능한가?"

이것은 기하학 기초에 관한 "심오한 철학적 질문"이다. 지난 세기에 미분기하학 *differential geometry* 분야에 종사한 사실상의 모든 수학자들—리만, 힐버트, 엘리-조제프 카르탕 *Elie-Joseph Cartan*, 헤르만 바일 등—이 자문해왔던 것이기도 하다. 루트비히 슐레플리 *Ludwig Schläfli*가 1870년대에 최초로 명쾌하게 제기한 이 질문은, 과거에 제기되었던 다른 여러 문제가 진보함에 따라 자연스럽게 진화한 질문인데, 19세기 중반에 제기되기 시작해 부분적으로는 답이 도출되어 있다. 먼저 수학자들은 곡선을 공부하고, 이어 곡면을 연구한 다음, 마지막으로는 리만 덕분에, 고차원의 기하학적 대상을 연구한다. 병약한 독일 천재 리만은 19세기의 가장 위대한 수학자 가운데 한 사람인데, 유클리드 공간 속에서 몇 가지 다양체의 사례를 발견했다. 그러나 다양체가 큰 관심의 대상이 된 것은 1950년대 초에 들어와서였다. 그 이유는 부분적으로, 아인슈타인의 상대성 이론에서 휘어진 공간과 시간 관계가 지닌 중요한 역할 때문이라고 할 수 있다.

노벨상 수상 약전에서 내쉬가 매장 문제를 언급한 것을 보면, 그 문제를 해결하는 것이 노력에 걸맞은 가치가 있는 일인지를 확인하고 싶어한 이유가 암시되어 있다. "이 문제는 비록 고전이지만, 중요 문제로 언급되는 일이 별로 없었다. 예를 들면 4색 추측 *four-color conjecture*처럼 널리 회자되지 않았던 것이다."

매장은 어떤 기하학적 대상을 어떤 차원의 어떤 공간 속에 집어넣는 것―좀더 정확하게 말하면, 그 공간의 부분공간으로 만드는 것―이다. 풍선의 곡면을 예로 들어보자. 우리는 이것을 2차원 공간인 칠판 면에 집어넣을 수 없다. 그러나 3차원 혹은 더 고차원 공간의 부분공간으로 만들 수는 있다. 이제 좀더 복잡한 대상인 클라인 병 *Klein bottle*의 경우를 들어보자. 클라인 병은 뚜껑과 바닥을 잘라낸 양철 깡통 같은 것의 윗부분을 잡아 늘려서 옆에 뚫은 구멍 속으로 집어넣어 밑부분과 연결시킨 것이다. 이 물체를 3차원 공간에서 만들어보면, 겹치는 면이 생긴다. 이것이 수학적 관점에서는 좋은 게 아닌데, 겹친 면 부근이 이상하고 불규칙하게 보이기 때문이다. 그런 이유로 집어넣는 부분의 거리와 변화율 등 다양한 속성을 계산하려는 시도가 어렵게 된다. 그러나 이 클라인 병을 4차원 공간에 넣으면 겹치는 부분이 생기지 않는다. 3차원 공간에 넣어진 공처럼, 4차원 공간 속의 클라인 병은 완벽하게 단정한 모습의 다양체가 된다.

내쉬의 정리는 매끄러움 *smoothness*의 특성을 갖는 어떤 종류의 곡면도 유클리드 공간에 매장될 수 있다는 것이다. 그는 손수건 같은 다양체를 전혀 비틀지 않고 접을 수 있음을 입증했다. 내쉬의 정리가 진실일 거라고 기대한 사람은 아무도 없었을 것이다. 사실상 누구나 그것이 틀렸다고 생각했을 것이다. "그것은 믿어지지 않는 독창성을 보여주었다"고 미하일 그로모프는 말했다. 그는 내쉬의 작업을 기초로 한 〈편미분 관계 *Partial Differential Relations*〉라는 책을 쓴 기하학자인데, 이어서 이렇게 말했다.

우리들 다수는 기존 아이디어를 발전시키는 능력을 지니고 있다. 우리는 남들이 닦아놓은 길을 간다. 그러나 우리들 대부분은 내쉬가 만들어낸 것에 비견되는 어떤 것도 만들어낼 수 없다. 그것은 번개가 치는 것과 같다. 심리학적으로 볼 때, 그가 무너뜨린 장벽은 참으로 환상적인 것이다. 그는 편미분 방정식을 보는 관점을 완전히 일변시켰다. 최근 수십 년 동안 조화에서 혼돈으로 옮겨가는 경향이 이어져왔다. 내쉬는 혼돈이 바로 코앞에 와 있다고 앞서 말한 사람이다.

존 콘웨이 *John Conway*는, 초실수 *surreal numbers*를 발견하고 생명 게임 *the game of life*을 고안해낸 프린스턴의 수학자인데, 내쉬의 성과를 가리켜 "금세기 가장 중요한 수학적 해석의 하나"라고 말했다.

내쉬가 게임 이론에 접근한 것이 폰 노이만에 대한 직접적인 도전이었던 것처럼, 당시 유행하던 다양체 문제에 대한 접근도 고의적인 도전이었다고 할 수 있다. 당시 앰브로스도 그런 다양체를 고도로 추상적이고 개념적인 관점에서 묘사하려는 작업을 하고 있었다. 1950년대 중반에 내쉬와 가까이 지낸 독일의 젊은 수학자 위르겐 모저 *Jürgen Moser*는 이렇게 말했다. "내쉬는 수학자들이 추상적이고 개념적으로 접근하는 스타일을 매우 싫어했습니다. 내쉬가 보기에 그것은 뚱딴지 같은 접근이었습니다. 그런 다양체는 고차원 유클리드 공간의 부분다양체 *submanifold*에 불과했기 때문에 내쉬는 그런 접근이 전혀 불필요하다는 것을 입증하려고 했습니다."

이보다 더 중요한 내쉬의 업적은, 결과를 도출해내는 강력한 테크닉을 만들어낸 것이라고 할 수 있다. 자신의 정리를 증명하기 위해서 내쉬는 일견 극복 불가능한 장애에 맞닥뜨려야 했다. 기존의 방식으로는 해결 불가능한 일단의 편미분 방정식을 풀어야 했기 때문이다.

그러한 장애는 많은 수학적, 물리학적 문제에서도 나타난다. 앰브로스의 편지에 따르면, 레빈슨이 내쉬에게 지적해준 것도 바로 그러한 어려움이었다. 그것은 많고 많은 문제들, 특히 비선형 문제에서 나타나는 어려움이기도 하다. 방정식을 푸는 데 있어서 전형적으로 주어지는 것은 어떤 함수인데, 주어진 함수의 미분계수 *derivatives*로 환산하여 추산된 해법의 미분계수를 찾게 된다. 내쉬의 해법이 놀라운 것은 선험적 추산이 미분계수를 잃어버린다는 것이다. 이런 방정식을 처리하는 방법을 아는 사람은 아무도 없다. 내쉬는 방정식의 근을 찾기 위해 새로운 반복법 *iterative method*, 즉 일련의 숙련된 추측 절차를 고안해서, 미분계수의 상실을 상쇄할 수 있는 평활기법 *technique for smoothing*을 반복법과 결합시켰다.

뉴먼은 내쉬를 가리켜 "매우 시적인, 색다른 사상가"라고 말했다. 위의 예에서 보듯, 내쉬는 19세기 미적분의 고전적 산물인 기하학 도형이나 대수 조작이 아닌, 미분학 *differential calculus*을 사용했다. 이 기법은 오늘날 내쉬-모저 정리 *Nash-Moser theorem*라고 불린다. 하지만 내쉬가 이 정리의 최초 창안자라는 사실에는 의심의 여지가 없다. 위르겐 모저는 내쉬의 테크닉을 변용해서 천체역학—행성의 움직임—에 적용했는데, 특히 그 테크닉은 주기궤도 *periodic orbits*의 안정성을 확립하는 데 적용되었다.

내쉬는 그 문제를 두 단계로 해결했다. 그는 매끄러움을 무시해버리면 3차원 공간에 리만 다양체를 매장할 수 있다는 것을 발견했다. 말하자면, 그 물체를 구겨버리면 되는 것이다. 그것은 주목할 만한, 이상하고도 흥미로운 해법이었는데, 수학적 호기심의 대상이 되기도 했다. 수학자들은 주름살이 없는 매장, 즉 다양체의 매끄러움이 보존되는 매장에만 관심이 있었다.

내쉬는 자전적 에세이에 이렇게 썼다.

> MIT에서 대화 도중 매장 가능성의 문제가 미해결이라는 얘기를 듣고 나는 연구에 착수했다. 매장 가능성에 대한 기이한 결과를 얻음으로써 첫 번째 돌파구가 마련되었다. 즉, 제한된 매끄러움만 갖는 매장을 용인하기만 하면, 놀라울 정도의 저차원 포위 공간 *low-dimensional ambient spaces*에서도 매장이 실현 가능하다는 결과를 얻은 것이다. 그리고 나중에 "신중한 해석"을 동원해, 좀더 적당한 수준의 매끄러움을 유지하는 매장이라는 견지에서 문제가 해결되었다.

내쉬는 당초의 "기이한" 결과를 프린스턴 대학 세미나에서 제시했다. 그때가 1953년 봄인 듯한데, 앰브로스가 핼모스에게 통렬한 편지를 써 보낸 것과 비슷한 시기였다. 세미나에는 에밀 아틴도 나왔다. 그는 노골적으로 의문을 토로했다.

"그래, 좋긴 좋은데, 매장 정리는 어떻게 됐나?" 아틴이 말했다. "자네는 정리를 얻지는 못할 걸세."

"다음 주에 될 겁니다." 내쉬가 맞받았다.

어느 날 밤, 아마도 세미나장으로 가기 위해, 내쉬는 급히 차를 몰았다. 폴디 플라토 *Leopold "Poldy" Flatto*가 브롱크스까지 가기 위해 그 차에 동승했다. 다른 모든 대학원생들과 마찬가지로 플라토도 내쉬가 매장 문제를 연구하고 있다는 것을 알고 있었다. 플라토는 내쉬를 약올려서 반응을 떠볼 속셈으로 제이콥 쉬워츠 *Jacob(Jack) Schwartz*를 들먹였다. 내쉬도 약간은 알고 있던 예일대의 그 젊은 수학자도 그 문제를 연구하고 있다는 것이었다.

내쉬는 갑자기 동요하기 시작했다. 그는 운전대를 거머쥔 채 거의 고함을 지르다시피 외쳤다—쉬워츠가 그 문제를 해결했다는 거야 뭐야 하고. "나는 그런 말 하지 않았어요." 플라토가 말했다. "나는 단지 그가 연구중이라는 말을 들었다고 말했을 뿐이에요."

"연구중이라고?" 내쉬는 그제야 긴장을 풀었다. "그렇다면 염려할 것 없어. 그 친구는 나만큼 통찰력이 뛰어나지 못하니까."

사실 쉬워츠도 같은 문제를 연구하고 있었다. 후일 내쉬가 해법을 내놓은 후, 쉬워츠는 음함수 *implicit-function* 정리에 관한 책을 써냈다. 그는 1996년에 이렇게 회상했다.

나는 독자적으로 그 문제의 반은 풀었는데, 나머지 반은 풀지 못했습니다. 모든 곡면이 정확하게 매장될 수는 없다는 취지의 개략적 명제를 세우기는 쉽지만, 그건 자의적인 결론으로 끝나버릴 수 있어요. 나도 그런 아이디어를 생각해내고 쉬운 쪽 절반의 증명은 하루 만에 만들어낼 수 있었습니다. 그러나 곧 기술적 어려움이 있다는 것을 깨달았습니다. 그후 한 달 동안 매달렸지만 진전을 볼 수가 없었어요. 나는 완전히 돌담에 부딪쳤습니다. 어째야 할지 모르겠더군요. 내쉬는 맹렬한 투지와 놀라운 끈기로 2년 동안이나 그 문제에 매달려 마침내 그 돌담을 뚫은 것입니다.

매주 내쉬는 레빈슨의 사무실을 찾았다. 프린스턴에서 스펜서를 찾아간 것과 같은 식이었다. 그는 레빈슨에게 작업 결과를 보고했고, 레빈슨은 그것이 왜 쓸모 없는지를 지적했다. 동료 무어 강사였던 이사도어 싱어는 이렇게 회상했다.

> 그는 레빈슨에게 해법을 보여주곤 했습니다. 처음 몇 번은 완전히 틀린 것이었죠. 그러나 그는 포기하지 않았습니다. 그는 그 문제가 다가갈수록 더 어렵다는 것을 알고 더욱 많은 시간을 바쳤습니다. 그는 그저 자기가 얼마나 훌륭한 수학자인지 과시하려고 그 문제에 뛰어들던 것인데, 문제가 예상보다 훨씬 더 어려운 것으로 판명되었는데도 결코 포기하지 않았어요. 그는 점점 더 그 문제에 몰입했습니다.

어떤 사람은 어려운 문제를 풀었는데, 마찬가지로 유능한 다른 사람은 풀지 못한 이유가 무엇인지를 알 길은 없다. 단거리 주자처럼 문제를 재빨리 풀었던 천재들도 많았다. 내쉬는 장거리 주자였다. 내쉬가 지난날 폰 노이만에게 도전해서 게임 이론에 접근했다면, 이제는 거의 1세기 동안 당연시된 지혜에 도전했다. 무엇이 가능하고 무엇이 불가능한지, 모든 사람이 다 알고 있다고 믿었던 고전적인 영역에 뛰어든 것이다. "그런 문제에 도전하려면 엄청난 용기가 필요하다." 스탠퍼드의 수학 교수이자 필즈 메달 수상자인 폴 코언 *Paul J. Cohen*이 한 말이다. 내쉬의 유년 시절에도 탐지되었지만 이제는 뚜렷하고 변치 않는 개성으로 자리잡은 특질들—고독을 견디는 힘, 자신의 직관에 대한 굳은 믿음, 세상의 비난에 대한 무관심—이 그에게 큰 도움이 되었다. 그는 습관적으로 열심히 일했다. MIT 사무실에서 주로 저녁 10시부터 새벽 3시까지 일했는데, 주말에도 마찬가지였다. 그러면서 그는 "자신의 정신과 지극한 자신감 이외에는 다른 것을 참조하지 않았다"고 한 목격자는 말했다. 쉬워츠는 그것을 가리켜 "돌이 부서질 때까지 줄기차게 벽을 가격하는 능력"이라고 말했다.

모저는 그 문제에 대한 내쉬의 집요한 공략을 더없이 웅변적으로 이렇게 묘사했다.

> [레빈슨이 지적한] 그런 난점에 봉착했을 때, 정신이 올바로 박힌 사람이라면 누구나 맥이 풀려서 그 문제를 포기하고 말았을 것이다. 그러나 내쉬는 달랐다. 그가 어떤 예감을 갖기만 하면, 어떠한 인습적인 비판도 그를 막지 못했다. 그에게는 배경지식이 전혀 없었다. 그건 정말 섬뜩한 일이었다. 배경지식도 없는 사람이 어떻게 그것을 해낼 수 있었는지 정말 이해할 수가 없다. 그런 정신력, 그런 맹목적인 정신력을 가진 사람을 나는 달리 본 적이 없다.

내쉬는 1954년 10월 〈수학 연대기〉의 편집자들에게 그 원고를 제출했다. 편집자들은 그 논문을 어떻게 처리해야 할지 난감했다. 그것은 전혀 수학 논문 같지 않았다. 단행본처럼 두꺼웠고, 타이핑하지 않고 손으로 썼고, 혼란스러웠다. 또한 수학자보다는 공학자에게 더 익숙한 개념과 용어를 사용하고 있었다. 그래서 편집자들은 그것을 브라운 대학의 수학자 허버트 페더러 *Herbert Federer*에게 보냈다—페더러는 오스트리아에서 태어나 나치를 피해 미국으로 건너온 사람인데, 곡면 면적 이론 *surface area theory*의 개척자였다. 그는 34세밖에 되지 않았지만 안목이 뛰어나고 감각이 탁월한 것으로 이미 이름이 높았는데, 까다로운 논문의 검토도 마다하지 않았다.

수학은 흔히 가장 외로운 학문으로 묘사되는데, 아주 타당한 말이다. 그러나 어떤 진지한 수학자가 중요 문제의 해법을 발견했다고 주장하면, 적어도 한 명의 다른 진지한 수학자가, 때로는 여러 수학자가, 몇 주 동안, 때로는 몇 달 동안 자기 일을 제쳐놓고 그 해법을 검토한다—그것은 수백 년 걸쳐 내려온 유구한 전통이다. 페더러의 과거 공동연구자가 말했듯이, 그 전통은 "해법을 검증해서 모든 것을 분명히 하기" 위한 것이다. 내쉬의 원고는 페더러에게 아주 까다로운 수수께끼를 제공했고, 페더러는 의욕적으로 검토에 매달렸다.

여러 달에 걸쳐 저자와 검토자 사이에 협력이 이루어졌다. 수많은 서신 교환, 수많은 전화 통화, 수많은 수정안 작성이 뒤를 이었다. 내쉬는 이듬해 여름이 끝날 때까지 수정된 논문을 제출하지 않았다. 그가 페더러에게 보낸 감사의 말은 내쉬의 기준에서 볼 때 파격적인 것이었다. "나는 페더러에게 큰 빚을 졌다. 초고 논문의 혼란을 개선시킬 수 있었던 것은 대부분은 페더러 덕분이라고 할 수 있다."

내쉬가 시카고 대학에서 자신의 매장 정리를 강연했을 때 청중들은 충격을 받았다. 당시 시카고 대학의 방문교수였던 아르망 보렐 *Armand Borel*은 1995년에 이렇게 회상했다. "처음에는 아무도 그의 증명을 믿지 않았습니다. 사람들은 대단히 회의적이었어요. 그것은 하나의 [매력적인] 아이디어 같기는 했습니다. 하지만 테크닉이 동반하지 않으면 회의적일 수밖에 없지요. 누구나 비전을 꿈꾸기는 하지만, 대부분 뭔가를 빠뜨리기 마련입니다. 사람들은 공개적으로 공박하지는 않았지만 개인적으로 수군거렸습니다." (내쉬는 부모에게 보낸 편지에서 "이야기가 잘되어 간다"고만 간단하게 보고했다.)

MIT에서 수학과 철학을 가르친 교수 지안-카를로 로타는 보렐의 얘기를 재확인했다. "그 문제에 정통한 전문가 한 사람이 내게 이렇게 말하더군요. 만약 자기가 지도하는 대학원생이 그런 이상한 아이디어를 내놓았다면 당장 연구실에서 쫓아냈을 거라고 말입니다."

그 해답이 너무나 뜻밖이고, 내쉬의 방법이 너무나 새로웠던 탓에, 전문가들조차도 그가 해낸 것을 이해하기가 너무나 어려웠다. 내쉬는 자기 논문들을 MIT 두레방에 놓아두곤 했다. 당시의 한 대학원생은 앰브로스와 싱어, 구라니시 마사다케 *Kuranishi Masatake*(후일 내쉬의 결과를 활용한 컬럼비아 대학의 수학자)가 서로 내쉬의 결과를 설명하려고 장시간 혼란스러운 토론을 벌였지만 그리 성공하지 못했다는 사실을 회상했다.

잭 쉬워츠는 이렇게 회상했다.

> 내쉬의 해법은 새로웠을 뿐만 아니라 신비했습니다. 이상한 여러 부등식이 신비스러운 한 집단으로 모여 있는 격이었죠. 나는 그것을 설명하면서 그게 어떻게 된 것인지를 살펴보다가, 일반화가 가능하다는 것을 알고, 추상적으로 전개해 보았습니다. 그래서 나는 내쉬가 다룬 특정 상황이 아닌 다른 상황에서도 적용할 수 있다는 것을 깨달았습니다. 그러나 나도 그 해법을 속속들이 이해하지는 못했습니다.

후일, 취리히의 수학 교수이자 국제수학연맹의 전 회장이었던 하인츠 호프 *Heinz Hopf*가 뉴욕에서 내쉬의 매장 정리에 대해 강연을 한 적이 있었다. 그는 "작은 체격의 대인大人이며, 다정하고, 따스한 광채를 발산하며, 미분기하학에 대해서는 모르는 것이 없는 사람"이었다. 호프의 강연은 수정처럼 명료한 것으로 유명했다. 그의 강연을 들은 모저는 이렇게 회상했다. " '마침내 이제야말로 내쉬가 무엇을 해냈는지 이해할 수 있겠구나' 하고 우리는 생각했습니다. 호프는 당연히 내쉬의 결과에 대해 회의적이었습니다. 하지만 그는 오히려 내쉬의 업적을 입증해준 중요한 증인이 되어버렸습니다. 강연이 계속되면서, 원 세상에, 호프조차도 갈피를 잡지 못한 겁니다. 그는 완전한 그림을 전달할 수 없었어요. 완전히 압도당해 버린 거죠."

몇 년 후, 위르겐 모저는 내쉬에게, 레빈슨이 지적한 난점을 어떻게 극복했는지 설명해달라고 부탁했다. "나는 내쉬에게서 뭘 알아내지 못했습니다. '이걸 잘 통제해야 해. 그걸 조심해야 해' 하며 그는 손을 휘두르며 말했는데 애매하기만 했어요. 도대체 종잡을 수가 없었지요. 하지만 글로 쓴 그의 논문은 완벽하고 정확했습니다." 페더러는 내쉬의 논문을 편집해서 읽기 쉽게 만들었을 뿐만 아니라, 수학계를 상대로 내쉬의 정리가 정확하다는 것을 설득한 최초의 인물이었다.

1953년 초, 마틴이 내쉬를 조교수로 임명하자고 깜짝 제안을 하자, 수학과의 18명 교수들 사이에 폭풍 같은 논쟁이 벌어졌다. 내쉬를 가장 강력하게 지지한 사람은 레빈슨과 위너였다. 워렌 앰브로스와 유명 위상수학자 조지 화이트헤드 같은 사람들은 반대했다. 무어 강사직이 정규 교수를 확보하기 위한 취지로 만들어진 것이 아니라는 이유에서였다. 무엇보다도 내쉬는 강사 시절 첫 1년 반 동안 적을 많이 만들었고 친구는 적었다. 동료들을 무시하는 태도와 어설픈 강의 태도도 불리하게 작용했다.

그러나 내쉬를 반대한 사람들은 주로, 그가 교수 임용에 걸맞은 업적을 내놓지 못했다는 생각을 지니고 있었다. 화이트헤드는 이렇게 회상했다. "그는 큰소리만 쳤습니다. 그래서 우리는 그가 큰소리에 걸맞은 업적을 내놓지 못할 거라고 확신했습니다." 당연히 워렌 앰브로스의 생각도 그랬다. 내쉬를 지지한 사람들도 그 점에 대해서는 자신할 수 없었다. 플라토는 레빈슨의 사무실에 들린 내쉬를 본 적이 있는데, 그때 내쉬는 레빈슨에게 자신의 매장 논문을 읽어보았느냐고 물었다. 그러자 레빈슨은 이렇게 대답했다. "사실을 말하자면, 나는 판단을 내려줄 수 있을 만큼 이 분야의 배경 지식이 든든하지 못하다네."

내쉬가 마침내 매장 정리에서 성공을 거두자, 앰브로스는 훌륭한 수학자이자 믿음직한 인간이라면 어떻게 행동해야 하는지를 보여주었다. 그의 박수소리는 그 누구보다도 컸다. 두 사람 사이의 농담은 한결 다정해졌다. 그 밖에도 앰브로스는 내쉬의 휘파람 소리가 더없이 순수하고, 더없이 아름답다고 음악가 친구들에게 열렬히 말하곤 했다.

Part 2 >>>

Separate Life
분열된 삶

특이점 21

> 내쉬는 그 모든 분열된 삶을 꾸려가고 있었다.
> 완전히 분열된 삶을.
> —아더 매턱, 1997

마사, 존 시니어, 존 주니어, 버지니아, 1954년 여름, 로아노크

내쉬는 유년과 청소년, 그리고 눈부신 대학 시절 내내 주로 머리 속에서만 사는 사람 같았다. 사람들을 결속하는 정서적 호소력에는 면역이 된 사람 같았던 것이다. 그의 주된 관심사는 사람들이 아니라 모형들 *patterns*이었다. 그에게 가장 절실한 것은, 자기 내면과 외부세계의 카오스에 의미를 부여하는 것이었다―그는 그 카오스를 최대한 이용해 자신의 강력하고 겁 없고 비옥한 정신의 원천으로 삼음으로써 의미를 부여했다. 그가 보통 사람의 욕구를 분명 결여했다는 사실은 오히려 그가 유일무이한 존재라는 것을 확실하게 해줌으로써 그에게 자부심과 만족감을 주었다. 그는 자신을 합리주의자이자 자유 사상가이고, 우주선 '엔터프라이즈 호'의 스폭 *Spock* 같은 사람이라고 생각했다. 그러나 이제 성인으로 접어들자, 그런 자유로운 퍼소나 *persona*(타인에게 나타나 보인 외면적 개성)는 부분적으로 허구이거나, 적어도 부분적으로 무용지물이 된 것으로 보였다. MIT에서 첫해를 보낼 때, 그는 자기가 여느 사람과 똑같은 소망을 지니고 있다는 것을 깨달았다. 지적이고, 유희적이고, 계산적이며, 일화로 이루어진 인간관계만으로 한때는 충분했지만 이제는 더 이상 그렇지 않았다. 24세에서 29세에 이르는 짧은 5년 동안, 내쉬는 적어도 3명의 남자와 정서적인 관계를 맺었다. 또 한 여자와 내연의 관계를 맺고 사생아를 낳게 한 뒤 그 여자를 버렸다. 그리고 한 여자에게 구혼했고―아니면 구혼당했고, 그 여자와 결혼했다.

이러한 친밀한 인간관계가 늘어나서 그의 의식 세계에 상주하는 요소가 되어버리자, 과거 고독했지만 일관성이 있었던 그의 존재는 더 풍요하면서도 더 비연속적이고 분열적이고 평행적인 복수 존재로 변하게 되었다. 그런 모습은 이제 막 성인이 된 내쉬의 파편화되고 모순된 자아를 반영했다. 이제 그가 의존하게 된 타인들은 그의 인생에서 각기 다른 부분들을 차지했다. 그래서 흔히 오랫동안, 내쉬의 주변 사람들은 서로를 잘 몰랐다. 혹은 다른 사람들이 내쉬와 맺고 있는 관계의 성격을 알지 못했다. 아는 것은 내쉬뿐이었다. 그의 인생은 두 명의 배우가 연기하는 장면들로만 연속된 연극 같은 것이었다. 그 2인극에서 한 배우는 계속 나오지만, 다른 한 배우는 장면마다 계속 바뀐다. 두 번째 배우는 무대에서 일단 사라지면 더 이상 존재하지 않는 것으로 여겨진다.

10년도 더 지난 후, 그가 이미 발병했을 때, 내쉬는 MIT 시절을 하나의 은유로 제시했다. 그가 가장 잘 아는 수학 언어로 된 그 은유는 이렇다. $B^2 + RTF = 0$. "매우 개인적인" 이 방정식은 내쉬가 1968년에 매턱에게 보낸 엽서에 나오는 것이다. 그 엽서는 이렇게 시작된다. "친애하는 매턱, 자네가 이 방정식을 그래도 가장 잘 이해할 거라고 생각하면서, 설명을 좀 해보려고 하네…." 이 방정식은 3차원 초공간 *hyperspace*을 나타내는데, 4차원 공간의 원점에서 특이점 *singularity(special point)*을 갖는다. 내쉬가 바로 그 특이점이며, 다른 변수들은 그에게 영향을 준 사람들―이 경우에는 우정 또는 어떤 관계를 맺은 남자들―을 가리킨다.

불가피하게, 타인들과의 의미 있는 관계가 증가하면 통합의 요구, 즉 선택의 필요성이 높아진다. 내쉬에게는 이런 저런 정서적 관계를 취사 선택하고 싶은 욕구가 거의 없었다. 취사 선택을 하지 않음으로써 그는 의존성과 여러 요구들을 기피하거나, 혹은 적어도 최소화할 수가 있었다. 자신의 정서적 관계 욕구를 만족시킨다는 것은, 불가피하게 타인들도 그에게 의지해 그들 나름의 욕구를 만족시켜야 하는 상황을 만들었다는 것을 의미한다. 하지만 그는 타인들이 자기에게 어떤 영향을 미쳤는지 따지면서도, 그가 타인들에게 영향을 미쳤다는 사실은 대부분 무시했다―실은 그런 사실을 알지도 못한 것 같다. 그는 아주 어린아이처럼 사실상 "타자 *Other*"를 제대로 이해하지 못했다. 타인들이 그의 천재성에 만족하기를 바랐을 뿐이다. 이 시절을 후회하며 그는 훗날 이렇게 말했다. "나는 그렇게 행동해도 좋을 만큼 위대한 수학자라고 생각했다." 물론 어느 정도까지는 타인들도 그의 천재성에 만족했다. 그러나 사람들이 불가피하게 그 이상을 원하자, 혹은 필요로 하자, 그는 그것을 견딜 수 없었다.

특별한 우정

산타모니카, 1952년 여름

몇몇 특별한 사람들과도 만나지 못하고,
나는 황야에서 완전히, 길을 잃고, 또 잃었다.
…그래, 그래서, 그래, 그것은 여러 모로 모진 인생이었다.
―존 포브스 내쉬 주니어, 1965

그 모든 것―가정과 직장, 수학을 생각하는 능력―을 잃어버린 후, 존 내쉬는 여동생 마사에게 보낸 편지에서 이렇게 말했다. 자기 인생에서 오직 세 사람만이 진정한 행복을 안겨 주었다고. 세 사람은, 그가 "특별한 우정"을 맺은 "특별한 부류의 개인"이었다.

비틀스를 다룬 영화 〈어느 모진 날 밤 *A Hard Day's Night*〉을 마사는 보았을까? "비틀스는 아주 화려하고 흥겨워 보였다"고 그는 썼다. "물론 그들은 내가 말했던 부류의 사람들보다 훨씬 더 어리지.…비틀스가 내게는 너무나 매력적이고 흥겨워 보여서, 종종 나는 비틀스를 열광적으로 사랑한 여자애들과 비슷하다는 생각이 들어."

내쉬의 첫사랑은 일방적인 짝사랑이었다. "내쉬는 언제나 낭만적 기질을 가진 남자들과 깊은 우정을 맺었다." 도널드 뉴먼이 1996년에 회상한 말이다. "그는 사춘기 소년 같았고, 늘 소년 같은 사람들과 어울렸다." 더러는 내쉬의 심취를 "실험" 혹은 미숙성의 단적인 표현이라고 생각하는 경향이 있었다—내쉬 자신도 당연히 그렇게 생각했다. "그는 가벼운 기분으로 이성과 시간을 보냈다. 그것이 좋았기 때문이다. 그는 매우 실험적이고 시험적이었다. 하지만 그는 주로 키스만 했다." 뉴먼의 회상이다.

뉴먼은 자신의 과거와 미래의 여성 편력에 대해 농담하기를 좋아했는데, 일찍이 내쉬의 성향을 파악하고 있었다—내쉬가 한동안 자기에게 빠져 있었기 때문인데, 그 뒤끝은 뻔한 것이었다. "그는 입만 열면 도널드의 멋진 외모를 들먹이곤 했다"고 1996년 뉴먼 부인이 회상했다. 뉴먼은 이렇게 말했다. "그는 나를 만지작거리려고 했습니다. 내가 차를 운전하고 있는데 슬그머니 다가오기도 했지요." 그들이 뉴먼의 흰색 선더버드를 타고 드라이브하고 있을 때, 내쉬는 뉴먼의 입술에 입을 맞추었다. 뉴먼은 그저 웃어넘겼다.

상호간의 애정—내쉬가 "특별한 우정"이라고 부르는 것—을 내쉬가 처음 경험한 것은 산타모니카에서였다. 1952년 여름도 막바지에 이르렀을 때, 밀너가 집을 나가고 마사가 블루필드로 돌아간 뒤의 일이었다. 그 만남은 은밀했고, 경황이 없었다—보스턴으로 돌아가기 직전, 8월 마지막 며칠 동안의 만남이었기 때문이다. 그런데도 그 만남이 결정적이었던 것은, 그가 처음으로 따돌림이 아닌 환대를 받았기 때문이다. 그 만남은 극단적인 정서적 고립과 순전히 상상뿐인 관계의 세계에서 벗어난 진정한 첫걸음이었고, 친밀감의 첫음미였다. 분명 완전한 행복은 아니었지만, 그 만남은 이제까지 생각지도 않은 만족감을 불러일으켰다.

내쉬와 어빈 소슨 *Ervin Thorson*의 우정에 대해 남아 있는 흔적은 많지 않다. 1965년의 편지에서 내쉬는 그를 "특별한" 친구로 언급했고, 1960년대 후반에 씌인 여러 편지에서는 소슨 *Thorson*을 "T"로 지칭하고 있다. 내쉬의 지인들 가운데 소슨을 만나본 사람은 거의 없다. 마사는 내쉬의 친구라는 남자가 조지나 애버뉴 아파트의 소파에서 하룻밤 자고 간 것을 기억했지만 이름은 기억하지 못했다.

1992년에 사망한 소슨은 1952년 당시 서른 살이었다. 스칸디나비아계인 그는 캘리포니아에서 나고 자랐다. 내쉬는 마사에게 그를 항공우주 엔지니어라고 소개했지만 실은 응용 수학자였던 것 같다. 그는 전시에 미육군 항공대 소속의 기상연구관으로 일했다. 후일 UCLA에서 수학 석사학위를 받았고, 1951년에 더글러스 항공사에 입사했다. 더글러스가 연구개발 부서를 별도로 독립시켜 랜드 코퍼레이션을 만들고 몇 년이 지난 후였다. 당시 더글러스는 미국방부를 위해 미래의 행성간 여행을 구상하고 있었다. 소슨은 나중에 연구팀을 이끌었는데, 행성간 여행 계획에도 참여했을 가능성이 높다. 소슨은 미국이 바이킹 호를 발사하기 20년 전에, 화성을 탐사하겠다는 원대한 꿈을 꾸었다―그의 여동생 넬다 트라우트먼이 1997년에 한 말이다.

넬다의 회상에 의하면, 그는 "매우 신경과민이고, 전혀 사교적이지 못하고, 아주 영리하고, 아는 것이 많고, 정말 대단히 학구적인 사람"이었다. 더글러스와 랜드가 밀접한 관계였으니, 내쉬는 쉽게 그를 만났을 것이다. 랜드도 우주탐험 연구에 깊숙이 개입하고 있었다. 그러니 간담회와 세미나, 혹은 랜드의 수학부장인 존 윌리엄스가 연 파티에서라도 두 사람은 만났을 것이다.

결혼한 적이 없는 소슨이 호모였는지는 그의 여동생도 알지 못했다. 아무튼 그는 집안 식구들에게도 항상 말이 없었다. 비밀 작업이 많았던 직장 얘기는 물론이고 사생활도 전혀 입에 담지 않았다. 매카시 시절 방위산업체에서 동성애자를 색출해내려는 압력이 거세기도 했으니, 소슨은 아무래도 신중할 수밖에 없었을 것이다. 그는 그 후에도 더글러스에서 15년 더 근무했다. 나이가 47세에 이른 1968년에 그가 느닷없이 더글러스를 그만둔 것은 자기가 곧 죽을지도 모른다고 생각했기 때문이다. 당시 그의 동료 여러 명이 심장마비로 사망했는데, 가벼운 심장병 증세가 있던 소슨은 더 이상 스트레스와 과로를 견뎌낼 수 없다고 생각했던 것이다. 그는 고향 포모나로 돌아가, 루터 교회에 드나드는 것을 제외하고는 은둔자처럼 부모와 함께 살다가 25년 후 세상을 떴다.

내쉬가 2년 후 여름에 세 번째로 산타모니카에 돌아왔을 때, 혹은 1960년대 초반과 중반에 병에 걸린 내쉬가 산타모니카로 한 차례 여행을 했을 때, 내쉬와 소슨이 다시 만났는지 분명치 않다. 그러나 내쉬는 계속 소슨을 생각했고, 적어도 1968년까지는 그를 넌지시 언급하곤 했다.

엘리너 23

> 수학자들은 매우 배타적이다.
> 그들은 아주 높은 곳에 거주하며,
> 다른 모든 사람을 굽어본다.
> 그 때문에 그들의 여성 관계는 문제가 많다.
> ―지포라 레빈슨, 1995

내쉬는 노동절 무렵 보스턴의 옛 숙소로 돌아왔다. 비컨 스트리트 47번지의 그 숙소는 19세기 말에 지어진 인상적인 벽돌 건물로, 찰스 강을 마주 보고 있었다. 현재의 집주인 오스틴 그랜트 부인은 백베이의 내과의사였던 사람의 미망인이었다. 그녀는 자기 집의 온갖 특징을 하숙인들에게 과시하길 좋아했다. 옛 집주인들이 마차가 올 때까지 기다린 마차 대기실도 자랑거리였다. 그리고 종종 이웃의 퇴락을 안타까워하며 한숨을 내쉬기도 했다. "집안으로 들어올 때 짐을 거리에 놓아두지 마세요. 다시 나가보면 눈에 띄지 않는 수가 있으니까." 내쉬가 입주한 날 그녀가 한 말이다.

내쉬는 앞쪽의 방 하나를 사용했다. 가구가 딸린 편안하고 커다란 방이었는데 벽난로도 있었다. 내쉬의 옆방에는, 최근에 MIT를 졸업한 젊은 엔지니어 린지 러셀이 살았다. 그랜트 부인은 정기적으로 러셀을 따로 불러 내쉬의 기행을 들먹였다. 내쉬는 커다란 역기를 한 벌 사서 운동을 시작했는데, 운동을 할 때면 그의 방 바로 밑의 식당 샹들리에가 흔들렸다. "도대체 저 사람은 여기가 어딘 줄 아는 거지? 체육관인 줄 아나?"하고 그랜트 부인은 투덜거리곤 했다. 내쉬의 우편물도 입방아에 올랐는데, 특히 어머니에게서 오는 엽서가 그랬다. 러셀의 기억에 따르면, 그 엽서에는 "수학 연구도 좋고 다른 학문 연구도 다 좋지만, 친구도 사귀고 사교활동도 좀 하라"는 희망이 담겨 있었다.

그러나 내쉬를 찾아오는 사람은 전혀 없었다. 딱 한 사람 예외가 있긴 했다. 러셀은 어느 날 한밤중에 깨어났던 때의 일을 기억하고 있었는데, 그때 내쉬의 방에서 어떤 소리가 들렸다. 여자가 깔깔거리는 소리였다.

9월 두 번째 목요일, 검은 머리의 예쁜 간호사가 병원에서 내쉬를 맞이했다. 그녀의 이름은 엘리너 *Eleanor Stier*였다. 내쉬는 확장된 정맥을 일부 절제할 예정이었는데, 안절부절못하고 있었다. 그는 워낙 젊어서 교수이기보다는 학생 같아 보였다. 엘리너는 내쉬가 찾아온 의사가 돌팔이라는 것을 알고 있었다. 게다가 주정뱅이였다. MIT 교수라는 사람이 왜 그런 돌팔이를 찾아왔는지 그녀는 의아했다. 내쉬는 눈을 감고 의사 명단을 손가락으로 훑어 내려가다 무작위로 선택한 게 그 의사였다고 그녀에게 말했다. 그때 그녀는 왠지 그를 보호해주어야겠다는 생각이 들었다고 회고했다.

내쉬는 병동에 이틀밖에 나타나지 않았다. 엘리너는 그가 귀엽고 상냥하다고 생각했지만, 그가 모습을 보이지 않자 다시 그를 만나리라고는 생각하지 않았다. 그러나 얼마 지나지 않아 그들은 우연찮게 길거리에서 마주쳤다. 토요일 오후였는데, 엘리너는 겨울 코트를 사

엘리너 스티어, 1956년, 보스턴

기 위해 친구를 만나러 가는 중이었다. 엘리너는 이렇게 회상했다. "나는 그에게 치근덕거리지 않았어요. 그가 치근덕거렸죠. 계속 내게 애걸했어요. 결국 나는 그와 함께 쇼핑을 하러 갔죠."

그들은 제이스 백화점까지 함께 걸었다. 내쉬는 2층에 있는 코트 판매점까지 그녀를 따라갔다. 그녀가 코트를 고르는 동안, 그는 별 말도 없이 물끄러미 그녀를 바라보기만 했다. 그녀는 그런 상황을 즐기기 시작했다. "존은 아주 매력적이었어요." 엘리너는 웃음을 머금고 회상했다. "그를 바라보며 나는 그가 참 별난 사람이라고 생각했죠." 그녀가 입어보고 싶은 코트를 가리키면 그는 정중하게 코트를 들고 옷 입는 것을 도와주었다. 그녀는 자주색 코트가 가장 마음에 들었다. 내쉬는 어릿광대처럼 굴었다. 재단사인 척하며 그녀 앞에 두 무릎을 꿇고, 그녀가 고른 코트를 수선하기 위해 치수를 재는 시늉을 하며 호들갑을 떨었던 것이다. 당황한 엘리너는 얼굴을 붉히며, 내쉬의 호들갑을 중단시키려고 했다. "빨리 일어서요!" 그녀가 속삭이듯 말했다. 그러나 그녀는 내심 짜릿했다.

29세의 엘리너는 매력적이고 상냥하고 열심히 일하는 여성이었다. 내쉬의 한 친구는 후일 그녀가 "보통 수준의 지능"을 지닌 "머리칼이 검고, 예쁘고, 수줍음이 많고, 착한 여자"이며, "소박한 매너"와 "특이한 말투"를 지녔다고 회상했다. 특이한 말투란 뉴잉글랜드 토박이 억양이었다는 뜻이다. 그녀의 인생은 순탄치 못했다. 보스턴의 황량한 노동자 거주지인 자메이카 플레인에서 성장한 그녀는 어려서부터 힘겹게 일해서 근근히 먹고 살았다. 어머니가 집안을 돌보지 않은 탓에, 아버지 다른 남동생까지 맡아서 키워야 했는데, 어린 소녀에게는 그것이 너무 큰짐이었다. 그래서 그녀는 학교에 가지 못하는 날이 많았다. 그녀는 간호사 직업을 가질 수 있게 된 것만 해도 고마운 일이라고 생각했다. 일이 즐겁기도 했고 안정된 일자리였기 때문이다. 엘리너가 열여덟 살이었을 때 어머니는 폐결핵으로 세상을 떴다. 엘리너는 어린 시절의 고생 때문에 부드러운 마음씨를 갖게 되었다. 그녀는 가난하고 힘 없다는 것이 어떤 것인지를 너무나 잘 알았고, 그런 이해심을 평생 간직했다. 환자들과 이웃 사람들, 아이들, 길 잃은 동물들에게 극진한 애정을 쏟았고, 말 그대로 낯선 사람에게 옷을 벗어주고, 갈 곳 없는 사람들을 자기 집에 데려와 재워줄 정도로 착했다.

　엘리너는 수줍음이 많고 자신감이 부족해서 의심과 경계심도 없지 않았는데, 남자들을 대할 때 특히 그랬다. 그녀는 한 인터뷰에서 이렇게 말했다. "나는 나쁜 여자가 아니었어요. 여러 남자들과 놀아난 적도 없구요. 사실 나는 아주 착했어요. 남자를 두려워했죠. 남자들과 성관계를 갖고 싶지도 않았어요. 그건 불결하다고 생각했으니까요." 그러나 내쉬는 처음부터 그녀를 무장 해제시켰다. MIT 교수겠다, 배경 좋은 상류층 출신이겠다, 정부를 위해 일급기밀 연구까지 하는 사람인데, 아주 젊기까지 했다. 그는 엘리너보다 다섯 살 연하였는데, 그녀에게 살뜰하게 굴었고, 엉큼한 데도 없었다. 더구나 그녀는 그가 세상 경험도 자기보다 적다는 것을 알 수 있었다.

그 토요일 오후 이후, 내쉬는 그녀를 불러내 값싼 식당에서 함께 외식도 하고, 자신의 낡은 차에 태우고 드라이브도 했다. 그는 끊임없이 자기 자신과 일과 MIT 수학과와 친구들 얘기를 했다. 그녀에 대해 물어보는 일은 거의 없었는데, 그녀는 그것이 오히려 마음 편했다. 보잘것없는 집안 얘기를 털어놓고 싶지 않았기 때문이다. 내쉬가 은근히 자기 가문 자랑을 하기도 했으니 더욱 그럴 수밖에 없었다. 그는 자꾸만 그녀의 집에 데려가달라고 졸랐다. 그녀는 처음에는 그의 뜻을 받아주지 않으려고 했다. 쉽게 넘어가는 여자처럼 보이기 싫었던 것이다. 그러나 마침내 그의 집에 같이 가는 것은 허락했다. 내쉬가 워낙 열렬한데다가 그리 무서울 것도 없었기 때문이다.

내쉬는 사춘기 시절 여자애들 대신 의자를 붙들고 춤추는 것을 더 좋아했고, 예쁜 루스 힝크스에게도 제대로 눈길 한번 준 적이 없었다. 그러던 내쉬가 그처럼 빨리 일을 진행시켜 느닷없이 여자의 품 안으로 뛰어들었다는 것은, 첫눈에 반해서 사랑에 빠진 게 아니라면 "빠지기로" 작정한 것이라고 볼 수 있다. 소슨과의 만남이 그런 충동에 불을 지른 것인지도 모른다. 내쉬는 다시 사랑을 경험해보고 싶었거나, 자신의 "남성다움"을 확인해보고 싶었을지도 모른다. 그는 여러 차례 엘리너에게 스테로이드를 구해달라고 부탁했다. "내가 간호사로 근무했던 곳에는 그런 약제가 늘 병째로 있었다"고 엘리너는 말했다. 그녀는 내쉬의 요구에 응하지 않았다. 그러나 그는 그런 약물이 "그를 좀더 남성답게 해줄 것"이라고 기대하며 "약물을 탐닉했다"고 그녀는 믿었다. 그러나 그는 여성에 대한 관심을 세상에 드러내려고 하지는 않아서, 몇 년 동안 엘리너와의 관계를 비밀로 했다―여러 남성과의 동성애 관계는 어느 정도 과시하면서도 그랬다.

그해 가을 내쉬는, 강의와 세미나, 매장 문제에 대한 연구로 시간에 쫓기면서도 엘리너와 자주 만났다. 그는 그녀에게 속마음을 털어놓았고, 단둘이 있는 것을 즐겼다. 그녀의 집에 가서 그녀가 해준 저녁을 먹는 것도 좋아했다. 그녀는 요리를 잘했고, 그에게 몸달아 했다. 그녀는 여성적이었고, 따뜻함과 꾸밈 없는 애정이 넘쳤다. 내쉬에게는 그것이 새로운 경험이었는데, 어머니와 여동생 외에는 가까이 지낸 여자가 한 명도 없었기 때문이다.

그들의 교육 수준과 사회적 신분에는 현격한 차이가 있었지만, 엘리자 두리틀과 히긴스 교수의 경우처럼 서로 사랑에 빠져 결국 결혼까지 한다는 것보다 더 유구한 인생의 법칙이 어디 있겠는가? (꽃가게 점원 엘리자 두리틀과 히긴스 교수는 버나드 쇼의 희곡 〈피그말리온〉의 두 주인공 : 옮긴이주) 엘리너에게 내쉬는, 자력만으로는 결코 붙잡을 수 없는 일생 일대의 기회였다. 내쉬에게 엘리너는, 거칠게 말하면, 군림할 수 있는 배우자감이었다. 멋진 환상과 고도의 현실적 계산이 맞아떨어지는 경우라고 할 수 있다. 그런 궁합은 기질상의 차이에도 마찬가지로 적용된다. 천재들의 역사를 돌아보면, 자기 중심적이고 어린애 같은 남자와 자기 희생적이고 어머니 같은 여자의 결합을 많이 볼 수 있다. 내쉬는 받기보다 주는 데 더 관심이 많은 정서적 파트너를 찾고 있었는데, 엘리너가 바로 그런 파트너였다―그녀의 지나온 생애가 입증한 사실이다.

내쉬는 엘리너를 수학과 친구들에게 소개하고 수학과 파티에도 데려갈 생각을 해봤지만 그렇게 하지 않았다. MIT 수학과 사람들이 엘리너라는 여자의 존재를 모른다는 사실 때문에 엘리너와의 관계는 더욱 달콤했다.

11월 초의 선거일 무렵, 엘리너는 임신한 것 같다는 생각이 들었다. 내쉬를 집에 초대한 추수감사절(11월 네 번째 목요일)에는, 생리를 두 번이나 거른 터라 완전히 임신을 확신하게 되었다.

정말 묘하게도, 내쉬는 당황하지 않고 아주 즐거워했던 같다. 그는 아버지가 된다는 사실을 자랑스럽게 여겼다. 그는 자녀를 둔다는 것이 아주 매력적인 일이라고 밝힌 적도 있었다(훗날 정자은행이 널리 알려지자, 그는 캘리포니아에 있는 천재 정자은행에 참여할 것을 언급하기도 했다). 그는 사내아이를 원했고, 그 아이를 존이라고 부르고 싶어했다. 그러나 결혼과 엘리너의 장래에 대해서, 엘리너와 아이가 어떻게 살아가야 할 것인지에 대해서는 입을 굳게 다물었다.

엘리너는 내쉬의 반응을 어떻게 이해해야 할지 알 수 없었다. 물론 그녀는 임신 문제를 결혼 제안으로 해결해주기를 원했다. 그런 제안이 나오지 않자 그녀는 애써 실망감을 감추었다. 그녀는 내쉬를 훌륭한 젊은이라고 믿으며 자신을 달랬다. 그가 그녀를 사랑하는 것은 당연하니까, "결국에는" 올바른 행동을 할 거라고 믿었다. 아무튼 그녀는 아이를 낳게 된다는 생각에 아주 감상적이 되었다. 낙태는 불법이었지만 돈만 있으면 가능했는데, 그런 얘기는 결코 입밖에 나오지 않았다.

그러나 오래지 않아, 두 연인의 관계는 가볍고 유희적인 성격에서 벗어났다. 그해 겨울, 엘리너는 자주 긴장했고 피곤했다. 그녀는 임신 증후군과 병원에서의 장시간 근무 때문에 너무나 괴로웠다. 내쉬의 마음은 대부분 다른 곳에 가 있었다. 곧 내쉬와 엘리너는 줄다리기를 하게 되었고, 이따금 추한 모습도 보였다.

엘리너가 불평을 늘어놓으면, 그는 짜증을 내며 그녀를 비난했다. 무식하고 멍청하다고 타박하기도 했다. 그녀의 말투를 놀려대기도 했다. 또 그녀가 다섯 살 연상이라는 것을 자꾸 들먹였다. 그가 가장 큰 놀림감으로 삼은 것은 그녀의 결혼 욕구였다. MIT 교수쯤 되면 지적으로 걸맞은 여성을 필요로 한다고 그는 말하곤 했다. 엘리너는 이렇게 회상했다. "그는 나를 항상 혹평했어요. 항상 열등감을 느끼게 했죠."

이제는 그녀도 그가 잘난 체하고 남의 마음을 헤아릴 줄 모르는 것에 분개하기 시작했다. 함께 저녁 시간을 보낼 때면 역겨운 말싸움을 하기 일쑤였다. 내쉬의 한 친구는 엘리너에게 이런 말을 들었다고 한다—내쉬가 자기를 계단 아래로 떠밀어버린 적이 있다고.

그러나 애정 어린 순간들도 있었다. 예를 들면 엘리너의 배 부른 모습이 보기 좋다고 말할 때가 바로 그런 순간이다. 내쉬에 대해 엘리너는 대체로 사랑의 감정을 품었다. 그녀는 그가 자기를 사랑하고 있고, 아이 때문에라도 바른 조치를 취할 거라고 확신했다. 그는 아이의 탄생을 열렬히 고대하고 있는 듯했다. 그녀는 아직까지도 그 시기의 그들 관계가 "아름다웠다"고 회상했다. 엘리너는 그가 잔인한 것이 우발적이고, "어떻게 살아야 하는지 몰라서"일 뿐이라고 자신을 달랬다. 너무 젊은 나이에 너무 큰 성공을 거둔 탓으로 돌리기도 했다. "그것은 큰 부담일 수도 있잖아요"하고 그녀는 후일 말했다.

늦봄이 되자 엘리너는 더 이상 일을 할 수 없어서 미혼모 요양원에 들어갔다. 그 무렵 내쉬는 마침내 그녀를 MIT 수학과의 한 대학원생에게 소개했다. 엘리너는 그것을 고무적인 징조로 받아들였다.

1953년 6월 19일, 존 데이빗 스티어 *John David Stier*가 태어났다. 내쉬의 스물다섯 번째 생일이 지난 지 엿새가 되는 날이었다. 황급히 병원으로 달려간 내쉬는 갓 태어난 아들을 보고 신이 났다. 그는 간호사가 쫓아낼 때까지 줄곧 아들 곁에 있었고, 기회 있을 때마다 찾아왔다. 그러나 아들의 출생신고서에 자기 성을 써넣으라는 말은 하지 않았다. 출산 비용을 대겠다는 말도 하지 않았다.

모자는 퇴원한 뒤, 내쉬가 이사해간 파크 드라이브의 아파트로 들어갔다. 그것은 행복한 귀가가 아니었다. 내쉬는 아기 옷을 사주려고 하지 않았다고 엘리너는 회상했다. "그는 우리가 함께 지내는 것을 원치 않았다"고 그녀는 몇 년 후 말했다. 엘리너는 결국 어렵게 입주 일자리를 얻었다. 그녀는 아이와 함께 지내면서 일할 수 있었다. 고용주가 "남자 방문객 엄금"을 고집했는데도 내쉬는 빈번히 찾아갔다. "그는 늘 아들 곁에 있고 싶어했다"고 엘리너는 회상했다. 그러면서도 엘리너와 결혼하겠다거나 모자를 부양하겠다는 말은 하지 않았다. 그는 검소해서 교수 급여만으로도 그것이 충분히 가능했을 텐데도 그랬다.

그의 잦은 방문 때문에 엘리너는 결국 해고당하고 말았다. 직장을 잃어버리고 생활 근거가 막막해지자 그녀는 곧 위기를 맞았다. 내쉬가 여전히 모자를 부양할 생각을 하지 않자, 엘리너는 존 데이빗을 임시 양육 가정에 맡길 수밖에 없었다.

빅토리아 시대의 멜로드라마에 나오는 불우한 여주인공처럼, 엘리너는 이집 저집에 아이를 맡겼다. 한번은 로드아일랜드에, 다음에는 매사추세츠 주 스톤햄에, 결국에는 고아원에 아들을 맡겼다. 그곳은 '어린 방랑자들을 위한 뉴잉글랜드 가정'이라는 감상적인 이름의 고아원이었는데, 그런 이름은 엘리너와 아들이 내던져진 디킨스적 현실만 강조해줄 뿐이었다(〈올리버 트위스트〉등의 저자인 찰스 디킨스는 자신이 체험한 밑바닥 생활상과 애환을 즐겨 그렸다: 옮긴이주). 보스턴 남쪽 교외에 위치한 이 고아원은 남북전쟁중에 설립된 것으로, 참전용사 병원과 찰스 강을 사이에 두고 있었다. 그녀의 아파트가 있는 브루클라인에서는 버스로 한 시간쯤 걸렸다. 엘리너는 토요일과 일요일에 아들을 찾아갔다. 존 스티어는 고아원 층계참에 서서 창 밖을 내다보며 집 생각에 뼈저린 외로움을 느꼈던 것을 기억하고 있다. 때로 그녀는 아들을 집에 데려오기도 했는데, 집에는 장난감과 그림책을 많이 갖춰두고 있었다.

엘리너는 아들과 떨어져 살아야 한다는 것이 미칠 것만 같았다. 내쉬는 모든 고민과 걱정을 그녀에게 떠넘긴 채, 아들과의 그런 별거가 모자에게 무엇을 의미하는지 눈곱만큼도 이해하는 기색을 보이지 않았다. 그녀는 그런 내쉬가 과거 어느 때보다도 더 야속했다. 엘리너는 1995년에 이렇게 말했다. "애를 돌보려면 일을 그만두고 집에 있어야 했어요. 나는 걱정이 이만저만이 아니었는데, 내쉬는 걱정하지 않았어요."

그러나 두 사람의 관계는 계속되었다. 일요일이면 그들은 아이가 어디 있든 아이를 찾아갔다. 엘리너는 내쉬의 아파트에 가서 요리를 했고, 그가 요구하면 청소도 해주었다. 내쉬도 식사를 하러 그녀의 집에 찾아갔다. 그는 다정함과 잔혹함 사이를 시계추처럼 오락가락 했다. 엘리너와의 관계는 계속 비밀로 했다. 아는 사람은 잭 브리커

뿐이었는데, 브리커에게는 입을 다물라는 부탁을 했다. "그는 우리 관계에 대해 아무에게도 얘기하지 않았어요." 그런 내쉬의 태도를 엘리너는 지금도 이해하지 못하고 있다. MIT 수학과 사람들은 몇 년이 지나서야 엘리너 모자의 존재를 알게 되었다.

존 데이빗이 첫돌을 맞았을 때, 내쉬는 엘리너를 아더 매턱에게 소개했다. 그러나 아이의 존재는 밝히지 않았다. 매턱은 엘리너를 좋아하는 듯해서, 두 사람은 가끔 저녁식사에 매턱을 초대했다. 매턱이 식사를 마치고 떠나면 두 사람은 항상 깔깔거렸다고 훗날 매턱에게 말했다. 아파트 안에 어린애 물건이 가득한데도 매턱이 눈치를 채지 못했기 때문이다. 그런 내연의 관계는 아무래도 무척 기이한 것이었다.

아니, 그것은 엘리너가 내쉬를 극진히 사랑했기 때문일까? "사람들은 나더러 다시는 그를 만나지 말라고 했다"고 그녀는 말했다. "정상적인 남자와 사귀는 게 낫다면서 말이에요. 잘났다고 뻐기기나 하는 남자와는 사귀지 말라는 거지요. 내 친구 하나는 그의 얼굴에 도무지 표정이 없다더군요. 죽은 사람처럼요. 하지만 나는 그렇게 생각하지 않았어요." 긴 세월이 흐른 후 그녀는 이렇게 되새겼다. "내가 그를 사랑했느냐고요? 사랑하지도 않는 사람과 그토록 오래 지냈겠어요? 그는 함께 있는 것을 어색해했어요. 그런 어색함은 쌀쌀맞은 것처럼 보였죠. 하지만…아주 감미로울 때도 있었어요. 어느 면에서 그는 아주 매력적이었어요. 사랑은 참 어리석은 거죠."

1955년이나 그 이듬해, 내쉬가 매턱을 엘리너에게 소개한 다음, 내쉬를 대하는 엘리너의 태도는 "숭배"에 가까운 것이었다. 매턱은 이렇게 회상했다. "엘리너는 내쉬가 완전한 이기주의자라는 것을 알고 있었어요. 하지만 그의 지적 능력에 눈부셔 했지요. 내쉬는 자기가 천재라고 생각했어요. 그러니까 그녀는 미국에서 가장 영리한 남자와 같이 잔 거지요. 그가 그녀를 사랑했느냐고요? 그녀는 몰랐습니다. 묻지도 않았죠. 당시에는, '내게 말해봐'라는 게 없었습니다. 어떤 남자와 같이 잤다면, 그 남자는 자기를 사랑하는 거라고 믿어버렸죠."

엘리너는 내쉬가 아들을 위해서라도 자기와 결혼할 거라는 희망을 버리지 않았다. 내쉬가 다른 여자를 만나지 않는 것은 확실했다. 내쉬는 그녀에게 짜증을 내고 불평을 해댔지만, 그녀를 떠나지 않았다. 엘리너에게는 그것이 사랑의 강력한 증거로 보였고, 결혼 가능성으로 보였을 것이다. 그렇지 않다면 그녀의 수동적인 태도를 달리 어떻게 설명하겠는가? 내쉬가 아이의 양육비 지급을 거절해서 불행한데도 고분고분 감내한 그녀의 수동성은 너무 때늦을 때까지, 연적이 나타날 때까지 계속되었다. 그녀는 폭로한다거나 소송을 하겠다고 그를 위협할 수도 있었다. 그러나 그가 결국에는 자기와 결혼해 줄 거라고 믿었기 때문에, 차마 그를 몰아세울 수 없었고, 결국 영원히 기회를 잃고 말았다. 엘리너가 다소 공격적인 행동에 나선 것은 한참 뒤인 1956년경이었다. 그때 엘리너는 내쉬가 MIT 물리학과의 여학생과 사랑을 나누고 있다는 사실을 알게 되었다. 아마 내쉬 자신도 결혼하게 될 줄은 미처 몰랐을 때에, 그녀는 내쉬가 그 여학생과 결혼할 거라고 결론지었다.

내쉬의 태도는 엘리너보다 더 불가사의한 것이었다. 엘리너가 자기와 개인적으로 어울리지 않고 사회적으로도 어울리지 않는다는 결론을 내렸으면서도 왜 계속 관계를 유지했을까? 어쩌면 단순히 마음을 다잡지 못한 것일 수도 있다. 예를 들어 1954년 늦여름에, 그는 엘리너와 존 데이빗이 함께 찍은 사진을 지갑에 넣고 다니며, 적어도 한 사람에게는 사진을 보여주며 말했다. "내가 결혼하려는 여자와 내 아들입니다." 어쩌면 그는 아이를 낳은 것이 순전히 엘리너 혼자 결정한 것이라고 생각했는지도 모른다. 그가 험악하게 구는데도 엘리너가 고분고분한 것을 보고, 엘리너가 그의 내연의 여자인 것에 만족하고, 아들과도 헤어져 사는 것을 감내하겠다는 신호로 받아들였을 가능성도 아주 높다. 그렇다면 서로가 상대의 행동을 자기 좋을 대로 해석한 셈이 된다.

내쉬가 엘리너와 결혼할 의향이 조금이라도 있었는지는 논란의 대상이다. 매턱은 그가 결혼하려고 했는데, 브리커 때문에 그런 생각을 버렸다고 믿고 있다. 브리커의 회상은 전혀 다르다. 브리커의 기억으로는, 내쉬에게 결혼하라고 설득했지만 "그의 결심은 단호했다"는 것이다. 어느 쪽 얘기가 더 옳은지는 알 수 없다. 시차를 달리하면 둘 다 옳을 수도 있다. 내쉬는 적어도 한 번은 결혼할 의사를 밝혔는데 결국 결혼하지 않았다.

한 가지 그럴듯한 이유로, 블루필드의 성장기까지 소급할 수 있는 내쉬의 속물 취향을 들 수 있다. 그가 아무리 반했어도 단어를 틀리게 발음하는 여자는 아내감이 아니었다. 소박한 매너와 사회적 열등감을 지닌 엘리너가 케임브리지 수학 공동체의 다른 아내들과 편안히 어울리기는 여간 어려운 일이 아닐 것이다. 내쉬는 비록 비인습적이었지만, 사회적 신분과 세인의 이목에 대한 강박관념은 그의 아버지 못지않았다. 엘리너는 분명 그것을 인식하고 있었다. 그런 인식이 적개심으로 윤색된 것은 확실하지만, 잘못된 인식 같지는 않다.

그러나 엘리너와 결혼하지 않은 것이 사회적 속물 취향 때문만이라고는 할 수 없다. 내쉬는 엘리너가 자식들에게 좋은 어머니가 될 수 있을 만큼 교양이 있다고 믿지 않았다. 내쉬의 어머니는 많은 시간을 바쳐 자녀들이 문법적으로 틀린 말을 하지 않도록 가르친 교사였다. 게다가 내쉬는 이제 엘리너가 따분해졌을 수도 있다. 그것은 아더 매턱이 거론한 말인데 어느 정도 신빙성이 있다. 내쉬가 결국 결혼한 여성이 요리는 전혀 못 하지만 물리학 학위와 사회적 야망을 지닌 젊은 여성이었다는 사실을 감안하면 특히 그렇다. 엘리너도 비슷한 말을 했다. "그는 진정한 지성을 지닌 여자와 결혼하기를 원했어요. 자기 못지않은 능력을 지닌 여자와 말이에요."

4년간 엘리너와 내연의 관계를 맺으며 내쉬가 결혼에 대해 내심 어떻게 생각했든 그녀와 결혼하지 않기로 결심했다는 것을 시사하는 제안을 한 적이 있었다.

존 데이빗을 입양하자고 했던 것이다. 그녀가 아들을 포기하는 것이 아들에게 더 좋을지 모른다고 노골적으로 그는 말했다. 후일 엘리너는 씁쓸하게 말했다. "그는 존을 입양하고 싶어했어요. 그래도 아들이 어디 있는지는 알 거라고 말하더군요."

그것은 매정하기 이를 데 없는 제안이었다. 엘리너가 내쉬에게 품었던 사랑의 잔재까지도 완전히 짓뭉개버린 제안이기도 했다. 무슨 생각으로 그런 제안을 했을까? 아들 때문에 감수해야 할지도 모를 금전적 책임을 회피하고 싶었을 수도 있다―그것 때문에 엘리너는 내쉬가 "공짜로 모든 것을 가지려는" 사람이라고 말하기도 했다. 그것이 아니라면, 존 데이빗이 근로자 어머니의 사생아보다 중산층 부부의 양아들로 사는 것이 더 나은 장래를 기약할 수 있다고 믿었기 때문인지도 모른다.

"다들 그 아이를 원했다"고 엘리너는 회고했다. "어떤 사람은 아이를 주면 큰돈을 주겠다고까지 했어요. 섬뜩한 소리였죠. 그 부부는 존 데이빗을 돌봐준 부자였어요. 그런데 그들은 캘리포니아로 이사할 거라더군요. 그러면 나는 다시는 그 애를 못 보게 되는 거죠."

존 데이빗은 6년 동안 이집 저집을 전전하며 자랐다. 그 동안 아버지와 아들은 이따금 서로 만났다. 두 살 때 시립공원인 듯한 곳에서 찍은 사진이 한 장 있는데, 긴 얼굴의 존 데이빗이 귀여운 털모자를 쓰고 꼬마 병정처럼 서 있다. 손을 맞잡고 있는 어머니는 다정한 소녀 같은 얼굴로, 모자는 쓰지 않고, 단정한 털코트를 입은 채, 분명 연인이 들고 있을 카메라를 향해 미소를 짓고 있다. 이 사진은 아들과의 짧은 만남에서 오는 아릿한 느낌을 불러일으킨다. 존 데이빗 스티어는 후일 이렇게 말했다. "어머니는 아이를 낳지 말아야 했습니다. 그렇게 어리석지 말아야 했어요." 그러나 이 사진을 보면 누

엘리너와 존 데이빗 스티어(엘리너와 내쉬의 아들), 1955년

존 내쉬와 존 데이빗

구라도, 일요일 산책에 나선 이들이 법적인 것만 제외한 모든 의미에서 진정 한가족이라는 느낌을 준다는 것을 부정하기는 어렵다.

아들을 대하는 내쉬의 태도나 행동은 좀 이상할 정도로 일관성이 없었다. 아들의 탄생과 관련해서, 그는 같이 잔 지 얼마 되지도 않은 여자의 임신 사실을 알게 된 여느 젊은 남자와는 다른 반응을 보였다. 그러면서도 결혼으로 직행하는 빠른 길을 피해갔다. 애 아버지라는 것을 전력을 다해 부인하다가 여자친구의 생애에서 슬그머니 사라져버리는 흔한 길도 선택하지 않았다.

그가 이기적으로 행동했고, 매몰차기까지 했다는 것은 의심의 여지가 없다. 아들을 가난에서 보호해주지 못했고, 어머니와도 떨어져 살도록 방치했다. 그런데도 자기가 아버지임을 인정하고 유대 관계를 지속하고자 했던 것에 대해, 그의 아들이나 다른 사람들은 후일 그것을 순전히 나르시시즘 탓으로 돌렸다. 그것이 부분적으로 사실이라 해도, 내쉬 또한 여느 사람과 마찬가지로 사랑하고 사랑받기를 원했으며, 힘 없는 작은 아이인 자기 아들에게 끌리는 마음을 어쩔 수가 없었다고 말할 수도 있다.

내쉬가 존 데이빗의 인생에서 갑자기 사라져버린 1959년의 어느 날, 엉성하게 포장해서 뭉개진 소포가 배달되었다. 살짝 부서지긴 했어도 아름답게 만든 나무 비행기가 안에 들어 있었다. 존 데이빗은 후일 이렇게 회상했다. "예쁜 장난감이었어요. 발신인 주소나 쪽지 같은 것도 없었지만, 아버지가 보냈다는 것을 알 수 있었습니다."

24 잭

1952년 가을, 내쉬는 MIT 두레방에서 잭 브리커를 만났다. 뉴욕 출신이었던 그는 그해 대학원에 들어왔다. 시티 칼리지의 수학 테이블 시절에 뉴먼 등의 학생들과 사귄 적이 있던 그는 곧 두레방의 단골 멤버가 되었다.

내쉬보다 두 살 아래인 그는 곧 내쉬에게 매혹되었다. 그는 내쉬에게 "최면당하고", "마비되고", "반했다." 이런 단어들은 당시 학생들이 내쉬에 대한 브리커의 반응을 표현할 때 쓴 말이다. 매턱은 1997년에 이렇게 말했다. 브리커는 "내쉬의 날카로운 두뇌에 압도되었다. 내쉬는 그가 만난 사람 가운데 가장 영리한 사람이었다. 그는 내쉬의 지능을 숭배했다." 하지만 내쉬의 지능에만 매혹된 것은 아니었다. 남부 출신, 프린스턴 졸업, 매끈한 외모, 넘치는 자신감 등이 모두 매혹의 대상이었다.

브리커는 상대적으로 키가 작고 여윈 데다 걱정이 많았다. 그는 뉴욕 브루클린에서 가난하게 성장했다. 옷도 추레했고 늘 돈에 쪼들린 데다 여자 경험이 없는 것을 늘 불만스러워 했다. 물론 그가 영리하다는 것은 부정할 수 없었다―논리학자 에밀 포스트 *Emil Post*는 그가 시티 칼리지 수학과에서 최고였다고 말했다. 하지만 그의 자신감 부족은 병적일 정도였다. 그가 가장 자주 쓰는 말은 "희망이 없어"와 "쓸모 없어"였다. 그러나 그는 나름대로 사람의 마음을 끄는 데가 있었다. 그는 우울할 때가 많았지만 그럴 때에도 유머를 잃지 않았다. 대단히 뉴욕적인 그의 유머는 어두운 자학조였다. 사람들은 그와 얘기하는 것을 좋아했다. 그가 남들의 얘기에 관심이 많고, 예리하고, 이해가 빨랐기 때문이다. 다른 사람과 함께 있을 때 그는 어색해하면서도 남들을 편하게 해주는 재주가 있었다. 거스 솔로몬이 말했듯이, 그는 "세상에서 남의 말을 가장 잘 들어주는 사람"이었다.

아마도 그런 이유 때문에 그는 내쉬의 눈길을 끌었을 것이다. 내쉬는 자기보다 못한 사람들을 늘 경멸했지만, 브리커에게는 그렇지 않으려고 애썼다. 브리커는 래스커 *Lasker* 게임을 좋아했다―체스 챔피언 이름을 딴 이 실내 게임은 1940년대 후반에 인기를 끌었다. 내쉬도 브리커를 따라 이 게임을 하기 시작했다. "우리는 래스커 파트너가 되었고, 그래서 서로를 알게 되었다"고 브리커는 1997년에 말했다. 그들은 곧 내쉬의 스터드베이커 차를 타고 정처 없이 장거리 드라이브를 하곤 했다. 운전대를 잡은 내쉬는 차를 몰면서 브리커의 목덜미를 만지작거렸다. 그들은 친구가 되었고, 곧 친구 이상이 되었다.

도널드 뉴먼과 MIT 수학과 사람들은 내쉬와 브리커를 너그럽게 즐기면서 지켜보다가, 두 사람이 연애를 하고 있다고 결론지었다.

"그들은 서로에게 아주 관심이 많았다"고 뉴먼은 말했다. 그들은 서로의 애정을 감추지 않았고 남들이 보는 데서도 키스를 했다. "브리커는 존을 받들어 모셨어요. 늘 존의 주위를 맴돌았지요. 그들은 늘 서로를 토닥거렸습니다." 엘리너의 회상이다. 1965년의 편지에서 내쉬는 브리커와의 관계가 자기 생애에 세 번 있었던 "특별한 우정" 가운데 하나였다고 밝혔다. 이 특별한 우정은 내쉬가 결혼할 때까지 끊겼다 이어졌다 하며 거의 5년 동안 계속됐다.

내쉬는 도널드의 아내 허타 뉴먼에게 이렇게 말한 적이 있다. "사람들 사이에는 내가 경험해보지 못한 일이 벌어진다"는 것을 깨달았다고. 그가 각별히 경험해보지 못한 일이란 "사람들을 서로 묶어주는 강력한 힘"이었다—또 다른 천재인 헨리 제임스의 전기를 쓴 어떤 작가가 지적한 말이다. 이제 내쉬는 그런 힘이 어떤 것인지를 알게 되었다.

내쉬가 마사에게 보낸 1965년의 편지에서 언급했던 것도 바로 그런 강력한 유대감이었다. 브리커처럼 "다채롭고", "즐겁고", "매력적인" 특별한 부류의 몇몇 사람과 만나지 못하게 된 내쉬는, "황야에서 완전히, 길을 잃고, 잃고, 또 잃었다.… 그것은 여러 모로 모질고, 모질고, 모진 인생이었다."

사랑을 주고받는 경험은 내쉬 자신과 장래 가능성에 대한 인식을 미묘하게 변화시켰다. 그는 더 이상 인생이라는 게임의 관찰자가 아니라 능동적인 참여자였다. 그는 이지적 기쁨만을 지닌 생각하는 기계가 더 이상 아니었다. 하지만 그의 천성은 열정적이지 못했다. 그 사랑이 비록 흥분되는 것이긴 했지만, 세상과의 괴리감과 냉소, 자율에 대한 갈망을 단숨에 몰아내버릴 정도는 아니었다. 단지 그런 것들을 조절할 뿐이었다. 또 그 사랑은, 아버지가 되어 가족을 거느리고 싶다는 욕구와 같은 다른 본능적 명령들을 몰아내지도 못했다. 내쉬는 자기가 동성애자라는 생각을 하지 않았다. 백인 남성의 성적 행동에 관한 알프레드 킨지 보고서가 발간되어 떠들썩한 관심사가 된 것은, 내쉬가 프린스턴 대학원생이었던 1948년이었다. 많은 이성애자 남성들이 때로 동성애 관계를 갖는다는 것을 내쉬도 알고 있었다는 것은 의심의 여지가 없다. 게다가 내쉬는 야심만만했고, 사회적 인간관계에서도 성공하고 싶었다. 그의 사회생활은 전과 다름이 없었다. 브리커와 정서적 관계가 심화되고 있는 동안에도 엘리너를 계속 만났고, 그녀와의 결혼 여부를 계속 저울질했다.

내쉬와 브리커의 관계가 특별히 행복했던 것은 아니다. 내쉬는 자기의 개인적인 모습을 브리커에게만큼은 허물없이 털어놓았다. 그러나 자기노출 행동은 동시에 방어적이고 자기보호적인 반작용을 불러일으켰다. 후일 마사에게 보낸 편지에서 상당히 후회하는 어조로 털어놓았듯이, 내쉬는 자기가 브리커보다 더 뛰어나다는 우월감의 망토—"위대한 수학자"라는 망토—로 자신을 감쌌다. 그는 엘리너에게 그랬듯이 브리커도 얕잡아 보았다. "그는 너무나 상냥하게 굴다가도 금새 아주 혹독하게 굴었다"고 브리커는 1997년에 회상했다.

대학원 1년차 시절에 브리커는 엘리너의 존재를 전혀 알지 못했다. MIT의 다른 사람들도 마찬가지였다. 봄 학기 말에 내쉬는 마침내 브리커에게 비밀을 털어놓았다. 그는 다소 멜로드라마 같은 어조로 "내게는 내연의 여자가 있다"고 말했다. 엘리너가 해산하기 몇 주 전에 내쉬가 두 사람을 소개시킨 적이 있다고 브리커는 회상했다.

내쉬의 애정을 줄다리기하는 경쟁자가 있다는 사실이 밝혀지자 긴장감이 감돌았다. 무엇보다도 브리커는 엘리너를 대하는 내쉬의 태도에 점점 혼란스러워하며 비난하기 시작했다. 내쉬와 브리커와 엘리너는 내쉬의 집에서 저녁식사를 함께 하곤 했는데, 브리커는 내쉬의 "야비한 짓"과 신경질을 빈번히 목격했다고 후일 회상했다. 브리커가 개입하려고 들면 내쉬는 그에게 폭언을 퍼부었다. 엘리너가 브리커에게 동정과 조언을 구하기 시작하자 일은 더욱 어렵게만 되었다. 그녀는 브리커에게 전화해서 내쉬가 못되게 구는 것을 불평했다.

내쉬가 질투심을 느꼈을 수도 있다. 제롬 뉴워스는 1956년 8월 초 보스턴에서 내쉬와 브리커, 그리고 몇몇 수학자들과 함께 저녁식사를 한 적이 있었다. 대학원생인 뉴워스는 바로 그날 MIT에 도착했다. 그는 시티 칼리지 시절부터 알고 지내던 브리커를 만나게 되어 여간 즐겁지 않았다. 그는 그날 저녁의 일을 생생히 기억했다. "그들은 포옹까지는 하지 않았지만, 서로 눈길을 떼지 않더군요. 내쉬는 내게 아주 적대적이었습니다. 그는 계속 나를 화난 얼굴로 바라보더군요. 그는 다른 사람들이 브리커에게 말을 거는 것을 참지 못했습니다."

내쉬와의 관계는 브리커에게 "아주 난처한 일이었다"고 뉴워스는 말했다. "브리커는 어째야 좋을지 몰라 쩔쩔맸습니다. 그는 끔찍한 시기를 보내고 있었어요." 뉴워스 부인은 그에게 정신과의사를 찾아가 보라고 권했다.

브리커에게 당초 너무나 매력적이었던 내쉬의 천재성은 이제 열등감만 부채질했다. 대학원 첫해에 브리커는 그런 대로 공부를 착실히 해나갈 수 있었다. 그러나 나중에는 거의 공부를 할 수 없었다. 그는 수업시간에도 빠졌다. 1954년 11월의 예비시험은 간신히 통과했지만, 그 무렵 학업 집중력은 이미 완전히 증발해버린 상태였다. 그러나 그는 1957년 2월까지 버텼다. 이때 내쉬가 안식년 휴가를 맞아 학교를 떠나자, 그는 대학원을 중퇴하고 학자가 되겠다는 꿈을 접어버렸다. 내쉬의 게임이 너무나 고통스러워 더 이상 계속할 수 없었던 것이다.

그들은 1967년에 마지막으로 로스앤젤레스에서 만났다. 브리커는 개인기업에서 일하고 있었고 이미 결혼한 상태였다. 내쉬는 병이 깊었다. 1997년에 브리커는 이렇게 회상했다. "그는 막무가내였어요. 내게 편지 공세를 퍼부었죠. 그건 너무 당혹스러웠어요."
그 편지 가운데 남아 있는 것은 1967년 8월 3일자 우편엽서 하나뿐이다. 그 엽서에는 "No to No"라고만 씌어 있었다. 브리커가 내쉬에게 "안 돼"라고 말한 후, "안 돼"는 안 된다는 뜻으로 보낸 것이다. 그후에도 내쉬는 끊임없이 브리커를 언급하며 자신의 분노와 브리커의 중요성을 시사했다—브리커는 늘 B^2 혹은 B^{22}이었다. 내쉬는 1968년 매턱에게 이렇게 썼다. "친애하는 매턱, 내게 최대의 인격적 손상을 입힌 것은 미스터 B인 것이 분명해." 그렇게 말하면서도 그는 슬픈 회한의 분위기를 자아냈다. "1967년 이후 줄곧 나는 브리커에게 직접 편지를 보내는 것이 두려웠다네. 이유야 어쨌든 지금도 나는 두려워. 편지를 보내는 것이 옳지 않다는 느낌을 지울 수 없는 거지."
하지만 지난날 애정의 흔적은 아직도 남아 있었다. 1997년, 브리커는 병들어 있었고, 사실상 가까운 사람 하나 없이 살아가고 있었는데, 첫 질문은 이랬다. "내쉬는 어때요? 그는 좀 나아졌나요?" 그러나 지난날 내쉬와 가졌던 관계에 대해서는 별로 얘기하고 싶어하지 않았다. "더 이상 그 얘긴 하고 싶지 않다"고 그는 말했다.

체포 25

랜드, 1954년 여름

1954년 여름을 끝으로 내쉬는 랜드를 떠났다. 그해 여름 랜드에서는 편집증적이고 비관용적인 분위기가 극에 달한 사건이 발생했고, 그 사건 이후 랜드는 내쉬의 비밀취급 인가를 갑자기 철회하는 한편, 내쉬와의 컨설턴트 계약을 취소하고, 그를 냉전시의 선택된 지식인 사회에서 실질적으로 추방해버렸다.

그해 8월, 〈이브닝 아웃룩〉지에는 조 매카시에 대한 상원의 비난 기사가 범람했다. 차량 배기가스에 햇빛이 화학적 작용을 일으켜 로스앤젤레스 전역에 유해 스모그를 발생시키고 있다는 뉴스와, 말리부 베이 지역의 소아마비 전염병 기사도 빈번히 실렸다. 한편 살인적인 무더위 때문에 수만 명의 로스앤젤레스 시민이 산타모니카 해변으로 몰려갔다. 내쉬도 그 해변으로 피서를 갔다. 그는 백사장이나 펠리세이즈 파크의 산책로를 거닐며 시간을 보냈다. 그는 머슬비치에서 육체미 운동을 하는 사람들이나, 부두에서 북적거리는 사람들, 근처에서 파도타기를 하는 사람들을 지켜보곤 했다. 수영은 별로 하지 않았다. 구경이나 하며 사색에 잠기는 것이 더 좋았던 것이다. 그는 흔히 자정이 넘은 시간까지 산책을 하곤 했다.

8월 말의 어느 날 아침, 랜드 보안과의 숙직 책임자는 산타모니카 경찰서에서 걸어온 전화를 받았다—그 경찰서는 랜드의 새로운 본사 건물에서 그리 멀지 않은 곳에 자리잡고 있었다. 퇴폐행위 적발을 담당한 두 경찰—한 명은 유인책이고, 다른 한 명은 체포책인 존 오토 매트슨 경관—이 새벽에 펠리세이즈 파크의 남자 공중화장실에서 어떤 젊은이를 체포했다는 전화였다. 체포된 젊은이는 경범죄인 공개적 외설죄로 기소되었고, 불구속 처리되어 풀려났다. 20대 중반으로 보이는 그 젊은이는 자기가 랜드에서 일하는 수학자라고 주장했는데, 그것이 사실인가?

숙직 책임자는 내쉬가 랜드의 피고용인이라는 것을 즉석에서 확인해주었다. 그는 체포 사유를 꼼꼼히 받아 적은 다음, 은밀히 알려준 경관에게 감사를 표하고 전화를 끊자마자, 랜드의 보안과장인 리처드 베스트의 사무실로 부리나케 달려갔다.

베스트는 키가 훤칠한 미남에다 미드웨이 해전에서도 살아남은 역전의 해군용사였다. 치명적인 만성 폐결핵에서 살아남은 사람이기도 했다. 그는 제대 후 랜드에 입사해 4번가 브로드웨이의 "앞 사무실"에 발령받았다. 그곳은 랜드의 소수 중역들이 모여 있는 곳이었다. 신중하면서도 유능한 베스트는 사교성도 좋아서 중역들은 물론 일반 직원들에게도 인기가 있었다. 그의 첫 임무는 랜드 도서관을 세우는 일이었다. 그러나 곧 랜드의 총무 겸 해결사 역할을 맡게 되었다. 1953년에 아이젠하워 정부가 새로운 보안지침을 시달한 후, 그는 마지못해 보안과장 직책을 수락했다. 그는 스파이 행위와 기밀

누설을 둘러싼 매카시 히스테리를 혐오했다. 개인의 사생활을 들추고 다니는 행위가 역겨울 뿐만 아니라 전혀 불필요하다고 생각한 사람이기도 했다. 그러나 그는 랜드에 빚을 지고 있다고 생각했다. 폐결핵이 재발된 후에도 그를 계속 고용해주었던 것이다. 또 그는 랜드가 대중 홍보를 잘할 필요가 있다는 점을 인식하고 있었다.

베스트는 보고에 귀를 기울였다. 어떻게 대처해야 할지는 명백했다. 내쉬는 비밀취급 인가를 받은 사람이었는데, "경찰의 덫"에 걸려들었으니 사직할 수밖에 없었다. 베스트는 트루먼 식의 자유주의자여서 매카시의 마녀사냥을 좋아하지 않았다. 그는 젊은 경찰에게 "퇴폐행위 적발과 같은 너절한 잡일"을 시키는 이유를 이해할 수 없었다. 그러나 그는 새로운 보안지침을 준수해야 할 책임이 있었다. 보안지침은 특히 동성애 혐의자의 비밀취급 인가를 금지하고 있었다. 범죄 행위와 "성적 변태"는 비밀취급 인가 거부나 취소 사유가 되었다. 공개적인 호모가 아니라 해도 모든 호모는 협박에 약하다고 생각했던 것이다. 또한 "판단력 빈곤을 뜻하는 부주의한 성격"을 암시하는 어떤 행동도 그 사유가 되었다.

초창기에 랜드는 보안 문제에 다소 무심했다. 랜드는 해군제독의 딸인 낸시 니미츠를 고용하기까지 했다. 그녀는 래드클리프와 하버드 재학중 공산당 지도자 집회에 자주 참석했기 때문에, 원했던 CIA에 들어갈 수 없었는데 랜드는 그런 과거를 문제삼지 않았다. 랜드는 또 소속 수학자인 리처드 벨맨을 보호하기 위해 최선을 다했다. 벨맨의 아내는 한때 공산당 당원이었을 뿐만 아니라, 한번은 비행기를 타고 가다가 로젠버그 부부(소련의 스파이 노릇을 한 죄로 처형된 미국인 : 옮긴이주)의 사촌과 사귄 적이 있었다. 매킨지는 1940년대 후반에 랜드에서 일한 일급 수학자이자 지금도 인용되는 게임 이론 저서를 펴낸 사람인데, 공개적인 호모였다. 그는 의심과 비관용적 분위기가 고조되자 첫 희생자가 되었다. 그의 호모 성생활은 누구나 아는 일이었고, 고도의 이론 분야만을 연구했는데도 협박의 대상이 될 수 있다는 터무니없는 혐의를 받아 강제로 사직당했다. 호모 혹은 호모 혐의자에 대한 사실상의 금지 조치는 당시에는 물론 후일에도 아주 강력했다. 국가 보안 프로그램의 책임자가 1972년에 증언한 말에 따르면, "호모 성향이 심각하지 않을 경우에는 비밀취급 인가를 내줄 수도 있었다." 그러나 그가 책임자가 된 이래 20년 동안 "그런 사람에게 인가를 내준 경우는 한 번도 없었다."

내쉬의 체포 소식은 즉각 조치해야 할 사안이었다. 베스트는 윌리엄스에게 그 소식을 전했다. 윌리엄스는 특별히 충격을 받지는 않았지만 꽤 유감스러워 했다. 베스트의 회상에 따르면 윌리엄스는 "내쉬처럼 소중한 연구자를 랜드가 잃게 되었다는 것에는 놀랐지만, 아주 느긋했고 아주 솔직했다." 윌리엄스는 베스트에게 내쉬가 "괴짜 녀석"이긴 하지만, 비상한 수학자이며, 그가 만나본 사람 가운데 가장 영리한 사람이라고 말했다. 그러나 내쉬가 사직해야 한다는 것은 추호도 의심치 않았다.

랜드에서 일하는 사람 가운데 내쉬가 처음으로 산타모니카 경찰의 덫에 걸려든 것은 아니었다. 머슬비치는 산타모니카 부두와 베니스라는 작은 해변 마을 사이에 위치했는데, 육체미 운동을 하는 사람이 특히 많이 모였고, 말리부 베이 지역에서 호모가 가장 많이 검거되는 곳이기도 했다. 1950년대 초반에, 산타모니카 경찰서는 관할 지역의 호모를 몰아내기 위해 정기적으로 은밀히 함정 단속을 폈다. "유인책 경찰이 공중화장실로 들어가는 남자를 쫓아가서 유혹합니다. 그 남자가 응낙하면 두 번째 경찰이 들이닥쳐 그를 체포합니다." 베스트의 설명이다. 경찰이 체포로만 끝내는 일은 거의 없었다. 특별한 징벌 조치로 그 남자의 고용주에게 통보를 했던 것이다. "몇 년 동안 경찰의 덫에 걸린 직원 대여섯 명을 내보내야 했다"고 베스트는 말했다.

정상적인 경우, 소속 부서의 부서장이 개인적으로 해고 통지를 하게 되어 있었다. 그러나 내쉬의 경우에는 윌리엄스 대신 베스트와 그의 상관 스티브 제프리스가 내쉬의 사무실로 찾아가 나쁜 소식을 전했다. 내쉬는 평소와 달리 사무실을 지키고 앉아 있었다. 그는 그들에게 용건을 묻지 않고 빤히 쳐다보기만 했다. 두 남자는 사무실 문을 닫고 할 말이 있다고 말했다. 베스트는 직설적으로 침착하게 말했다. 지금 즉시 자네의 미공군 비밀취급 인가를 정지시켜야겠다. 미공군에도 곧 통보될 것이다. 그리고, 이것이 핵심 사항인데, 자네의 랜드 컨설턴트 직책은 영구 면직되었다.

"존, 자네는 우리에게 너무 과분한 사람이야." 베스트는 그렇게 말을 마무리했다.

베스트는 내쉬의 반응에 어리둥절했다. 내쉬는 뜻밖에도 동요하거나 당황하지 않았다. 두 사람이 농담을 하고 있다고 믿는 듯했다. "내쉬는 그 모든 것을 심각하게 받아들이지 않았다"고 베스트는 회상했다. 경관의 유혹을 받아들였다는 것도 부인했고, 자기가 호모라는 것에도 코웃음을 쳤다. "나는 호모가 아니고, 여자들을 좋아한다"고 내쉬는 말했다. 그러더니 베스트에게 당혹스럽고 다소 충격적인 행동을 했다. "그는 지갑에서 사진 한 장을 꺼내서 우리에게 보여주었어요. 여자와 꼬마 사진이었습니다. '이게 내가 결혼하려는 여자와 내 아들 사진입니다.'"

베스트는 그 사진을 무시했다. 그는 새벽 2시에 펠리세이즈 파크에서 무슨 행동을 했느냐고 내쉬에게 물었다. 내쉬는 단지 실험을 하고 있었다고 대답했다. 내쉬가 자주 쓴 실험이라는 말은 "그저 행동 특성을 관찰하기"를 의미하는 것이었다. "하지만 존, 자네는 경찰에게 체포됐어. 그렇고 그런 짓을 한 현장에서 말이야." 베스트는 경찰 사건 서류에 적힌 내용을 되풀이해서 들려주었다. 1996년에 그 사건을 회상한 베스트의 말에 따르면, "내쉬는 '공개적 외설죄'로 기소되었습니다. 공중화장실에 들어가 다른 남자에게 컴온 *come-on*을 해보였는데, 그건 자기 성기를 꺼내 수음을 해보이는 것을 뜻합니다." 베스트는 경찰들이 진실을 말하고 있는지의 여부는 중요하지 않다는 것을 분명히 밝혔다. "그런 혐의를 받았다는 것만으로도 랜드에서 계속 근무할 수 없다"고 베스트는 내쉬에게 말했다.

제프리스와 베스트는 내쉬에게 당장 사무실에서 나가라고 요구했다. 그들은 내쉬를 호위해서 건물 밖으로 내보냈다. 내쉬의 책상을 정리한 뒤 개인 서류와 소유물은 돌려주겠다고 그들은 말했다. 그 모든 조치는 개인적 감정 없이 정중하게 이루어졌다. 내쉬는 현관 로비 바로 옆에 있는 검역소, 즉 비인가자 사무실에서 근무해도 좋다는 옵션을 받았다. 또 본인이 원한다면 작업중이던 일을 집에서 마무리지을 수도 있었다.

내쉬는 어떻게 했을까? 어쨌든 몇 주 내에 산타모니카를 떠나기로 되어 있었던 그는 즉시 철수하지는 않았다. 베스트는 그가 랜드 건물로 돌아왔는지의 여부는 기억하지 못했다. "그는 서두르지 않고 한두 주일 후에 떠났다"고 베스트는 회상했다. 떠나기 전 내쉬의 정신 상태는 어땠을까? 화가 났을까? 우울했을까? 겁이 났을까? 변명거리를 들고 윌리엄스나 무드를 찾아가보겠다는 생각도 해봤을까? 랜드의 조치를 뒤집어보려고 했을까? 물론 그런 행동을 한 다른 사람은 없었다. 스캔들이 두렵고, 호모 혐의만 받아도 멸시당한다는 것을 잘 알고 있었기 때문에, 내쉬와 같은 처지에 놓인 사람들은 슬그머니 사라질 수 있다는 것만으로도 다행이라고 생각하며 한 마디 항의도 하지 않았다.

결국 내쉬는 과거에 배운 대로 행동했다—과거에는 물론 이때만큼 극한 상황은 아니었다. 기이하게도 그는 아무 일도 없다는 듯이 행동했다. 그는 자기 드라마의 관객처럼 행동했다. 그 모든 것이 하나의 게임, 혹은 인간 행동에 관한 어떤 흥미로운 실험이라는 듯이, 주변 사람들의 생각이나 자기 감정에는 아랑곳하지 않고, 착수와 응수에만 생각을 집중했던 것이다. 그해 9월에 집으로 처음 보낸 엽서에서 그는 허리케인을 운운했는데, 그 현실 괴리감은 주목할 만한 것이다. "그 허리케인은 아주 흥미로운 경험이었습니다." 그는 부모에게 자신의 비밀취급 인가에 문제가 생겼다면서, 그것을 MIT의 은사인 노먼 레빈슨 탓으로 돌렸다—전직 공산당원이었던 레빈슨은 그해에 상원 비미활동 특별조사위원회에 소환된 적이 있었다.

한편, 랜드 기구는 아주 효율적으로 잘 굴러갔다. "그의 비밀취급 인가는 철회되었고, 미공군에도 그의 혐의 사실이 보고되었다"고 베스트는 말했다. 랜드는 산타모니카 경찰과 협상해서 내쉬의 기소를 취소했다. 내쉬가 해고되었고 영원히 캘리포니아 주를 떠났다는 것을 랜드가 보장한 대가였다. 베스트의 말에 따르면, 그런 거래는 통상적인 일이었다. 아무튼 그 체포 건은 〈이브닝 아웃룩〉에 기사화되지 않았고, 경찰 서류와 법원 기록에서도 오래 전에 삭제되었다.

알렉산더 무드는 그 체포 건을 비밀에 부치려고 하지 않았다. 내쉬가 갑자기 쫓겨났기 때문에 그럴 수도 없었다. 그러나 내쉬가 체포 당시 그저 수학 문제를 풀기 위해 펠리세이즈 파크를 산책하고 있었을 뿐이라고 얘기를 꾸며냈다. 무드는 이렇게 둘러댔다. "내쉬는 경찰에게 그저 뭔가를 생각하는 중이라고 말했고,… 경찰은 결국 그 말이 사실이라는 것을 알게 되었다." 대부분의 랜드 직원들은 그런 줄만 알았다. 여름도 다 갔으니 어쨌든 내쉬는 케임브리지로 돌아가야 할 때라고 사람들은 생각했다. 그러나 그의 이름은 컨설턴트 명단에서 갑자기 삭제되었다. 후일 내쉬는 구태여 체포 건을 부인하지 않았다. 로이드 셰이플리 등의 수학부 사람들은 체포 사실을 다 알고 있었다. 내쉬가 경찰서에서 셰이플리에게 전화를 걸어 꺼내달라고 부탁했기 때문이다. 셰이플리는 나중에 다른 수학자에게 내쉬가 어떤 게임을 해왔다고 말했다. 아무튼 프린스턴 등의 대학들과 랜드를 정기적으로 오가는 수학자들이 많았기 때문에, 그 체포 소식은 곧 프린스턴과 MIT까지 전해졌다. 그리하여 정신병자라고 할 수는 없어도 이미 괴짜로 명성이 높았던 내쉬의 일화에 그 사건이 덧붙여졌다.

그를 괴짜 취급하는 것에 이의를 단 사람은 아무도 없었다. 그는 동정을 받을 만한 인물이 아니었다. 게다가 동성애에 대한 정부의 가혹한 처사에 의문을 제기하는 사람은 수학계에도 거의 없었다. 어떠한 비순응적 행동에도 편집증적인 두려움이 증증하고 있던 사회에 특히 호모 공포증은 널리 퍼져 있었다. 윌리엄스는 수학자들을 훈계할 일이 있을 때마다 그 사건을 써먹었다. 한두 해 후에 그가 수학부에 보낸 메모에는 이런 수사학적인 질문이 담겨 있었다. "수학자들이 우리에게 피해를 줄 수 있는 행위는 어떤 것들인가?" 그가 예시한 사례 가운데 "추근거리다가 체포되는 것"도 들어 있었다. 그러나 윌리엄스의 촌철 살인의 어구는 다음과 같다. "수학자가 랜드에 최악의 피해를 주는 일은 랜드를 그만두는 것이다."

내쉬가 겉보기에는 상처받지 않은 것 같지만, 체포 건은 인생의 한 전환점이 되었다. 내쉬는 흔히 초연하고, 야심만만하고, 다른 사람들에게는 아주 무관심한 것처럼 보였다. 그러나 그는 결코 외톨이가 되고 싶지 않았다. 관용적인 상아탑 속에서 살면서, 그는 원하는 대로 뭐든 할 수 있다고 믿도록 길들여져 왔다. 그러나 이제 그는 아주 가혹한 방식으로 한 가지 교훈을 얻게 되었다. 그가 추구한 정서적 유대관계는 그가 소중하게 여긴 다른 모든 것을 파괴해버릴 수도 있다는 것이 그것이다—그의 자유, 그의 경력, 그의 명성, 사회적 성공 등 모든 것을. 그리고 필요로 하는 것들의 상충은 엄청난 공포를 낳을 수도 있다. 공포는 파괴적일 수 있다.

한 개인의 정신분열증 발병 가능성은 유전자에 내재되어 있다고 오늘날의 연구자들은 믿고 있다. 그러나 심리적 스트레스도 촉매로 간주된다. 버지니아 대학의 심리학자 어빙 고츠먼은 쌍둥이 연구를 통해 정신분열증에 대한 프로이트 학설을 뒤집은 사람인데, 이렇게 말했다. "각 케이스는 서로 다르다. 유전 요인과 심리 요인이 각기 다른 비율로 혼합되어 있기 때문이다. 어떤 경우에는 스트레스가 결정적 요인이 되며, 기근이나 전쟁은 결정적인 요인이 되지 못한다. 그 요인은 아주 특이해서, 영혼과 자기 정체성과 자기 기대치에까지 영향을 준다." 단 한 차례의 트라우마보다, 유년과 청소년 시절을 거치며 누적된 사건들이 티끌 모아 태산이라는 속담처럼 커다란 긴장을 낳는다. 컬럼비아 대학의 유전학과 발달이론 교수인 니키 얼렌마이어-킴링 *Nikki Erlenmeyer-Kimling*은 "어떤 사건들이 누적되면, 그 사건은 번식하게 된다"고 말했다. 내쉬가 유년과 청소년 시절에 당했던 괴롭힘과 놀림이 그러했듯, 그 체포의 상처도 시간이 가면서 점점 뚜렷하게 드러났다.

체포 사건은 내쉬가 발병하기 4년여 전에 일어난 일이다. 당시의 완고하고 비열한 분위기에 희생당한 다른 수학자들의 사례는, 괴롭힘과 모욕을 당하는 일이 얼마나 정신을 황폐화하는지 잘 보여준다. 매킨지는 랜드에서 해고된 지 2년 후인 1953년에 자살했다. 나치의 잠수함 암호를 해독한 천재 수학자 앨런 튜링은 1952년 영국의 반동성애법에 따라 체포되어, 유죄 판결을 받았다. 그는 1954년 여름에 자기 실험실에서 청산가리를 넣은 사과를 먹고 자살했다. 이들보다 유명하지 않고 괴롭힘도 적게 당한 사람들은 신경쇠약에 걸려 수학을 포기한 채 음지에서 살아야 했다.

내쉬에게 가해진 최대 충격은 체포 자체가 아니라, 랜드에서 축출된 일이었는지도 모른다. 처음 베스트의 말을 들은 후 내쉬가 침착한 반응을 보인 것은, 윌리엄스가 그 사건을 눈감아주리라고 믿었기 때문일 수도 있다. 어쨌거나 그는 랜드의 천재들 가운데 한 명이었으니까. 그러나 맥킨지와 튜링 등의 수학자들과 마찬가지로, 내쉬는 인생이 지난날 생각했던 것보다 훨씬 더 남의 뜻에 좌우되는 불확실한 것임을 깨달았고, 자신이 생각보다 훨씬 더 약한 존재라는 것도 깨닫게 되었다. 그것은 위험한 교훈이었다.

홀로, 낯선 사유의 바다를 항해하는

영원한 정신의 대리석 지표처럼

묵묵한 얼굴로 프리즘을 들고 있는

뉴턴의 조각상이 서 있는 곳.

―윌리엄 워즈워드

Where the statue stood

Of Newton with his prism and silent face,

The marble index of a mind for ever

Voyaging through the strange seas of Thought, alone.

―William Wordsworth

존 내쉬 6세 무렵

조니는 신동은 아니었지만 총명하고 호기심이 많았다.
그래서 항상 무언가를 배우는 것을 좋아했고, 유난히 실험을 좋아했다.

앨리샤 라드(훗날 존 내쉬의 아내) 7세 무렵

앨리샤는 까만 눈동자에 하얀 살결을 가진 귀여운 소녀였다.
어린 시절 앨리샤는 항상 가슴 속에 현대판 마리 퀴리가 되겠다는 꿈을 품고 살았다.

존 내쉬, 1950년 5월 프린스턴 대학원 졸업식 때(약 22세)

1949년 여름, 내쉬가 별다른 설명 없이 나를 찾아왔다.
게임이론과 관련된 몇 가지 좋은 성과를 거뒀다면서 자신의 지도교수가 되어 달라고 했다.
볼거리 때문에 어서 집에 가고 싶었던 나는 지도교수가 되겠다고 쾌히 승낙했다.
내가 휴가를 끝내고 돌아와도 내쉬의 연구가
초기 단계를 벗어날 수 없을 거라고 확신했기 때문이다.
-터커 교수가 내쉬를 회상하며…

존 내쉬, 월터 웨이스블룸, 이스라엘 영, 도널드 뉴먼, 제이콥 브리커 –MIT 두레방에서

"우리가 어떤 존재였고, 무엇을 하려고 했나구요?
모든 집단에는 공통분모가 있습니다.
우리의 공통분모는 무엇인가를 늘 생각하고 있었다는 점입니다.
누가 영리한가?
누가 무엇을 하고 있는가?
누가 무슨 문제를 풀 수 있는가?
이런 생각은 아주 근사하진 않았지만
아주 자극적이었죠."

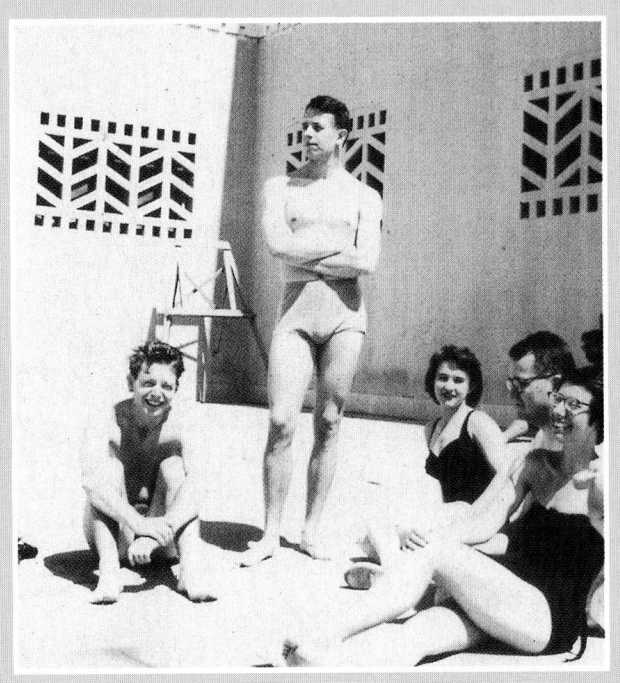

존(서 있는 사람), 앨리샤, 펠릭스와 에바 브로더 부부

남편 곁에서 한결같은 모습을 보여준 앨리샤에게,
후에 왜 내쉬에게 반하게 되었냐고 묻자
앨리샤는 캘리포니아에서 찍은 내쉬의 사진 보면서 깔깔거리며 이렇게 말했다.
"그이의 다리가 어찌나 섹시하던지~"
결혼은 인간관계 가운데 가장 신비한 것이다.

앨리샤와 존 내쉬(젖병을 빨고 있다), 1958년 매사추세츠 주 니덤, 새해 전야 분장파 파티에서…

연말 모임에서 내쉬는 앨리샤의 아이디어로 장난을 쳤다.
내쉬는 앨리샤가 만들어준 기저귀를 입고
모임 내내 앨리샤의 품에 웅크리고 아기처럼 안겨 있었다.
그는 평온해 보였지만 그의 행동에서
사람들은 불길함을 느꼈다.
그가 이미 보이지 않는 문지방을 넘은 것 같았기 때문이다.

존 내쉬와 두 아들, 존 데이빗 스티어, 존 찰스 내쉬, 1977년경, 프린스턴 연락역

나는 아버지와 만난다는 것이 늘 내키지 않았습니다.
아버지가 정신병에 걸렸다는 것은 아주 곤혹스러운 일이었습니다.
─존 데이빗 스티어

MIT 학부생이 수학과 학과장인 필즈의 사무실에 찾아와 미적분 강의가 형편없다고 항의했다.
필즈는 그 학생을 테스트하며 이름을 물었다.
그러자 젊은이는 "존 내쉬입니다."하고 대답했다.
필즈는 1960년대에 MIT 학부생일 때 내쉬의 전설을 잘 알고 있는 터라 꽤나 놀라워 했다.
"제 아버지의 이름은 들어보셨을 겁니다. 매장 정리를 푸셨죠."
─존 찰스 내쉬의 일화

존 내쉬가 스웨덴 국왕으로부터 노벨상 메달을 받은 후 관중에게 답례하는 모습

오랜 기간 동안 그가 정신분열증에 시달렸던 것을 지켜봐온 쿤이 내쉬를 찾아왔다.
"할 말이 있어." 하고 쿤은 입을 열었다.
내쉬는 평소처럼 눈길을 돌린 채 먼 곳만 물끄러미 바라보았다.
"내일 아침에 전화가 올 거야. 스톡홀름에서…"
쿤은 갑자기 감정에 북받쳐 목이 메었다.
그제야 내쉬가 고개를 돌리고 쿤의 말에 자못 귀를 기울였다.
"자네가… 자네가 노벨상을 받게 되었다고."

존 내쉬, 노벨상을 받고나서 며칠 후 웁살라 대학에서 강연할 때

아시다시피, 그이는 병을 앓았습니다.
하지만 이제는 다 나았습니다. 회복의 원인은 구구하지 않습니다.
그저 고요한 삶을 살았기 때문입니다.
—앨리샤 내쉬, 1994년

앨리샤

> 그녀는 강철 같은 결단력을 지녔다.
> 나는 그런 점이 좋았다. 매우 흥미롭기도 했다.
> 그녀는 늘 어떤 계획, 어떤 목표를 지니고 있었다.
> —에마 더셰인, 1997

    케임브리지로 돌아온 내쉬의 정신 상태는 불안정했고 편치 않았다. 그러니 평소에도 따분했던 강의 준비는 더욱 힘겨울 수밖에 없었다. 그는 거의 매일 오후만 되면 음악실로 도피했다. 찰스 하이든 기념 건물의 1층에 있는 그 음악실은, 고전 음악 레코드 소장품이 방대했고, 방음장치가 되어 있는 칸막이 방에 앉아 레코드를 틀어볼 수 있었다. 칸막이 방은 심연의 푸른 빛 벽으로 둘러싸여 있어서, 마치 물위에 떠 있는 듯한 느낌을 주었다. 내쉬는 이런 방에 들어가 몇 시간씩 계속 바흐나 모차르트를 들었다.
    음악실에 들어가는 길에 그는 입구 데스크에 멈춰 서서 음악실 사서들에게 몇 마디 악의 없는 조롱의 말을 던지곤 했다—그가 즐긴 게임에서 그랬듯, 그것은 남들과 아는 체하면서도 거리를 유지하는 방법이었다. 그러던 어느 날 오후 그는 작년에 그의 수업을 들었던 여학생이 사서 데스크 뒤에 서 있는 것을 발견하고 흠칫했다. 전에도 이따금 음악실에서 만난 적은 있었다. 그러나 이제는 아예 음악실에서 일하고 있는 것 같았다. 그녀도 음악실에 들어서는 그를 보고 다소 놀란 듯했지만, 환하게 미소를 지어보이며 다정하게 인사했다. 그는 음악실 안으로 들어가며 그녀의 눈길이 계속 자기를 따라오고 있는 느낌을 받았다.

당시 MIT의 여학생은 소수였다. 21세의 앨리샤 라드 *Alicia Larde*는 삭막한 군대 막사 같은 환경에서 온실의 난초처럼 빛나는 존재였다. 가냘프고 여성적이며, 살결은 희고 눈동자가 검은 그녀는 순진하면서도 뇌쇄적인 매력을 발산했다. 수줍은 듯하면서도 당차 보였고, 세련되었고, 우아했다. 그녀는 영화 〈버터필드 8 *Butterfield 8*〉에 나오는 엘리자베스 테일러처럼 머리칼이 검고 짧았다. 가느다란 허리를 조이고 있는 스커트 자락은 풍성했고, 하이힐 굽은 아주 높았다. 그녀는 어린 왕비처럼 거동했다. 학생 신문 〈더 테크〉는 MIT 여학생들을 다루는 해마다의 특집에서 그녀의 아름다운 발목을 언급한 적이 있었다. 그녀는 밝고, 쾌활하고, 장난기 넘치고, 수다스러웠다. 가끔 냉소적이고 종종 아주 신랄하기도 했지만, "꼬맹이 소년들(그녀가 남학생들을 가리키는 말)"에게 인기가 높았고, 영화광이기도 했다. 가문도 이색적이어서, 한 친구는 그녀를 가리켜 "고귀한 의무감을 지닌 엘살바도르의 공주"라고 말했다.

사실 라드 집안은 귀족 가문이었다. 중앙 아메리카 엘리트 계층을 형성하고 있는 모든 가문이 그렇듯, 그들도 유럽계였고, 주로 프랑스인들로 이루어져 있었다. 샹파뉴 지방의 포도 재배자였던 엘루아 마르탱 라드는 프랑스 혁명 기간에 미국으로 도피해 바톤 루즈에 정착했다. 그의 아들 플로렌틴 라드는 중앙 아메리카로 내려가 처음에는 과테말라에서 살다가 결국 산살바도르에 정착했다. 거기서 그와 아내, 그리고 아들 호르헤는 호텔 경영자가 되었고, 마침내는 커다란 목화 재배 농장주가 되었다.

 라드 가의 남자들은 미남이었고 여자들은 유달리 아름다웠다. 앨리샤의 아버지 카를로스 라드는 1911년 모친이 사망한 후 사흘쯤 되었을 때 아홉 명의 형제들과 사진을 찍었는데, 그 사진은 러시아의 로마노프 왕가를 연상시킨다. 그들 가문의 역사는 낭만적인 색조를 띠고 있다. 앨리샤의 삼촌 엔리크는 자기가 오스트리아 합스부르크 가문의 루돌프 대공과 정부 사이에서 태어난 사생아라고 생각했다. 가문의 전설에 따르면 라드 가는 프랑스 귀족인 브루봉 가문과도 연결된다고 한다. 의사와 교수, 법관, 작가 등이 대부분인 라드 가문은 지주계급이기보다는 지식 계급에 속했다―엘살바도르의 인디고(남색 염료)와 커피 경제를 장악한 것은 지주 귀족계급이었다. 그러나 라드 가의 남자들은 대통령이나 장군들과 교류했고, 카를로스 라드 세대의 남자들은 공직에 많이 진출했다. 고등교육을 받은 그들은 스페인어는 물론이고 프랑스어와 영어를 말할 줄 알았고, 널리 여행을 했다. 그들은 또 과학과 철학, 예술, 문학 등에 폭넓은 관심을 지니고 있었다.

 카를로스 라드는 엘살바도르에서 의과대학을 마친 후, 미국과 프랑스로 유학을 떠났다. 초기에 그의 장래는 활짝 열려 있었다. 그는 여러 공직을 거치는 가운데 엘살바도르 적십자 총재까지 역임했고, 제2차 세계대전 전에는 국제연맹 위원회의 위원장을 지냈다. 한때는 샌프란시스코에서 엘살바도르 영사로 일하기도 했다. 그의 두 번째 아내 앨리샤 로페스 해리슨은 부유한 명문가의 딸이었다. 앨리샤

앨리샤 로페스-해리슨 드 라드, 카를로스 라드, 그들의 자녀 롤란도와 앨리샤, 1937년경, 산살바도르

의 외조모는 영국 외교관의 아내였다. 라드 부인은 아름답고 다정할 뿐만 아니라, 요리에도 능했고, 파티 접대도 잘했으며, 조카와 조카딸에게 인기가 높았다.

앨리샤는 1933년 1월 1일, 산살바도르에서 태어났다. 집에서 리치라고 불린 그녀는, 카를로스와 앨리샤 로페스 사이에 태어난 둘째였

앨리샤 라드(훗날 존 내쉬의 아내), 1940년경, 산살바도르

다. 그녀보다 다섯 살 많은 오빠 롤란도는 병원에 장기 입원했다. 아버지의 전처에게서 태어난 이복 오빠도 그들과 함께 살았다. 부모가 어찌나 사랑했는지 외동딸 대우를 받은 리치는 어느 모로 보아도 사랑스러운 금발머리 소녀였다. 그녀는 수도 중심부에서 가까운 멋진 저택에서 삼촌과 고모, 사촌, 하인 들에 둘러싸여 성장했다.

목가적인 생활은 제2차 세계대전이 끝나기 1년 전, 앨리샤가 열한 살일 때 갑자기 끝이 났다. 1944년에 엘살바도르에서는 독재자 에르난데스 마르티네스에게 저항하는 인민들의 내전이 1년째 계속되고 있었다. 그 와중에 앨리샤의 삼촌 엔리크는 어느 날 밤 폭탄이 작렬하는 가운데, 아내와 다섯 아이를 이끌고 포장마차를 몰고 황급히 애틀랜타로 떠났다. 민간인이라는 것을 알리기 위해 마차에는 하얀 천을 둘렀다. 그후 얼마 되지 않아 카를로스 라드도 처자식을 잠시 산살바도르에 남겨두고 엔리크를 따라갔다. 그는 애틀랜타의 엔리크 집에 잠시 머물다가, 멕시코 만에 접한 미시시피 주 빌록시로 옮겨가서, 참전용사 병원의 의사 일자리를 얻었다. 몇 주 후 라드 부인과 앨리샤가 도착했다—그 전에 그들은 멕시코를 경유하는 장거리 기차 여행을 했고, 애틀랜타에서 잠시 내려 엔리크와 그의 가족들을 방문하기도 했다.

46세였던 카를로스 라드가 엔리크를 따라 미국으로 이주한 이유가 무엇인지는 분명치 않다. 어쩌면 전면적인 내전을 두려워했는지도 모른다. 공직에서 여러 차례 좌절을 겪은 터라, 다시 의사가 될 수 있는 기회를 잡은 것일 수도 있다. 그러나 가장 그럴듯한 이유는 그의 건강 때문이었다—앨리샤에게 부모가 들려준 이민 이유도 그것이었다. 카를로스 라드는 위궤양을 비롯한 여러 가지 난치병을 앓고 있어서, 미국에서 의사로 일하게 되면 최고의 치료를 받을 기회를 잡게 되는 셈이었다. 이유야 어쨌든 이민은 영구적인 것이 되고 말았다. 몇 년 후 엔리크는 엘살바도르로 돌아갔지만, 카를로스는 1962년에 사망할 때까지 미국에 머물렀다. 앨리샤 로페스-해리슨 드 라드는 남편의 사후에도 미국에 10년 더 머물렀다.

무덥고 습하고, 다소 불쾌하기까지 한 빌록시는 모빌과 뉴올리언스 사이의 안개가 짙고 얕은 만안灣岸 지대에 위치해 있었다. 일대에는 장벽을 이루는 섬들과 강 하구가 많았다. 새우잡이와 불법 도박으로 유명한 이 도시는 시카고 갱들이 가장 좋아하는 겨울 휴양지이기도 했다. 이주 당시에는 전쟁중이어서 배급식량으로 하루하루를 어렵게 꾸려갔다. 카를로스는 종종 탈진했고 몸이 아팠다. 앨리샤의 어머니는 척박한 새로운 환경에 시달려 자주 향수에 젖었다. 후일 앨리샤의 친구 어머니는 라드 부인이 "슬픔도 많고, 아주 금욕적인 여자"였다고 말했다. 앨리샤는 영어를 빠르고 쉽게 배웠지만,

누구나 겪는 사춘기 초기의 불안에다 고통스러운 단절감과 고립감까지 겪어야 했다. 그 시절은 행복하지 못했다. 그녀는 학교 공부와 영화 감상에서 위안을 찾았다.

라드 집안은 빌록시에 오래 머물지 않았다. 종전 후 1년이 지나지 않아, 그들은 엔리크를 따라 뉴욕으로 갔다. 엔리크는 그곳에서 국제연합의 번역사 일자리를 잡았다. 다시 앨리샤와 어머니는 엔리크 가족들과 함께 살게 되었다. 카를로스가 저지 시에 있는 흉부질환 전문인 폴락 병원에 자리를 잡자, 가족이 입주할 집도 마련했다. 앨리샤는 브루클린의 카톨릭 학교인 프로스펙트 고등학교에 다녔다.

앨리샤는 중하층 자녀들이 대부분인 프로스펙트 고등학교에 그리 오래 다니지 않았다. 2학년 초에 부모가 뉴욕의 배타적인 카톨릭계 메리마운트 여고로 전학시켰던 것이다.

메리마운트 여고는 유럽에서 가장 오래된 종단의 하나인 성심수녀회가 운영했다. 84번 스트리트 5번 애버뉴 일대의 동남쪽 모퉁이에 있던 보자르 풍의 저택 세 채를 사들여 세워진 이 학교는 메트로폴리탄 박물관과 센트럴 파크 맞은편에 있었다. 이 학교는 전혀 다른 세계였다. 학생들은 뉴욕의 카톨릭계 엘리트 계층의 딸들이었는데 대부분 어퍼 이스트사이드에 살았다. 학생들 대부분은 조 디마지오와 재키 글리슨, 폴 화이트먼, 파블로 카잘스 등과 같은 유명인사의 딸이었다. 앨리샤가 이 학교에서 사귄 친한 친구 중에는 이탈리아 백작의 딸도 있었다. 학비는 당시 사립대학 학비의 예닐곱 배나 되었으니, 요즘 화폐가치로 환산하면 한 학기당 1만 5천 달러는 족히 되었다. 입학은 철저히 부모의 집안 배경에 따라 결정되었다. 앨리샤의 경우, 주미 엘살바도르 대사가 라드 집안의 사회적 지위를 보증하는 추천서를 써주었다.

학교 분위기는 여학생들을 "카톨릭 지도자의 아내감"으로 교육한다는 방침에 걸맞게 문화적이고 사해 동포적이었다. 여학생들의 교복에는 멋진 외투와 까만 하이힐이 포함돼 있었다. 학부모들은 "사교적 목적에 부합하는" 교육을 요구했다. 앨리샤는 센트럴 파크에서 승마와 테니스 교습을 받았고, 농구를 했으며, 연극과 뮤지컬에도 배우로 참가했고, 파티에도 참석했다. 그녀는 고3 학생들의 무도회에도 나갔고, 그후에는 친구인 치키 갤라거의 오빠와 함께 스토크 클럽에도 갔다.

졸업식 날 앨리샤는 좀더 아름답다는 것을 제외하면 여느 여학생과 다름없었다. 그녀는 하얀 명주 베일을 둘렀고, 줄기가 긴 36송이의 장미를 안고 있었다. 그녀는 처음 무도회에 나온 데뷔탕트(사교계에 데뷔하는 처녀) 같았다. 그러나 앨리샤는 부유한 동급생들과는 무척 다른 데가 있었다. 겉으로는 쾌활하고, 매력적이고, 구김살 없어 보였지만, 예리한 지능과 아웃사이더적인 야심과 훗날의 한 친구가 지적한 강철 같은 결단력을 내면에 감추고 있었다. 자제심이 강한 그녀는 본심을 남에게 잘 털어놓지 않았다. 그것은 그녀가 자란 라틴 아메리카의 문화적 유산이기도 한데, 그녀는 많은 것을 내면에 감추고 있었다. 수년 후 앨리샤를 알게 된 한 여성이 말했듯이, "시대적 배경을 감안해야 한다. 당시 여성들은 시치미를 잘 뗐다. 그녀는 50년대의 새침한 여성처럼 행동했지만, 실제로 그런 것은 아니었다. 그녀는 때로 시시덕거리기도 했는데, 아주 진지한 면을 지니고 있었다. 그녀는 늘 어떤 계획, 어떤 목표를 지니고 있었다."

어린 시절 그녀는 현대판 마리 퀴리가 되겠다는 꿈을 꾸었다. 열두 살 무렵, 그녀는 빌록시의 집에서 라디오를 듣고 있는 아버지 옆에 앉아 히로시마에 관한 보도를 들었다. 그것은 그녀에게는 물론이고, 과학에 소질이 있는 아이들에게 결정적인 영향을 미친 순간이었다고 할 수 있다. 몇 주 후 일본은 항복했다. 그리고 미육군성이 남서부 사막지대에 감춰놓은 세 군데의 "원자" 도시를 공표함으로써, 로버트 오펜하이머와 에드워드 텔러같은 무명의 인사가 일약 국가적 영웅으로 부상했다. 순식간에 "핵물리학자" 이미지가 대중의 상상력을 사로잡았다—스푸트니크 이후 "로켓 과학자"가 그랬던 것과 같았다. 아버지를 닮아 과학에 재능과 관심이 많았던 앨리샤는 장래 희망을 뚜렷이 인식했다. MIT에서 앨리샤와 함께 물리학을 공부한 동기생은 1997년에 이렇게 회상했다. "세상에는 물리학뿐이었습니다. 수학과 과학에 재능과 관심이 있는 학생들은 모두 물리학자가 되고 싶어했어요. 카를로스 라드에게도 물리학이 최고의 학문이었고, 앨리샤에게도 그랬어요."

그녀는 어릴 적부터 수학과 과학에 소질을 보였는데, 메리마운트 여고에서 더욱 그랬다. 1940년대 후반에 이 여고는 고급 교양학교 이상의 면모를 갖추고 있었다. 이 학교에는 늘 수준 높은 교사들이 있었다. 교사들은 성직자이거나 평신도였다. 앨리샤가 재학중일 때 이 학교는 런던 경제대학을 졸업한 레이먼드 수녀가 운영하고 있었다. 레이먼드 수녀는 강인한 성격을 지닌 아일랜드인이었는데, 열렬한 케인스 학파였고, 학교의 교육수준을 끌어올리는 데 전념한 재능 있는 교육자였다. 레이먼드 수녀는 장학금을 늘려 학생들의 자질을 높였고, 과학과 수학 등 진지한 과목을 추가함으로써 교육과정에 지적 비중을 높였다. 예술과 어학을 강조하는 고전교육, 과학과 수학을 중시하는 현대교육 가운데 마음에 드는 것을 선택할 수 있었던 앨리샤는, 후자를 선택한 소수의 여학생 가운데 하나였다. 그 결과 그녀는 3년 내내 수학을 공부했을 뿐만 아니라, 생물학과 화학, 물리학도 배울 수 있었다. 같이 수업을 듣는 여학생이 두세 명밖에 없는 경우가 대부분이었다. 레이먼드 수녀는 앨리샤를 아주 재능 있고 적극적인 학생으로 기억했다. "아주 지적이었어요. 외곬은 아니었죠. 공부하는 걸 너무나 좋아했어요."

고3이 되자 앨리샤는 과학자가 되기로 마음을 굳혔다. "나는 전문직을 원했어요. 그래서 뭔가 확실한 것을 공부하고 싶었죠." 카를로스 라드는 딸의 야심이 기특해서, 레이먼드 수녀에게 장문의 감동적인 편지를 썼다. 앨리샤가 핵물리학자가 되고 싶어하니 일류 공과대학에 들어가 꿈을 실현시킬 수 있도록 최선을 다해 도와달라는 편지였다. 앨리샤는 1951년 MIT 물리학과에 입학했다. 그해 입학생 중 여성은 MIT를 통틀어 17명이었는데, 물리학 전공자는 2명뿐이었다.

앨리샤 못지않게 부모도 흥분했다. 카를로스 라드는 시카고 대학과 존스 홉킨스에서 공부했는데, MIT 학위가 얼마나 영예로운 것인지 잘 알고 있었다. 그러나 사실상 남학생뿐인 공과대학에 앨리샤가 혼자 가서 생활하는 것에는 반대했다. 그래서 앨리샤의 어머니가 함께 가서 뒷바라지 겸 감시도 하기로 결정되었다. 소중한 딸을 보호하고 싶은 마음도 있었지만, 병치레가 많아 까다로운 남편을 잠시 피해보고 싶은 앨리샤 로페스-해리슨 드 라드의 마음도 감안된 배려였다. 후일 앨리샤의 MIT 동창생들은 모녀가 카를로스 라드를 전혀 언급하지 않고, 카를로스가 찾아오지도 않는 것을 기이하게 여겼다. 아무튼 1951년 늦여름에 모녀는 보스턴의 비컨 스트리트 인근에 가구 딸린 작은 아파트를 임대했다. 그 무렵 내쉬도 비컨 스트리트에 방 한 칸을 얻었는데, MIT에서 가까운 찰스 강 건너편, 하버드 다리에서 그리 멀지 않은 곳이었다.

1950년대 초반에 MIT의 여학생이 된다는 것은 경이적인 일이었다. 여자의 모성과 말 없는 금발머리를 찬양하던 시대에, 명문대 여학생은 아주 희귀한 존재였기 때문이다. 여학생은 진지한 학문의 세계는 물론 데이트 상대가 많은 세계를 한껏 향유할 수 있었다. 그래서 칵테일 드레스에 하이힐 차림으로 실험실에서 쥐를 해부하는 여학생도 있었다. 이들은 춤을 추거나 칵테일을 홀짝이며 데이트하지 않았다. 함께 강의를 듣고, 수업 후 함께 커피를 마시며 데이트했다. 혹은 남학생이 자기 부모 집에 데려가는 경우도 있었다. 집에서 남학생은 망원경을 보여주며, 갈릴레오가 보았던 것들을 설명해주기도 했다.

앨리샤는 여자친구들에게 자기가 "여왕벌" 같다는 느낌을 받았다고 말한 적이 있다. 대학생활은 또 지성과 야심을 지녔다는 것이 여성에게 걸림돌이라는 생각을 거부하는 다른 여성들을 만날 수 있는 기회이기도 했다. 1951년에 앨리샤와 함께 물리학과에 입학한 뉴욕 출신의 조이스 데이비스는 이렇게 말했다. "우리는 자력으로 선택된 소수의 강인한 여성들이었습니다. 우리에게는 우리만의 문화가 있었어요. 그것은 보통의 미국 여성 문화, 즉 '너는 남자애들만큼 잘할 수 없어'라고 말하는 문화가 아니었어요. 우리는 늘 그런 문화에서 벗어나고자 했습니다. 그건 MIT 남학생들의 문화도 아니었습니다."

앨리샤는 기숙사나 캠퍼스에서 다른 여학생들과 함께 대부분의 시간을 보냈다. 그녀는 여학생 두레방인 체니룸에서 다른 여학생들과 함께 공부했고, 매일 프리체트 휴게실에서 친구들과 함께 아침과 점심을 먹었다. 또 농구를 하거나 자선 바자회를 조직하는 일 등 여학생들이 하고 싶은 일이면 뭐든 서슴없이 했다. 여학생들의 부유한 후견인이었던 매코믹 부인 덕분에 연주회장과 극장에도 자주 갔다. 매코믹 부인은 여학생들에게 표를 끊어주었을 뿐만 아니라, 겨울에는 하버드 다리를 택시 타고 건너가라면서 택시비까지 주었다.

  MIT의 학사과정은 아주 까다로웠는데, 물리학과는 특히 더했다. 일주일 6일 내내 수업을 받았고, 대부분이 필수과목이었다. 모든 여학생들은 낙제할지도 모른다는 건전한 걱정을 떨쳐버리지 못했다. 메리마운트에서는 타고난 재능으로 과학과 수학 공부를 쉽게 해낼 수 있었지만, 대학에서는 재능만으로 충분치 않다는 것을 앨리샤는 깨닫게 되었다. 당혹스럽게도, 평균 C학점을 유지하는 데도 안간힘을 다해야 했다(오늘날처럼 학점 인플레가 심하지 않아서 평균 C학점도 훌륭한 성적이었다). 앨리샤의 가장 친한 친구 조이스는 이렇게 말했다. "전력을 다하거나 그저 낙제나 면하거나 둘 중 하나였는데, 앨리샤는 전력을 다한 적이 없었어요."

  앨리샤는 신입생 시절 많은 놀림을 받으면서도 과학자가 되겠다는 야심을 꿋꿋하게 지켜냈다. 특히 화학 시간에는, 그녀가 과학자로 두각을 나타내기 어려울 거라고 생각한 학생들이나 강사들이 심하게 놀려댔다. 1952년 여름 조이스에게 보낸 편지에 앨리샤는 이렇게 썼다.

    보고픈 조이스,

    지금쯤 내가 죽었나 싶을 거야. 아니면 죽어가고 있거나, 유괴라도 당해서 여태 소식 한 번 없다고 생각하고 있겠지. 사실은 슬프게도 게으름 때문이었어. 베티 새빈과 그녀의 부모님을 따라가 캐나다에서 일주일을 지내긴 했지만, 그 밖에는 여름 내내 작은 가게 점원으로 일했어. 리본이나 팔면서 말이야(5 더하기 10이면 얼마라고 말하는 이 짓은 정말 싫어). 나는 "우리"의 멋진 리본으로 손님들 졸라버리는 것만 빼고 별 짓을 다했지. 하지만 인생에는 눈물만 있는 게 아니었어(내 성적표에 대해서는 생각도 하기 싫지만). 다행히 우리는 켄모어 광장에서 반 블럭 떨어진 곳에 있는 새 아파트로 이사했거든. 그러니 이제 너와 함께 집까지 걸어다닐 수 있을 거야. (기숙사까지는 한 블럭 반 거리밖에 안 돼.)

지금쯤 너는 내가 영어 선생님들을 매수했다는 사악한 소문을 믿기 시작했을 거야. 문법과 철자가 엉망진창이라는 소문은 말할 것도 없고(난 손들었어!). 내 성적은 지난 학기와 똑같애. 불행하게 영어에서 B를 맞은 것만 빼고 말이야. 하지만 평균은 아직 3 이상이야— .02가 많지. 올해에는 너와 한 반이 되지 못해서 안타까워. 하지만 그런 게 인생이지! 앞으로 좀 쉽게 살려면 독어 대신 불어를 선택해야겠어. 하지만 그래도 좋은지 몰라. 나는 물리학 박사학위를 받고 싶으니까 말이야.…내가 이번 여름에 얼마나 공부하려고 했는지 알지? 그런데 물리학 책 17쪽을 읽은 게 전부야. 대신 영화는 아주 많이 봤어.

너의 어머님께 안부 전해주고, 얼른 답장해 줘. (내 행동대로 말고 내 말대로 해줘).

어떤 이력, 어떤 모습, 어떤 목소리는 단숨에 어떤 마음을 사로잡을 수 있다. 앨리샤는 단 한 번 미적분 강의를 듣는 자리에서 마음을 빼앗기고 말았다. 그녀는 조이스와 나란히 맨 앞줄에 앉아 'M351, 엔지니어를 위한 고등 미적분' 강의를 들었다—그것은 물리학 전공 학생들의 필수과목이었다. 존 내쉬는 거만하고 따분한 표정을 지으며 느지막이 강의실에 들어왔다. 그는 학생들을 한 차례 둘러보거나 한 마디 말도 걸지 않고, 창문을 죄다 닫은 후, 힐데브란트의 책을 펼쳐놓고, 상미분 방정식의 특성에 대한 맥빠진 설명을 늘어놓기 시작했다.

때는 9월 중순, 인디언 여름 날씨였다(인디언 여름은 가을과 겨울 사이에 느닷없이 왔다가 느닷없이 사라지는, 화창한 여름 같은 한때이다: 옮긴이주). 내쉬가 단조롭게 강의하는 동안, 강의실은 점점 더 워졌다. 처음에는 한 명이, 이어 여러 명이 덥다고 투덜거리며, 창문 좀 열게 해달라고 부탁했다. 바깥의 소음에 방해받기 싫어서 창문을 닫았던 내쉬는 들은 척도 하지 않았다. "그분은 자기 생각으로 똘똘 뭉쳐서 우리들이 바라는 것에는 아랑곳하지 않았어요. '잔말말고 노트나 하라' 는 태도였지요." 조이스의 회상이다. 바로 그때 앨리샤가 벌떡 일어나 굽 높은 하이힐 소리를 요란하게 내며 창가로 달려가더니 하나씩 차례로 창문을 열어 젖혔다. 자리로 돌아가며 그녀는 내쉬를 쏘아보았다. 자기가 한 일을 뒤집을 테면 뒤집어보라는 태도였다. 내쉬는 그렇게 하지 않았다.

조이스는 내쉬가 무관심하고 무신경한 강사라고 생각했다. "그분은 교과 내용을 설명했는데, 그게 전부였어요. 아주 차가웠죠." 조이스는 첫 시간을 듣고나서 수강 신청을 취소해버렸다. 그러나 앨리샤는 계속 강의를 들어 조이스를 놀라게 했다. "앨리샤는 내쉬가 록 허드슨 같아 보인다고 생각했다"고 조이스는 말했다.

처음 사제지간으로 만났을 때의 앨리샤 처지에서 내쉬를 보면, 그녀가 내쉬의 어떤 매력에 끌렸는지를 상당 부분 이해할 수 있다. 조이스의 말에 따르면 "수학이 최고였다"는 MIT의 지적 위계질서 속에서, 내쉬는 제왕에 가까운 사람이었다. 그러나 앨리샤의 가슴을 두근거리게 한 것은 내쉬의 잘생긴 얼굴이었다. 한 유명 여배우는 이런 신랄한 명언을 던졌다. "고추 달린 천재, 그거야말로 우리 모두가 바라는 것이 아닐까요?" 앨리샤가 내쉬를 거부할 수 없었던 것은 내쉬가 두뇌와 지위와 성적 매력을 모두 갖추었기 때문이라는 것을 위의 명언은 잘 포착하고 있다. 도널드의 아내 허타 뉴먼은 다소 온건하게 같은 취지의 말을 했다. "그는 아주 유명하게 될 사람이었어요. 게다가 귀엽기까지 했죠." 물리학과의 앨리샤 2년 후배인 에마 더셰인은 이렇게 말했다. "앨리샤는 그분을 멋쟁이라고 생각했어요. 그분의 긴 다리가 아름답다고 생각했지요." 내쉬는 다른 많은 수학자들과 달리 추레하지 않았다. 그는 늘 단정하게 머리를 빗었고, 옷은 빳빳하게 다려 입었고, 구두는 반짝였다. 그의 오만한 태도와 차가운 무관심은 오히려 그를 차지하고 싶은 마음을 더 부추겼다. 두 음절로 된 그의 이름은 그가 앵글로색슨의 후예임을 알려주어 그의 매력에 보탬이 되었다. 앨리샤는 후일 이렇게 말했다. "그는 아주 잘생겼어요. 지적이고요. 영웅 숭배의 대상이 될 만했어요."

내쉬는 그녀를 주목하지 않았다. 그러나 앨리샤는 그의 관심을 끌기 위해 갖은 노력을 다하며 그해 내내 그를 쫓아다녔다. "조이스, 나랑 음악실에 가자." 혹은 "조이스, 같이 워커 기념관에 가자. 내쉬가 보고 싶어." 조이스는 이렇게 회상했다. "그녀는 그에게 구애했어요. 온갖 작전을 다 폈지요."

그녀의 학점은 나빠졌다. D를 두 개나 받아, MIT에 들어온 이후 처음으로 평균 C 밑으로 떨어졌다. 이듬해 봄, 조이스는 뉴욕의 부모에게 보내는 편지에 이렇게 썼다. "앨리샤는 계속 공부를 안 해요. 사랑에 빠져서요. 그 애는 멍한 표정으로 캠퍼스를 배회해요."

미적분 강의가 끝나자, 앨리샤는 내쉬가 가장 잘 가는 음악실에 아르바이트 일자리를 얻었다. 그녀는 링컨 실험실에서 일하는 것을 좋아했는데, 그곳보다 훨씬 더 마음에 드는 일자리를 찾아냈다는 것만 보아도 사랑의 열병이 어느 정도인지 헤아릴 수 있다. "실험실 일은 이제 그리 재미가 없어. 하는 일이라고는 현미경을 들여다보며 '트랙 tracks'이나 헤아리는 것이 고작이야. 여기서 주당 15시간만 일하기로 했는데, 피곤하게도 시간외 근무까지 하고 있어. 눈을 감을 때마다 작은 괴물들이 꾸물꾸물 기어가는 것이 보여. 그런데 음악실 일은 너무 재미있어. 지금까지 벌써 여러 명이 데이트 신청도 했어." 앨리샤가 여름 동안 조이스에게 보낸 편지 내용이다.

앨리샤는 아직 여러 남자들과 교제하고 있었다. 그러나 조이스에게 보낸 편지에 의하면 이미 열정이 꽤 식은 상태였다. "앞으로 몇 주일만 더 지나면 '그 금발머리 애'를 다시 만나겠지. 이상해 보이겠지만 나는 이제 그에게 관심이 없어."

몇 주일 후 그녀는 이런 편지를 썼다.

    지금 음악실에서 이 편지를 쓰고 있어(정말이야). 일전에 여기서 좀 재미있는 일이 있었어. 내가 "노리는" 남자애가 멀찍이 앉아 있는데, 내가 아는 다른 애가 내게 다가와서 말을 걸었어. 내가 노리는 애한테 매력적으로 보이려고, 나는 다른 애한테 "애교"를 떨기 시작했어. 그러다가 가능한 한 큰 목소리로 내가 음악실에서 근무하는 시간을 말했지. 사람들은 내 말소리를 다 들었을 거야. 아무튼 내가 점점 더 과감하게 나가니까 내가 노리던 애도 낌새를 알아차린 것 같았어. 마침내 그 애가 다가왔어. 그런데, 아이고, 속상해라. 이 얘기의 교훈은 "눈에 뭐가 씌었다"는 거야. 알고 보니 그 애는 내가 바라는 타입이 아니었어.

내쉬는 물론 그해 여름의 대부분을 랜드에서 보냈다. 가을에 내쉬가 다시 음악실에 나타나자, 앨리샤는 그에게 말을 걸면서, 열성팬이 스타를 연구하듯 내쉬를 꼬치꼬치 연구하기 시작했다. 내쉬가 체스를 좋아하고, 공상과학 소설을 좋아한다는 것을 알아낼 수 있었다. 그녀는 체스를 배우기 시작했다. 그리고 음악실에서 일하는 것 외에도, 열심히 과학 도서실에 가서 공상과학 소설 서가 가까이 자리를 잡았다. 그녀는 조이스에게 이렇게 썼다. "음악실에서 일하는 것말고 또 하는 일은, 과학 도서실에 가서 공상과학 소설을 읽는 거야(존이 그걸 좋아하거든)."

유명한 과학자가 되겠다는 그녀의 낭만적인 꿈은 MIT의 가혹한 현실검증을 견뎌내지 못했다. 그녀는 후일 이렇게 말했다. "나는 아인슈타인이 아니었다." 앨리샤 라드의 꿈은 깨지고, 열렬한 과학도의 모습은 사라졌지만, 그녀는 진지한 게임을 계속했다. 현실적으로, 그녀는 저명한 사람과 결혼을 하면 당초의 야심을 충족시킬 수 있을 거라고 생각했다. 그러자면 내쉬가 안성맞춤이었다. 여러 해 뒤 앨리샤와 사랑에 빠진 수학자 존 무어는 이렇게 말했다. "존은 그녀가 갖지 못한 많은 것을 그녀에게 줄 수 있었습니다." 몇 년 후 슬프게도, 〈스페인 숙녀〉라는 노래를 좋아했던 낭만적인 여자의 모습은 앨리샤에게서 완전히 사라지고 말았다.

27 구혼

내쉬는 매턱과 얘기를 나누며 이따금 "음악실 사서"를 들먹이기 시작했다. 그는 갈림길에 서 있었다. 그의 성적性的 실험은 갑자기 견딜 수 없을 만큼 위험한 것이 되어버렸다. 결혼은 가능한 하나의 도피처였다. 성적 실험이 너무 두려운 나머지, 그는 엘리너와 결혼을 해야겠다고 거의 마음을 굳히기까지 했다. 그러나 보스턴에 돌아와 엘리너를 다시 만나자, 마음먹은 대로 실천할 수가 없었다. 바로 이 순간, 앨리샤가 나타났다.

게다가 내쉬는 과거에 자기가 본 것을 좋아했다. 내쉬는 어머니의 아름다움을 보며 자랐다. 그런 그는 앨리샤의 고전적인 이목구비와 날씬한 몸매에 끌리지 않을 수 없었다. 앨리샤 집안의 귀족적 배경과 사회적으로 여유 있는 신분도 그의 우월감에 맞아떨어졌다. 그녀의 지능이 그에게 미친 영향도 과소 평가할 수 없다. 내쉬는 쉽게 싫증을 냈다. 그런데 그녀와 얘기하는 것은 재미있었다. 그녀가 당차

게 인생 항로를 결정하는 것도 좋아 보였고, 그녀의 번뜩이는 냉소와 건방진 말을 듣는 것도 즐거웠다.

내쉬가 장차 자기 생존에 필수적인 존재로 입증되는 여성을 선택한 것도 일종의 천재성이 발휘된 것이라고 할 수 있다. 그는 자기를 쫓아다니며 온갖 노력을 다하는 그녀의 열성을 단순한 아첨으로 받아들이지 않고, 자기를 있는 그대로 받아들일 준비가 되었다는 신호로 받아들였다―물론 그는 여느 사람에 비해 아첨에 약하긴 했다. 내쉬는 자기를 차지하겠다는 그녀의 결단이 그녀의 강인한 성격을 드러내는 것이라고 보았다. 더구나 그녀는 자기가 무엇을 얻고자 하는지 알았고, 그 이상을 기대하지 않는다는 것을 그런 결단을 통해 은연중 드러내보였다.

두 사람은 많은 것을 공유했다. 둘 다 어머니와 가까웠다. 둘 다 아버지와 거리감이 있었고, 둘 다 아버지에게 지적인 자극을 받았다. 둘 다 정서적 친밀감보다 지적 성취와 사회적 지위를 강조하는 집안에서 자라났다. 둘 다 지적 조숙성 때문에 사춘기가 다소 늦게 찾아왔다. 둘 다, 방식은 달랐지만, 스스로를 아웃사이더라고 느꼈고, 사회적 위상을 높임으로써 그 보상을 받으려 했다. 두 사람의 행동 이면에는 냉정함과 계산이 깔려 있었다.

그런데도 구애는 느리게 진전되었다. 1955년 봄, 내쉬는 마침내 앨리샤를 불러냈다. 그해 7월, 그녀는 조이스에게 "뜸하게" 서로 만나고 있다고 편지했다. 3주쯤 전에는 내쉬가 자기 부모에게 그녀를 소개시켰다는 말도 했다. 그러나 육체 관계는 없었다고 분명히 밝혔다. 내쉬의 사교생활에 대한 어머니의 만성적인 근심을 고려할 때, 내쉬가 부모에게 그녀를 소개했다는 것이 무엇을 의미하는지는 분명치 않다. 앨리샤는 그것을 희망적인 징조로 본 것이 분명하지만, 그렇게 받아들였다는 사실을 인정하지는 않았다.

JFN과 약간 진전이 있었지만, 그것이 무슨 의미가 있다고는 아직 말할 수 없어. 그가 정말 내게 큰 관심을 지녔다고는 생각지 않아. 그는 나를 받아들일 수도 있고 떠날 수도 있어. 일주일 일정으로 방문하신 그의 부모님을 3주일쯤 전에 만나 뵈었어. 나는 뜸하게 그를 만나왔는데, 지난 토요일에 우리는 함께 해변에 갔어―참 좋았지.

앨리샤는 내쉬의 태도가 미지근한 이유를 한 가지는 암시했다. "그는 아직도 내가 너무 순진하다고 생각하지만, 이제 그는 자기를 낮추고 나를 있는 그대로 받아들이면서도 나의 '상냥하고 순진하고 작은 자아'를 개발시키려고 해."

그리고 내심 앨리샤는 아직도 다른 남자들과 교제를 하고 있었다. 물론 그것은 그녀가 마음을 딴 데로 돌리고 있는 동안 내쉬가 안달이 나기를 바라는 마음에서 그런 것이었다.

이번 여름에도 추근거리는 남자가 몇 명 있었어. 그 중에는 매롤린이 얘기한 3학년 학생도 들어 있지. 데이트 신청을 계속 거부했는데도 눈치 없이 쫓아다니더니, 멋진 시까지 몇 편 써 보냈지 뭐야. 나는 그걸 기념으로 간직하고 있어. 그걸 보면 나도 어지간히 자기 중심적인가 봐. 하지만 그 밖에는 별다른 일이 없었어.

내쉬에게 몰두한 탓인지, 그저 물리학에 대한 관심이 식은 탓인지, 앨리샤는 동급생들과 함께 졸업하지 못했다. 그녀는 한 학기 더 다니면서 몇 과목을 보충해야 했다. 제때 졸업하지 못했다는 충격과 아버지에게 그 사실을 털어놓아야 하는 난감함에도 불구하고, 그녀는 학업에 몰두하지 못했다. 그녀는 M39강의를 듣는데 "아직 힐데브란트 책을 10쪽까지밖에 못 나갔다"고 조이스에게 보낸 편지에 썼다.

내쉬와 앨리샤는 그해 가을 더 자주 만났다. 그는 그녀를 수학과 파티에 데려갔다. 그리고 또 다른 수학과 파티에도 데려갔다. 뉴먼과 마빈 민스키의 집에도 데려갔다. "민스키化하러 가자"고 내쉬는 사람들에게 말하곤 했다. 그들은 가끔 앨리샤의 친구 한 명을 불러 쌍쌍 데이트를 하기도 했다. 그럴 경우, 내쉬는 일단 그들이 도착해서 서로 인사를 나눈 뒤에는 앨리샤를 거의 무시하고, 수학 얘기를 하는 남자들 틈에 끼려고 자리를 떠버렸다. 가끔 앨리샤는 그런 남자들 주변에 서서 내쉬의 말에 귀를 기울이기도 했다. 그럴 때 내쉬는 이런 말을 한 적이 있다. "누가 위대한 천재인가? 위너와 레빈슨, 그리고 나 내쉬지. 그러나 그중 아마도 내가 최고일 거야." 때로 앨리샤는 수학자의 아내들 틈에 끼어 자녀 얘기하는 것을 듣기도 했다. 두 남녀는 서로 시시덕거리지도 않았고, 구석에 앉아 몰래 손을 잡는 일도 없었지만, 사실상 그런 이유 때문에 앨리샤는 내쉬와의 관계가 더욱 황홀했다. 다른 여자들이 천재의 배우자에게 합당한 공손한 대접을 해주자 그녀는 다소 어깨가 으쓱해지는 것을 느꼈다. 내쉬도 다른 남자들이, 저토록 아름답고 근사한 여자를 어떻게 잡았느냐는 듯 놀라고 부러워하는 것을 의식하지 않을 수 없었다.

때로 그들은 같이 점심식사를 하러 나갔는데, 대개 다른 사람과 함께 갔다. 브리커가 흔히 동석했고, 에마 더셰인도 그랬다. 브리커는 앨리샤가 "대단히 영리하고 아주 냉소적"이었다고 회상했다. 에마의 회상에 따르면, "그녀는 전혀 공손하게 말하지 않았고, 쉴새없이 말했다."

사실, 내쉬는 앨리샤에게 그리 자상하지 않았다. 그는 온갖 뜨악한 별명으로 그녀를 불렀는데, 그 중에는 리치 Leech(거머리)라는 별명도 있었다. 그녀의 어릴 적 애칭인 리치 Lichi를 빗대 놀려댄 것이다. 그는 그녀의 밥값을 내준 적이 없었다. 레스토랑의 식대를 잔돈까지 계산해서 나누어 냈다. 1996년 에마의 회상에 따르면, "내쉬는 그녀에게 매혹되지 않았다. 그는 자기 자신에게 매혹되었다."

내쉬에게 앨리샤는 매력적이고 장식적인 배경의 일부였다. 그는 다른 수학자들이 자기 여자들을 대하는 것과 똑같은 방식으로 앨리샤를 대했다. 그러나 앨리샤도 동반자 관계를 원하는 것은 아니었다. 후일 에마는 이렇게 말했다. "우리는 지적 전율을 원했어요. 남자친구가 e를 π와 i의 곱으로 거듭제곱하면 마이너스 1이 된다는 말을 해주었을 때, 나는 전율을 느꼈어요. 사유의 절대적인 환희를 느꼈던 거죠." 그런 면에서라면 내쉬는 다른 수학자 못지않게 흥미로운 사람이었다.

앨리샤가 한 친구에게 보낸 1956년 2월의 편지에는 내쉬의 이름이 전혀 나오지 않는다. 그러나 2월 말, 카를로스 라드가 메릴랜드 주의 글렌데일 병원에 일자리를 얻은 후 앨리샤의 어머니가 남편을 따라가자, 앨리샤는 무척이나 기뻐했다.

아마도 그해 봄부터, 내쉬와 앨리샤는 잠자리를 같이 하기 시작한 것 같다. 만나면 세 마디 말도 주고받지 않는 어느 날 밤의 데이트 끝에 이루어진 일이었다. 내쉬는 아직도 브리커와 엘리너 두 사람과의 관계를 유지하고 있었다. 그는 앨리샤와 밤을 보내면서도 엘리너를 아내감으로 생각했는지도 모른다. 어느 날 밤, 앨리샤와 존이 침대에 누워 있는데 초인종이 울렸다. 존이 문을 열었다. 이따금 불쑥 찾아오곤 하던 아더 매턱인 줄 알았는데 엘리너였다. 화가 나서 온 몸을 부들부들 떨고 있던 엘리너는 말없이 내쉬 곁을 지나 안으로 들어섰다. 그녀는 담판을 지으려고 찾아온 것 같았다.

내쉬 혼자 있는 것이 아니라는 것을 알게 된 엘리너는 괴성을 지르며 울부짖었다. 그녀는 험한 말을 퍼붓다가 끝내 울음을 터트렸고, 내쉬가 차에 태워 집에 데려다주었다. 앨리샤는 창백한 얼굴로 아파트를 떠났다.

이튿날 내쉬는 아더 매턱의 사무실에 들러, 간밤의 얘기를 털어놓은 다음, 두 손으로 머리칼을 거머쥐고, 거듭해서 고통스러운 신음을 내뱉었다. "완벽한 내 작은 세계가 파괴됐어. 완벽한 내 작은 세계가 파괴됐어."

엘리너는 앨리샤에게 전화를 걸어 남의 남자를 훔쳐가지 말라고 말했다. 아들 존 데이빗 얘기도 했다. 내쉬는 자기와 결혼할 예정이니까, 시간 낭비를 하지 말라고 말하기도 했다. 앨리샤는 만나서 얘기하자면서 엘리너를 집으로 초대했다. 엘리너는 찾아갔다. 앨리샤가 적포도주 한 병을 꺼내놓고 기다리고 있었다. 엘리너는 이렇게 회상했다. "그녀는 나를 취하게 하려고 했어요. 내가 어떤 사람인지 알고 싶어했죠. 우리는 존 얘기를 했어요."

앨리샤는 엘리너가 간호사이고 거의 서른 살이 다 되었으며, 3년 가까이 내연의 관계를 맺어왔다는 것을 알고, 그 관계가 별것 아니라는 결론을 내렸다. 그녀는 충격받지 않았다. 남자들은 정부를 두고 아이까지 낳기도 하지만, 결혼만큼은 같은 계층의 여자와 한다.

그 점에 대해 그녀는 자신만만했다. 앨리샤는 엘리너가 전화를 걸어 자기를 비난했다는 것이 오히려 기분 좋았다. 앨리샤는 그것을 "중요한 존재가 되기 시작했다"는 신호로 받아들였던 것이다.

내쉬에게는 이듬해가 안식년이었다. 그는 신설된 슬론 펠로십 *Sloan Fellowship*을 이미 따냈다. 그것은 3년짜리 연구기금이었는데, 수혜자는 최소한 1년 동안 강의 없이, 케임브리지를 떠나 자유롭게 시간을 쓸 수가 있었다. 이제 그는 가고 싶은 곳에 갈 수 있었다. 그는 터무니없게도 아직까지 징병을 걱정하고 있었는데, 징집 제한 연령인 26세를 넘겼는데도 그랬다. 그는 안식년을 고등학문연구소에서 보내기로 결심했다. 양자이론의 여러 문제를 구상하기 시작했던 그는, 연구소에서 1년쯤 보내면 자극을 받을 수 있을 거라고 생각했다.

한편 앨리샤는 그해 2월 조이스에게 보낸 편지에서 자기가 "무위도식"하고 있다며 투덜거렸다. "대학원에 진학하기 위해 MIT 연구소에 남아 있기보다는 뉴욕에서 일자리를 잡고 싶다"는 막연한 희망도 적었는데, 그것이 내쉬와 관련된 것인지는 언급하지 않았다.

봄 학기 끝 무렵, 내쉬는 앨리샤를 수학과 야외 피크닉에 데리고 갔다. 피크닉 행사는 늘 독서주간에 열렸는데, 대개는 두레방에서 열렸다. 대학원생들은 모두 참석했고 노버트 위너도 왔다. 유난히 포근한 날이었고 내쉬는 아주 기분이 좋았다. 내쉬는 다른 강사들의 뇌리에 각인될 만한 기이한 짓을 했다. 물론 장난으로 한 짓이긴 했다. 그는 그 아름답고 멋진 여성의 주인이고, 그 여성은 자기 노예라는 것을 모든 사람에게 보여주고 싶어했다. 느지막한 오후의 어느 순간, 그는 앨리샤를 땅바닥에 쓰러뜨리고 그녀의 목에 발을 올려놓

앉다.

 그런 남성의식과 소유욕을 과시하고도 그는 6월에 케임브리지를 떠나며 앨리샤에게 결혼 얘기도, 함께 가자는 말도 하지 않았다.

 그해 6월 여름철에 접어들 무렵, 앨리샤는 여전히 케임브리지에 남아 있었고, "MIT의 어떤 강사 때문에 견딜 수 없는 절망 상태에" 빠져 있었다고 한 친구는 회상했다.

28 시애틀

1956년 여름

6월 중순, 내쉬는 케임브리지를 떠나 시애틀로 갔다. 복잡하게 얽힌 개인적, 직업적 딜레마를 잠시 접어버릴 수 있어서 그는 마음이 가벼웠다. 여행은 언제나 그의 기분을 북돋았고, 이번 여행도 예외가 아니었다. 워싱턴 대학에서의 여름 학술회의는 그가 정말로 바라는 것이기도 했다. 루이스 니렌버그 *Louis Nirenberg*와 해슬러 휘트니는 물론, 워렌 앰브로스, 라울 보트, 이사도어 싱어 등 미분기하학 분야의 일류 수학자들이 모여들 예정이었다. 내쉬는 자신의 매장 이론이라면 핵심 관심사가 될 거라고 생각했다. 소련의 수학 현황에 대한 부즈만의 세미나도 기대가 되었다—소련의 수학 연구가 상당히 활발한 것으로 알려져 있었지만, 소련 당국이 수학 논문의 개요조차도 영어로 번역되는 것을 허락하지 않았기 때문이다.

여름 학술회의가 개막한 지 이틀도 되지 않아 주목할 만한 놀라운 발표가 있었다. 이종구면존재 *the existence of exotic spheres*에 대한 밀너의 증명이 그것이었다. 학술회의에 모인 수학자들에게 그 발표는, 40년 후 프린스턴의 앤드류 와일스 *Andrew Wiles*가 페르마의 마지막 정리를 해결했다고 발표했을 때와 같은 충격을 주었다.

내쉬는 밀너가 개가를 올렸다는 소식을 듣고 사춘기 소년처럼 부루퉁한 반응을 보였다. 수학자들은 모두 학생 기숙사에 기거하면서 대학식당에서 식사했다. 내쉬는 항의라도 하듯 엄청난 분량의 음식을 없애버렸다. 한번은 한 무더기의 빵을 없애버렸다. 또 한번은 계산대 직원에게 우유잔을 던지기도 했다. 또 보트 놀이를 나가, 다른 수학자 한 명과 배를 떠밀기 시합을 벌이기도 했다.

내쉬는 아마사 포레스터 *Amasa Forrester*를 금방 알아보지 못했다. 그는 안경을 낀 털북숭이 곰 같아 보였다. 거의 이중턱이었고, 면도는 하다 만 듯했고, 몸을 앞으로 기우뚱하고 걷는 모습도 영락없이 곰 같았다. 간담회가 끝난 뒤 포레스터는 내쉬를 한쪽으로 불러냈다. 그는 내쉬에게 프린스턴을 같이 다녔다는 사실을 상기시켜야 했다. 포레스트는 내쉬가 프린스턴을 졸업하기 전해에 입학했다. 얘기 도중 내쉬는 포레스터가 스틴로드의 애제자였다는 것을 기억해냈다. 포레스터는 파인홀 두레방에서 사람들에게 물총 쏘는 시늉을 하며 유창한 언변으로 좌중을 사로잡던 학생이었다.

포레스터는 별로 깊은 생각을 하지 않을 것 같은 생김새에도 불구하고 흥미로운 얘깃거리를 많이 지니고 있었다. 생각이 빠르고 공격적이며, 얘기 도중 떠오른 모든 것에 대한 모든 것을 환히 알고 있었다. 그는 밀너의 연구 결과를 내쉬에게 꼼꼼히 설명해주었다. 그후 그들은 내쉬의 매장 정리에 대해서도 얘기를 나누었다. 포레스터는 그 문제에 대해서도 잘 알고 있었다.

포레스터는 레이크 유니온의 자기 숙소로 내쉬를 초대했다. 그 숙소는 시애틀 번화가인 퓨젯 사운드와 레이크 워싱턴 중간에 있었다.

내쉬가 볼 때 포레스터는 "별종"이었다. 내쉬는 후일 포레스터를 "젊고", "다채롭고", "즐겁고", "매력적인" 인물이라고 말하곤 했다. 처음 비틀스를 묘사할 때 사용한 그 용어는, "비틀스를 미친 듯이 사랑하는 소녀들" 같은 느낌을 자기에게 주었던, 비틀스에 비견되는 사람들인 소슨과 브리커에게도 사용한 말이었다.

그들에게는 서로 끌리는 점이 많았다. 갓 서른이 된 포레스터는 내쉬처럼 성급하고 영리했다. 그는 대학원 시절 이름을 날리던 학생이었다. 그의 박사논문을 심사한 스틴로드는 최상의 칭찬을 아끼지 않았다. 그의 행색은 너절하고 뒤숭숭해 보였지만, 비상한 기억력과 폭넓은 관심사를 지니고 있었다. 그는 1954년 시애틀의 워싱턴 대학 강사가 된 이후 해낸 것이 별로 없었고, 박사논문에서도 중요한 오류가 발견되어 아직 논문을 발표하지 못하고 있었다. 그러나 여전히 의욕적이었다. 적어도 내쉬에게는 그렇게 보였다. 그는 내쉬처럼 남을 모욕하거나 자기가 남보다 한 수 위라는 것을 과시하길 좋아했다—그래서 프린스턴 재학시 두레방의 왕이라는 별명으로 불리기도 했다. 그는 또 내쉬가 찬탄할 만한 포괄적인 판단을 내리길 좋아했다. 예를 들어 한번은, 그의 얘기를 들은 한 청중이 질문을 하려고 하자 그는 이렇게 말했다. "수학자들의 내년의 관심사보다, 50년 후의 관심사를 예측하는 것이 더 쉽습니다." 분명 괴팍한 그의 특성은 내쉬의 특성과 동류 같아 보였다. 포레스터는 프린스턴 시절에 대학 식당의 그릇을 고의로 깨뜨려 휴 테일러 학장의 지시로 식당에서 영구 추방된 적도 있었다. 어머니와의 관계도 다채로운 얘깃거리가 되었다. 옛 친구들의 회상에 따르면, 포레스터 가문의 세속적 성공과 위압적인 어머니는 그에게 커다란 영향을 미쳤다. 그와 함께 프린스턴을 다닌 아더 매턱은 이렇게 회상했다. "'아마시, 아마시, 아마시!' 하고 그의 어머니는 말하곤 했습니다. 그러면 아마사는 재롱을 떨며 가성으로 대답했죠. '오, 엄마, 엄마는 내가 얼마나 엄마를 사랑하는지 모르실 거예요.'"

포레스터는 또 공개적인 동성애자였다. 대학원 교수나 휴 테일러 학장은 이 사실을 몰랐겠지만, "그는 자신이 호모라는 사실을 꽤 공개적으로 드러내서, 대학원생들은 죄다 알고 있었다." 워싱턴 대학 강사가 된 초기에 포레스터는 동료들에게 자기가 동성애자라는 것을 감추었다. 그러나 내쉬를 만났을 무렵에는 더 이상 숨기지 않았는데, 아마 시애틀에서도 그것이 큰 문제가 되지 않기 시작한 탓일 것이다. 로버트 보트 *Robert Vaught*는 다음과 같이 회상했다—그는 버클리 소재 캘리포니아 대학에서 논리학을 가르치다 은퇴한 사람인데, 포레스터와 함께 강사가 되어 1년 동안 시애틀의 집에서 같이 살았다.

그는 그때서야 자신의 호모 기질을 "발견"한 것이 아니었습니다. 그때는 호모에게 아주 어려운 시절이었지요. 당시의 사람들은 의지력으로 호모 기질을 제거해버리는 것이 최고라고 생각했습니다. 그러나 그는 자기가 호모일 수밖에 없다는 결단 비슷한 것을 내렸어요. 시애틀에서 3년째 되는 해 언젠가 그는 주거용 보트를 한 척 샀습니다. 당시 부두에는 극단적인 취향의 사람들이 모여 살았지요. 이어 그는 차츰 자기가 호모라는 것을 공개하기 시작했습니다.

내쉬는 늘 필요한 것이 있을 때마다 그것을 줄 수 있는 사람을 만났다. 포레스터는 영리하고, 달변에, 아주 재치 있는 남자였고, 내쉬는 흔히 그런 사람에게 끌렸다. 포레스터는 정서적으로도 내쉬에게 적절했다. 괴팍하고 때로 무모하고 허세도 부렸지만, 속내는 부드럽기 그지없는 남자였던 것이다. 포레스터의 동료 강사 앨버트 나이젠후이스 Albert Nijenbuis의 말에 따르면, 그는 "친절하고 다정해서 학생들의 사랑을 듬뿍 받았다." 또한 고통받는 사람들과 특히 잘 사귀는 능력도 있었다. 로버트 보트는 학창시절 조울증으로 여러 차례 입원을 한 적이 있었는데, 그런 사실을 알고 포레스터는 놀랍도록 다정하게 대해주었다. 보트는 이렇게 회상했다. "그는 정말 좋은 사람이었습니다. 나는 조울증 치료제인 리튬이 개발되기 오래 전부터 앓아왔어요. 그는 내게 큰 도움을 주었지요. 시애틀에 있는 정신과 의사를 찾아가보라고 독려하기도 했어요. 그에게는 뭐든지 털어놓고 말할 수 있었지요." 시애틀에 온 첫해에 포레스터는 정신병을 앓고 있는 대학원생을 "입양"해서 돌봐주기도 했다—그 학생은 일종의 정신 신경쇠약에 걸린 컴퓨터 천재였다. 당시 보트와 포레스터의 집에서 같이 살았던 일리노이 대학의 수학자 존 월터 John Walter의 회상에 따르면, "그 입양은 그의 여러 프로젝트 가운데 하나였다."

포레스터는, 일견 거만하고 초연해 보이는 내쉬가 언젠가는 자신의 따뜻한 관심에 반응을 보일 거라고 확신했을 것이다. "그는 아주 예리했다. 그에게는 베일을 꿰뚫어 보는 능력이 있었다"고 존 월터는 말했다.

내쉬와 포레스터가 함께 보낸 시간은 그리 많지 않았다. 내쉬가 시애틀에 머문 것이 한 달밖에 되지 않았기 때문이다. 내쉬가 1970

년대 초까지 여러 편지에 포레스터를 언급하고 있기는 하지만, 두 사람이 정기적으로 편지를 주고받았다거나 훗날 서로 자주 만났다는 증거는 없다. 그러나 포레스터는 상당히 오랫동안 내쉬의 마음속에 남아 있었다. 11년 후, 로스앤젤레스와 샌프란시스코를 순례하는 도중에 내쉬는 시애틀에서 한 달 가까이 머문 적이 있었다.

포레스터는 11년 후에도 주거용 보트에서 살고 있었다. 수십 마리의 고양이를 키우고 있었는데, 과거의 수학 친구들과는 완전히 단절된 상태였다. 그는 어릴 적의 기대에 부응하지 못했다. 정교수 자리를 얻지 못하자, 1961년에 워싱턴 대학을 떠난 후, 보잉 사에서 잠시 일했다. 나중에 워싱턴 주 핸포드에 있는 거대한 원자력 위원회 공장에서 일하다가, 1970년대 중반부터는 수학계에서 완전히 떨어져 나갔다. 그후 개인 교습을 하면서 생계를 꾸려갔는데, 때로는 목장의 입주 가정교사가 되어 아이들을 가르쳤다. 나이젠후이스는 1974년 브리티시 컬럼비아의 밴쿠버에서 열린 수학 학술회의에서 그를 마지막으로 만났는데, 그때 포레스터는 염소치기 일을 한다는 말을 했다고 회상했다. 그후에도 여러 해 동안 그는 수학과 물리학 도서관에 나타나곤 했다. 날이 갈수록 더 수척하고 남루해 보였던 그는 1991년에 세상을 떴다. 한때 촉망받던 이 수학자의 사망은 〈시애틀 타임스〉의 부고란에도 오르지 못했다. 그런 포레스터의 삶의 길이 내쉬에게는 '가지 않는 길'이긴 했지만, 이 경우에는 내쉬도 인간 존재에 대해 느낀 점이 많았을 것이다.

내쉬는 기숙사에서 누군가 그를 부르러 왔을 때, 뭔가 잘못되었다는 것을 즉시 알 수 있었다. 내쉬 가족들은 편지와 엽서로만 서로 연락을 해왔기 때문에, 장거리 전화를 했다면 무슨 일이 있는 게 틀림

없었다.

존 시니어의 전화였다. 아버지의 음성은 심상치 않았다. 어머니나 여동생에게 나쁜 일이 일어나 전화를 하셨나보다 하고 내쉬는 처음에 생각했다. 그러나 아버지는 비탄이나 근심이 아닌 분노로 언성을 높였다.

엘리너 스티어가 전화해서 손자가 있다는 얘기를 했다고 아버지는 말했다. 그것은 커다란 충격이었다.

"집에 오지 마라." 아버지는 엄하게 말했다. "보스턴에 가서 일을 바로잡도록 해라. 그 여자와 결혼해."

내쉬는 너무 놀라서 말문이 열리지 않았다. 부모에게 그토록 숨기려고 했던 비밀이 새나갔다. 이제는 다른 도리 없었다. 그는 부모가 계신 로아노크로 가지 않겠다는 데 동의했다. 7월 12일자의 엽서에서 그는 부모에게 "보스턴으로 돌아갈 생각"이라고 썼다.

내쉬는 7월 중순 실제로 보스턴으로 돌아가 2주일 동안 머물렀다. 그는 대부분의 시간을 브리커와 같이 보내거나, 자기 사무실에서 밤늦도록 연구를 했다. 그는 엘리너 문제를 어떻게 처리할 것인지 브리커에게 물었다. 그녀는 이미 변호사를 선임했다. 그녀가 원하는 것은 정기적인 자녀 양육비였다. 변호사는 대학 당국을 찾아가겠다는 으름장을 놓고 있었다. 1997년 브리커의 회상에 따르면, 내쉬에게는 양육비를 댈 생각이 없었다.

브리커는 예전처럼 중간에 낀 존재가 되어버렸다. 엘리너는 브리커에게 정기적으로 전화를 걸었다. 그녀는 내쉬의 배신에 분개했고, 아들 양육비 지급을 거부하는 태도에 원한을 품고 있었다. 브리커는 내쉬에게 충고했다. "그는 양육비를 대지 않으려고 했습니다. 내가 말했죠. '그건 안 돼. 그 애는 아들이잖아. 다른 건 몰라도, 자기 장래를 위해서라도 그래야 해. 대학에서 이 사실을 알게 되면, 장래는 끝장날 거야. 엘리너는 그걸 받을 권리가 있어.'" 뜻밖에도 내쉬는 동의했다.

죽음과 결혼

1956~1957

내쉬는 그해 고등학문연구소에서 지낼 예정이었지만, 프린스턴이 아닌 뉴욕에서 살기로 결심했다. 8월 말, 뉴욕에 온 내쉬는 이틀 안에 그리니치 빌리지의 블리커 스트리트에 있는 아파트를 임대했다. 그 거리는 워싱턴 스퀘어 파크의 남쪽에 있었는데, 재즈 클럽과 이탈리아 카페, 헌책방이 줄지어 있었다. 가구가 딸리지 않은 그 집은 작고 지저분하고, 이웃집 요리 냄새가 고스란히 풍겨오는 전형적인 기차길 옆 저층 아파트였다. 내쉬는 중고품점에서 헌 가구 몇 점을 사들였고, 그가 호화롭게 살기보다는 돈을 아끼며 사는 것을 부모님도 기특해할 거라는 감상적인 엽서를 부모에게 보냈다.

그러나 그가 목가적인 프린스턴의 아인슈타인 드라이브에 있는 장중한 아파트를 거부하고, 뉴욕 번화가의 5층짜리 아파트를 선택한 데에는 현실적이기보다 낭만적인 이유가 더 컸다. 광적인 리듬감과 늘 북적거리는 사람들, 24시간 돌아가는 기능성을 갖춘 대도시 뉴욕의 우람함—"뉴욕의 억세고 자극적인 아름다움"—이 그에게는 경이적인 느낌을 주었다. 그는 프린스턴 시절 셰이플리와 슈빅의 주말 초대를 받아 뉴욕에 처음 왔을 때부터 늘 그런 느낌을 받았다. 보스턴으로 이사간 뒤에도 그는 기회만 있으면 뉴욕에 가서 가끔씩 민스키 집에서 묵곤 했다—연계성과 익명성이 공존하는 뉴욕의 분위기를 즐기기 위해서였다. 워싱턴 광장 부근의 보헤미아적 지역은 성적으로나 정신적으로나 비인습적인 사람들을 끄는 매력이 있었다. 내쉬 또한 구불구불한 거리와 구세계의 매력, 암묵적인 자유의 약속 등에 마음이 동했다.

블리커 스트리트로 옮겨간다는 결단이, 지금까지 상상해왔던 삶과는 다른 삶을 살아보고 싶다는 뜻에서였다면 그 뜻은 이루어지지 않았다. 내쉬의 부모는 뉴욕에 방문할 일이 있다고 알려왔다. 존 시니어는 애팔래치아 회사 일로 체결해야 할 계약 건이 있었다. 내쉬는 부모가 또 엘리너 문제를 다그칠까봐 두려웠다. 그러나 당시 내쉬 시니어의 건강이 악화된 상태여서 그들은 다른 일에 신경을 쓸 수 없었다. 내쉬는 펜 기차역에서 몇 블럭 떨어진 맥알핀 호텔에 투숙한 부모를 찾아가, 대화 도중 여러 차례 아버지에게 뉴욕의 전문의를 찾아가볼 것을 채근하며 자기가 효자임을 과시하려고 했다. 그는 아버지에게 수술도 고려해야 한다고 말했는데, 살아 있는 아버지를 본 것은 그것이 마지막이었다.

9월 초, 존 시니어는 심각한 심장마비를 겪었다. 버지니아는 전화가 없는 내쉬에게 연락을 하느라고 애를 먹었다. 그에게 연락이 닿았을 무렵, 그의 아버지는 이미 숨을 거두었다. 이후 내쉬는 가을을

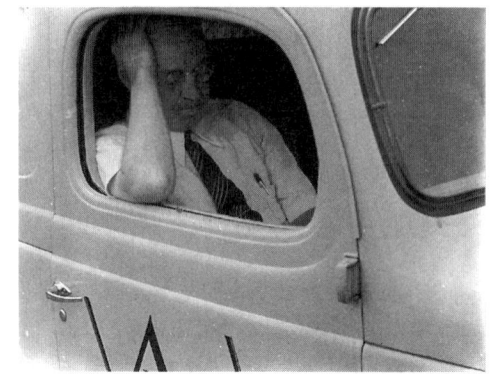

존 내쉬 시니어.
1940년대, 블루필
드, 회사차 안에서

"불운"의 계절이라고 생각하곤 했다.

향년 64세의 존 내쉬 시니어는 그해 내내 간헐적으로 앓아왔다. 부활절에는 건강이 너무 좋지 않아 마사와 사위 찰리의 집에 저녁식사를 하러 갈 수도 없었다(마사는 1954년 봄에 결혼했다). 그리고 늦여름에 뉴욕을 방문했을 때, 그는 무력증과 구토증이 발작해 호텔방에만 머물렀다. 아버지의 사망 소식은 내쉬에게 충격을 주었다. 죽음의 갑작스러움, 죽음의 궁극성을 그는 이해할 수 없었다. 그런 죽음은 피할 수도 있었을 거라고, 예방할 수도 있었을 거라고 그는 확신했다. 만일 더 좋은 진료 기관에 모시기만 했더라면. 만일….

내쉬는 장례식에 참석하기 위해 급히 블루필드로 내려갔다. 장례식은 사망 이틀 후인 1956년 9월 14일 성공회 교회에서 치러졌다.

비탄의 눈물은 쏟아지지 않았다. 내쉬의 부자연스러운 침착함이 흔들리는 기색도 없었다. 그러나 아버지의 죽음은 내쉬의 "작고 완벽한 세계"의 기초에 또 다른 균열을 일으켰다. 진정으로 성인의 삶에 접어들기도 전에 아버지의 죽음을 겪었다는 것은 이중의 타격이었다—아버지를 잃었다는 타격과, 이제 자기가 아버지 역할을 해야 한다는 타격.

우선, 혼자가 된 어머니를 돌보아야 한다는 새로운 책임감이 있었다. 실제로는 그 책임감이 별 의미가 없었을 수도 있다. 로아노크에 살고 있는 마사가 어머니를 돌보지 않을 수 없었기 때문이다. 그러나 정서적으로 내쉬는 이제 가시방석에 앉게 되었다. 그에 대한 어머니의 바람—특히 그녀가 "정상적인" 삶이라고 생각하는 것, 즉 결혼을 하라는 강렬한 바람—이 갑자기, 무겁게 그를 짓눌러왔던 것이다. 그가 대학에 들어가 집을 떠난 이래 이제까지 어머니는 그런 부담을 준 적이 없었다.

내쉬에게는 그것이 하나의 딜레마였다. 아버지의 역할을 떠맡아야 했지만 그럴 준비가 전혀 되어 있지 않았던 것이다. 그 딜레마는 그해 여름의 특수한 상황들과 복잡하게 뒤얽혔다. 그와 어머니 사이에는, 엘리너와 존 데이빗에 대한 그의 잘못이 가로놓여 있었다. 내쉬는 분명 자기가 아버지의 죽음을 재촉했는지도 모른다는 생각을 했을 것이다. 혹시 그렇지 않았다면—자기 행동이 남들에게 어떤 영향을 미칠 것인지 따져보는 능력을 내쉬가 결여했다는 것을 감안하면 능히 그럴 수도 있는 일인데, 혹시 그랬다면—분명 어머니 버지니아만큼은 그런 생각을 했을 테고, 그 생각을 직간접적으로 내쉬에게 주입했을 수도 있다. 버지니아는 슬픔에 사로잡혔을 뿐만 아니라 깊이 분노했다. 그녀는 엘리너에게 편지를 보내, 엘리너가 남편의 죽음에 빌미를 제공했다고 비난했다. 그러니 아들에게도 비슷한 말을 했거나, 충분히 암시라도 했을 가능성이 아주 높다.

그런 죄책감은 견디기 어려운 무거운 짐이었을 것이다. 그러나 내쉬에게 엄청난 스트레스로 작용한 것은 단순히 그런 죄책감보다는, 아버지의 상실에 뒤이어 어머니의 사랑마저 잃어버릴지도 모른다는 잠재적 위협이었다. 버지니아는 내쉬가 아들과의 관계를 합법화시킬 의무가 있다고 생각했다. 아버지는 스캔들을 끔찍이 싫어했고, 의무를 이행해야 한다는 굳은 신념을 지니고 있었다. 버지니아가 남편의 죽음 이후에도 내쉬에게 엘리너와 결혼하라고 고집했는지는 분명치 않다. 엘리너의 출신이 비천하고, 교육도 제대로 받지 못했고, 내쉬를 협박하며 괴롭혔다는 것을 알았고, 직접 만나보기까지 했던 버지니아는 일시적인 결혼조차도 안 된다는 생각을 했을지도 모른다. 또 엘리너가 나중에 이혼해주지 않을지도 모른다는 걱정을 했을지도 모른다. 혹은 단순히, 아들이 원치 않는 일을 강요할 방법이 없다는 것을 깨달았을 수도 있다.

내쉬의 내연의 여자와 사생아에 대한 버지니아의 반응이 그런 것이었다면, 내쉬가 남자들과 가진 더욱 곤혹스러운 관계에 대해서는 어떻게 반응했을까? 사실 내쉬가 산타모니카 해변에서 체포되었다는 것을 버지니아가 알았을 가능성은 거의 없는 것 같다. 하지만 그 가능성 또한 내쉬의 정신을 혼란스럽게 했으리라는 것은 분명하다. 은밀한 사생활을 완벽하게 숨길 수 있다고 자신했지만, 엘리너의 폭로로 그의 자신감은 산산조각이 났다. 그는 분명 다른 일들도 불원간 폭로되고 말 거라는 초조감에 시달렸을 것이다.

내쉬는 프린스턴에서 고등학문연구소에 출퇴근하는 것 외에, 뉴욕 대학에서도 많은 시간을 보냈다. 이 대학의 쿠랑 수학연구소 *Courant Institute of Mathematical Sciences*는 블리커 스트리트에서 북쪽으로 한 블록밖에 떨어져 있지 않았다. 아버지 장례식을 치른 직후의 어느 날 오후, 내쉬는 에밀 아틴 교수의 아름다운 아내이자 리처드 쿠랑 *Richard Courant*의 조교 가운데 하나인 나타샤 아틴의 사무실에 들렀다. 이름난 미모의 나타샤는 베를린 대학에서 박사학위를 받았는데, 그 대학의 교수 아틴의 제자였다가 후일 스승과 결혼했다. 뉴욕 대학에서는 최근 쿠랑이 나타샤에게 푹 빠졌다는 것을 모르는 사람이 없었다. 내쉬는 다과회에 참석하는 길에 그녀의 사무실에 들러 잡담을 나누길 좋아했다.

"뉴저지 주에서는 이혼하기가 아주 쉽다면서요?" 어느 날 내쉬가 불쑥 나타샤에게 한 말이다. 그 말을 듣자마자 나타샤는 그것을 결혼하겠다는 선언으로 받아들였다. 입구에서 우물쭈물할 때조차 출구부터 따져보는 것이 내쉬의 전형적인 특성이라는 것을 그녀는 잘 알고 있었다.

다른 날 내쉬는 시카고 대학에서 강연을 한 후, 프린스턴 시절부터 알고 지낸 수학자 레오 굿맨 *Leo Goodman*과 저녁식사를 함께 했다. 그는 굿맨에게 앨리샤가 좋은 아내가 될 거라고 본다는 말을 했다. 왜? 텔레비전을 많이 보기 때문에. 즉, 그녀가 남편의 관심을 그리 요구하지 않을 테니까. 그 말은 내쉬에 대해 엘리너가 되뇌었던 발언을 연상시킨다. "그는 늘 공짜로 모든 것을 가지려고 한다."

앨리샤는 내쉬가 프로포즈한 때를 기억하지 못하며, 말로 했는지 편지로 했는지도 기억나지 않는다고 주장했다. 그저 두 사람 사이에 어떤 이해가 있었다고 그녀는 말했다. 그러나 그해 가을 앨리샤의 행동은 그런 주장과 배치되는 것이었다. 내쉬가 6월에 케임브리지를 떠난 후, 앨리샤는 너무나 불행해하면서도 계속 그곳에 남아 있었다. 그 모든 것은 어떤 "이해"와 정반대되는 것이다.

조이스 데이비스에게 보낸 1956년 10월 23일자의 앨리샤 편지에는 내쉬에 대한 언급이 전혀 없다. 그 무렵 두 사람이 공식적으로 약혼을 했다면, 앨리샤는 분명 조이스에게 그것을 알렸을 것이다.

네가 알지 모르겠는데, 나는 뉴욕의 일자리를 알아보고 있는 중이야. 여러 군데 원서도 냈어. 처음에는 취직이 어려울 것 같았는데, 지금까지 벌써 두 군데에서 제안이 들어왔어. 원자로 그룹의 신참 물리학자로 근무해달라는 브룩헤이븐, 그리고 역시 원자로 분야에서 일해달라는 미국 핵개발사 N.D.C.에서 제안을 보내왔지. 월 450달러를 주겠다는 후자의 제안을 받아들일 생각이야. 다른 회사라면 500달러까지 받을 수 있다는 말을 들었지만, 경험을 쌓기에는 N.D.C.가 좋은 것 같아. 늘 핵물리학을 특히 해보고 싶었으니까.

앨리샤는 내쉬와의 관계와 상관없이 대학 졸업 후 곧바로 직장을 얻었을 수도 있다. 그녀는 대학원 진학에 대해서는 점점 열정을 잃고 있었다. "나는 공부하는 데 지쳤어. 그 질질 끄는 과정이 지겨워.… 나는 오로지 '생생한 삶'을 원할 뿐이야." 뉴욕에서 여고를 나왔으니, 뉴욕으로 돌아가 일하고 싶은 것은 당연한 일이었을 것이다. 그러나 앨리샤는 뉴욕으로 옮겨간 것이 내쉬 때문이었다고 후일 고백했다. 내쉬와의 관계를 새롭게 해보겠다는 바람으로 그랬는지도 모른다. 혹은 그의 명시적인 초대를 받은 것일 수도 있다.

앨리샤는 뉴욕의 바르비종 호텔에 투숙했다. 이 호텔은 실비아 플라스가 1950년대에 발표한 소설 〈벨 자 *The Bell Jar*〉에서 아마존 호텔로 이름이 바뀌어 등장한 탓에 젊은 여성에게는 전설적인 호텔이었다. 이 호텔에 투숙하려면 추천서가 있어야 했다. 철제 침대가 놓인 하얗고 자그마한 방은 오직 잠만 자게 되어 있었다. 앨리샤는 조이스에게 보낸 편지 추신에서 그런 사실을 불평했다. 1952년 여름 이 호텔에 묵었던 실비아 플라스는 소설에 이렇게 썼다. "이 호텔— 아마존—은 여성 전용이었다. 투숙객들은 대부분 부유한 부모를 둔 내 또래의 여성들이었다. 그들 부모는 딸들을 남자가 건드리거나 속일 수 없는 안전한 곳에 투숙시키려고 했다. 이 여자들은 모두 수업 시간에 모자와 스타킹과 장갑을 착용해야 하는 캐티 깁스 같은 세련된 비서학교에 다니거나, 혹은… 전문직 남자와 결혼하기만 기다리며 그저 뉴욕을 여기저기 싸돌아다니고 있었다."

 10월 말에 앨리샤가 내쉬의 약혼자로 뉴욕에 왔든 아니든, 그녀는 추수감사절에 로아노크로 내쉬 가족을 찾아갔다. 내쉬는 그녀에게 반지를 주지 않았다. 유별나게 돈을 아까워한 내쉬는 앤트워프로 가서 다이아몬드 도매상에서 직접 반지를 사줄 작정이었다.

 버지니아는 앨리샤가 매력적이고 위엄도 있다는 것을 알았고, 내쉬에게 명백히 헌신적인 것에도 감명을 받았다. 그러나 동시에, 앨리샤가 며느리감으로 생각했던 부류의 처녀와는 아주 딴판이라고 생각했다. 또 두 사람 사이의 관계도 이상하다고 생각했다. 앨리샤는 물리학자답게 핵원자로 회사의 일에 대해서만 얘기할 뿐, 집안일에 대해서는 전혀 관심을 보이지 않았다. 그녀는 버지니아가 이해할 수 있는 범주를 완전히 벗어난 젊은 여성이었다. 버지니아와 마사가 부엌에서 바쁠 때도, 앨리샤와 내쉬는 추수감사절 내내 버지니아의 거실에 앉아 주식 시세표만 꼼꼼히 들여다보았다. 마사의 생각도 어머니와 비슷했다. (버지니아의 권고대로, 그리고 앨리샤의 머리를 올바른 방향으로 돌려놓겠다는 생각에서, 마사는 어느 날 오후 로아노크에서 모자를 사러 가는 길에 앨리샤를 데리고 가기도 했다.)

존과 앨리샤 내쉬 (결혼 직후), 1957년 2월, 워싱턴 DC.

1957년 2월 어느 날, 뜻밖에도 포근하고 흐린 아침, 마침내 결혼식이 치러졌다. 워싱턴 DC의 백악관 앞쪽 펜실베이니아 애버뉴의 맞은편에 있는, 노란색과 하얀색 페인트가 칠해진 세인트 존 성공회 교회에서였다. 무신론자였던 내쉬는 카톨릭 예식에 거부감을 보였다. 그는 시청에서 결혼을 했더라면 더 행복했을 것이다. 앨리샤는 우아하면서도 격식을 갖춘 결혼식을 원했다. 그러나 그 결혼식은 조촐했다. 수학자나 옛 친구들은 없었고, 오직 가까운 친지들만 참석했다. 신랑측 들러리는 매제 찰리가 맡았는데, 내쉬는 그를 거의 알지도 못했다. 신부측 들러리는 마사가 맡았다. 신랑과 신부는 초상화 사진을 찍느라고 둘 다 늦게 왔다. 내쉬와 앨리샤는 뉴욕으로 돌아가는 길에 애틀랜틱 시로 차를 돌려 주말 허니문을 보냈다. 그러나 허니문은 성공적이지 못했다. 앨리샤가 컨디션이 좋지 않았기 때문이라고, 내쉬는 어머니에게 보낸 엽서에 썼다.

두 달 후인 4월, 앨리샤와 내쉬는 결혼을 자축하기 위해 파티를 열었다. 그들은 블루밍데일 백화점 모퉁이를 돌아가면 나오는 어퍼 이스트사이드의 임대주택에서 살았는데, 스무 명쯤 파티에 참석했다. 대부분 쿠랑 수학연구소와 고등학문연구소의 수학자들이었다. 앨리샤의 사촌 몇 명과 오데트와 엔리크도 참석했다. 후일 엔리크 라드는 이렇게 회상했다. "그들은 아주 행복해 보였습니다. 아파트도 훌륭했구요. 그들은 신혼 재미를 마음껏 과시했어요. 신랑도 아주 미남이어서, 아주 낭만적인 결혼으로 보였습니다."

Part 3 >>>

A Slow Fire Burning
서서히 타오르는 불

올든 레인과 워싱턴 광장

1956~1957

> 수학 아이디어는 경험에서 생긴다. … 그러나 일단 아이디어가 착상되면, 아이디어는 자기만의 고유한 삶을 살기 시작한다. 그것은 하나의 창조적인 생명체에 비견될 만한 것이며, 거의 전적으로 미학적 동기의 지배를 받는다. … 하나의 수학 분야가 널리 유포됨에 따라, 혹은 여러 차례 "추상적" 교배交配를 거침에 따라, 〔그 분야는〕 타락의 위험에 빠지게 된다. … 그런 단계에 이를 때마다, 내가 보기엔 근원으로의 회귀를 통해 다시 젊어지는 것만이 유일한 처방인 것 같다. 즉, 다소간의 직접 경험 아이디어들을 재주입해야 한다.
>
> ―존 폰 노이만

고등학문연구소는 학자들이 꿈꾸는 보금자리였다. 한때 농장이었던 프린스턴 외곽에 둥지를 튼 이 연구소는 숲과 델러웨어-라리탄 운하로 둘러싸여 있다. 잔디밭은 흠 한 점 없다. 또한 고맙게도 이 연구소에는 강의 부담을 주는 학생이 없었다. 펄드홀 두레방의 분위기는 원로 클럽 분위기와 비슷했다. 신문철 선반이 있고, 가죽과 파이프 담배 냄새가 뒤섞인 두레방은 문이 잠기는 법이 없었고, 밤늦도록 불이 밝혀져 있었다.

1956년에 이 연구소의 영구직 교수는 수학자와 이론물리학자 10여 명밖에 없었다. 그러나 그보다 여섯 배가 넘는 세계 각지의 유명학자들이 방문해 잠깐씩 머물렀기 때문에, 오펜하이머는 이 연구소를 "지식인 호텔"이라고 불렀다. 젊은 연구자들에게 이 연구소는 강의와 행정 잡무 부담, 그리고 일상 생활의 번잡한 일로부터 도피할 수 있는 금쪽 같은 기회를 제공했다. 방문객에게는 모든 것이 제공되었다—연구실에서 몇 백 미터 거리에 아파트가 있었고, 세미나와 강연이 끊임없이 열렸다. 또 원한다면 얼마든지 술을 마실 수 있는 파티도 잦았다. 술 파티에서는 레프셰츠가 의수로 마티니 잔을 들고 있는 위태로운 모습을 볼 수 있었고, 대취한 프랑스 수학자가 암벽 등반 기술을 선보이려고 밧줄을 타고 벽난로 위로 올라가는 모습도 볼 수 있었다.

이 연구소는 창조성에 걸림돌이 되는 것을 죄다 제거하겠다는 면밀한 설계 의도에 따라 지어졌다. 그런 목가적인 환경에 어떤 이들은 가슴이 설레기도 했다. 스탠퍼드 대학의 수학자 폴 코언은 이렇게 말했다. "너무나 훌륭한 곳이어서 적어도 2년은 머물러야 한다. 그런 이상적인 조건에서 연구하는 방법을 터득하는 데만도 족히 1년은 걸리니까." 1956년 무렵, 아인슈타인은 이미 사망했고, 괴델은 더 이상 활동을 하지 않았으며, 폰 노이만은 베데스다 병원에서 죽어가고 있었다. 오펜하이머는 여전히 소장으로 남아 있었지만, 매카시 선풍에 휘말려 능멸을 당한데다가 점점 고립되고 있었다. 한 수학자의 말마따나 이제는, "순수한, 아주 순수한 연구소가 되었다." 후일 미국수학회 회장이 된 캐슬린 모라웨츠 *Cathleen Synge Morawetz*는 좀더 퉁명스럽게 말했다. "그 연구소는 바야흐로 세상에서 가장 따분한 곳으로 알려졌다."

이와는 달리 뉴욕 대학의 쿠랑 수학연구소는 "응용 수학 해석학의 전국적 중심지"였다. 이런 사실은 〈포춘〉지를 통해 곧 일반 독자들에게 널리 알려졌다. 생긴 지 몇 년 만에 생기가 넘치게 된 이 연구소는, 워싱턴 광장에서 동쪽으로 한 블록도 떨어지지 않은 곳에 있는 19세기 건물을 차지하고 있었다. 당시 뉴욕 대학은 계속 커지고 있었지만, 연구소 주변에는 여전히 소규모 제조업체들이 몰려 있었다. 사실 초기에 쿠랑 연구소는 수많은 모자 제조업체들과 같은 건물을 썼다. 그 건물에는 화재시 사용할 비상구와 삐걱거리는 구형의 화물용 승강기가 설치되어 있었다. 쿠랑 연구소에 자금을 댄 것은 원자력 위원회였다. 이 위원회는 거대한 유니백4 컴퓨터를 들여놓을 새 장소를 물색하고 있었는데, 당시 이 거대한 진공관 튜브 덩어리는 웨이벌리 플레이스 25번지에 위치해 있었고, 무장 경비원이 지켰다.

쿠랑 연구소는 수학계의 탁월한 사업가였던 리처드 쿠랑이 설립했다. 괴팅겐 대학의 수학 교수였던 쿠랑은 유태인이라는 이유로 1930년대 중반에 나치에 의해 괴팅겐 대학에서 축출되었다. 키가 작고, 비만하고, 독재적이고, 누구도 못 말리는 성격의 쿠랑은 부자와 권력자를 좋아하는 사람으로 유명했다. 또한 여성 "조수들"과 사랑에 빠지는 버릇과, 젊은 수학 인재를 찾아내는 안목으로도 유명했다. 쿠랑이 1937년 뉴욕 대학에 왔을 무렵, 이 대학에는 이렇다 할 수학 연구활동이 없었다. 쿠랑은 그런 환경에 좌절하지 않고 즉각 연구기금을 끌어들이기 시작했다. 또한 그의 빛나는 명성과 다른 교육기관의 반유태주의, 뉴욕의 "깊은 인재 저수지" 등에 힘입어 우수한 학생들을 유치할 수 있었다. 학생들은 대부분 뉴욕 시 출신의 유태인이었는데, 하버드나 프린스턴에서는 그들을 받아주지 않았다. 제2차 세계대전 발발로 더욱 많은 기금과 학생이 유치되었고, 1950년대 중반 무렵 쿠랑 연구소가 공식 설립되었을 때, 이 연구소는 이미 프린스턴이나 케임브리지 같은 기존의 수학 센터들과 어깨를 겨루게 되었다. 연구소의 젊은 스타로는, 피터 랙스 *Peter Lax*와 그의 아내 아넬리 *Anneli Lax*, 캐슬린 싱 모라웨츠, 위르겐 모저, 루이스 니렌버그 등이 있었다. 또 유명한 방문 수학자로는 후일 필즈 메달을 수상한 라르스 회르만더 *Lars Hörmander*, 곧 하버드로 옮겨갈 실로모 스턴버그 *Shlomo Sternberg* 등이 있었다.

쿠랑 연구소는 사실상 내쉬의 안마당이나 다름없었다. 이 연구소의 활발한 분위기를 감안할 때, 내쉬가 고등학문연구소에서 보내는 것 못지않은 시간을 이곳에서 보냈다는 것은 그리 놀라운 일도 아니다. 처음에는 프린스턴으로 가는 길에 쿠랑에 들러 한두 시간을 보내곤 했지만, 곧 하루 종일 머물게 되었다. 그는 일찍 나타나는 법이 없었다. 대학 도서관에서 한밤중까지 연구를 한 후 늦게 잠드는 것을 좋아했기 때문이다. 그러나 연구소 건물 고층의 라운지에서 열린 다과회에는 거의 빠짐없이 참석했다.

쿠랑 사람들로 말하자면, 다정하고 개방적이어서 MIT처럼 경쟁적이지 않았고, 고등학문연구소처럼 잘난 척도 하지 않았다. 그들은 내쉬가 오는 것을 행복해했다. 러트거스의 수학자 틸라 웨인스타인 *Tilla Weinstein*은 내쉬가 비상구 한 곳에서 어슬렁거리는 것을 좋아했다고 회상하며 이렇게 말했다. "그는 기쁨 자체였어요. 그에게는 재치와 유머가 있었고, 다들 그를 이해해주었습니다. 그에게는 놀라운 장난기와 가벼움이 있었지요." 내쉬의 카네기 시절 스승이었던 싱 교수의 딸 캐슬린 모라웨츠는 내쉬를 박사 이상급의 연구자로 대우했고, "대단히 매력적"이며 "살아 있는 대화를 하는 사람"이라고 생각했다. 회르만더는 내쉬의 첫인상을 이렇게 회상했다. "그의 표정은 진지했습니다. 그러다가 갑자기 미소를 지었어요. 정열가였죠." 피터 랙스는 전시에 로스앨러모스에서 일한 수학자인데, 내쉬의 연구와 "사물을 바라보는 내쉬만의 방식"에 관심을 보였다.

처음에 내쉬는 수학 얘기보다, 그해 가을의 정치적 대사건들에 더 관심을 보였다―당시 이집트의 나세르는 수에즈 운하를 국유화하여 영국과 프랑스, 이스라엘의 침공을 유발했으며, 러시아는 헝가리 봉기를 진압했고, 아이젠하워와 스티븐슨은 대통령 선거전에서 재격돌하고 있었다. 쿠랑의 한 방문자가 회상한 말에 따르면, "그는 두레방에서 정치 상황에 대한 자기 견해를 얘기하고 또 얘기하곤 했다. 오후 다과회에서는 당시의 수에즈 위기에 대한 아주 과격한 견해를 피력했다." 그 연구소 식당에서의 대화를 기억하고 있는 다른 수학자는 이렇게 회상했다. "영국과 동맹국들이 수에즈를 장악하려 하고, 아이젠하워가 미국의 입장을 명확하게 밝히지 않고 있던 당시의 어느 날, 점심 시간에 내쉬는 수에즈 얘기를 꺼냈습니다. 나세르는 당연히 흑인이 아니었는데, 내쉬에게는 흑인이나 다름없었어요. '어떻게 해야 하느냐 하면, 그런 인간들과는 아주 단호하게 한판 붙어야 합니다. 그런 다음 놈들이 일단 뭔가를 깨달으면….'"

제2차 세계대전으로 촉발된 급속한 발전의 선두를 밝히며 앞서간 등불들이 쿠랑에는 아주 많았다. 미분방정식 분야에서 특히 그랬는데, 당시 미분방정식은 어떤 변화를 수반하는 물리 현상들의 무수한 다양성을 이해하기 위한 수학적 모델로 부각되고 있었다. 〈포춘〉지의 기록에 따르면, 1950년대 중반 무렵 수학자들은 컴퓨터를 이용해 상미분 방정식을 풀어내는 비교적 간단한 기계적 절차를 알아냈다. 그러나 대부분의 비선형 편미분 방정식을 풀어내는 직접적인 방법은 아직 밝혀지지 않았다―크고 갑작스러운 변화가 언제 일어나는

지의 문제를 제기하는 이 방정식은, 예를 들어 제트기가 가속해서 음속을 돌파할 때 발생하는 공기역학적 충격파를 묘사하는 데 쓰인다. 폰 노이만은 1930년대에 이 분야의 중요 업적을 내놓았는데, 1958년 그의 부고 기사에서 스타니슬라프 울람 Stanislaw Ulam은, 그러한 방정식들의 체계가 "해석학적으로는 이해할 수 없는 것"이라면서, 그 체계가 "현재의 방법으로는 질적 통찰도 거부한다"고 썼다. 같은 해에 내쉬는 이렇게 썼다. "비선형 편미분 방정식 분야의 미해결 문제는 응용 수학은 물론 과학 전반과 깊은 관련이 있다. 아마도 수학의 어떤 다른 분야의 미해결 문제들보다 더 그러할 것이다. 이 분야는 빠르게 발전할 것으로 보이는데, 새로운 방법이 동원되어야 한다는 것은 분명한 것 같다."

내쉬는 이미 교류 *turbulence* 문제에 관심을 갖고 있었다―그것은 부분적으로 위너와의 접촉이나 카네기 시절 웨인스타인과 친교 덕분일 것이다. 교류란 평평하지 않은 곡면 위로 지나가는 기체나 액체의 흐름을 일컫는 말이다. 예를 들면, 만灣으로 흘러드는 물, 금속을 통해 전달되는 열이나 전기 부하, 지하 저장소에서 빠져나가는 기름, 어떤 공기 덩어리 위를 미끄러져 가는 구름 등이 그것이다. 그런 움직임을 수학적으로 모델화하는 것은 필요한 작업이지만, 아주 까다롭기 짝이 없다. 내쉬는 이렇게 썼다.

점성과 압축성, 열전도성을 가진 액체의 흐름을 파악하는 일반 방정식 해법의 존재, 특이성, 원활성 등에 대해서는 알려진 것이 거의 없다. 그것은 연립 비선형 포물선 방정식이다. 이런 문제에 대한 관심 때문에 우리는 이 연구에 착수하게 되었다. 비선형 포물선 방정식을 다루는 능력이 없다면 일반적인 액체 흐름의 연속체 *continuum*를 기술하는 것은 불가능하며, 아울러 연속성의 선험적 추산 a priori estimate을 필요로 한다는 것이 분명해졌다.

비선형 이론이라는 꽤 새로운 분야의 주요 미해결 문제를 내쉬에게 제시한 사람은 루이스 니렌버그였다. 그는 작은 키에 근시였고 성격도 좋았는데, 리처드 쿠랑의 후원을 받고 있었다. 20대였던 니렌버그는 이미 훌륭한 해석학자라는 명성을 얻고 있었다. 그는 내쉬가 좀 이상한 사람이라는 것을 알았다. "내쉬는 항상 속으로 미소를 짓고 있는 사람 같았습니다. 자기만 아는 농담을 음미하고 있는 사람처럼, [아무에게도 얘기해주지 않은] 은밀한 농담을 즐기는 사람처럼 말입니다." 그러나 니렌버그는 매장 정리 해결을 위해 내쉬가 고안한 테크닉에 크게 감명을 받았고, 1930년대 후반 이래 풀지 못한 아주 까다로운 문제를 내쉬가 해결할지도 모른다고 생각했다.

그는 이렇게 회상했다.

나는 편미분 방정식을 연구했고, 기하학도 연구했습니다. 그 문제는 타원 편미분 방정식과 관련된 여러 종류의 부등식과 관계가 있었지요. 그 문제는 제기된 지 꽤 오래된 것이어서 수많은 사람이 매달려 연구를 해왔습니다. 일찍이 1930년대에 어떤 수학자는 2차원에서의 추산을 얻는 데 성공했습니다. 그러나 그 이상의 차원에서는 [거의] 30년 동안 미해결로 남아 있었습니다.

내쉬는 니렌버그가 그 문제를 제시하자마자 이내 연구에 들어갔다. 물론 그 문제가 니렌버그 말대로 정말 중요하다는 것을 확신할 때까지 많은 사람들에게 먼저 귀동냥을 했다. 자문에 응했던 사람 가운데 한 명인 랙스는 최근 이렇게 논평했다. "물리학에서는 가장 중요한 문제가 무엇인지를 모든 사람이 알고 있습니다. 그런 문제는 아주 잘 정의되어 있지요. 수학에서는 그렇지 않습니다. 수학자들은 좀더 내성적인 데가 있거든요. 하지만 내쉬에게는, 자기에게 중요한 문제는 남들이 생각하기에도 중요한 문제여야 했습니다."

내쉬는 니렌버그 사무실로 찾아가 연구 진전 사항을 논의하기 시작했다. 그러나 여러 주가 지나서야 비로소 니렌버그는 내쉬의 연구에 진전이 있다는 것을 실감하게 되었다. 니렌버그는 이렇게 회상했다. "우리는 자주 만났습니다. 내쉬는 이렇게 말하곤 했지요. '내가 보기엔 이러저러한 부등식이 필요한 것 같아. 내가 생각하기엔 그게 맞는데, 그것은⋯.'" 아주 빈번하게 내쉬의 생각은 과녁에서 멀리 빗나갔다. "말하자면 그는 탐색중이었어요. 아무튼 그런 인상을 주었죠. 나는 그가 끝까지 해낼 거라고는 믿지 않았습니다."

니렌버그는 라르스 회르만더와 얘기해보라면서 내쉬를 돌려보냈다. 회르만더는 키가 크고 강철 같은 스웨덴 사람이었는데, 이미 그 분야의 최고 학자 가운데 한 명이라는 평가를 받고 있었다. 정확하고, 면밀하고, 무한히 박식한 회르만더는 내쉬의 명성을 들어서 알고 있었지만, 그는 니렌버그보다 훨씬 더 회의적이었다. 회르만더는 1997년에 이렇게 회상했다. "내쉬는 니렌버그로부터 홀더 추산 *Holder estimates*을 더 고차원으로 확장시켜야 한다는 것의 중요성을 배웠더군요. 홀더 추산은 두 개의 변수와 불규칙 계수를 가진 2계 타원 방정식 *second-order elliptic equations*으로 알려진 것입니다. 내쉬는 나를 여러 번 찾아와서 '이러저러한 부등식을 어떻게 생각하느냐?'고 물었어요. 처음에는 그의 추측이 분명 잘못된 것이었습니다. [그의 추측은] 상수 계수 작용소 *constant coefficient operators*에 대해 알려진 사실만 가지고도 논박하기 쉬운 것이었어요. 그는 그런 문제들에 좀 미숙했습니다. 그러니까 그는 표준 테크닉을 사용하지 않고 무에서 시작했던 것입니다. 그는 늘 [다른 사람들과의 대화를 통해] 문제점을 추려내려고 했어요. [스스로 문제점들을 파헤치는] 인내심이 부족했지요."

내쉬는 모색을 계속하며 약간의 성공을 거두었다. "두어 번 시행착오를 거치더니 명백한 잘못은 없는 것을 내놓곤 했다"고 회르만더는 말했다.

봄이 되자, 내쉬는 또 다시 스스로 창안한 새로운 방법을 써서 기본적인 존재성, 유일성, 그리고 연속성 정리를 얻을 수 있었다. 그는 어려운 문제들은 정면 공격해서는 안 된다는 지론을 갖고 있었다. 그는 교묘한 우회 방식으로 문제에 접근했다. 먼저 비선형 방정식을 선형 방정식으로 바꾼 다음, 비선형적 방법으로 그 방정식을 공격했다. 내쉬의 연구과정을 면밀히 관찰한 랙스는 이렇게 말했다. "그건 천재적인 솜씨였습니다. 나는 그런 식의 접근법을 한번도 본 적이 없었죠. 나는 그저 늘 마음에 담고 있으면서, 상황이 달라지면 언젠가는 해내겠지 하고 생각했을 뿐입니다."

내쉬의 새로운 결과는 매장 정리보다 훨씬 더 즉각적인 주목을 받았다. 이제는 니렌버그도 내쉬가 천재라고 확신했다. 회르만더의 스승이자 룬드 대학 수학교수인 라르스 고르딩 *Lars Gårdding*은 편미분 방정식의 세계적 전문가였는데, 즉각 이렇게 선언했다. "그걸 해내다니 자네는 천재임에 틀림없다."

쿠랑은 내쉬에게 매력적인 일자리를 제안했다. 그러나 내쉬의 반응은 기묘했다. 캐슬린 싱 모라웨츠는 내쉬와 나눈 긴 대화를 기억하고 있었는데, 내쉬는 그 제안을 받아들여야 할지 MIT로 돌아가야 할지 망설였다고 한다. 그는 결국 MIT로 돌아가는 것을 선택했는데, 뉴욕보다 매사추세츠에서 사는 것이 "세제 혜택이 있기 때문"이라고 그는 말했다.

이런 성공에도 불구하고 내쉬는 1957년을 실망의 한 해로 기억하게 되었다. 그해 늦은 봄, 내쉬는 당시 무명이던 이탈리아의 젊은 수학자 엔니오 데 지오르지가 그보다 몇 달 앞서서 연속성 정리를 증명했다는 것을 알게 되었다. 스탠퍼드의 수학자 폴 가라베디언 Paul Garabedian은 당시 미해군 수행원으로 런던에 근무중이었다. 그것은 미해군연구소가 마련해준 한직이었다. 1957년 1월, 가라베디언은 자동차로 유럽 일주를 하며 젊은 수학자들을 찾아다녔다. 그는 이렇게 회상했다. "나는 로마에서 몇몇 원로들을 만났습니다. 아주 볼 만했지요. 수학은 한 30분 얘기하고, 점심은 세 시간에 걸쳐 먹습니다. 그런 다음에는 낮잠. 이어 저녁식사. 데 지오르지 얘기를 하는 사람은 아무도 없더군요." 그러나 나폴리에서는 누군가가 얘기를 했다. 그래서 가라베디언은 로마를 거쳐 돌아오는 길에 데 지오르지를 찾아보았다. "그는 꾀죄죄한데다가 가죽만 남아서 거의 기아상태로 보이는 친구였습니다. 하지만 나는 그가 이 논문을 썼다는 것을 알아냈지요."

1996년에 사망한 데 지오르지는 남부 이탈리아 레체의 아주 가난한 집에서 태어났지만, 훗날 젊은 세대의 우상이 되었다. 그는 수학 이외에는 삶도 가정도 없었고, 가까운 인간관계도 없었다. 더 후일에는 말 그대로 연구실에서만 살았다. 그는 이탈리아 수학계에서 가장 영예로운 지위를 차지했지만, 금욕적인 청빈 생활로 일관했고,

전적으로 연구와 강의에만 헌신했다. 나이 들어서는 점점 신비주의에 심취한 나머지 신의 존재를 수학으로 증명하려고 했다.

데 지오르지의 논문은 아주 볼품없는 지방 과학원 회보에 실렸다. 가라베디언은 데 지오르지의 연구 결과를 미해군 연구소 유럽 회보에 보고했다.

게임 이론으로 노벨상을 탄 후 내쉬가 직접 한 말에 의하면, 당시 내쉬는 뼈저린 실망감을 느꼈다고 한다.

> 나는 불운을 맞게 되었다. 그 분야에서 다른 사람들이 어떤 연구를 하고 있는지 충분한 정보가 없었기 때문이다. 우연찮게도 이탈리아 피사의 엔니오 데 지오르지가 나와 똑같은 연구를 하고 있었다. 적어도 "타원 방정식"이라는 흥미로운 문제에 관한 한, 데 지오르지는 (그 문제의) 정상에 등정한 사실상의 첫 인물이 되었다.

내쉬의 견해는 어쩌면 지나치게 주관적인 것인지도 모른다. 수학은 실내 스포츠가 아니다. 첫 번째 인물이 되는 것도 중요하지만, 목적지에 어떻게 도달했느냐도 못지않게 중요하다. 내쉬의 작업은 보편적으로 중요한 돌파구로 인정받고 있다. 그러나 내쉬는 그렇게 보지 않았다. 그해에 쿠랑 연구소에 있었던 예일 대학원생 지안-카를로 로타는 1994년에 이렇게 회상했다. "내쉬는 데 지오르지에 대해 알았을 때 크게 충격을 받았다. 내쉬가 그 일 때문에 파탄에 이르렀다고까지 생각하는 사람도 있었다." 데 지오르지가 그해 여름 쿠랑 연구소에 왔을 때 두 사람이 서로 만났는데, 랙스의 회상에 의하면, "그것은 스탠리와 리빙스턴의 만남과 같았다." (선교사이자 탐험가인 리빙스턴은 1871년 10월 23일 탕가니카 호 동쪽 기슭 우지지에 이르렀을 때 병에 걸렸다. 이때 그를 찾기 위해 파견된 〈뉴욕 헤럴드〉지의 특파원이 스탠리이다. 그는 당시 절박하게 필요했던 식량과 의약품을 전해주었다. 스탠리가 공급해준 물품들 덕택으로 리빙스턴은 계속 탐험과 선교를 할 수 있었다 : 옮긴이주)

내쉬는 까다로운 성격 때문에 고등학문연구소를 떠났다. 7월 초에 분명 그는 양자이론 문제로 오펜하이머와 심각한 논쟁을 벌였다 — 1957년 7월 10일자로 내쉬가 오펜하이머에게 장문의 사과 편지를 보낼 정도로 심각한 논쟁이었다. "먼저, 지난번 양자이론을 토론하며 거친 말을 쓴 것에 대해 사과 드립니다. 그런 공격적인 언사는 합당치 못한 것이었습니다." 자기 태도가 부당했다는 것을 인정하면서도 그는 즉시 그것을 합리화했다. "대부분의 물리학자들은(양자이론을 연구한 일부 수학자들도)…너무나 독단적인 태도를 취하고 있습니다. 일종의 의문을 제기하는 태도, 즉 '감추어진 매개변수 *hidden parameters*'를 믿는 태도를 어리석거나 아주 무식한 소치로" 치부하는 그들의 경향을 그는 비난했던 것이다.

오펜하이머에게 보낸 내쉬의 편지는, 뉴욕을 떠나기 전에 내쉬가 무슨 생각을 하기 시작했는지를 보여준다. 내쉬는 하이젠베르크의 불확정성 원리를 비판한 아인슈타인의 유명한 비판을 수정할 생각을 진지하게 하고 있었다.

  나는 지금 하이젠베르크의 1925년 오리지널 논문을 집중적으로 연구하고 있습니다.…이 논문은 정말 아름답습니다. 나는 "행렬 역학 *matrix mechanics*" 논문들 사이에 현격한 견해 차이가 있음을 알고 놀랐습니다. 내 소견으로는, 명백히 오리지널 논문 쪽이 지지를 받고 있는 것 같습니다."

내쉬는 1996년 마드리드 강연에서 이렇게 말했다. "나는 양자이론 수정 작업에 착수했습니다. 비물리학자이지만 선험적으로 어리석은 일은 아닙니다. 아인슈타인도 하이젠베르크 양자역학의 불확정성을 비판한 바 있으니까요."

내쉬는 그해 고등학문연구소에서 머문 짧은 기간에 주로 물리학자와 수학자들을 만나 양자이론을 논의했다. 그가 특히 누구를 논의 상대로 선택했는지는 분명치 않다. 프리먼 다이슨, 한스 레비 *Hans Lewy*, 에이브러햄 페이스 *Abraham Pais* 등이 최소한 그 한 학기 동안은 연구소에 머물고 있었다. 당시 내쉬가 무슨 생각을 했는지 보여주는 기록은 오펜하이머에게 보낸 사과 편지밖에 없다. 내쉬는 자신의 목표를 분명히 했다. 그는 이렇게 썼다. "내가 볼 때 하이젠베르크 논문 가운데 가장 좋은 점은, 관찰 가능한 정량만을 연구한다는 한계를 설정했다는 것이다. 나는 그와 다르고 좀더 만족스러운, 관찰 불가능한 실체의 밑그림을 발견하고 싶다."

수십 년 후 정신과의사들 앞에서 한 강연에서, 그는 자신의 정신병 발병이 그런 밑그림을 발견하려는 시도 탓이었다고 말했다. 양자이론의 모순을 해결하려는 그의 시도는 1957년 여름에 시작되었는데, 그것은 "모르긴 해도 너무나 방대했고 심리적으로도 불안한" 시도였다.

31 폭탄 공장

· ·

고독한 혁신자가 된다는 것의 문제점은 무엇일까? 그것은 멋진 일이 아닐까? 그러나 고독한 천재도 여느 사람과 마찬가지로 여러 가지 소망을 지니고 있다. 고교시절처럼 과학을 한다면야 그것은 멋진 일일 것이다. 그러나 너무 고립되어 있는데다가 중요한 연구에서 좌절까지 한다면 천재라도 겁먹지 않을 수 없고, 겁을 낼 때 우울증이 촉진될 수 있다.
―폴 하워드, 맥린 병원

위르겐 모저는 1957년 가을 MIT 교수진에 합류했다. 아내 거트루드, 의붓아들 리치와 함께 작은 셋집에서 살았는데, 그 집은 보스턴 서쪽, 웰즐리 대학 인근의 니덤에 있었다. 당시 니덤은 교외라고도 할 수 없는 전원지대였다. 아직 시골이나 다름없어서 산책이나 보트 타기, 별 보기 등을 하는 데는 멋진 곳이었다. 자연을 사랑하는 모저는 그런 모든 것을 좋아했다. 그해 10월과 11월에 모저는 노을이 물들 무렵이면 열한 살짜리 리치를 데리고 뒤꼍의 언덕으로 올라갔다. 그들은 마지막 햇살을 반사하는 자그마한 은빛 점 같은 스푸트니크 호가 보스턴 상공을 천천히 지나가기를 기다렸다. 모저는 인공위성의 궤도를 정확하게 계산했으므로 항상 그것이 언제 지평선 위로 솟아오르는지 잘 알고 있었다.

그는 오후에 내쉬와 나눈 대화를 자주 되새기곤 했다. 내쉬는 종종 차를 몰아 니덤으로 찾아왔다. 두 사람은 기질이 아주 딴판이었지만 서로를 깊이 존경했다. 내쉬의 음함수 정리가 일반화될 수 있고, 천체 역학에도 적용될 수 있을 거라고 생각한 모저는, 내쉬의 생각을 더욱 많이 알고 싶어했다. 반면 내쉬는 비선형 방정식에 대한 모저의 아이디어에 관심이 많았다. 모저의 아들은 1996년에 이렇게 회상했다. "내쉬가 우리 생활의 큰 부분을 차지했던 것으로 기억하고 있습니다. 그 분은 집으로 자주 찾아와 아버지와 얘기를 나누곤 했어요. 두 분은 함께 걸으며 얘기를 나누거나, 서재에서 시간을 보냈습니다. 상상하기 어려울 정도로 밀도 높은 얘기를 했지요. 두 분의 대화를 방해할 수는 없었어요. 방해는 무조건 죄악이었고, 가장 큰 금기 사항이었습니다. 방해하면 격분했지요. 두 분이 만나면 불꽃이 튀었습니다. 나는 늘 입을 다물고 있을 수밖에 없었지요."

늦여름에 케임브리지로 돌아간 내쉬와 앨리샤는 어렵게 아파트를 구했다. 그들은 수입을 합치지 않기로 했기 때문에 집세를 반씩 나누어 냈다. 앨리샤는 테크니컬 오퍼레이션스에서 물리학 연구자로 일했다. 그 회사는 128번 국도변에 우후죽순처럼 생기고 있던 소형 하이테크 회사 가운데 하나였다. 그녀는 슬레이터 $J.~C.~Slater$가 가르친 양자이론 강좌에도 등록했다.

그들은 학자 신혼부부로서의 사회적, 개인적 의식들을 즐겁게 치렀다. 앨리샤는 거의 요리를 하지 않았다. 그녀는 일과 후 캠퍼스에서 내쉬와 만나, 내쉬의 수학 친구 한두 명과 같이 식사를 하곤 했다. 그들은 흔히 강연과 연주회, 혹은 일부 사교 모임에 참석해 저녁 시간을 보냈다. 앨리샤는 늘 그들 주위에 재미있는 사람들이 모여 있도록 애를 썼다―때로는 매틱이나 브리커 같은 내쉬의 대학원 옛 친구들, 때로는 에마 더셰인과 그녀의 데이트 상대와 어울렸는데,

그러다 차츰 그들처럼 젊은 부부들, 즉 모저 부부와 민스키 부부, 하틀리 로저스와 그의 아내 아드리엔, 지안-카를로 로타와 그의 아내 테리 등과 어울렸다.

다른 사람들과 함께 있을 때, 내쉬는 수학자들과 얘기를 했고, 앨리샤는 수학자의 아내들이나 에마와 얘기했다. 하지만 그녀의 관심은 늘 내쉬에게 초점을 맞추고 있었다—그가 무슨 말을 하는지, 그가 어떻게 보이는지, 다른 사람이 그에게 어떻게 반응하는지 늘 관찰했다. 내쉬도 항상 그녀를 의식하고 있는 것 같았다. 그녀를 무시하는 척할 때도 그랬다. 내쉬는 앨리샤에게 특별히 상냥하지도 관대하지도 않았지만, 앨리샤에게는 그것이 중요한 게 아니었다. 남편이 남들에게 얼마나 흥미로운 사람이고 또 얼마나 멋진 일을 해내는지가 더 중요했다.

친구들도 내쉬의 유부남이라는 새로운 신분을 호의적으로 받아들였다. 일부 친구들은 앨리샤를 "야심적이고 의지가 굳은" 여자로 보았고, 더러는 정반대로 보기도 했다. 하틀리 로저스가 1996년에 회상한 말에 따르면, "앨리샤는 존에게 자신을 낮추었다. 그녀는 그와 경쟁하려고 결혼한 것이 아니었다. 전적으로 그를 돕기만 하려고 했다." 그들의 관계가 아주 냉담하다고 생각한 사람들도 있었다. 그러나 내쉬가 결혼하길 잘했고 앨리샤가 그를 잘 내조하고 있다는 인상을 받은 사람들도 많았다. "아무튼 내쉬의 인간관계가 전보다 좋아졌다"고 로저스는 회상했다. 지포라 레빈슨도 동의했다. "존은 어색한 행동을 많이 했어요. 앨리샤는 그가 바르게 처신하도록 도와주었죠." 이 무렵에 찍은 사진을 보면 앨리샤는 광채를 발하고 있다. 긴 세월이 흐른 후 앨리샤가 말하곤 했듯이, 그때는 "인생의 가장 멋진 한때"였다.

내쉬는 전년에 쿠랑 연구소에서 풀었던 문제를 계속 연구했다. 증명에 약간의 허점이 있었고, 과거에 해낸 연구 성과를 상세히 풀어 쓰기 시작한 작업도 아직 초고 상태에 있었다. 한 동료는 1996년에 이렇게 말했다. "그는 작곡가처럼 이미 음악을 듣고는 있었지만, 그것을 악보 위에 정확히 어떻게 옮겨야 하는지는 아직 모르는 것 같았다." 그 작업은 거의 1년이 걸렸고, 집중적인 노력을 기울인 후 마침내 한 저널에 제출할 준비가 되었다―그것을 내쉬의 가장 중요한 업적으로 평가하는 수학자들도 있다.

그 논문을 완성하기 위해 내쉬는 다른 수학자들의 적극적인 도움을 받았다, 혹은 받아야 했다. 그 학기에 MIT를 방문한 웁살라 대학의 젊은 교수 레나트 칼슨 *Lennart Carleson*은 이렇게 말했다. "그것은 핵폭탄을 만드는 일과도 같았습니다. 그것은 비선형 이론의 시초였는데, 대단히 어려운 것이었습니다." 내쉬는 여러 연구실 문을 노크했고, 질문을 해댔고, 자신의 생각을 털어놓으며 아이디어들을 낚시질했고, 날이 저물면 내쉬의 문제에 관심이 있는 케임브리지 주위의 수학자 10여 명이 자기 연구를 접어두고 내쉬의 퍼즐 조각들을 집어들고 같이 고민해주었다. 내쉬를 도와 엔트로피와 관련된 작은 정리 하나를 깔끔하게 마무리해준 칼슨은 이렇게 말했다. "그것은 일종의 공장이었습니다. 그는 자기가 추구하고 있는 거대한 구도에 대해서는 말해주려고 하지 않았습니다. 자기 세계에만 몰입하는 수학자들이 내쉬 문제에 팔을 걷어붙이고 나선 모습을 지켜보는 것은 여간 즐거운 일이 아니었습니다."

내쉬는 모저와 칼슨 외에도, 당시 MIT의 강사(현재 프린스턴 수학과 교수)인 엘리 스타인 *Eli Stein*의 도움도 청했다. 스타인은 이렇게 회상했다. "그는 내가 하는 연구에는 관심도 없었어요. '이봐, 자네

해석학자지. 그렇다면 이런 문제에 관심을 가져야 해' 하고 그는 말했지요."

내쉬의 정열적인 태도와 샘솟는 아이디어에 매료되었던 스타인은 이렇게 말했다. "우리는 한데 모여서 멋진 경기와 훌륭한 선수에 대해 수다를 떠는 양키스 열성팬 같았습니다. 그것은 흐뭇한 일이었지요. 내쉬는 자기가 원하는 것이 무엇인지 정확하게 알고 있었습니다. 어떠한 것들이 옳을 수밖에 없다는 것을 그는 대단한 직관으로 꿰뚫어 보았습니다. 그는 내 사무실로 찾아와 말하곤 했지요. '이 부등식은 틀림없이 옳아.' 그의 논증들은 그럴듯했지만 각각의 보조정리에 대한 증명은 잘 몰랐습니다. 보조정리는 본증명을 구축하는 벽돌 같은 것이지요."

스타인은 1995년에 이렇게 말하기도 했다. "개연성에 기초한 논증은 받아들일 수 없는 거지요. 일련의 개연적 명제를 기초로 한 구축물은 멀리 가지 못하고 붕괴하기 십상입니다. 그러나 내쉬는 그게 붕괴하지 않으리라는 것을 통찰하고 있었습니다. 실제로 붕괴하지 않았죠."

내쉬의 30번째 해는 그처럼 아주 밝아 보였다. 그는 이미 중요한 연구에서 성공을 거두었고, 예전과 달리 칭송을 받았으며, 명사 대접을 받았다. 〈포춘〉지는 바야흐로 내쉬를 "새 수학" 분야에 떠오른 가장 밝고 젊은 스타로 대서특필하게 되었다. 그는 아름답고 사랑스러운 아내와 함께 케임브리지로 돌아갔다. 그러나 때로 그의 행운은 오히려 그의 야망과 성취 사이의 괴리감만 부각하는 것 같았다. 말하자면 그는 전보다 더 불만스러웠고, 더 좌절을 느끼는 편이었다. 그는 전부터 하버드나 프린스턴의 교수가 되고 싶었는데, 여태 MIT

의 정교수도 되지 못했고, 그나마도 종신직이 아니었다. 쿠랑 연구소에서 임용 제안을 한데다가 최근 연구 업적도 있으니, 그해 겨울에는 MIT 수학과에서 정교수직은 물론 종신직 제의까지 할 것이라고 그는 기대했다. 박사학위를 받은 지 5년 만에 그 두 가지를 얻는다는 것은 이례적인 것이긴 했지만, 내쉬는 그 정도 대우는 받아 마땅하다고 생각했다. 그러나 마틴은 그렇게 빨리 승진시켜주기 어렵겠다는 것을 분명히 밝혔다. 조교수 임용 때 그랬던 것처럼 정교수 임용에는 논란이 많을 거라고 마틴은 말했다. 수학과의 많은 교수들은 내쉬의 강의가 신통치 않고 동료로서도 문제가 많다고 생각했다. 마틴은 일단 내쉬의 포물선 방정식에 관한 최종 논문이 발표되면 내쉬에게 훨씬 더 유리해질 거라고 생각했다. 그러나 내쉬는 화가 났다.

내쉬는 데 지오르지에게 일격을 당했던 일을 거듭 곱씹었다. 그러나 그가 진짜 타격을 받은 것은, 그의 기념비적인 발견 공로를 데 지오르지와 나눠가져야 한다는 것이 아니라, 공동 창안자가 갑자기 나타나는 바람에 그가 그토록 원했던 필즈 메달을 빼앗기고 말았다는 것이라고 할 수 있다.

약 40년 후 노벨상을 수상한 내쉬는 자전적 에세이에서, 당시의 절망을 그의 전형적인 생략어법으로 이렇게 기술했다.

> 데 지오르지든 내쉬든 둘 중 하나가 이 문제(홀더 연속성의 선험적 추산) 공략에 실패했다면, 홀로 그 정상에 올라선 자가 필즈 메달(전통적으로 40세 이하의 수학자에게 수여된 상)을 받았으리라는 것도 생각해봄직한 일이다.

이번 필즈 메달은 1958년 8월에 수여될 예정이었는데, 심사가 진행된 지 이미 오래되었다는 것을 모두가 알고 있었다.

내쉬가 얼마나 낙담했는지를 이해하기 위해서는, 필즈 메달이 수학 분야의 노벨상이라는 것을 알아야 한다. 즉, 동료 수학자들에게 최고라고 인정을 받는 트로피 중의 트로피인 것이다. 노벨 수학상은 없다. 물리학이나 경제학 등과 같은 노벨상 분야에 아무리 결정적인 역할을 한 수학적 발견을 했다고 해도 그런 발견만으로는 노벨상을 수상할 자격이 없다. 사실 필즈 메달은 노벨상보다 더 귀한 것이다. 1950년대와 1960년대 초에는 그 상이 4년마다 한 번에 보통 두 명의 수학자에게만 수여되었다. 이와는 달리 노벨상은 해마다 수여되었고, 세 명이 상을 나눠 갖기도 했다. 전통적으로 필즈 메달 수상자의 연령을 40세 이하로 제한하고 있는 것은, "젊은 수학자들을 독려"하고 "장래의 연구"를 진작시키겠다는 목적을 명문화하고 있기 때문이다. 덧붙여 말하자면, 필즈 메달은 노벨상과 달리 상금이 수백 달러에 불과하기 때문에 그 인센티브라는 건 보잘것없다. 하지만 필즈 메달은 중견 수학자로서 일류 대학 교수직과 막대한 연구기금, 최고의 연봉을 즉각적으로 보장받는 보증서와도 같은 것이어서, 이 상을 받지 못하는 것은 일견 커다란 불이익으로 비칠 수도 있다.

이 상은 국제수학연맹 International Mathematical Union이 시상하는데, 이 연맹은 4년에 한 번씩 열리는 국제수학자회의 International Congress of Mathematicians를 주관하는 기구이다. 최근 이 기구의 회장이 말했듯, 필즈 메달 수상자 선정은 "더없이 중요한 과업이며 더없이 무거운 책임이 따르는 일"이다. 노벨상 심사와 마찬가지로 필즈 메달 수상자 선정 과정은 엄격히 비밀에 부쳐진다.

1958년 필즈 메달 수상자를 선정하기 위한 7인 심사위원회는 취리히 출신의 기하학자 하인츠 호프가 위원장을 맡았다. 말쑥하고 온화하며 시가를 즐겨 피우는 호프는 내쉬의 매장 정리에 많은 관심을 갖고 있었다. 또 다른 저명한 심사위원으로는 독일 수학자 쿠르트 프리드리히스 Kurt Friedrichs가 있었다. 그는 전에 괴팅겐 대학 교수였고 당시 쿠랑 연구소에 몸담고 있었다. 심사는 1955년 후반에 시작되어 1958년 초에 끝났다. (수상자는 1958년 5월에 비밀리에 통보를 받았고, 8월의 에딘버러 회의 때 수상했다.)

모든 상의 심사에는 우연이라는 요소가 개입하는데, 가장 큰 우연은 위원회의 구성이다. 소위원회에 참여한 한 수학자의 말에 따르면, "사람들은 만능박사가 아니다. 그들은 흥정을 하게 된다." 나중에 호프가 시상식 연설에서 밝혔듯이, 1958년에는 총 36명의 후보가 있었다. 실제로 각축을 벌인 후보는 대여섯 명이었다. 그해의 심사는 이례적으로 의견이 분분했는데, 투표 결과 4 대 3으로 위상수학자 르네 톰 René Thom과 정수론자 클라우스 로스 Klaus F. Roth에게 상이 돌아갔다. 심사 과정을 가까이 지켜본 한 사람은 최근 "그때 많은 정치적 흥정이 작용했다"고 말했다. 로스는 확실한 수상 후보였다. 그는 심사위원 가운데 가장 원로인 칼 루트비히 지겔 Carl Ludwig Siegel이 청년시절부터 연구해왔던 정수론의 기본 문제를 해결한 수학자였다. 여러 심사위원들에게 뒷얘기를 들은 모저의 말에 따르면, "문제는 르네 톰이냐, 존 내쉬냐였다." "프리드리히스는 열렬히 내쉬를 지지했지만 성공하지 못했다"고 피터 랙스는 회고했다─랙스는 프리드리히스의 제자여서 뒷얘기를 들을 수 있었다. "프리드리히스는 화가 났습니다. 돌이켜 보면 내 생각으로는, 세 명 공동 수상이라도 주장해야 했습니다."

내쉬가 최종 결선에 올라가지 못할 가능성도 있었다. 편미분 방정식에 대한 그의 연구를 프리드리히스는 잘 알고 있었지만, 아직 논문이 발표되지 않았고, 적절한 검토를 받은 적도 없었다. 심사를 가까이 지켜본 한 인사는 내쉬가 아웃사이더였기 때문에 "피해를 자초한 것인지도 모른다"고 말했다. 위르겐 모저의 말에 따르면, "내쉬는 세상 물정을 잘 모르는 사람이었다. 그는 세상 물정에 아랑곳하지 않았다. 비전공 분야에 뛰어들어 혼자 연구하는 것을 두려워하지도 않았다. 그런 태도는 남들 눈에 그리 좋게 보이지 않는다." 게다가 그 시점에서 아주 다급하게 그의 업적을 인정해줘야 할 필요성도 없었다. 그는 겨우 스물아홉 살이었던 것이다.

물론 1958년이 내쉬에게는 마지막 기회일 거라는 점을 누가 알 수 있었겠는가. 모저는 최근 이렇게 회상했다. "1962년에는 내쉬가 필즈 메달을 받는다는 것이 불가능해졌습니다. 더 이상 그를 염두에 둔 사람조차 없었을 거라고 나는 확신합니다."

내쉬는 그런 상이 안겨주는 영예를 얼마나 고대했던지, 보셔상이라도 받기 위해 갖은 노력을 다했다. 이 상은 필즈 메달의 권위에 비견될 수 없는 상이었는데도 그랬다. 미국수학회에서 주관하는 보셔상은 5년마다 수여된다. 이 상은 1959년 2월에 수여될 예정이었으니, 1958년 후반부터는 심사에 들어갈 것이 분명했다.

내쉬는 1958년 봄에 스웨덴 수학 저널인 〈악타 마테마티카 *Acta Mathematica*〉에 논문을 제출했다. 그것은 자연스러운 선택이었다. 그 저널의 편집자 칼슨은 그 논문이 아주 중요하다는 것을 확신하고 있었기 때문이다. 내쉬는 칼슨에게 그 논문을 가능한 한 빨리 발표하고 싶다면서, 최대한 빨리 논문을 검토해줄 수 있는 사람을 써달라고 부탁했다. 칼슨은 논문을 회르만더에게 넘겨 심사를 부탁했다. 회르만더는 두 달에 걸쳐 논문을 검토한 후, 모든 정리가 완벽하다면서 칼슨에게 빨리 출판하라고 독촉했다. 아무튼 출판된다는 것은 일찌감치 결정된 사실이었지만, 칼슨이 그것을 공식 통보하자마자, 내쉬는 논문 제출을 취소해버렸다.

그 논문이 〈미국 수학 저널〉 가을호에 발표되자, 회르만더는 내쉬가 처음부터 논문을 그 저널에 발표할 속셈이었다고 결론지었다. 보셔상이 미국 저널에 발표된 논문만 대상으로 삼았기 때문이다. 어쩌면 같은 논문을 두 저널에 동시에 제출했을 수도 있다. 그렇다면 그것은 명백한 직업 윤리 위반이었다. "내쉬가 〈악타〉로부터 논문이 최종 접수되었다는 통보를 서둘러 받으려고 했던 것은, 〈미국 수학 저널〉에 출판을 독촉하기 위해서였던 것으로 판명되었다"며, 회르만더는 그 행위가 "아주 온당치 못하고 들도 보도 못한 일"이라며 격분했다.

그러나 내쉬는 〈악타〉에 논문을 발표하면 보셔상 심사에서 제외된다는 사실을 몰랐다가 뒤늦게 그걸 알고, 보셔상을 받겠다는 일념으로 칼슨과 회르만더를 적으로 삼는 모험을 무릅쓴 것인지도 모른다. 그렇다면 〈악타〉를 파렴치하게 이용한 것은 아닌 셈이다. 〈악타〉에 논문을 제출해서 심사를 다 받고 난 후 논문 제출을 철회한 것은 직업 윤리를 어긴 것이긴 하지만, 회르만더가 제시한 시나리오처럼 그렇게 악의적이지는 않았을 것이다. 어쨌거나 이 사례는 내쉬에게 상을 받는다는 것이 얼마나 큰 의미를 지닌 것이었는지를 잘 보여준다.

비밀

1958년 여름

문득 나는 모든 것을 알고 있다는 생각이 들었다.
모든 것이 내게 계시되었고, 이 세계 저 웅숭깊은 세월의
모든 비밀이 나의 것이었다.
―제라르 드 네르발

1958년 6월, 내쉬는 서른 살이 되었다. 대부분 사람들에게 서른 살은 청년과 성년의 분기점을 이룬다. 그러나 수학자들은 자신들의 천직을 청년 게임으로 간주하기 때문에, 서른 살은 누구에게보다도 더 우울한 느낌으로 다가온다. 후일 인생의 이 시기를 돌아보며 내쉬는 불안이 급습했다는 표현을 썼다. 창조적 생애의 가장 좋은 시절이 끝났다는 "어떤 공포"를 느꼈다는 것이다.

여느 인간들보다 훨씬 더 정신 속에서 사는 수학자들이 육체의 덫을 더욱 심각하게 느껴야 한다는 것은 참으로 아이러니가 아닐 수 없다. 야심에 찬 젊은 수학자가 달력을 바라볼 때, 그는 어떤 모델이나 배우 혹은 운동선수와 다름없는, 혹은 더 심한 공포감과 불길한 예감에 휩싸인다. 영국의 수학자 하디는 〈수학자의 변명 *The Mathematician's Apology*〉에서 잃어버린 청춘의 온갖 한탄의 척도가 됨직한 말을 했다. 일급의 수학 논문치고 쉰 살이 넘은 수학자가 쓴 것은 단 한 편도 본 적이 없다고 그는 썼다. 그러나 나이에 대한 불

안이 가장 강렬한 것은 30세에 육박했을 때라고 수학자들은 말한다. 한 천재는 이렇게 말했다. "사람들은 서른 살 무렵이 되면 결과가 어떻든 간에 하는 일에 최선을 다할 거라고 말한다. 나는 서른 살 무렵을 정점으로 보고 싶다. 나이가 더 들면 서른 살 때와는 같지 않을 것이라고 말하는 건 아니다. 서른 살 때와 필적할 수 있다고 생각하고 싶다. 그러나 더 잘 할 수 있다고는 생각지 않는다. 그게 솔직한 내 느낌이다." "26세 무렵이면 근본적인 수학 능력이 쇠퇴하기 시작한다"고 폰 노이만은 말하곤 했다. 그후에 수학자가 의지해야 할 것은 "훨씬 더 산문적인 약삭빠름 prosaic shrewdness"이다.

아이러니는 거기서 그치지 않는다. 바깥에서 보면 새로운 수학 창조 행위가 아주 고독하게 혼자 하는 행위 같지만, 안에서는 그것이 치열한 각축을 벌이는 경주로 느껴진다. 수학자는 자기 분야에 수많은 연구자가 북적거리고 있다는 것을 결코 잊지 못한다. 하디는 또 자신을 포함한 많은 수학자들에게 동기를 유발하는 것이 무엇인지를 단적으로 표현했다. 그는 수학자 이외의 다른 어떤 존재가 되고 싶다는 생각을 해본 적이 없지만, 소년시절 수학에 어떤 열정을 느낀 적도 없다고 썼다. "나는 다른 아이들을 물리치고 싶었고, 가장 확실하게 물리칠 수 있는 길이 바로 수학인 것 같았다." 여느 사람보다 더 야망이 컸던 내쉬는 여느 사람보다 더 나이를 의식했다— 혹은 그저 여느 사람보다 더 솔직했을 뿐인지도 모른다. 펠릭스 브로더는 1995년에 이렇게 회상했다. "존은 내가 만난 사람 가운데 가장 나이를 많이 의식하는 사람이었습니다. 그는 매주 내 나이를 들먹였습니다. 자기 나이나 다른 모든 사람의 나이와 비교하면서 말이죠." 내쉬가 한국전쟁중에 징병을 피하려고 했던 것은, 숨막히는 군대 생활을 피하고 싶었던 것만이 아니라, 수학 경주를 할 시간을 빼

앉기는 것이 싫어서이기도 했다.

가장 성공적인 사람일수록 가장 시간에 쫓기는 사람일 수 있다. 세월이 너무 빨리 흘러간다는 공포는, 좀 과장된 것일 수 있지만 아주 쉽게 위기감을 낳을 수 있다. 수학사에는 그런 사례가 많은데, 이를테면 에밀 아틴은 이 분야 저 분야를 미친 듯이 전전하며 자신의 초기 업적에 필적할 만한 뭔가를 포착하려고 애를 썼다. 스틴로드는 깊은 우울증에 빠졌다. 제자 한 명이 "스틴로드의 기약 거듭제곱 *Steenrod's Reduced Powers*"에 관한 노트를 출간했을 때, 다른 수학자들은 능글맞게 웃으며 말했다. "아, 그래, 스틴로드는 힘이 빠졌지 *Steenrod's reduced powers*!"

내쉬의 30회 생일은 일종의 인지적 불협화음 *cognitive dissonance*을 낳았다. 내쉬의 머리 속에 낄낄거리는 논평자가 하나 들어 있었다고 할 수도 있다. "아니, 벌써 서른이라고? 그런데 아직 상도 못 받았어? 하버드에서는 아무 제안도 없고? 종신직 교수도 못 얻었다고? 그러고도 네가 위대한 수학자라고 할 수 있어? 뭐, 천재? 하하핫!"

내쉬의 심리는 묘했다. 고뇌 어린 자신감 상실이나 불만의 시기와 무모한 기대의 시기가 번갈아 가며 찾아들었다. 내쉬는 어떤 계시가 임박했다는 분명한 느낌을 받았다. 그것은 엄청난 기대감이었다. 또 한편으로는, 그가 표현한 대로 "상대적으로 평범하고 빤한 논문이나 발표하는 수준으로 떨어지는 것"에 대한 두려움도 기대감 못지않았다. 그런 두려움과 기대감에 자극을 받은 그는 두 가지 중요한 문제의 연구에 착수했다.

1958년 봄 언젠가 내쉬는 엘리 스타인에게 리만 가설을 풀 수 있는 "아이디어에 대한 아이디어"가 떠올랐다고 털어놓았다. 그해 여름 그는 정수론 분야의 석학인 앨버트 인검 *Albert E. Ingham*, 에이틀 셀버그 *Atle Selberg* 등에게 편지를 보내 자신의 아이디어를 설명하고 자문을 구했다. 그는 밤마다 2호 건물의 자기 사무실에 남아 몇 시간씩 연구를 했다.

어떤 천재가 그런 발표를 한다고 해도 합리적인 사람들이라면 회의적일 수밖에 없다. 리만 가설은 순수 수학의 성배이다. 벨은 1939년에 이렇게 썼다. "이것을 입증하거나 반증하는 자는 영광에 휩싸일 것이다. 리만 가설을 증명하거나 반증하려고 나선다는 것은 아마도 수학자에게, 페르마의 마지막 정리를 증명하거나 반증하려는 것보다 훨씬 더 구미를 당기는 것이다."

고등학문연구소의 엔리코 봄비에리는 이렇게 말했다. "리만 가설은 그저 하나의 문제인 것이 아니다. '바로 그' 문제인 것이다. 그것은 순수 수학에서 가장 중요한 문제이다. 그 문제는 우리가 파악할 수 없는 극히 심오하고 근본적인 어떤 것을 가리킨다."

자기 자신과 1로만 나누어지는 모든 자연수, 소위 소수라는 것은 2천 년 이상 수학자들의 마음을 사로잡아왔다. 그리스의 수학자 유클리드는 무한히 많은 소수가 있다는 것을 증명했다. 18세기의 위대한 유럽 수학자들—오일러 *Leonhard Euler*, 르장드르 *Adrien Marie Legendre*, 가우스 등—은 자연수 n이 주어졌을 때, 그 n보다 작은 소수가 얼마나 있는지를 알아내기 위한 탐색을 시작했고, 지금도 진행중이다. 그리고 1859년 이래, 수많은 수학 천재들—하디, 노먼 레빈슨, 에이틀 셀버그, 폴 코언, 엔리코 봄비에리 등—이 리만 가설을 증명하려고 했지만 성공하지 못했다. 어느 날 수학자 조지 폴리아 *George Polya*에게 젊은 제자가 찾아와 리만 가설에 대한 연구를 하고 있다고 털어놓은 적이 있었다. 그 제자는 "날마다 아침에 눈을 뜨자마자 리만 가설을 생각한다"고 말했다. 이튿날 폴리아는, 그 문제를 풀었다고 생각한 괴팅겐의 어느 수학자가 제시한 잘못된 증명 사본을 제자에게 건네주며, 이런 쪽지를 얹어주었다. "마테호른 정상에 오르고 싶으면 먼저 체어마트로 가보는 게 좋을 것이다. 그곳에는 마테호른에 오르려다 죽은 사람들이 묻혀 있다."(마테호른은 알프스 산맥에서 잘 알려진 험한 산들 가운데 하나다. 여름철에 종종 사람들이 이 산을 오르는데, 대부분 체어마트 마을에서 출발했기 때문에 이 마을 이름에서 산 이름이 비롯되었다:옮긴이주)

제1차 세계대전 전에, 한 독일 은행가는 리만 가설을 증명하거나 반증하는 사람에게 줄 상금을 괴팅겐 대학에 맡겨놓았다. 그 상은 아무도 받아가지 못했고, 1920년대의 인플레 때문에 자취도 없이 사라지고 말았다.

내쉬가 게오르크 프리드리히 베른하르트 리만과 그의 유명한 가설을 처음 접한 것은 열네 살 때였다. 블루필드 고향집, 아마도 라디오가 놓인 작은 두레방 바닥에 엎드려, 벨의 〈수학의 사람들〉을 읽으면서였을 것이다.

리만은 가난한 루터교 목사의 병약한 아들로 태어나, 열네 살 때 아버지의 뒤를 이어 목사가 될 준비를 했다. 그러나 리만이 성직자보다 수학자가 되는 것이 더 어울린다는 것을 알아본 자상한 교장이 그에게 르장드르의 〈정수론 *Théorie des Nombres*〉을 읽어보라고 빌려주었다. 벨의 책에 의하면, 어린 리만은 6일 만에 859쪽짜리 책을 다 읽고 돌려주면서 이렇게 말했다고 한다. "분명 아주 놀라운 책이에요. 저는 그 책을 정복했어요." 이 일화는 1840년의 일인데, 그때부터 평생 동안 리만은 소수의 수수께끼에 매달리게 되었다. 벨의 추측에 의하면, 리만 가설은 르장드르의 정수론을 개선하기 위한 후기 노력의 산물일 거라고 한다.

1859년 33세였던 리만은 8쪽짜리 논문 "주어진 크기 이하의 소수 개수에 관하여 *Ueber die Anzahl der primzahlen unter einer gegebenen Groesse*"를 썼는데, 이 논문에서 그는 "순수 수학에의 걸출한 도전은 아니라 해도, 걸출한 도전 가운데 하나인 것만은 분명한 문제"인 그 유명한 가설을 내놓았다.

벨은 그 가설을 이렇게 설명했다.

> 이 문제는 주어진 정수 n 이하에 얼마나 많은 소수가 있는가를 알아내는 공식과 관련된다. 이것을 해결하기 위해 리만은 무한급수
>
> $1 + \frac{1}{2^s} + \frac{1}{3^s} + \frac{1}{4^s} + \cdots\cdots$ (원문에는 $1 + \frac{1}{2S} + \frac{1}{3S} + \frac{1}{4S} + \cdots\cdots$ 와 같이
>
> 되어 있으나 이것은 잘못이다 : 옮긴이주)를 연구하게 되었다. 이때 복소수 s = u + iv (u와 v는 실수, i = $\sqrt{-1}$) 는 위의 급수가 수렴하도록 선택된 것이다. 이때, 이 무한급수가 s의 제타 함수, 즉 $\zeta(s)$이다(그리스어 제타 ζ는 항상 이 함수를 표시하기 위해 사용되며, 이것은 "리만 제타 함수 *Riemann's zeta function*"라고 부른다). 그리고 s의 값이 변하면, $\zeta(s)$의 값도 계속 달라진다. s의 값이 무엇일 때 $\zeta(s)$는 0이 되는가? u가 0과 1 사이에 있는 경우, $\zeta(s)$가 0이 되는 s의 '모든' 값은 1/2 + iv의 형태를 취한다고 리만은 추측했다.

39세에 폐결핵으로 죽은 리만은 4차원 추상기하학을 비롯한 많은 유산을 남겨놓았다. 특히 4차원 기하학은 나중에 아인슈타인이 일반상대성이론을 구축할 때 사용한 것이다. 지리학자들이 사실적인

지구의 지도를 작성하기 위해 2차원 평면 기하학에서 3차원 입체 기하학으로 옮겨가야 했듯이, 아인슈타인은 우주의 지도를 그리기 위해 3차원 기하학에서 4차원 기하학으로 옮겨갔다. 그러나 리만이 널리 기억되고 있는 것은 무엇보다도 그의 까다로운 가설 때문이다. 이 가설을 증명하거나 반증한다면 정수론과 해석학 분야의 극히 까다로운 많은 문제를 풀 수 있게 된다. 벨이 썼듯이, "전문가들은 리만 가설이 옳다는 쪽을 선호한다."

내쉬가 리만 가설을 얼마나 오랫동안 숙고했는지는 말하기 어렵다. 아마도 뉴욕에 머물던 그해 말쯤 이 가설에 대해 뚜렷한 관심을 갖게 된 것 같다. 잭 쉬워츠는 쿠랑 두레방에서 그 문제에 대해 내쉬와 대화를 나누었다고 회상했다. 1957~1958년에 MIT 대학원 2년차였던 제롬 뉴워스는 당시 내쉬가 그 문제에 전매특허를 낸 것 같은 태도를 보였다고 기억했다. 뉴먼은 아마도 내쉬를 골려주기 위해, 뉴워스도 리만 가설을 연구하고 있다는 말을 흘린 것 같다고 뉴워스는 회상했다. 내쉬는 뉴워스의 사무실로 들이닥치더니 이렇게 말했다. "자네가 감히! 자네 같은 사람이 감히 뭘 한다고?" 이 말은 곧 MIT 수학과에 널리 퍼진 농담이 되었다. 내쉬는 뉴워스를 만날 때마다 묻곤 했다. "그래, 진전이 좀 있었나?" 그러면 뉴워스는 대답하곤 했다. "거의 다 됐어요. 얘기하고 싶지만, 지금은 바빠서 이만."

스타인의 회상에 따르면, 내쉬의 아이디어는 "그 가설을 논리로, 즉 그 체계의 내적 일관성으로 증명하겠다는 것이었다. 어떤 증명은 유추법 *analogies*, 즉 무엇인가를 간접적으로 증명하는 논리 규칙을 기초로 한다. 두 문제의 구조가 어떤 의미에서 서로 같다는 것을 보여줄 수 있다면, 한 문제의 증명 논리가 다른 문제에도 적용될 수 있는 것이다. 이것이 논리에 의한 증명인데, 이것은 실제 문맥과는 무관하다. 즉, 하나의 대상이 다른 대상과 관계가 있다는 것은 증명해 주지는 않는다."

스타인은 내쉬의 구상에 회의적이었다. "그는 내게 아주 간략하게 말해주었습니다. 그건 리만 가설을 어떻게 증명할 것인가의 아이디어에 대한 아이디어였습니다. 즉 그는 또 다른 정수 체계를 발견하려고 했는데, 그 체계 내에서는 리만 가설이 옳다는 것입니다. 나는 생각했죠. '얼토당토 않는 소리야. 그건 앞뒤가 맞지 않아.' 내가 보기에 그건 터무니없는 소리였습니다. 일찍이 그와 함께 포물선 방정식을 얘기할 때와는 달랐어요. 그때는 그게 무모하긴 해도 어쩌면 옳을지도 모른다는 생각이라도 들었죠."

브란데이스 대학의 수학과 교수 리처드 팔레 *Richard Palais*는 내쉬의 구상을 좀더 구체적으로 회상했다. "내쉬는 소위 유사소수 수열 *pseudoprime sequences*, 즉 오름차순의 정수 수열 $P_1, P_2, P_3, \cdots\cdots$을 구상했어요. 그러니까 소수 수열 2, 3, 5, 7, ……과 같은 분포 특성을 다수 지니고 있는 수열 말입니다. 이런 것들에 대해서는 자연스럽게 하나의 '제타 함수'를 결부시킬 수 있습니다. 진짜 소수로만 이루어진 수열의 경우에는 이 함수는 리만 제타 함수가 되는 거지요. 내 기억에 따르면, 내쉬는 그 유사소수 수열의 '거의 모든 것'에 대하여 그 대응하는 제타 함수는 리만 가설을 만족시킨다는 것을 증명할 수 있다고 주장했습니다."

벨은 이미 1930년대에 이렇게 경고했다. "리만 가설은 초보적인 방법으로 공략될 수 있는 종류의 문제가 아니다. 이미 이 가설에 대해서는 수많은 난해한 논문이 나왔다." 내쉬가 이 문제를 진지하게 숙고하기 시작했을 무렵에는 그 논문이 전보다 예닐곱 배는 더 많아졌다. 인검과 셀버그는 물론 다른 정수론 학자들도 내쉬에게, 그의 아이디어가 전에도 시도된 적이 있지만 소득이 없었다고 일러주었다. 이 무렵 내쉬와 만났던 유제니오 캘러비는 이렇게 말했다. "그것은 도서관 사냥개가 아닌 사람이 뛰어들기엔 너무 위험한 영역입니다. 섬광 같은 아이디어가 떠올라 시나리오가 펼쳐지며 어떤 결과를 얻었다고 생각하는 경우도 없지 않지요. 그 첫 섬광 속에서 일종의 계시를 받았다고 생각하는 것 말입니다. 그러나 그것은 너무나 위험한 것입니다."

내쉬가 이미 보여주었듯이, 순수 수학과 이론 물리학의 미해결 문제에 그가 도전한다는 것은 터무니없는 일이 아니었다. 일찍이 내쉬가 난제에 도전했을 때 전문가들은 회의적인 반응을 보였는데, 돌이켜 보면 그런 반응은 분명 과장된 것이었다. 그러니 이번에 보인 반응도 그저 과거의 재현일 뿐일까? 그러한 난제를 누군가 풀기는 푼다면, 그것은 분명 젊은 수학자일 것이다. 자만심과 독창성과 원초적인 정신력과 불굴의 끈기를 지니고 문제를 공략해야 하기 때문인데, 내쉬도 뛰어난 업적을 이루었을 때 바로 그러한 속성을 발휘했다.

그러나 이번에는 난제를 풀겠다고 결심한 타이밍이 좋지 않았다. 그는 서른 살에 접어들었고, 후일 그의 "무자비한 초자아"를 불러내게 되는 온갖 상처를 핥고 있었다. 그런 시점에서 이례적인 위험을 무릅쓰겠다는 결심을 했을 때, 그 이면에는 실패에 대한 공포가 도사리고 있을 수밖에 없었다. 스타인이 내쉬와 함께 리만 가설에 대한 대화를 나눌 때 받은 인상은 꽤 흥미롭다. "그는 좀… 엉성한 면을 보였어요. 행동도 과장스러워 보였죠. 말하는 방식도 아주 과시적이었구요. 수학자들은 대개 자기가 옳다고 주장하려는 것에 대해 아주 조심스러운 편이지요." 물론 자만심은 그렇게 이례적인 것도 아니다. 1962년에 필즈 메달을 수상한 회르만더는 이렇게 말했다. "연구한 모든 것이 다 열매를 맺는 것은 아닙니다. 그것은 인생의 한 단면이지요. 수학자는 자신의 능력을 과대 평가합니다. 커다란 문제를 하나 풀고 나면 웬만한 것은 눈에 차지도 않지요. 그건 아주 위험한 겁니다." 후일, 내쉬는 리만 가설을 풀려고 했다는 것을 까맣게 잊어버렸다. 그것은 전기충격요법의 후유증 때문일 가능성이 높다. 그러나 사실상, 더없이 어렵고 더없이 위험한 정상을 정복하겠다는 충동적인 결심이 결국 그의 파탄을 재촉했던 것으로 나타났다.

특별히 중요한 그 시점에, 자신의 우월성을 입증해야 한다는 압박감이 내쉬에게 가중되고 있었다는 다른 증거들도 있다. 모험을 택하는 새로운 취향을 가졌을 뿐만 아니라, 그는 언제나 돈 문제에 집착해왔다―아무리 작은 액수라도 그랬다. 그는 새뮤얼슨과 솔로, 그리고 MIT 경제학과의 다른 많은 젊은이들을 친구로 삼았는데, 1996년 새뮤얼슨의 회상에 따르면, 내쉬는 어느 날 잔고증명 수수료를 전혀 받지 않는 은행을 알아냈다는 말을 한 적이 있다. "그 은행에서 우표가 붙은 은행 봉투는 안 주던가?" 새뮤얼슨이 물었다. 그것이 농담이라는 것을 이해하지 못한 내쉬는 즉각 이렇게 대답했다. "안 줬어. 어느 은행에서 그런 봉투를 주는데?" '이건 거의 병적이군' 하고 새뮤얼슨은 속으로 생각했다. 노먼 레빈슨도 새뮤얼슨에게 내쉬의 자린고비 같은 성격에 대해 불평한 적이 있는데, "좀 구두쇠처럼 굴지 말라"고 내쉬에게 말한 적도 있었다. 또 레빈슨은 이렇게 말했다. "차라리 정리 하나를 더 만들게. 그게 돈이 더 될 거야."(모든 사람이 내쉬를 이상하게 생각한 것은 아니었다. 마틴을 비롯한 몇몇 수학자는 내쉬의 조언에 따라, 버지니아 주 로키 마운트의 국립 국민은행으로 예금계좌를 옮겼는데, 실제로 이 은행은 잔고증명 수수료를 받지 않았다!)

그해 여름, 돈에 대한 내쉬의 다소 충동적인 태도는 주식과 채권 시장에 대한 강박관념으로 발전했다. 솔로는 이렇게 회상했다. "그는 시장에 어떤 비밀—음모가 아닌 어떤 수학적 정리 같은 것—이 있다고 생각하는 것 같았습니다. 그것만 알아내면 시장을 장악할 수 있는 어떤 비밀 말입니다. 그는 신문 경제란을 보며 묻곤 했어요. '왜 이런 일이 일어나지?' '저런 일은 왜 일어나는 거지?' 주가가 올라가고 내려가는 데에는 반드시 합리적인 이유가 있어야 하는 것처럼 말했지요." 수학과 학과장인 마틴도 이렇게 회상했다. "내쉬는 즐겨 주식시장에 대한 잡담을 했어요. 그는 누구라도 돈을 벌 수 있다는 아이디어를 가지고 있었지요." 내쉬는 주식 현물거래는 물론이고 채권 차익거래로도 돈을 벌 수 있는 몇 가지 아이디어를 가지고 있었다. 솔로는 내쉬가 어머니의 돈을 굴리고 있다는 것을 알고 깜짝 놀랐다. "나는 소름이 끼쳤다"고 솔로는 회상했다. 또 새뮤얼슨은 이렇게 말했다. "그건 좀 묘한 것입니다. 망상이죠. 조수 간만의 차이를 통제할 수 있다고 주장하는 것과 같아요. 자연을 이길 수 있다는 생각 말입니다. 수학자들이 그런 생각을 하는 것은 아주 드문 일만은 아닙니다. 그건 단순히 돈에 관한 문제가 아니죠. 세상과의 대결인 겁니다. 많은 주식 투자자들이 처음에는 그렇게 시작하지요. 자신의 우월성을 입증하겠다는 듯이 말입니다."

그해 7월 말, 그처럼 웅대한 계획을 지니고 있었으면서도 내쉬 부부는 케임브리지를 떠나 유럽으로 갔다. 아직까지 이렇다 할 신혼여행을 다녀오지 못했기 때문이다. 그들은 뉴욕에서 '일 드 프랑스 *Île de France*' 호를 타고 바다 여행을 했다. 최종 목적지는 에딘버러였는데, 거기서 8월 둘째 주에 국제수학자회의가 열릴 예정이었다. 내쉬는 비선형 이론에 대한 강연을 하기로 되어 있었다. MIT와 프린스턴의 많은 동료들도 참석할 예정이었는데, 내쉬는 슬론 기금으로 여행경비의 일부를 충당할 수 있었다.

그러나 내쉬 부부는 먼저 파리로 갔다. 내쉬는 유럽에서 중고차를 수입하면 값이 싸다는 계산을 해두었기 때문에, 황록색의 메르세데스 180 디젤차를 한 대 샀다. 그들은 남쪽으로 차를 몰아 피레네 산맥을 넘어 스페인으로 갔다가, 이탈리아를 거쳐 벨기에로 북상했다. 그 여행은 성공이었다. "우리는 젊었어요. 아주 재미있었죠." 앨리샤의 회상이다. 앨리샤에게 약속했던 다이아몬드를 사주는 것도 여행 계획에 들어 있었다. 앤트워프는 세계 다이아몬드 시장의 중심지인데, 내쉬는 그곳 도매상에서 직접 사면 이익이라고 생각하고 있었다. 엘리 스타인의 아버지가 전쟁 전에 그곳에서 다이아몬드 거래를 했기 때문에, 그런 얘기를 전해들었을 수도 있다. 그러나 그 얘기가 사실일 거라고 기대했다면 실망하지 않을 수 없었다. 그가 산 노란 보석은 미국에서 사는 것보다 싸지 않았다고 내쉬는 1996년에 회상했다. 벨기에에서 그들은 북해로 차를 몰아 스웨덴으로 들어간 다음, 영국으로 가기 전에 룬드 대학과 스톡홀름 대학을 방문했다.

그들은 런던에서 펠릭스와 에바 브로더 부부를 만나 스코틀랜드까지 함께 갔다. 두 수학자는 뒷좌석에 앉아 수다를 떠는 아내들을 무시했다(에바의 회상에 따르면, 당시 "내쉬는 여자들과 얘기를 하지 않으려 했다"). 비가 온 이튿날에는 펠릭스가 메르세데스를 약간 우그러뜨렸다. 내쉬는 남은 여행길 내내 끊임없이 이렇게 되뇌었다. "이 차는 브로더화하고 말았어."

앨리샤가 후일 말했듯, "그 회의에는 유명인사들이 운집했다." 내쉬는 평소와 달라 보이지 않았다. 밀너가 30분 동안 영예로운 초청 강연을 할 때는 부루퉁해 있었다. 그는 세인트 피터스버그 대학의

존(서 있는 사람), 앨리샤, 펠릭스와 에바 브로더 부부, 1957년 여름, 캘리포니아 주 버클리.

올가 라디센스카야 *Olga Ladyshenskaya*와 언성을 높이며 논쟁을 벌이기도 했다. 그녀는 당대의 선도적인 여류 수학자로서 포물선 방정식의 선험적 추산에 관한 전문가였다. 내쉬는 계속 질문을 퍼부어 그녀의 아이디어를 빼냈고, 얼마간 편집증적인 올가는 다소 거친 반응을 보였다. 내쉬 부부는 호텔 방에서 파티를 열었다. 내쉬는 앨리샤가 옷을 입는 데 너무 시간을 들여 항상 늦는다고 투덜거리며 눈을 부라렸다. 그러나 막상 필즈 메달이 수여될 때, 브로더 부부와 무어, 밀너, 기타 수학자들이 자리 잡은 발코니에 앨리샤와 나란히 앉은 내쉬는 아무런 감정의 동요도 보이지 않았다.

계획

1958년 가을

점점 커지는 의식은 위험이고 질병이다.
―프리드리히 니체

내쉬 부부는 다시 케임브리지로 돌아왔다. 내쉬는 이미 강의를 나가고 있었는데, 앨리샤는 자신이 임신했다는 사실에 기뻐하면서도 당혹스러워했다. 자신의 직장과 월급 봉투에 만족했던 앨리샤는 몇 년쯤 임신을 미룰 생각이었다. 내쉬는 결혼하자마자 아이를 갖고 싶어했다. 그는 자기가 결혼한 목적이 또 다른 아이를 낳는 것이었다는 말은 곧 그만두었지만, 자기가 보기에 모든 결혼의 목적은 아이를 낳는 것이라고 틈만 나면 앨리샤에게 환기시키는 일을 그만두지 않았다. 이제 그의 바람도 곧 이루어질 예정이었으므로 내쉬는 무척이나 즐거워했다. 10월 초 앨버트 터커에게 보낸 편지 추신에 그 빅뉴스를 덧붙여, "'새로운 덧셈'을 고대하고 있다"고 쓰기도 했다.

그는 앨리샤에게 담배를 끊으라고 요구했다. 그녀가 수학 파티에서 담배에 불을 당기자, 어서 담뱃불을 끄라고 말했다가 그녀가 거절하자 한바탕 소동을 벌이기도 했다. 그러나 그 밖에는 모든 것이 순조로웠다. 내쉬는 대학원 강좌를 맡고 있었다. 강좌명을 M711이라고 한 것은 내쉬의 생각이었는데, 주사위 놀이에서 따온 711이라는 숫자는 소강당을 메울 만큼 학생들을 끌어들이는 데 한몫을 했다. 그는 학생들에게 서로의 논문에 점수를 매기는 방법을 고안해서 교수인 자기가 구태여 점수를 매길 필요가 없게 해달라고 요청했다.

내쉬는 당시 자신의 미래를 골똘히 생각하며 갈수록 더 불안해했다. 마틴은 그해 겨울이면 종신직이 주어질 것이라고 내쉬를 안심시켰다. 그런 다짐은 다소 그의 마음을 진정시켜 주었다. 그는 터커에게 보낸 편지에 이렇게 썼다. MIT에서의 형편이 "1958년에는 개선된다는 조건의 잠정 협정에 이르렀다."

그러나 타인들이 그의 미래를 결정한다는 느낌이 그를 옥죄었다. 그리고 자기가 MIT에 뿌리 박기엔 너무 아깝다는 생각이 점점 강해졌다. 그는 위너처럼 수학과에서 고립되는 것이 두렵다면서 은사인 터커 교수에게 이렇게 써 보냈다. "이곳은 내가 오랫동안 몸담을 만한 곳이 아니라는 생각이 듭니다. 차라리 교수들 수가 적더라도 수준이 더 높은 동료들과 함께 있었으면 좋겠습니다." 그의 여동생 마사의 회상에 따르면, "그는 MIT에 그대로 머물 생각이 없었다. 명예 때문에 하버드로 옮겨가고 싶어했다."

한편 시카고 대학에서는 내쉬가 옮겨올 의사가 있는지 타진하고 있었다. 시카고 대학은 앙드레 베유 *Andre Weil*가 고등학문연구소로 떠난 다음 고참 교수를 채용하지 않은 지 오래되었다. 이제 수학과에는 에이드리언 앨버트 *Adrian Alberts*라는 새로운 학과장이 취임했고, 연구기금도 어느 정도 있었다. 앨버트는, 군론 *group theory*에서 뛰어난 연구 성과를 올린 젊은 하버드 교수 존 톰슨 *John Thompson*

과 내쉬를 영입하려고 했는데, 싱선 천을 비롯한 여러 사람이 내쉬의 영입을 강력히 지지하고 있었다.

내쉬는 어떤 결단을 내려야 할지 고민이 많았는데, 아무튼 이듬해에는 별도의 안식년 휴가를 떠나기로 마음먹었다. 1959년 가을 학기는 고등학문연구소에서, 봄 학기는 프랑스의 고등학문과학연구소 Institut des Hautes Êtudes Scientifiques에서 보낼 생각이었다. 프랑스의 이 연구소는 고등학문연구소와 마찬가지로 수학자와 이론물리학자들이 장악하고 있었다. 10월 말경, 그는 국립과학재단, 구겐하임 재단, 풀브라이트 프로그램 등의 각종 연구기금을 신청했다. 또 고등학문연구소의 회원 가입을 신청했다. 그는 이렇게 썼다. "이것이 내 계획의 일부입니다. 다른 계획은 프랑스어를 배우는 것입니다."

앨버트 터커는 그를 밀어주었다. 터커는 10월 8일 풀브라이트 프로그램에 편지를 보냈다. "내쉬는 수준 높은 수학자들과 토론하기를 좋아합니다.… 그는 종종 능력이 떨어지는 사람들에게 거칠게 대하기도 합니다.… 그러나 그런 점은 프랑스 학계에서도 마찬가지입니다.… 내쉬는 정력적으로 연구 성과를 주고받는 일을 잘할 테니… 장 르레 Jean Leray와 함께 좋은 성과를 올릴 수 있을 것입니다." 국립과학재단에 보낸 편지에는 내쉬를 이렇게 묘사했다. "내쉬는 미국에서 더없이 독창적이고 재능 있는 수학자 가운데 한 명입니다. 금년이 내쉬의 슬론 펠로십이 끝나는 해인데, 내쉬는 이 펠로십을 받은 학자 가운데 가장 우수한 두세 명 안에 꼽힙니다." 11월 26일자로 구겐하임 재단에 보낸 편지도 이와 비슷한 칭찬의 말로 채워져 있었다.

내쉬가 어떤 연구를 할 계획이었는지는 분명치 않다. 당시 그는 양자이론과 리만 가설을 비롯한 여러 난제를 염두에 두고 있었다.

그가 파리로 가고 싶어했던 것은, 콜레주 드 프랑스에 장 르레가 있기 때문일 수도 있고 아닐 수도 있었다. 지안-카를로 로타의 회상에 따르면, "그는 3년 이상 계속할 수 있는 여러 펠로십을 따냈다고 허풍을 떨곤 했다."

그해 초가을에는 특히 불쾌한 사건이 하나 발생했다. 주식투자에서 참담한 실패를 맛보았던 것이다. 그는 어머니에게 실패를 고백하지 않을 수 없었다. 그는 또 잃은 돈을 갚겠다고 약속해야 했다. 그해 가을 어머니에게 보낸 편지에 그는 "빚을 꼭 갚겠다"고 썼다. 액수가 거액은 아니었지만, 그 모든 것이 그에게는 너무나 곤혹스러웠다.

모든 것이 갑자기 파란을 일으키는 것 같았다—내쉬가 또 젊은 남자에게 끌렸던 것도 그런 이유 때문인지 모른다. 그해 여름 내쉬보다 여섯 살 어린 뛰어난 수학자가 MIT에 나타났다. 이 수학자 폴 코언은 1960년대 중반에 괴델이 제기한 논리적 수수께끼를 풀어 일약 유명해졌는데, 그 연구 결과가 매우 놀라운 것이어서 〈뉴욕 타임스〉에까지 보도되었다. 그리고 그 업적으로 보셔상은 물론 필즈 메달까지 받았다. 그러나 1958년 가을의 코언은 야망이 컸지만 좌절감에 시달린 신인에 불과했다.

뉴욕에서 가난하게 성장한 코언은 스타이버선트 고교의 수학팀에서 활약했고, 시카고 대학에서 이제 막 박사학위를 받은 상태였다. 그러나 논문이 좋은 평가를 받지 못해, 로체스터 대학에서 우울한 세월을 보내게 되었다. 그곳을 벗어나고 싶었던 코언은 스타이버선트의 옛 친구인 엘리 스타인에게 MIT의 강사 자리라도 얻어달라고 구걸하다시피 했다. 스타인은 그 부탁을 들어줄 수 있었다. 그래서 코언은 로체스터 대학의 강의가 끝나자마자 케임브리지로 왔다.

코언은 덩치가 크면서도 몸놀림이 다소 고양이 같았고, 시원스러운 이마와 이글거리는 눈빛을 지니고 있었다. 그는 아집이 강하고, 의심 많고, 공격적이면서도 매력적인 데가 있었다. 예닐곱 개 외국어를 할 줄 알았고 피아노도 잘 쳤다. 겉보기엔 무한히 야심에 차 보였는데, 때에 따라 물리학자도 되겠다, 작곡가도 되겠다, 심지어는 소설가까지 되겠다는 말을 일삼았다. 코언의 절친한 친구인 스타인은 이렇게 말했다. "코언은 남들보다도 뛰어나야겠다는 생각이 강했다. 그는 커다란 문제들을 풀려고 했다. 그래서 점진적인 개선을 바라며 수학을 하는 수학자들을 멸시했다."

그는 뉴먼만큼 두뇌 회전이 빨랐고, 내쉬만큼 야망이 컸으며, 두 사람을 합친 것만큼 거만했다. 그래서 그는 두 사람과 쉽게 친해질 수 있었다. 한 동료 강사는 그가 "터무니없을 만큼 경쟁적이었다"고 말했다. 아드리아노 가르시아 *Adriano Garsia*가 1995년에 회상한 말에 따르면, "그는 남들을 짓뭉개는 데 능했다." 그들은 서로 문제를 내서 도전을 걸었다. "이봐요, 내쉬, 요즘은 무슨 쓰레기 같은 연구를 하고 있나요?"하고 코언은 말하곤 했다. "오늘은 무슨 엉터리 같은 정리를 증명했다구요? 좋아요… 진짜 문제를 풀어보고 싶다 이거죠? 내가 문제를 하나 내주겠어요!" 그들은 체스를 두고 있는 사람들을 무자비하게 괴롭혔다. 가르시아의 회상에 따르면, "그들은 남들이 어떤 게임을 하고 있더라도 무조건 끼여들어서 남들보다 우수하다는 것을 과시하려고 했어요. 그들은 맥주병으로 장단을 맞추며 야단법석을 떨기도 했지요." 대개는 뉴먼과 코언이 내쉬보다 한 수 위였지만, 항상 그런 것은 아니었다. 코언은 표현 능력이 더 뛰어났지만, 가끔은 내쉬가 그들의 말문을 막아버릴 수 있다.

"그는 단 세 마디로 엄청나게 많은 것을 말할 줄 알았다"고 가르시아는 말했다.

그들은 서로 뭉쳐서, 논문과 씨름을 하고 있는 대학원생들과 경쟁하는 일을 즐겼다. 즉, 대학원생이 몇 년씩 연구해온 문제를 해부해서 각자 해결책을 제시하곤 했다. 그 해결책 가운데 누구의 해결책이 더욱 강력한지 논쟁을 벌이는 것도 좋아했는데, 그들은 우아한 것보다는 강력한 것을 선호했다. "그들이 바란 것은 어떤 식으로든 문제를 푸는 것이었다"고 가르시아는 말했다.

코언은 내쉬가 자기를 "길들였다"고 말했다. 코언의 회상에 따르면, 그것은 "별일"이었다. "내가 그를 좋아한 것은 그가 나를 좋아했기 때문일 겁니다. 그는 자주 나를 점심식사에 초대했습니다. 하지만 그는 내 친구가 아니었어요. 그에게도 친구가 있기는 했는지 모르겠습니다." 하지만 코언은 마음이 끌렸다. 그는 내쉬 부부와 함께 자주 저녁식사도 같이 했는데, 앨리샤에게는 스페인어로 말했다. 그는 내쉬가 어떻게 이토록 아름다운 여자를 얻을 수 있었는지 의아했고, 내쉬가 코언에게 너무 많은 관심을 두는 것을 앨리샤가 다소 "염려"한다는 것을 의식했다.

내쉬는 코언에게 성적 접근도 은근한 말도 하지 않았다. 그러나 암시를 받을 수는 있었다. 내쉬가 "아무개는 호모"라는 말을 하곤 했다고 코언은 회상했다. 혹은 어떤 단어를 대며 그 의미를 아느냐고 코언에게 묻곤 했다. 코언이 모른다고 대답하면, "아, 그게 무슨 뜻인지 모르는군"하고 말머리를 돌려버렸다. 곧 수학과에는 내쉬가 코언을 사랑한다는 소문이 돌기 시작했다.

코언은 내쉬가 관심을 보이자 우쭐해졌고, 매혹되기까지 했지만, 웅대한 주장과 실재 사이의 차이를 지적해 내쉬의 체면을 깎아 내리는 것을 특히 즐겼다. 그는 내쉬의 자만심에 대해 혹독할 정도로 비판적이었다. 후일 코언은 이렇게 말하곤 했다. "나는 수학으로 그와 교류하지 않았어요. 그와는 수학 얘기를 할 수 없다는 느낌을 받았거든요."

그러나 그들은 리만 가설에 관한 내쉬의 구상에 대해 실제로 많은 얘기를 나누었다. "내쉬는 자기가 원하기만 하면 무슨 문제든 풀 수 있다고 생각했다"고 코언은 다소 거친 말투로 회상했다. "그는 인검 교수에게 편지를 써 보냈고, 주변 사람들에게도 퍼뜨렸죠. 나는 그의 말을 일축했습니다. 당신이 하려고 하는 것은 절대 할 수가 없다구요. 나는 내쉬의 구상에 전혀 동조하지 않았습니다. 리만 가설은 그런 식으로 풀 수 있는 게 아닙니다. 어떤 전문가라도 그의 아이디어가 너무 순진하다는 것을 꿰뚫어 볼 수 있었어요. 내가 찬탄하는 것은, 얼마나 자신감이 대단한 사람이기에 그런 추측을 다했는가 하는 것입니다. 그의 추측이 옳다면, 그의 직관은 이 세상에 속하는 것이 아닐 겁니다. 어쨌든 그의 아이디어는 잘못된 것으로 판명되었습니다."

1년 후 내쉬가 입원했을 때, 일부 사람들은 좌절된 사랑과 코언과의 과도한 경쟁 때문에 내쉬가 발병했다고 생각했다. 아이러니하게도 코언의 생애는 내쉬와 닮아갔다. 코언은 훌륭한 논문을 발표해 성공을 거둔 뒤 리만 가설에 도전했다. 그는 이후 물리학 논문을 발표하기도 했지만, 서른 살 이전에 그가 해낸 것에 필적할 만한 결과는 결코 내놓지 못했다. MIT에서 그를 알게 된 한 수학자의 말에 따르면, "그에게는 주목할 만한 가치가 있는 것이 아무 것도 없었다. 그는 영광스러운 고립 속에 틀어박혔다."

남극의 황제

> 불이 붙는다. 서서히 타오르는 불.
> ―조셉 브레너, 정신과의사, 케임브리지, 매사추세츠, 1997

누군가 소리쳤다. "셔레이드 게임을 할 시간입니다. 셔레이드 게임." 모저 부부가 사는 니덤의 작은 목조주택 1층은 분장을 한 손님들로 북적거렸다. 밖에는 몇 시간째 눈이 내리고 있었다. 안은 담배 연기와 술 냄새, 재즈로 왁자했다. 모두가 머리를 맞댄 채 얘기를 나누며, 평소보다 크게 웃어젖히거나, 담배 연기를 휘휘 내저으며 카메라를 향해 자세를 취하기도 했다. 아직은 자의식을 모두 떨쳐버리지 못했지만, 카니발 같은 분위기에 이미 느른히 긴장이 풀려 있었다. 모저 부부는 해적과 인디언 여자 차림을 하고 있었다. 에밀 아틴의 딸이자 음악가인 캐린 테이트는 검은 고양이 차림을 했다. 그녀의 남편인 대수학자 존 테이트는 벡터 우주인 분장을 했다. 그의 금속제 모자에는 안테나가 달려 있었고, 가슴에는 화살이 잔뜩 그려져 있었다. 수도사 복장을 한 지안-카를로 로타는 여전히 우아해 보였다. 그의 아내 테레사는 스페인 풍 볼레로 상의에 꽉 끼는 검은 바지를 입었다.

　모저의 아들 리치 에머리는 부엌 창문으로 밖을 내다보고 있었다. 그때 검은 색 대형 승용차가 현관 앞 차도로 들어서더니 거의 알몸의 남자가 차에서 내렸다. 부엌문을 두드리는 소리가 나자 리치가 달려가 문을 열어주었다. 내쉬가 성큼 들어섰고, 뒤이어 앨리샤가 들어왔다. 모두가 고개를 돌리고 눈을 동그랗게 떴다. 갑자기 주위가 고요해졌다. 놀란 손님들을 돌아보며 앨리샤는 한바탕 깔깔 웃어 젖혔고, 내쉬는 짓궂은 미소를 머금었다. 그는 맨발에 기저귀와 어깨띠만 차고 있었다. 그의 탄탄한 가슴에는 1959라는 숫자가 그려져 있었다. 주목을 한 몸에 받은 내쉬는 씩 웃으며 목례를 한 다음, 우유가 든 젖병을 흔들어 보였다. 사람들이 왁자하게 홍소를 터트렸

앨리샤와 존 내쉬(젖병을 빨고 있다), 1958년, 매사추세츠 주 니덤, 새해 전야 분장 파티에서

다. 그들은 곧 거실로 들어가 셔레이드 게임에 동참했다.

위르겐과 거트루드 모저 부부는 손님들을 두 팀으로 나누고 있던 참이었다. 내쉬는 리치와는 다른 팀이 되었다. 리치 에머리의 차례가 되자, 내쉬는 그에게 다가가 무엇을 몸짓으로 표현해야 하는지 귓전에 속삭였다. 리치는 얼굴이 환해졌다. 그는 내쉬를 좋아했는데, 내쉬가 아버지의 다른 수학 친구들보다 나이도 훨씬 더 젊었고, 훨씬 더 활기차 보였기 때문이다. 처음에는 리치의 몸짓을 아무도 알아보지 못했다. 마침내 한 여자가 열한 살짜리 리치의 생각을 알아냈다. 순수이성 비판! 리치가 내쉬를 돌아보자, 내쉬는 어깨를 으쓱하며 리치에게 빙그레 웃어보였다.

1958년 마지막 날과 이듬해 2월 마지막 날 사이에, 내쉬는 아주 기이하고 소름끼치는 변신을 했다. 동료 수학자들과 친구들은 그런 과정을 당혹스럽게 지켜보았다. 그러나 연말에는 누구의 말을 들어봐도 허풍스럽고, 괴팍하고, 다소 부조리하고, 장난기 넘치는 악동 같다는 점에서 평소와 다름없었다. 앨리샤도 기분이 아주 좋았다. 내쉬의 분장은 그녀의 아이디어였다. 기저귀를 바느질해서 만든 것도, 어깨띠를 두르게 한 것도, 자정 넘어 들어가자고 연출한 것도 그녀였다. 웃고 있는 앨리샤를 무릎 위에 앉히고 어깨에 그녀의 팔을 얹은 채, 다소 취해서 젖병을 빨고 있는 내쉬의 사진에는 어떤 불안감이나 불길함이 엿보이지 않는다. 그러나 그날 저녁 내쉬는 줄곧 앨리샤의 품속에 아기처럼 몸을 웅크리고 안겨 있었다. 그 파티에 온 다른 사람들에게 그런 자세는 너무 이상야릇하고, "곤혹스럽고", "정말 소름끼치는" 것이었다.

내쉬는 이미 보이지 않는 어떤 문지방을 넘어선 상태였다. 초가을에만 해도, MIT 두레방에서 코언이나 뉴먼과 열띤 토론을 벌이면서 격렬한 경쟁을 하는 모습이 눈에 금방 띄었는데, 겨울에는 그것도 시들해졌다. 그는 좀더 위축되고 좀더 야릇해졌다. 그때 막 내쉬의 생활궤도에 진입해 들어온 한 대학원생은 내쉬가 코언이나 뉴먼과의 대화를 따라가지 못했다고 회상했다. 폴 코언이 1996년 회상한 말에 따르면, 그해 가을 내쉬는 별로 농담도 하지 않았고, 시사적인 세상사에 대한 잡담도 늘어놓지 않았다. 내쉬는 늘 명석하고 재치가 넘친 사람이어서 시사적인 잡담도 꽤 재미있었다. 그러나 이제는 그의 잡담도 뭔가 잘못된 듯한 느낌을 주었다. "'저건 좀 심하다' 싶은 생각이 들었다"고 코언은 회상했다.

내쉬는 몇몇 학생에게 집착하기 시작했다. 그 중 하나가 알 바스케스 *Al Vasquez*라는 4학년 학생이었다. 폴 코언의 애제자라고 할 수 있는 그는 내쉬의 강의를 들은 적이 없었다. "나는 두레방에서 자주 그와 마주쳤어요. 그는 뭐라고 말하곤 했는데, 그건 대화가 아니었습니다. 일종의 독백이었죠. 그는 내게 자기 논문 초고를 건네주며 그 논문에 대해 이상한 질문을 했습니다."

그러나 그런 태도가 특별히 놀랍다거나 명백한 발병의 증후라고 생각되지는 않았다. 그저 내쉬의 괴팍함이 다소 발전한 것으로만 보였다. 라울 보트의 표현에 따르면, 그의 대화에는 "늘 수학과 신비가 뒤섞여" 있었다. 예전에도 그의 대화 방식은 좀 기묘했다. 언제 입을 열어야 할지, 혹은 언제 입을 다물어야 할지, 혹은 어떻게 일상적인 대화를 주고받아야 할지를 모르는 사람 같았다. 에마 더셰인의 1997년 회상에 따르면, 처음 그들이 알고 지낼 때부터, 다시 말하면 내쉬와 앨리샤가 서로 구애하던 무렵부터, 내쉬는 한없이 긴 이야기를 늘어놓으며 얘기 도중 전혀 엉뚱하고 불가해한 경구들을 끼워 넣곤 했다.

　게임 이론을 강의할 때도 엉뚱한 행동을 하곤 했다고 학생들은 회상했다. 수업 첫날 그는 이렇게 말했다. "정말 궁금하군. 자네들은 왜 여기 있지?" 그 말을 듣고 수강 신청을 취소한 학생도 있었다. 나중에 그는 예고도 없이 중간시험을 치르게 했다. 또 강의 도중이나 학생의 질문을 받은 후, 지나칠 정도로 왔다갔다 하거나, 느닷없이 몽상에 빠져들기도 했다. 추수감사절 직전에 내쉬는 게임 이론 강좌의 조교 두 명에게 같이 산책을 나가자고 한 적이 있었다. 라메시 강골리와 알베르토 갈마리노라는 학생이었는데, 이들은 내쉬의 지도 아래 박사논문 주제를 선정할 예정이었다. 어느 날 늦은 오후, 찰스 강을 가로지르는 하버드 다리를 건너가며 내쉬는 장황한 독백을 늘어놓았다. 미국에 유학 온 지 얼마 되지 않은 두 조교는 그의 말을 제대로 이해할 수 없었다. 세계 평화가 위협을 받고 있으므로 세계 정부 수립이 요청되고 있다는 요지의 얘기였는데, 내쉬는 두 젊은이에게 자기가 아주 특별한 임무를 맡았다는 비밀을 털어놓고 있는 것 같았다. 두 젊은이는 너무나 곤혹스러웠다. 뭔가 잘못 되었다는 것을 수학과 학과장 마틴에게 보고해야 할 것 같은 생각까지 들었다고 강골리는 회상했다. 그들은 내쉬가 두려웠고, 미국이 아직 낯선데다가, 어떤 판단을 내린다는 것이 내키지 않았기 때문에, 결국 보고하지 않기로 결정했다.

　또 그 무렵, 정수론의 대가인 에이틀 셀버그가 케임브리지에서 강연을 했는데, 그 강연을 들은 내쉬는 셀버그가 어떤 비밀을 감추고 있다고 생각한 것 같다. 셀버그는 이렇게 회상했다. "그는 강연 주제와는 다소 동떨어지게, 내 사고 방식에 대해 몇 가지 질문을 했어요. 그는 내가 의도한 것과는 전혀 다른 것을 보았던 모양입니다.…

내가 뭔가를 감추면서 솔직하게 드러내지 않는다는 듯이 질문을 했는데, 그걸 폭로하겠다는 것이었어요. 그 강연은 여러 국소적 대칭 공간의 엄밀성에 관한 것이었습니다. 그런데 그는 내가 어떤 은밀한 동기를 가졌다는 것을 함축하는 듯한 질문을 몇 가지 했지요. 그는 그게 리만 가설과 관계가 있다고 의심했는데, 물론 아무런 관계도 없었습니다. 나는 다소 흠칫했지요. 아주 엉뚱한 얘기였으니까요."

신년 파티 이후, 수학과 사람들은 내쉬에 대해 수군거리기 시작했다. 수업은 1월 4일에 재개되었다. 일주일이나 열흘쯤 후, 내쉬는 갈마리노에게 자기 수업을 두어 시간 대신 맡아달라고 부탁했다. 가볼 데가 있다는 것이었다. 갈마리노는 내쉬의 신임에 감동해서 기꺼이 응낙했다. 내쉬는 도시 밖으로 나가는 길에 새크러멘토 스트리트에 있는 로타의 아파트에 들른 후 종적을 감추었다.

같은 시기에 코언도 사라졌다. 며칠 후 대학원생들 사이에는 내쉬와 코언이 함께 달아났다는 소문이 돌았다. 그러나 코언은 누이 집에 가 있었다. 그는 케임브리지로 돌아와 자기와 내쉬에 대해 떠도는 소문을 듣고 격분했다. 한편, 내쉬는 남쪽으로 차를 몰아 결국 로아노크까지 갔지만, 아마도 워싱턴 DC에도 들렀을 것이다.

두어 주일 후 내쉬는 엉거주춤한 자세로 두레방에 들어섰다. 굳이 대화를 멈춘 사람은 없었다. 내쉬는 〈뉴욕 타임스〉 한 부를 쥐고 있었다. 그는 하틀리 로저스 등이 모여 있는 곳으로 다가가, 〈뉴욕 타임스〉 1면 왼쪽 상단의 기사를 가리키며, 특별히 누구에게랄 것 없이 말하기 시작했다. 외계에서 온 불가사의한 권력자들이 〈뉴욕 타임스〉를 통해 자기와 교신을 하고 있다. 그 메시지는 오로지 자기만 보라는 것이기 때문에 암호화되어 있으며, 암호를 풀기 위해서는 면밀한 분석을 해야 한다. 다른 사람들은 그 메시지를 해독할 수 없다. 오직 자기만이 이 세계의 비밀을 공유하도록 허락되었다고 그는 말했다. 하틀리 로저스와 다른 학생들은 서로를 바라보았다. 농담하나?

에마 더셰인은 내쉬 부부와 함께 드라이브했던 일을 회상했다. "그는 줄곧 라디오 채널을 돌렸어요. 우리는 그가 방송 내용이 짜증나서 그러는 줄만 알았죠. 그런데 그는 누군가가 자기에게 방송으로 메시지를 보내고 있다고 생각했던 거예요. 그는 미친 짓을 하고 있었는데, 우리는 눈치도 못 챘어요."

내쉬는 한 대학원생에게 유효기간이 지난 운전면허증을 주며 그 학생의 별명—세인트 루이스—을 자기 이름 위에 덮어썼다. 그리고 그것을 "은하간 운전 면허"라고 말했다. 또 자기가 어떤 위원회의 일원이라며, 그 학생에게 아시아를 맡기겠다는 말도 했다. 그 학생은 "그가 농담하는 줄 알았다"고 회상했다. 내쉬는 남의 눈을 속이는 행동도 했다. 당시의 학부생 한 명은 이렇게 회상했다. "나는 그가 쏜살같다는 인상을 받았어요. 내가 계단을 올라설 때, 그는 그곳에 잠복하고 있는 사람처럼 모습을 감추곤 했어요."

내쉬는 어느 날 저녁 존과 캐린 테이트 부부의 아파트에 나타났다. 모두들 장난을 치다가 브리지 게임을 하게 되었다. 내쉬의 파트너는 캐린 테이트였다. 그의 비드 *bid* (으뜸패) 선언은 얄궂었다. 한 번은 6 하트를 선언했는데, 알고 보니 하트는 한 장도 들고 있지 않았다. 캐린이 물었다. "당신 미쳤어요?" 내쉬는 아주 태연하게, 캐린이 그의 진짜 비드를 눈치채서 잘해줄 줄 알았다고 대답했다. "그는 내가 알아서 해주길 기대했어요. 그는 내가 패를 읽을 수 있다고 진짜로 믿은 거죠. 그가 나를 놀리는 줄로만 알았는데, 알고 보니 그렇지 않았어요. 나는 그가 일종의 실험을 하고 있다고 생각했지요." 내쉬가 일부러 교묘한 농담을 하고 있다는 생각을 끝까지 버리지 않은 사람도 꽤 있었다. 그래서 그 점을 두고 많은 논쟁까지 벌어졌다.

이 시기에 대한 내쉬의 회고가 초점을 맞추고 있는 것은 이런 것들이다—즉, 정신적 탈진과 고갈의 느낌, 거듭되며 점점 확산된 어떤 이미지들, 주변 사람들이 전혀 모르는 비밀 세계에 관한 계시가 점점 뚜렷해지는 느낌. 1996년의 회고에 따르면, 그는 MIT 캠퍼스에서 빨간 넥타이를 맨 남자들을 주목하기 시작했다. 그 남자들은 자기에게 신호를 보내는 것 같았다. "나는 MIT의 다른 사람들도 내 주목을 받으려고 일부러 빨간 넥타이를 매고 있다는 인상을 받았습니다. 망상 증세가 점점 심해지자, MIT뿐만 아니라 보스턴의 시민들까지 [내게 요인으로 보이려고] 빨간 넥타이를 매는 것이었습니다." 이윽고 이런 결론에 이르렀다고 내쉬는 회고했다. 즉, 빨간 넥타이를 맨 남자들은 모두 일정한 패턴을 지녔으며, "또한 비밀 공산당과도 관련이 있다"고.

일은 빠르게 진전되기 시작했다. 후일 앨리샤는 내쉬가 무너지는 모습을 이렇게 비유했다—디너 파티에서 아주 정상적으로 대화를 나누다가, 느닷없이 큰 소리로 논쟁을 벌이기 시작하더니, 마침내 버럭버럭 화를 내는 사람.

내쉬는 코언에게 이렇게 말했다. "사람들이 내 뒤에서 수군거려. 너는 그 말을 들었을 게 분명해. 무슨 말이었는지 말해봐." 코언은 이렇게 회상했다. "그는 아주 표독스럽게 말했어요. 도대체 무슨 말을 하는 건지 모르겠고, 들은 것이 없다고 나는 말했지요."

내쉬는 아직도 리만 가설을 연구하고 있었다. 한번은 코언이 자기 쓰레기통을 뒤진다고 비난했다. 리만 가설에 대한 아이디어를 훔쳐 가려고 하느냐는 것이었다. 그것도 어이없는 농담처럼 들렸지만, 코언은 너무 화가 나서 한 학생에게 불평하기까지 했다.

1959년 2월 중순, 해롤드 쿤은 풀브라이트 프로그램에 참가해 아내 에스텔과 아이들과 함께 런던에 머물다가, 파리에서 며칠을 보내게 되었다. 쿤은 프랑스 수학자 클로드 베르주 *Claude Berge*를 방문했다. 베르주는 쿤에게 내쉬의 편지를 보여주었다. 네 가지 색깔로 쓴 그 편지에는 외계인들 때문에 자기 인생이 망가지고 있다는 불평이 담겨 있었다.

내쉬가 베르주에게 그런 편지를 보낸 것은, 쿠랑 연구소의 루이스 니렌버그가 1959년 보셔상의 수상자로 발표된 사건과 무관하지 않은 것 같다—니렌버그는 내쉬에게 편미분 방정식 문제를 풀어보라고 권했던 사람이다. 후일 코언의 회상에 따르면, 니렌버그의 수상은 내쉬를 격분시켰다. 내쉬는 자기가 그 상을 받아야 마땅한데 선배 수학자가 받게 되었다는 사실은, 그런 것조차 결국 "정치적"인 게 아니고 뭐냐고 코언에게 불평을 털어놓았다.

내쉬는 또 뉴워스에게 접근해 자기 연구에 대해 얘기했다. 뉴워스는 이렇게 회상했다. "그는 리만 가설에 대한 강연을 하겠다고 했습니다. 하지만 그는 리만 가설을 얘기하기 시작하며 횡설수설했어요. 확률이 전부다!!! 그건 말도 안 되는 소리였어요. 그 얘기를 뉴먼에게 했더니, 그는 안 들은 걸로 치더군요."

또 한번은, 내쉬가 늘 그랬듯 예고 없이 모저의 사무실에 불쑥 나타났다. 항상 다정한 모저는 짜증나는 걸 참고 그를 맞아들였다. 내쉬는 칠판 앞에 서더니 커다란 구운 감자를 그렸다. 그 오른쪽에 작은 감자 모양을 두어 개 더 그리더니, 모저를 오랫동안 응시했다. "이것이"하고 그는 감자를 가리키며 말했다. "곧 우주일세." 모저는 고개를 끄덕였다. 그는 당시 내쉬의 음함수 정리를 천체역학의 어떤 문제에 적용하는 연구에 몰두하고 있었다. "이건 정부일세"하고 내쉬는 말했다. "이건 타원 방정식일세"하고 말할 때와 같은 목소리였다. "이건 천국일세. 이건 지옥이고."

테드와 루시 마틴 부부는 멕시코에서 겨울 휴가를 보냈다. 마틴이 돌아오자, 레빈슨은 그를 한쪽으로 불러서, 내쉬가 신경쇠약에 걸렸다고 말했다. "자세히 말해 보게"하고 마틴은 말했다. 그는 "그것이 전혀 믿어지지 않았다"고 후일 회상했다. "레빈슨은 이렇게 말했습니다. '그는 심한 편집증적인 상태일세. 그의 사무실로 찾아가면, 내쉬는 자기와 사무실 문 사이에 자네가 서는 것을 원치 않을 걸세.' 정말이지, 내가 그의 사무실로 찾아갔더니, 내쉬는 나와 문 사이에 자리를 잡더군요."

수학과 우편함에는 이상한 편지가 나타나기 시작했다. 수학과 비서인 루스 가드윈은 그 편지들을 한데 모아 마틴에게 보여주었다. 그것은 각국 대사들에게 보내는 편지였다. 발신인은 존 내쉬였다. 마틴은 겁이 나기 시작했다. 그는 편지들을 회수하려고 애썼다. 편지 가운데 주소가 적히지 않은 것도 있었고, 대부분 우표가 붙어 있지 않았다.

편지 내용은 무엇이었을까? 남아 있는 편지는 한 통도 없지만, 여러 사람이 마틴에게 들은 얘기를 아직도 기억하고 있었다. 내쉬가 세계 정부를 구성하려고 한다는 것이었다. 세계 정부 구성위원회는 내쉬를 비롯해 수학과의 동료들과 여러 학생들로 이루어져 있었다. 그 편지들은 워싱턴 DC에 있는 모든 대사관 앞으로 보내는 것이었다. 그가 세계 정부를 구성하고 있다는 내용이었는데, 대사들과 의논하고 싶으며, 그후 각국 원수들과도 얘기하고 싶다고 씌어 있었다.

마틴은 여간 난처한 입장이 아니었다. 수학과 교수회의에서는 약간의 내부적 견해 차이가 있었지만, 내쉬의 승진을 투표로 의결했고, 총장 앞으로 승진안을 올렸다. 총장은 주저하며 결재를 미루었다.

한편 시카고 대학 수학과의 학과장 에이드리언 앨버트는 노먼 레빈슨에게 전화를 했다. 내쉬의 정신 상태는 어떤가? 앨버트가 물었다. 시카고 대학은 내쉬에게 영예로운 자리를 제안했고, 내쉬는 시카고 대학에서 강연을 하기로 되어 있었는데, 앨버트는 내쉬에게서 아주 이상한 편지를 받았다. 시카고 대학의 교수직 제의를 거부한다며, 친절한 제의는 고맙지만, 곧 남극의 황제로 부임할 예정이기 때문에 사양하지 않을 수 없다는 것이었다. 그 편지에는 또 테드 마틴이 자기 아이디어를 자꾸 훔쳐간다는 언급도 들어 있었다고 브로더가 1996년에 회상했다. 이 사건은 MIT 총장 줄리어스 스트래튼에게까지 알려졌다. 내쉬의 편지 사본을 읽어본 총장은 이렇게 말했다고 한다. "아주 심하게 아픈 사람이군."

봄 학기는 2월 9일에 시작되었다. 조지 워싱턴 탄생일 직후, 그해에 고등학문연구소에 들어간 유제니오 캘러비는 MIT에서 세미나를 열었다. 학부생은 아무리 똑똑해도 수학과 세미나에 참석하지 않는데, 당시 4학년이던 알 바스케스는 참석하기로 결심했다. 그는 스포츠 재킷에 넥타이를 매고 왔다. 그런 복장이 마음에 걸린 바스케스는 남의 눈에 잘 띄지 않기를 바라며 맨 뒤에서 한두 줄쯤 앞자리에 앉았다.

바스케스는 내쉬가 자기 뒷줄에 앉아 있다는 것을 알았다. 캘러비의 강연 도중, 내쉬가 다소 큰 목소리로 말하기 시작했다. 분명 캘러비에게 말하는 것은 아니었다. 잠시 후 바스케스는 내쉬가 자기에게 말하고 있다는 것을 알았다. "바스케스, 내가 〈라이프〉지의 표지 얼굴로 나왔다는 걸 알고 있나?" 내쉬는 바스케스가 자기를 돌아볼 때까지 계속 같은 말을 되뇌었다.

내쉬는 표지 사진이 변조되어 교황 요한 23세처럼 보인다고 말했다. 또 바스케스의 사진도 〈라이프〉지 표지에 나왔는데 그 사진 역시 변조되었다고 내쉬는 말했다. "교황 사진인 게 분명한데 그게 사실은 선생님 사진이라는 걸 어떻게 알았죠?" "두 가지를 보면 알지" 하고 내쉬가 말했다. 첫째, 요한 *John*이라는 이름은 교황의 원래 이름이 아니다. 둘째, 23은 내쉬가 "가장 좋아하는 소수"이다.

더 이상했던 것은, 캘러비가 아무런 일도 없다는 듯이 강연을 계속했다는 것이라고 바스케스는 회상했다. 다른 청중들도 두 사람의 대화를 못 들은 척했다. 강연장의 모든 사람에게 들렸을 게 분명한데도 그랬다.

내쉬와 캘러비는 프린스턴 대학원 시절부터 서로 아는 사이였다. 캘러비가 강연을 하러 오기 전에 내쉬는 캘러비에게 전화를 걸었다. 그는 아인슈타인 드라이브에 있는 캘러비의 아파트에서 며칠 동안 앨리샤와 함께 묵을 수 없겠느냐고 물었다. 그는 연구소에서 며칠 머물면서 정수론 학자인 에이틀 셀버그와 토론을 하고 싶어했다. 곧

다가오는 수학 학술회의에서 하기로 되어 있는 강연 준비를 하기 위해서였다.

캘러비가 강연을 마친 후, 캘러비와 내쉬 부부는 함께 저녁식사를 하러 갔다. 내쉬 부부는 평소와 달리 신경이 곤두서 있는 것 같았다고 캘러비는 회상했다. "차를 몰던 내쉬가 방향을 잘못 틀자 앨리샤가 신경질적으로 소리를 지르기 시작했어요. 내쉬는 안절부절못했죠."

이튿날 내쉬 부부는 프린스턴으로 떠났지만 캘러비는 계속 케임브리지에 남아 있었다. 하루나 이틀 후 캘러비는 아내 줄리아나의 전화를 받았다. 내쉬가 너무 이상하게 행동하니 어서 집으로 돌아와 달라는 것이었다.

아인슈타인 드라이브의 아파트에서 내쉬는 남의 집에 들어가 화장실을 쓰고 나오기도 했다. 모든 집이 밖에서 보기엔 똑같아서 실수를 할 수도 있었다. 그러나 내쉬는 실수를 한 뒤에도 자기가 실수했다는 것을 모르는 것 같았다.

2월 28일 오후, 내쉬는 더욱 심하게 동요했다. 캘러비는 아내의 전화를 받고 곧바로 돌아와 있었다. "그는 전보다 훨씬 더 신경과민 상태였어요. 심하게 흥분하기도 했구요. 우리 집을 떠날 때, 노트를 어디다 두었는지 몰라 차와 아파트 사이를 몇 번씩 왔다갔다 하기도 했지요. 앨리샤는 그를 진정시키려고 무척 애를 썼어요." 캘러비는 걱정스럽게 내쉬를 지켜보았다. 당시 내쉬가 연구하고 있었던 것에 대해 캘러비는 이렇게 말했다. "나도 그 분야를 아는데, 그건 결코 섬광 같은 영감으로 정복할 수 있는 문제가 아니었습니다."

내쉬는 셀버그에게 자문을 구했지만 얻은 게 없었다. 셀버그는 내쉬의 고집에 짜증을 내며 아주 심한 말투로 질책했다고 후일 회상했다. 내쉬의 확률론적 접근은 과거에도 시도된 적이 있으며, 헛된 시도였던 것으로 이미 입증되었다고 그는 내쉬에게 말했다.

내쉬는 컬럼비아 대학 강당에서 열린 강연회에 나갔다. 미국수학회가 주최한 그 강연회에는 250여 명의 수학자들이 참석했다. 그 청중들 앞에 선 내쉬는 어떤 두려움과 혼란에 사로잡혔을까? 쿠랑 연구소의 정수론자 해롤드 샤피로가 내쉬를 소개했다. 두 사람은 1952년 여름 랜드에서 함께 근무한 적이 있었다.

사실 강당에는 기대감으로 가득 차 있었다. 미국수학회의 지역 학술회의는 본질적으로 교수직을 찾아 나선 젊은이를 만나는 자리였다. 청중은 교수직을 찾는 사람과 자리잡은 수학자들로 이루어져 있었고, 그들 중에는 내쉬와 그의 연구 업적을 개인적으로 잘 아는 사람들도 많았다. 샤피로는 이렇게 회상했다. "가장 까다로운 문제를 잘 푸는 능력이 있는 것으로 입증된 훌륭한 젊은 수학자가 여기 나타났다. 그는 수학 분야를 통틀어 가장 어려운 문제에 대한 해결책안을 바야흐로 발표하려는 중이다. 이런 기대감이 넘치고 있었어요. 나도 내쉬가 소수에 관심이 있다는 얘기를 이미 들었지요. 내쉬가 정수론에 관심을 기울였다면 정수론자들은 모두 들어보는 게 좋다고 사람들은 반응했습니다. 강당 안은 술렁였지요."

쿠랑 연구소의 교수 피터 랙스는 그것이 "아주 기묘한 사건"이었다고 말했다.

우리가 내쉬의 강연을 듣고 있는 동안, 리프먼 버스가 내게 이런 얘기를 하더군요. 하이페츠 *Heifetz*가 카네기홀에서 처음 공연을 할 때였다(피아노 반주를 맡은 것은 고도프스키 *Godowski*였다). 어떤 나이든 바이올린 연주자가 옆자리에 앉은 음악가에게 말했다. "여긴 아주 덥군요." 대답은 이랬다. "피아니스트는 안 덥습니다." (하이페츠는 1901년 러시아에서 태어난 바이올린 연주자로, 16세의 어린 나이에 카네기 홀에서 데뷔 연주를 했다. 폴란드 출신의 피아니스트인 고도프스키는 당시 47세였고, 두 사람 모두 유명 음악가이다 : 옮긴이주) 그날 내쉬의 강연장이 더웠다면, 정수론자들에게만 더웠을 겁니다. 내쉬의 연구는 아직 진행중이어서, 나는 연구 성패를 판단할 수 없었습니다. 수학자들은 보통 미완성 연구를 발표하지 않지요.

그 강연은 처음부터 설명이라기보다 자유연상에 가까운, 비밀스럽고 두서없는 퍼포먼스로 보였다. 그러다 중반쯤 접어들자 강연은 가관이 되었다. 도널드 뉴먼은 1996년에 이렇게 회상했다.

> 말이 앞뒤가 전혀 맞지 않았습니다. 나는 예시바에 가 있었는데, 리만 가설을 연구중이던 레이드메이커는 강연장에 나갔어요. 이 친구는 '리만 가설을 풀지 못하는 방법'이라는 멋진 논문을 쓰기도 했지요. 그건 내쉬의 첫 몰락이었습니다. 모두들 뭔가 잘못되었다는 것을 알아차렸습니다. 그는 말이 막힌 게 아니었어요. 그는 하염없이 중얼거렸습니다. 그런데 그게 미친 얘기였어요. 그게 리만 가설과 무슨 관계가 있지? 사람들은 무슨 소리인지 감을 잡을 수도 없었습니다. 그런 모임에 참석하는 사람들은 강연 도중 조용히 자리를 지킵니다. 그러다 홀로 나가서 다른 사람을 붙잡고 강연 내용을 물어봅니다. 내쉬의 강연은 좋다거나 나쁘다고 할 수 있는 차원이 아니었습니다. 그건 끔찍했습니다.

2년 전 쿠랑 연구소에서 내쉬와 자주 농담을 주고받았던 캐슬린 모라웨츠는 강연 후 계단에서 내쉬와 마주쳤다. 그녀는 이렇게 회상했다. "그는 웃음거리가 되고 말았습니다. 나는 비참한 기분이 들었죠. 그에게 다정한 말을 건네긴 했지만, 나는 곤혹스러웠습니다. 그는 아주 우울해 보였어요." (나중에 캐슬린은 그날 청중의 반응에 대해, "내쉬에게 무더기 냉소를 던졌다"고 묘사했다.)

내쉬는 케임브리지로 돌아가는 길에 예일 대학에서 강연을 해달라는 초청을 받아놓은 상태였다. 그해 들어 예일에서 두 번째 강연을 하는 것이었지만, 그는 예일을 어떻게 찾아가야 하는지 길을 몰랐다. 그는 당시 예일 대학에 있던 펠릭스 브로더에게 전화를 걸어 길을 물었다.

내쉬는 컬럼비아 대학에서와 마찬가지로 예일에서도 리만 가설에 대해 강연했다. 그것 역시 끔찍했다고 펠릭스 브로더는 회상했다. 지난번 강의와는 너무나 대조적이었다. "지난번에는 무슨 문제의 조짐이 없었습니다. 그때는 그가 포물선 방정식 증명을 끝냈을 때였지요. [사실] 그는 강연 도중에 그 증명을 완성했어요. 나는 그에게 예일에 와서 한 번 더 강연을 해달라고 요청했지요. 그런데 이번에는 전혀 달랐어요. 나는 뭔가 단단히 잘못되었다고 생각했지요."

태풍의 눈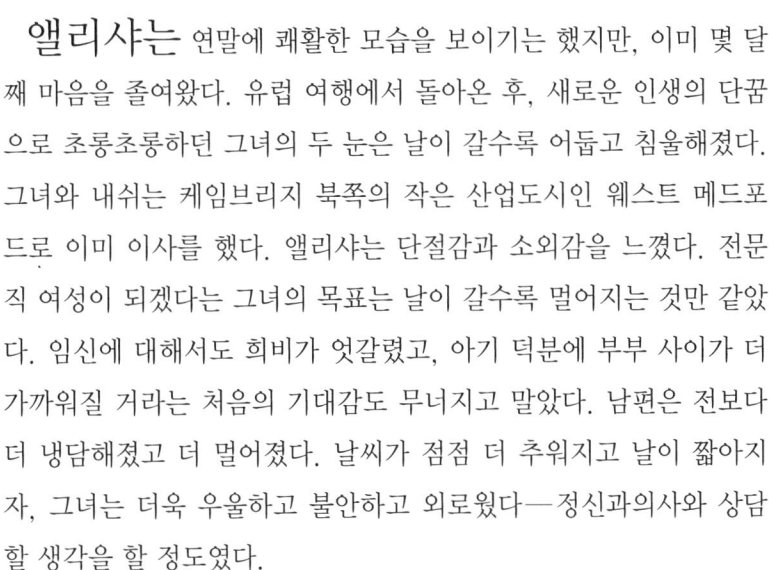

1959년 봄

> 그것은 회오리바람 같았어요.
> 그런 바람이 불면 자기가 가진 것을 꼭 붙들고 싶어지죠.
> 모든 것을 잃어버린다는 게 싫으니까요.
> ─앨리샤 내쉬

앨리샤는 연말에 쾌활한 모습을 보이기는 했지만, 이미 몇 달째 마음을 졸여왔다. 유럽 여행에서 돌아온 후, 새로운 인생의 단꿈으로 초롱초롱하던 그녀의 두 눈은 날이 갈수록 어둡고 침울해졌다. 그녀와 내쉬는 케임브리지 북쪽의 작은 산업도시인 웨스트 메드포드로 이미 이사를 했다. 앨리샤는 단절감과 소외감을 느꼈다. 전문직 여성이 되겠다는 그녀의 목표는 날이 갈수록 멀어지는 것만 같았다. 임신에 대해서도 희비가 엇갈렸고, 아기 덕분에 부부 사이가 더 가까워질 거라는 처음의 기대감도 무너지고 말았다. 남편은 전보다 더 냉담해졌고 더 멀어졌다. 날씨가 점점 더 추워지고 날이 짧아지자, 그녀는 더욱 우울하고 불안하고 외로웠다─정신과의사와 상담할 생각을 할 정도였다.

추수감사절까지는 그랬다. 이후에는 자신의 침체된 기분보다 내쉬의 행동이 더 큰 고민의 원인이 되었다. 부부가 단둘이 있을 때,

집에 있을 때든 차를 타고 갈 때든, 내쉬는 이상한 질문을 던져 그녀를 궁지로 몰아넣었다. "왜 내게 실토하지 않는 거지?" 그는 난데없이 화를 내며 흥분한 목소리로 물었다. "어서 털어놓으란 말야." 그는 다그쳤다. 그는 아내가 자기에게 말하고 싶지 않은 어떤 비밀을 간직하고 있다는 듯이 굴었다. 처음 그런 질문을 받았을 때, 앨리샤는 자기가 바람을 피우고 있다고 남편이 의심하는 줄만 알았다. 질문이 자꾸 반복되자, 앨리샤는 남편이 바람을 피우고 있는 게 아닌가 의심했다. 남편이 점점 비밀스러워지고 멍한 상태에 있는 것도 그 때문인지 몰랐다. 제 발이 저려서 공연히 그녀를 헐뜯고 있는 게 아닐까?

새해 첫날, 26세가 된 앨리샤는 "뭔가 잘못됐다"는 것을 확신했다. 내쉬의 행동은 점점 이상해졌다. 어느 순간 신경이 아주 예민해져서 버럭 화를 내다가도 갑자기 불가사의하게 위축되었다. 그는 "뭔가 음모가 진행중이라는 걸 안다"며 자기가 "도청"당하고 있다고 투덜거렸다. 그리고 밤새 잠을 자지 않고 국제연합에 보낼 이상한 편지를 썼다. 어느 날 밤 그가 침실 벽에 온통 먹칠을 해놓은 후, 앨리샤는 그를 거실 소파에서 자게 했다.

경각심을 느낀 앨리샤는 일상 생활에 무슨 문제가 있어서 그러는가 싶어 조목조목 따져보았다. 먼저 머리에 떠오른 것은, 내쉬가 종신직 교수 임용건을 지나치게 걱정하고 있다는 것이었다. 온갖 새로운 책임이 더해질 아기 출산도 스트레스의 원인일 것 같았다. 또 남부의 백인 앵글로색슨계 개신교도 출신인 남편에게는 "출신이 다른" 자신과 결혼한 것도 많은 스트레스 요인일 것 같다는 생각도 들었다.

앨리샤는 내쉬를 안심시키려고 했지만 소용이 없었다. 그녀는 거듭해서, 종신직에 대한 걱정은 할 필요가 없다고 말해주었다. 그가 수학과의 총아인데다가, 학과장 마틴도 잘 될 거라고 확신하고 있지 않는가. 그녀는 또 그가 그런 편지를 계속 쓰면 "직업적 신뢰성을 해칠 수도 있고" 종신직까지 위태롭게 될지 모른다고 이성적으로 내쉬를 설득하려고 했다. 그게 모두 부질없자, 그녀는 남편을 다그쳤다. "바보 같은 짓 좀 그만해요." 그런 말을 입에 달고 다녔다. 그러자 내쉬는 섬뜩한 행동을 하기 시작했다─그가 일종의 정신적 신경쇠약에 걸렸다고밖에는 달리 결론을 내릴 수 없었다.

그는 은행 예금을 모두 꺼내 유럽으로 떠나겠다고 위협하기 시작했다. 그는 국제적인 조직을 창설할 구상이 있는 것처럼 말하기도 했다. 앨리샤가 잠든 후, 밤이면 밤마다, 꼬박 밤을 지새며 뭔가를 쓰기 시작했고, 아침이면 그의 책상에는 청색과 녹색, 적색, 흑색 잉크로 쓴 편지가 수북했다. 국제연합뿐만 아니라, 각국 대사와 교황, 심지어 FBI에 보내는 것도 있었다.

수업이 계속되고 있던 1월 중순, 내쉬는 한바탕 소동을 부리더니 한밤중에 로아노크로 떠났다. 달리 뾰족한 수가 없다고 생각한 앨리샤는 한동안 연락하지 않았던 시어머니에게 전화를 걸어 상황을 알렸다. 그러나 그리 많은 것을 알리지는 않았다고 마사는 회상했다. 내쉬가 스트레스로 고통받고 있으며 다소 비합리적으로 행동하고 있다고만 말한 것이다. 그가 로아노크에 도착했을 때, 버지니아와 마사는 그가 심한 흥분상태에 있는 것을 보고 깜짝 놀랐다. 한번은 어머니의 팔을 후려치기도 했다.

다시 돌아온 내쉬는 계속 앨리샤를 은밀하게 들볶기 시작했다. 한번은 "실토하지 않으면" 때리겠다고까지 위협했다.

앨리샤는 신체적 위협보다도 부부의 장래와 내쉬를 더 걱정했다. 그녀는 즉각 본능적으로, 대학 당국이 내쉬의 상태를 알아차리지 못하게 하려고 안간힘을 다했다. "나는 나쁜 얘기가 새나가길 원치 않았어요."

그녀는 테크니컬 오퍼레이션스의 직장을 그만두고, MIT 캠퍼스의 컴퓨터 센터에 일자리를 얻었다. 그녀는 줄곧 내쉬를 지켜보기 시작했고, 아주 가까이 머물면서 되도록 자기와 같이 있는 시간을 늘리려고 했다. 그녀는 퇴근길에 수학과 사무실에 들러 그를 차에 태우고 집에 갔다. 외식할 때는 더 이상 다른 사람들을 부르지 않았다. 특히 의식적으로 폴 코언을 피하려 했다. 그러나 내쉬의 고집 때문에 늘 피할 수만은 없었다. 에마 더셰인은 후일 이렇게 회상했다. "앨리샤는 그의 경력과 지성을 지켜주고 싶어했어요. 내쉬가 망가지지 않도록 지켜주려고 한 거죠. 그녀는 정말 억센 여자였어요."

로아노크의 시댁에 알리기 전에, 앨리샤는 아무에게도 그런 얘기를 털어놓은 적이 없었다. 이제 그녀는 MIT 의과대학의 정신과의사 해스켈 셀 *Haskell Schell* 박사와 상담을 했다. 또 점심때 에마와도 몇 번 단둘이 만났다. 하지만 머뭇거리며 마지못해, 몇 가지만 털어놓았다.

처음에 앨리샤가 보기엔, 정신과의사가 실질적인 대처 방법을 가르쳐주기보다는 그녀에 대한 질문을 하는 데만 더 관심이 있는 것 같았다―그녀의 성장환경, 결혼, 성생활 등을 물었던 것이다. 에마는 이렇게 회상했다. "처음에 앨리샤가 그들을 믿은 것은 MIT를 믿었기 때문이었지요. 하지만 당시는 프로이트의 시대랄 수 있었어요. MIT 정신의학과는 특히 지나치게 프로이트적이었어요. 그들은 앨리샤를 치료하고 싶어했어요. 앨리샤는 현실적인 도움을 원했는데도 말예요." 에마는 계속해서 이렇게 말했다.

그들은 앨리샤에게 많은 것을 물었어요. 그녀는 더욱 초조해지기만 했죠. 내쉬가 그들의 예금을 모두 인출해 유럽으로 가서 국제 기구를 창설하겠다고 겁을 주고 있었으니까요. 그녀는 관계 법령을 찾아보았어요. 정신과의사 두 명의 서명만 받으면 환자를 일정 기간 강제 입원시킬 수 있다는 것을 알게 되었지요. 법원의 판결을 받으면 기간을 연장할 수도 있었어요.

에마는 제롬 레트빈과 함께 일하고 있었다. 레트빈은 전에 정신과 의사였는데, 이제는 MIT에서 신경생리학 연구를 하고 있었다. 그녀는 레트빈에게 앨리샤가 어떻게 하면 좋겠느냐고 물었다. 레트빈은 앨리샤가 전에 들었던 말과는 상반되는 조언을 했다. 레트빈은 에마를 통해 충격요법을 권했다(충격요법 *shock treatment*은 주로 100~110 볼트 전기충격을 머리에 가하는 정신질환 치료법이며, 때로는 인슐린을 대량 주사하기도 한다 : 옮긴이주). "레트빈의 의견에 따르면, 망상증을 앓고 있는 환자는 충격요법을 빨리 쓸수록 치료 효과가 좋다는 것이었어요." 에마의 회상이다. 한편, 셀은 내쉬를 맥린 병원에 입원시킬 것을 권했다. 그곳은 극단적인 프로이트 파 병원이었는데, 토라진 *Thorazine* 따위의 새로운 정신병 치료제와 정신분석을 선호했고 충격요법은 기피했다. 앨리샤는 충격요법 조언을 거절했다. 에마는 1997년에 이렇게 회상했다. "그녀는 내쉬의 천재성을 그대로 보존하고 싶어했어요. 그에게 어떤 것을 강요할 생각도 없었죠. 그의 두뇌를 다치게 하는 것은 원치 않아서, 약물이나 충격요법을 모두 거부했어요."

1959년 1월, MIT 수학과는 투표를 해서 내쉬에게 종신직을 주기로 결정했다. 몇 주 후, 내쉬가 "신경쇠약"을 앓고 있다는 것을 알게 된 마틴은 내쉬의 다음 학기 강의 부담을 없애주기로 결정했다. 대학 당국이 내쉬의 질병에 대해 알게 된 것이 부담스럽긴 했지만, 앨리샤는 그 소식을 듣고 크게 마음이 놓였다. 그런 조치가 내쉬의 스트레스를 덜어줄 테고, 곧 신경쇠약도 나을 거라고 그녀는 생각했다.

내쉬를 어째야 할지 결정한다는 것은 아주 곤혹스러운 문제였다. 종종 아주 말짱해 보였기 때문이다. 그의 증상이 나타났다 사라졌다 하는 것을 보고, 수학과 동료나 대학원생들도 그의 병이 그리 심각하지 않다고 생각했다. "그의 수학은 더 이상 이치가 닿지 않지만", 그의 성격은 "그리 달라진 게 없는 것 같았다"고 지안-카를로 로타는 회상했다. 여러 날 동안 모든 것이 전과 다름없어 보이면, 앨리샤는 자기가 섣불리 판단해서 공연히 호들갑을 떨며 불필요한 조바심을 낸 것이나 아닌가 하는 의구심이 들곤 했다가도, 내쉬가 다시 기괴한 행동을 보이면 가슴이 철렁했다.

3월 중순, 리만 가설에 대한 끔찍한 강연을 한 지 2주가 지났을 때, 내쉬는 블루필드 고향집에 안심시키는 편지를 써 보냈다. 3월 12일자로 어머니에게 보낸 편지에서 그는 "뉴욕에서의 강연은 합당하게 잘 진행"되었다면서, 보스턴에는 왜 오지 않느냐고 채근했다. 같은 날 마사에게도 장문의 편지를 써 보냈는데, 사는 게 너무 따분하다는 것이었다. 그는 이렇게 썼다. "앨리샤는 임신한 후 외출하는 것을 좋아하지 않아. 텔레비전이나 영화 잡지만 봐. 그건 나를 아주 따분하게 하는 일들이지. 수준이 너무 낮아서 말이야."

그러나 제정신이 돌아와 있던 평온한 시기는 곧 지나고, 앨리샤가 후일 "회오리바람"에 비유한 폭발의 시기가 닥쳐왔다. 부활절 무렵, 내쉬를 강제 입원시키는 수밖에 달리 선택의 여지가 없다는 생각을 들게 한 사건이 발생했다. 내쉬는 자신의 메르세데스를 몰고 워싱턴 DC로 떠났다. 그는 각국 대사관 우편함에 외국 정부에 보내는 편지를 직접 집어넣을 작정이었던 것으로 드러났다. 이번에는 앨리샤가 그와 동행했다. 떠나기 전에 앨리샤는 에마에게 전화를 걸어, 자기가 일주일 안에 돌아오지 않으면 대학 정신과의사를 만나달라고 요청했다. 앨리샤는 내쉬가 자기를 해칠지도 모른다는 걱정을 했던 것이라고 에마는 1997년에 회상했다. 에마의 회상에 따르면, 이상하게도 앨리샤는 자기보다 내쉬를 더 걱정했다. "그녀는 내쉬가 미쳤다는 것을 세상에 알리고 싶어했어요. 내쉬가 걱정이 되어서 그런 거죠. 내쉬가 자기를 해치면 내쉬가 잡범 취급을 받을까봐 걱정이 되었던 거예요. 그래서 그가 제정신이 아니라는 것을 모든 사람에게 알리려고 했죠."

에마는 셸 박사에게 분명 전화를 했는데, 셸은 통화를 거절하고 간호사를 시켜 말했다. "셸 박사님은 자신의 환자에 대해 남들과 얘기를 나누지 않는다"는 것이었다. 에마는 또 이렇게 회상했다. "나는 링컨 실험실에서 앨리샤에 대한 질문을 받았어요. 앨리샤가 남편을 두려워하느냐고 묻더군요. 그녀는 두려워하지 않았어요. 그는 그저 중증의 환자였을 뿐이죠."

에마가 받은 인상과는 달리, 앨리샤는 실은 남편을 두려워했다. 단지 두려움을 남들에게 감추었을 뿐이다. 폴 코언은 "그녀가 남편을 두려워했다"고 회상했다. 몇 주 후, 그녀는 진상을 거트루드 모저에게 털어놓았다. 거트루드가 왜 내쉬를 강제 입원시켰는지 물었던 것이다. 앨리샤는 이렇게 대답했다. "한밤중에 무슨 일이 일어났는데, 나는 자신과 아이를 지켜야만 했어요." 자신의 안전에 대한 두려움과, 치료를 받지 않으면 계속 악화될 거라는 정신과의사의 경고 때문에, 그녀는 증상 관찰을 위해서라도 강제 입원을 선택하게 되었다. 그러나 배신 행위를 했다고 남편에게 후일 비난당할 것을 염려해, 시어머니에게 보스턴에 와달라고 부탁했다.

내쉬의 동료인 조지 화이트헤드는 아내 케이와 함께 잠시 프린스턴에 가 있었다. 4월 중순, 화이트헤드 부부는 매사추세츠 주에 등록된 그들의 차를 검사받기 위해 보스턴으로 왔다. 그것은 일종의 연례 행사였다. 그날 저녁 그들은 콘코드에 있는 오스카 골드만의 집에서 열린 파티에 참석했다. MIT 수학과 사람들이 대부분 와 있었다. 1995년 케이 화이트헤드의 회상에 따르면, "'내일 앨리샤가 존을 강제 입원시킨다'는 것이 그날의 뉴스였다. 사람들은 주로 그 얘기를 했다."

보디치홀에서 동이 트다

맥린 병원, 1959년 4월~5월

맥린 병원 보디치홀에서는 이렇게 동이 튼다.
—"우울에서 깨어나기", 〈삶의 연구 Life Studies〉,
로버트 로웰

정장을 한 낯선 남자가 폴 코언의 사무실 문을 노크했다. 그는 코언에게 그날 오후 내쉬 박사를 본 적이 있느냐고 물었다. 넉살 좋고 거만한 태도를 보니 내쉬를 "감금"시키려는 정신과의사인 것 같았다. 벌써 여러 날 동안 수학과의 젊은 강사들은 내쉬의 아내가 머잖아 남편을 강제 입원시킬 거라고 생각하고 있었다. 앰브로스와 일부 원로 교수들이 그런 말을 하곤 했기 때문이다. 사람들은 격렬한 논쟁을 벌였다. 내쉬가 정말 정신이상인가 아닌가. 그리고 정신이상이든 아니든, 대체 어떤 사람이 내쉬 같은 천재의 자유를 박탈할 권리를 가질 수 있는가. 코언은 이 모든 일에 다소 억울하게 말려들었다는 생각 때문에 논쟁에는 끼여들려고 하지 않았다. 그런데도 어떤 결론이 날 것인지에 대해서는 여간 궁금한 게 아니었다. 코언은 낯선 남자에게 대답했다. 아니오, 오늘 한 번도 보지 못했습니다.

얼마 후 내쉬가 코언의 사무실에 나타났다. 그는 무슨 일이 진행되고 있는지 전혀 모르는 것 같았다. 코언은 꽤 놀랐다. 내쉬는 코언에게 같이 산책을 나가지 않겠느냐고 물었다. 두 사람은 한 시간 남짓 MIT 캠퍼스를 거닐었다. 산책중에 내쉬는 발작적인 독백을 늘어놓았고, 코언은 당혹스럽고 불안한 심정으로 입을 다물고 있었다. 가끔 내쉬는 걸음을 멈추고 뭔가를 가리키며 속삭였다. "저 개 좀 봐. 저게 우리를 미행하고 있어." 또 앨리샤에 대해서는 얼마나 섬뜩하게 말하던지, 코언은 앨리샤의 신변이 위험할지도 모른다는 생각이 들었다. 그들이 헤어진 후 내쉬는 차에 실려 맥린 병원으로 끌려갔다.

환자가 원치 않더라도 맥린 병원에 강제 입원시키는 것은 어려운 일이 아니었다. 관찰을 위해 내쉬를 강제 입원시킨 것은 MIT 정신과에서 마틴과 레빈슨은 물론 대학 총장의 동의까지 얻어서 한 일 같다. 내쉬의 심각한 편집증, 이상한 편지 쓰기, 강의 불능, 앨리샤를 해치겠다는 위협이 실행될 가능성 등을 감안할 때, 제삼자의 압력도 적지 않았을 것이다. 강제 입원이라는 과격한 조치를 취하기 전에, MIT 정신과의사가 내쉬에게 먼저 자발적으로 치료를 받으라고 권했을 가능성도 생각해볼 수 있다. MIT의 정신과 교수인 머튼 칸 *Merton J. Kahne*은 1950년대에 맥린 병원의 입원병동을 담당한 의사인데, 1996년에 이렇게 말했다.

그들은 강제 입원시키지 않고 치료하는 방법을 알아보았을 것이다. 해결책을 찾기 위해 여러 사람이 숙의하기도 했을 것이다. 당시에는 환자가 미쳤든 미치지 않았든 인간성을 존중하는 태도를 유지하려고 했다. 그들은 환자의 의지에 반하는 강제 입원을 좋아하지 않았다. 그것은 환자에게 큰 상처를 남기기 때문이다.

내쉬는 특히 대학의 유명인물이었기 때문에 강제 입원 결정은 더욱 까다로운 문제였다. 그런 경우에는 당연히 논란도 많았다. 칸은 이렇게 말했다. "환자가 고위층 인물이거나 특별한 사람일 경우 더욱 논란이 많았다."

그러나 관련 절차는 명확하게 정해져 있었다. 정신과의사라면 누구나 환자를 정신병원에 강제 입원시켜 열흘간 관찰할 수 있는 자격이 있었다. 내쉬의 경우에는 대학 정신과의사가 소위 분홍 서류라는 일시 간호 명령에 서명을 해서, 내쉬가 자신은 물론 타인에게도 위협이 된다는 이유에서 맥린 병원에 강제 입원토록 했을 것이다(환자가 자신을 돌볼 수 없기만 해도 충분한 강제 입원 사유가 되었다). MIT 당국은 분홍 서류를 근거로 해서 내쉬를 차에 실어 맥린 병원으로 이송할 수 있었다. 전문적으로 말하자면, 처음 열흘간 환자를 감금하는 결정을 내려야 하는 것은 병원이었다.

내쉬와 코언이 헤어진 후 몇 시간쯤 지난 4월의 어느 날 밤, 두 명의 케임브리지 경찰이 내쉬의 웨스트 메드포드 집에 도착했다. "그들은 나를 체포하듯 끌고 갔다"고 내쉬는 회상했다. 경찰을 내세운 것은 극단적인 조치였다. 그것은 대학의 정신과의사들이 환자의 저항을 예상했다는 것을 시사한다. 대학 관계자를 강제 입원시킬 경우에는 스캔들과 모욕감을 피하기 위해 훨씬 더 신중하게 처리하는 것이 상례였다. 즉, 사복을 입은 캠퍼스의 청원경찰이 회색 시보레 스테이션 웨건을 몰고 오는 게 보통이었다. 그 차의 외부에는 밤색으로 경찰이라는 글자만 적혀 있고 내부에는 앰뷸런스의 시설이 갖추어져 있었다. 예상대로 내쉬는 함께 따라가기를 거부하고 몸싸움을 벌였다. "나는 실제로 처음에는 저항을 하며 몸부림을 쳤다"고 그는 회상했다. 하지만 저항은 소용이 없었다. 내쉬가 몸집이 크고 힘이 세기는 했지만, 곧 제압당해 순찰차의 뒷좌석에 짐짝처럼 실렸다. 웨스트 메드포드에서 벨몬트까지는 30분도 걸리지 않았다.

매사추세츠 주 벨몬트 시, 밀 스트리트 115번지에는 그때나 지금이나 여전히 그 병원이 서 있다. 30만 평에 달하는 병원 대지에는 굴곡이 있는 널따란 잔디밭과 굽이진 작은 길들이 있고, 낡은 벽돌과 철골로 지은 건물들이 우람한 나무들 사이에 둥지를 틀고 있거나 더러 우뚝 솟아 있다―말하자면, 이 병원은 19세기 후반의 잘 가꾼 뉴잉글랜드 지역의 대학 캠퍼스를 그대로 재현한 것이다. 다수의 소규모 건물들은 부유한 보스턴 귀족의 저택과 유사하게 설계되었는데, 이 병원 고객들이 바로 그 보스턴 귀족들이었다. 1940년대 후반에 〈미국 정신의학회〉의 요청으로 이 병원을 논평한 한 정신과의사는 이렇게 회상했다. "병동으로 쓰인 작은 이층집에는 모두 주방과 거실, 침실이 딸려 있었다. 각 병동에는 요리사와 가정부, 운전사들을 위한 별실도 있었다." 전에 이 병원의 레지던트였던 사람의 회상에 따르면, 어펌 하우스에는 각 층마다 입원실 넷이 있었는데, 네 명의 환자들은 모두 하버드 클럽의 회원이었다!

맥린 병원은 하버드 의과대학과 연결되어 있었고, 지금도 그렇다. 실비아 플라스, 레이 찰스, 로버트 로웰 등의 지식인과 유명인, 부자들이 이 병원에 입원했는데, 케임브리지 주변 사람들은 이곳을 정신병원이라기보다는 요양소라고 생각했다. 그래서 신경과민의 시인이나 교수, 대학원생 들이 특별한 종류의 휴가를 즐기기 위해 찾아들었다.

그날 밤 맥린 병원의 당직의사는 내쉬에게 "자원 입원 서류"에 서명을 하라고 독촉했다. 내쉬는 거절했다. 세계 평화를 위한 위대한 운동이 진행중이고, 그는 지도자이기 때문이라고 그럴 수 없다고 말했다. 그는 스스로를 "평화의 왕자"라고 칭했다. 병원에서는 그에게 퇴원 청원을 할 권리 등의 법적 권리가 있음을 알려주었다. 일차 진단서가 작성되었지만, 그 내용은 내쉬와 논의되지 않았다. 판사에게 열흘간의 강제 입원을 요청하는 양식도 작성되었다. 이어 내쉬는 벨냅 원 병동으로 안내되었다. 그 병동은 맥린 캠퍼스의 북쪽, 행정 건물의 바로 위쪽에 있는 저층의 벽돌 건물이었다.

내쉬는 휴게실에서 공중전화를 사용했다. 변호사가 아니라 지포라 레빈슨에게 전화를 걸었다. "존은 어떻게 하면 그곳을 벗어날 수 있는지 알고 싶어했어요. '내게서 악취가 난다' 면서 샤워를 하고 싶다는 말도 하더군요." 지포라가 말했다.

버지니아 내쉬는 아들을 만나러 로아노크에서 올라왔다. 그녀는 거의 넋이 나갔다. 그녀는 울고 또 울며, "조니가 이런 꼴이라니" 견딜 수가 없다고 되뇌었다. 버지니아도 신경쇠약으로 쓰러질 것만 같았다고 에마 더셰인은 회상했다. 버지니아는 앨리샤에게 금전적이든 다른 것이든 어떤 도움도 주지 않았다. 앨리샤는 돈이 얼마 없는데다가 출산을 앞두고 있어서 여간 낙담하지 않았다. 시어머니가 도와줄 거라고 기대했는데, 시어머니도 자기 못지않게 도움이 필요했던 것이다.

내쉬는 곧 보디치홀 *Bowditch Hall*로 옮겨졌다. 그 병동은 맥린 캠퍼스의 가장자리에 있는 저층의 하얀 목조건물이었는데, 남자용 감금 시설이었다. 내쉬가 입원한 지 2주 만에 유명한 미국 시인 로버트 로웰도 보디치홀에 들어왔다. 내쉬보다 열두 살 많은 로웰은 이미 이름이 널리 알려진 시인이었는데, 조울증 환자여서 10년 사이에 이번까지 다섯 번이나 입원을 했다. 로웰에게는 이 입원 기간이 "세 권의 시집을 죄다 새로 쓰면서" 보낸 "미친 한 달간"이었다. 그는 하이네와 보들레르를 번역하고, 자기가 썼다고 믿은 밀턴의 "리시다스 *Lycidas*"를 고쳐 썼다—"나는 하늘을 후려쳤다, 그 모든 것은 말이 되었다"고 느끼면서.

로웰의 미망인 엘리자베스 하드위크가 후일 회상했듯, "도망칠 수도 없이, 불쏘시개처럼 함께 던져진" 로웰과 내쉬는 많은 시간을 함께 보냈다. 아더 매턱이 문병을 갔을 때, 내쉬의 좁은 침실에는 15명에서 20명에 이르는 사람들이 북적거리고 있었다. 그것은 흔히 있었던 일로 밝혀졌는데, 내쉬의 침대에 올라앉은 로웰은, 벽에 기대 서 있거나 바닥에 쪼그려 앉은 환자들과 직원들에게 기나긴 독백을 늘어놓고 있었다. "노곤한 콧소리로, 뜸을 들이며, 애처롭게, 중얼거리듯" 특유의 목소리로 말하는 로웰의 옆에는 내쉬가 웅크리고 앉아 있었다. 매턱은 1997년에 이렇게 회상했다. "그때의 얘기 내용은 기억하지 못합니다. 한 번에 한 사람만 말을 했는데, 대부분 로웰이 얘기했다는 것 정도만 기억이 납니다. 대체로 그는 하나의 주제에 대해 길게 얘기한 다음 다른 주제로 넘어갔습니다. 다른 사람들은 그 유명한 시인의 말을 경청했지요. 내쉬도 거의 말이 없었습니다."

보디치홀은 1860년쯤 이후 한때 남자들이 출입하지 못한 여성 전용 건물이었다. 로웰의 말에 따르면, 이제 보디치홀은 "전 편집증환자 사내들 *ex-paranoid boys*"—자기에게 아무 이상이 없다고 생각했기 때문에 달아나지 않는다는 말을 믿어줄 수 없는 남자들—을 위한 병동이었다. 그런 병동치고는 환자에 대한 대우가 이상할 정도로 점잖았다. 보디치홀에서 내쉬와 동료 환자들은 "노파들에게나 어울리는 상냥하고 호들갑스러운 간호 대상"이었다. 머리를 짧게 깎은 로마 카톨릭계 간호사들은 대부분 보스턴 대학 재학생이었다. 그들은 취침 때면 내쉬에게 초콜릿 우유를 가져왔고, 그의 관심사와 취미, 친구 들에 대해 물으며 그를 교수님이라고 불렀다. "뿌듯한 포만감을 주는 뉴잉글랜드식 아침식사"에 이어 엄청난 양의 점심식사와 흐뭇한 저녁식사가 나왔다. 환자들은 모두 살이 쪘다. 내쉬는 "잠겨진 문"과 "갓을 씌운 야간등"이 있고 바깥이 내다보이는 독실에서 지냈다. 비명 소리도, 폭력 사건도, 구속복 *straitjacket*도 없었다. 동료 환자들은 "교양 있는 정신병자들"이어서, 점잖고 자상한데다가 그와 사귀려고 안달하며 내쉬에게 책도 빌려주었고, "일과"를 가르쳐주기도 했다. 하버드의 젊은 "우두머리"였던 그들은 토라진을 너무 많이 주사 맞은 탓에 움직임은 느렸지만, "의사들보다 훨씬 총명하고 재미있다"고, 내쉬는 면회 온 에마 더세인에게 털어놓은 적이 있다. 또 "텔레비전 앞에서 빵 부스러기를 흘리며 게으르게 채널을 돌리는" 늙은 하버드 유형도 있었다. (맥린 병원의 환자 절반 정도는 노인들이었는데, 로웰의 "보비/포셀리언 1929"에 나오듯, 이 노인들은 밤늦도록 "알몸으로" 보디치홀을 어슬렁거렸다.)

하지만 그곳에서는 내쉬도 속옷만 입고 허리띠와 구두는 빼앗긴 채 유리가 아닌 면도용 철제 거울 앞에 서야 했다. 이튿날 아침 그가 내다본 창 밖 풍경은, 로웰의 표현을 빌면, "날이 푸르니 / 고뇌 어린 나의 푸른 창문이 더욱 가슴 시리다." 날은 분명 너무나 길었을 것이다. "시간이 가고 또 가도 끝이 없다." 무엇보다도 문병객이 찾아올 때가 참으로 참담했다. 문병객들은 잠긴 문으로 들어왔다가 다시 나갈 자유가 있었지만 환자는 그럴 수 없었다. 그것은 꼭 끔찍한 일만은 아니었다. 한 입원 환자의 표현에 따르면, 단지 그는 "논리적인 토론의 상대가 될 수 없다고 간주되고…, 아이 취급을 받았을 뿐이다. 그것은 잔인한 것이 아니라, 효율적이고 확고하게 보살펴 주려는 것이었다." 그는 단지 성인 인간으로서의 권리를 양도한 것뿐이었다. 로웰과 마찬가지로, 그는 이렇게 자문했을 것이다. "내 유머 감각은 어쩌지?"

앨리샤는 아는 사람들 모두에게 문병을 가달라고 채근했다. 지포라 레빈슨은 수학과 사람들의 문병 일정을 짰다. 친구들이 격려해주면 내쉬가 곧 나으리라는 믿음에서였다. 지포라는 1996년에 이렇게 회상했다. "MIT 사람들은 모두 내쉬가 낫도록 노력해야 한다는 책임감을 느꼈어요. 병원 사람들도 모두 환자가 친구들과 어울리며 격려를 받으면 더 빨리 회복될 거라고 생각했죠."

어느 날 오후에 알 바스케스는 몹시 화가 난 폴 코언과 마주쳤다. 코언은 내쉬를 면회하러 맥린 병원에 갔다. 그러나 면회를 거부당했다. 맥린 병원에 일종의 면회 금지자 명단이 있더라고 코언은 바스케스에게 말했다. 바스케스는 이렇게 회상했다. "코언이 그 명단에 들어 있었어요. 그런데 나도 그렇더라는 겁니다. 나는 정말 놀랐습니다." 바스케스는 물론이고 대부분의 수학과 학생들은 내쉬가 입원중이라는 사실조차 몰랐다.

그것은 일종의 위원회 명단이었다고 합니다. 코언은 단단히 화가 났습니다. 나는 그때 처음으로 내쉬가 입원했다는 것을 알았어요. 그 명단에는 20명쯤 적혀 있었다고 합니다. 대부분 MIT 수학과 사람들이었지요. 코언이 몇몇 사람 이름을 들려주었는데 기억은 나지 않습니다. 병원에서는 그 명단에 오른 사람들에게 면회를 허용하지 않았어요. 나는 그 명단을 "세계 지배 위원회"라고 불렀지요.

처음에 내쉬는 환자들이 신발도 신지 않고 어슬렁거리는 것을 이상해하다가 곧 분노를 터트렸다. "내 아내, 다른 사람도 아닌 내 아내가…!" 초기에 문병 온 아드리아노 가르시아에게 그런 식으로 그는 분노를 표현했다. 그는 "아내의 힘을 빼앗기 위해" 앨리샤와 이혼하겠다고 으름장을 놓았다. 위르겐과 거트루드 모저 부부도 비슷한 얘기를 기억하고 있었다. "그는 매우 분개했어요. [그러나] 그 밖에는 달라진 게 없더군요. 거트루드도 처음에는 그에게 아주 동정적이었어요. 내쉬가 왜 저런 대우를 받아야 하느냐고 꽤 화를 냈지요. '그는 미친 것 같지 않다'고 아내는 생각했죠." 위르겐 모저의 회상이다. 보디치홀로 찾아간 에마 더셰인은 내쉬가 예전보다 더 잘 대해주었다고 회상했다. "그는 아주 조리 있게 말을 했다"고 에마는 말했다. 지안-카를로 로타와 하버드 대학 교수 조지 매키가 찾아갔을 때, 내쉬는 문이 잠겨 있다는 게 괴상쩍다고 농담을 던지며, 그곳에 갇혀 있어야 하는 것이 참 이상한 일이라는 말을 했다. 또 아주 조리 있는 어조로 자기에게 전부터 망상 증세가 있었다는 것을 알고 있다고 말했다. 도널드 뉴먼이 찾아왔을 때는 반농담조로 물었다. "내가 노멀 *NORMAL*한 사람이 될 때까지 퇴원시켜 주지 않으면 어쩌지(여기서 '노멀'은 '정상인'보다 '보통사람'이라는 뜻 : 옮긴이 주)?" 펠릭스 브로더에게는 병원비가 너무 비싸다고 투덜거렸다.

(그해 봄에 병원비는 하루 38달러였다.)

일부 문병객들은 내쉬가 왜 입원했는지 의아해했다. 특히 도널드 뉴먼은 내쉬가 정상이라고 열렬히 주장했다. "옛날과 뭐가 다르단 말입니까!" 뉴먼은 그런 말만 되풀이했다. 가르시아는 1995년에 이렇게 회상했다. "나는 그의 아내가 그렇게 했다는 사실을 알고 경악했습니다. 내 우상이 멍청한 간호사의 지시에 굴종해야 한다는 게 믿어지지 않았어요."

내쉬는 처음에 입원하자마자 토라진을 맞고 말이 어눌해지며 진정되었지만, 그 약도 그의 "내면 깊이 도사린 비현실성"을 몰아내지는 못했다.

인공지능의 발명자 가운데 한 명인 존 매카시는 병원과 병을 무서워했는데도 내쉬를 찾아갔다. "아이디어가 계속 샘솟는데 그걸 막을 도리가 없다"고 내쉬는 매카시에게 말했다. 아더 매턱에게는, 군사 지도자들이 세상을 접수할 음모를 진행중인데 자기가 접수 총책으로 추대되었다고 말했다. 매턱은 이렇게 회상했다. "그는 대단히 적대적이었습니다. 내가 찾아가니까, '나를 빼내주려고 왔지?' 하고 묻더군요. 그는 겸연쩍은 미소를 지으며, 자기가 신神의 왼발이며, 신이 지금 지상을 걷고 있다고 은밀하게 말하더군요. 그는 비밀 수數에 몰두하고 있었습니다. '자네는 그 비밀 수를 알고 있나?' 하고 묻더군요. 그는 내가 자기와 한 패인지 알고 싶어했어요."

첫 이삼 주일 동안, 맥린 병원이 법원에 관찰 기간을 40일 더 연장해달라고 요청해놓고 있을 때, 내쉬의 행동은 관찰, 연구, 분석되었다. 내쉬의 전기도 씌어졌다. 205개 항목에 이르는 완전한 인성 목록이랄 수 있는 내쉬의 인생 스토리를 구성하기 위해 젊은 정신과의사가 배치되었다. 발병하기까지의 모든 것, 즉 가족, 유년시절, 교육, 직장, 병력 등이 망라되었다. 그것이 작성되자 병원의 고참의사들이 참석하는 사례 검토회의에 제출되어 좀더 분명한 진단이 내려졌다.

초기부터 병원 의사들은 내쉬가 입원 당시 명백히 정신병에 걸린 상태였다는 데 의견이 일치했다. 편집증적 정신분열증이라는 진단은 아주 신속하게 내려졌다. "내쉬가 음모에 대한 말을 자주 했다면 그런 진단은 불가피했을 것"이라고 맥린 병원의 의사 칸이 후일 말했다. 내쉬가 발병 전에 괴팍했다는 사실도 그런 진단을 내리는 데 한몫했다. 물론 그 진단의 적합성에 대한 약간의 논란도 있었다. 내쉬의 나이와 업적, 천재성 등을 미루어볼 때, 로버트 로웰처럼 조울증을 앓고 있는 것인지 모른다는 의견도 나왔을 것이다. "사람들은 늘 그것을 혼동했습니다. 아무도 확신할 수 없었어요." 내쉬가 입원한 직후 입원 병동의 하위 행정가가 된 조셉 브레너가 말했다. 그러나 내쉬의 여러 특성, 즉 과대망상과 피해의식이 공존하는 이상하고 복잡한 의식 특성, 긴장되고 의심 많고 경계하는 행동, 비교적 조리 있는 언변, 멍한 얼굴 표정, 극히 현실 괴리적인 말, 때로 벙어리에 가까운 과묵함 등의 모든 특성은 정신분열증 쪽을 가리키고 있었다.

의사들이 내쉬의 발병 원인이 되었다고 생각한 사건들에 대해 사람들은 많은 얘기를 했다. 지포라는 의사들이 앨리샤의 임신을 주된 원인으로 지목했다고 회상했다. "당시는 프로이트의 정신분석이 절정에 이른 시기였습니다. 그 모든 것이 태아를 질투하는 것 *fetus envy*으로 해석되었지요." 코언은 이렇게 말했다. "정신분석의들은 그의 발병이 잠복성 동성애 때문이라고 보았습니다." 내쉬의 의사들이 그런 생각을 품은 것도 당연했다. 정신분열증이 억압된 동성애 성향과 관계가 있다는 프로이트 이론은 오늘날 폐기되었지만, 당시 맥린 병원에서는 꽤 유행하고 있었다. 그래서 그후에도 수년 동안, 흥분상태로 맥린 병원에 입원해 정신분열증 진단을 받은 남자 환자는 누구나 "동성애 공포"를 앓고 있는 것으로 간주되었다.

내쉬는 이런 사실들을 알고 있지 않았다. 정신과의사들은 내쉬가 캐물었어도 얘기를 해주지 않았을 것이다. 그러나 의사들이 무슨 생각을 하고 있는지 알아내려고만 했다면 못 알아낼 것도 없었다. 맥린 병원의 도서관에 가보거나 동료 환자들과 얘기할 수 있었기 때문이다.

모두가 아주 낙관적이었다. 낙관론은 당시 "정신분석에 열광한" 맥린 병원의 특성이기도 했다. 로버트 로웰을 담당한 의사들이 그의 아내 엘리자베스 하드위크에게 말했듯, 가장 심각한 정신병, 즉 로버트 로웰의 경우처럼 만성적인 정신병도 이제는 "영구적 완치"가 가능해졌다고 믿었던 것이다.

맥린 병원의 임원진은 1954년에 알프레드 스탠튼 *Alfred H. Stanton*에게 맥린 병원을 현대화하라는 임무를 부여했다. 스탠튼이 부임하기 전에 "간호사들은 줄곧 모피 코트나 분류하고 감사 편지를 쓰고 있었다"고 칸은 회상했다. 게다가 환자들은 어떤 신체적 질병을 앓기라도 한 것처럼 하루 종일 침대에 누워서 시간을 보냈다. 스탠튼은 많은 간호사와 정신과의사를 고용하는 한편, 의료진 상주 계획을 확대하고, 집중적인 정신치료 프로그램을 갖추었으며, 사회 교육적 활동과 직무 활동을 조직화했다.

맥린 병원의 치료 관점을 요약하면, "사교적이면서 동시에 미쳤을 수는 없다"는 것이었다. 병원 직원들은 병명이 무엇이든 새 환자들에게 사교활동을 적극 권장했다. 그러한 "환경 *milieu*" 요법과 더불어, 일주일에 닷새 동안 집중적으로 정신분석을 하는 것이 주된 치료법이었다. 토라진은 이 치료를 준비하는 초기에 도움을 주는 것 정도로만 간주되었다. 칸은 이렇게 말했다. "스탠튼의 의료 철학은 환자를 '도덕적으로 치료' 했던 초기의 의료 개념으로 되돌아가자는 것이었습니다. 특히 환자들에게 좋은 일이 있을 거라는 기대감을 갖고 의료진들이 환자와 가까워져야 한다는 것이었지요. 이 철학은 환자들을 의사결정에 참여시켜 의료기관의 위계질서를 타파해보자는 것이었습니다."

스탠튼은 프로이트의 미국인 수제자였던 해리 스택 설리번 *Harry Stack Sullivan*의 제자였다. 그는 워싱턴 DC 교외에 있는 개인병원 체스넛 로지를 운영한 경력이 있었다. 이 개인병원에서는 정신이상자들을 치료하기 위해 정신분석을 이용했다. 스탠튼은 또 맥린 병원에 부임하자마자 전두엽 절제수술과 충격요법 사용을 완전 중지시켰다. 브레너는 이렇게 말했다. "맥린 병원에서는 프로이트주의가 강력했습니다. 그때는 정신약리학의 여명기였지요. 우리는 매우 성실하게 필사적으로 치료법을 개발하고 있었습니다."

"우리에게는 정신분열증에 대한 지식이 거의 없었다"고 회상하며 지포라 레빈슨은 슬퍼했다. "나는 바보였어요. 그저 좋은 의사가 있고 격려만 좀 해주면 곧 나을 거라고 생각했으니까요. MIT의 모든 사람들도 내쉬가 순식간에 나을 거라고 믿었습니다. 맥린 병원에서 선진 요법으로 치료할 테니까요. 우리들 가운데 비극을 감지한 사람은 노버트 위너밖에 없었습니다. 그는 정말 진심 어린 동정을 표시했어요. '이건 정말 어려운 상황'이라고 위너는 버지니아에게 말했어요. 버지니아는 진정하려고 애를 쓰면서도 몸을 들먹이며 눈물을 흘렸지요. 그녀는 가능한 한 많은 것을 알고 싶어했어요. 위너의 눈에는 눈물이 그렁그렁했지요."

어느 날 저녁 이사도어 싱어와 앨리샤가 같이 문병을 간 적이 있었다. 커다란 장방형의 휴게실에는 다른 문병객이 없었다. 싱어는 그때를 이렇게 회상했다.

우리가 유일한 문병객이었습니다. 시인 로버트 로웰이 지독한 조증 상태로 들어섰어요. 그는 앨리샤가 임신했다는 것을 알아보고, 물끄러미 바라보더니, 성서의 출산 일화들을 인용하기 시작합니다. 그러다가 '기름 부음을 받은 자 *the anointed*'라는 단어로 앞서의 인용문들을 엮어나가기 시작했습니다. 그는 흠정판 성서에 쓰인 그 단어의 온갖 의미를 우리에게 강의하는 것이었어요. 끝내는 영어의 모든 단어가 로웰의 개인적 친구라는 생각이 들 정도였지요. 내쉬는 말이 없었고, 거의 움직이지도 않았습니다. 귀를 기울이고 있는 것도 아니었어요. 그는 완전히 위축되어 있었지요. 만삭에 가까운 내쉬 부인도 거기 앉아 있었습니다. 나는 내쉬 부인과 곧 태어날 아이 생각을 주로 했어요. 그때의 광경은 몇 년 동안 뇌리에서 지워지질 않았습니다. "내쉬는 끝났구나" 하는 생각이 들었지요.

내쉬의 중증 정신병 증세는 입원 몇 주 만에 거짓말처럼 사라졌다. 토라진의 약효 때문일 수도 있고, 감금 때문일 수도 있고, 다시 자유를 찾겠다는 치열한 욕구 때문일 수도 있다. 병동에서 그는 모범 환자처럼 행동했다. 조용하고 점잖고 너그러웠다. 곧 아무런 감시자도 따라붙지 않고 맥린 병원의 뜰을 자유롭게 산책할 수 있는 것을 비롯한 온갖 특권이 주어졌다. 요법이 시작되면, 세계 정부를 구성하기 위해 유럽으로 갈 거라는 말도 하지 않았고, 자기가 평화 운동의 지도자라는 말도 더 이상 입에 담지 않았다. 그는 이혼 이외에 다른 위협은 하지 않았다. 그가 수많은 미치광이 편지를 써 보냈고, 대학 당국이 언짢아할 행동을 했으며, 그 밖에도 이상한 짓을 많이 하지 않았느냐고 물으면 그는 순순히 시인했다. 그는 어떠한 환각도 경험하고 있지 않다고 강조했다. 그에게 배정된 두 명의 젊은 레지던트—높은 평가를 받은 독일계 정신분석학자 에그버트 뮬러 *Egbert Muller*, 그리고 다소 후배인 프랑스계 캐나다인 재클린 고티에 *Jacqueline Gauthier*—는 내쉬가 증상을 단지 감추고 있는 것 같다는 데 개인적으로 동의하면서도, 병상 기록부에는 그의 증상이 거의 "사라졌다"고 기록했다.

사실 그랬다. 내쉬는 내심 자기가 정치범이라고 생각하며, 가능한 한 빨리 간수들에게서 벗어나겠다고 마음먹고 있었다. 그는 다른 환자들의 도움을 얻어 병원에서의 게임의 규칙을 재빨리 터득했다. 환자가 퇴원을 요구할 때, 병원측이 거부하려면 법규상 근거를 제시해야 했다. 즉, 의사들은 그가 자해를 하거나 남을 해칠지 모른다는 것을 설득력 있게 입증해야 했다. 실제로 환각이나 명백한 망상 증세를 보이는 환자는 퇴원할 수 있는 가능성이 별로 없었다. (후일 내쉬는 두 번째 아들이 정신분열증에 걸렸을 때, 분열증 환자는 망상 증세와 행동을 의식적으로 충분히 통제할 수 있다는 입장을 취했다.)

그는 변호사 버나드 브래들리를 고용해 자신의 퇴원을 청원토록 했다. 당시 브래들리는 국선 변호사로 일하고 있었지만, 내쉬가 돈이 궁했던 것은 아니었으니, 아마도 브래들리를 개인적으로 고용했을 것이다. 내쉬의 제안에 따라 브래들리는 저명한 보스턴 정신과의사인 워렌 스턴스 Warren Stearns를 고용해, 내쉬를 검사하고 퇴원청원을 지지하도록 했다. 스턴스는 저명한 연구자였을 뿐만 아니라, 주정부의 정신건강과 행형行刑 정책을 결정하는 주요 인물이기도 했다. 오랫동안 다양한 경력을 쌓은 그는 터프츠 의과대학 학장과 매사추세츠 주 형무소 소장, 주정부 정신건강 담당 차관 등을 역임하기도 했다. 내쉬의 제안에 따라 브래들리가 찾아왔을 때, 스턴스는 터프츠 대학 사회학과의 창설자이자 학과장이었다. 범죄에 관한 그의 견해는 제임스 윌슨의 견해를 예고하는 것이었다. 즉, 그는 18세와 23세 사이의 소수 인구가 대부분의 범죄를 저지른다고 보았다. 이 주제를 다룬 그의 책 〈범죄자의 성격 *The Personality of Criminals*〉은 고전으로 평가되고 있다. 스턴스는 사코와 반제티 사건을 비롯한 온갖 유형의 소문난 형사 사건에 전문가로 참여했다.

스턴스는 내쉬를 두 번 면회했다. 5월 14일에 처음 찾아갔을 때는 내쉬를 잠깐만 만났고, 며칠 후 두 번째로 찾아갔을 때는 한동안 얘기를 나누었다. 내쉬는 어떤 망상 증세도 언급하지 않았고, 환각 증상을 시인하지도 않았다. 스턴스는 브래들리에게 이런 편지를 보냈다. "나는 그를 정신병 환자라고 보지 않습니다. 그는 거침없이 얘기했고 솔직했으며, 당연히 퇴원을 열망했습니다." 5월 20일경, 연장된 강제 입원 기간 40일이 만료되기 열흘 전에, 스턴스는 세 번째로 찾아가 강제 입원 서류와 내쉬의 병상 기록을 살펴보았다. 그는 뮬러와 고티에와도 얘기를 나누었다. 두 레지던트는 내쉬가 일부러 증상을 감추고 있다고 확신하면서도, 더 이상 "내쉬를 감금할 이유가 없다"고 시인했다. 100달러를 받고 조사 보고서를 작성해주기로 한 스턴스는 5월 20일자로 브래들리에게 쓴 편지에서, "나는 그에게 무슨 문제가 있다는 것인지 아직 모르겠다"면서도 이렇게 덧붙였다. "나는 분명히 그의 퇴원을 권하는 바입니다."

그런데 뮬러와 고티에는 내쉬가 계속 병원에 남아 있어야 한다는 의견을 냈다. 그때 앨리샤는 남편의 강제 입원을 더 연장하는 서류에 서명하지 않겠다고 두 레지던트에게 말했다. 그러나 남편의 퇴원 후에도 정신과의사의 치료를 받게 한다는 데에는 동의했다. 그리하여 5월 28일, 50일간의 감금 끝에 내쉬는 병원에서 풀려나 다시 자유인이 되었다. 아들이 태어난 지 꼭 한 주가 지난 날이었다.

매드 해터의 티파티

1959년 5월~6월

내쉬가 입원한 후 앨리샤는 집에 혼자 있는 것이 견디기 힘들었다. 주택 임대기간도 5월 1일이 만기였다. 앨리샤는 에마 더셰인에게 전화를 걸어 같이 살자고 부탁했다. "어느 날 앨리샤가 전화해서 한 집에서 같이 살고 싶다고 말했다"고 에마는 회상했다. 처음에 에마는 내키지 않았다. 앨리샤가 값비싼 집에서 살자고 할지도 몰랐기 때문이다. 그러다 두 사람의 친구인 마가렛 휴즈의 집을 임대할 수 있겠다는 생각이 떠올랐다. 그래서 5월 1일, 앨리샤와 에마는 MIT와 하버드의 중간에 위치한 케임브리지 트레몬트 스트리트 18½번지의 작은 솔트박스 *saltbox*(앞쪽은 2층이고 뒤쪽은 1층인 집)로 이사했다.

앨리샤는 눈물도, 히스테리도, 불필요한 자신감도 내비치지 않았다. 그녀는 스스로 얻어낼 수 있는 도움이면 뭐든 받아들였다. 그렇다고 누구나 도와주리라고는 기대하지 않았다. 아더 매턱 같은 친한 친구들을 비롯한 모든 사람이 그녀가 내쉬를 맡아야 한다고 생각한다는 것을 그녀는 잘 알고 있었다. 그녀는 내쉬를 강제 입원시켰다는 비난에 대해 자기 변호를 했지만, 그것을 다그칠 때만 그랬다. 예를 들어 거트루드 모저가 그랬는데, 거트루드는 맥린 병원에 가서 내쉬를 만나본 후, 내쉬가 정신병자라는 것을 의심하며 앨리샤에게 내쉬를 강제 입원시킨 이유가 뭐냐고 따졌다. 자기를 해치겠다고, 이혼하겠다고, 은행 예금을 찾아 유럽으로 떠나겠다고 위협하는 남편을 정신병동에 넣은 젊은 여자치고 앨리샤는 놀랍도록 침착했다. 사랑의 열병을 앓으며 도서관의 공상과학 소설 서가 가까이 앉아, 자신의 우상이 오기만 바라던 그 젊은 여성이 이제는 여생을 살아가는 데 필요한 강인한 힘을 갖게 된 것이었다.

　다른 젊은 여자였다면 두 손 들고 부모가 계신 고향으로 떠나버렸을지도 모른다. 그러나 앨리샤는 존 내쉬의 정신과 경력을 지켜줄 수 있다고 자신을 다그쳤다. 그녀는 눈앞에 닥친 위기에 최대한 집중해서, 에마 더셰인과 지포라 레빈슨 같은 유능한 사람들의 도움을 받아들였다. 목표에 집중하는 능력, 강단 있는 자제력, 적격자라는 의식, 이 남자에게 자기 미래가 달렸다는 깊은 확신—그리고 또 아마도 젊음의 무지와 낙관주의와 화합력—이 너무나 어두웠던 이 시기를 헤쳐나가는 데 도움이 되었을 것이다. 그녀는 임산부였으면서도 아이를 낳는다는 일이 아닌 내쉬를 구하는 일, 그 한 가지 과업에만 관심을 집중시켰다.

　에마는 이렇게 회상했다. "그녀는 아기 얘기를 한 적이 없어요. 오로지 내쉬 얘기만 했지요. 임신은 하나의 문제로 간주되었어요. 아기가 내쉬를 돌보는 일을 방해할지도 모른다는 것을 걱정했으니까요."

육아실도, 아기 용품도 마련해놓지 않았고, 여느 여자들처럼 스폭 박사의 베스트셀러 육아교본을 머리맡에 두고 읽는 일도 없었다. 그럴 시간도 관심도 없었다. 임신 기간이 끝나기만 바랄 뿐, 이후의 일은 생각하지도 않았다. 친정 어머니가 와서 도와줄 거라고 막연히 기대는 했지만 미리 도움을 청할 생각은 하지 않았다. 시어머니에게도 다시 와달라는 말을 하지 않았다. 사실상 그녀는 전혀 신경을 쓰지 않았다. 밤중에 태아가 뱃속에서 계속 힘차게 발길질을 한 후에도 그걸 아무에게도 말하지 않았다.

에마는 이렇게 회상했다. "[맥린 병원에서의] 내쉬의 관찰 기간이 끝나가고 있었어요. 정신과의사들은 내쉬의 위기가 그녀의 임신 때문에 촉발되었다는 말을 바꾸지 않았어요. 그녀가 의사에게 조기 유도 분만을 부탁했지만 의사는 거절했지요."

5월 20일, 앨리샤의 진통이 시작되었을 때, 내쉬는 맥린 병원에 있었고 앨리샤는 트레몬트 스트리트 18½번지에서 에마와 함께 살고 있었다. 진통은 아래쪽 등에서 시작되었다. 그녀는 참지 못하고 침대로 기어 들어갔다. 마침 에마가 곁에 있었다. 두 여자는 진통이 시작되었다는 것을 확신할 수 없었다. 에마는 후일 언니가 출산하려고 할 때 산부인과 교재를 사서 읽어보고, 등에서 진통이 시작되는 것은 흔히 있는 일임을 알았다. 마침내 진통이 점점 더 심해지고 주기가 짧아지자 지포라 레빈슨에게 전화를 했다. "그래, 정말이지, 진통이 온 것 같애"하고 확인해준 지포라는 곧장 차를 몰고 가서 병원에 데려다주겠다고 말했다. 지포라가 왔다. 그 무렵 이제는 겁에 질려 있는 앨리샤를 보자마자 지포라는 당장 병원에 가야겠다고 어서 차에 타라고 말했다.

그날 밤 앨리샤는 사내아이를 낳았다. 몸무게는 4.0킬로그램, 키는 54.6센티미터였다. 아들 이름은 짓지 않았다. 아기 아버지가 이름을 고르는 데 도와줄 수 있을 만큼 나을 때까지 기다려야 한다고 생각했기 때문이다. 아이는 거의 1년 동안 이름이 없었다.

앨리샤는 내쉬의 분노를 감내해야 했다. 출산 다음 날, 내쉬는 아내와 아들을 만나기 위해 저녁에 외출 허가를 받아 보스턴 산과 병원 Boston Lying-In Hospital에 들렀다. 지포라 레빈슨은 기억하지 못했지만, 내쉬에게 알린 것은 그녀였을 것이다. 내쉬가 와 있는 동안 한 친구가 앨리샤를 찾아왔다. 침대에 누워 있는 앨리샤는 작고 창백해 보였다. 내쉬는 곁에 앉아 있었다. 저녁식사 쟁반이 침대 옆 테이블에 놓여 있었다. 어느 순간, 내쉬가 냅킨을 집어들고 일어서서 병원 이름이 적힌 벽으로 다가가더니 냅킨으로 Lying-In의 In을 가렸다. 병원은 "보스턴 거짓말 병원 Boston Lying Hospital"이 되었다. 앨리샤를 찾아온 한 친구는 이렇게 회상했다. "앨리샤가 거짓말을 한다는 것을 암시하는 행동이었어요. 그녀는 남편의 행동을 지켜보기만 했습니다. 나도 입을 다물고 있었어요. 공연히 입을 열면 긁어 부스럼이 될까봐서요."

내쉬의 유머 감각은 여전했다. 일주일 후 퇴원한 날 오후에, 내쉬는 곧장 MIT 수학과 두레방으로 갔다. 그는 어슬렁거리며 걸어 들어가 모든 사람과 인사를 나누고, 지금 막 맥린에서 나온 길이라고 말했다. "아주 멋진 곳이더군." 그는 차를 마시고 있던 대학원생들과 교수들에게 말했다. "딱 한 가지만 빼고 다 있었어. 자유만 빼고!"
하루나 이틀 후, 내쉬는 수학과로 돌아왔다. 그는 복도 게시판에 손으로 쓴 "출현 파티" 포스터를 꼼꼼히 붙였다. 포스터에는 이렇게 씌어 있었다. "내 인생에서 소중한 사람들을 모두 초대합니다. 그게 누구인지 여러분 스스로 알 겁니다!" 다음 주에 내쉬는 수학과 사람들의 사무실에 일일이 들러 파티에 올 거냐고 물었다. 가겠다고 대답하면 그는 물었다. "왜?"

그는 그 파티가 "매드 해터의 티파티"라면서 사람들에게 분장을 하고 와달라고 요청했다(매드 해터 *Mad Hatter*는 루이스 캐롤의 〈이상한 나라의 앨리스〉에 나오는 모자 장수. 그의 시계는 6시에 멈추어 있으며, 6시는 차를 마시는 시간이다:옮긴이주). 이 파티가 내쉬의 아이디어였는지 앨리샤의 아이디어였는지는 분명치 않다. 노먼의 아내 지포라 레빈슨은, 일주일 된 아들과 함께 집에 있던 앨리샤가 내쉬를 문병해준 사람들에게 고마움을 표시하고 싶어서 그런 파티를 준비했다고 생각했다. 한 대학원생은 그 파티에 참석하고 싶지 않아 주말에 뉴욕으로 갔는데, 그 파티가 매턱의 아파트에서 열렸다고 회상했다. 매턱은 그것을 전혀 기억하지 못했다. 그 파티는 트레몬트 스트리트 18½번지에서 열렸을 가능성이 높다. 지포라는 그것이 "성대한 파티"였다고 기억했다.

내쉬 부부는 또 적어도 한 차례의 디너파티를 열었다. 뜻밖에도 그 파티에 초대된 손님은 알 바스케즈였는데, 그는 6월 12일에 대학원을 졸업할 예정이었다. 그는 그 파티를 슬프고도 우울한 사건으로 기억하고 있다. 그는 1997년에 이렇게 회상했다.

그런 기이한 저녁식사는 난생처음이었습니다. 내가 가보니 앨리샤와 갓난아이, 앨리샤의 모친도 있더군요. 존은 아주 이상하게 행동했습니다. 존이 일어설 때마다 앨리샤의 어머니도 일어서서 존과 아이 사이에 끼여들었어요. 그건 아주 이상한 댄스 같았습니다. 두어 시간이나 그런 일이 계속되었지요. 앨리샤는 내가 누군지도 몰랐어요. 그날 저녁 내내 모두가 모든 것이 정상이라는 듯이 행동하려고 애를 썼어요. 그런 기이한 분위기는 숨이 막힐 정도였지요. 내쉬는 가만히 앉아 있지 못했어요. 그가 벌떡 일어서면, 그 순간 앨리샤의 어머니도 벌떡 일어서서 이런저런 부산을 떨었어요. 그러면서 내쉬가 아이 근처에 오지 못하게 하려고 했지요.

내쉬는 가능한 한 빨리 유럽으로 떠날 결심을 했다. 그는 6월 1일 회르만더에게 편지를 보내, 여름 동안 스톡홀름에 있을 거냐고 물었다. 여름에 스톡홀름으로 여행할 생각인데, 그 여행을 합리화할 수 있는 "수학 모임(명분)"을 찾고 있다고 그는 썼다. 또 그는 당시 스위스에 있던 아르망과 게이비 보렐 부부에게도 편지를 보내, 그가 스위스 시민권을 얻도록 도와줄 수 있겠느냐고 물었다.

내쉬는 또 MIT 교수직을 사임하기로 결심했다. 그의 강제 입원에 MIT가 개입했다는 사실에 분노한 내쉬는, 후일 그가 한 말대로 "드라마틱하게" 사직서를 제출했다. 그와 동시에 정교수가 된 이후 적립해온 소액의 연금을 환불해달라고 요구했다. 레빈슨은 깜짝 놀랐다. 그는 마틴과 다른 교수들을 대동하고 내쉬를 찾아가, 사직서 제출은 미친 짓이라는 것을 설득하려고 애썼다. 레빈슨은 내쉬를 위해 그렇게 한 것이었다. 그는 의료비가 얼마나 많이 드는지 잘 알고 있었기 때문에, MIT가 교수들에게 제공하는 의료보험 혜택만이라도 내쉬에게 계속 적용되기를 바랐다. "노먼은 내쉬에게 사직하지 말라고 종용했어요. 내쉬에 대한 책임감을 느꼈던 거지요." 지포라 레빈슨이 말했다.

학과장 마틴은 이렇게 회상했다. "그때는 아주 어려운 시기였어요. 그가 사직했을 무렵 그는 강의를 할 수가 없었고, 사람들은 그가 회복될 가망이 없다고 생각했지요. 그런 상황이었는데도 나는 그에게 무슨 말을 할 수도 없었어요. 그와는 일관성 있는 대화를 나눈다는 것이 불가능했습니다. 레빈슨은 끝까지 내쉬를 밀어주었지요. 대학본부에서 내쉬의 사직서를 수리하라고 내게 압력을 넣지는 않았습니다."

그러나 내쉬는 고집을 꺾지 않았다. 레빈슨의 요청에 따라, 대학당국은 내쉬가 연금을 환불받지 못하게 하려고 애썼다. 그러나 그것 역시 내쉬는 자기 고집을 관철했다. MIT와 연분이 있는 의사인 제임스 포크너 *James Faulkner*는 6월 23일에 MIT 총장 제임스 킬리언을 대신해 워렌 스턴스에게 전화를 했다. 대학 당국이 내쉬의 장래를 대단히 걱정하고 있다는 내용의 전화였다. 폴 새뮤얼슨의 회상에 따르면, 스턴스는 또 다시 내쉬가 정신이상이 아니며, 그런 사직 결정을 내릴 만한 법적 자격이 충분하다는 입장을 취했다. 연금액은 얼마 되지 않았지만, 일단 그 돈이 지불되자 내쉬가 MIT와 맺고 있던 마지막 형식적 관계마저 끊어지고 말았다.

사임 직후, 내쉬는 게임 이론 강의를 들었던 학생 헨리 원과 우연히 마주쳤다. 그는 이제 언어학을 공부하고 있다고 헨리에게 말했다. 헨리가 놀라는 표정을 짓자, 수학자들은 "어떤 분야에서든 진수를 뽑아내는" 특유의 능력을 지니고 있다고 내쉬는 말했다. 수학자가 이런저런 분야로 자유롭게 옮겨갈 수 있는 이유도 그 때문이라는 것이었다.

내쉬는 7월 초에 '퀸 메리' 호를 타겠다고 말했다. 앨리샤는 말리려고 했지만, 불가능하다는 것이 분명해지자 함께 따라가기로 결심하고, 아이는 친정 어머니에게 맡기기로 했다.

내쉬는 프랑스의 유수한 수학 센터인 파리의 콜레주 드 프랑스에서 그해를 보내기 위해 초청장도 받아놓은 상태였다. 앨리샤는 케임브리지를 떠나 해외에서 모르는 사람들과 몇 달을 보내면, 내쉬가 세계 평화나 세계 정부, 세계 시민의 꿈을 잊어버릴지도 모른다고 기대했다. 그렇게 되면 다시 연구를 할 수 있을지도 몰랐다. 그러나 내쉬에게는 그 여행이 옛 생활로부터 영원한 도피를 약속하는 것으로 여겨졌다. 그는 다시는 미국으로 돌아오지 않을 사람처럼 말했다.

그들은 뉴욕에 가서 앨리샤의 사촌들과 작별을 했다. 그 과정에 특별한 사건이 없었는데, 다만 내쉬는 식당에서 커다란 거울을 마주 보며 식사하는 것을 거부했다. 그들은 메르세데스를 고등학문연구소의 주차장에 남겨 놓았다. 트렁크에는 낡은 〈뉴욕 타임스〉가 가득 담겨 있었다. 내쉬는 그 차와 신문들을 그가 가장 존경하는 수학자 해슬러 휘트니에게 물려주고 싶어했다. 그들은 어린 아들도 미국에 남겨 놓았는데, 아이는 아직 이름이 없어서 수학계의 농담에 따라 베이비 엡실론 *Baby Epsilon*으로 불렸다. 앨리샤의 친정 어머니는 이미 아이를 데리고 워싱턴의 집에 돌아가 있었다. 라드 부인은 내쉬 부부가 파리에서 자리잡는 대로 아이를 데리고 파리로 가기로 했다.

Part **4** >>>

The Lost Years
잃어버린 세월

세계 시민

파리와 제네바 1959~1960

> 내 앞에는 어려운 과제가 놓여 있습니다. 나는 그 과제에 한평생을 바쳐왔습니다.
> —K, 〈성城〉에서, 프란츠 카프카

> 뜻밖의 숭고한 황홀경에 빠진 듯하네, 나만의 환상에 빠져들 때면.
> —퍼시 비시 셸리, "몽블랑"

독립기념일 직후, 내쉬와 앨리샤는 '퀸 메리' 호를 타고 뉴욕 항을 떠났다. 다른 승객들처럼 뱃전에 서서 부두를 바라보다가, 이어 스카이라인을, 그리고 자유의 여신상이 시야에서 멀어지는 것을 지켜보며, 그들은 서서히 바다 한가운데로 나아갔다. 그들은 1년 전 신혼여행을 떠날 때와 달라진 데가 없는 것 같았다—내쉬는 훤칠하고 잘생긴데다 잘 차려입었고, 앨리샤는 날씬하고 가냘프고 고왔다. 다만 앨리샤는 전에 비해 침울하고 기운이 없어 보였다. 그들은 서로 다른 생각에 잠겨 있었다.

7월 18일, 내쉬 부부는 "편안한" 항해 끝에 런던에 도착했다. 이틀 후에는 파리에 도착했다. 1년 전과 마찬가지로 파리의 아름다움은 그들을 압도했다. "온통 신록이 우거졌고…파리의 커다란 푸른 비둘기들은 짝을 지어 하늘로 날아올랐다." 그들은 생라자르 역을 나와, 세느 강 좌안에 있는 그랑 오텔 드 몽블랑 *Grand Hôtel de Mont Blanc*이라는 이름에 걸맞지 않게 허름한 호텔에 여장을 풀었다. 케임브리지에서 비참하게 보냈던 지난 몇 달 동안의 무거운 짐을 부려놓은 듯 홀가분해진 그들은 잠시나마 다시 공기처럼 가벼운 기분이 되었다. 그날 오후에는 아메리칸 익스프레스 사무실을 찾아가 환전을 하고, 도착한 우편물이 있는지 확인했다. 여름이면 늘 그렇듯, 플라스 드 로페라 광장은 미국인 여행객들로 붐볐다. 반갑게도 그들은 거기서 낯익은 존 무어를 만났다. 내쉬가 MIT에서 알게 된 수학자 무어는 곧 프린스턴 수학과의 공동 학과장이 될 사람이었다. 무어는 카페 드 라 페의 테라스에 앉아 책을 읽고 있다가 잠시 고개를 든 순간 내쉬 부부를 보았다. "나는 순간 놀랐습니다. 그러나 놀랄 일은 아니었죠. 많은 수학자들이 파리를 다녀가니까요. 우리는 에딘버러 회의에 대해 얘기를 나누었습니다. 내쉬가 이상하다는 느낌을 받지는 못했습니다." 무어가 1995년에 회상한 말이다.

당시 그들의 목적이 무엇이었는지는 후일 앨리샤도 꼭 집어 말하지 못했다. 그녀가 내쉬를 따라 유럽까지 간 것은 파리 여행이 무슨 치유책이 될 거라고 기대했기 때문이 아니었다. 그를 말릴 수 없는 데다가, 그가 낯선 곳에, 돌보아줄 사람도 없이, 혼자 떠나는 것을 보고만 있을 수 없었기 때문이었다. 그러나 파리에서 처음 며칠 동안 내쉬 부부는 꽤 오랫동안 파리에 머물 것처럼 행동했다. 앨리샤는 소르본느 대학의 프랑스어 강의에 등록했고, 장기간 머물 만한 집을 찾아다녔다. 스무 살의 사촌동생 오데트가 우연찮게도 파리에 있었는데, 오데트는 그해에 그레노블 대학에 다닐 계획이었다. 두 여자는 함께 집을 보러 돌아다니다가 마침내 라 레퓌블리크 49번가에서 내쉬 부부에게 어울리는 깨끗하고 널찍한 아파트를 발견했다.

그곳은 세느 강 우안에 있는 평판 좋은 노동자 거주지였다.

그해 7월, 파리는 물론이고 온 유럽이 찌는 듯 무더웠다. 신문은 연일 무더위 소식을 보도했다. 주차해놓은 차가 폭발하기도 했는데, 순전히 자연발화 때문인 것으로 추정된다고 보도되었다. 차의 뒷유리창이 확대경 구실을 해서 뒤에 얹어놓은 신문에 불이 붙었다는 것이다. 파리의 분위기도 날씨만큼 뜨거웠다. 소외감과 환멸을 느낀 미국인들과 자칭 '침묵하는 세대 *Silent Generation*'의 유배자들이 몰려들었기 때문이다. 알제리전쟁도 계속 격화되어, 우익 테러리스트들은 폭탄을 던지고 민간인을 학살하고 고문을 자행했다(이 테러리즘은 알제리 독립 투쟁의 일환이었다. 프랑스는 1830년에 해적 기지를 토벌한다는 명분으로 알제리의 일부를 점령한 이래, 토지를 몰수하고 식민지 지배를 확대해갔다. 꾸준히 독립투쟁을 해온 알제리는 1954년 11월에 '민족해방전선 *FLN*'으로 뭉침으로써 '알제리전쟁'이 시발되었고, 1962년 7월에 독립을 달성했다 : 옮긴이주). 파리는 대규모 시위와 파업, 폭발 등으로 공황에 빠졌다. 그리고 핵무기 경쟁의 최근 소식—소련의 대륙간 탄도미사일에 대해 이제 미국이 미사일 대 미사일로 대응할 수 있다는 미국측 성명—은 세계가 자연발화보다 더 치명적인 또 다른 전쟁으로 치닫는 게 아닌가 하는 우려를 낳았다.

이처럼 뜨겁고 긴장된 정치 상황이 혹시 내쉬의 정신에 영향을 미쳤다면, 환멸감을 불러일으키기보다는 오히려 더욱 뚜렷한 목적의식을 불러일으켰다고 할 수 있다. 내쉬는 과거에 지녔던 모든 사회적 자아의 흔적을 일소하겠다는 욕구로 들떠서, 자기만의 "특별한" 지식에 따라 행동했다. 그는 자기 판단이 전적으로 옳다고 확신하고, "어리석은" 생각을 그만두라는 앨리샤의 어떠한 호소도 일축해

버렸다. 교수직을 사퇴했고, 케임브리지뿐만 아니라 아예 미국을 떠나버렸고, 수학을 버리고 정치를 하기로 마음먹었다. 그는 수없이 껴입은 낡은 옷가지와도 같은 자신의 낡은 정체성을 훌훌 벗어 던지고 싶어했다.

세계 정부와 세계 시민이라는 관념이 세상을 휩쓴 것은 내쉬가 대학원을 다닐 무렵이었다. 내쉬가 학창시절은 물론 그후에도 탐독했던 1950년대의 공상과학 소설에도 그런 관념이 배어 있었다. '하나의 세계 one-world' 운동은 국제연맹이 사실상 와해된 1930년대에 시작되어, 제2차 세계대전이 종식된 후 미국인들의 의식 속에 폭넓게 자리잡았다. 프린스턴은 이 운동의 중심지였다. 아인슈타인과 폰 노이만 등 핵시대의 산파역을 한 물리학자와 수학자 들이 이 대학에 포진하고 있었기 때문이다. 내쉬와 같은 시기에 대학원에 다닌 존 케메니는 세계연방주의자 World Federalists 리더였다—총명하고 젊은 이 논리학자는 아인슈타인의 조수였고, 후일 다트머스 칼리지의 총장이 되었다.

내쉬의 상상력에 불을 지른 '하나의 세계' 주창자는 내쉬처럼 독불장군인 개리 데이비스였다. 데이비스는 제2차 세계대전 때 폭격기 조종사로 참전했고, 그후에는 브로드웨이 배우로 활약했다. 사회동맹의 지도자로 유명한 마이어 데이비스의 아들인 그는 1948년에 파리의 미국 대사관을 찾아가 미국 여권을 반납하고 미국 시민권을 포기했다. 이어 그는 국제연합이 자기를 "최초의 세계 시민"으로 선포해줄 것을 촉구했다. 데이비스는 "전쟁과 그 소문이 매스껍고 넌더리가 나서" 세계 정부를 수립하고 싶어했다. "모든 신문이 그 일화를 1면 기사로 뽑았다"고 칼럼니스트인 아트 버크월드가 파리 회상기에 쓴 적이 있다. 앨버트 아인슈타인과 영국 국회의원 18명, 장 폴 사르트르와 알베르 카뮈를 비롯한 수많은 프랑스 지식인들이 데이비스 지지 성명을 냈다.

내쉬는 데이비스의 뒤를 따를 작정이었다. 미국의 지나친 초애국적 분위기에 등을 돌리고 "최대 저항의 길"을 선택하려는 것이었다. 그것은 그의 철저한 소외감과 맞아떨어졌다. 문화 규범에 대한 그런 "극단적 반대"는 정신분열적 의식 발달의 품질보증서 격으로 간주되어 왔다. 조상을 숭배하는 일본에서는 극단적 반대의 대상이 가문일 수 있다. 카톨릭을 믿는 스페인에서는 교회일 수 있다. 내쉬의 경우에는 과거의 자기 존재에 대한 혐오감과 자기 표현의 욕구가 서로 강하게 맞물렸다. 그래서 자기 존재를 지배해온 낡은 법을 폐기하고, 말 그대로 자기만의 새로운 법으로 대체함으로써, 과거에 그가 몸담아왔던 법적 패러다임으로부터 영원히 이탈하고자 했다.

동기는 이처럼 아주 추상적인 듯하지만, 계획 자체는 기묘할 정도로 구체적이었다. 그는 전향적 목적을 달성하기 위해 미국인 여권을 좀더 세계적인 신분증으로 바꾸고 싶어했다. 즉, 자기를 세계 시민으로 선언해줄 신분증을 갖고 싶어했다.

7월 29일, 파리에 도착한 지 일주일쯤 지났을 때, 그는 기차 편으로 룩셈부르크에 갔다. 신중히 따져본 후 미국 시민권 포기 선언의 장소로 룩셈부르크를 선택했는데, 아마도 데이비스가 설립한 파리의 세계 시민 등록소 *World Citizen Registry*의 조언에 따른 것 같다. 이름없고 작은 나라일수록 미국 여권을 반납하자마자 체포되어 국외로 추방당할 위험이 적었다. 프랑스는 그런 종류의 반항을 하기엔 최악의 나라였다. 내쉬는 룩셈부르크 시의 중앙역에 도착하자마자,

에마누엘 세르베 22번가에 있는 미국 대사관까지 걸어가, 대사와의 면담을 요구하며 더 이상 미국 시민임을 원치 않는다고 선언했다.

1941년에 제정된 이민법 1481조에는 미국인이 시민권을 포기하는 것을 허용하는 조항이 포함돼 있다. 이 조항의 의도는 물론 이중국적의 문제를 해결하기 위한 것이었다. 1959년 무렵 개리 데이비스의 행동에 고무된 수십 명의 미국인이 항의 목적으로 이 조항을 이용한 적도 있었다. 해당 법규는 아주 명료하다. 반드시 외국에서, 미국 외교관이 입회한 가운데, 오른손을 들고, 이렇게 맹세하면 된다. "나는 미국 국민임을 공식 포기하고자 한다.…이에 따라 나는 미국 국적과 부대 권리 및 특혜 모두를 완전히 포기하며, 미합중국에 대한 모든 의무와 충성 또한 영구히 버릴 것을 선언한다."

내쉬의 선언은 누구나 예상할 수 있는 반응을 낳았다. 즉, 대사관 직원—대사도 아닌 한 직원!—이 여러 가지 강력한 이유를 열거하며, 그런 행동은 현명치 못하다는 것을 설득하기 시작했다. 그런데 놀랍게도, 내쉬는 그토록 결심이 확고했으면서도 쉽게 설득을 당해 여권을 되가져갔다. 그것은 아마도 우유부단한 정신적 동요를 드러낸 것이랄 수 있는데, 그러한 동요는 장차 더욱 뚜렷이 나타나게 된다.

그 직원의 설득은 내쉬에게 주효했다. 내쉬는 1996년 마드리드 강연에서 이렇게 말했다. "여권 없이는 룩셈부르크를 떠날 수도, 파리로 돌아갈 수도 없었습니다. 그들은 내 행동이 불합리한 미친 짓이므로 철회하는 것을 허용해주었습니다."

내쉬가 미국 시민권을 포기하려고 했다는 소문이 로아노크의 버지니아와 마사와 MIT의 옛 동료들에게 전해지자, 맥린 병원에 감금되어 있는 동안 내쉬의 병이 전혀 낫지 않았다는 것을 그들은 알게 되었다. 버지니아는 보스턴에서 로아노크로 돌아가며 심한 우울증을 보인 후, 술을 너무 많이 마신 탓에 거의 신경쇠약 상태에 있었다(그녀는 결국 9월에 입원했다). 그해 여름이 끝나갈 무렵, 스위스에서 프린스턴으로 돌아온 아르망 보렐이 내쉬 소식을 묻자 한 동료는 간단히 이렇게 대답했다. "문제가 있다."

이틀 후 파리로 돌아온 내쉬는 계획이 수포로 돌아갔는데도 전혀 풀이 죽은 모습을 보이지 않았다. 일단 시도했다는 사실만으로도 "세계 시민으로 가는 길에 접어들었다"는 뿌듯한 느낌을 맛볼 수 있었기 때문이다. 그는 다른 사람이 되겠다는 일념으로 가득 차 있었다. 어머니에게는 "비블리오테크" 즉 프랑스 의회도서관과 맞먹는 국립도서관에서 연구를 하며 프랑스어도 배우고 있다고 써 보냈다(1년 전쯤 프랑스어를 배울 "계획"이라고 터커 교수에게 편지를 써 보낸 적이 있었다). 또 어머니에게 "그림을 그리겠다"는 계획도 털어놓았다.

그러나 얼마 후 내쉬는 새로운 계획으로 가슴이 부풀어올랐다. 이제까지 막연하기만 했던 목표가 갑자기 분명해졌던 것이다. 8월 휴가로 파리가 텅 비게 되자, 내쉬는 스위스로 가야겠다고 마음먹었다. 스위스는 그에게 중립성과 세계 시민권, 그리고 아인슈타인을 연상시켰다. 스스로 세계 시민이라고 말하기를 좋아했던 아인슈타인은 스위스 시민권을 갖고 있었다. 그해 여름 유럽국가들간의 정상회담이 제네바에서 유례없이 오랫동안 열렸다는 사실도 내쉬의 생각에 영향을 미쳤다. 그러나 뜻대로 곧장 파리를 떠나지는 못했다. 아파트를 임대하자마자 갑자기 떠날 수는 없다는 앨리샤의 항의 때문이었다.

내쉬가 제네바로 가고 싶었던 것은 그곳이 "망명자의 도시"라는 말을 들은 탓이었다. 역사적 의미에서든 현대적 의미에서든, 그 말은 전적으로 옳았다. 초생달 모양의 레만 호 남쪽에 자리잡은 제네바에서는 파노라마처럼 펼쳐진 빙하의 장관을 볼 수 있다—심하게 안개만 끼지 않으면 몽블랑의 눈 덮인 산등성이가 눈앞에 수려하게 펼쳐진다. 제네바는 한때 종교개혁의 거점이었고, 프랑스의 개신교도는 물론 볼테르와 루소 같은 자유사상가들의 피난처이기도 했다. 메리 월스톤크래프트 셸리가 1816년 여름에 공상과학소설 〈프랑켄슈타인 *Frankenstein*〉을 쓴 곳도 스위스 콜로니 교외에서였다. 20세기에 제네바는 실패로 끝난 국제연맹의 소재지였고, 국제금융의 주요 중심지이기도 했다. 국제연합 유럽 본부와 적십자사 같은 국제기관도 이곳에 있었다.

1959년에는 파리에서 제네바까지 꼬박 하룻밤이 걸렸다. 제네바에 도착한 내쉬 부부는 말가누 거리에 있는 아테네 호텔에 여장을 풀었다. 그러나 앨리샤는 오래 머물지 않았다. 그녀는 곧 이탈리아로 가서 사촌동생 오데트를 만나 몇 주 머물렀다.

처음으로 내쉬는 "부모도, 집도, 아내도, 아이도, 약속이나 식욕도 없이,…그리고 그런 것들에서 느끼는 뿌듯함도 없이" 오로지 혼자만 지내게 되었다. 완전히 자유로워 진 그는 자기만의 탐색에 외곬으로 매달릴 수 있었다. 그가 목적지를 거듭 바꾸었듯 그의 목표도 거듭 바뀌었다. 그는 이제 미국 시민권을 포기하는 것뿐만 아니라, 공식 망명자가 되고자 했다—"나토 조약과 바르샤바 조약, 중동 조약, 동남아시아 조약 국가들"로부터 도피한 망명자가 되고 싶었다. 어쩌면 그런 조약 국가들이 세계 평화를 위협하고 있다고 내심 생각했는지도 모른다. 그러나 사실 망명자가 되겠다는 욕구는 점점 커지고 있는 소외감과 박해감, 감금의 두려움 등을 반영한 것이었다. 그는 자기가 징병 위협에 직면한 양심적 병역 거부자이자, 미국 수학자들이 수행하고 있는 각종 군사적 연구에 대한 반대자라고 생각했다.

그는 도시 외곽에 있는 작고 썰렁한 호텔방에서 대부분의 저녁 시간을 보내며 답장이 올 리 없는 편지를 쓰고, 결코 처리되지 않을 각종 청원서, 탄원서 등을 끝없이 작성했다. 낮에는 각종 관청의 대기실과 사무실을 찾아다니며 시간을 보냈다.

홀로 지낸 다섯 달 동안, 내쉬의 애매모호하고 자기부정적인 노력은 카프카의 소설 〈성城〉에 나오는 토지 측량기사 K의 탐색을 빼닮은 것이었다. 문학작품 가운데 〈성〉만큼 정신분열적 의식을 잘 형상화한 작품도 달리 없을 것이다. 단지 K라고만 알려진 주인공의 유일한 인생 목표는 "어렴풋한 성의 심장부"에 들어가는 것이다. 그 성은 K가 도착한 미로 같은 마을 저편 높은 곳에 어렴풋이 보이지만 다가갈 수가 없다. 카프카의 소설에서, 측량하고 추산하는 것이 직업인 남자 K는 그 흐릿한 권위의 땅에 들어가고자 한다. 그것은 "명예롭고 안락한 인생을 누리려는" 욕구 때문이 아니다. "지고하고 아마도 천상적인 권위자의 입성 허락을 받음으로써 존재의 이유를 발견하기" 위해서이다.

내쉬는 삶의 몸부림이 무슨 의미가 있는지, 어떻게 삶을 통제하고 어떻게 인정을 받을 것인지 평생 탐색해왔다. 그러한 탐색은 사회 속에서만이 아니라, 상충하는 역설적 자아의 여러 충동 속에서도 이루어졌다. 그러나 이 탐색은 이제 희화화되고 말았다. 꿈속의 생생한 장면이 잠깨어 있을 때의 막연한 생각과 연계되어 있듯이, 내쉬가 한 장의 서류, 곧 한 장의 신분증을 찾아 헤맨 것은 지난날 수학적 통찰을 찾아 헤맨 것의 반영이라고 할 수 있다. 그러나 이 양자 사이에는 현격한 차이가 있다―그것은 카프카와 K의 차이에 못지않다. 작품을 통제한 창조적 천재 카프카는 자기가 선택한 작가적 삶의 요구와 일상적 삶의 요구 사이에서 몸부림치며 치열하게 살았다. 그런데 카프카의 분신이라고 할 수 있는 K는 자신의 존재와 권리와 의무를 정당화해줄 한 장의 서류를 얻기 위해 무기력하게 헤매기만 한다. 망상은 단지 환상이기만 한 것이 아니라 충동이기도 하다. 망상에 사로잡히면 자아와 세계 양자의 존재가 위태로워 보인다. 지난날 그는 온갖 생각에 질서를 부여하고 생각을 조절할 수 있었다. 그러나 이제는 온갖 생각의 단호하고 끈질긴 명령에 무릎을 꿇고 말았다.

K와 마찬가지로 내쉬도 "끊임없는 서류 절차의 소극笑劇…서류를 돌리고 또 돌리는 소리 없는 거대한 메카니즘…서류와 관료제의 하얀 피로 범벅된 세계"의 덫에 걸렸다. "[이 세계는]…그가 통제할 수 없는 힘이 좌지우지하며('그들은 나를 가지고 놀고 있다'), 또 한편으로는 온갖 내면 욕구의 혼란으로 갈피를 잡을 수 없다."

내쉬는 수많은 관련 당국에 호소했다. 그러나 도무지 진전이 없는 것 같았다. 미국 영사관은 그의 여권을 받아줄 준비, 즉 그의 국적 포기 선언을 허용할 준비가 되어 있지 않은 것 같았다. 미소를 지으며 친절하게 굴기는 했지만, 일견 우둔해 보이는 외교관들은 그의 뜻을 꺾으려고 하며 온갖 핑계와 구실을 늘어놓을 뿐이었다. 그들의 장황한 설명에 심란해지고 기운이 빠진 내쉬는 다시 물러섰다가도 이튿날이 되면 또 찾아가곤 했다.

그가 희망을 걸었던 유엔 망명자 고등 판무관도 그를 돌려보냈다. 망명자 고등 판무관은 명칭만 그럴듯할 뿐, 내쉬와 같은 사안은 원천적으로 배제하는 규정을 갖고 있었다. "1951년 1월 1일 이전에 유럽에서 발생한 사건" 관련자만 망명을 신청할 수 있었던 것이다. 그리고 "인종과 종교, 국적, 특정 사회단체 회원 혹은 정치적 견해 차이 등 충분한 근거가 있는 이유로 인해 박해를 당할 우려가 있는 자로서, 제 나라를 떠나 있으면서도 그러한 우려 때문에 제 나라의 보호를 기피하거나 보호를 받을 수 없는 경우"에만 망명자로 인정받을 수 있었다. 고등 판무관실의 직원은 내쉬에게 스위스 경찰을 찾아가 보라고 권했다.

당시 스위스 연방 경찰은 모든 정치적 망명 신청을 처리하고 있었다. 그런 망명 가운데 "이례적인" 범주에 들어가는 사건, 즉 전형적인 망명자가 발생하지 않는 나라의 개인들이 신청한 정치적 망명 건은 연간 열두 건 정도였다. 내쉬는 징병을 기피한 양심적 병역 거부자라고 주장했기 때문에, 스위스 경찰은 내쉬 건을 군 당국에 회부했다. 군 당국은 조심스럽게 베른(스위스 수도) 시 당국에 자문을 구했고, 베른에서는 워싱턴에 자문을 구했다. 1959년 9월, 제네바 군 당국이 내쉬 건으로 베른에 보낸 서한 내용은 다음과 같다. "그가 미국 시민권을 포기하려는 유일한 이유는, 미육군에 징집된다거나 미국의 공식 기관에서 수학자로서 복무하는 것을 원치 않는다는 것입니다. 그러한 협조를 함으로써 미국 관계당국이 냉전을 유지하거나 전쟁을 준비하는 데 도움이 될지도 모른다는 것을 우려하기 때문입니다."

그해 11월 제네바 당국은 미국측으로부터 다음과 같은 통보를 받았다. 내쉬는 징병 연령을 훨씬 초과했으며, 국방 관련 연구를 해야 할 어떠한 의무가 없는 사람이고, 미국 정부가 시민권을 박탈해야 할 어떠한 행위도 하지 않았다. "게다가 단지 미국 여권을 포기하겠다고 선언한 것은 그 자체로써는 아무런 사법적 효력을 갖지 않는다." 바꿔 말하면, 그는 포기 서약서에 서명을 하지 않았기 때문에, 기술적으로는 여전히 미국 시민이었다. 이 통보를 받은 즉시 스위스 경찰은 그를 강제 출국시키겠다고 위협하기 시작했다.

내쉬의 자의식은 이제 명백한 모순으로 가득 차 있었다. 한편으로는, 평소의 생각과 행동이 자기 정신이 아닌 다른 어떤 정신의 통제를 받고 있는 것 같았다—"나는 이 지상을 딛고 선 신의 왼발이다." 다른 한편으로는, 스스로를 우주의 중심이라고 생각하며, 외계의 현실은 자기 정신이 투사된 것에 지나지 않는다고 믿었다. 때로 그는 영락한 민원인의 태도를 보였다가도, 다른 때에는 "막강하지만 은밀하게 존재하는 종교적 요인"과도 같은 태도를 보였다. 그는 아주 많은 시간을 들여 여러 은행에 계좌를 개설했다—예금주 이름은 대부분 가명을 썼는데, 후일 내쉬가 한 말에 따르면 "신비한" 이름도 있었다고 한다. 또 그는 여러 나라에 개설한 계좌에 송금을 했다. 1996년 마드리드 강연에서 그는 이렇게 회상했다. "나는 이 은행에서 저 은행으로 계속 돈을 돌렸다. 스위스에서도 계좌를 개설했는데, 그 금융기관 이름은 크레디트 안도라였다. 예금은 스위스 프랑으로 예치되었다. 그러나 내게 돈이 아주 많았던 것은 아니었다." 노벨상 시상식에 참석하기 위해 리무진을 타고 스톡홀름 중심가를 지나갈 때 내쉬는, 해롤드와 에스텔 쿤 부부에게 차창 밖의 은행을 가리키며 말했다. "외계인 침략"에 대비한 방어기구를 조직하기 위해 저 은행에 송금을 한 적이 있다고.

이러한 자기 모순도 정신분열증의 한 특징인데, 모든 증후는 "반대증후 *countersymptom*"와 짝을 이룬다. 이를테면 전능과 무능이 짝을 이룬다. 19세기 초에 이 두 가지의 특별한 조합에 주목한 사람으로 존 하슬람이 있다. 그는 정신분열적 사고의 양상을 최초로 기술한 의사로 널리 인정받고 있는데, 이렇게 썼다. 그런 환자는 "때로 다른 사람들이 건드려야 움직이는 자동인형 같다.… 그러다 때로는 온 세상의 황제 같다." 그처럼 짝을 이루는 두 증후는 박해감과 무력감과 열등감이 뒤섞인 과대망상증의 경향이라고 할 수 있다.

내쉬는 흔히 두 가지 상반되는 증후를 동시에 드러냈다. 그러면서도 명맥한 모순에 혼란을 느끼지 않는 것 같았다. 그것은 아리스토텔레스가 이성의 기본 법칙으로 간주한 것—"p이면서 동시에 p아닐 수 있음을 일컫는 모순율 *law of contradiction*"—을 조롱하는 행위였다. 그것은 잔인하면서도 우주적인 조크였다. 결코 논박할 수 없는 합리적 행동 이론을 만들어낸 사람이 이제는 더 이상 '이든가/또는 *either / or*'이라는 용어로 사고할 수도 없게 되었다.

그러나 내쉬가 현실감을 완전히 잃어버린 것은 아니었다. 현실은 육중하고 불쾌하게 그를 짓눌렀다. 그가 좌절감으로 괴로워하기 시작했다는 것이 그 증거이다. 기대에 부풀었던 기분 상태는 냉혹하게도 서서히 깊은 실망과 우울 상태로 바뀌었다. 그는 주로 공원과 호숫가를 배회하며 긴 시간을 보냈다. 그러면서 기다리고 또 끝없이 기다렸다. 1959년 9월 말, 그는 어머니와 마사에게 편지를 보냈다. "이제는 산다는 게 신명나지 않아.… 잘 풀리기만 기다리지만. 옛날에 알았던 사람들, 동료들, 친구들조차도 이제는 환멸스러워."

그의 우울 상태는 당시 상황의 어려움을 반영한 것이었을 수도 있다. 마사가 보낸 답장에 따르면 버지니아는 "신경쇠약에 걸려 병원에서 2주를 보냈다." 내쉬는 그 소식이 믿어지지 않았다. 강인한 어머니가 신경쇠약에 걸린다는 것은 상상도 할 수 없었지만, 마사의 편지 어투를 통해, 그는 어머니의 입원이 어느 정도 자기와 관계가 있다는 것을 감지했을 것이다.

마침내 9월이나 10월에 그는 발작적인 절망 상태에서 여권을 파기해버렸다. 앨리샤는 후일 여권을 "분실"한 것이라고 회상했다. 그럴 가능성도 없지 않지만, 맥락으로 보면 그렇지 않을 가능성이 더 크다. 영사관에서 내쉬에게 여권이 없다는 것을 알고 재발급을 신청하라고 종용했지만 거절했던 것이다.

이제 내쉬는 정신적으로 나라 없는 사람이었다. 그러나 관계 당국이 보기에 그는 적법한 서류를 갖지 못해 취약한 상황에 처한 사람일 뿐이었다. 내쉬는, 후일 회르만더에게 썼듯이, "망명자 신분을 요청했으나 문제만 일으킬 뿐이었다." 10월 11일 내쉬는 버지니아와 마사에게 더 이상 여행을 할 수 없게 되었다는 편지를 써 보냈다. 그것은 "법적 요식 절차 때문"이었다—여권이 없다는 것을 그런 식으로 말했다. 이 편지에는 레만 호숫가에서 갈매기들에게 먹이를 준 것에 대한 장문의 자유시도 들어 있었다. 그는 인근의 리히텐슈타인은 다녀올 수 있었는데, 그곳에서 시민권을 신청하겠다는 생각을 해 보기도 했다. 리히텐슈타인에서는 외국인 거주자에게 소득세를 물리지 않기 때문이다.

로마에서 몇 주 쉬는 동안 앨리샤는 예전처럼 마음이 가볍고 소녀 같은 심성을 되찾을 수 있었다—마지막으로. 1995년에 오데트가 회상한 말에 따르면, 앨리샤는 다시 한 번 "재미를 만끽"했던 것 같다.

남달리 아름답고 멋진 두 젊은 여성은 휴가를 만끽했다. 그들은 바티칸을 방문해 교황 요한 23세를 알현하기도 했다. 오데트가 기절을 하는 바람에 젊은 이탈리아 의학생 두 명이 접견실에서 그녀를 밖으로 들어내야 했는데, 두 젊은이는 그후 두 여성에게 로마 시내 관광을 시켜주었다. 그들은 나이트 클럽에도 갔고 쇼핑도 했다. 두 여자가 가는 곳마다 이탈리아인은 물론 미국인들까지 따라붙으며 추근거렸다. 로마를 둘러본 후에는 플로렌스와 베니스로 갔다. 베니스에서 찍은 사진을 보면, 오데트는 젊은 오드리 헵번 같고 앨리샤는 젊은 엘리자베스 테일러 같다. 사진 속의 두 여자는 하이힐을 신고 한껏 부풀린 부팡 머리를 한 채, 피아자 산 마르코 광장에서 비둘기에 둘러싸여 있다.

8월 말에 앨리샤는 파리로 돌아와, 친정 어머니와 아들을 프랑스로 데려올 준비를 하기 시작했다. 그녀는 먼저 제네바로 갔을 것이다. 제네바에 갔어도 오래 머무르지는 않았다. 그녀는 내쉬에게 파리로 돌아오라고 독촉하는 편지를 보냈고, 미대사관을 찾아가 내쉬를 스위스에서 데려올 수 있도록 도와달라고 요청했다. 내쉬는 11월 초 이렇게 썼다. "앨리샤는 파리에서 'e'를 기다리고 있다." e는 베이비 엡실론의 줄인 말인데, 존 찰스를 가리키는 말이다. (베이비 엡실론 *Baby Epsilon*은 에어디쉬 *Paul Erdős*라는 유명한 헝가리 수학자가 아이를 가리킬 때 쓴 농담조의 말이다. 모든 아이가 태어날 때는 리만 가설의 증명을 알고 있는데, 생후 6개월만 지나면 그것을 잊어버린다고 에어디쉬는 믿었다.)

내쉬가 로아노크에 보낸 편지에서 아이를 언급한 것은 이것이 처음이었다. 그러나 그는 그들과 합류하겠다는 언급은 하지 않았다. 앨리샤는 어머니와 아들이 도착하기를 기다리는 동안, 그레노블로

앨리샤와 아들 존 찰스 마틴 내쉬, 1960년, 워싱턴 DC

오데트를 찾아갔다. "우리는 함께 빵과자와 바바오롬(럼주에 적신 카스텔라)을 먹었어요. 다른 유학생들에 대해서 수다도 떨었죠. 그리고 스키를 타러 갔어요." 오데트의 회상이다.

워싱턴에 있는 베이비 엡실론은 조부모와 마사가 참석한 가운데 세례를 받고 마침내 이름이 생겼다. 낙엽이 휘날리는 청명한 가을날, 앙증맞은 스웨터를 입고 있던 이 아이는 존 찰스 마틴 내쉬라고 명명되었다. 세례식은 라파예트 광장에 있는 세인트 존 교회에서 치러졌다. 이 교회는 내쉬와 앨리샤가 결혼 서약을 한 곳이기도 하다. (아이의 이름을 존이라고 지은 것이 누군지는 분명치 않다. 내쉬의 첫 아들도 이름이 존이었다. 내쉬 집안과 라드 집안은 둘째 아이에게도 마치 덮어쓰듯이 같은 이름을 붙임으로써 첫째 아이의 흔적을 지우고 싶었는지도 모른다.)

12월 초 르비즈라는 혹독한 북풍이 레만 호를 엄습했다. 이제 호숫가를 거니는 것은 수월치 않았다. 내쉬의 마음은 전보다 더 황량해졌다. 그는 "얼음처럼 차가운 우주 속의 절망감"을 느꼈다. 미국 시민권을 포기하고 망명자 자격을 얻으려던 시도는 좌절되고 말았다. 그는 그 이유를 이해할 수가 없었다. 그는 이제 집안에 틀어박혀 편지를 쓰며 시간을 보냈다. 케임브리지로부터 도피를 선택했다는 생각은 이제 추방되었다는 생각으로 바뀌었다. 그는 노버트 위너에게 이렇게 썼다.

> 선생님께 편지를 쓰고 있자니, 어스레한 구덩이 안에서 한 줄기 빛의 원천을 향해 글을 쓰는 듯한 기분이 듭니다.… 선생님이 계신 곳은 참으로 이상한 곳입니다. 행정 위에 행정이 있는 그곳에서는 능동적이고 비국지적인 사고 *non-local thinking*의 증후에 공포나 혐오를 느끼며 모두들 몸을 떱니다(말들은 공손하지만). 강 위쪽은 [하버드는] 좀 나은 편이지만, 이상하긴 마찬가지입니다. 우리 둘에게 익숙한 그 분야에서는 말입니다. 그런데 그것이 이상하다는 것을 알아보려면, 보는 사람도 이상해져야 합니다.

이 편지는 레닌 얼굴 같은 신문 사진과 흐루시초프가 언급된 네루의 70회 생일 기사, 전차표, 은박지 들로 장식되어 있었다.

"비국지적 사고" 때문에 남들에게 공포감을 불러일으키는 사람으로 자기를 묘사하면서도 "행정 위에 행정이 있다"고 말함으로써, 내쉬는 커가는 상처 의식과 유동적인 불안감, 관계 당국이 자기를 "가지고 논다"는 생각 등을 내비치고 있다. 이 편지를 보낸 직후 내쉬는 알 수 없는 이유로 갑자기 호텔을 바꾸었다. 더 먼 곳에 있고 더 값싼 몽블랑 거리의 알바 호텔로 옮겨간 것이다.

내쉬는 비좁은 호텔방에서 제네바에서의 마지막 한 주를 보냈다. 이때의 심정은 참담했다. 앨리샤도 없고 외부 규제도 없이 스위스에 혼자 있었지만, 카프카의 또 다른 소설 〈변신 The Metamorphosis〉의 주인공처럼 그는 철저하게 유폐되어 있었다. 주인공 그레고르 잠자는 어느 날 아침 깨어보니 거대한 바퀴벌레로 변해 침대에 누워 있었다(이 책에서는 잠자를 바퀴벌레 cockroach라고 했지만, 다른 책에는 보통 딱정벌레로 번역되어 있다. 원작에서 그레고르 잠자는 갑옷처럼 등이 딱딱한 집안 해충이다. 따라서 딱정벌레도 바퀴벌레도 오역이다. 원어로는 운거치퍼 ungeziefer인데, 이는 빈대나 좀벌레 등의 집안 해충류를 뜻한다. 카프카는 출판사에 이렇게 말했다. '벌레 자체를 그림으로 묘사하면 절대 안 된다. 심지어 멀리서 보여줘도 안 된다.' 이처럼 카프카는 이 벌레가 구체적으로 이미지화되는 것을 원치 않았다 : 옮긴이주). 카프카는 〈성〉의 마지막 장을 집필하지 않았지만, 그의 친구이자 전기 작가인 막스 브로트에게 털어놓은 결말 구상에 의하면, K가 죽음에 이를 정도로 탈진해서 여인숙 침대에 누워 있는 장면으로 끝낼 예정이었다. 즉, "K는 몸부림을 그만두지 않겠지만, 그 몸부림 때문에 탈진해서 죽는다." 내쉬 또한 몸부림을 멈추지 않았지만, 마찬가지로 이겨내지 못했다.

정신분열증의 망상 증세를 연구한 메릴랜드 대학의 정치학자 제임스 글래스 James Glass는 이렇게 썼다. "망상은 흔히 깨뜨릴 수 없는 정체성을 제공한다. 망상의 특성은 거의 절대적이어서 자아에 불굴의 입지를 부여한다. 그런 점에서 이 자아 속의 폭군은 정치적 전제주의의 내면적 반영이라고 할 수 있다.… 이 내면의 지배는 외부의 독재만큼이나 집요하다."

12월 11일, 경찰은 내쉬를 여러 시간 억류했다—"강제추방이 불가피하다"는 것을 인지시키려고 그랬을 것이다. 그리고 "보호 관찰" 명목으로 풀어주며, 매일 두세 번 경찰서에 보고할 것을 요구했다. 제네바 주재 미국 영사 헨리 빌라드는 12월 16일자로 본국의 국무장관 크리스첸 허터에게 전보를 보냈다. 스위스 당국이 12월 11일자로 내쉬를 "바람직하지 않은 외국인"으로 지목해 강제 출국령을 내렸다는 것이다. 스위스 당국은 그 동안 파리 주재 미대사관의 과학고문관보補 에드워드 콕스 박사와 상의하며, 아마도 미국무부 고위층의 암묵적 승인을 받아 행동을 취했을 것이다.

12월 15일, 대단원의 막이 내렸다. 내쉬는 두 번째로 체포되었다. 그는 첫 번째 체포 때와 마찬가지로 미국에 돌아가기를 완강히 거부했다. 그러면서 계속 시민권 포기 서약서에 서명하게 해달라고 요구했다. 12월 15일 아침, 에드워드 콕스 박사가 야간 열차를 타고 제네바에 도착했다. 인자한 아저씨 같은 성품의 콕스 박사는 앨리샤와 함께 왔다. 앨리샤는 지쳤고 겁을 먹고 있었다. 그들은 같이 내쉬를 설득해 미국으로 곧장 돌아갈 수 있기를 바랐다. 그러나 둘 다 앞일을 장담할 수 없었고, 둘 다 나름대로 최악의 상황을 걱정했다.

허터 장관은 매일 전보를 받아보며 상황을 잘 파악하고 있었고, 미국무부의 과학고문관 월리스 브로드도 그랬다. 15일 아침, 파리 주재 미대사 아모리 호튼은 워싱턴에 이런 전보를 보냈다. "다음 취지의 제네바 소식 접수. 내쉬는 온갖 만류에도 불구하고 시민권 포기 서약서에 서명하기로 결심했음."

감옥에 들어가서도 내쉬는 미국으로 돌아가기를 거부했고, 나아가 신규 여권을 발급받는 데 협조하는 것도 거부하며, 계속 시민권 포기 서약서를 받아달라고만 요구했다.

이때 앨리샤는 아파트를 얻어놓은 파리로 내쉬를 데려간다는 데 동의했다. 총영사는 앨리샤에게 내쉬의 것과 더불어 새 여권을 발급해주기로 했다. 내쉬는 그 모든 것에 항의했다. 그는 파리에도 가려고 하지 않았다. 그런 저항은 소용이 없었다. 경찰은 내쉬를 호위해 기차역까지 데려갔다. 오후 11시 15분, 내쉬는 등을 떼밀려 기차에 올랐고, 기차는 제네바를 떠났다. 경찰 조사관은 이렇게 보고했다. "기차 출발 시간에도 내쉬는 여전히 제네바를 떠나지 않으려고 했으나, 몸싸움은 없었다."

내쉬와 앨리샤는 레퓌블리크 49번가에서 크리스마스를 축하했다. 내쉬는 그것이 "흥미로웠다"고 버지니아에게 적어 보냈다. 앨리샤의 어머니가 거기 있었고, 여덟 달이 된 존 찰스도 있었다. 크리스마스 트리도 있었다. 내쉬 부부가 아마 결혼 이후 처음 장식했을 크리스마스 트리에는 독일식으로 작은 장식용 사과를 매달고 빨간 양초를 얹었다. 불을 붙이자 앨리샤의 어머니는 겁을 먹었다. "우리는 트리 옆에 물동이를 갖다 놓았다"고 오데트는 회상했다—오데트는 크리스마스 휴가를 보내기 위해 파리에 와 있었다. 앨리샤는 그해 가을에 열심히 배운 요리 솜씨를 발휘해 프랑스 일품 요리를 내놓았다. 아이에게 주는 선물도 있었다. 내쉬는 버지니아와 마사에게 "아이가 너무 귀여움을 받아 버릇이 좀 없는 것 같다"고 질투 어린 편지를 보냈다.

이튿날 성 에티엔 데이에 앨리샤는 프랑스와 미국 수학자들을 초대해 파티를 열었다. 싱선 천도 참석했는데, 그는 시카고 대학에서 내쉬를 만난 수학자로, 그 학기 동안 파리에 와 있었다. 그는 내쉬가 당시 "흥미로운 생각"을 하고 있었다고 회상했다. 즉, 유럽의 4대도시가 정사각형의 꼭지점을 이룬다고 생각했다는 것이다. 파티 참석자 가운데 가장 눈에 띄는 사람은 알렉산드르 그로텐디크 *Alexandre Grothendieck*였다. 그는 총명하고 카리스마가 있으며, 아주 괴짜로 알려진 젊은 대수기하학자였다. 머리를 밀어버리고 전통 러시아 농부 복장을 하고 온 그는 강력한 평화주의적 견해를 지니고 있었다. 그는 파리의 새로운 수학 중심지로 부상한 고등학문과학연구소 *Institut des Hautes Études Scientifiques*(프린스턴의 고등학문연구소를 모델로 한 기관)에 이제 막 교수 자리를 얻었는데, 1966년에는 필즈 메달을 받게 된다. 그는 1970년대 초에 생존주의자 기구 *survivalist organization*를 창설한 후, 학계를 떠나 피레네 산맥에 들어가서 실제로 은자가 되었다. 그러나 1960년 당시에는 정력적이고 수다스럽고 대단히 매력적이었다. 그가 아름다운 앨리샤에게 끌린 것인지, 내쉬의 반미 감정에 끌린 것인지는 분명치 않다. 아무튼 그는 내쉬 부부의 아파트에 자주 찾아갔고, 내쉬에게 고등학문과학연구소의 방문교수 자리를 얻어주려고 여러 차례 시도했다.

1960년 1월, 오데트와 앨리샤는 아파트에서 담배를 피우며 오데트의 남자친구들 얘기를 나누곤 했다. 34세의 존 댄스킨 *John Danskin*도 오데트의 남자친구였다. 고등학문연구소의 수학자인 댄스킨은 내쉬 부부가 뉴욕에서 결혼식을 할 때 오데트를 만났다. 매력적인 오데트에게 그는 편지로 구애를 했고, 러시아어로 전보를 보내 프로포즈를 하기도 했다. 내쉬는 거실 구석에 앉아 파리 전화번호부를 골똘히 들여다보았다. 그는 담배 연기를 끔찍이 싫어해서 가끔 투덜거리거나 한두 마디 질문을 할 뿐, 달리 말이 없었다. 오데트는 이렇게 회상했다.

우리는 멋진 시간을 보내고 있었어요. 마냥 웃고 수다를 떨고 프랑스 요리를 하고, 앨리샤가 초대한 사람들을 만났지요. 우리는 주로 남자들 애기를 많이 했어요. 그런 우리를 존 내쉬는 거들떠보지도 않았죠. 앨리샤가 담배를 피우면 불평을 했을 뿐이에요. 그는 담배 연기를 참지 못했죠. 가끔은 질문을 던지기도 했어요. "케네디 Kennedy와 흐루시초프 Khrushchev의 공통점이 뭔지 알아? 모른다고? 둘 다 이름이 K자로 시작해."

오데트는 곧 그레노블로 돌아가고 앨리샤의 어머니도 파리를 떠났다. 앨리샤는 아이를 돌보며 남편을 상대해줘야 했는데, 둘 다 만만치 않았다. 그녀는 미국으로 돌아가기만 바랐고, 미 당국의 도움을 받으려고 애썼다.

사실 합동작전이 진행되고 있었다. 국무부의 브로드 박사는 대리인 라킨 패린홀트를 파리로 보냈다. 화학자 패린홀트는 후일 슬론 재단의 펠로십 프로그램 소장이 된 사람이다. 그는 내쉬가 자발적으로 미국으로 돌아가도록 설득하려고 했지만 소용이 없었다. 이런 설득은 미국 정부가 난처한 상황을 피하기 위해 한 일이기도 했지만, 내쉬가 과학계에서 완전히 사라져버린다거나 불합리한 행동으로 곤욕을 치른다거나 하는 일이 없기를 바라는 순수한 마음에서 이루어졌다.

내쉬의 법적 상황은 갈수록 취약해졌다. 스위스에서 강제 추방을 당한 후 내쉬는 프랑스 당국으로부터 3개월 임시 거주 허가를 받았다. 1월 말 회르만더에게 써 보냈듯이, 프랑스에서의 그의 신분은 "스위스 거주자 혹은 주소자"였다. 마드리드 강연에서 한 말에 따르면, 그는 모든 나토 국가로부터 도피한 망명자로 선언되길 원했다.

그러나 이제 프랑스에서 살고 있었으니 "앞뒤가 안 맞는 일이 없도록", "미합중국으로부터 망명만"을 선언해야 했다. 그는 다시 한 번 정치적 망명을 신청했다. 프랑스 당국에서 허용하지 않을 것이 분명해진 후에는 스웨덴 비자를 받으려고 했다. 그것 역시 거부당했다. 그러자 회르만더에게 도움을 청했다. 회르만더는 스웨덴 외무부와 상의했지만, 미국 여권이 없으면 비자를 받을 수 없다는 말만 들었다. 회르만더는 더 이상 참지 못하고 내쉬에게 이렇게 써 보냈다. "나는 개인적으로 자네가 나토와 기타 나라에 대한 견해를 재고할 것을 강력히 권하는 바이네."

그러자 내쉬는 아주 과감한 행동을 했다. 3월 초에 여권도 없이 혼자 동독으로 간 것이다. 1960년에 미국인이 여권도 없이 동독에 들어갈 수 있었다는 것은 믿어지지 않는 일이다. 그러나 내쉬는 1995년에 정말 그곳에 갔다고 밝혔다. 그의 "불합리한 생각의 시기"에 "미국 여권을 필요로 하지 않는 곳"에 다녀왔다는 것이다. 당시 동서독 국경의 경계가 대단히 엄중했다는 것을 감안한다면, 내쉬는 분명 동독에 정치적 망명을 요청했을 테고, 관계 당국은 망명 요청을 검토하는 동안에 한해 입국을 허용했을 것이다. 아무튼 내쉬는 라이프치히로 가서 투르머라는 사람의 가정집에서 며칠 묵었다. 마사와 버지니아에게 보낸 카드를 보면, 그는 동독 정부의 초청인사 자격으로 당시 라이프치히에서 개최되고 있던 유명 선전 행사장인 산업박람회에 참석한 것 같다. 그 박람회는 브뤼셀 산업박람회에 대항하기 위해 철의 장막에서 급조해낸 행사였다. 후일 미국 수학자들은 패린 홀트에게서 이런 얘기를 들었다. 즉, "내쉬가 러시아로 망명하려 했다"는데 러시아가 내쉬를 거부했다는 것이다. 펠릭스 브로더는 이 소문을 널리 퍼뜨렸다. 아마도 이 소문은 내쉬가 라이프치히에 간

모험을 과장한 것 같다. 내쉬가 소련 당국과 접촉했다는 증거는 전혀 없다. 그 무렵에는 미국인과 프랑스인, 아마 동독인까지도, 관련자 모두가 내쉬의 행동이 중증 정신병자의 행동이라는 것을 인식하고 있었다. 그러나 분명 이 사건 때문에 후일 앨리샤는 피해를 입게 되었다. 1960년대 초 앨리샤가 RCA에서 일할 때 받은 비밀취급 인가를 FBI가 문제삼았던 것이다. 아무튼 내쉬는 동독을 떠나달라는 요청을 받았다―패린홀트가 그를 꺼내왔는지도 모른다. 그는 결국 파리로 돌아왔다. 그리고 마사와 버지니아에게 편지를 보냈다. "로아노크로 돌아갈 생각"을 하고 있지만, 다시 떠날 수 있다는 보장도 없이 미국에 돌아간다는 게 걱정이 된다는 내용이었다.

제네바에서와 마찬가지로 내쉬는 집에서 편지를 쓰며 많은 시간을 보냈다. 프린스턴 교수 에밀 아틴의 아들인 마이클 아틴은 아버지가 사망한 후 서류철에서 내쉬의 편지를 발견했다. 아틴은 이렇게 회상했다. "그 편지는 근사한 수학 얘기로 시작했어요. 하지만 지하철 표와 납세필 인지를 잔뜩 붙여 놓았더군요. 편지를 계속 읽어보면 정말 기괴하기 짝이 없어요. 모차르트 교향곡에 부여된 쾨헬 번호에 관한 얘기도 나오죠. 쾨헬이 500곡이 넘는 모차르트 작품 모두의 목록을 작성했다는 얘기도 있어요. 아무튼 대단히 회화적인 편지였습니다. 아버지가 그토록 오래 보관해온 걸 보면 그 편지가 아버지에게 깊은 인상을 주었던 게 틀림없어요." 알 바스케스는 또 이렇게 회상했다. "그의 편지는 수비학으로 가득 차 있었어요. 나는 그걸 보관하지는 않았습니다. 그건 그냥 편지가 아니었어요. 콜라주거나 파스티슈 *pastiches*였죠. 신문을 잘라 덕지덕지 붙여놓았는데, 대단했어요. 나는 편지가 올 때마다 사람들에게 보여주었지요. 편지에는 어떤 통찰이 담겨 있었어요. 약간의 양식에다 말장난도 있었구요." 캐슬린 모라웨츠는 아버지 존 싱 교수가 당시 내쉬에게서 여러 차례 엽서를 받고 깜짝 놀랐다고 회상했다—존 싱은 카네기 시절 내쉬에게 텐서 미적분을 가르쳐준 선생이다. 싱 교수는 엽서를 보며 동생 허치를 떠올렸다고 캐슬린에게 말했다. 총명했던 허치는 정신분열증에 걸려, 제1차 세계대전 전에 트리니티 대학을 그만두고 파리의 보헤미아 구역에 들어가 살았다. 모라웨츠는 이렇게 말했다. "엽서에는 밀너의 구면미분구조 등에 대한 얘기가 적혀 있었습니다. 내쉬는 정리를 인용하기도 했어요. 그러고는 거기서 정치적 의미를 끌어냈지요."

이제는 돈 걱정도 늘어만 갔다. 미국 기준으로 보면 주거비는 헐했지만, 생계비, 특히 식료품비는 만만치 않았다. 내쉬는 아직도 고등학문연구소에 주차되어 있는 메르세데스를 파는 일에 몰두했다. 그 차를 맡았던 수학자 해슬러 휘트니는 존 댄스킨에게 전화를 걸어 팔아달라고 부탁했다. 존 아바는 오데트의 언니 무유와 결혼했고 볼링 핀을 발명하기도 한 프랑스 사람인데, 그도 역시 이 일에 뛰어들었다. 댄스킨의 회상에 의하면, 장부가격이 2,300달러인 그 차를 내쉬는 2,500이나 2,400달러는 받아야겠다고 고집했다. "도무지 말이 안 되는 소리였어요. 그런 가격으로는 팔 수가 없었죠. 그래서 그가 돌아왔을 때도 그 차는 여전히 그곳에 있었습니다." 가끔 내쉬는 마사에게 부탁해 엘리너에게 양육비를 보내주었다. 또 워렌 앰브로스에게는 존 데이빗을 만나달라고 부탁했다. 엘리너는 당시 일곱 살이던 존 데이빗이 앰브로스를 무서워했다고 회상했다.

존과 앨리샤, 1960년 겨울, 파리의 중국 식당

이 무렵 내쉬는 장발이었고 수염도 길렀다. 1960년 4월 초에 중국 식당에서 찍은 사진을 마사에게 보냈는데, 그는 이 사진을 "도리언 그레이의 초상"(아일랜드 작가 오스카 와일드가 1891년에 쓴 유일한 장편소설. 주인공인 화가 버질은 20세의 청년 도리언에게서 최고의 미를 발견하고 정성을 기울여 초상화를 완성하는데, 이 그림에 깃들여진 것은 바로 도리언의 영혼이었다 : 옮긴이주)이라고 명명했다—그는 마사에게 사진을 본 다음 돌려달라고 했다. 4월 21일까지의 "체재 기한"을 언급하기도 했고, 곧 스웨덴으로 떠날 계획이라는 말도 했다. 4월 21일, 버지니아는 내쉬를 미국으로 데려오는 데 필요한 경비를 부담하라는 국무부의 전보를 받았다. 그녀는 경비를 송금했다. 프랑스 경찰은 레퓌블리크의 아파트에서 오를리 공항까지 내쉬를 호송했다. 내쉬는 후일 바스케스에게 "노예처럼 사슬에 묶여 배를 타고" 유럽을 떠났다고 말했지만, 앨리샤는 그들이 비행기 편으로 떠났다는 것을 뚜렷이 기억하고 있었다. 파리에서 추방된 것은 제네바에서 추방된 것과 마찬가지로 큰 상처를 남겼다. 이 상황은 전년 여름에 파리로 왔을 때와는 정반대였다. 이번에는 내쉬가 떠나기 싫어했다. 아이러니하게도 이 점에서 내쉬는 또 개리 데이비스의 전철을 밟았다. 세계 정부를 꿈꾼 데이비스 또한 퀸 메리 호의 일등석에 감금된 채 미국으로 강제 송환되었다.

절대 영도

프린스턴, 1960

황록색 메르세데스 180 승용차는 여전히 고등학문연구소 주차장에 세워져 있었다. 내쉬는 곧바로 그곳으로 갔고, 앨리샤는 아이를 데리고 워싱턴으로 가서 친정집에 머물렀다. 내쉬는 프린스턴을 어슬렁거렸다. 6월에는 여동생이 아이를 낳았다는 얘기를 듣고, 로아노크의 병원으로 마사를 찾아갔다. 마사는 오빠가 나타나자 겁을 먹고 출산일이 6월 13일이라는 것을 가르쳐주지 않았다. "오빠가 그 날짜에 무슨 의미를 부여할까봐 걱정이 되었다"고 마사는 1995년에 회상했다. 내쉬는 로아노크의 어머니 집에서 몇 주 머물렀다.

한편 앨리샤는 일자리를 찾고 있었다. 그녀는 오데트와 결혼한 댄스킨에게 도움을 청했다. 댄스킨은 이제 러트거스 대학에서 강의를 했는데, 이 신혼부부는 프린스턴 교외에서 살고 있었다. 앨리샤는 친정 부모가 아이를 돌봐줄 수 있는 워싱턴에서 지내고도 싶었지만, 다시 뉴욕으로 돌아가 사는 것도 괜찮다고 생각했다. 여름 동안 앨리샤는 MIT의 옛 친구 조이스 데이비스의 집에서 묵었다. 조이스는 그리니치 빌리지에서 살면서 직장을 다니고 있었다. 앨리샤는 여러 컴퓨터 프로그래밍 회사를 찾아가 면접을 보았다. 그녀가 워싱턴으로 돌아온 날 데이비스의 아파트에 남긴 쪽지에 의하면, IBM과 유니백으로부터 입사 제의를 받았지만 어느 회사로 갈지 망설였다. "어째야 좋을지 모르겠어. 뉴욕의 직장과 워싱턴의 직장, 어느 걸 잡지?"

오데트는 앨리샤에게 프린스턴으로 오라고 채근했다. 내쉬도 그것을 좋아했다. 앨리샤는 남편이 다시 수학자들과 어울리면 도움이 될 거라고 생각했다. 어쩌면 남편이 프린스턴에서 일자리를 잡을 수 있을지도 몰랐다. 그래서 앨리샤는 뉴욕의 일자리를 거부하고 RCA(*Radio Corporation of America*)에 입사해, 애스트로-엘렉트로닉스 사업부에 소속되었다. 프린스턴과 하이츠타운 사이에 있는 이 사업부는 대규모 연구시설을 가지고 있었다. 앨리샤는 다시 아들을 친정 어머니에게 맡기고, 스푸르스 스트리트 58번지의 작은 아파트를 임대했다—이 아파트는 파머 광장에서 1마일쯤 떨어진 월넛의 변두리에 자리잡고 있었다. 내쉬는 여름이 끝나갈 무렵 이 아파트로 들어왔다.

그들은 여러 달 동안 파리에서 불안하게 지냈던 터라, 프린스턴에 안주하게 되자 일단 마음이 놓이는 것 같았다. 앨리샤와 내쉬는 델라웨어-래리탄 운하 근처의 아늑한 대지에 자리잡은 존 댄스킨과 오데트의 신혼집에 자주 찾아가 그곳에 모인 수학자들과 어울렸다. 당시 그리그스타운에는 대형 백화점 톤퀴스츠와 몇몇 그림 같은 집들이 있었는데, 댄스킨 부부도 그런 집에서 살았다. 전에 사이다 공장이었던 그 집은 여름철이면 특히 아름다웠고, 인동초 향기가 그윽했다. 당시 오스카 모르겐슈테른과 함께 연구하고 있던 게임 이론가 납탈리 아프리아트 *Napthali Afriat*도 이 마을에 살았다. 또 프린스턴에서 프랑스 문학을 전공하는 대학원생 장-피에르 코뱅, 러트거스 대학에서 근무하는 애그니스와 마이클 셔먼 부부도 근처에 살았다. 댄스킨 부부는 파티를 자주 열었는데, 밀너 부부는 물론, 에드 넬슨 *Ed Nelson*과 그의 아내, 논리학자 조지 크라이즐 *Georg Kreisel* 등도 자주 찾아왔다. 파티는 밤늦게까지 이어졌다. 베토벤 소나타를 듣고, 취하도록 술을 마시고, 바비큐 스테이크와 양고기 꼬치구이를 먹고, 운하에서 야간 수영도 했다. 쾌활하고, 세련되고, 수다스러운 댄스킨 덕분에 대화는 항상 활기가 넘쳤다. 이때의 존 내쉬를 코뱅은 아주 생생하게 기억하고 있었다.

그는 어린아이 같은 분위기와 기질을 지니고 있었습니다. 온순하고, 상처받기 쉽고, 얼마간 안쓰러워 보였죠. 그처럼 단순해 보이는 사람이 천재라니 잘 믿어지지 않더군요. 그는 가라앉아 있었고 수동적이었습니다. 늘 나직이 단음조로 말을 했지요. 그가 먼저 대화를 시작한 적은 없었던 것 같습니다. 그는 질문을 받으면 잠시 망설이다가 대답하곤 했습니다. 앨리샤는 그에게 여간 신경을 쓰고 있는 게 아니었어요.

앨리샤는 운전을 배우고 있었는데, 댄스킨과 밀너가 틈틈이 가르쳐주었다. 댄스킨과 밀너는 206번 도로에 있는 미스 파인스 스쿨의 목요일 저녁 포크댄스 그룹의 회원이어서, 앨리샤를 댄스 파티에 데리고 갔다. "그녀는 아주 예쁘고, 말이 없었어요. 그녀가 귀여운 아기 사진을 보여준 일이 기억납니다." 엘비라 리더가 말했다. 그녀의 남편 솔 리더는 앨리샤와 함께 춤을 추었다. "그녀는 깃털처럼 가볍더군요." 솔이 말했다.

댄스킨은 춤꾼들을 집으로 데려가곤 했다. 그는 내쉬와 수학 얘기를 한 적이 있었다. 그때 두 사람은 술을 마시던 중이었는데, 댄스킨은 어떤 정리를 증명하려고 한다고 말했다.

그랬더니 내쉬가 즉각 가장 어려운 대목을 지적하더군요. 그는 여전히 날카로웠습니다. 그는 내가 어떤 연구를 하고 있는지 금방 이해했어요. 나도 잘 몰라서 얼버무린 대목을 놓치지도 않더군요. 대체 누가 그런 날카로운 지적을 할 수 있을까요? 그걸 직접 증명하려는 사람만이 그렇게 할 수 있습니다. 그러나 그는 그냥 듣기만 하면서도 문제점을 이해했어요.

댄스킨은 내쉬에게 일자리를 찾아주려고 발벗고 나섰다. 그는 당시 오스카 모르겐슈테른을 위해 얼마간 컨설팅을 해주고 있었다. 모르겐슈테른은 기꺼이 내쉬를 컨설턴트로 채용하려고 한 것 같다. 그해 가을, 내쉬는 보수 상한선을 2천 달러로 한 1년간의 컨설팅 계약을 했다. 모르겐슈테른은 "작은 자선 압력"을 받아 그런 계약을 하게 되었지만, "내쉬가 현재의 우울증에서 벗어나 최대한 능력을 발휘한다면 연구 프로그램에 상당한 기여를 할 수 있을 것"으로 본다고 대학 당국에 보고했다. 대학 당국은 제동을 걸었다. "그러한 임용은 현실적 기술적 필요성보다 인정에 바탕을 둔 것 같다"는 이유에서였다. 그래서 두 달 동안 내쉬의 수행 능력을 지켜본 후 다시 판단하기로 결정되었다. 계약일은 1960년 10월 21일이었다.

그러나 내쉬는 프랑스로 돌아갈 생각을 하고 있었다. 그는 고등학문연구소를 방문중인 장 르레를 만나, 콜레주 드 프랑스에서 자기를 한 번만 더 초청하도록 해달라고 부탁했다. 너무나 놀란 앨리샤는 그것을 막으려고 했다. 그녀는 도널드 스펜서에게 부탁했다—스펜서는 1950년과 1951년에 내쉬의 대수다양체 논문을 최종 점검해준 프린스턴 수학자이다. 스펜서는 내쉬의 프랑스행을 막기 위해 르레에게 이렇게 써 보냈다. "지금은 존을 프랑스로 초대하지 말아주기를 그녀는 바라고 있습니다. 내쉬가 또 다시 동요하게 될 거라고 보기 때문입니다.…[오스카 모르겐슈테른과의] 이번 일이 잘 되면, 그녀의 남편도 안정을 찾게 될 것입니다. 한동안 프린스턴에서 지낸다면 남편이 다시 수학 연구에 몰두할 수 있을지도 모른다고 그녀는 생각하고 있습니다."

이 무렵 내쉬는 끈질긴 정신병에 시달린 지 이미 2년 가까이 되었다. 그는 일변해 있었다. 태도는 물론 용모까지 너무 달라져서 MIT 수학과의 옛 동료들도 그를 몰라볼 정도였다. 찌는 듯이 무더웠던 1960년 여름, 프린스턴의 중앙로를 배회하던 내쉬의 정신은 분명 교란돼 있었다. 그는 맨발로 식당에 들어서곤 했다. 머리칼은 어깨를 덮었고, 검은 수염도 무성했다. 표정은 굳어 있었고, 눈에는 초점이 없었다. 여성들은 특히 그를 무서워했다. 그러나 그는 누구도 마주 보지 않았다.

그는 파인홀을 비롯한 프린스턴 대학 구내를 어슬렁거리며 대부분의 시간을 보냈다. 주로 러시아 농부 같은 작업복을 입고 있었는데, 당시 한 대학원생의 기억에 따르면, 그는 "다람쥐들에게 말을 거는 것"처럼 보였다. 그는 절대 영도 *ABSOLUTE ZERO*라고 쓰인 스크랩북을 들고 다니며, 그 안에 온갖 것들을 풀칠해 붙였다. 아마도 모든 행동이 중지되는 최저 온도에 대한 자료도 들어 있었을 것이다 (절대 영도는 열역학적으로 생각할 수 있는 최저 온도를 말한다. 섭씨온도로는 −273.16℃에 해당하는데, 열역학 제3법칙에 의하면 이 온도에서는 엔트로피가 제로가 된다 : 옮긴이주). 그는 또 원색에 매료되었다.

그는 종종 두레방에 들러 "사색도 하고, 크리그스필 게임을 지켜보고, 비밀스러운 말을 중얼거리길 좋아했다." 예를 들어 한번은 윌리엄 펠러가 가까이 있을 때, 누구에게랄 것 없이 이렇게 말했다. "너무 살찐 헝가리인을 어떻게 하면 좋지?" 또 이스라엘이 시나이를 점령한 직후 이런 말도 했다. "스페인과 시나이 *Sinai*의 공통점은 뭐지?" 그는 자문자답했다. "둘 다 S로 시작한다는 거지."

파인홀 주변 사람들은 물론 그가 누구인지 잘 알고 있었다. 원로 교수들은 그를 피하려 했고, 파인홀의 비서들은 그를 다소 무서워했다. 덩치가 큰데다가 행동도 이상해서 얼마간 위협적인 분위기가 풍겼기 때문이다. 한번은 내쉬가 수학과의 여비서 애그니스 헨리에게 겁을 준 일이 있었다. 그녀에게 가장 날카로운 가위를 좀 빌려달라고 했는데, 애그니스는 놀라서 어쩌야 좋을지 몰라 터커 교수에게 먼저 물어보았다. 당시 지팡이를 짚고 다닌 터커는 완력으로 내쉬의 상대가 되지 못했지만 이렇게 말했다. "가위를 주도록 해. 문제가 생기면 내가 해결할 테니까." 내쉬는 가위를 잡더니 근처에 놓인 전화번호부 표지를 오려냈다. 그것은 원색의 프린스턴 지도였다. 그는 그것을 스크랩북에 풀칠해 붙였다.

그는 몇몇 대학원생들에게 말을 걸기도 했다. 당시 수학과 1년차였던 버튼 랜들은 이렇게 회상했다. "나는 그의 기이한 태도에 아랑곳하지 않았고, 두려워하지도 않았습니다. 기꺼이 그와 대화를 나누었지요. 어느 면에서 우리는 서로 즐겼습니다." 그와 내쉬는 프린스턴 구내를 배회하며 오랫동안 산책을 하곤 했다. 랜들은 특히 내쉬의 뒤틀린 유머 감각에 강한 인상을 받았다고 회상했다. 그의 유머는 "대개 의도적이고, 자기 지시적이며, 자기 모멸적이었습니다. 그는 자기가 미쳤다는 것을 알고 있었고, 그런 사실을 농담거리로 삼기도 했습니다."

그는 흔히 자기를 제삼자인 양 말하곤 했다. 그럴 때면 요한 폰 낫소 *Johann von Nassau*라는 이름을 썼는데, 이 이름은 존 폰 노이만과도 비슷하고, 프린스턴 중앙로인 낫소 스트리트를, 그리고 캠퍼스의 본관 건물인 낫소 홀을 연상시킨다. 그는 아주 고상한 어법으로, 세계 평화와 세계 정부에 대해 말했고, 아주 웅장한 그런 관념들을 늘 마음에 품고 있다고 주장했다. 그러나 파리와 제네바에서의 실제 경험에 대해서는 입을 다물었다.

모르겐슈테른과의 일은 수포로 돌아가고 말았다. 댄스킨의 회상에 따르면, 내쉬는 자기가 리히텐슈타인의 시민이기 때문에 소득세 적용 대상이 아니라고 주장하며, 구비서류인 W-2 작성을 거부했다.

> 나는 오스카 모르겐슈테른을 통해 경제연구 그룹의 일자리를 소개해 주었습니다. 오스카도 좋다고 했지요. 그래서 신청서를 작성하게 되었는데, 그 신청서에는 사회보장번호와 미국 시민 여부를 묻는 항목이 있었습니다. 그는 미국 시민이라는 것을 인정하려고 하지 않았어요. 결국 일자리를 얻지 못했지요.

12월 초에 그 계약이 취소된 것이 서류 문제 때문이었는지, 내쉬가 병이 깊어 일을 할 수 없었기 때문이었는지는 분명치 않다.

내쉬는 사람들에게 온갖 편지를 써 보냈다. 마틴 슈빅이 게임 이론을 화폐 이론에 적용시키려 한다는 얘기를 들은 그는 슈빅에게 리치 리치 *Richie Rich* 만화책을 보냈다. 카네기 시절의 친구 폴 즈바이펠에게 보낸 엽서에는, 워싱턴 소재 프랑스 대사관의 참사관을 엽서 참조인으로 지목했다.

또한 전화도 많이 했는데, 마사의 회상에 의하면 대부분 가명으로 전화를 걸었다. 에드 넬슨은 이렇게 회상했다. "그 몇 년 동안 내쉬의 전화를 받는 데 나도 한몫했지요. 그는 내게 전화를 많이 했어요." 아르망 보렐은 이렇게 회상했다. "내쉬는 내게 쉴새없이 전화를 했어요. 해리쉬-찬드라도 적잖이 전화를 받았지요. 정말 끝이 없었는데, 늘 터무니없는 소리만 했어요. 수비학, 사주, 세상사를 들먹였는데, 그걸 들어준다는 게 여간 괴로운 게 아니었어요. 정말 걸핏하면 전화벨이 울렸죠."

내쉬의 괴팍한 행동은 대학 고위관리의 주목을 받기 시작했다. 댄 스킨은 이렇게 회상했다.

그는 총장을 짜증나게 했습니다. 중동의 가자 지구에서 벌어진 일을 들먹이기도 했고, 캠퍼스에서 돌차기 놀이를 하기도 했어요. 한번은 고힌 총장의 비서가 내게 전화를 걸었더군요. 그가 누구를 위협하고 있지는 않지만 미친 짓을 하고 다닌다는 것이었습니다. 그는 아무 사무실에나 불쑥 들어가곤 했지요. 젊은 여직원들은 화들짝 놀라곤 했어요. 우리 집에 와서는 전축을 만지작거려 고장을 내놓기도 했습니다.

그는 사람들을 겁나게 했어요. 하지만 더없이 온순한 사람이었지요.

앨리샤도 제정신이 아니었다. 그녀는 심한 우울증을 겪게 되었다. 포크댄스 그룹의 회원들은 그녀의 슬픈 표정과 아이 사진을 기억했고, 어린 아들과 헤어져 사는 그녀의 슬픔도 생생히 기억했다. 그녀는 프린스턴 병원의 정신과의사 필립 얼리치 *Phillip Ehrlich*에게서 치료를 받기 시작했다. 얼리치는 그녀에게 남편을 강제 입원시키라고 충고했다. 그가 추천한 병원은 인근의 주립병원이었다. 오데트는 1995년에 이렇게 회상했다. "그처럼 튼튼하고 잘생긴 남자가 감금되어야 한다는 건 너무나 안타까운 일이었어요. 앨리샤는 죄의식을 느꼈죠. 우리는 그 문제를 수없이 얘기했어요. 정신과의사는 감금해야 한다고 충고했지만, 그녀는 납득할 수 없었어요. 그건 너무나 고통스러운 일이었죠." 앨리샤는 처음에 존 댄스킨에게 내쉬의 강제 입원을 부탁했다. 댄스킨은 거절했다. 그러자 그녀는 버지니아와 마사에게 도움을 청했다.

경찰이 내쉬를 끌고가기 하루나 이틀 전, 내쉬는 온통 생채기가 난 상태로 캠퍼스에 나타났다. "요한 폰 낫소는 시대의 반역아였어." 그가 눈에 띄게 떨면서 말했다. "그들이 곧 나타나 나를 잡아갈 거야."

침묵의 탑

40

트렌튼 주립병원, 1961년

이곳은 델라웨어 계곡의 가장 아름다운 풍광 속에 자리잡고 있으며, 이 품안에 모인 방황하는 영혼을 축복하고, 위로하고, 회복시키기 위해, 인간의 기술과 예술이 발휘할 수 있는 모든 힘을 다 조합해놓았다.
―뉴저지 주립 정신병원의 1차 회계연도 보고서, 1848년

나는 "침묵의 탑"에 버려져 썩어가는데, 프로메테우스를 공격한 독수리들이 나의 내장을 파먹는 듯하다. ―존 내쉬, 1967년

1961년 1월 말, 내쉬가 파리에서 돌아온 지도 열 달이 지났다. 나이보다 늙어 보이는 버지니아와 마사는 로아노크에서 기차를 타고, 하루 종일 북상해 오후 느지막이 프린스턴에 도착했다. 그들은 10년 전에도 이런 여행을 한 적이 있었다. 그때는 조니의 졸업식에 참석하기 위해서였다. 그때와 지금의 여행은 너무나 대조적이어서 두 사람은 마음이 무거웠다. 그들이 지치고 눈물에 젖은 채 기차에서 내렸을 때, 존 밀너가 마중 나와 있었다. 밀너는 이때 프린스턴 수학과의 정교수였다. 주위는 어둑했고, 눈발이 비쳤다. 잠시 어색한 인사를 나눈 후, 밀너는 그들을 자기 차가 있는 곳으로 데려가 키를 건네주고, 웨스트 트렌튼으로 가는 길을 알려주었다.

마사가 운전대를 잡았다. 두 여자는 말없이 1번 도로를 달렸다. 길

에는 살얼음이 얼어 차가 조금씩 미끄러졌다. 그들은 차라리 그것이 고마웠다. 앞에 놓인 일을 직면하기가 두려웠기 때문이다. 조니는 이미 트렌튼 주립병원에 들어가 있었다. 그날 오전에 경찰은 그를 차에 싣고 작은 종합병원인 프린스턴 병원에 먼저 들렀다. 거기서 내쉬는 곧장 구급차로 옮겨져 트렌튼 주립병원으로 실려갔다. 이제 모녀는 그곳에 가서 의사들과 면담하고, 구비서류에 서명도 하고, 가능하면 조니를 면회할 생각이었다. 그런 후 앨리샤도 만나고, 앨리샤의 아파트에서 묵을 예정이었다.

꼭 그래야만 하는 것인지 의심도 들고 자책감에 시달리기도 했지만, 다시 조니를 감금하는 것밖에는 다른 도리가 없는 것 같았다. 조니가 프린스턴의 친숙한 환경과 낯익은 수학 친구들 사이에서 지내다보면 다소나마 나아질 거라고 기대했건만, 그런 기대는 몇 주 전에 산산이 부서지고 말았다. 앨리샤는 날이 갈수록 더 겁에 질린 목소리로 그들에게 전화를 했다. 앨리샤가 상담한 정신과의사는 조니에게 자발적으로 입원하라고 설득했지만 성공하지 못했다. 조니는 완강히 거부했다. 마침내 세 여자는 다른 도리가 없다는 데 동의했다.

이번에는 사립병원에 갈 형편이 되지 못했다. 마사는 1995년에 이렇게 회상했다. "처음에 우리는 맥린 병원에 한 달만 입원시키면 될 줄 알았어요. 하지만 이제는 단기 치료로는 해결될 수 없다는 것을 알게 되었지요. 오빠의 병 때문에 어머니의 저축액을 탕진할지도 모른다는 걱정도 들었죠. 사립병원에 장기 입원시킬 만한 여력은 없었거든요."

새로 내린 눈과 달빛 속에, 회색 석조 건물이 든든하고 미더운 자태로 우뚝 서 있었다. 하얀 대리석 돔과 높다란 기둥이 딸린 이 건물은 숲이 우거진 완만한 경사지에 자리잡고 있었다. 트렌튼 주립병원과 같은 공공시설물은 노예제 철폐와 여성 참정권을 주장하던 19세기 중반 개혁 운동의 소산이었다. 이런 시설물 설립에 가장 공로가 큰 사람은 도로테아 딕스였다. 불 같고 굳건한 정신을 지녔던 유니테리언 *Unitarian*(삼위일체설을 부인하고 유일 신격을 주장하는 신교의 일파)인 그녀는 구빈원, 교도소, 길거리 등에 방치된 정신병자들의 섬뜩한 참상을 개선하는 데 한평생을 바쳤다. 그녀는 늙고 병들고 돈도 없을 때, 트렌튼 주립병원의 이사회가 병원 사무 건물의 지층에 마련해준 집에서 거처하다가 1887년에 세상을 떴다.

이런 기관이 다 그렇듯, 트렌튼 병원도 설립자의 기대만큼 발전해 나가지는 못했다. 무엇보다도 병원을 보금자리삼아 찾아오는 환자들이 곧 넘쳐나게 되었기 때문이다. 제2차 세계대전중에 트렌튼은 하나의 큰 빌딩에서 여러 개의 빌딩으로 구성된 단지로 확장되었고, 평균 입원환자 수는 4천 명이나 되었다. 종전 후 이 수치는 급감했지만, 1950년대 말에 다시 급상승했다. 1961년에는 환자 수가 2천 5백 명쯤 되었는데, 맥린 같은 사립병원에 비해 10배나 많았다. 직원은 최소한으로 유지되었는데, 그것도 대부분 외국인 레지던트로 충원되었다. 예를 들어 서쪽 병원에 입원한 6백 명의 환자를 돌본 정신과의사는 6명뿐이었다. 별채에 있는 5백 명의 만성환자─주로 노인성 혹은 간질성 환자─를 맡고 있는 의사는 단 한 명이었다. 이처럼 만성환자가 많다는 사실 때문에, 입원환자들의 대부분이 비교적 단기인 3개월 정도 입원했다가 퇴원한다는 사실은 그리 눈에 띄지 않았다.

"의사들은 환자와 가까워지지 못합니다." 피터 보메커 *Peter*

Baumecker 박사의 말이다. 그는 내쉬가 입원해 있는 동안 인슐린 병동과 재활 병동 두 곳에서 일했다. 트렌튼에 찾아온 것은 가장 가난하고 가장 중증인 환자들이었다. 보메커는 또 이렇게 말했다. "내가 특별히 기억하는 환자는 몇 명 되지 않습니다. 다른 환자의 눈을 파낸 환자가 한 명 있었습니다. 아버지를 살해한 직후 경찰에게 맞아 눈을 잃어버린 환자가 또 한 명 있었구요. 내가 기억하는 것은 아주 예외적인 환자뿐입니다."

보메커는 1995년에 이렇게 회상했다. "좋은 병동과 나쁜 병동이 있었습니다. 트렌튼은 다른 병원만큼 편한 곳이 아니었습니다. 사실 트렌튼은 너무 비좁았지요. 그러나 온정과 보살핌만큼은 부족하지 않았다고 기억합니다. 우리는 많은 사람들을 도와주었습니다."

후일 내쉬는 트렌튼에서 죄수처럼 일련번호를 부여받았다고 씁쓸하게 회상했다. 또 30명에서 40명에 이르는 사람들이 한 방을 나누어 썼고, 자기 것이 아닌 아무 옷이나 입어야 했고, 개인 소지품을 둘 장소나 사물함도 없었고, 자기 비누나 면도 크림조차 없었다. 그것은 보통사람으로서는 상상하기도 어려운 생활이었다. 내쉬는 성격으로나 정신병 특성으로나, 고독과 자유로운 기동성을 필요로 하는 사람이었다. 그런데도 이런 환경에서 낯선 사람들에게 둘러싸여 6개월을 보내야 했다. 군대에 가는 것을 두려워했던 그가 그런 환경을 대체 어떻게 감당할 수 있었을까?

내쉬는 본건물 오른쪽에 있는 페이튼 건물 1층의 남성 환자 입원병동인 페이튼 원 *Payton One*으로 보내졌을 것이다. 당시 입원병동을 담당했던 보메커가 일차 면담을 했다. "내쉬는 내 환자였습니다. 나를 좋아하지는 않았죠. 내 이름이 B자로 시작되기 때문이었습니다. 그는 B자를 싫어하더군요."

입원 면담을 한 곳은 간이침대와 두 개의 의자, 책상, 그리고 작은 창문이 있는 소규모 입원실이었다. "무슨 소리가 들립니까?"와 같은 일상적인 질문으로 면담이 진행되었다. 보메커는 내쉬가 망상을 갖고 있는지, 그 망상이 얼마나 정교한 것인지를 알아내려고 했다. 내쉬가 하는 말과 드러내는 감정이 부합하는지 체크하며, 그는 내쉬의 표정을 세심하게 살폈다. 내쉬는 카라카스 근해에서 포르투갈 원양 정기선 '산타마리아' 호가 납치된 사건에 관심이 많은 것 같았다. 납치 주범들은 살라자르 *Salazar*(1932년부터 1968년까지 포르투갈 총리를 맡았던 사람 : 옮긴이주) 타도를 외치는 반도들이었는데, 브라질로 정치적 망명을 하고자 했다. 내쉬는 이 사건에 대해 나름대로 주관을 지니고 있었다.

이튿날 아침, 내쉬의 "병증"이 토의 안건으로 상정되었다. 그리고 그는 기숙사에서 레지던트 의사들과 집단 면담을 했다. 그런 식으로 일차 진단이 내려지자, 치료 방법이 결정되고 담당 의사도 지정되었다.

트렌튼에 입원하는 사람은 돈이 없거나 보험에 들지 않은 사람, 혹은 너무 중증이어서 사립병원에서 취급할 수 없는 경우가 대부분이었다. 시설이 비좁고, 재원이 빈약하고, 의사도 부족한 주립병원에 내쉬를 입원시켰다는 것은, 돌이켜보면 이해가 되지 않는다. 앨리샤는 RCA에 다녔기 때문에 적어도 의료보험증은 가지고 있었다. 그리고 버지니아는 장기 입원으로 저축액을 탕진할까봐 걱정했다지만, 분명 사립병원의 치료비를 댈 능력을 지니고 있었다. 마사와 버지니아는 분명 그런 병원에 내쉬를 입원시켰다는 것이 걱정스러웠다. "우리가 그 병원에 찾아간 것은 존을 특별히 잘 보살펴달라고 부탁하기 위해서였습니다. 존이 주립병원에 입원한 것은 이때 한 번 뿐이었어요."

존 댄스킨은 이렇게 회상했다.

나는 내쉬가 트렌튼에 입원했다는 소식을 들었습니다. 그래서 그의 가족에게 전화를 걸어서 말했지요. 제발, 뭔가 조치를 좀 취하라고요. 나는 그 병원에 가보기도 했습니다. 일이 어떻게 된 건지 알아보고 싶어서였죠. 나는 충격을 받았습니다. 잔혹한 정도는 아니라 해도 형편없는 대우를 받고 있었어요. 병원 조무사들은 그를 조니라고 부르더군요.

나는 그 사람들에게 말했죠. "이 사람은 전설적인 인물인 존 내쉬올시다." 내쉬는 멀쩡해 보였어요. 내게는 정신이상 증세를 전혀 보이지 않았지요. 나는 혼자 생각했죠. 제기랄, 이런 우라질 일이 있나! 천재에게 무슨 잘못이 있다는 것을 누가 알 수 있단 말인가? 나는 분통이 터졌습니다.

내쉬가 주립병원에 입원했다는 소식은 프린스턴에 재빨리 퍼졌다. 약물과 전기충격과 인슐린 혼수 요법을 비롯한 온갖 공격적인 치료법으로 악명 높고, 환자로 미어터지는 주립병원에 내쉬가 입원했다는 것을 알고 로버트 윈터스 *Robert Winters*는 크게 상심했다. 하버드에서 경제학을 공부한 윈터스는 당시 하버드 물리학과의 비즈니스 매니저를 맡고 있었는데, 알 터커나 도널드 스펜서 교수와도 친분이 있었다. 윈터스는 1961년 1월 말 조셉 토빈 *Joseph Tobin*을 만났다. 토빈은 당시 고등학문연구소의 정신과 컨설턴트였고, 프린스턴에서 몇 킬로미터 거리에 있는 호프웰 신경정신 연구소의 소장이었다. 윈터스는 토빈에게 이렇게 말했다. "내쉬 교수를 빠른 시일 내에 원래의 창조적인 상태로 돌려놓는 것이 국익을 위해서도 좋은 일입니다." 토빈은 윈터스에게 해롤드 매지를 만나보라고 권했다. 매지는 트렌튼 병원의 의료 담당 책임자였다. 윈터스는 그렇게 했다. 매지는 후일 윈터스에게 써 보냈듯, 이렇게 약속했다. "주립병원에서 치료를 시작하기 전에 내쉬 박사의 상태를 철저히 검토할 겁니다."

사실 그것을 기대하기는 무리였다. 뉴욕의 훌륭한 작가 세이무어 크림은 〈정신병 이야기〉(1959)라는 에세이에서 자신의 정신병원 체험기를 털어놓았다. "정신병원의 일과는 수학적으로 결정된다. 고음의 트럼펫이 머리에 쨍쨍 울리는 잡동사니 인간들이 대부대 단위로 책상 앞을 지나갈 때, 이들을 다루기 위해서는 몇 개 범주로 나누어 치료할 수 있는 공통 분모를 찾지 않으면 안 된다."

해롤드 매지가 약속을 한 직후, 혹은 직전에 내쉬는 페이튼 원에서 인슐린 병동인 딕스 원 *Dix One*으로 이송되었다. 트렌튼을 권했던 프린스턴 병원의 정신과의사 얼리치는 내쉬가 트렌튼의 요법으로 효과를 볼 거라고 확신했다. 앨리샤와 버지니아, 마사 등이 인슐린 혼수 요법에 명백히 동의했는지는 분명치 않다. "내쉬의 가족이 강제 입원 이상의 어떤 허락을 해야 했는지는 기억이 나지 않는다"고 보메커는 회상했다. "당시에는 아무에게도 묻지 않고 정신과의사가 마음대로 무슨 치료든 할 수 있었다." 마사는 상의를 받은 적이 있다고 회상했다. "그것은 과감한 결정이었어요. 우리는 오빠의 정신 능력에 손상이 갈까봐 무척이나 걱정을 했어요. 우리는 그런 점을 의사들과 상의했지요."

인슐린 병동은 그 병원에서 가장 우수한 병동이었다. 이 병동은 두 부분으로 나누어져 있었다—한 곳에 22개의 남성용 병상이, 다른 곳에 22개의 여성용 병상이 있었다. 댄스킨은 후일 그 병동이 "링컨 터널의 내부" 같아 보였다고 회상했다. 인슐린 병동의 책임자는 병원 이사회의 총애를 받았다. 이 병동에는 많은 의사와 최고의 간호사, 최신식 설비가 갖추어져 있었다. 젊고 건강 상태가 좋은 환자들만이 이곳으로 보내졌다. 이곳 환자들은 특별 식사, 특별 치료, 특별 오락의 혜택을 누렸다. "그들은 병원에서 제공할 수 있는 최고의 대우를 받았다." 로버트 가버 *Robert Garber*가 말했다. 그는 1940년대 초에 트렌튼의 정신과의사로 근무했고 후일 미국 정신의학회 회장이 된 사람이다. "인슐린 병동의 환자들은 각별한 보살핌을 받았습니다. 환자 가족들이 보기에도 인슐린 치료는 아주 마음에 드는 것이었습니다. 감동을 받을 정도였지요."

그후 6주 동안, 매주 5일씩 내쉬는 인슐린 치료를 받았다. 아침 일찍 간호사가 그를 깨워 인슐린을 주사했다. 보메커가 오전 8시 반에 병동에 들르면 내쉬의 혈당은 급격하게 떨어져 있었다. 그는 졸음에 빠진 상태였고, 주변을 거의 의식하지 못했으며, 반쯤 정신착란 상태에서 헛소리를 중얼거렸다. 한 여자 환자는 줄곧 고함을 지르곤 했다. "호수에 뛰어들어. 호수에 뛰어들어." 9시 반이나 10시쯤, 내쉬는 혼수상태에 빠져들어 점점 더 깊이 무의식으로 가라앉았다. 그러다가 어느 순간 손가락 하나 꼼짝 못할 만큼 꽁꽁 얼어붙은 듯 몸이 굳었다. 그때 간호사는 그의 코와 식도로 고무 호스를 집어넣어 글루코스 용액을 투입했다. 필요할 경우 가끔은 정맥으로 주사하기도 했다. 그러면 그는 간호사들이 지켜보는 가운데 아주 천천히 고통스럽게 혼수상태에서 깨어났다. 오전 11시경이면 의식을 되찾았다. 그리고 늦은 오후 무렵, 환자 전원이 작업 요법(건강 회복을 위해 적당한 일을 시키는 요법)을 받으러 갈 때면 내쉬도 동참했다. 간호사들은 환자들이 기절할 경우에 대비해 오렌지 주스를 들고 따라갔다.

혼수상태에 있을 때 혈당치가 너무 많이 떨어진 환자가 일시적으로 발작을 일으키는 경우가 많았다. 그런 환자는 헛소리를 하며 혀를 깨물었다. 뼈가 부러지는 일도 흔했고, 혼수상태에서 깨어나지 못하는 경우도 있었다. 보메커는 이렇게 회상했다. "젊은 남성 환자를 한 명 잃은 적이 있었습니다. 그래서 우리 모두 경각심을 갖게 되었지요. 우리는 전문가들을 불러들여 온갖 조치를 다했습니다. 어떤 때는 환자들의 체온이 너무 올라가 얼음찜질을 하기도 했습니다."

그런 경험에 대한 증언을 환자 본인에게 직접 듣기는 어렵다. 이 치료를 받으면 최근 기억이 상당 부분 지워져 버리기 때문이다. 후일 내쉬는 인슐린 요법이 "고문"이었다고 말했다. 그는 그후에도 여러 해 동안 이 요법에 분개하며, 가끔 편지의 발신인 주소란에 "인슐린 연구소"라고 쓰기도 했다. 이 요법이 얼마나 불쾌한 것이었는지는 다른 환자의 설명을 통해서도 일부 엿볼 수 있다.

 축축하게 젖은 의식의 층을 가르며…싱그러운 양털 냄새가 풍겨오기 시작합니다.…그런 식으로 매일같이, 날이면 날마다 나는 무無의 세계에서 귀환해 돌아옵니다. 속이 메슥거리고, 입에서는 피 비린내가 나고, 혓바늘이 돋아 있습니다. 오늘도 입에 문 재갈이 빠져나간 것입니다. 나는 몽롱하면서도 무지근한 두통을 느낍니다.…3개월 동안의 일과는 늘 그런 식이었습니다.…매일 깨어날 때마다 참혹했다는 기억밖에는 뚜렷하게 기억나는 것이 없습니다.

가버가 말한 대로, 인슐린 병동의 환자들이 트렌튼의 다른 환자들에 비해 좋은 대우를 받았다는 것은 사실이다. 인슐린 환자들은 좀더 다양하고 기름진 음식을 먹었다. 특별 디저트도 나왔다. 매일 밤 잠들기 전에는 아이스크림도 나왔다. 대부분의 환자는 산책을 할 수 있는 특권도 누렸고, 주말이면 외박 허가도 받았다. 모든 환자가 체중이 늘었다. 그것은 좋은 징조로 간주되었다. 그 병동의 의사들은 환자의 신체 상태가 양호한 것을 뿌듯해했다. "환자들은 인슐린 때문에 체중이 크게 늘었을 겁니다. 그들은 저혈당 상태였기 때문에 많은 설탕을 제공받았는데, 설탕은 칼로리가 높거든요. 몸이 여윈 정신분열증 환자에게는 그것이 그리 나쁜 일은 아니었습니다." 보메커의 회상이다. 그러나 환자들은 그것을 싫어했다. 후일 내쉬가 음식과 체중에 대해 강박관념을 갖게 된 것도 그러한 "억지 급식"의 경험에서 비롯한 것인지 모른다.

정신분열증 환자를 인슐린 혼수 요법으로 치료한다는 아이디어는 비엔나의 의사 만프레드 자켈 *Manfred Sackel*이 1920년대에 창안한 것이다. 이 요법이 정신병 환자 가운데서도 특히 정신분열증 환자에게 실제로 사용된 것은 1930년대 중반에 들어서였다. 두뇌 작용에 필수적인 당분을 두뇌에서 제거해버리면, 불필요하게 기능하고 있는 두뇌 세포가 죽어버릴 거라고 그는 생각했다. 이것은 암 치료를 위한 방사선 요법과 같은 원리이다. 처음으로 효과적인 정신병 치료제가 사용된 것은 1950년대인데, 이때 인슐린 요법을 사용한 일부 의사들은 이 요법이 정신병 치료제보다 더 우수하며, 특히 망상증에 치료 효과가 높다고 생각했다. 인슐린 요법의 메카니즘은 아무도 알지 못했다. 그러나 1930년대 후반의 두 차례 대규모 연구 결과, 인슐린 치료를 받은 환자는 다른 환자보다 더 지속적이고 더 나은 결과를 보인다는 것이 밝혀졌다. 그러나 인슐린의 효율성을 지지하는 증거가 그리 많은 것은 아니었다.

인슐린 요법은 전기충격요법보다 훨씬 더 위험하고 비용도 훨씬 더 많이 들었다. 그래서 1960년 무렵에는 인슐린 요법이 대부분의 병원에서 폐기되었다. 시간과 돈을 들여 그런 위험을 무릅쓸 만한 가치가 없다는 결론을 내린 것이다.

가버의 말에 따르면, 인슐린 치료는 많은 환자들에게 적어도 일시적으로는 증세를 호전시켜 주었다.

> 환자들은 남들이 모두 자기 주변을 맴돌며 각별한 애정을 지니고 염려해주는 모습을 보곤 한다. 나는 그런 것이 치료에 도움이 된다고 늘 생각했다. 남들이 신경을 써주면 환자들은 좀더 활달해지고 좀더 능동적이 되었다. 그들은 주말이면 외출을 했다. 병원 주변을 산책할 수도 있었다. 나는 그것이 도움이 되었다고 생각한다. 환자들은 더 밝아졌고, 더 활달해졌고, 더 많은 대화를 나누었다.

후일 내쉬는 인슐린 요법 때문에 기억력이 크게 떨어졌다고 불평했다. 1967년 샌프란시스코에서 사촌 리처드 내쉬를 만났을 때는 이렇게 말했다. "돈이 다 떨어질 때까지 병이 낫지 않아서 주립병원에 가게 되었다."

인슐린 요법은 정말 위험하고 고통스러운 것이었다. 그러나 20세기 중반까지만 해도 평생 감금되어 살아야 했던 정신분열증 같은 심각한 질병에 사용할 수 있는 몇 안 되는 치료법 가운데 하나가 인슐린 요법이었다. 다른 주립병원과 마찬가지로 트렌튼도 새로 개발되는 모든 "치료법"의 실험실 노릇을 했다. 가버는 전쟁 전에 이렇게 말했다.

[우리는] 당시 알려진 모든 방법을 동원해 환자를 치료했습니다. 장세척 방법이나 열 요법도 계속 사용되었고, 말라리아 배양균을 접종시키기도 했습니다. 나중에는 장티푸스 배양균도 사용했지요. 장티푸스 백신을 주사하면 몇 시간 내에 환자는 메스꺼움과 구토, 설사, 40도의 고열에 시달리게 됩니다. 매주 두세 번씩, 8주 내지 10주간 그런 요법을 사용했습니다. 환자의 몸에서 녹말을 제거하기 위해서였지요.
오전 8시에 트렌튼 병원 감독 사무실에 출근해서 내가 처음 내리는 지시는, 어느 환자들을 격리실에서 빼낼 것인가 하는 것이었습니다. 새로 격리시켜야 할 필요가 있는 8~15명의 환자를 위한 공간을 만들기 위해서지요. 격리실은 세로 3미터 가로 3.6미터인데, 바닥에는 인조석이 깔렸고, 타일로 선이 그어져 있었습니다. 한가운데에 화장실과 싱크대와 하수구가 있어서, 환자의 배설물로 실내가 더러워지면 우리가 고무 호스로 물을 뿌려 씻어냈습니다.
환자를 통제하기 위한 수단이 있다면 무엇이든 가리지 않고 사용할 수밖에 없었습니다.

6주 후, 인슐린 요법으로 효과를 보았다고 판단된 내쉬는 제6병동, 즉 재활 혹은 보호관찰 병동으로 옮겨졌다. 그곳에서는 매일 집단치료를 받았고, 약간의 오락과 작업 요법도 병행했다. "그들은 가장 양호한 환자였습니다. 병상은 15개 정도밖에 없었어요. 다른 병동에는 병실 하나에 환자가 30명이나 되었지요. 환자는 개별적으로 보살핌을 받았고, 여행을 하거나 집에 다녀올 수도 있었습니다." 보메커의 회상이다.

내쉬는 제6병동에 있을 때 유체역학 논문을 집필하기 시작했다. "내쉬가 늘 구름 위에서 논다고 다른 환자들이 놀리곤 했다"고 보메커는 회상했다. 어떤 환자는 이런 말을 하기도 했다. "교수님, 빗자루 사용법을 알려드리겠습니다." 앨리샤는 매주 찾아갔다. 내쉬에게 외출이 허락되자, 그를 데리고 포크댄스 파티에 갔다. 내쉬에게는 한 주일 가운데 최고의 날이었다.

내쉬는 병세가 누그러진 것 같았다. 스스로에게는 물론 남들에게도 더 이상 위협을 가하지 않았다. 보메커는 그에게 퇴원을 추천했다. 일반적인 믿음과는 달리, "우리는 환자 수를 줄이기 위해 가능한 한 빨리 퇴원을 시켜야 한다"는 것을 보메커는 강조했다. 내쉬는 7월 15일 퇴원했다. 33회 생일이 지난 지 한 달 만이었다. 그리고 몇 달 후 보메커는 고등학문연구소로 전화를 걸어, 오펜하이머에게 내쉬의 상태가 정상인지 물었다. 오펜하이머는 이렇게 대답했다. "의사 선생, 그건 이 지상에서 아무도 대답할 수 없는 질문이오."

강제된 합리성의 막간극

1961년 7월~1963년 4월

오랫동안 병원에 입원한 후… 마침내 망상적인 가설을 포기했고, 나는 좀더 전통적인 상황 속의 한 인간이라는 생각을 되찾게 되었다.
―존 내쉬, 노벨상 수상 약전, 1995

신체적 질병에서 어느 정도 회복한 사람은 과거의 활동을 재개하며 새로운 활력과 기쁨을 느끼게 된다. 그러나 여러 달 혹은 여러 해 동안 우주적이고 신성하기까지 한 통찰을 남몰래 지녀왔다고 느끼다가, 그러한 통찰이 더 이상 자기 것이 아님을 깨닫게 된 사람은 매우 다른 반응을 보이게 된다. 내쉬의 경우, 일상의 합리적 사고력을 회복하긴 했지만 그런 회복은 위축감과 상실감을 낳았다. 의사와 아내, 동료들은 그의 타당하고 명석한 사고력이 회복되었다고 환호했지만, 내쉬 자신은 타락했다고 생각했다. 노벨상을 수상한 후 자전적 에세이에 내쉬는 이렇게 썼다. "합리적 사고를 할 때, 우주와 한 개인과의 관계 개념에는 한계가 생긴다." 그는 증세 완화를 즐거운 건강 상태로의 복귀라고 생각하기보다, "말하자면 강제된 합리성의 막간극" 정도로 생각했다. 유감스러워하는 그의 어조는 로렌스의 말을 상기시킨다. 로렌스는 "정신수학 *psychomathematics*"

이론을 고안해낸 정신분열증 환자였는데, 러트거스 대학의 심리학과 교수 루이스 사스에게 이렇게 말했다. "사람들은 내가 지성을 회복했다고 생각해왔지만, 사실상 나는 점점 더 단순한 사고 수준으로 퇴행하고 있었다."

내쉬의 유감은 지적 능력이 사실상 둔화되었다는 사실을 반영하는 것일 수도 있다. 고양된 상태에 비춰볼 때뿐만 아니라, 정신병 발병 이전의 능력에 비추어볼 때도, 그는 지적 능력이 둔해졌다는 것을 여실히 느낄 수 있었다. 장래는 말할 것도 없고 현재의 상황도 너무나 달라져 버렸다는 것을 의식한다는 것은 여간 곤혹스러운 일이 아니었다. 33세의 나이에 직장은 없고, 정신병자였다는 낙인이 찍혔고, 옛 동료들의 친절에나 기대어 살아야 했다. 트렌튼에서 퇴원한 7월 15일 무렵 도널드 스펜서에게 보낸 편지를 보면, 그의 현실관을 짐작해볼 수 있다.

> 내 처지에서 기대를 해본다면…연구하면서 공부나 하는 편이 낫다는 생각도 있으니…정식으로 교단에서 가르치는 자리는 아니어도… 펠로십은 받을 수 있지 않을까 싶습니다. 우선은 그렇게 하면, 내가 주립 정신병원에 있었다는 것에 대한 온갖 우려도 떨쳐버릴 수 있을 것입니다.

내쉬는 고등학문연구소의 1년짜리 연구직 자리를 얻었다. 프린스턴 교수로 있던 스펜서와 고등학문연구소의 여러 수학 교수들—아르망 보렐, 에이틀 셀버그, 마스턴 모스, 딘 몽고메리 *Dean Montgomery*—의 도움 덕분이었다. 오펜하이머도 내쉬를 돕기 위해 국립과학재단의 기금 6천 달러를 확보했다. 1961년 7월 19일자 내쉬의 연구직 신청서에는 그가 "편미분 방정식 연구를 계속하기" 바란다고 씌어 있다. 또 "이전의 연구 과제들과 관련해 연구하고 싶은 다른 관심사"도 있다고 언급되어 있다.

7월 말에 앨리샤의 어머니는 두 살배기 존 찰스를 프린스턴으로 데려왔다. 튼튼하고 잘생긴 아이였다. 내쉬는 재결합을 이렇게 회상했다. "1961년 한 해 동안 우리 꼬마를 보지 못했으니 내게는 큰 사건이었다!" 이어 8월 초에 내쉬는 콜로라도에서 열린 수학자회의에 참석했다. 거기서 옛 동료들을 많이 만난 내쉬는 열렬한 등산가인 스펜서와 함께 하루 일정으로 파이크스 피크에 오르기도 했다.

내쉬와 앨리샤는 또 다시 함께 살게 되었지만 그리 행복하지는 못했다. 지난 2년 동안의 파란만장한 생활 때문에 둘 사이에는 마음의 상처와 원한이 쌓여 있었다. 부부 사이에는 냉기가 감돌았고, 돈과 육아와 기타 일상적 문제 때문에 생기는 새로운 갈등으로 관계는 더욱 악화되었다. 내쉬는 장인 장모가 함께 산다고 해서 더 편할 것도 없었다. 카를로스 라드의 건강이 눈에 띄게 악화된 후인 그해 가을, 라드 부부는 프린스턴으로 옮겨왔다. 라드와 내쉬 부부는 스프루스 스트리트 137번지의 집에서 함께 살았다. 앨리샤가 일하러 나가 있는 동안 라드 부인이 어린 조니를 돌봐준 것은 큰 도움이 되었다. 그러나 두 세대가 한 지붕 밑에 산다는 것은 또 다른 긴장을 낳았는데, 특히 앨리샤에게 그랬다.

그들은 최선을 다하려고 애썼다. 내쉬는 유아원에서 아이를 데려오는 일 따위를 맡기도 했다. 내쉬 부부는 넬슨 부부와 밀너 부부 등 몇몇 사람들과 어울렸다. 지난해 가을 매사추세츠에 자리잡은 존과 오데트 댄스킨을 한두 번 만나러 가기도 했고, 첫째 아들 존 스티어를 보러가기도 했다. 그런 방문은 다소 섬뜩했다. 엘리너는 나중에 존 댄스킨에게 전화를 걸어 내쉬를 비난하기도 했다. 한번은 내쉬가 도넛 봉지를 들고 찾아간 적이 있었는데, 오데트는 이렇게 회상했다. "엘리너는 계속 이렇게 되뇌었어요. '이런 싸구려를!'"

10월 초, 내쉬는 프린스턴에서 개최된 가장 역사적인 대회에 참석했다. 오스카 모르겐슈테른이 주최한 그 대회에는 게임 이론을 연구하는 거의 모든 학자들이 참석했는데, 결과적으로 협력 이론 *cooperative theory*을 축하하는 자리가 되었다. 비협력 게임이나 협상에 대한 얘기는 거의 나오지 않았다. 헝가리 학자 존 하사니와 독일 학자 라인하르트 젤텐, 그리고 위아래가 어울리지 않는 옷을 입고 온 존 내쉬도 그 자리에 있었는데, 발언은 거의 하지 않았다. 이 세 사람이 한 자리에서 만난 것은 이때가 처음이었는데, 그들은 사반세기 후 노벨상을 받기 위해 스톡홀름에 가서야 다시 만나게 된다. 하사니는 프린스턴 학자 가운데 한 명에게 왜 내쉬가 아무 말도 하지 않느냐고 물었다. 1995년 예루살렘의 한 인터뷰에서 하사니가 회상한 말에 따르면, 그 대답은 이랬다. "엉뚱한 말을 해서 창피를 당할까봐."

내쉬는 다시 연구를 할 수 있게 되었다. 거의 3년 동안 그는 연구를 할 수 없었다. 그는 다시 유체운동의 수학적 해석과, 그런 유체의 모델로 사용할 수 있는 비선형 편미분 방정식의 여러 유형 연구에 매달렸다. 그래서 트렌튼에 있을 때 착수했던 유체역학의 논문을 완성했는데, 논문 제목은 "일반 유체의 미분방정식을 위한 코시 문제 *Le Problème de Cauchy Pour Les Equations Differentielles d'une Fluide*

Générale"였다. 이 논문은 1962년 프랑스의 한 수학 저널에 발표되었다. 내쉬와 다른 수학자들이 "꽤 괜찮은 작품"이라고 본 이 논문은 〈수학백과사전〉에도 "근본적이고 기록 가치가 있는" 것으로 언급되었다. 사실 이 논문은 소위 "네이비어-스토크스 일반 방정식을 위한 코시 문제 *Cauchy problem for the general Navier-Stokes equations*"에 관한 수많은 후속 연구를 촉발시켰다. 이 논문에서 내쉬는 국소 시간에서의 고유한 정칙 해법의 존재 *the existence of unique regular solutions in local time*를 증명했다.

"내쉬는 퇴원한 후 좋아진 것 같았다"고 에이틀 셀버그는 회상했다. "그가 고등학문연구소에 있게 된 것은 좋은 일이었다. 그러나 프린스턴 교수들이 모두 그에게 우호적인 것은 아니었다. 그는 도무지 말을 하지 않았다. 모든 것을 칠판에 썼다. 글로 쓴 것은 표현이 정확했다. 그는 네이비어-스토크스 방정식—유체역학과 편미분 방정식과 관련된 것—에 대해 강연을 했는데, 그 분야는 내가 잘 모르는 것이었다. 그는 한동안 아주 정상적인 것 같았다."

그는 둘만이 만나 유머 감각을 발휘할 수 있을 때 가장 편안해했다. 1959년부터 1962년까지 그 연구소의 전산실 직원으로 일한 길리언 리처드슨은 연구소 식당에서 내쉬와 같이 점심을 먹었던 일을 기억하고 있었다. 내쉬는 그때 정신과의사들에 대해 온갖 험담을 늘어놓았다. 한번은 이렇게 물었다. "프린스턴의 좋은 정신과의사를 알고 있나?" 그러더니 그의 정신과의사가 자신의 "머리 꼭대기에 앉아 있다"면서, 그렇지 않는 정신과의사를 알고 있는지 물었다.

내쉬는 프랑스어 105강좌에도 나타났다. 그것은 프린스턴의 학부 3학기에 가르치는 어학 과정이었다. 어느 날 그는 그 강좌의 교수인 칼 우이티 *Karl Uitti*에게 청강해도 되겠느냐고 물었다. 우이티는 내쉬가 "전형적으로 몽상적인 수학자"라는 느낌을 받았다. 내쉬는 꾸준히 강의를 들었고, 과제물도 착실히 제출했다. 그는 대화체의 "관광용 프랑스어"를 배우기보다는 "프랑스어 구조에 대한 감각"을 얻으려는 것 같았다고 우이티는 회상했다. "그는 프랑스를 아주 편애하는 것 같았어요. 프랑스어와 프랑스인을 좋아하더군요."

우이티와 내쉬는 다소 친해져서 수업 시간 외에도 만났고, 여러 번 앨리샤와도 만났다. 한번은 우이티가 내쉬에게 왜 프랑스어를 배우느냐고 물었다. 내쉬는 프랑스어로 수학 논문을 쓰려고 한다고 대답했다. "그 논문을 이해할 수 있는 사람은 세상에 한 명밖에 없는데, 그게 프랑스인이라는 것이었습니다. 그래서 프랑스어로 논문을 쓰고 싶어했어요." 우이티는 내쉬가 누구를 염두에 두고 있었는지는 기억하지 못했다. 그 프랑스인은 그해에 고등학문연구소에 와 있던 르레, 혹은 그로텐디크였을지도 모른다. 내쉬는 논문이 출간된 후 그것을 고등학문연구소의 한 회원에게 읽어보라고 건네주었다. 다음에 그 회원을 만난 내쉬는 이렇게 물었다. "성적인 분위기를 느꼈나요?"

1997년에 우이티는 이렇게 말했다.

> 그때는 드골이 집권하고 있었는데, 프랑스 과학자들은 프랑스어로 논문을 쓰라는 강한 압력을 받고 있었습니다. 내쉬는 늘 내게 교양 있고 매우 정중한 사람이라는 인상을 주었지요. 그 논문을 누구에게 바치려고 쓴 것인지는 모르지만, 그 사람을 무척이나 존경했던 게 분명합니다. 내쉬는 정말 다정했어요. 그래서 나는 그를 좋아했지요.

내쉬는 장-피에르 코뱅에게 논문 초고의 문장을 다듬어달라고 부탁했다. 당시 많은 번역을 하고 있던 코뱅은 내쉬가 이렇게 말했다고 회상했다. "이런 종류의 수학은 파리가 중심지입니다." 내쉬는 또 프랑스어를 전공하는 대학원생 위베르 골드슈미트의 도움도 받았다.

내쉬는 프랑스로 돌아가겠다는 생각을 포기하지 않았다. 그는 1962년 1월 19일에 코시 논문을 〈프랑스 수학회 회보 Bulletin de la Société Mathématique de France〉에 제출했다. 그는 예전보다 더 말이 없고 위축된 상태였다고 코뱅은 회상했다. 돌이켜 보면, 내쉬가 프린스턴을 떠날 생각을 했다는 것은 분명하다. 그는 파리 고등학문과학연구소 IHES의 그로텐디크와 연락을 취했을 가능성이 높다. 4월에 오펜하이머는 IHES 소장인 레옹 모샨에게 편지를 보내, 내쉬가 1963~1964년 1학기를 파리에서 보낼 수 있도록 공식 초청해달라고 요청했다. 또 2학기 체재비를 위해 오펜하이머는 당시 고등학문연구소에 와 있던 르레에게, 프랑스 국립과학연구소의 기금을 쓸 수 있도록 주선해달라고 요청했다. 이와 동시에 그는 내쉬에게 2년차에도 계속 고등학문연구소에서 연구를 해주면 환영하겠다는 의사를 밝혔다. "내쉬가 가을에도 이곳에 남아 있겠다고 요청했다면 동료들도 아마 동의했을 텐데, 그는 요청하지 않았습니다."

내쉬는 앨리샤에게 함께 프랑스로 가자고 하지 않았다. 앨리샤도 이번에는 말릴 생각이 없었다. 같이 가겠다는 얘기도 하지 않았다. 암묵적인 합의에 따라 결혼은 막다른 골목에 이르렀고, 두 사람은 각자의 길을 갈 생각이었던 것이 분명하다.

그해 겨울, 내쉬는 점점 더 많은 시간을 파인홀 두레방에서 보냈다. 대개는 다과회 시간에 나타나 저녁때까지 머물렀다. 당시 대학원생이었던 스테판 버는 이렇게 회상했다. "그는 펑퍼짐하고 구겨진 옷을 입고 있었습니다. 전혀 공격적인 사람으로는 보이지 않았어요. 어떻게 보면 그의 태도는 다른 수학자들과 별로 다를 것이 없었습니다." 한동안 버와 내쉬는 시간 가는 줄 모르고 헥스 게임을 했다. 두레방의 헥스 게임판은 여러 해 전에 두꺼운 골판지 위에 그려진 것이었는데, 너무 닳아서 여러 번 볼펜으로 선을 새로 그려야 했다.

내쉬는 다시 상태가 나빠지기 시작했다. 보렐은 이렇게 회상했다. "그는 그리 좋아 보이지 않았어요. 무척 위축되어 있는 것 같았죠. 수학 능력도 예전 같지 않았어요. 기묘하고 무의미하고 예측 불가능한 말을 하곤 했지요. 그건 정말 곤혹스러웠어요. 여비서들은 그를 무서워했지요. 그는 기피 인물이 되었습니다. 그가 어떤 행동 어떤 말을 할지 아무도 알 수 없었으니까요."

한번은 보렐 부부가 앨리샤와 내쉬를 불러 같이 차를 마셨다. "우리는 차와 쿠키를 내놓았습니다. 그런데 내쉬가 부엌에 들어가는 것이었어요. 내가 따라갔죠. '뭐가 필요한데?' 내가 묻자 이렇게 답하더군요. '소금과 후춧가루.'" 아르망 보렐의 회상이다. 게이비 보렐은 이렇게 덧붙였다. "그는 차에 소금과 후춧가루를 넣더니 차가 맛이 없다고 불평을 했어요."

그해 봄, 그의 정신은 더욱 불안정하고 성마른 상태가 되었다. 그는 지난날의 집착을 재연하기 시작했다. 그는 느닷없이 서부 해안으로 여행을 떠나, 알 바스케스와 로이드 셰이플리, 알 터커 교수의 전

아내 앨리스 베켄백과 그녀의 새 남편을 만났다. MIT를 졸업하고 버클리 대학원에 다니고 있던 바스케즈는 이렇게 회상했다.

    [버클리 대학의] 두레방에 들렀더니 그가 거기 있는 것이었어요. 나만큼이나 그도 놀라더군요. 그는 예고도 없이 찾아왔던 거죠. 나는 그가 어디에서 묵고 있는지 몰랐습니다. 그러나 적어도 이틀은 근처에서 묵은 게 분명했어요. 전에는 내쉬가 나를 찾아온 적이 없었습니다. 그동안 내쉬는 유럽이나 동부 해안을 돌아다녔고, 계속 여행중이라는 인상을 주었어요. 그는 많은 얘기를 했습니다. 인슐린 요법에 대해서도 많이 얘기했어요. 아주 고통스러웠다더군요. 또 사슬에 묶인 채 배에 실려 유럽에서 송환되었다는 말도 했습니다. 노예제도라는 말을 자주 쓰더군요. 과거 경험에 대해 아주 비통해했어요.
    그는 꽤 횡설수설했습니다. 자신의 강박증 외에는 제대로 얘기를 하지 못하더군요. 나는 뜨악했습니다. 그건 참 얄궂은 일이었죠. 그는 왜 나한테 그런 얘기를 한 걸까요? 우리가 아는 사이긴 하죠. 하지만 그는 의사소통을 하려고 하지 않았어요. 내가 알아듣게끔 말하려고 하지 않았죠. [하지만] 그게 모두 헛소리는 아니었습니다. 때로는 말장난과 비유로 가득 찬 현명한 말을 하기도 했습니다.

내쉬에게서 무수한 편지를 받았던 셰이플리도 내쉬가 산타모니카에 나타난 것이 곤혹스러웠다. "그는 나를 친한 친구라고 생각했습니다. 그런 거야 참아줄 수밖에 없죠. 그는 여러 색깔의 잉크로 쓴 엽서를 내게 보내곤 했어요. 그건 참 안쓰러운 노릇이었습니다. 엽서에는 수학과 수비학 얘기뿐이었죠. 답장을 기대하는 게 아니었어요. 그는 나를 꽤나 생각했던 것 같습니다. 그는 참 극적으로 망가져

갔어요." 셰이플리가 1994년에 회상한 말이다. 셰이플리는 내쉬의 이런 말을 기억하고 있었다. "내게는 문제가 있어. 수학회의 어떤 작자가 내게 이런 짓을 했는지만 알아낼 수 있다면 당장 해결할 수 있을 텐데." 셰이플리는 내쉬가 오래 머물지는 않았다고 말하며, 이렇게 덧붙였다.

그건 좀 겁이 났어요. 분명한 것은, 그에게 말을 걸 수도 없고, 심지어 그의 말을 이해할 수도 없다는 것이었습니다. 그는 이 얘기에서 저 얘기로 건너뛰었어요. 정신적으로 한 가지 생각에 집중할 수 없다면 좋은 수학자가 되기는 아주 어렵죠.

1962년 6월, 내쉬는 유럽으로 떠났다. 6월 마지막 주에 파리에서 열리는 수학자회의에 참석할 예정이었다. 또 8월 초에 스톡홀름에서 열리는 국제수학자회의에도 참석할 생각이었다. 그는 먼저 런던으로 가서 블룸스버리에 있는 "아주 장엄하다"는 러셀 호텔에 들었다.

그는 사서함을 개설한 후 또 다시 편지를 쓰기 시작했다. 편지 가운데 화장지에 초록색 잉크로 프랑스어로 쓴 것도 있었다. 그는 또 화살에 몸이 관통해 쓰러져 있는 사람을 비롯한 온갖 그림을 보내기도 했다. 6월 14일자 소인이 찍힌 편지에는 초록색 잉크로 다음과 같이 쓴 쪽지가 들어 있었다. $2 + 5 + 20 + 8 + 12 + 15 + 18 + 15 + 13 = 78$.

파리의 콜레주 드 프랑스에서 열린 회의는 조촐했고, 주로 르레를 중심으로 진행되었다. 르레는 당시 비선형 포물선 방정식에 대해 흥분을 감추지 못했다. 그해에 내쉬와 아주 친해진 에드 넬슨은, 대역적 大域的 존재 정리 *global existence theorems*가 없다는 것은 수치라고 르레가 말했던 것을 기억하고 있었다. 넬슨은 이렇게 말했다. "르레가 말하고자 한 것은 우리가 좀더 열심히 연구를 해야 한다는 것이었습니다. 그렇지 않으면 세상이 어느 한 순간 종말을 맞을지도 모른다는 것이었어요." 대부분의 연사들은 영어로 연설을 했다. 라르스 회르만더도 그곳에 있었는데, 그는 "1962년은 여느 해와 달랐다"고 회상했다. 그러나 내쉬는 자기가 "짬뽕 프랑스어 *pidgin French*"라고 일컬은 말로 연설하기를 고집했다. 그가 즉흥 연설을 한 것은 아니었다. 그는 거의 미국 억양으로 아주 나직하게, 미리 준비한 노트를 읽어 내려갔다. "내쉬의 논문은 수학적으로 존경받을 만한 것이었다. 그가 그런 논문을 내놓을 수 있다는 것은 우리 모두를 놀라게 했다. 우리에게 그것은 무덤 속에서 부활하는 것을 보는 것과도 같았다." 회르만더의 회상이다.

그러나 그의 행동은 너무나 기묘했다. 회르만더는 후일 이렇게 회상했다.

회의의 공식 주관자인 베르나르 말그랑주 *Bernard Malgrange*가 참가자에게 정찬을 제공했다. 식탁에서 내쉬는 곁에 있는 사람과 접시를 바꾸었다. 그러더니 또 접시를 바꾸었다. 자기 음식에 독이 들어 있지 않다고 믿을 때까지 그랬다. 모두가 그의 기묘한 행동을 의식했지만 내색은 하지 않았다.

말그랑주는 캐비아(철갑상어 알젓)가 든 커다란 단지를 가져와 그것을 돌리고 있었다. 단지가 내쉬에게 오자, 그는 단지를 뒤집어 자기 접시 위에 모조리 쏟아 부었다. 모든 사람이 예의를 갖추고 아무 말도 하지 않았다.

7월 2일, 내쉬가 아직 파리에 있을 때, 그의 장인이 갑자기 사망했다. 앨리샤는 밀너와 댄스킨을 통해 내쉬와 연락을 하려고 했지만 성공하지 못했다. 카를로스 라드는 낫소 스트리트에 있는 세인트 폴 교회 묘지에 묻혔다.

한편, 내쉬는 런던으로 돌아갔는데, 그 이유는 분명치 않다. 당초에 그는 스톡홀름 회의에 참석하러 가는 것 외에는 계속 파리에 머물 계획이었다. 아무튼 내쉬는 런던에 머물며, 7월 24일에 탤보트 광장의 슈테판 호텔에서 마사에게 편지를 보냈다. 그는 거기서 곧바로 스톡홀름으로 갈 생각이었던 것 같다. 그는 스톡홀름 회의 때까지 할 일이 없어 그냥 시간이나 보내고 있으며, 심리학자나 임상의를 찾아가볼 생각도 하고 있다는 내용의 편지를 보냈다.

댄스킨의 회상에 의하면, 누군가 내쉬를 찾으러 가서 마침내 런던의 중국 대사관 근처를 배회하는 내쉬를 찾아냈다고 한다. 그해 여름 MIT 경제학과의 학과장이 한 무리의 회사 중역들을 인솔하고 런던을 방문했는데, 뜻밖에 내쉬를 보고 이렇게 물었다. "지금 어디에 묵고 있습니까 Where are you now?" 그러자 어리둥절한 표정으로 내쉬가 반문했다. "당신은 어딨는데요 Where are you?"

국제수학자회의는 8월 셋째 주에 스톡홀름에서 열렸다. 본회의 연사로는 아르망 보렐과 존 밀너, 루이스 니렌버그 등이 선정되어 있었다. 필즈 메달은 존 밀너와 라르스 회르만더에게 돌아갈 예정이었다. 두 사람은 이미 5월에 수상 소식을 통보받았지만 그런 사실을 비밀로 해야 했기 때문에, 다른 사람들은 수상자가 누구인지 전혀 몰랐다.

내쉬는 자기가 수상자가 되어야 마땅하다고 생각했지만, 스톡홀름에 가지 않았다. 대신 그는 제네바로 가서 1959년 12월에 마지막 주를 보냈던 알바 호텔에 다시 묵으며, "찰스 레그 댁내宅內" 마사에게 프랑스어로 편지를 써 보냈다. 그 편지를 보면, 내쉬가 또 다시 자기 정체성 문제로 고민하고 있는 것이 분명했다. 그는 "비秘"라는 한자가 쓰인 신분증을 그려놓고 이렇게 써놓았다. "이 신분증에 서명하시겠습니까?" 그리고 하단에는 이렇게 썼다. "… 이상한 세계에 홀로 있는 인간." 버지니아에게는 제네바 사진이 인쇄된 엽서를 보냈는데, 발신지는 파리였다.

1962년 여름이 끝나갈 무렵 프린스턴으로 돌아온 내쉬는 병이 깊었다. 수학과에 엽서가 한 장 왔는데 주소란에, '뉴저지 주 프린스턴 파인홀 전교轉交, 마오쩌둥毛澤東'이라고 적혀 있었다. 그 엽서에는 3중 접평면 *triple tangent planes*에 대한 암호 같은 말만 적혀 있었다.

앨리샤는 그를 집으로 돌아오게 했다. 그는 주로 집에서 그해 가을을 보내며, 어린 아들과 함께 로드 스털링의 〈환상특급 *Twilight Zone*〉와 같은 텔레비전 공상과학 프로를 시청했다. 그는 계속 많은 편지를 썼고, 프린스턴 등지의 수학자들에게 수많은 전화를 걸었다.

그는 여전히 정치적 망명을 하겠다는 생각에 사로잡혀 있었다. 마사와 찰리 앞으로 보낸 11월 19일자 편지에는 이렇게 적혀 있다. "아마도 너희는 나를 미쳤다고 하겠지.… 나는 프린스턴의 세인트 폴 교회에 은신처를 마련해달라고 할 생각이야." 내쉬는 날마다 세인트 폴 교회 앞을 지나다녔던 것 같다. 그 편지에서 그는 전술 기독교회의를 언급하며, 월초에 세인트 폴 교회의 목사에게 여러 통의 편지를 보냈다는 것도 언급했다. 그리고 "과거, 특히 지난 가을의 불운"을 운운하며 편지를 끝냈다. 런던에서 마사에게 보낸 편지와는 달리, 그는 자신의 문제를 더 이상 질병의 징조로 보지 않고, 전 기독교회의의 음모의 결과로 해석하고 있었다. 이듬해 1월 무렵, 마사와 찰리에게 보낸 편지는 해독이 거의 불가능했다. 그의 생각은 알바니아인에서 스탈린으로 건너뛰었다가, "드러낼 수 없는 비밀"로, "진정한 십자가의 나무와 못"으로 비약했다.

앨리샤는 지난 3년간의 혼란으로 탈진하고 풀이 죽어, 내쉬의 상태가 거의 희망이 없다고 믿게 되었다. 그녀는 변호사와 상의하며 이혼 절차를 밟기 시작했다. 자기를 잘 돌봐줄 남자라고 생각해서 내쉬와 결혼했는데 그는 그렇지 못했다. 오히려 그녀에게 쓰라린 적개심을 보였고, 그녀의 속셈이 사악하다고 비난을 퍼부었다. 앨리샤는 마사와 버지니아에게 편지를 보내, 결혼 상태가 내쉬에게 문제만 일으킬 뿐이므로, 결혼에서 해방시켜주는 것이 그를 위해서도 좋겠다고 썼다.

앨리샤의 변호사는 프랭크 스코트였는데, 프린스턴의 낫소 스트리트에 사무실을 둔 이혼소송 전문가였다. 그는 1962년 크리스마스 다음날 이혼소장을 제출했다. 앨리샤는 일주일 앞서 공술서를 미리 제출한 상태였다. 이혼소장에 의하면 내쉬는 여전히 스프루스 스트리트 137번지에 살고 있는 것으로 되어 있었다. 한편 앨리샤는 임시로 밴더벤터 스트리트에 별도의 아파트를 임대했다.

앨리샤의 공식 소장은 다음과 같다.

1959년 3월에 원고는 피고를 정신병원에 강제 입원시키지 않을 수 없었으며, 피고는 1959년 6월에 정신병원에서 퇴원하였다. 피고에게는 강제 입원이 최선의 길이었는데도, 피고는 감금을 이유로 원고에게 원한을 품게 되었고, 더 이상 원고와 부부관계를 유지할 수 없다고 선언했다. 그러한 선언대로, 피고는 실제로 별도의 방을 사용했으며, 원고와 부부관계를 갖기를 거부했다. 1961년 1월, 피고는 피고의 어머니 뜻에 따라 트렌튼 주립병원에 감금되었으며, 같은 해 6월 퇴원했다. 아내에 대한 피고의 원한과, 더 이상 부부관계를 유지할 수 없다는 주장은 상기 감금에서 풀려난 후에도 계속되었다. 사실상 피고는 감금 이전에도 그러한 주장을 했으며, 원고의 소망과는 달리 오늘날까지 그런 주장을 계속해왔다. 피고가 원고를 돌보지 않은 기간, 그리고 피고가 입원해 있지 않아 자발적으로 충분히 부부관계를 재개할 수 있었으나 그러하지 않은 기간은 2년이 넘으며, 이러한 유기는 의도적이고, 지속적이고, 완강한 것이었다. 더욱이 피고는 원고를 적절히 부양하지도 않았다.

내쉬는 소환장을 받았다. 프랭크 스코트는 이튿날 내쉬를 찾아갔다. 1963년 4월 17일, 스코트는 다시 내쉬와 얘기를 해보았지만, 내쉬는 "거주지나 직업 상태를 변화시킬 계획이 없다"고 말했다. 1963년 5월 1일, 법원은 심리 없이 판결을 내렸다. 그리하여 이혼이 허가되었고, 앨리샤는 존 찰스의 양육권을 갖게 되었다. 최종 판결은 1963년 8월 2일에 내려졌다.

내쉬가 이혼에 반대했다는 증거는 없다. 이혼소장은 변호사가 작성한 것이어서 모든 사항이 반드시 사실이라는 보장이 없다—예를 들면, 댄스킨 부부는 내쉬와 앨리샤가 계속 동침을 해왔다고 주장했다. 그러나 앨리샤에게 내쉬가 적개심을 가졌다는 것은 분명한 사실이다. 그는 강제 입원을 추진한 앨리샤를 비난해왔고, 맥린 병원에 있을 때나 그후에도 그녀와 이혼하겠다고 위협했다. 또 그는 앨리샤 없이 혼자 프랑스에 가서 살 생각도 했다.

그해 봄 무렵, 내쉬의 건강이 갈수록 악화되고 이혼이 임박했다는 소문이 돌자, 많은 수학자들이 그를 위해 나서게 되었다. 이번에는 내쉬가 반드시 치료를 받아야 한다는 것에 이의를 다는 사람은 아무도 없었다. 또 다시 도널드 스펜서와 앨버트 터커는 로버트 윈터스에게 연락을 취했다. 하버드 시절부터 윈터스의 친구였던 제임스 밀러 *James Miller*는 당시 미시건 대학의 정신과 교수로 있었는데, 그 대학이 후원하고 레이 웨고너가 운영하는 병원과도 관계를 맺고 있었다. 밀러를 통해, 윈터스는 아주 특별한 배려를 해줄 수 있었다. 즉, 내쉬가 그 병원에서 치료를 받으면서 동시에 그 병원 연구 프로그램의 통계학자로 일할 수 있도록 해준 것이다.

이 미시건 계획을 성사시키기 위해 프린스턴의 터커와 MIT의 마틴은 기금을 모집하기로 결정했다. 미시건 대학의 아나톨 라파포트 *Anatole Rappaport*와 메릴 플러드, 뉴욕 대학의 위르겐 모저, 웨스팅하우스 사의 알렉산더 오스트로프스키 등이 내쉬를 위해 수학자들에게 모금을 하겠다고 나섰다.

병원측에서는 2년 정도의 체류가 필요하다고 생각했다. 미시건 주민이 아닌 환자의 비용은 연간 9천 달러였다. 그러니 2년에는 1만 8천 달러가 필요했다. 버지니아가 1만 달러를 내기로 했고, 수학자들이 미국수학회를 통해 나머지 8천 달러를 모금하기로 했다. "잘만 하면 그 액수의 대부분이 내쉬를 아는 수학자들로부터 모금될 수 있을 것"이라고 마틴은 썼다. "전폭적인 도움은 아닐지라도, 내쉬가 다시 수학계로 돌아올 수 있도록 우리가 도울 수만 있다면, 그를 위해서만이 아니라 수학계를 위해서도 아주 다행한 일일 것입니다."

미국수학회의 재무 담당 앨버트 메더는 그 계획에 적극 찬성하며 이렇게 말했다. "[마틴이] 3월 25일자 편지에서 밝히신 계획을 돕기 위해 미국수학회가 기부금을 거두는 것은 아주 타당한 일이라고 생각됩니다.… 나는 이 일을 한시 바삐 진행하고 싶습니다."

내쉬가 점점 이상한 행동을 하자 여기저기서 불평이 터져 나왔다. 고등학문연구소의 일부 사람들도 불평을 했다. 내쉬가 연구소 칠판에 계속 비밀 메시지를 적어놓고, 온갖 사람들에게 귀찮은 전화를 걸어댄 것이 주된 이유였다. 어느 날 펄드홀에서 한바탕 소동이 벌어졌다. 펄드홀로 들어서던 사람들이 물을 흠뻑 뒤집어썼던 것이다. 당시 펄드홀 4층에는 연구소 식당이 있었는데, 조사를 해보니, 내쉬가 4층 식당 창문에서 펄드홀 정문으로 물을 끼얹었던 것으로 드러났다.

미시건 제의를 받아들여 자발적으로 입원하라고 내쉬를 설득하는 일을 맡기로 선출된 사람은 도널드 스펜서였다. 그는 처지가 어려운 사람을 보면 나서지 않고는 참지 못하는 사람이었다. 늘 그랬듯이, 그는 설득 장소로 술집을 택했다. 그는 낫소 선술집에서 맥주나 마시자며 내쉬를 불러냈다. 그 선술집은 내쉬가 종합시험에 합격한 후 한턱 냈던 곳이기도 하다. 그들은 여러 시간 동안 이런저런 얘기를 나누었다. 스펜서는 따뜻한 마티니를 몇 잔 마셨고, 내쉬는 맥주 한 잔만 시켜놓고 홀짝거렸다. 스펜서는 쉴새없이 얘기를 했다. 내쉬는 귀를 기울이고 있는 것 같기는 했지만, 통계 일에는 관심이 없다고 가끔 대꾸하는 것 외에는 거의 말이 없었다. 그것은 헛일이었다. 내쉬는 자기가 아프다고 생각하지 않았고, 또 병원에 입원할 생각은 더욱 없었다.

몇 년 후, 윈터스는 지난 일을 회상하며 눈물을 흘렸다.

> 나는 아주 까다로운 문제에 완벽한 해법을 제시했다고 생각했어요. 대단히 가치 있는 사람을 하나 구제할 수 있겠다 싶었지요. 나는 이 문제에 이만저만 애착을 가졌던 게 아니었어요. 정말 멋진 일을 해냈다는 생각도 들었죠. 짐 밀러가 내게 말하더군요. 내쉬에게는 절대 충격요법을 쓰면 안 된다구요. 그랬다가는 천재성을 잃어버릴지도 모른다는 것이었어요. 그런데 누군가 그를 캐리어 클리닉에 보냈고, 그 병원에서 그에게 충격요법을 사용했어요. 그가 여러 해 동안 무기력해지고 말았던 것도 그 요법 때문이라고 봅니다. 그건 내 일생 일대의 최악의 실패작이었어요. 세상 인간들을 돌아보면 도대체 인류가 살아남아야 할 이유가 없다는 생각이 듭니다. 인간은 파괴적이고, 무관심하고, 생각이라곤 전혀 없고, 탐욕스럽고, 권력에 굶주려 있어요. 그러나 극소수의 사람들을 돌아보면, 인류가 살아남아야 할 온갖 이유가 환히 보이는 듯합니다. 내쉬는 최선을 다해 보살펴줄 가치가 있는 사람이었어요.

한편 앨리샤와 버지니아, 마사는 내쉬를 강제 입원시켜야 한다는 데 합의했다. 이번에는 프린스턴 인근에 있는 사립병원을 골랐다. 마사는 스펜서에게 이렇게 썼다.

> 이제서야 이런 조치를 취하게 된 이유는 다만, 어머니와 내가 앨리샤에게서 준비가 끝났다는 소식을 기다려야 했기 때문입니다.… 우리는 이 일을 지난 3월에 끝낼 수 있을 줄만 알았어요.

우리는 오빠를 설득해, 오빠가 미시건 대학에 가서 치료도 받고 연구 기회도 잡을 수 있기만 간절히 바랐어요. 안타깝게도 오빠는 치료를 받을 필요가 있다는 걸 막무가내로 부정했답니다. 우리는 오빠를 위해 뭔가 하지 않을 수 없다고 생각했어요. 그래서 결국 오빠를 캐리어에 입원시키게 되었지요.

오빠는 어떤 병원에든 자발적으로 입원할 생각이 조금도 없었어요. 일단 우리는 오빠를 뉴저지의 병원에 강제로 입원시키는 것밖에는 달리 방법이 없다고 믿었습니다.

"확장" 문제

프린스턴과 캐리어 병원, 1963~1965

캐리어 클리닉은 지난날 노인과 정신지체 환자를 위한 요양소였다. 이제 캐리어는 뉴저지 주에 두 개밖에 없는 사립 정신병원 가운데 하나였다. 벨미드라는 그림 같은 마을의 완만한 구릉과 푸른 농지 사이에 위치한 캐리어 클리닉은 프린스턴에서 북쪽으로 5마일 지점에 있었다. 그렇게 가까이 있었지만, 프린스턴 주민들은 일반적으로 이 병원을 기피했다. 당시 캐리어 클리닉의 의료부장이었고, 후일 미국 정신의학협회의 회장을 지낸 로버트 가버는 이렇게 말했다. "프린스턴 주민들은 정신병원이 집 가까이 있는 것을 바라지 않았습니다. 오늘날과는 달리, 그런 병원은 불명예스럽고 끔찍한 낙인 같은 것이었어요. 가능한 한 멀리 있어야 한다고들 생각했지요."

프린스턴 주민들이 퇴락한 기숙학교 같은 캐리어 클리닉을 혐오한 데에는 또 다른 이유가 있었다. 캐리어는 맥린과 오스틴 릭스, 체스넛 로지 등 일류 정신병원과 같은 권위도 없었다. 이들 일류 병원은 대학과 연계되어 있었고, 정신분석을 지향했고, "대화 치료"에 바탕을 두고 장기적 안목에서 치료를 했다. 그런 치료법은 특히 고등교육을 받은 환자들에게 더 적절하고 더 인간적이라고 학자들은 생각했다. 정신의학에 대한 일반의 인식은 켄 케이지의 〈뻐꾸기 둥지 위로 날아간 새 One Flew Over the Cuckoo's Nest〉와 조안나 그린버그의 〈나는 당신에게 장미 정원을 약속하지 않았어요 I Never Promised You a Rose Garden〉 등의 소설에 영향을 받은 것이었다. 정신병은 병증이라기보다 사회적 개념이라는 토마스 사스 Thomas Szasz의 자유주의적 견해도 일반의 인식에 영향을 미쳤다. 이런 견해가 특히 캠퍼스에서 인기를 얻어가던 그 시기에, 캐리어 클리닉은 "화학적 구속복"과 전기충격요법을 적극적으로 사용하고 있을 뿐만 아니라, 의료보험 정책상 정해진 입원 시한에 맞추기 위해 단기적이고 일률적인 치료법을 쓰고 있다는 나쁜 평판을 얻고 있었다.

캐리어 클리닉 의사들도 그런 견해를 모르는 것은 아니었다. 그들은 이 클리닉의 치료법이 더 현실적이고 더 효과적이라고 주장하며 스스로를 옹호했다. 캐리어의 정신과의사 윌리엄 오티스 William Otis는 이렇게 말했다. "맥린과 오스틴 릭스, 체스넛 로지, 셰퍼트 프래트, 인스티튜트 포 리빙 Institute for Living 등은 사람들에게 훨씬 더 인기가 있지요. 그러나 우리는 매우 임상적입니다. 우리는 어떤 인기 있는 훈련도 받지 않았습니다. 우리는 스타도 아닙니다. 하지만 아이러니한 일이 있는데, 아픈 환자가 우리 캐리어에서 훨씬 잘 낫는다는 겁니다." 가버는 이렇게 말했다. "캐리어가 단기치료 센터로 자리잡았다는 사실에 우리는 자부심을 느낍니다. 그것은 우리가 커다란 성공을 거둔 이유이기도 합니다. 우리는 환자를 단기간에 치료해서 퇴원시킬 수 있었습니다. 이와 달리 맥린이나 체스넛 로지 같은 곳에서는 정신분열증 환자를 4년, 5년, 나아가 7년까지 붙잡아 두는 것으로 악명이 높았습니다."

앨리샤는 이혼이 임박했으면서도 내쉬에 대한 책임을 느꼈다. 그래서 그녀는 다시 어려운 결정을 내려야 했다. 그런 결정을 내려본 사람이라면 알겠지만, 그것은 대단한 용기를 필요로 하는 일이었다. 캐리어의 한 정신과의사가 말했듯, "감금은 언제나 가정에 엄청난 갈등을 불러온다. 그래서 책임을 떠맡겠다는 사람을 찾기가 여간 어려운 게 아니다." 앨리샤는, 내쉬 주변의 다른 모든 사람들과 마찬가지로 비자발적인 감금을 무척이나 싫어했다. 성공한다는 보장도 없는 요법을 써서 돌이킬 수 없는 피해를 입힐 수 있다는 두려움도 있었다. 그러나 내쉬가 이미 비극적인 과정을 밟고 있다는 것을 그녀는 알고 있었고, 빨리 조치하지 않으면 더욱 악화될 게 거의 분명하다는 것을 확신하고 있었다. 맥린 병원의 정신분석은 실패로 끝났고, 트렌튼에서의 충격요법 효과는 짧았다. 앨리샤는 이제 새로운 뭔가를 시도해야 했다. 그녀는 일류 사립병원을 이용할 만한 경제적 여유가 없다는 것을 참작해야 했다. 캐리어에서는 하루 8달러의 확정요금에, 집단치료와 개인치료를 위한 시간별 치료비만 내면 되었다. 그 정도는 버지니아가 감당할 수 있었다. 그리고 앨리샤와 프린스턴의 옛 친구들이 쉽게 찾아갈 수 있도록 내쉬가 가까운 곳에 있는 것이 중요하다고 앨리샤는 생각했다.

그래서 1963년 4월 셋째 주, 내쉬가 미시건에서 치료를 받을 마음이 없다는 것이 분명해지자, 그녀는 캐리어 클리닉에 강제 입원시키는 쪽으로 마음을 굳혔다. 또 다시 그녀는 마사와 버지니아에게 프린스턴으로 와서 강제 입원 서류에 서명해달라고 요청했다.

그러나 처음부터 앨리샤는 전기충격요법은 안 된다고 선을 그었다. 마사는 이렇게 회상했다. "우리는 전기충격요법도 생각해보았어요. 그러나 우리는 그의 기억력이 손상되는 것을 원치 않았습니다."

캐리어 클리닉에서는 전기충격요법이 빈번하게 사용되었다. 정신분열증 환자는 우울증 환자에 비해 일반적으로 25 대 8의 비율로 세 배나 많이 전기충격요법을 받았다. 가버는 이렇게 말했다. "우리가 하려고 했던 것은, 환자를 잘 제어해서, 최단 시간에 환자의 흥분 상태와 공포와 우울증을 물리치는 것이었습니다." 일반적으로 정신병 환자에게는 처음에 토라진을 투여하고, 증상이 빨리 개선되지 않으면 전기충격요법도 사용했다. 캐리어 클리닉의 일부 정신과의사들은 전기충격요법이 신경이완제보다 더 효과적이고 부작용도 적다고 생각했다. 아무튼 프린스턴 사람들은 거의 대부분 내쉬가 캐리어에서 전기충격요법을 받았다고 믿었지만, 그는 분명 그 요법을 받지 않았다.

내쉬는 1963년 4월 말경부터 다섯 달 동안, 캐리어의 유일한 감금 병동인 킨드레드 원 *Kindred One*에서 보냈다. 후일 그는 강제 입원 결정을 번복해보려고 애썼다고 말했다. 그랬다 해도 그는 아무런 성과를 거두지 못했을 것이다. 앨리샤의 이혼 담당 변호사 프랭크 스코트는, 내쉬가 적어도 한 번은 캐리어에서 무단외출을 한 적이 있다고 회상했다. 아마도 구내를 산책할 수 있는 특권을 받은 다음의 일이었을 텐데, 스코트가 내쉬를 찾아내 다시 병원으로 데려왔다고 한다.

트렌튼과 비교해보면, 캐리어가 컨트리 클럽이랄 수는 없었어도 감옥이라기보다는 소년원에 가까웠다고 할 수 있다. 80명의 입원환자는 대다수가 중산층이었고, 주로 뉴욕과 필라델피아 사람들이었다. 대부분 알코올 중독이나 약물 중독, 우울증을 앓았고 정신병자는 많지 않았다. 정신과의사는 열두 명이었는데, 간호사 수준은 트렌튼보다 훨씬 높았다. 그 밖에도 일반 의사, 심리학자, 사회봉사자들도 상당수 있었다.

킨드레드 원에는 독실과 2인실이 있었다. 내쉬는 독실에 있었던 것 같다. 전화를 마음대로 쓸 수 있었고, 자기 옷을 입을 수도 있었다. 환자들 호칭은 직위나 성씨를 썼기 때문에, 그는 트렌튼에서처럼 조니라고 불리지 않고 내쉬 박사라고 불렸다. 그의 채식주의도 존중되었던 것 같다―채식주의라고는 하지만 "동물의 생산물, 즉 우유 같은 것은 거부하지 않았고, 단지 동물을 희생시켜 얻을 수 있는 음식만" 거부했다. 앨리샤는 정기적으로 방문했다. 스펜서와 터커, 보렐 부부 등 프린스턴의 다른 많은 사람들도 그랬다.

캐리어에서 내쉬에게 있었던 가장 좋은 일은 정신과의사 하워드 멜 *Howard Mele*을 만난 일이었다. 멜은 이후 2년 동안 내쉬의 삶에 도움이 되는 아주 중요한 역할을 하게 된다. 내쉬가 캐리어에 실려 온 날 밤에 우연찮게 당직을 했던 멜은 내쉬의 담당의사가 되었다. 키가 작고, 말씨가 부드럽고, 용모가 단정한 이탈리아계 의사 멜은 롱아일랜드 의대에서 학위를 받았고, 뉴욕 시 마운트 시나이 병원에서 레지던트 과정을 거쳤다. 그는 과묵하면서도 세심했다. 동료 의사들은 그를 "전통을 중시하고", "주도면밀하며", "잘 흥분하지 않는 사람"이라고 평가했다. 나중에 밝혀지지만 멜은 유능하면서도 자상한 의사였다. 그는 간호사들에게도 존경을 받았다. 당시 캐리어에서 사회복지사로 일했던 벨 파멧은 하워드 멜 등의 정신과의사에 대해 이렇게 말했다. "그들은 약이나 먹이고 처방전이나 써주는 의사가 아니었습니다. 대단히 인간적이었어요."

내쉬는 초기의 토라진 요법에 아주 빠르게 반응했다. 지금은 "전형적인" 신경이완제로 통하는 그 약에 환자가 잘 반응할 경우, 대개 일주일 이내에 극적인 변화를 보인다. 그리고 6주가 지나면 전면적인 효과를 보인다. 입원 2주 후, 내쉬는 비교적 명석한 내용의 편지를 노버트 위너에게 보냈다. "내 문제는 근본적으로 의사소통의 문제인 듯합니다. 그걸 어떻게 해결해야 할지는 모르겠습니다. 아마도 도움을 요청함으로써 해법에 접근할 수 있을 것 같습니다. (그렇다고 이것이 도움을 청하는 편지는 아닙니다!)"

이 무렵 내쉬는 멜의 개인치료를 받았고, 집단치료에도 참여했는데, 멜은 특히 집단치료를 선호했다. 큰 효과를 보이긴 했지만 그를 빨리 퇴원시킨다는 것은 고려되지 않았다. 가버의 말에 따르면, "편집중적 정신분열증은 그리 빠른 반응을 보이지 않는다. 일단 환자를 제어했다 하더라도 환자가 안정되었는지를 충분히 살펴보아야 한다. 재발할 가능성이 높기 때문이다. 강제 입원일 경우에는 더욱 그렇다. 만일 퇴원 후 재발하면 가족들은 모든 것을 처음부터 다시 시작해야 한다."

8월이 되자 어느덧 퇴원을 기대할 수 있게 되었다. 내쉬는 어머니에게 보낸 편지에서, 주말에 찾아올 앨리샤를 기다리고 있으며, "퇴원을 생각중"이라고 썼다. 또 "직장을 잡으면 퇴원할 수도 있다고 멜은 생각한다"고 덧붙였다. 내쉬는 자기가 환자이며, 치료를 받을 필요가 있다고 시인하며, "미시건 대학의 제안도 받아들였다면 더 좋을 뻔했다"고 말했다. 그는 밀너에게 직장을 얻을 수 있게 도와달라고 부탁했다. 9월 24일, 내쉬는 다시 밀너에게 엊그제 일요일이 "슬픈 날"이었다는 편지를 썼다. 앨리샤가 시간외 근무를 하느라고 그에게 올 수 없었기 때문이다. 그는 고등학문연구소가 자기에게 일자리를 주기로 결정했다고 말했다. 일주일 후, 다시 낙관적이 된 내쉬는 차를 살 생각이라며, 앨리샤와도 "화해할 가능성이 높다"고 썼다.

정신분열증을 앓는 사람의 자살율은, 우울증 환자에 비해 크게 높고 일반인에 비하면 100배나 높다—안타깝기는 하지만 자료를 통해 밝혀진 사실이다. 위험이 최고조에 달하는 것은 병이 가장 심할 때가 아니라, 치료가 성공을 거두었다고 선언된 직후이다. 자살로 내몰리는 심리 상태에 대해서는 제대로 아는 사람이 아무도 없지만, 짐작은 해볼 수 있다. 망상이 사라지는 대신 삶이 참담하다는 등의 다른 생각이 떠오를 때, 그리고 오랫동안 품어왔던 희망이 모진 현실과 충돌할 때, 아마도 자살을 생각하게 될 것이다.

1963년 여름에 장-피에르 코뱅과 결혼한 루이사 코뱅은 그해 여름 내쉬와 처음으로 얘기를 나누었던 때를 잊지 못했다. 그들은 어떤 파티에서 만났다(아마도 내쉬는 외출 허가를 받아 잠시 집에 와 있었을 것이다). 내쉬는 루이사에게 이렇게 말했다. 인생이 살 만한 가치가 있다고 여겨지지 않으며, 목숨을 끊지 말아야 할 이유가 뭔지도 모르겠다고. 그런 생각을 내쉬가 실제 행동으로 옮기려 했다는 증거는 없다. 그러나 그는 분명 깊은 우울증에 빠져 있었다. 앨리샤와의 화해 기대도 혼자만의 낙관에 지나지 않았다. 앨리샤는 자기와 조니(존 찰스는 이제 조니라고 불렸다)가 내쉬와는 떨어져서 살아야 한다고 고집했다. 그래서 내쉬는 스프루스 스트리트로 돌아가지 못하고 머서 스트리트 142번지에 방 한 칸을 빌렸다—아인슈타인이 프린스턴 시절에 살았던 집에서 가까웠다.

또 다시 보렐과 셀버그는 내쉬를 위해 고등학문연구소의 1년짜리 멤버십을 주선했다. 그러나 그들은 지난번만큼 기대를 걸지는 않았다. 1963~1964년 멤버십은 아마도 자선용이었을 것이다. 보렐은 후일 이렇게 말했다. "모든 멤버는 사람들이 모두 참석한 가운데 투표로 결정됩니다. 나는 다리품을 팔았죠. 동료들에게 사정을 알리기 위해서 말입니다." 이번에 오펜하이머는 연구소 자체 기금을 쓰기로 결정하고, 셀버그에게 보낸 편지에 이렇게 썼다. "이번 사업에 계약 기금을 끌어들이는 것은 적당치 않아 보입니다." 지난번의 1961~1962년 임명과는 달리, 이번 임명은 분명 자선용이라는 것을 시사하는 말이다.

한편, 프린스턴 바깥에 있는 옛 친구들은 내쉬의 경과에 계속 관심을 보였다. 데이빗 게일은 연구소의 딘 몽고메리에게 편지를 보냈고, 이 편지의 사본은 밀너와 모르겐슈테른에게도 전해졌는데, 이 편지를 보면 내쉬의 상황에 대한 관심과 염려의 수준을 여실히 알 수 있다.

> 존 내쉬 얘기만 나오면 우리는 그의 현재 상태, 특히 정신 상태가 어떤지 궁금해했습니다. 그가 의학적으로 어떤 상태에 있는지 우리 가운데 아는 사람이 아무도 없었고, 누구한테 물어보면 알 수 있는지조차 몰랐습니다. "의사가 희망이 없다고 한다"부터 "다시 수학 연구를 하고 있다더라"까지 소문만 무성합니다.
>
> 걱정이 되는 것은 우리가 내쉬의 상황을 모른다는 것이 아닙니다. 수

학계의 모든 사람이 우리와 같은 처지에 놓일 경우, 결국 내쉬가 최선의 치료를 받지 못하게 될지도 모른다는 것이 걱정됩니다. 수학계에서는 필요할 때마다 내쉬에게 펠로십과 각종 일자리를 주어온 것이 사실입니다. 그것은 우리가 마땅히 해야 할 일이었습니다. 그런데 누군가 다른 사람이—정보에 밝고 능력도 있고 소임을 감당할 만한 사람들이 의학적으로 그를 꾸준히 보살펴주었으면 좋겠습니다. 이제는 내쉬가 고등학문연구소에 몸담고 있으니, 그렇게 보살펴줄 만한 사람이 있기는 있는지 당신이라면 알고 있을 거라고 나는 생각했습니다. 내쉬를 위해 할 수 있는 모든 일이 다 잘 되고 있는지 확인하고도 싶었습니다. 만일 돈이 문제가 된다면, 예를 들어, 내쉬가 받아야 할 치료를 받고 있지 못하다면, 내쉬의 친구들이 힘을 모아 그 문제를 해결할 수 있을 것입니다.

퇴원한다는 것, 새로 시작한다는 것, 옛 친구와 동료들을 다시 만난다는 것, 그 모든 것은 쉬운 일이 아니었다. 내쉬는 고등학문연구소에 있었지만 눈에 잘 띄지 않았다. 그해에 연구소를 방문한 사람들 가운데 그를 보았다는 사람은 거의 없었다. 그는 그해 가을 "외로움"을 호소했다. 그와 앨리샤는 여전히 함께 파티에 참석하기는 했다. 그러나 앨리샤는 결혼생활을 재개한다는 것만큼은 완강히 거부했다. 그녀는 직장에서 어려움을 겪고 있었고, 아들을 돌보는 것도 힘에 부쳤다. 그해 겨울, 그녀의 어머니가 존 찰스를 데리고 엘살바도르에 가서 몇 달 지내는 동안, 앨리샤는 아들을 몹시 보고 싶어 했다. 내쉬는 사뭇 그녀를 동정하며, 3월에는 이런 편지를 썼다. "앨리샤는 정신과의사를 만나고 있습니다. 그녀는 아주 우울합니다. 울기까지 했습니다."

하지만 그는 또 "새로운 것을 배우는 중"이라고도 썼는데, 그 말에 이어, 셀버그가 자기를 위해 MIT나 버클리에 방문교수 자리를 주선하려고 한다고도 썼다. 내쉬는 계속 앨리샤와의 화해를 바라고 있었다. 그와 앨리샤는 부부로서의 사교활동은 계속했다. 가을이 깊어갈 무렵 내쉬는 지난해 고등학문연구소에서의 막간극 당시보다는 한결 나아 보였다. 마드리드 강연에서 말했듯이 그는 "내쉬 확장 *Nash Blowing Up*으로 지칭되는 아이디어를 떠올리고 저명한 수학자 히로나카 *Heisuke Hironaka*와 논의했다."(결국 히로나카가 이 추측을 잘 정리해주었다.) 그해에 연구소를 방문한 윌리엄 브로더는 이렇게 회상했다. "내쉬는 실대수 다양체 *real algebraic varieties*에 관해 연구하고 있었습니다. 그런 문제에 대해서 생각해본 사람은 아무도 없었지요."

그해 겨울, 이제 프린스턴 수학과의 학과장이 된 밀너와 동료들은 "내쉬가 대수기하학 분야에서 내놓은 매우 흥미로운 아이디어"에 크게 감명을 받게 되었다. 이 새로운 연구는 수학자들 사이에 낙관론을 불러일으켰고, 내쉬를 돕고자 하는 마음을 새롭게 했다. 대학과 연구소 양쪽 모두에서, 이제는 내쉬가 중단했던 연구를 계속할 수 있겠다고 믿기 시작했다. 밀너는 1년짜리 연구 수학자 겸 강사 자리를 내쉬에게 제안하기로 결심했다. 1964년 4월, 밀너는 내쉬에게 다가오는 가을에 한 과목을, 이듬해 봄에는 두 과목 정도를 가르쳐달라고 잠정적으로 제안했다.

밀너는 내쉬의 정신과의사 하워드 멜에게 자문을 구했다. 3월 30일, 멜은 내쉬가 정기적으로 정신치료를 받고 있다고 확인해주었다. 멜은 또 발병 이래 내쉬가 외래환자 치료를 받는 데 동의한 것은 이번이 처음이라는 말도 덧붙였다. 가버는 이렇게 회상했다. "멜은 그가 꾸준히 약을 먹도록 독려했다. 또 내쉬가 다른 사람들과 폭넓게 사귈 수 있도록 도왔다. 내 경험에 비추어볼 때, 적극적인 사교활동을 하면서 정기적으로 약을 먹으면 아주 치료 효과가 좋다. 정신분열증 환자는 '누군가 나를 좋아한다'는 감정을 갖기가 거의 불가능하기 때문이다."

멜은 내쉬의 회복이 영구적이라 믿었다. 그래서 다음 학기에 한두 과목을 가르치는 것은 별 어려움이 없을 거라고 생각했다. 그는 또 이렇게 말했다. "내쉬의 정신 상태가 앞으로 어떨지 장담할 수는 없습니다(나 자신을 포함한 그 어떤 사람의 정신 건강에 대해서도 그러합니다). 그러나 내쉬의 경우 재발이 되지 않을 거라고 나는 굳게 믿고 있습니다."

교무처장 더글러스 브라운은 고힌 총장에게 보낸 편지에 이렇게 썼다. "이것은 특별 상황입니다. 내쉬는 이제 회복이 되었습니다.… 그는 점차적으로 교직에 복귀해, 학자로서 다기 재기할 필요가 있습니다." 브라운의 말에 따르면, 수학과는 내쉬의 강사 임명을 만장일치로 동의했다. "나는 이 임명안이 처리되기를 강력히 바랍니다. 우리 대학이 배출한 가장 뛰어난 박사 가운데 한 명이 최고의 생산성을 발휘하도록 돕는 것은 우리의 소임이기도 합니다." 내쉬는 1964년 5월 1일 정식으로 임명되었다.

안타깝게도, 앞날이 가장 밝아보인 바로 그때, 또 다른 폭풍이 몰려오고 있었다. 내쉬가 그토록 열심히 연구했고, 멜이 적극 지지해주었고, 동료들과 대학 당국이 그토록 큰 호의를 보였는데도 그랬다. 이미 2월 초부터 내쉬는 불면증을 호소하기 시작했고, "정신이 온갖 무의미한 비현실적 계산으로 가득 차 있음"을 호소하기도 했다. 3월 초에는 그가 "다시 망상에 빠져드는 것을 피하고 있다"는 말을 했다. 이 말은 내쉬가 이미 망상에 사로잡히고 있었다는 것을 시사한다. 그리고 3월 말, 앨리샤와의 화해를 여전히 바라고 있다면서도 그는 프린스턴을 떠나고 싶은 심정이라고 말했다.

프린스턴 강사 자리가 제안되었을 무렵, 내쉬는 이미 프랑스로 돌아가야 한다고 확신하고 있었다. 이것은 그의 행동이 보여주는 것과는 달리 전혀 치료가 되지 않았다는 명백한 증거이다. 고향집에써 보낸 그의 편지가 너무 이상해서 마사는 깜짝 놀란 나머지 곧바로 멜에게 편지를 띄웠다. 멜은 처음에는 가족들을 안심시켰다— 내쉬가 더 이상 약을 먹지는 않지만, 그래도 치료를 계속 받고 있고, 치료 결과도 좋은 것 같다는 내용의 답장을 보냈다. 내쉬도 어머니를 안심시키는 편지를 띄웠는데, 분명 어머니의 걱정 어린 질문에 대한 회답으로 띄운 편지였을 것이다. 그는 계속 멜을 만나고 있다고 썼다.

이 무렵 내쉬는 전에 프랑스어를 배웠던 칼 우이티 교수를 느닷없이 찾아갔다. 우이티는 이렇게 회상했다. "그는 꽤 불안해 보였습니다. 그가 이렇게 말하더군요. '장 콕토와 앙드레 지드의 주소를 알고 싶습니다. 그분들에게 편지를 보내야합니다.' 나는 점잖게 일러주었죠. 지드와 콕토는 죽었기 때문에 편지를 보낼 수 없다구요. 그러자 내쉬는 이만저만 낙담하는 게 아니었습니다."

5월 무렵, 내쉬는 연구가 잘 안 된다고 탄식했다. "나는 몇 가지 아이디어를 갖고 있는데, 도무지 진전이 되지 않는 것 같다."

내쉬는 또 다시 그로텐디크와 연락을 취한 것이 분명하다. 그로텐디크가 이듬해에 그를 고등학문과학연구소에 초청하겠다고 한 것도 분명하다. 여름이 시작될 무렵, 내쉬는 유럽의 한 동료에게 편지를 보내, 이듬해에는 프린스턴보다 프랑스에서 보내고 싶다고 말했다.

내쉬는 자기가 "난처한 상황"에 놓였다고 불평했다. 수학 연구를 하려고 해도 잘 되지 않고, 대학의 여러 교수와 학생들과의 관계도 원만치 못하다는 것이었다. 그가 어떤 사람 어떤 일을 지칭한 것인지는 분명치 않다—수학과의 강사직 제안은 밀너와 나머지 수학과 교수들의 만장일치로 이루어진 것이었고, 내쉬가 학생과 만나는 것은 파인홀 두레방으로만 제한되어 있었으니 더욱 그렇다. 그는 한 편지에, 6월 1일까지는 뭔가 변화가 있을 거라고 기대하지만 확신할 수는 없다고 썼다. 그리고 "만일 내 상황이 본질적으로 달라지지 않고 지금과 똑같다면"이라고 프랑스어로 덧붙인 뒤, 편지지 한가운데에 동그라미를 그려놓고, 그 밑에는 괄호 안에 "(내 가족 상황 포함)"이라고 프랑스어로 써넣었다. 그는 계속해서 프랑스어로 이렇게 썼다. "그리고 만일 내가 가을까지 수학 연구를 잘해낼 수 있다면, 이 대학보다는 그로텐디크의 제안을 받아들여야 한다고 본다. 그때에도 그가 내게 고용 제안을 하기만 한다면."

고등학문연구소에서 알고 있기로는, 내쉬가 가을에 프랑스로 떠나기 전 여름 내내, 중간의 약 3주만 제외하고, 펄드홀에 계속 남아 있을 계획이라는 것이었다. 오펜하이머는 내쉬가 "여름에 연구소에 남아 있으리라 믿으며" 여름 동안의 연구 기금을 지급하겠다는 전갈을 보냈다. 그러자 5월 24일자로 내쉬는 이렇게 회답을 보냈다. 즉, 6월 22일부터 7월 19일까지 케이프 코드의 우즈 홀에서 열리는 대회에 참석하기 위해 떠날 계획이라는 것이었다. 대회 주최자는 존 테이트였고, 의제는 특이점 이론 *theory of singularities*, 곡면과 모듈의 분류 *classification of surfaces and modules*, 그로텐디크 코호몰로지

Grothendieck cohomology, 제타함수 zeta-functions, 아벨 다양체 산술 arithmetic of Abelian varieties 등이었다. 테이트와 기타 대회 참석자의 말에 따르면, 내쉬는 그 대회에 참석하지 않았다. 대신, 그는 유럽으로 건너갔다.

그는 '퀸 메리' 호를 타고 가서, 런던에 잠시 들렀다가 파리로 갔다. 파리에서 그로텐디크를 만나려고 했지만 부재중이었다. 그는 파리에서 며칠 더 떠돌아다니다가 로마로 날아갔다. 후일 그의 회상에 따르면, 그는 자신을 "막중하지만 은밀한 사명을 지닌 종교적 인물"이라고 생각했다. 로마에 간 것도 그래서일 것이다. 그는 로마에서 "포럼 Forum(옛 로마의 광장)과 지하묘지를 돌아보았지만 바티칸은 피했다." 아무튼 교황은 그때 로마에 있지 않았다.

포럼 앞에 서 있을 때 그는 "은밀한 개인들이 보내는 텔레파시 전화와 같은" 목소리를 듣기 시작했다. 1996년의 마드리드 강연에 의하면, 당시 그것은 "내 아이디어에 반대하는 수학자들"의 목소리인 것 같았다. 그는 1960년대 후반에 쓴 한 편지에서 이렇게 말했다. "내가 보기에 현지 로마인들은 공중전화 부스로 들어가 전화기를 들고 말하는 것을 대단히 즐기는 듯했는데, 그들이 잘 쓰는 말은 프론토 pronto(빨리)였다. 그것은 꼭 기계를 사이에 둔 핑퐁 같았는데, 내게 핑하고 울린 벨을 다시 핑 울려 보내는 것 같았다." 이상한 일이 일어나고 있다고 그는 결론지었다. 후일 해롤드 쿤은 이렇게 말했다. "단어들의 흐름이 분명 하나의 중앙 기계 속으로 흘러들고 거기서 영어로 번역되고 있었다. 그러면 그 기계는 영어로 번역된 단어를 그의 두뇌에 삽입했다."

내쉬는 9월 1일자로 로마에서 엽서를 보냈다. 파리로 돌아갈 예정이라며, 얼마 전에 그로텐디크와 다른 수학자들을 만나려고 했다는 사실도 적었다. 또 5년 전 앨리샤와 함께 묵었던 그랑 오텔 드 몽블랑에 머물 거라는 말도 했다. 이틀 후 파리로 돌아왔지만, 그로텐디크는 여전히 부재중이어서 만날 수 없었다. 고등학문과학연구소의 직원들은 "장-피에르 세르를 만나보라고 제안했다." 그러나 세르는 내쉬가 만나러 온 적이 없다고 기억했다. 이후 내쉬가 고향집에 보낸 엽서는 하나의 콜라주였다―글자는 한 자도 없고, 파리 풍경과 프랑스 동전, 반신返信 주소용의 긴 숫자 등이 콜라주된 엽서였다.

한편, 내쉬는 프린스턴 수학과에 제안을 받아들이지 않겠다는 통보를 한 적이 없었다. 마침내 9월 15일, 터커는 교무처장 브라운에게 간결한 전갈을 보냈다. 내쉬가 파리 대학으로 가버렸다며 그의 강사직 임명을 취소한다는 내용이었다.

내쉬는 그후 몇 주 더 파리에 머물렀지만, 결국 그로텐디크와 만나는 일을 포기했다. 9월 중순, 내쉬는 파리에서 어머니에게 편지를 보냈다―9월 24일 '퀸 메리' 호를 타고 미국으로 돌아갈 거라며, "상황이 비참해 보인다"고 추신을 달았다.

프린스턴에 돌아온 내쉬는 사람들에게 다시 전화 공세를 퍼부었고, 고등학문연구소에 나타나 세미나실 칠판에 이상한 메시지를 써놓기 시작했다. 에이틀 셀버그는 그런 메시지 가운데 여러 사회보장 번호가 포함돼 있었다고 회상했다. "그는 어떤 신비한 패턴을 찾으려고 했습니다. 자기가 프린스턴이라는 마을이 있는 머서라는 카운티에서 태어났다고 주장하기도 했는데, 그것을 신비한 징조라고 생각했어요."

12월 중순, 내쉬는 캐리어 클리닉으로 돌아갔다. 또 다시 앨리샤는 그런 고통스러운 결정을 내려야 했다. 내쉬가 존 밀너에게 보낸 편지를 보면, 내쉬의 생각이 얼마나 갈피를 잡을 수 없는지, 하나의 연상이 어떻게 다른 연상으로 건너뛰는지를 잘 보여준다. 그런데 밀너가 그게 미친 편지라고 생각할 거라는 것을 내쉬도 알고 있었다. 그는 그 편지에 "당신의 오락을 위한 미친 편지"라고 제목을 달았다. 그 편지의 글은 환상적인 독백이었는데, 노예 달력과 달의 일식, 광고용 징글벨과 밀너 논문의 방정식 등의 내용이 두서없이 적혀 있었다.

멜은 다시 내쉬의 치료를 맡았다. 그리고 내쉬는 다시 정신병 치료제에 재빨리 극적으로 반응했다. 1965년 4월 초에 그는 외출을 할 수 있을 만큼 상태가 호전되어, 프린스턴에서 열리는 게임 이론 대회에 존 댄스킨과 함께 참석했다. 댄스킨은 이렇게 회상했다. "그 대회에서는 내쉬의 이름이 여러 번 언급되었습니다. 그가 참석하길 잘했다는 생각이 들었지요." 내쉬는 그 대회에 참석하게 될 거라는 것을 미리 알고, 해롤드 쿤에게 전화를 걸어 캐리어 클리닉으로 게임 이론 책을 두어 권 가지고 와달라고 부탁했다. 책을 전해준 쿤은 이렇게 회상했다. "그곳은 프라이버시가 별로 보장되지 않는 군대 막사 같은 곳이었다." 내쉬는 한여름까지 캐리어에 입원해 있었다. 멜은 내쉬가 직장과 정신과의사를 선정할 때까지 그의 퇴원을 연기했다.

브란데이스 대학의 수학과 교수 리처드 팔레는 4월에 논문 원고를 제출하기 위해 고등학문연구소에 간 적이 있었는데, 이렇게 회상했다. "그날 보렐이 나에게 밀너와 함께 셋이서 점심식사를 하자더군요. 우리는 같이 식사를 했죠." 점심 도중, 그들은 내쉬 얘기를 했다. 밀너와 보렐은 내쉬가 많이 나았다고 생각했다. 그들은 내쉬가 서서히 교직으로 복귀하는 것이 내쉬에게도 좋을 거라고 생각했다. 그들이 보기에는 보스턴이 좋을 것 같았다. 하버드나 MIT는 내쉬를 고용할 수 없었다. MIT는 내쉬가 이미 사직을 한데다가 대학 당국을 고발하겠다고 협박까지 한 적이 있었고, 하버드는 학과 규모가 너무 작았다. 당시 고등학문연구소에는 5년짜리 멤버십이 없었고, 어떤 학자를 2년 이상 고용했다는 것도 거의 유례가 없는 일이었다.

멜과 밀너, 보렐 등과 연락을 취해온 노먼 레빈슨은 해군연구소와 국립과학재단 기금으로 내쉬를 지원하겠다는 제안을 했다. 그는 내쉬가 MIT에 복직하는 것은 시기상조라고 생각했다. 팔레는 이렇게 회상했다.

> 내가 보기에 그들은 내쉬를 학문의 본류에 복귀시키려고 애쓰고 있었습니다. 내쉬는 프린스턴을 떠나 케임브리지로 돌아가는 것이 더 나을 것 같았습니다. 그러자면 시간이 촉박했지요. 그때 우리가 뭔가를 할 수 있었다는 것이 지금도 놀랍습니다. 브란데이스 대학본부는 수학과에 힘을 실어주고 있었고, 수학과 학과장인 조셉 콘은 우리의 바람을 이루어줄 수 있었습니다.
>
> 내쉬에 대한 기대는 아주 컸지요. 사람들은 그에게서 아주 많은 것을 기대하고 있었어요. 특별한 능력을 인정받는 젊은 수학자는 4~5년에 한두 명 나올 뿐입니다. 모든 대학에서 그런 인재를 확보하려고 애썼지요. 내쉬는 그런 범주에 들어가는 인물이었습니다. 아주 특별한 존재였지요.

7월 중순 캐리어에서 퇴원한 내쉬는 밀너의 집에서 이틀 밤을 보낸 뒤 기차편으로 보스턴에 갔다. 그는 또 다시 희망에 차 있었고, 1년 전과는 달리, 앨리샤 없이 새로운 삶을 시작해야 할지도 모른다는 것을 받아들였다.

43 고독

보스턴, 1965~1967

6년이 흐른 뒤 홀로 보스턴에 돌아오니 모든 것이 낯설었다. 보스턴은 내쉬만큼이나 변해 있었다. 일요일에는 마음이 더없이 스산했다. 이런 날을 내쉬는 "관례적인 일요일"이라고 불렀다. 이런 일요일에는 늘 혼자 시간을 보냈다. 도서관에서 연구를 하기도 했고, 대개는 몇 시간씩 산책을 했다. 그런 후에는 퍼블릭 가든에서 사람들이 스케이트를 타거나 하키를 하는 모습을 우두커니 지켜보았다. 저녁에는 흔히 편지를 썼는데, 앨리샤에게 한 통, 버지니아에게 한 통, 마사에게 한 통 썼다. 특히 마사와는 이 시기에 좀더 따뜻하고 좀더 허물없는 사이가 되었다. 그는 편지 부치는 일을 핑계삼아 마지막으로 한 번 더 야간 산책을 했다.

평일은 지내기가 한결 수월했다. 그는 보스턴에 오자마자 사들인 낡은 컨버터블 승용차(차 지붕을 접을 수 있는 차)를 타고 월덤까지 출퇴근을 했다. 그는 브랜데이스에 와 있는 것을 즐기고 있었다. 이곳은 분명 활기에 넘쳤고, 케임브리지 시절의 제자나 지인들도 많았다. 전에 MIT 학부생이었던 조셉 콘이 수학과 학과장이었고, 알 바스케스는 이제 조교수가 되어 있었다. 그가 다시 사무실을 갖게 된 것, 세미나에 참석하는 것, 다른 수학자들과 같이 점심을 들며 아이디어와 수학적 화제를 주고받는 것, 그 모든 것을 그는 좋아했다.

그러나 그는 몹시 외로웠다. 앨리샤와 존 찰스가 너무 보고 싶었다. 수학계에서 자기 위상이 낮아졌다는 것도 더없이 쓰라렸다. 그러나 아마도 발병 이후 처음으로 미래를 내다볼 수 있게 되었다. 그는 수학자로서의 입지를 다시 굳히겠다는 소망을 품었고, 새로운 삶의 반려자를 찾겠다는 소망까지 품었다.

7월 29일 캐리어에서 퇴원한 직후 그는 프린스턴을 떠나 기차를 타고 보스턴으로 왔다. 그는 케임브리지 호텔에 묵으며 집과 차를 알아보았다. 노먼 레빈슨도 만나보았다. 레빈슨은 아주 은근하게 에둘러서, 국립과학재단과 미해군 기금으로 내쉬의 봉급을 지불할 거라는 사실을 알려주었다. 또 내쉬가 예전처럼 수학 연구를 계속할 수 있기를 바란다고도 말했다. 적어도 그해 가을에는 강의 부담이 없어서 내쉬는 적잖이 안심이 되었다.

그는 33세의 정신과의사 패티슨 에스미올 *Pattison Esmiol*을 정기적으로 찾아가기 시작했다. 에스미올은 하버드에서 의사 학위를 받은 서글서글한 성격의 콜로라도 사람이었다. 그는 미해군에서 제대한 직후 브루크라인에 개인병원을 개업했다. 에스미올은 토라진과 유사한 스텔라진 *Stelazine*이라는 정신병 치료제를 처방했다. 내쉬는 이 약을 좋아하지 않았다. 다시 수학 연구를 하려면 명료한 사고력을 유지해야 하는데, 약물 부작용 때문에 그렇지 못할까봐 걱정했던 것이다. 에스미올은 자기 환자의 걱정을 덜어주기 위해 복용량을 가능한 한 적게 처방했다. 내쉬는 매주 정신과의사를 만나 믿음직한 인간관계를 갖게 된 것을 고맙게 생각했다.

내쉬는 거의 매주 엘리너와 존 데이빗을 만나러 갔다. 존 데이빗은 이제 키가 크고 잘생긴 열두 살의 소년이 되어 있었다. 내쉬는 엘리너가 저녁을 차려주는 것이 좋았고, 함께 있는 것도 좋아했다. 세 사람이 할로윈 *Halloween*(제성첨례일諸聖瞻禮日 전야인 10월 31일)을 함께 보냈다고, 내쉬는 버지니아에게 적어보냈다. 그러나 곧 지난날의 긴장이 되살아났고, 아들과의 사이도 예기치 못한 새로운 긴장이 감돌게 되었다. 내쉬는 그해의 할로윈이 "슬픈" 날이었다고 썼다. 그 슬픔이 그날 저녁의 다툼 때문이었는지, 아니면 단순히 아들과 너무 오래 헤어져 있었던 탓에 부자간에 메울 수 없는 심연이 가로놓여 있다는 것을 깨달았기 때문인지는 분명치 않다. 존 데이빗은 남달리 잘생긴 소년이었고, 음악을 좋아했고, 분명 똑똑하기까지 했다. 그러나 아들의 신통치 못한 학교 성적과 문법에 맞지 않는 말씨 때문에 내쉬는 여간 실망스럽지 않았다. 존 데이빗이 "you was"라고 말하기만 해도 내쉬는 버럭 화를 냈다. 그랬다가 으레 엘리너와도 티격태격하게 되었고, 옛날의 해묵은 감정이 다시 불거져 나왔다. 존 데이빗 스티어는 아버지의 방문이 "불만투성이"였다고 회상했다. "아버지는 늘 콧노래를 불렀죠. 그러다 식사를 했죠. 찬바람이 쌩쌩 불었죠. 그러다 훌쩍 떠나버렸죠. 내 숙제를 도와준 적도 없었고, 내가 어떻게 지내느냐고 물어본 적도 없었어요. 내게서 아주 뚝 떨어져 있었을 뿐입니다."

10대 소년이 되어 하이드 파크에서 어머니와 함께 살게 될 때까지, 존 데이빗은 스무 군데도 넘는 곳을 전전하며 살았다. 곁에 엄마가 있기도 했고 없기도 했다. 여섯 살 무렵까지 매사추세츠와 로드 아일랜드의 탁아소, 보스턴 교외의 고아원 등지를 전전한 후, 미혼모와 아이를 위한 차든홈에서 마침내 어머니와 함께 살게 되었다(차든홈 *Charden Home*은 극빈자를 위한 임시거처였는데, 아홉 살 이상의 아이는 받아주지 않았다). 초등학교를 다닐 때는 1년에 세 번이나 전학을 하기도 했고, "행동 발달에 문제가 있다"는 판정을 받았다. 한번은 전학을 거부당한 적도 있었다. 가난한 가정에서 흔히 일어나는 재난—실업, 건강 불량, 육아 소홀, 범죄 등—을 우려한 조치였다. 또 한번은 이런 일도 있었다고 엘리너는 회상했다. "어떤 여자에게 아들을 돌보게 했어요. 그 여자는 존이 자기 어린 아들에게 나쁜 짓을 했다며 존을 때렸어요. 눈에 멍이 들 정도로요. 나는 한동안 일을 하지 못했죠. 나는 늘 초조했어요."

존 데이빗의 말대로, 그것은 "비참하고 개똥 같은 어린 시절"이었다. 그의 어머니는 물론 그를 사랑했지만, 그녀 자신이 너무나 불행했다. 그녀는 자주 아팠다. 때로 심한 빈혈에 걸렸고, 걸핏하면 실직했고, 일을 할 때는 흔히 두 군데 일자리를 가졌다. 존 데이빗이 사생아라는 것은 치욕스러운 비밀이었다. 엘리너는 그의 아버지가 없다는 것을 둘러대기 위해 그럴듯한 이야기를 꾸며냈다. 아이는 새로 전학간 학교에서나 이웃 사람들에게 꾸며낸 얘기를 되풀이해야 했고, 거짓말이 들통날지도 모른다는 불안감을 안고 살아야 했다. "그건 정말 치욕이었어요. 거짓말을 해야만 했으니까요." 존 데이빗이 말했다.

그러나 존 데이빗의 관점에서 보면, 아버지가 갑자기 나타난 것은 좋은 일이었다. 문법에 맞지 않는 말씨를 고쳐주고, 열심히 공부하라고 독려한 행동에는 비난만이 아닌 아버지다운 관심도 깃들여 있었다. 내쉬는 또 "교육적 배경이 인생의 미래 역정 전체를 틀 지운다"면서, 존 데이빗의 대학 교육비를 대주겠다고 약속하기도 했다. 내쉬는 이따금 아들을 즐겁게 해주기 위해 굳은 일도 했다. 토요일이면 존 데이빗과 친구 아이를 데리고 볼링을 하러 가곤 했다. 그런 다음 중국 식당에 들러 저녁식사를 했다. 존 데이빗의 열세 살 생일에는 이웃의 자전거 가게에 데려가 10단 변속 자전거를 사주었다. 아마도 부분적으로 아버지의 관심에 자극을 받아, 이듬해에 존 데이빗은 아주 열심히 공부를 해서, "시험"에 통과해야 들어갈 수 있는 보스턴의 명문학교 가운데 한 곳에 입학했다.

1966년 1월, 내쉬는 "엘리너를 찾는 시간이 줄었다"고 썼다. 전처럼 그녀에게 기대는 마음이 줄었고, 그래서 다행스럽다는 것을 암시하는 말이었다. 그러나 그것이 엘리너에게는 새로운 원한의 뿌리가 되었을 것이다. 대가를 치를 생각도 하지 않고 또 다시 그녀를 이용하기만 했다는 생각을 그녀가 갖게 된 것도 무리가 아니다. 그러나 2월 말까지는 엘리너와 존 데이빗이 "나의 몇 안 되는 사교 대상"이었다. 그러다 다툼이 재연되었다. 함께 식당에 다녀온 후 "엘리너가 상냥하게 대해주지 않았다"고 그는 썼다. 4월에 엘리너는 새 아파트로 이사했는데, 한동안 새 전화번호를 내쉬에게 가르쳐주지 않았다. 5월에 또 엘리너가 상냥하게 대해주지 않는다고 내쉬는 불평했다. 이때 내쉬는 또 "슬픈" 기분에 사로잡혔다. 내쉬가 보스턴에 나타남으로써 엘리너와의 결혼 가능성이—그녀의 마음에든 그의 마음에든—다시 떠올랐는지도 모른다. 그랬다고 해도, 내쉬가 마사에게 보낸 편지에는 그것을 암시하는 말이 전혀 없다. 내쉬는 앨리샤와 화해했으면 좋겠다는 희망을 아직은 완전히 버리지 않았다.

그 슬픈 할로윈 때 그는 앨리샤 생각을 많이 했다. "나는 그녀를 아주 좋아했다"고 그는 어머니에게 썼다. 그날 밤 그가 슬픔을 느꼈던 것은 아마도 그가 추수감사절에 프린스턴으로 앨리샤를 찾아가겠다는 것을 앨리샤가 차갑게 거절했기 때문일 것이다. 그녀는 여러 가지 핑계를 댔는데, 무엇보다도 "남의 이목"을 자주 들먹였다. 내쉬는 끈질기게 하소연했지만 앨리샤는 뜻을 굽히지 않았다. 추수감사절 1주일 전에도 내쉬는 아직 그녀에게서 초대를 받지 못했다고 어머니에게 말했다. 앨리샤는 이제 크리스마스 때나 내려오라고 말했지만 내쉬가 그때 찾아갔는지는 분명치 않다. 그러한 가운데 그가 가장 걱정했던 것은 둘째 아들 존 찰스가 "아버지를 잊어"가고 있다는 것이었다─어린 아들은 이제 그가 곁에 있으면 불편해했다.

옛 우정을 새롭게 다지는 것도 그리 수월한 일이 아니었다. 그는 아더 매턱과 그의 아내 조안, 마빈과 글로리아 민스키 부부를 자주 만나긴 했다. 그들은 그에게 친절했지만 바빴다. 그는 저녁 시간을 어떻게 보내야 할지가 늘 고민이었다. 혼자 수없이 영화나 연극을 보고, 혼자 연주회장에나 들르는 수밖에 없었다. 앨리샤는 화해 가능성을 부드럽게 일축하다가, 이제는 새로운 여자친구를 사귀어 보라고 권했다. 그는 마사에게 이렇게 썼다. "앨리샤는 거의 희망의 여지를 주지 않는구나." 1월에 내쉬는 데이트 상대를 구해줄 수 있느냐는 어색한 질문을 하고 다녔다. 그는 매턱 부부를 자기 집에 초대해 "4인조 데이트"를 하고 싶어했다. 진 매턱이 내쉬에게 에마 더 셰인를 한 번 더 소개해준 것이 분명한데, 에마는 후일 그것을 기억하지 못했다. 내쉬는 에마에게 약혼자가 있다는 사실을 알게 될 때까지 수주일을 쫓아다녔는데, 마사에게는 이렇게 썼다. "그녀는 얘기를 참 잘 해. 하지만 별로 예쁘진 않아."

11월 초, 어느 일요일 오후에 〈어느 모진 날 밤 *A Hard Day's Night*〉이라는 영화를 본 그는 깊은 회한에 사로잡혔다. 마사에게 보낸 신랄한 반성의 편지에서 그는 "무자비한 초자아"와 "옛날의 단순한 나" 사이의 처절한 갈등을 잔뜩 언급하고 있다. 이 편지에서 그는 또 자기 생애의 "특별한 우정"에 대해서도 언급했고, 1959년의 "실제 상황이 어떠했는지"를 깨달았다는 얘기도 털어놓았다. "몇몇 특별한 사람들과도 만나지 못하고, 나는 황야에서 완전히 길을 잃고, 또 잃었다.…그래, 그래서, 그래, 그것은 여러 모로 모진 인생이었다."

브란데이스는 활기가 넘쳤다. 스푸트니크 호 발사 이후 재정적 지원이 쏟아지자, 대학측은 진지한 대학원 수학 프로그램을 추진하겠다고 약속했다. 이에 따라 브란데이스는 30대의 젊은 수학자 아홉 명 정도를 초빙할 수 있었다. 리처드 팔레는 이렇게 회상했다. "우리는 많은 연구비를 확보했습니다. 연구 협조자와 시간강사들을 위한 자금도 충분했지요. 우리는 모든 것을 함께 했습니다." 대학의 분위기는 다정하고 격의 없어서, 내쉬는 환영받는다는 느낌을 지닐 수 있었다. "모든 사람이 그가 일류 수학자라는 것을 잘 알고 있었다"며 팔레는 이렇게 덧붙였다.

> 나는 대부분 그와 함께 점심식사를 했습니다. 다소 회복이 된 그의 모습은 보기 좋더군요. 그는 꽤 말짱해 보였습니다. 정신병 치료제를

계속 복용하고 있었지요. 그는 병을 앓은 후 예전보다 사람이 훨씬 더 좋아졌어요. 나는 하버드 강사 시절부터 그를 어느 정도 알고 있었는데, 물론 개인적으로 안 것은 아니었습니다. 그 시절에 질문을 한 적이 있었어요. 그는 거만하게 코웃음을 쳤죠. 그러니 어떻게 또 질문을 할 수가 있겠어요. 그는 상대에게 대뜸 면박을 주곤 했어요. 즉, 이런 식입니다. "이걸 모르겠는데" 하고 내가 말하면, 대뜸 이렇게 받아치는 겁니다. "세상에, 나한테 그걸 질문이라고 하나? 정말 멍청하기 짝이 없군. 어떻게 그런 걸 모를 수가 있지?" 그런데 병을 앓은 후, 그는 친절하고 점잖아졌어요. 같이 얘기를 나누는 것도 재미있구요. 옛날에 도도하던 자만심은 사라져버렸어요.

바스케스도 비슷한 기억을 지니고 있었다. "내쉬는 브란데이스에 처음 나타났을 때 아주 무기력해 보였습니다. 처음에는 전혀 말이 없었지요. 그러더니 1년 사이에 서서히 변하더군요. 그는 날이 갈수록 정상적이 되었어요. 사람들과 상호작용을 하기 시작한 거죠. 우리는 주로 수학 얘기를 했습니다. 그는 사생활에 대해서는 일체 말하지 않았습니다."

내쉬가 새로운 삶의 욕구를 불러일으켰다는 것은, 그가 얼마나 열심히 수학 연구를 했는지만 보아도 여실히 알 수 있다. 브란데이스에 있던 그해 가을, 그는 "해석적 데이터를 가진 음함수 문제에 대한 해의 해석가능성 *Analyticity of Solutions of Implicit Function Problems with Analytic Data*"이라는 긴 논문을 썼다. 이 논문은 편미분 방정식에 대한 자신의 아이디어를 자연스럽게 결론까지 끌고 간 연구였다. 그는 수학자들에게 논문 초고를 돌려 논평을 받은 후,

1966년 1월 초에 〈수학 연보〉에 기고했다. 이 저널의 편집자 가운데 한 명인 아르망 보렐은 위르겐 모저에게 논문 검토를 의뢰했다. 보렐과 내쉬 사이에 몇 차례의 전화 문의가 오고간 후, 내쉬는 재빨리 논문을 수정해 2월 15일 〈수학 연대기〉로부터 최종 수락을 받아냈다. 몹시 흥분한 내쉬는 〈수학 연보〉가 "미국에서 가장 권위 있는 수학 저널"이라고 추켜세우는 내용의 편지를 워싱턴 탄생일에 마사에게 보냈다.

새롭게 창조적인 논문을 써내게 되자 그는 자신감이 붙었다. 그는 새로운 아이디어를 논의하기 위해 하버드의 오스카 자리스키 *Oscar Zariski*를 찾아갔다. 어쩌면 방문 연구원 자리를 얻을 수 있는지 물어보기 위한 것이었는지도 모른다. 그는 그해에 MIT를 방문중인 젊은 독일 수학자 에그버트 브리스콘 *Egbert Brieskorn*을 사귀었다. 그래서 브리스콘에게 새로 완성한 논문을 보여주고, 장차의 연구에 대한 아이디어도 교환했다. 브리스콘은 특이점에 관한 흥미로운 연구를 하고 있었다. 브리스콘은 이렇게 회상했다. "내쉬는 흥미로운 아이디어를 가지고 있었습니다. 그는 늘 수학자가 마땅히 해야 할 많은 것을 제안했어요. 그러나 나는 항상 내쉬가 그것을 직접 할 수 없거나 하려고 하지 않는다는 느낌을 받았습니다." 내쉬는 옛날의 거만한 태도를 다시 내비치기 시작했다. 그가 봄에 노스이스턴 대학에서 가르칠지 모른다는 소문도 나돌았다. "나는 좀 유명한 대학에 가고 싶다"고 그는 마사에게 털어놓기도 했다. 그는 노스이스턴 대신 MIT에 자리를 얻을 생각이었다. 마사에게 MIT가 당연히 자기를 복직시켜야 한다며, 그는 이렇게 덧붙였다. "물론 MIT가 최상의 대학은 아니야.…수준은 하버드가 훨씬 높지." 그해 봄 내내 그는 억지로 2류 대학에 눌러앉아 있어야 하는 것이 아닐까 걱정을 했다. "나는 사회적 신분이 내려가는 것을 피하고 싶다. 일단 내려가면 다시 올라가기가 어려울지 모르니까."

2월 초, 내쉬는 두 번째 논문을 구상했다. 그러나 2주 후 마사에게 보낸 편지에 의하면, 그는 "새로운 수학 구상의 일부가 수포로 돌아가 슬펐다." 그러나 그는 실망감을 이겨낼 수 있었다. 4월 초에는 "특이점의 규범적 해법 canonical resolution of singularities"에 관한 또 다른 논문을 착수할 수 있었다. 수년 후 그는 이 논문이 1966년에 〈수학 연보〉에 실린 논문보다 "더 흥미로운" 것이었다고 회상했다. 5월에 그는 이 논문 주제로 브란데이스에서 세미나를 개최했고, 5월 말경에는 논문 초고를 완성해 브리스콘에게 논평을 부탁했다. 내쉬는 이 논문도 〈수학 연보〉에 기고한 듯한데, 발표되지는 않았다. 이 논문은 1968년 9월 프린스턴의 파인홀 도서관에서 사본이 발견되었다. 그후 여러 해 동안 일상적으로 인용되었고, 1995년에 내쉬 특집을 실은 〈듀크 수학 저널 Duke Journal of Mathematics〉에 공식 발표되었다.

이 두 논문은 우수했다—첫 논문에 대해 기하학자 미하일 그로모프는 "놀랍다"라고 말했다. 그런 우수성은 내쉬의 편집증적 정신분열증 진단에 의문을 제기하는 단 하나의 강력한 근거가 된다. 1965년에, 6년간 거의 줄곧 정신병을 앓았고 실질적으로 기억장애에 시달린 사람이 새로운 경지를 개척하는 논문을 발표했다는 것은 참으로 놀라운 업적이 아닐 수 없었다. 조울증과 달리 정신분열증 환자는 잠깐 동안이라도 발병 이전의 지적 수준을 회복한다는 것은 거의 있을 수 없는 일로 알려져 있다. 그러나 스탠퍼드 대학의 막스 시프먼이라는 수학자도 만성 정신분열증을 앓다가 짧은 회복 기간에 뛰어난 연구 업적을 내놓은 적이 있었다. 내쉬의 두 논문은 비록 뛰어나기는 했지만, 발병 이전에 계획했던 논문들만큼 야심에 찬 것은 아니었다.

6월 말 내쉬는 하버드 광장에서 멀지 않은 파커 스트리트 38번지에 있는 조셉 콘의 아파트로 들어갔다. 그것은 2세대 주택이었다. 콘은 안식년을 보내기 위해 에콰도르에 가 있었다. 이 집에 들어가도록 주선한 지포라 레빈슨은 이렇게 회상했다. "모두가 내쉬를 돕고 싶어했습니다. 그의 천재성이 낭비된다는 게 너무 안쓰러웠으니까요."

내쉬는 케임브리지의 컴퓨터 중매소인 오퍼레이션 매치 *Operation Match*에 회원으로 등록했다. 그는 상대의 얼굴도 모른 채 데이트에 나갔는데, "나는 공손하고 의젓하게 행동하는 방법을 배울 필요가 있다"는 것을 절실히 자각하는 계기가 되었다. 그는 "희망적이고 낙관적"이라고 마사에게 썼다. "나는 좋은 친구들을 사귀겠어. 앨리샤가 아닌 다른 여자하고라도 재혼해서 행복한 가정을 꾸밀 거야." 그는 그해 가을 MIT에서 강의할 예정이었다. 테드 마틴이 게임 이론에 관한 고급 세미나 강의를 제안했던 것이다. 5월에 내쉬는 해롤드 쿤에게 편지를 보내 "적절한 자료를 수집해 게임 이론의 발전 현황을 숙지"하고 싶다며, 좋은 자료를 추천해달라고 부탁했다.

그러나 다시 뭔가 문제가 생겼다. 브란데이스 대학의 동료들은 그해 늦봄에 그에게 뭔가 갑작스런 변화가 생겼다고 회상했다. 리처드 팔레의 회상에 따르면, "그는 전혀 안정하질 못했다. 온통 뒤죽박죽이었다." 그와 달리 바스케스는 내쉬가 서서히 붕괴되었다고 기억했다. "그는 정상에서 벗어난 흥분상태를 보였다. 어느 순간에는 말을 멈추려고 하지 않았는데, 무슨 말을 하는지 알 수 없었다. 여름이 되자 더 이상 의사소통을 할 수 없었다." 어쩌다 재발하게 되었는지 꼭 집어 말하기는 어렵다. 아마도 너무 자신감에 찬 나머지 투약을 중단했기 때문인 것 같다.

그는 그해 여름을 케임브리지에서 보냈다. 9월에 마사에게 보낸 편지에는 망상증세가 뚜렷이 나타나 있다. 한 편지에는 "인디언식 인생의 수레바퀴"를 운운하며, "만일 어떤 사람이 늘 올바르기만 하다면…분명 희망은 있다"고 썼다. 깜짝 놀란 마사는 오빠가 "낙관적이지만 좋아 보이지 않는다"고 에스미올에게 편지를 보냈다. "망상을 때려치웠다"는 오빠의 말을 인용하며, 실제로는 망상이 전면적으로 부활한 게 분명하다고 마사는 썼다. 10월 초에 에스미올은 내쉬를 면담했는데 "그의 상태는 지난번과 비슷했다"는 답장을 보냈다. 에스미올은 마사에게 오빠가 염려된다는 말을 오빠에게 직접 해보라고 권했다. 마사의 말을 들은 내쉬는 이튿날 마사를 안심시키는 편지를 보냈다. 그는 자신의 낙관론이 충분한 근거를 가지고 있지만, "염려될 만한 위험성이 없지 않다"고 인정했다. 그러나 뒤이어, 앨리샤가 "거금의 선물"을 보낼 거라는 "흥미로운" 편지를 받았다고 썼다. 후일 마사의 회상에 따르면, 내쉬는 망상에 빠졌을 때 항상 "곧 멋진 일이 생길 것"이라는 암시를 하곤 했다.

11월이 되자 그의 편지는 여실히 편집증을 드러냈다. 어머니에게 보낸 편지는 이렇다. "나는 과거가 너무나 환멸스럽습니다.… 모든 친척, 특히 어머니와 마사와는 앞으로 관계가 훨씬 더 좋아지기를 바랍니다." 추수감사절에는 이렇게 썼다. "이번 추수감사절에는 별로 감사할 것이 없습니다." 그는 크리스마스에 로아노크에 갔다가, 새해 첫날―앨리샤의 생일―은 프린스턴에서 보낼 계획이었다.

내쉬의 집 가까이 살았던 바스케스는, 후일 내쉬가 프린스턴 구내를 배회하듯 하버드 광장을 배회하는 내쉬와 마주치곤 했다.

그는 마오쩌둥의 권모술수 따위에 관심이 많았습니다. 하버드 광장에서 그는 어떤 위원회에 대한 얘기를 했는데, 그 위원회는 외국 정부들과 의견을 교환하며 자기에게 메시지를 보내기 위해 〈뉴욕 타임스〉의 뉴스를 조작한다는 것이었어요. 그는 이런 정보만 있으면 여러 강대국들간의 협상이 어떻게 진행되는지 알 수 있다고 생각했습니다.

내쉬는 목요일에 열리는 하버드 수학 토론회에 계속 참석했다. 바스케스의 회상에 따르면, "그는 아주 특이했다. 마법의 수와 위험한 수가 있다고 믿었고, 세계를 구원하겠다는 생각을 지니고 있었다."
이때 콘은 이웃에 살고 있는 집주인이 불평을 털어놓은 편지를 받았다. 내쉬가 쓰레기를 치우지 않고, 집안에는 신문이 수북히 쌓여 있다는 것이었다. 그 소식을 들은 지포라 레빈슨은 자기에게도 책임이 있다는 생각에 어쩌야 좋을지 몰랐다고 회상했다. "콘은 그 아파트 임대를 그만두고 싶어했어요. 그는 노먼과 연락을 하려다가 안 되니까 내게 전화를 했어요. 그래서 나는 한 시간마다 내쉬에게 전화를 걸었지요. 나는 걱정이 되었습니다. 오죽하면 그가 자주 찾아간다는 목사에게 전화를 다 걸었겠어요. 목사는 내쉬가 어딘가 멀리 갔다더군요."

새해 첫날 직후 내쉬는 보스턴을 떠나 서부 해안으로 갔다. 그는 먼저 샌프란시스코에 가서 사촌 리처드를 만나 며칠 동안 함께 지냈다. 그는 먼저 사촌에게 전화를 걸었고, 사촌은 마사에게 전화했다.

러처드 내쉬는 1996년에 이렇게 회상했다. "그는 자기를 강제 입원 시킨 마사를 원망했습니다. 마사도 가슴 아파했지요."

그는 내 사무실로 찾아왔습니다. 그는 잘생겼고 아주 근육질이었지요. 목소리가 부드럽기는 했지만 지금보다는 훨씬 힘이 있었습니다. 그는 재미있는 얘기 상대였는데, 밤늦도록 얘기하길 좋아했어요. 어떤 때는 조리 있게 거의 시적으로 말했지요. 그는 세상에 쓸모 없는 사람이 될까봐 꽤 걱정을 했습니다. "나는 시작은 아주 좋았다"고 그는 말했습니다. "나는 가치 있는 사람이라고 생각해. 그런데 기여를 못 하고 있어." 어떤 때는 알아들을 수 없는 말을 늘어놓았습니다. 그런 점을 스스로도 염려하고 있더군요. 샌프란시스코의 카톨릭 신부를 만난 적도 있다길래, 내가 말했죠. "무신론자인 줄 알았는데 아니었나?"

중개인인 리처드 내쉬는 샌프란시스코의 사무실까지 차를 몰고 출퇴근할 때 내쉬를 태우고 다녔다. 일단 도착하면, "그는 버스를 타고 여기저기 돌아다녔다." 복잡한 스케줄을 다 기억하고 온갖 곳을 돌아다니다가, 집에 돌아갈 때가 되면 리처드와 약속한 시간, 약속한 장소에 어김없이 나타나는 것이 꽤 놀라웠다고 리처드는 회상했다. 그후 "존은 아주 엉뚱한 시간에 내게 전화를 했어요. 도무지 시간 감각이 없더군요. 잠잘 때 전화 좀 하지 말라고 했더니, 다음에 전화를 걸어 아무 말 없이 숨소리만 내뱉곤 했어요. 내가 너무 야박하게 굴었던 것 같습니다. 좀더 잘 해줄 수도 있었을 텐데."

내쉬는 샌프란시스코를 떠나 시애틀로 갔다. 그곳에 도착한 것은 2월 3일이었다. 그는 아마사 포레스터를 찾아간 것이 분명하다. 시애틀에서 그가 알고 있는 사람은 그뿐이었기 때문이다. 다음 행선지인 산타모니카에 도착한 것은 부활절 이후였으니, 포레스터와는 한 달 이상 같이 지낸 셈이다—그 해의 부활절은 3월 26일이었다. 산타모니카의 셰이플리와 그 밖의 랜드 시절 동료들은 내쉬와 만나기를 거부했다. 내쉬는 로스앤젤레스에 살고 있는 제이콥 브리커도 방문했다. 브리커는 내쉬가 "아주 엉뚱한 행동을 했다"고 회상했다.

내쉬는 보스턴으로 돌아와 다시 치료를 받으라는 에스미올의 말을 무시했지만, 이따금 전화를 하긴 했다. 3월에 마사도 에스미올에게 여러 번 전화를 했다. 에스미올은 MIT의 강사 임용 약속을 핑계 삼아 다시 내쉬를 치료받게 하려고 했다.

마틴은 그해 가을 내쉬에게 비선형 대수 강의를 맡기려고 했다. 레빈슨도 희망을 버리지 않고, 내쉬가 MIT에서 지낼 수 있는 계획을 추진하고 있었다. 그는 고등학문연구소의 아르망 보렐에게 추천서를 써달라고 부탁했다. 보렐은 5월 17일자로 강력한 추천서를 써 주었다.

> 지난 8년 동안, 그는 건강 문제로 많은 괴로움을 겪었습니다. 그러면서도 그는 몇 가지 흥미로운 연구 결과를 내놓았습니다.… 내쉬는 현재 활동하고 있는 수학자들 가운데 가장 개성 있는 수학자입니다. 그는 발전 과정이 다소간 분명하게 예견되는 장기적 프로그램을 체계적으로 연구하는 유형이 아니라, 전혀 새로운 길을 밟아 가는 개척자 유형입니다. 그래서 그의 미래는 예측하기 어렵습니다. 그러나 바로 그러한 점 때문에, 그의 건강에 기복이 있기는 해도, 그가 또 다시 새로운 성공을 거둘 수 있으리라는 것을 충분히 기대해볼 수 있습니다. 그가 기존에 내놓은 수학적 업적만 해도 대단히 값진 것입니다. 그래서 나는 그에게 충분한 지원을 해주어야 한다고 강력히 주장하는 바입니다.

내쉬가 정확히 언제 케임브리지로 돌아왔는지는 분명치 않다. 어쨌든 케임브리지에 돌아왔을 때, 그는 심각한 환자가 되어 있었다. 한바탕 끔찍한 소동을 벌인 후, 혹독하게 추운 날 밤 존 데이빗이 그를 집 밖으로 내몰고 문을 잠가버린 적도 있었다. 이 시기에 내쉬는 리처드 팔레에게 그 동안 약을 먹지 않았다고 말했다. "약을 먹으면 좋아지는데 왜 그랬죠?" 팔레가 물었다. 그는 이렇게 대답했다. "약을 먹으면 내면의 소리가 들리지 않아요."

5월 말경 케임브리지에 돌아온 내쉬가 모저에게 보낸 편지를 보면 그의 정신 상태를 짐작해볼 수 있다. 내쉬는 발신지를 만주 하얼빈, 헤일위클랑 대학교라고 썼다.

> 만주 국경에 접해 있는 러시아의 오블라스트 주에는 비르비드잔이라는 도시가 있다.…만약 국제연합 안전보장 이사회의 모든 핵 보유 국가들이 어떤 짓을 했다고 하더라도, 그들이 0, 1, 2, 3, 4로 번호가 매겨진다면, 이렇게 말할 수 있을 것이다. 아무도 그 짓을 하지 않았다고, 모든 사람이 그 짓을 했다고, 모두가 그 짓을 했다고….

그 편지의 발신인은 "지앙신江新"이라고 되어 있었다.

지포라는 우연히 지하철에서 내쉬를 만났다. 그는 종잡을 수 없고, 음산하고, 쭈뼛거리고, 부끄러워하며, 입가에 야릇한 미소를 머금고 있었다. 지포라는 그에게 어디로 가느냐고 물었다. 그는 대답했다. "로아노크 집에. 잠시 어머니와 함께 있으려고." 6월 26일 그는 케임브리지를 떠났다. 뒤에 남긴 집은 난장판이었다. 그는 프린스턴으로 차를 몰고 갔지만, "남의 이목"을 생각해 앨리샤와 존 찰스와 함께 지내지 않고 호텔에 묵었다. 그리고 며칠 후 로아노크로 떠났다.

지포라는 콘에게 전화해서, 이삿짐 차를 불러 내쉬에게 짐을 보내주겠다고 말했다. "나는 너무 미안해서 혼자 다짐을 했어요. 내가 그의 물건들을 치워줘야겠다구요. 그래서 나는 화장실만 제외하고 짐을 모두 뺐죠. 화장실은 들여다보지도 않았어요." 콘의 아내 안나 로사는 파커 스트리트의 그 집에 들어가 보았다. "봉지와 시리얼 상자를 접어서 차곡차곡 쌓아놓았더군요. 끔찍하진 않았지만, 어떤 강박감의 조짐이 느껴졌어요." 며칠 후 노먼 레빈슨이 마사에게 편지를 보냈다.

지난 2년 동안 존은 내 연구 계약의 협력자로 고용되어 있었습니다. 그런데 존은 이제 여기서 살기를 원하지 않는군요. 나는 그를 붙들 수가 없었습니다. 며칠 전에 존은 파커 스트리트 38번지를 떠났습니다. 아파트 안에는 쓰레기가 잔뜩 쌓여 있었지요. 국내와 해외의 은행 계좌가 적힌 서류도 많이 있었어요. 존은 금년에 건강이 악화된 것 같습니다. 하지만 1965~1966년에는 아주 좋았고, 멋진 연구도 내놓았습니다.

이상한 세계에 홀로 있는 인간

로아노크 1967~1970

그리고 이어 이성의 받침판은, 깨어졌고, 그리고 나는 밑으로 또 밑으로 떨어졌다―그리고 한 세계와 부딪쳤다, 떨어질 때마다…
―에밀리 디킨슨, 280번

1968년 여름, 내쉬는 마흔 살이 되었다. 그는 어머니 집의 화장실 거울을 들여다보며, 후일 그가 "거의 시체"라고 일컬은 자기 모습을 보았다. 뺨이 홀쭉하고 눈은 퀭하니 들어가고, 머리는 하얗게 셌고, 어깨는 앞으로 구부정했다. 그것은 중년에 막 접어든 사람이라기보다 노인에 가까운 모습이었다. 그는 한 친구에게 이렇게 썼다. "자네는 나를 불쌍히 여겨야 해.…늙어서 말라 비틀어지는 과정에 성큼 접어들었으니." 그의 머리 속에는 삶 속의 죽음 *death-in-life* 이라는 이미지가 들끓었다. 또 다른 친구에게 보낸 편지에서 그는 봄베이에 있는 "침묵의 탑" 이미지를 환기시켰다―조로아스터 교도들은 이 탑에 죽은 자를 놓아두어 독수리가 뜯어먹게 한다.

그는 이제 로아노크에서 산 지 거의 1년이 되었다. 아직 고물 램블러 승용차와 약간의 저축이 남아 있었지만, 8년이나 앓다보니 지난 날의 아내도 친구들도 이제는 지쳐버렸다. 세상의 신망도 땅에 떨어졌고, 더 이상 갈 곳도 없었다. 노포크-웨스턴 철도회사의 본부와 애팔래치아 산맥 아래쪽에 위치한 예쁘장한 소도시 로아노크가 그에게는 노정의 종점이었다.

그는 그랜딘 가의 작은 정원 아파트에서 어머니와 함께 살았다. 마사와 찰리는 두어 거리 떨어진 곳에 살았다. 그곳에서는 그를 알아보는 사람이 없었다. 정신분열증 환자는 유리 감옥에 사는 사람—유리벽을 두드리며 아무리 외쳐도 목소리는 들리지 않고 모습만 보이는 사람—으로 비유되어 왔다. 1994년 마사의 회상에 따르면, "로아노크는 살기 좋은 곳이 아니었다. 그곳에는 지식인이 없었다. 그는 너무나 외로웠다. 그는 그저 휘파람을 불며 마을을 배회하곤 했다."

여러 날 동안 그는 그저 아파트 둘레를 돌고 또 돌기만 했다. 그는 긴 손가락으로 어머니의 값비싼 일제 찻잔(그녀가 오래 전 버클리에서 여름을 보냈을 때의 기념품)을 쓰다듬으며 대만산 우롱차를 마시고, 바흐 음악을 휘파람 불었다. 몽유병자 같은 걸음걸이와 꿈꾸는 상태로 굳어버린 듯한 표정을 보면, 그의 마음속에서는 광대무변하고 끝없는 드라마가 펼쳐지고 있는 듯도 했다. 그는 한 편지에 이렇게 썼다. "분명 나는 그저 어머니 집에서 허송세월을 하고 있다. 그러나 사실상 나는 박해를 받아왔고, 이 박해가 완화되기만 바라고 있다."

그의 일상적인 행동 반경은 도서관이나 그랜딘 가의 끄트머리에 있는 가게들을 벗어나지 않았다. 그러나 마음속으로는 지상의 가장 먼 곳인 카이로, 제박, 카불, 방기, 테베, 가이아나, 몽고까지도 떠돌았다. 이런 먼 곳의 난민 캠프와 외국 대사관, 감옥, 폭격 대피소

등을 그는 드나들었다. 그게 아니면, 지옥이나 연옥, 혹은 오염된 천국("쥐와 흰개미와 온갖 벌레들이 우글거리는, 퇴락해 썩어가는 집")에서 살고 있다고 느꼈다. 그의 편지에 적힌 발신지처럼 그의 정체성도 양파 껍질 같은 것이었다. 하나의 껍질 밑에는 또 다른 껍질이 숨어 있었다. 그는 팔레스타인 아랍 난민인가 하면 일본의 위대한 쇼군이었고, C1423, 에서 *Esau*, 황금인간, 진시황, 욥, 호라프 카스트로, 야노스 노르세스였고, 어떤 때는 심지어 생쥐이기도 했다. 그의 친구는 사무라이, 악마, 예언자, 나치, 사제, 판관 들이었다. 사악한 신격자들—나폴레옹, 이블리스, 모라, 사탄, 백금인간, 타이탄, 나히포틀론, 나폴레옹 시켈그루버 등—이 그를 위협했다. 그는 세계와 자신의 멸망을 끊임없이 두려워했다. 세계의 멸망은 인종 대학살, 아마겟돈, 묵시록, 최후의 심판, 특이점 해결의 날 등으로 나타났고, 자신의 멸망은 죽음과 파산으로 나타났다. 어떤 날짜들이 그에게는 아주 불길하게 느껴졌는데, 특히 5월 29일이 그러했다.

정신분열증으로 규정되는 증후 가운데 망상증세는 끈질기고 복잡하고 강력하다. 망상이란 공감각적 현실을 극적으로 거부하는 잘못된 신념이다. 흔히 이 망상에는 지각이나 경험의 잘못된 해석이 포함되기도 한다. 망상이 야기되는 것은 주로 감각 자료의 왜곡 때문이거나 두뇌 속에서 생각과 감정을 처리하는 잘못된 방식 때문이라고 알려져 있다. 정신분열증 환자의 불가사의하게 왜곡된 논리는, 때로 기이하고 섬뜩한 망상에 의미를 부여하려는 정신의 외로운 몸부림의 산물로 보이기도 한다. 워싱턴 DC의 세인트 엘리자베스 병원 연구자이자 〈정신분열증에서 살아남기 *Surviving Schizophrenia*〉의 저자인 풀러 토리 E. Fuller Torrey는 정신분열증 증후를 이렇게 정의한다. 즉 그것은 "두뇌가 경험하는 것의 논리적 결과물"이며 "모종의 정신적 평형을 유지하려는 영웅적 노력"이다.

현재 정신분열증이라고 부르는 증후는 한때 "조발성 치매"라고 불렸다. 그러나 정신분열증 환자의 전형적인 망상 상태는 알츠하이머병으로 알려진 치매 증상과는 거의 공통점이 없다. 치매 환자가 흐릿하고 혼란되고 무의미한 상태를 보이는 데 반해, 정신분열증 환자는 주로 과다의식, 신경과민, 섬뜩한 경계심을 보인다. 또한 지나친 몰두, 정교한 합리화, 교묘한 이론 등이 두드러져 보인다. 융통성이 없고 일탈적이며 자기 모순적이기는 하지만, 그래도 생각이 무작위적인 것은 아니다. 애매 모호하고 이해하기 어려운 규칙을 따르고 있는 것이다. 그리고 이상한 노릇이기는 하지만, 일상 현실의 여러 국면을 정확히 이해하는 능력은 손상되지 않는다. 내쉬에게 올해가 몇 년이고 백악관 주인이 누구고 어디에서 사는가 등을 물어본다면, 그리고 그가 대답할 생각만 있다면, 그는 틀림없이 정확하게 대답했을 것이다. 내쉬는 더없이 초현실적인 생각을 품고 있을 때조차도 사실상, 그런 생각이 근본적으로 자기만의 개인적인 생각이어서 남들에게는 이상하거나 믿어지지 않을 게 분명하다는 아이러니한 자각을 지니고 있었다. "내가 지금 말하려고 하는 이 개념은…아마도 불합리하게 들릴 겁니다." 이렇게 시작하는 편지를 그는 곧잘 썼다. 그의 문장에는 "…라고 여겨진다", "…하는 듯하다", "…라고 생각할 수도 있다"는 식의 표현이 빈번히 쓰였다. 그것은 사고실험을 하고 있거나, 그의 편지를 받은 사람이 자기 말을 다른 말로 바꾸어 이해하리라는 것을 이해한 듯한 태도였다.

다른 모든 병의 증상이 그러하듯, 망상은 정신분열증에만 나타나는 것이 아니다. 조증이나 우울증을 비롯한 여러 정신이상이나 각종 신체적 질병에도 나타난다. 그러나 내쉬가 앓았던 망상의 유형은 정신분열증 중에서도 특히 편집증적 정신분열증의 특징을 이루는 것이었다. 그런 증후는 과대망상과 피해의식 양자를 모두 지니고 있는데, 흔히 짧은 간격을 두고 양자를 오가거나 가끔은 양자가 동시에 일어나기도 한다. 어떤 때에는 자기를 황태자나 황제와 같은 강력한 존재로 생각하다가, 다른 때에는 아주 약하고 상처받기 쉬운 존재, 즉 난민이나 재판중의 피고인 같은 존재라고 그는 생각했다. 전형적인 경우, 그의 망상은 자기 지시적인 것이었는데, 온갖 외부적 단서—신문의 한 구절은 물론 특정 숫자까지—가 특별히 자기를 지목하고 있으며, 오직 자기만이 그것의 진정한 의미를 이해할 수 있다고 믿었다. 그리고 그의 망상은 다중적이었는데, 그것은 편집증적 정신분열증 환자에게 공통되는 특징이다. 하지만 그의 망상은 모두 일관된 주제를 중심으로 조직화되어 있었다.

기괴함은 특히 정신분열증적 망상의 주된 특징이라고 할 수 있다. 내쉬의 망상은 분명 터무니없고 이해하기 힘들었으며, 분명 삶의 경험에서 나온 것도 아니었다. 그러나 그의 망상은 대체로 다른 환자에 비하면 덜 기괴한 편이었다. 또 그의 망상은 그의 인생 역정이나 생활 환경과 간접적이나마 관계를 지니고 있다는 것을 알아볼 수 있었다(그를 잘 아는 사람이, 발자크의 중편 소설 〈루이 랑베르 *Louis Lambert*〉에 나오는 정신병자 랑베르의 아내처럼 성실하게 그 증세를 연구하기만 한다면 그렇다). 많은 정신분열증 환자들은 외부의 힘이 그들의 생각을 장악하고 있거나, 그들의 정신 속에 어떤 생각을 일방적으로 주입하고 있다고 믿는다. 그러나 내쉬는 자기 생각도 그러하다고 믿은 것 같지는 않다. 경우에 따라서는 로마에서처럼 어떤 중앙 기계가 그의 정신 속으로 어떤 생각을 직접 주입했다거나, 1959년 초 케임브리지에서처럼 그의 행동을 신이 촉발시켰다고 믿은 적은 있었다. 그러나 대체로 내쉬는 자기 자신 혹은 자아가 행위의 주체자라는 감각을 유지했다. 즉, 그는 이렇게 믿었다. 나는 징집 위험에 처한 양심적인 병역 거부자이다. 나는 무국적자이다. 미국수학회에 속한 수학자들이 나의 학구적 장래를 망치고 있다. 짐짓 나를 동정하는 척하는 사람들이 사실은 사악한 의도로 나를 정신병원에 감금하려는 음모를 꾸미고 있다. 이러한 믿음은, 예컨대 경찰이나 CIA가 자기를 미행하고 있다는 믿음 같은 것보다 더 터무니없다고는 할 수 없다. 자아와 외부세계의 경계나 현실성이 무너지기는 했지만, 어느 면에서 내쉬는 그 무너진 정도가 부분적이었다고 할 수 있는데, 로아노크에서도 그랬다.

특히 내쉬는 사색가이자 이론가이고 복잡한 현상을 이해하려는 학자로서의 역할을 유지했다—후일 그가 망상에 빠졌던 때를 "비합리성의 시기"라고 불렀는데도 그랬다. 그는 "노예제도로부터 해방 이데올로기를 완성"하고 있었고, "단순한 방법론"을 찾고 있었고, "하나의 모델 혹은 이론"을 창조하고 있었다. 그는 망상 속에서도 언어적인 것을 포함한 정신적인 일을 하려고 했다. 그러니까 그가 하려고 한 일은 "협상" 혹은 "청원" 혹은 설득 따위였다.

그의 편지는 제임스 조이스 식의 독백이었다. 스스로 만들어낸 은밀한 언어로 쓰인 그의 편지는 몽상적 논리와 교묘한 비논리로 가득 차 있었다. 그의 이론은 천문학적이고, 게임 이론적, 지정학적, 종교적이었다. 수년 후 내쉬는 망상 상태의 유쾌한 측면을 종종 언급했다. 그러나 그런 백일몽이 근심과 두려움으로 가득 찬 아주 불쾌한 것이었다는 점을 부정할 수는 없다.

1967년 아랍-이스라엘전쟁이 일어나기 전, 그는 자기가 팔레스타인에 사는 좌익 아랍 난민이며 PLO의 조직원이고, 이스라엘 국경 안으로 파고들어, "이스라엘의 국가 권력에 짓밟히는 것"을 막아달라고 아랍 국가에 호소하는 난민이라고 생각했다.

그 직후, 그는 자기가 하나의 바둑판이라고 생각했는데, 바둑판의 네 귀퉁이는 로스앤젤레스, 보스턴, 시애틀, 블루필드였다. 바둑판에는 유학자를 상징하는 흰 돌과 마호메트 교도를 상징하는 검은 돌이 놓였다. "1차" 대국은 내쉬의 두 아들 존 데이빗과 존 찰스가 두었다. "2차" 파생 대국은 "한 개인으로서 나와 집단으로서 유태인간의 이념 투쟁"이었다.

몇 주 후 그는 또 다른 바둑판을 생각했다. 이번에는 바둑판의 네 귀퉁이를 그가 전에 가졌던 차들이 차지했다. 스터드베이커, 올즈, 메르세데스, 플리머스 벨베디어가 그것이었다. 그는 그것이 "정교한 오실로스코프 전시…하나의 순환 함수"를 구성할 수 있을 거라고 생각했다.

그는 또 어떤 진리가 "별들 속에서 관찰될 수 있다"고 생각했다. 토성은 에서 *Esau*와 아담(내쉬가 자기와 동일시한 인물)과 관련이 되고, 토성의 제6위성인 타이탄은 붓다의 적인 이블리스는 물론 야곱과도 관련된다고 보았다. "나는 토성의 B이론을 발견했다.…B이론은, 간단히 말하면 잭 브리커가 사탄이라는 것이다. '이블리스주의 *Iblisianism*'는 최후의 심판과 관련된 무서운 문제이다."

이 시기에는 내쉬가 강력한 인물—평화의 황태자, 신의 왼발, 남극의 황제 등—이라는 과대망상증은 더 이상 나타나지 않았다. 그 대신 피해망상증이 주류를 이루었다. 그는 이렇게 생각했다. "내 개인적 삶에 관한 한, 모든 악의 뿌리는 유태인이다. 특히 히틀러인 잭 브리커, 악신의 삼위일체를 이루는 모라, 이블리스, 나폴레옹이 악의 뿌리이다." 단순히 "잭 브리커"만 들먹이기도 했는데, 브리커를 빗대어 이렇게 말했다. "한 친구의 어깨를 토닥거리며 칭찬이나 찬사를 늘어놓는 동시에, 그 친구의 등에 칼을 꽂는 사람이 있다고 상상해 보라." 분명 그런 상상을 하며 그는 "그들이 잘못을 바로잡을 기회를 갖도록," 그러나 반드시 "너무 공개적으로 드러나지는 않도록," 유태인과 수학자와 아랍인에게 청원을 해야겠다는 결론을 내렸다. 그는 또 교회와 외국 정부, 시민 단체 등에도 도움을 청해야 한다는 생각도 갖고 있었다.

그는 창세기의 야곱과 에서 이야기가 자기 인생의 의미를 고스란히 보여주는 훌륭한 비유담이라고 생각했다. 야곱과 에서는 금슬 좋은 부부 이삭과 리브가의 쌍둥이 아들이었다. 아버지 이삭은 맏아들 에서를 좋아했지만, 어머니 리브가는 야곱을 더 좋아했다. 에서는 야곱에게 두 번 자기 권리를 빼앗긴다. 처음에 야곱은 배가 고픈 에서에게 팥죽 한 그릇을 주는 대신 장자 상속권을 팔아 넘기게 한다. 다음에 야곱은 에서인 척하며 눈먼 아버지 이삭의 축복을 훔쳐낸다―이삭은 에서에게 축복하는 줄만 알았다. 에서는 야곱이 아버지를 속인 것을 알고 하소연했지만, 이삭은 이렇게 말했다. "너의 주소는 땅의 기름짐에서 뜨고 내리는 하늘 이슬에서 뜰 것이며, 너는 칼을 믿고 생활하겠고 네 아우를 섬길 것이며 네가 매임을 벗을 때에는 그 멍에를 네 목에서 떨쳐버리리라(창세기 27:39-41)." 동생을 미워하게 된 에서는 속으로 다짐한다. "아버지를 곡할 때가 가까왔은즉 내가 내 아우 야곱을 죽이리라."

내쉬는 자기가 추방당했다고 믿었다("나는 호의를 상실한 상황에 놓여 있었다"). 그는 끊임없이 파산과 재산 몰수 위협을 느꼈다. "만약 여러 계좌가 '합리적 일관성' 부족으로, 사실상 사망한 것이나 마찬가지인 수탁인 이름으로 개설되어 있다면…그 계좌는 지옥에서 고통받고 있는 사람들 이름으로 개설되어 있는 것과 같다. 그들은 그 계좌를 결코 이용할 수 없다. 지옥에서 빠져 나와 은행으로 찾아가야 하는데, 그러기 전에 먼저 지옥을 혁명적으로 끝장내야 할 것이기 때문이다."

죄의식도 있었음직하다. 징벌, 참회, 속죄, 고해, 회개 등과 같은 생각이 그를 끊임없이 따라다녔는데, 그런 생각에는 폭로의 공포와 은밀한 욕구가 뒤섞여 있었다. 그런 생각은 또 직접적으로, 그러나 부분적으로, 동성애에 대한 생각과 연결된 것 같다. 그는 "병역기피와 의무태만"을 비롯해 "내가 일생 동안 저지른 참으로 수상쩍은 일들"을 언급하기도 했다.

체포, 심판, 투옥이라는 테마도 거듭 그의 뇌리에 떠올랐다. 카프카의 소설 〈심판 *The Trial*〉에 나오는 조제프 K처럼 내쉬는 "궐석 재판"을 받고 있다고 생각했다. "피고가 자기 자신을 고발한 원고 같고…자기 고발의 길은 구원이 아닌 죽음의 길인 것 같다"고 그는 생각했다. 그는 "야곱과 에서의 인생 역정과 상호작용"을 조사하는 "예심 법정"을 구상하며, 자기가 에서라면 브리커는 야곱이라고 생각했다.

그는 과거에 감금된 것을 병 때문이라고 보지 않았는데, 자기가 육체적으로 병에 걸렸는지는 몰라도 다른 병에 걸렸다고는 생각하지 않았기 때문이다. 그에게 감금이란 실존적인 것이었다. 그는 엘리너에게 이렇게 썼다. "아다시피, 당신은 진정 해방될 필요가 있다는 것을 공감해야만 해. 노예제도로부터 해방, '거세'로부터 해방, 감옥으로부터 해방, 고립으로부터 해방 말이야.…사실상 나는 거짓된 상징과 위험한 상징에서 도망쳐 나온 난민이야." 때로 그는 자기가 십자가에 매달릴 위험에 처해졌다고 느꼈다.

그에게 필요한 것은 "자유, 안전, 친구"라고 그는 말했다. "심판의 날에 이블리스와의 아마겟돈(선악의 대결전) 때문에 인디언식 '죽음'을 맞을지도 모른다는 두려움"에 떨고 있다는 말도 했다. 그처럼 암담한 시기에도 그는 해방의 비전을 고수했다―그 해방은 나중에 성적 해방으로 좀더 구체화되었다. 생일 몇 주 전에는 이렇게 썼다. "나는 나이 40이 되기 전에 구원받기를 열렬히 바라고 있다. 20대, 30대 혹은 10대의 잃어버린 가능성을 되찾기 위해, 40대의 자유로운 삶과 사랑을 포기할 수는 없다."

내쉬는 시간의 흐름을 예민하게 의식했다. "나는 아주 오랫동안 해방을 기다려온 억류자인 듯한 느낌이 든다.…쿠웨이트에서라도, 나를 풀어줄 몸값이 곧 올 것 같지는 않다. 몸값만 있으면 기나긴 기다림의 시간을 크게 단축할 수 있을 텐데."

그는 구원을 기다리고 있었다. "그 시간이 오기 전에 은총의 시간이 있으리라는 것을 나는 놀랍도록 분명히 알고 있다. 소중한 은총의 시간은, 그 의미를 충분히 음미하며 매순간 즐기지 않는다면 영원히 사라지고 만다." 그는 또 내면의 소리를 들었다. 그 소리는 그를 떨게 했다. "내 머리는 서로 다투는 소리로 부풀어오른 공기주머니 같다."

환각에는 청각과 후각, 미각, 촉각, 시각 등의 모든 감각이 동원될 수 있다. 그런데 목소리는 하나일 수도 여럿일 수도 있고, 친숙할 수도 낯설 수도 있지만, 자기 생각과는 거리가 멀다. 그런 목소리를 듣는 것은 정신분열증의 대표적 증상이다. 이 환청은 종교적 경험의 한 부분인 환각과 전혀 다르며, 머리 속에서 윙윙거리며 누군가 가끔 자기 이름을 부르는 듯한 느낌, 혹은 잘 때나 깨어 있을 때 발생하는 환각과도 전혀 다르다. 정신분열증적 환각의 내용은 온화한 것일 수도 있지만, 보통은 망상 테마의 내용과 관련된 야유, 비난, 위협 등을 담고 있다. 이런 환청에 생각이 결합되면 거짓된 현실감을 갖게 될 수도 있다.

대부분의 임상의가 동의하듯, 정신분열증의 소위 부정적 증후라는 것은 망상이나 환각보다 훨씬 더 위험하다. 이 증후는 그리스 어원을 지닌 용어로 서술되는데, 무논리 *alogia*와 무의지 *avolition*가 그것이다. 그러한 위축 상태에 들어가면, 예리한 눈빛과 적극적인 몸짓, "나는 그 유명한 내쉬라는 사람이오"라고 선언하는 듯한 과감한 몸짓 따위는 흔적도 찾아보기 어렵게 된다. 한때 생동했던 내면의 모든 것을 망상의 불길이 재로 만들어버려 이제 빈 껍데기만 남겨놓은 듯이, 얼굴은 무표정해지고 눈빛은 멍해진다.

내쉬가 이 절망적인 시기에 자신의 상황을 제 눈으로 볼 수 없었다는 것이 그나마 다행인지도 모른다. 여러 연구에 의해 오래 전부터 기록되고 입증된 바와 같이, 만성 정신분열증의 결과 가운데 하나는 이상할 정도로 신체적 고통에 무감각해진다는 것이다. 이 무감각은 흔히 지나칠 정도로 심해지는 경향이 있어서, 정신분열증을 앓는 동안 신체적 질병으로 조기 사망하는 비율이 높다—적어도 이 환자들이 병원에서 여생을 보내야만 했던 시대에는 그랬다. 그렇다면 정신적 고통을 달래주는 정신적 마비 같은 것도 있지 않을까? 가능한 일이다. 그러나 내쉬에게는 선명한 자의식의 순간들이 있었고, 그럴 때면 견딜 수 없는 슬픔에 사로잡혔다. "너무나 긴 시간이 흘렀다. 나는 많은 슬픈 사건들이 일어났다는 것을 안다. 오늘 나는 너무나 슬프고 우울하다."

질병의 결과와 치료의 결과를 구분하기는 어렵다. 그러나 로아노크에서 보낸 2년 반 동안, 내쉬가 보인 상태는 순전히 질병의 결과였다고 할 수 있다. 내쉬가 인슐린 치료를 받은 것은 6년 전이었고, 정기적으로 신경이완제를 복용한 것도 1년여 전의 일이었다. 그가 기억력 일부를 상실한 것은 분명 1961년 상반기에 받은 인슐린 요법의 결과였다. 또 그가 케임브리지에 돌아온 직후 몇 달 동안 전혀 말이 없었던 것도 분명 어느 정도는 스텔라진의 부작용 때문이었다. 그러나 로아노크에서의 상태는 다르다. 그가 무기력하고 무관심하며, 기괴한 생각을 했다는 것은 주로 질병의 결과였지, 이전 치료의 부작용은 아니었다. 정신병 치료제가 맑은 생각과 자발적 행동을 억압하는 '화학적 구속복'이라는 일반적 견해가 내쉬의 경우에는 해당되지 않는 것 같다. 그가 환각이나 망상, 의지의 침식으로부터 비교적 자유로웠던 유일한 시기는 인슐린 요법을 쓴 다음, 혹은 정신병 치료제를 복용한 다음이었다. 바꿔 말하면, 치료는 내쉬를 무기력하게 위축시켰다기보다, 무기력한 행동을 위축시켰다고 할 수 있다.

내쉬는 분명 다른 많은 환자와 마찬가지로 전통적인 정신병 치료제의 혜택을 받았다. 당시 환자가 이용할 수 있는 정신병 치료제는 토라진과 스텔라진밖에 없었다. 더욱 강력한 약제인 클로자핀

*Clozapine*이 나온 것은 1988년에 들어서였다.

존 홉킨스 대학의 경제학자 피터 뉴먼 *Peter Newman*은 수리경제학의 중요한 논문들을 편집해 한 권짜리 책으로 펴낼 계획이었다. 그는 국립과학원 회보에 실린 내쉬 균형 논문을 이 책에 포함시키려고 했다.

첫 번째 문제는 내쉬를 찾는 일이었습니다. 나는 그가 로아노크 근처의 소규모 여자 대학쯤에서 가르치고 있겠거니 했지요. 나는 논문 재수록 허락을 받으려고 로아노크로 편지를 보냈습니다. 답장으로 편지 봉투를 하나 받았는데, 내 주소를 여러 색깔의 크레용으로 적었더군요. 그리고 여러 나라 말로 쓴 "너들 *yous*" 단어도 적혀 있었어요. Du, Vous, You 등 말입니다. 또 세계동포애를 호소한다는 말도 적혀 있었죠. 그런데 봉투 안에는 아무 것도 없었습니다. 그래서 존 홉킨스 대학 출판부의 편집자에게 내쉬와 통화해보라고 했어요. 나중에 편집자가 말하더군요. 그렇게 이상한 전화 통화는 평생 처음 해보았다구요. 그래서 우리는 솔로몬 레프셰츠를 수소문했습니다. 국립과학원 회보에 실린 그 논문을 쓰라고 독려했던 사람이 그였으니까요. 레프셰츠와 통화하는 것도 쉽지 않았습니다. 레프셰츠는 이렇게 말하더군요. "아, 그래요, 그런데 그는 예전의 그가 아닙니다." 그래서 나는 포기하지 않을 수 없었습니다. 나중에 그 책이 나왔을 때, 서평자들은 내쉬 균형을 넣지 않았다고 나를 질책했습니다.

내쉬는 마샤와 버지니아가 또 입원을 시킬까봐 늘 두려워하고 있었다. 그는 한 편지에 이렇게 썼다. "모든 관련자들이 협력해서 나를 강제 입원시키는 그 메카니즘, 그것이 나를 위험에 빠뜨릴까봐 두렵다."

이 시기에 쓴 대부분의 편지는 다음과 같은 식의 문장으로 끝난다.

> 내가 정신병원에 (비자발적으로 혹은 "잘못으로") 입원될 위험으로부터 보호받아야 한다는 견해를 가져주시길 (겸손하게) 빌어마지 않습니다…단지 한 지성인이 "의식 있는" 그리고 "합리적인 양심을 지닌" 인간으로…그리고 "좋은 기억력 보유자"로 살아남을 수 있도록.

버지니아에게는 내쉬의 질병이 "개인적인 슬픔"이었다고 후일 마사는 회상했다. 버지니아는 자신의 슬픔에 대해 그 이상의 표현을 사용하지 않았다. 로아노크의 몇 안 되는 지인들, 주로 브리지를 같이 한 친구들에게도 그런 얘기를 하지 않았고, 딸 마사에게도 꼭 필요할 때만 말했다. 그러니 친구들도 버지니아가 어떤 심정이었는지 잘 알지 못했을 것이다. 그것은 사실상 악몽이었다. 내쉬가 장거리 전화를 너무 많이 썼기 때문에 버지니아는 전화기에 자물쇠를 채워야 했다.

1969년에 둘째 아이를 낳은 마사는 분노를 표시하곤 했다. "너무나 좌절스러운 나날이었어요. 나아지기는 할 것인지조차 몰랐으니까요." 그녀는 로아노크가 내쉬에게 좋은 환경이 아니라는 것 정도는 인식하고 있었다. 마사는 이렇게 회상했다. "그렇게 힘들었어도 내가 도움을 요청한 것은 한 번뿐이었어요. 예배 후에 목사님이 나더러 어머니를 좀더 도와드려야 한다고 말씀하시더군요. 나 또한 도움이 필요하지 않는지는 묻지도 않더라구요. 나중에 나는 목사님께 전화를 걸어서 좀 와달라고 했어요. 그런데 오지 않았습니다.

은퇴한 목사님을 대신 보냈지만, 그분은 내가 바라던 사람이 아니었어요."

한때 버지니아와 내쉬는 아파트에서 쫓겨날 뻔했다. 마사는 30년이나 지난 후 그 일을 회상하면서도 여전히 울분을 삭이지 못했다. 당시 아파트 소각장에서 타던 불길이 밖으로 번졌다. 내쉬는 집에 있었다. 그는 소방서에 전화를 걸었다. "집주인은 오빠가 불을 질렀다는 거예요." 집주인은 이웃 사람들에게 말했고, 이웃 사람들은 들고일어났다. 덩치 큰 이상한 남자가 아파트 주변을 어슬렁거리는 것에 경각심을 느꼈던 것이다. 버지니아와 내쉬가 그 아파트에 눌러살 수 있었던 것은 마사가 집주인에게 애걸한 덕분이었다.

버지니아는 1969년 추수감사절 직전에 세상을 떴다. 내쉬는 어머니의 죽음에 뭔가 불길한 사연이 있다고 확신했다. 그는 또 어머니가 마실 위스키를 모퉁이 가게에서 사다준 것이 문제였다고 생각했다. 마사는 이렇게 회상했다. "어머니가 돌아가셨을 때는 시기가 참 안 좋았어요. 나와 오빠는 사이가 좋지 않았죠. 오빠는 위협을 느꼈어요. 내가 강제 입원을 시킬 거라고 생각한 거죠."

이 무렵 보스턴의 엘리너는 내쉬가 양육비를 계속 지급하라는 법원 명령을 받아냈다. 내쉬의 돈이 떨어진 후에는 버지니아가 대신 지급해왔는데, 버지니아는 두 손자에게도 얼마간 유산을 남겨 주었다.

그후 내쉬는 마사와 찰리의 집에서 잠시 같이 살았다. 마사는 오빠를 감당할 수 없었다. "어머니 돌아가신 후, 오빠와 함께 살면서 나는 집안 청소조차 할 수 없었어요. 내가 애들과 함께 집에 있으면, 오빠는 차를 마시고 휘파람을 불며 집안을 돌아다녔죠. 그리고 무슨 생각에선지 아주 이상한 행동을 하곤 했어요."

마사는 1969년 크리스마스 직후에 내쉬를 입원시키기로 결정했다.

> 어머니가 돌아가신 후 오빠가 마을을 떠날까봐 걱정이 되었어요. 나는 오빠가 사회보장 혜택을 받고 아들도 그걸 받을 수 있도록 병원측에서 나서주길 기대했어요.
> 우리는 판사를 찾아갔습니다. 법원 명령을 받아냈지요. 법원은 경찰을 보내 오빠를 실어갔습니다. 그 일은 어머니의 변호사였던 레너드 뮤즈가 도와주었지요. 정신병의 경우, 관찰을 위해서 환자를 강제 입원시킬 수 있는데, 달리 과격한 조치를 취할 필요도 없었죠. 감금 여부는 병원에서 결정했어요. 드 자네트 병원에서는 오빠가 편집증적 생각을 갖고 있지만 자신을 지킬 수는 있다고 판단했어요.

내쉬는 1970년 2월, 버지니아 주 스톤튼에 있는 드 자네트 주립병원에서 퇴원했다. 그는 마사에게 의절하겠다는 마지막 편지를 보낸 후, 프린스턴 행 버스에 올랐다.

 파인홀의 유령

프린스턴, 1970년대

깊은 광기는 그지없이 신성한 의식이다
―사려 깊은 눈길로 바라보면…
―에밀리 디킨슨, 435번

화강암을 입힌 몰개성적인 새 고층건물이 들어서서 옛 파인홀과 이웃의 재드윈홀을 대신했다. 이 건물은 베트남전쟁이 고조되었을 때 국방부의 달러로 지어진 것이다. 수학과 물리학 전공자들은 도서관과 새 전산실이 들어선 지하에서 대부분의 시간을 보냈다― 옛 파인홀에는 도서관이 꼭대기 층에 있었다. 며칠 혹은 몇 주 후, 미래의 과학자나 수학자들은 유령을 만나곤 했다. 그 유령은 "움푹한 눈에, 부동의 슬픈 표정을 지닌 채, 밤낮없이 홀에서 서성거리는 아주 별나고, 여위고, 말 없는 남자"였다. 이 유령은 때로 재드윈홀과 새 파인홀을 잇는 지하 복도에 줄지어 있는 수많은 칠판 가운데 한 곳에서 힘들여 뭔가를 쓰고 있기도 했다. 그는 보통 카키색 바지에 체크 무늬 셔츠를 입었고, 머리에는 새빨간 골프모자를 쓰고 있었다. 오전 8시 강의를 마치고 나오는 학생들은 흔히, 전날 밤에 쓴 수수께끼 같은 편지를 발견했다. "마오쩌둥의 바르 미츠버 *Bar*

Mitzvah(유태교 13세 남자의 성인식)는 브레즈네프의 할례식 이후 13년, 13개월, 13일이 지나 치러졌다." 또 "나는 하버드와 동감이다. 바람 빠진 뇌라는 게 있다." 또 니키타 흐루시초프가 모세에게 보낸 편지도 있었다. 그 편지에는 10 혹은 15 자리의 매우 긴 수를 두 개의 소수로 인수분해하는 고풍스러운 수학적 진술이 담겨 있었다. 1977년에 졸업한 마크 르불은 이렇게 회상했다. "아무도 그 편지가 어디서 온 것인지 몰랐습니다. 뜻도 몰랐죠."

결국 2학년이나 3학년쯤 된 학생이 신입생에게 다음과 같이 일러 주었다. 그런 메시지를 남기는 사람은 일명 '유령'이며 "돌아버린" 수학 천재인데, 강의를 하다가 그렇게 되었다. 불가능한 문제를 풀려고 하다가 그랬다. 다른 수학자가 중요한 문제 해결에 선수쳐버린 것을 알게 된 후 그렇게 되었다. 그의 아내가 다른 라이벌 수학자와 사랑에 빠진 것을 보고 돌아버렸다. 그에게는 대학 고위층 친구들이 있다고 덧붙이는 선배 학생도 있었다. 학생들은 그에게 신경을 쓰지 않으려고 했다.

학생들 사이에 그 유령은 흔히 계고적인 인물로 인용되기도 했다. 너무 공부만 하거나 사교성이 없는 학생은 "그 유령처럼 되고 만다"는 경고를 받았던 것이다. 어떤 신입생이 주위에 그런 유령이 있다는 게 꺼림칙하다고 불평하면, 그 학생은 여지없이 타박을 당했다. "그분은 네가 결코 넘볼 수 없는 수학자였어!"

유령과 말 한 마디라도 주고받은 학생은 거의 없었다. 그러나 일부 배짱 좋은 학생은 유령에게서 담배를 얻어 피우거나 담뱃불을 빌리기도 했다. 이 유령은 골초였던 것이다. 한 물리학과 신입생은 메시지 두어 개를 지워버린 적이 있었는데, 며칠 후 칠판 앞에 서 있는 유령과 마주쳤다. 유령은 지운 부분을 써넣으며, "진땀을 흘리고 부들부들 떨며 거의 울고 있었다." 그 학생은 다시는 메시지를 지우지 못했다.

학생들이나 젊은 교수들은 유령의 메시지를 꼼꼼히 읽어보았고 가끔은 메시지를 베껴가기도 했다. 메시지는 유령에게 신비감을 안겨주었고, 그의 천재성에 대한 전설을 확인시켜 주었다. 머서 스트리트에 있는 아인슈타인의 옛집에서 살고 있던 고등학문연구소의 물리학자 프랭크 빌체크 *Frank Wilczek*는 당시 프린스턴 대학의 조교수였다. 그는 메시지를 보고 "매혹적이고 인상적인" 그리고 "위대한 정신 앞에 선" 느낌을 받았다고 회상했다. 1979년에 대학원생이었던 그리넬 대학의 물리학 교수 마크 슈나이더 *Mark Schneider*는 이렇게 회상했다. "우리는 놀라운 연관성과 세부의 치밀함, 지식의 폭 등이 아주 특출하다는 것을 알아보았습니다. 그래서 나는 그 중에서 가장 좋다고 생각되는 것을 수십 개 모아두었죠."

헤이스케 히로나카가 특이점 해결에 관한 탁월한 증명으로 필즈 메달을 수상한 직후, 내쉬는 이런 메시지를 남겼다.

$$N^5 + I^5 + X^5 + O^5 + N^5 = 0$$

히로나카는 이 특이점을 해결할 수 있는가?

어떤 메시지는 꼼꼼히 들여다보지 않으면 순전히 수학적으로만 보였다. 예를 들어 1979년의 메시지는 다음과 같다.

헤이스케 히로나카 교수에게 보내는 공개 서한

$$0 = E_1^5 + V^{22} + E_2^5 + R^{18} + E_3^5 + T_1^{19} + T_2^{20}$$

아핀 *affine* 7공간에 표현된 6차원의 상기 대수 다양체는 특이한 것이며, 좌표의 원점(0, 0, 0, 0, 0, 0, 0)에서 특이점을 갖는다.

질문은 이렇다 : 위의 6다양체는 어느 정도로 특이한가. 즉 비교 기준을 마련하기 위해 같은 종류의 다른 특이점들과 비교해볼 때, 이 특이점의 비교 정도는 무엇인가?

다음과 같이 과거 사건을 완곡하게 언급한 메시지도 있었다.

인디언 림보 *Limbo*

$B = (RX)^7 + (MO)^6 + (OP)^5 + (QU)^4 + (ME)^3 + (OT)^2 + AAP$

OT는 작업요법 *Occupational Therapy*을 의미하는 것으로서 의학박사 O.T. 비틀에서 따온 것임.

AAP = PR(2) − 1은 수數임.

또 익살맞게 유머를 구사한 메시지도 있었다.

진위 문제

진술 : 지미 카터 대통령이 앓고 있는 병은 잔토크로마토시스 *xanthochromatosis*라는 것인데, 이것은 전에 닉슨과 애그뉴의 경력에 영향을 준 바로 그 병이다. 이 질병은 면역이 된 게 분명한 북부 공화당 인사인 포드와 록펠러를 아마도 건너뛰어 지미 카터라는 사람을 통해 미 공군 1호기를 다시 전염시켰다.

위의 진술은 참이다.

위의 진술은 거짓이다.

한동안은 모든 메시지가 주로 중동 지방에서 불가사의한 시사 논평을 한 야야 폰타나라는 사람만 거론했다. 또 한동안은 알렉산드르 그로텐디크의 이름이 빈번하게 거론되었다. 또 한동안은 $x^m + y^m = z^m$ 같은 디오판투스 방정식이 메시지의 주종을 이루었다.

〈피타고라스의 바지 *Pythagoras' Trousers*〉라는 수비학 역사서를 쓴 마가레트 베르트하임 *Margaret Wertheim*은 이렇게 지적했다. "세상이 붕괴될 때 사람들은 수의 순서 *order of numbers*에 관심을 두게 된다." 내쉬 또한 그의 세계가 붕괴되자 수비학에 대한 관심이 꽃피었다. 그것은 "신비하고 제례적이고 종교적인 계화" 같은 망상이 단지 광인들의 헛소리가 아니라, 혼란에 의미를 부여하려는 의식적, 필사적, 흔히 절망적인 시도임을 또 다시 시사하는 것이라고 할 수 있다.

내쉬는 이름을 숫자로 치환시켜 그 결과에 노심초사하는 때가 많았다. 파인홀 도서관의 수석 사서인 피터 치프라는 이렇게 회상했다. "그는 어떤 숫자가 심각한 사태의 조짐이라면서 몹시 동요하곤 했습니다." 프린스턴의 수학과 교수인 헤일 트로터 *Hale Trotter*는 이렇게 회상했다. "내가 인사하면 그가 대화를 시작하기도 했습니다. 한번은 그가 무척 걱정하고 있던 것이 기억나는데, 미국 상원의 전화번호와 크레믈린의 전화번호가 너무 비슷하다는 것을 걱정하고 있었습니다. 그는 셈을 정확하게 했지만, 그 셈의 논리는 광적인 것이었습니다."

내쉬는 당시 수년 동안 전화를 많이 했다. 피터 치프라의 기억에 의하면, 내쉬는 대학 인사들뿐만 아니라 공인들에게까지 전화를 하려고 했다. "그것은 좀 이상했습니다.… 그는 신문에 난 기사에 대해 얘기하고 싶어했습니다. 예를 들어 러시아의 어떤 위기에 대해서 말입니다."

당시 수학과 학과장이었던 윌리엄 브로더는 이렇게 회상했다.

> 내쉬는 세상에서 가장 훌륭한 수비학자였다. 그는 믿어지지 않을 정도로 숫자를 능숙하게 다루었다. 어느 날 그는 내게 전화를 걸어 흐루시초프의 생일 얘기를 시작하더니 다우존스 지수에까지 얘기가 미쳤다. 그는 계속 새로운 숫자를 대입하며 말을 이어갔다. 그가 결국 내놓은 숫자는 내 사회보장번호였다. 그는 그 숫자가 내 사회보장번호라는 것을 말하지 않았고, 나도 모르는 척했다. 나는 그에게 만족감을 안겨 주고 싶지 않았다. 내쉬는 뭔가로 사람을 설득하려고 하는 법이 없었다. 그는 학자적 관점을 벗어나지 않았다. 언제나 그가 하는 말은 모두가 대단히 과학적인 흥취를 지니고 있었다. 그가 상대의 이해를 얻고자 한 것은 순수 수비학이었지, 응용 수비학은 아니었다.

이제 내쉬의 상태는 분명 안정된 것처럼 보였다. 칠판에 다가간다는 것은 용기를 필요로 했다. 내쉬 자신은 중요하다고 여기지만 다른 사람들에게는 헛소리로 보일지도 모르는 아이디어를 남들과 공유하려고 한다는 것은, 일반적으로 공동체와 모종의 관계를 맺으려는 의욕을 나타내는 것이다. 한 곳에 머물면서 달아나지도 않고, 자신의 망상을 공들여 명료하게 표현해서 대중의 관심을 끌어 평가를 받고자 한다는 것은, 분명 공감각적인 형태의 현실과 행동으로 복귀하려는 발전된 모습이라고 할 수 있다. 그와 동시에 자신의 망상이 단지 기괴하고 이해 불가능한 것만이 아니라 본질적인 가치를 지녔다는 것을 보여주려고 한다는 것, 그것은 "잃어버린 세월" 속에서도 궁극적인 회복의 길을 밟아가고 있는 모습이었던 것이 분명하다.

제임스 글래스는 〈은밀한 공포/공개된 장소 *Private Terror/Public Places*〉와 〈망상 *Delusion*〉 등의 책을 써낸 사람인데, 내쉬의 프린스턴 시절 얘기를 듣고 이렇게 단언했다. "내쉬에게는 프린스턴이 하나의 치료 공동체로 기능한 것이 분명하다." 그곳은 고요하고 안전했다. 그 강의실, 도서관, 식당은 그에게 늘 열려 있었다. 대학 사람들은 대부분 그에게 공손했다. 인간적 접촉이 가능했고, 어떤 방해도 받지 않았다. 여기서 그는 로아노크에서 그토록 바랐던 자유와 안전과 친구를 얻을 수 있었다. 제임스 글래스는 이렇게 말했다. "더욱 자유롭게 자기를 표현할 수 있고, 남들이 입을 닥치라거나 약을 먹으라고 강요하는 두려움도 없었다는 것은, 은둔자적인 언어의 소외로부터 그가 서서히 빠져 나오는 데 도움이 되었던 것이 분명하다."

볼티모어의 셰퍼드 프라트 병원 정신과의사인 로저 르윈 *Roger Lewin*은 이렇게 말했다. "내쉬의 정신분열증 증후는 확연히 눈에 띌 정도로 줄어들었다. 그의 광기는 지적이거나 망상적인 투사 *projection*에만 국한되었고, 완전한 행동 표현으로 발전하지 않았다." 이러한 설명은 프린스턴 시절을 회고한 내쉬의 말과도 유사하다. "나는 은밀한 아이디어를 지닌 메시아적이고 신적인 인물이라고 생각했다. 나는 망상적인 경향의 생각을 지닌 사람이 되었지만 행동은 비교적 온건했다. 그래서 강제 입원과 정신과의사의 직접적인 감독은 피할 수 있었다."

온갖 메시지를 만드는 데 드는 엄청난 노력—독서, 계산, 기록—은 내쉬의 정신력이 퇴화하지 않도록 막아준 역할을 했을 수도 있다. 메시지에는 나름의 역사가 있었고, 시간이 갈수록 진화했다. 아마도 1970년대 중반쯤부터 내쉬는 26가지의 기본수 계산에 바탕을 둔 풍자시와 서한을 쓰기 시작한 것 같다. 26가지 기본수는 물론 영어 알파벳 수인 26개 기호를 사용하는 것인데, 이것은 일상적인 셈을 할 때 0부터 9까지 10개의 기본수를 사용하는 것과 같다. 그래서 어떤 계산이 "정확하게" 나오면 그것은 정확한 단어가 되는 것이다.

내쉬는 소년시절에도 암호를 만들어내는 데 관심이 많았다. 수학을 잘한데다 신비한 것을 좋아했기 때문이다. 내쉬는 남아도는 시간을 이용해, 철자와 숫자를 대응시켜 이름을 숫자로 치환했는데, 얻어진 숫자를 인수분해한 후 "비밀스러운" 메시지를 찾아내리라는 희망을 품고 그 소수들을 서로 비교했다. 1975년 무렵 전산실에서 우연히 내쉬와 마주친 경제학과 대학원생 대니얼 펜버그 *Daniel Feenberg*는 이렇게 회상했다. "내쉬는 넬슨 록펠러에게 강박적인 관심을 갖고 있었습니다. 그는 그 이름의 각 스펠링에 숫자를 부여해서 아주 큰 숫자를 얻어낸 다음, 숫자를 분석해서 숨겨진 의미를 찾아내려고 했습니다. 그것은 천문학과 점성술의 관계처럼 수학과 관계를 지닌 것이었지요." 그것은 물론 아주 많은 시간이 걸렸을 뿐만 아니라 어렵기까지 했는데, 그렇게 해서 의미심장한 단어나 단어의 조합을 찾아낼 가능성은 아주 적었다.

내쉬는 초록 불빛이 나는 자그마한 음극선 튜브가 달린, 구형의 프라이든-마천트 계산기를 사용했다. 그가 26가지 기본수를 계산하기 위해서는 연산식을 손으로 써야 했을 것이다. 이런 계산을 한다는 것은 아주 지루한 일이었을 테고, 중간계산의 결과를 종이에 적어가며 해야 했을 것이다. 그의 계산기는 기억능력이 제한되어 있었고 프로그래밍도 되지 않았기 때문이다. 파인홀의 칠판 메시지의 핵심을 이루는 방정식을 만들어내는 일은 아무렇게나 해도 되는 산수가 결코 아니었다. 당시의 한 물리학과 학생이 말했듯, "그것은 진짜 수학자만이 하는 심오한 추상적 개념을 필요로 하는 것이었다."

한때 펜버그는 내쉬를 위해 컴퓨터 프로그램을 만들어준 적도 있었다.

> 그는 컴퓨터 프로그래밍을 반드시 해야 되는 거냐고 묻더군요. 내가 컴퓨터로 작업하는 것을 지켜보곤 했는데, 합성수라고 생각되는 12자리 수를 인수분해하고 싶어했어요. 탁상용 계산기로 첫 7만 개의 소수를 이미 테스트해 보았다더군요. 두 번이나 말입니다. 그 결과, 아무런 실수도 발견하지 못했는데 인수를 발견할 수가 없다는 거였어요. 그래서 내가 그걸 해줄 수 있다고 했지요. 프로그램을 만들어 테스트하는 데는 5분밖에 걸리지 않았습니다. 정답이 곧바로 나왔죠. 그의 예상대로 그 수는 두 개의 소수를 곱해 만들어진 합성수였어요.

내쉬는 컴퓨터 사용법을 배우는 데 관심을 보이기 시작했다(전산실에서 시간을 보내려면 매시간 탁상용 계산기 앞에 앉아 컴퓨터 카드 묶음을 뒤적여야 했다). 당시 전산실에서 반나절 근무만 했던 헤일 트로터는 그 상황을 이렇게 설명했다. "옛날에는 그랬어요. 우리는 카드를 컴퓨터에 집어넣어야 했어요. 대형 카운터와 카드 판독기, 탁자, 의자 등을 갖춘 대형 '대기실'이 있었고, 계산기가 있는 방이 따로 있었죠. 주변에는 늘 전산용지가 넘쳐흘렀어요."

당시 트로터는 사람들의 컴퓨터 사용 시간을 체크했지만 사용료를 물리지는 않았다. 그러다가 대학 행정본부에서 개인 연구에는 비용을 부담시켜야 한다는 결정을 내렸다. 학생이든 교수든 사용자 번호와 비밀번호를 부여받았다. 트로터는 처음에 내쉬에게 자기 번호를 사용하라고 말했다. 일부 학생들은 내쉬의 출력물에 트로터의 이름이 자꾸 나오는 것을 의아하게 생각했다. 어떤 사람은 아예 내쉬에게 고유번호를 주라고 트로터에게 제안했다. 수학과 주간 회의에서도 내쉬를 정기 사용자로 등록시켜주는 문제가 거론되었다. 모두들 그에게 무료 사용권을 주는 데 동의했다. "그는 결코 문제를 일으키지 않았어요. 그는 당혹스러울 정도로 수줍어하는 편이었지요. 그러나 어쩌다 내쉬와 대화를 하게 된 사람은 그만두기가 어려웠어요."

1970년대의 대부분 시기에 내쉬는 파이어스톤 도서실의 참고열람실에서 정밀한 연구를 했다. 도서실을 거쳐간 여러 세대의 학생들은 내쉬를 "도서실의 광인" 혹은 "파이어스톤의 미친 천재"로 기억했다. 1970년대 후반에는 그가 한밤중에 마지막으로 도서실을 나서는 경우가 많았다. 그는 참고열람실에서 책이 단정하게 쌓여 있는 널따란 나무 테이블 위에 허름한 골프모자를 올려놓고 저녁 시간을 보냈다. 두어 시간씩 도서 검색대 앞에 서서 카드를 뒤적이기도 했다.

〈과학자 인명 사전 *Dictionary of Scientific Biography*〉의 편집자이자 과학사가인 찰스 질레스피는 파이어스톤 도서실 3층에 사무실을 갖고 있었다. 매일 내쉬는 파이어스톤에 도착해 서류가방을 든 채 앞만 똑바로 바라보며 복도를 걸어갔다. 그는 거의 언제나 3층의 종교와 철학 서가로 향했다. 질레스피는 늘 아침 인사를 했고 내쉬는 늘 말이 없었다.

그러나 내쉬는 가끔 친구를 사귀기도 했다. 그는 1975년 여름에 두 명의 이란 유학생을 알게 되었다. 커다란 덩치의 웃는 곰 같은 대학원생이었던 아미르 아사디 *Amir Assadi*는 이제 위스콘신 대학의 수학과 교수가 되었는데, 이렇게 회상했다.

    내가 종합시험을 준비하고 있는 동안 동생이 나와 함께 여름을 보내게 되었어요. 동생은 두레방에서 나를 기다리곤 했지요. 나는 내쉬를 직접 보기도 했고 소문을 들어서 잘 알고 있었습니다. 어느 날 두레방에 들어가 보았더니 동생이 내쉬와 열심히 얘기를 나누고 있더군요. 나도 끼었지요. 그후 나는 그를 보면 인사를 했고 가끔 대화도 나누었습니다. 그는 아주 점잖았고 아주 수줍어했어요. 또 아주 외로워 보였지요. 우리는 그에게 말을 건 소수의 사람이었습니다. 그는 내 동생에게는 허물없이 얘기했어요. 동생에게서 외로운 외국인의 모습을 보았던가 봅니다.
    대개 대화는 짧게 끝났지만, 때로는 그가 한없이 많은 얘기를 하기도 했습니다. 우리에겐 그것이 학자답게 보였죠. 그는 기괴한 행동도 하지 않았습니다. 〈브리태니커 백과사전〉을 즐겨 읽었는데, 아는 것도 엄청 많더군요. 내쉬는 조로아스터교 신앙에 관심이 많았어요. 고대 이란의 예언자인 자라투스트라는 미친 사람이 아니었습니다. "노란 낙타를 가진(즉 미친)" 사람이 결코 아니었지요. 그가 세운 종교는 세 가지 원칙을 토대로 한 것인데, 좋은 행동과 좋은 생각과 좋은 표현이 그것입니다. 불은 신성하고, 밝음과 어두움은 언제나 투쟁을 하고 있습니다. 조로아스터교 사원에는 언제나 불이 타오르죠. 조로아스터교는 일신교입니다. 그런 저런 것을 확인하기 위해 내쉬는 우리에게 질문을 하곤 했어요. 가끔 우리는 도서관에서 같이 자료를 찾아 읽기도 했습니다.
    이란에서는 외로운 사람을 동정하고 아주 안타깝게 여기는 경향이 강합니다. 우리는 그가 참 안되었다고 생각했지요.

당시 내쉬의 일상생활은 예측이 가능했다. 그리 이르지 않은 아침에 일어나, 딩키를 타고 시내로 들어가서, 〈뉴욕 타임스〉 한 부를 사고, 올든 레인까지 걷다가, 아침이나 점심은 고등학문연구소에서 먹고, 다시 대학 쪽으로 돌아와 파인홀이나 파이어스톤에 가서 시간을 보냈다. 한동안 그는 파인홀의 다과회에 정기적으로 참석했다. 조셉 콘은 프린스턴 수학과 학과장으로 취임한 1972년에 내쉬 때문에 "잠 못 이루는 많은 밤"을 보냈다. 수학과 여비서들이 걸핏하면 찾아와서 내쉬의 행동이 무섭다고 불평을 했던 것이다. 콘은 내쉬의 행동이 정확히 어떤 것이었는지 기억하지 못했지만, 아마도 사람을 노려보는 것이 문제였던 것 같다고 회상했다. 아무튼 그는 걱정할 것 없다며 여비서들의 불평을 묵살했지만, 내심 속을 태웠다.

헤일 트로터 등 몇몇 예외가 있을 뿐, 교수들은 내쉬를 피하는 경향이 있었다. 당시 경제학과 교수였던 클로디아 골딘 *Claudia Goldin*은 이렇게 회상했다.

그는 신비스러우면서도 흥미로운 인물이었다. 그는 늘 우리 주위에 있는 것 같았다. 여기 거인이 있는데, 우리는 모두 그의 어깨 위에 있다. 그런데 그건 어떤 종류의 어깨인가? 학자들에는 늘 그런 공포가 있다. 학자가 가진 거라고는 머리뿐이다. 그 머리가 잘못될 수 있다는 생각은 무척 겁나는 것이다. 물론 누구라도 그렇겠지만, 학자에게는 더욱 위협적일 수밖에 없다.

내쉬의 전설을 약간 알고, 그가 별로 위협적이지 않다는 것을 알게 되면서, 대화를 해보겠다고 나선 것은 주로 학생들이었다. 예를 들어 펜버그는 내쉬와 점심식사를 같이 했다. "모두들 그가 위대한 사람이라는 것을 알고 있었고, 함께 점심을 먹는 것은 즐거운 경험이었습니다. 슬픈 경험이기도 했지요. 우리 앞에 아주 유명한 인물이 있었는데, 프린스턴 바깥의 사람들은 그를 흔히 죽은 인물로 치부했으니까요."

1978년에 내쉬는 마침내 수학상을 하나 받게 되었다. 그의 대학원 시절 친구이자 랜드 동료였던 로이드 셰이플리가 주선해준 덕분이었다. 내쉬에게 주어진 상은 오퍼레이션스 리서치 학회 *Operations Research Society*와 관리과학 연구소 *Institute for Management Science*가 공동으로 수여하는 존 폰 노이만 이론상 *John von Neumann Theory Prize*이었다. 공동 수상자 칼 렘크 *Carl Lemke*는 렌슬래어 폴리테크닉 연구소 *Rensselaer Polytechnic Institute*의 수학자였다. 내쉬는 비협력 균형을 고안해낸 공로로, 렘크는 내쉬 균형을 계산한 공로로 상을 받았다.

로이드 셰이플리는 심사위원이었고, 내쉬에게 상을 주자는 것도 그의 아이디어였다. "나는 감상과 향수를 느꼈다"고 그는 회상했다. 전년도에 이 상을 받은 셰이플리는 "내쉬에게 뭔가 해줄 수 있는 기회가 왔다"고 생각했다. 내쉬에게 상을 주면 앨리샤와 조니에게도 도움이 될 거라는 기대를 품었다고 그는 후일 회상했다. "나는 조니가 훌륭하게 커주었으면 하는 감상적인 마음을 지니고 있었습니다. 아이는 커갔는데 아버지는 곁에 없었지요. 상을 빌미로 해서 아이의 자긍심을 북돋을 수 있을 것 같았어요. 아버지가 곁에 없어도, 아버지가 위대한 사람일 뿐만 아니라 업적을 인정받고 있다는 것을 알게 될 테니까 말입니다."

그러나 내쉬는 워싱턴의 시상식장에 초대되지 않았다. 그 대신 IBM에 근무하는 수학자이자 심사위원회의 2인자인 앨런 호프만 *Alan Hoffman*이 프린스턴에 들러 내쉬에게 상을 건네주었다. 그는 이렇게 말했다. "우리는 알 터커의 사무실에 모였습니다. 알과 해롤드 쿤이 거기 있어서 우리는 잠시 한담을 나누었지요. 내쉬는 구석에 앉아 있었습니다. 한때 천재였다가 이제는 청소년 이하의 수준에서 두뇌가 기능하고 있는 그 사람을 바라본다는 것은 정말 비극적인일이었습니다. 아는 것과 보는 것에는 현격한 차이가 있더군요."

고요한 삶

프린스턴, 1970~1990

나는 이곳에 피난처를 마련함으로써 집 없는 신세를 면했다.
―존 내쉬, 1992년

1970년, 앨리샤는 내쉬에게 함께 살자고 제안했다. 충실한 마음과 동정심, 그리고 이 세상의 다른 어떤 사람도 그를 받아들이지 않을 거라는 사실이 그녀의 마음을 움직였다. 그의 어머니는 세상을 떴고, 여동생도 그를 맡아줄 형편이 아니었다. 이혼을 했든 하지 않았든 앨리샤는 그의 아내였다. 정신병을 앓는 전 남편과 사는 것이 아무리 힘든 일이라 해도 그녀는 감내하기로 했다. 오갈 데 없는 그에게 차마 등을 돌릴 수가 없었던 것이다.

또한 앨리샤는 내쉬에게 몸뚱이의 피난처 이상을 제공할 수 있다고 믿었다. 내쉬가 더 이상 강제 입원 위협을 받지 않고 같은 부류의 학구적 공동체에서 산다면 회복에 도움이 될 거라고, 아마도 다소 희망 섞인 믿음을 지녔던 것이다. 안전과 자유와 우정이 필요하다는 내쉬의 말을 그녀는 있는 그대로 받아들였다. 1968년 말, 어머니와 여동생이 그를 다시 입원시키려 한다고 확신한 내쉬가 구원 요청을 하자, 앨리샤는 마사에게 편지를 보냈다. 입원은 불필요할 뿐만 아니라 해롭기까지 하다고 앨리샤는 주장했다. "지난날 여러 차례 그를 입원시켰던 것은 대부분 실수였고, 항구적인 유익한 효과도 없었습니다. 오히려 그 반대였습니다. 그가 지속적으로 적응할 수 있도록 해주려면, 정상적인 조건에서 그리 해야 한다고 봅니다."

1968년에 앨리샤가 마음을 바꾸게 된 것은, 내쉬가 공격적인 치료를 받았는데도 결국 재발했다는 사실 때문만은 아니었다. 더욱 중요한 것은, 이혼 이후의 여러 체험 때문이었는데, 그런 체험으로 인해 그녀는 내쉬의 곤경을 새롭게 이해할 수 있었던 것이다. 그녀는 마사에게 이렇게 썼다. "나는 개인적으로 내쉬와 비슷한 유형의 문제를 겪어보았기 때문에, 지난날에 비할 수 없이 그의 어려움을 잘 이해하게 되었습니다." 내쉬를 도와주려고 했던 많은 사람들이 그러했듯, 앨리샤는 내쉬의 고통을 개인적이고도 직접적인 자기 문제로 생각함으로써 함께 살아야겠다고 마음먹게 되었다.

앨리샤는 아름다우면서도 상처받기 쉬운 여자였다. 개인적인 비극까지 겪은 터라 그러한 양면성은 더욱 강렬한 모습을 띠었다. 그런 앨리샤에게 누군가가 사랑에 빠졌다 해도 전혀 이상한 일이 아니다.

마흔 살 정도의 수학 교수 존 콜맨 무어는 파인홀의 사무실보다 피츠제럴드의 소설 속에 사는 것이 더 어울릴 남자였다. 거무스름하면서도 멋진 외모, 의젓한 매너, 맞춤 정장 탓에 그는 다른 추레한 수학자들과 확연히 구분되었다. 게다가 프랑스어를 능숙하게 구사했고, 고향 뉴욕에 대한 해박한 지식을 지녔고, 유럽의 수도를 자주 방문하기도 해서 매우 세련된 분위기를 풍겼다. 또한 독신이기도 해서 숙녀들과도 잘 어울렸다.

내쉬 부부가 떨어져 살다가 파리에서 돌아온 이후, 무어와 내쉬와 앨리샤는 가끔 저녁식사를 함께 했다. 그러나 무어와 앨리샤의 관계가 로맨스로 발전한 것은 내쉬 부부가 1963년 중반에 이혼한 후의 일이었다. 무어는 전의 여자친구로부터 "뻣뻣하게 점잔만 뺀다"는 말도 들었는데, 당시 무어 또한 고통스러운 정신병을 앓았다. 알코올 중독과 심한 우울증에 걸린 무어는 필라델피아 교외의 고급 정신병원에 입원했다. 정신분석에 치중했던 그 병원에서 그는 2년 반 동안 외롭게 지냈는데, 도널드 스펜서와 MIT 박사논문 지도교수였던 조지 화이트헤드 외에 정기적으로 찾아온 사람은 앨리샤뿐이었다. 병원에서 앨리샤와 몇 번 마주친 화이트헤드는 이렇게 회상했다. "프린스턴 사람들 가운데 그를 찾아오지 않는 사람들이 많았습니다. 그래서 무어는 문병객들에게 무척이나 고마워했지요."

경험의 공유와 상호 연민에서 비롯한 우정은 로맨스로 꽃피었다. 무어는 1965년 여름에 프린스턴으로 돌아가 교수로 복직했다. 이 시기에 내쉬는 보스턴에 있었다. 무어는 프린스턴 디너 파티와 연주회 등에 정기적으로 앨리샤와 동반하게 되었다. 앨리샤가 내쉬와 결혼했을 때처럼 두 사람이 서로 사랑을 나누는 관계였는지는 분명치 않다. 무어가 매력적이고 친절한 남자이기는 했지만, 내쉬처럼 앨리샤를 휘어잡는 카리스마는 별로 없었다. 그러나 그녀는 자기를 돌봐줄 남자를 열망했고, 한동안 두 사람은 결혼할 것처럼 보였다.

내쉬가 프린스턴을 떠났을 무렵 앨리샤는 여전히 RCA에서 일하고 있었다. 앨리샤의 어머니는 남편이 세상을 뜬 후 앨리샤와 함께 살며, 예전에 케임브리지에서 살던 때와 마찬가지로 집안 살림을 도맡았고, 손자 조니도 돌보았다. 조니는 키가 크고 얼굴이 귀엽고 머리칼은 금발이었는데, 아주 영리하고 사랑스러운 소년으로 성장해 있었다.

앨리샤가 갑자기 직장을 잃자 일이 얽히기 시작했다. RCA의 우주개발국은 자주 계약을 취소당했고, 그에 따라 직원들을 일시 해고했다. 특히 앨리샤는 자주 지각하거나 결근을 했고, 출근해서도 우울증 때문에 일을 제대로 하지 못했기 때문에 해고될 수밖에 없었다. 그녀는 꽤 빠르게 다른 직장을 구했지만, 그 직장도 오래가지 못했다. 그녀는 다시 자립하기 어려워 보였다. 혹독했던 이 시기에 그녀는 여러 직장을 전전했고 자주 실업 상태에 놓였다. 마사에게 보낸 편지에 "개인적으로 내쉬와 비슷한 유형의 문제를 겪어보았다"고 우회적으로 언급한 것도 바로 이런 경험을 말하는 것이었다. 앨리샤는 자신의 학벌에 어울리는 직장을 잡으려고 했지만, 그 시기에 여성 엔지니어를 고용하는 항공우주 회사는 거의 없었다. 앨리샤는 30여 군데의 회사로부터 거절을 당했다. 후일 그녀는 이렇게 회상했다. "거의 매일 입사 인터뷰를 하러 다니던 시절도 있었습니다. 하지만 취직이 안 되었어요. 나는 아주 우울했습니다."

실업 급여가 바닥이 난 후 사정은 더욱 악화되어, 이제는 사회복지연금에 의존하며 식량 배급을 받아야 할 지경이 되었다. 무어와 결혼하려던 그녀의 희망도 무산되었다. 무어는 아내뿐만 아니라 의붓아들까지 떠맡아야 한다는 부담을 "너무 과중"하다고 생각해 물러서고 말았다. 후일 앨리샤는 "어머니가 아니었으면 버티지 못했을 것"이라고 말할 정도로 그것은 모진 세월이었다.

앨리샤와 어머니는 프린스턴 중심부인 프랭클린 스트리트에 있는 좋은 집을 포기해야 했다. 앨리샤는 프린스턴 연락역 맞은편에 있는 작은 19세기 목조가옥을 임대했다. 그 집은 보온벽돌을 씌운 지 아주 오래되었고 보수도 제대로 하지 않았지만, 임대료가 쌌고 출퇴근하기에도 편리했다. 기차역 건너편에 있었기 때문이다. 이때 열두 살이던 조니가 정든 학교와 친구들을 뒤로 하고 전학을 해야 한다는 것은 무척 안쓰러운 일이었다. 그러나 앨리샤는 다른 도리가 없었다.

내쉬는 프린스턴 연락역의 집으로 들어왔다. 그는 어머니가 남긴 신탁기금에서 들어오는 적은 수입으로 임대료와 가계비 일부를 보탰다. 앨리샤는 그를 "하숙생"이라고 불렀다. 그러나 식사를 함께 했고, 내쉬는 조니와 꽤 많은 시간을 보냈다. 가끔은 조니의 숙제를 거들어주었고, 함께 체스를 두기도 했다. 먼저 체스를 가르쳐준 것은 앨리샤였는데, 아들은 후일 체스의 대가가 되었다.

내쉬는 매우 위축되어 있었고 거의 말이 없었다. "그는 전혀 문제를 일으키지 않았다"고 오데트는 회상했다. 아무렇게나 옷을 입었고, 하얗게 센 머리를 길게 기른 채, 멍한 표정으로 낫소 스트리트를 배회하곤 했다. 10대 소년들은 그를 짓궂게 놀리며 길을 가로막고 팔을 흔들며, 깜짝 놀란 내쉬의 면전에 대고 상소리를 해댔다. 앨리샤는 자존심이 강했고, 늘 남들의 이목에도 신경을 썼다. 그러나 남들이 어떻게 생각할 것인지 염려하는 마음보다는 동정심과 충실한 마음이 더 컸다.

그녀는 인내했다. 그녀는 혀를 깨물었다. 내쉬에게 거의 어떤 요구도 하지 않았다. 돌이켜 보면, 아마도 그녀의 부드러운 태도가 내쉬의 회복에 상당한 기여를 한 것 같다. 만약 그녀가 압박하거나 위협했다면 내쉬는 거리로 뛰쳐나가고 말았을 것이다. 이 점은 듀크 대학의 정신과의사 리처드 키피도 지적한 적이 있다. 정신병자의 가족이 "그 모든 말을 내뱉는" 게 좋다는 통설과는 달리, 최근 연구결과에 의하면 정신분열증 환자는 심장병이나 암으로 수술을 받은 환자와 마찬가지로 강력한 감정 표현을 잘 수용하지 못한다고 한다.

앨리샤는 고지식할 정도로 정직한 사람이다. 그녀는 내쉬를 그토록 오랫동안 보호해준 것에 대해 단지 이렇게 말한다. "일부러 뭘 하려고 하지 않아도 저절로 잘 되는 경우가 있어요." 하지만 그렇게 방임하는 것이 남편에게 도움이 된다는 것을 그녀는 익히 알고 있었다. "그런 식으로 지내는 게 그의 회복에 도움이 되었느냐고요? 아마 그랬을 겁니다. 자기 방이 있고, 끼니가 해결되고, 다른 기본적인 욕구도 풀 수 있었습니다. 스트레스도 받지 않았구요. 그건 필요한 거예요. 보살핌을 받고 스트레스를 받지 않는 것 말이죠."

1973년에는 앨리샤의 형편이 피기 시작했다. 그녀는 보잉사를 상대로 성차별 소송을 제기했다—보잉사는 1960년대 후반에 그녀의 입사를 거절했던 회사 가운데 하나였다. 소송 제기는 성가신 일이었지만, 법정 밖에서의 화해로 소액의 보상금을 받았고, 그녀의 사기도 올라갔다. 그녀는 뉴욕 시의 콘 에디슨 전기회사에 프로그래머로 취직했다—이 회사에는 대학 동창인 조이스 데이비스가 다니고 있었다. 출퇴근은 쉽지 않았다. 맨해튼 번화가에 있는 콘 에디슨의 그래머시 파크 본사까지는 프린스턴 연락역에서 두 시간이나 걸렸다. 그녀는 매일 아침 네 시 반에 일어났고, 집에 오면 저녁 8시가 넘었다. 그녀의 상사이자 MIT 동문인 애너 베일리의 회상에 따르면, 그녀는 일 자체도 힘들어했다. 그녀는 또 자신의 지능과 학벌이 충분히 인정받지 못하고 있다고 생각했다.

그러나 그녀는 다시 넉넉한 급여를 받아왔기 때문에, 조니를 페디 스쿨에 보낼 수 있었다. 이 학교는 하이스타운에 있는 사립 예비학 교였는데, 프린스턴에서 서쪽으로 10마일쯤 떨어진 곳에 있었다. 조니는 집에서 침울하고 성질이 까다로웠지만, 학교에서는 공부를 잘했다. 2학년 말에 조니는 전국 경시대회에 나가 렌슬래어 메달 *Rensselaer Medal*을 따냈고, 학교 성적은 평균 4.0이었다. 그는 수학을 아주 재미있어했고 재능도 있었다. 앨리샤는 후일 이렇게 회상했다. "존은 조니가 커갈 때 수학 얘기를 많이 해주었어요. 아버지가 수학자가 아니었다면 조니는 의사나 변호사가 되었을 거예요."

조니는 파인홀 두레방을 기웃거리기 시작했다. 여러 대학원생들과 체스나 바둑을 두었고 수학 얘기를 나누었다. 아미르 아사디는 조니가 "점잖고 상냥하고,… 다른 수학자들처럼 제 자리를 찾을 때까지 다소 쑥스러워하는 아이"였다고 기억했다. 조니는 분명 재능이 있었다. 아사디는 조니가 "아주 수준 높은 수학책"을 공부하고 있었다고 기억했다. 어떤 때는 아버지와 아들이 함께 파인홀에 오기도 했다. 조니는 당혹스러워하지 않았지만, 학생들과 얘기하면서 아버지 얘기를 꺼내지는 않았다. 아사디는 또 이렇게 회상했다. "어느 날 조니가 사라졌어요. 그가 다시 나타났을 때는 머리를 밀어버리고 다시 태어난 기독교 신자가 되어 있더군요."

1976년에 솔로몬 리더는 캐리어 정신병원에 입원중인 친구 해리 건쇼를 문병갔다. 해리 건쇼는 MIT 시절 내쉬와 함께 어울렸고, 그 후 프린스턴의 교수가 된 사람이었다. 병원 잡역부가 리더를 감금 병동 안으로 안내할 때, 키가 크고 눈빛이 이글거리는 젊은이가 갑

자기 그의 앞에 나타났다. "제가 누군지 아십니까?" 젊은이가 리더의 면전에서 외쳤다. "당신은 구원받고 싶습니까?" 젊은이는 성경을 그러쥐고 있었다. 나중에 건쇼는 그 젊은이가 내쉬의 아들이라고 말해주었다.

그의 어머니 앨리샤의 배려로 캐리어에 입원할 무렵, 조니는 1년 가까이 무단결석을 하고 있었다. 조니는 학교 친구들과의 관계를 모두 끊어버렸다. 여러 달 동안 자기 방에서 나오지도 않았다. 어머니와 할머니가 뭐라고 하면 폭언을 퍼부었다. 강박적으로 성서를 읽기 시작했고, 구원과 저주에 대한 얘기만 했다. 곧 이어 정통파 기독교의 작은 지부인 웨이 미니스트리 신도들과 어울리기 시작했고, 프린스턴 거리에서 전단을 나눠주며 행인들을 붙들고 늘어졌다.

그의 어머니나 외할머니는 조니의 그런 행동이 사춘기의 발작적인 반항 이상이라는 것을 즉각 알아차릴 수 없었다. 시간이 지나자 조니가 환청을 듣는다는 것이 분명해졌고, 스스로 위대한 종교적 인물이라고 믿고 있다는 것을 알게 되었다. 앨리샤가 그를 병원에 데려가려고 하자 그는 달아났다. 그가 몇 주 동안 집에 돌아오지 않자, 앨리샤는 경찰의 도움을 받아 가까스로 그를 집에 데려올 수 있었다. 그후 조니가 캐리어에 입원했을 때, 앨리샤가 가장 두려워하고 무서워했던 것이 사실로 밝혀졌다. 그녀의 총명한 아들이 아버지와 똑같은 병을 앓고 있었던 것이다.

조니는 입원한 후 빠르게 회복이 되는 듯했다. 그러나 3년 동안 학교로 돌아가지 않았다. 앨리샤는 직장에서 조퇴를 해야 할 경우가 아니면 결코 아들 얘기를 꺼내지 않았다. 콘 에디슨 회사 사람들에게 내쉬가 다시 그녀와 함께 산다는 얘기도 하지 않았다. 10년 전의 버지니아와 마찬가지로, 앨리샤는 자신의 고통을 개인적인 슬픔으로만 묻어두었다. 조니의 투약 거부, 끊임없는 가출, 주기적인 입원 등에 대처하려고 그녀는 안간힘을 다했다. 얼마 안 되는 저축은 눈 녹듯 사라졌지만 그녀는 우울해하지 않았다. "그토록 희생을 하고, 그토록 힘을 쏟아 부었는데도, 모두가 헛일이었다"고 그녀는 후일 말했다.

조니의 문제가 걷잡을 수 없게 되자, 앨리샤는 친구 게이비 보렐에게 도움을 청했다. 캐리어 병원으로, 그리고 나중에 트렌튼 병원으로 앨리샤가 아들을 찾아갈 때 게이비 보렐도 동행했다. 게이비는 전화로 앨리샤와 대화를 나누었고, 내쉬 부부를 저녁식사에 초대하기도 했다. 존 무어는 그런 사실을 확인해주었다. "게이비는 그 무렵 앨리샤의 가장 친한 친구였습니다. 아주 좋은 사람이었지요. 그처럼 한결같이 곁에 있어준 사람은 달리 없었어요."

게이비는 오늘날까지 지속되고 있는 앨리샤의 극기심에 찬사를 보냈다. "처음에는 그녀에 대해 할 말을 찾을 수 없어요. 어떤 사람인지 알 수가 없으니까요. 또 방패로 자기를 감싸고 있으니까요. 그러나 사귀어보면 그녀가 정말 용감하고 성실한 여성이라는 것을 알게 됩니다."

1977년, 존 데이빗 스티어가 내쉬 앞에 불쑥 나타났다. 존 데이빗이 고3이던 1971년부터 이들 부자는 적어도 편지로는 서로 연락을 해왔다. 내쉬는 아들의 대학 진학에 꽤 관심을 보였고, 앨리샤도 아더 매틱에게 편지를 보내 존 데이빗의 진학 상담을 해주라고 부탁했다. 존 데이빗은 2년제인 벙커힐 커뮤니티 칼리지에 등록했고 병원 잡역부로 일하며 학비를 벌었다. 4년 후, 4년제 대학에 지원한 그는 여러 곳에서 장학금 제안을 받았다. 1976년, 그는 일류 문과대학인 아머스트 대학에 편입학했다.

그해 가을, 아머스트의 수학과 교수 노튼 스타 *Norton Starr*는 대학생 한 명을 고용해서 자기 집 정원을 다듬게 했다. 일이 끝난 후 스타는 시원한 음료나 마시고 가라고 학생을 집안으로 불러들였다. 얘기를 나누던 중, 그 학생은 스타가 MIT에서 박사학위를 받았다는 것을 알게 되었다. 혹시 존 내쉬라는 수학자를 아세요? 멀리서 보고 명성만 들었다고 스타는 대답했다. "그분이 제 아버지이십니다." 젊은이가 말했다. 스타는 그를 꼼꼼히 뜯어보았다. 그는 젊은이를 다시 보게 되었다. "원 세상에, 그러고 보니 자네는 아버지를 빼 닮았군." 그가 말했다. 그 직후, 존 데이빗은 아버지를 만나러 차를 몰고 프린스턴에 왔다. 앨리샤는 다정했다. 그는 이복동생 조니를 그때 처음으로 만났다.

이듬해 크리스마스 때, 조니는 보스턴에 가서 엘리너와 존 데이빗과 함께 지냈다. 엘리너는 그를 따뜻하게 맞아주었고, 맛있는 요리를 해주는 등 환영한다고 법석을 떨었다. 조니는 겨울 외투도 입지 않고 왔다. 그래서 엘리너는 오리털 재킷을 사주었다. 조니는 이복형에게 고분고분하게 굴었지만, 엘리너와 단둘이 있으면 행동이 거칠어졌다. 휴일이 끝날 무렵, 엘리너의 회상에 따르면, "그는 존과 헤어지지 않으려 했다. 그래서 존이 그를 학교까지 데려다주어야 했다."

내쉬와 존 데이빗의 재회는 지속적인 화해로 이어지지 못했다. "그저 슬그머니 끝나고 말았다"고 존 데이빗은 회상했다. 그의 아버지는 아들의 문제보다는 자기 문제에 대해 얘기하는 것을 더 좋아했

존 내쉬와 두 아들, 존 데이빗 스티어(위쪽), 존 찰스 내쉬(아래쪽), 1977년경, 프린스턴 연락역

다. "내가 아버지에게 조언을 구하면, 아버지는 닉슨 얘기를 꺼냈다"고 그는 말했다. 내쉬의 자신감은 불안정했다. "내가 개인적으로 오래 기다려왔던 '게이 해방 gay liberation'에 본질적이고 의미 있는 개인적 역할"을 아들이 해줄 것이라는 생각을 내쉬는 지니고 있었다. 아들도 성인이 되었으니까. "내 인생, 인생 문제, 인생사에 대해 아들에게 털어놓기"만을 내쉬는 오랫동안 기다려왔다. 엘리너 스티어의 회상에 따르면, 아들은 그렇게 해주었다. 그러다 결국 존 데이빗은 아버지의 전화를 받지 않게 되었다. 그후 두 사람은 17년 동안 다시 만나지 않았다. "나는 아버지와 만난다는 것이 늘 내키지 않았습니다. 아버지가 정신병에 걸렸다는 것은 아주 곤혹스러운 일이었습니다."

일반적인 생각과 달리, 정신분열증은 일시적인 질병인 경우가 많다. 특히 처음 발병한 직후 몇 년 안에 증후가 사라질 경우 그러하다. 심한 증후를 보이는 시기에도 중간에 비교적 안정된 시기가 있다. 이 시기에는 치료의 결과나 자연적 결과로 증후가 극적으로 완화된다. 조니의 경우에도 그랬다.

1979년, 뉴저지 주 로렌스빌에 있는 라이더 칼리지의 가을 학기 첫날, 수학과 학과장 케네스 필즈 Kenneth Fields는 한 신입생으로부터 면담 요청을 받았다. 수학과 오리엔테이션 기간에 악역을 자청하고 나서서 진행 내용이 엉성하다고 항의하며 질문 공세를 퍼붓던 신입생이었다. 필즈의 사무실에 나타난 그 학생은 이렇게 말했다. "저는 수학을 전공할 생각인데, 미적분 강의가 형편없습니다." 라이더는 수학에 관심이 있거나 실력이 있는 학생을 유치한 적이 별로 없었기 때문에 그 학생에게 흥미를 느꼈다. 그 학생을 테스트하며 같이 캠퍼스를 산책하던 필즈는, 라이더의 수학 강의가 이 젊은이를 가르치기엔 수준이 떨어진다는 것을 이내 알아차렸다. 필즈는 자기가 직접 가르쳐주겠다고 제안했다. "그런데 자네 이름이 뭔가?" 그가 마침내 물었다. "존 내쉬입니다." 학생이 대답했다. 필즈의 놀란 표정을 보고 그는 덧붙였다. "제 아버지 이름을 들어보셨을 겁니다. 아버지는 매장 정리를 푸셨죠." 필즈는 1960년대에 MIT 학부생이어서 내쉬의 전설을 잘 알고 있던 터라 꽤나 놀라워했다.

필즈는 그후 일주일에 한 번씩 조니를 만나 지도를 해주었다. 조니는 한동안 힘들어 하다가, 곧 선형 대수와 고급 미적분, 미분기하학의 어려운 텍스트를 마스터했다. "그가 진짜 수학자였다는 건 분명하다"고 필즈는 말했다. 조니는 총명하고 사교적이었을 뿐만 아니라, 정통파 기독교도이면서도 다른 종파의 지적이고 조숙한 학생들과도 사귀었다. 필즈의 친척 가운데 여러 명이 정신분열증을 앓고 있었기 때문에, 조니는 자신의 질병에 대해 필즈와 의논하기도 했다. 가끔 조니는 외계인 얘기를 되풀이하기도 했고, 역사학 교수를 위협한 적도 있었다. 대체로 조니의 증세는 통제되고 있는 것 같았다고 필즈는 말했다. 조니는 전과목 A를 받았고, 2학년 때에는 우등상을 받았다.

필즈는 조니에게 라이더 대학에 있는 것이 시간 낭비니까 빨리 박사과정에 들어가라고 권했다. 1981년에 조니는 고등학교와 대학교를 정식으로 졸업하지 못했으면서도 전액 장학금으로 러트거스 대학원 과정에 입학했다. 일단 입학하자, 그는 단숨에 각종 자격시험을 통과했다. 가끔 그가 학교를 그만두겠다는 말을 들먹일 때마다 앨리샤는 다급히 필즈에게 전화를 걸어, 아들을 타일러달라고 부탁하곤 했다. 필즈가 타이르면 조니는 이렇게 대답했다. "내가 왜 그래야 하죠? 아버지도 놀고 먹잖습니까. 어머니가 먹여 살리고 있죠. 어머니가 나한테도 그러면 되는 거 아녜요?" 그러나 조니는 중퇴하지 않았다. 그는 총명하게 학업을 마쳤다.

당시 러트거스의 수학과 교수였던 멜빈 나탄슨 *Melvyn Nathanson*은 대학원 정수론 시간에 해결되지 않은 고전적 문제를 간단하게 추려서 숙제로 내주는 것을 좋아했다. "내가 문제를 내주면 조니는 다음 주에 해답을 가져왔습니다. 그 주에 다른 문제를 내주면 또 다음 주에 해답을 가져왔습니다. 아주 놀라웠지요." 조니가 나탄슨과 공저한 첫 번째 논문은 조니의 박사논문 제1장이 되었다. 이어 혼자 힘으로 두 번째 논문을 썼는데, 나탄슨이 "아름답다"고 말한 그 논

존 찰스 내쉬, 1985년 5월, 러트거스 대학에서 박사학위를 받는 날

문 역시 박사논문의 일부가 되었다. 세 번째 논문은, 1930년대에 폴 에어디쉬가 증명한 B수열의 특별 케이스를 위한 정리를 더 일반화한 것이었다. 폴 에어디쉬와 다른 수학자들은 그 정리가 다른 수열에도 적용된다는 것을 증명하지 못했는데, 조니가 그걸 해낸 것이었다. 조니가 이 문제를 성공적으로 공략하자, 다른 정수론 학자들도 뒤이어 여러 논문을 내놓았다.

1985년에 조니가 러트거스에서 박사학위를 받았을 때, 조니가 일급의 연구 수학자가 되는 길고도 생산적인 경력을 쌓아갈 태세를 갖춘 것 같았다고 나탄슨은 말했다. 웨스트 버지니아 주에 있는 마셜 대학은 그에게 1년간의 강사직을 제안했다. 그것은 새로 수학박사 학위를 받은 사람이 장차 유수한 대학에서 종신 교수직을 따내기 위한 통상적인 첫 걸음으로 여겨졌다. 조니가 대학원에 다닐 때, 외할머니는 엘살바도르로 영구 귀국했고, 어머니는 뉴와크에 있는 뉴저지 트랜시트 사의 컴퓨터 프로그래머로 전직을 했다. 상황은 다소 희망적인 듯했다.

Part 5 >>>

The Most Worthy
가장 가치있는 사람

회복

아시다시피, 그이는 병을 앓았습니다. 하지만 이제는 다 나았습니다. 회복의 원인은 구구하지 않습니다. 그저 고요한 삶을 살았기 때문입니다.

—앨리샤 내쉬, 1994년

피터 사르낙 *Peter Sarnak*은 무엇보다도 리만 가설에 관심이 많았다. 35세의 대담한 정수론 학자인 그는 1990년 가을에 프린스턴 교수가 되었다. 그가 막 세미나를 끝내고 사람들이 모두 떠난 후, 뒷줄에 앉아 있던 한 남자가 사르낙의 논문 한 부를 요청했다. 키가 크고 여위고 머리가 하얗게 센 남자였다.

사르낙은 스탠퍼드에서 폴 코언에게 배웠는데, 당연히 내쉬의 얼굴과 명성을 잘 알고 있었다. 내쉬가 완전히 미쳤다는 말을 여러 번 들은 터라, 사르낙은 친절하게 대해주고 싶었다. 그는 내쉬에게 논문을 보내주겠다고 약속했다. 며칠 후, 다과회에서 내쉬는 또 사르낙에게 다가왔다. 내쉬는 마주 보려고 하지 않고 눈길을 돌린 채, 몇 가지 질문이 있다고 말했다. 처음에 사르낙은 그저 공손히 듣기만 했다. 그러나 몇 분 후에는 골똘히 집중하지 않을 수 없었다. 나중에 사르낙은 내쉬의 얘기를 되새기다가 흠칫 놀랐다. 내쉬는 사르낙의 논증 가운데 핵심적인 문제점 하나를 지적했다. 그뿐만 아니라 그 문제점을 피해 가는 방법까지 제시했다. 사르낙은 후일 이렇게 말했다. "그가 문제를 바라보는 방식은 여느 사람과 아주 달랐습니다. 그는 내가 알지 못하고 생각조차 못한 순간적인 통찰을 해냈습니다. 대단히, 대단히 뛰어난 통찰, 정말 보기 드문 통찰 말입니다."

두 사람은 이따금 대화를 나누었다. 매번 대화를 나눈 후 내쉬는 며칠 동안 사라졌다가, 컴퓨터 출력물을 한아름 들고 다시 나타났다. 내쉬는 분명 컴퓨터에 대단히 능숙했다. 그는 아주 교묘하게 축약된 문제를 생각해낸 후 그 문제를 가지고 놀았다. 작은 규모에서 뭔가 주효한 결과가 나오면, 그것이 "수십만 배로 늘려도 역시 참"인가를 확인해보려고 곧장 컴퓨터 앞으로 달려갔다.

그러나 사르낙이 정말 놀란 것은, 내쉬가 완벽하게 합리적인 사람으로 보였기 때문이다. 다른 수학자들이 미친 사람이라고 말하는 것과는 전혀 딴판이었다. 사르낙은 여간 화가 치미는 것이 아니었다. 여기 분명 거인이 있는데, 그는 수학계에서 완전히 잊혀져 있었다. 그런 홀대의 사유는 더 이상 타당하지 않았다. 그런 사유가 있기는 있었다 치더라도.

그것은 1990년의 일이었다. 돌이켜볼 때, 내쉬가 기적적으로 회복하기 시작한 것이 정확히 언제인지는 말하기 어렵다. 다만 줄잡아 1990년에 접어든 무렵, 프린스턴 주변의 수학자들이 내쉬의 회복을 주목하기 시작했다고만 말할 수 있다. 그러나 이 회복 과정은 수년이 걸렸다. 발병한 후 몇 달 만에 완전한 정신병으로 발전해버린 것과는 사뭇 달랐다. 내쉬 본인의 설명에 의하면, 그것은 느린 진화였는데, "1970년대와 1980년대에 걸쳐 점진적으로 회복"을 보였다.

그 수년 동안 전산실에서 거의 매일 내쉬를 보았던 헤일 트로터는 이렇게 확인해주었다. "아주 점진적으로 개선되고 있다는 느낌을 받았습니다. 초기 단계에서는 이름을 숫자로 치환한 후 그 결과에 안절부절못했지요. 점차 그런 일은 사라졌습니다. 후에는 좀더 수학적인 수비학에 빠졌어요. 공식과 인수분해에 몰두했지요. 그것이 일관된 수학 연구는 아니었지만, 기괴하다는 특성은 사라지고 없었습니다. 그후에는 그것이 진짜 연구가 되었지요."

일찍이 1983년부터 내쉬는 자신의 껍질을 깨고 나와 학생들과 사귀기 시작했다. 경제학을 전공하던 대학원생 마크 더디는 1983년에 내쉬를 대화에 끌어들이려고 했다. "당시 나는 전설과 직접 맞부딪쳐 보겠다는 배짱을 부렸지요." 그는 내쉬가 자기처럼 주식시장에 관심이 많다는 것을 알아냈다. "우리는 낫소 스트리트를 산책하며 주식 얘기를 하곤 했습니다." 그는 내쉬가 고수익 주식을 잘 찍는다고 생각했다. 그래서 내쉬의 조언에 따르기까지 했다(대박을 터뜨리지 못했다는 것을 밝혀두지 않을 수 없다). 그 이듬해, 더디가 박사학위 논문을 준비하다가, 쓰고자 하는 모델을 수학적으로 풀어낼 수가 없자 내쉬가 그의 고민을 해결해주었다. 더디는 이렇게 회상했다. "그건 무한곱 *infinite product* 계산과 관련된 문제였습니다. 나는 도저히 풀 수가 없어서 내쉬에게 보여주었지요. 그는 그 곱셈을 풀기 위해서는 스털링의 공식 *Stirling's Formula*을 사용해야 한다며, 필요한 방정식을 몇 줄 적어주었습니다." 더디는 내쉬와 사귀는 동안 내내, 내쉬가 여느 수학자에 비해 이상하다는 생각이 들지 않았다고 회상했다.

1985년 무렵, 대니얼 펜버그는 프린스턴의 방문교수로 와 있었다. 10년 전 내쉬가 록펠러의 이름을 치환시킨 긴 숫자를 인수분해할 때 컴퓨터로 도와준 적이 있었던 그는 내쉬와 함께 점심식사를 했다. 그는 내쉬의 변화에 크게 놀랐다. "훨씬 더 좋아진 것 같았어요. 그는 소수 이론을 연구하고 있더군요. 나는 그 이론을 평가할 능력은 없지만, 그건 진짜 수학, 진짜 연구인 것 같았습니다. 여간 흐뭇한 일이 아니었지요."

그러한 변화는 소수의 사람에게만 눈에 띄었다. 에드워드 닐제스는 1987년부터 1992년까지 프린스턴 대학 전산실에서 프로그래머로 일했는데, 내쉬가 처음에는 "주눅들고 말이 없는" 사람이었다고 회상했다. 그러나 닐제스가 프린스턴을 떠난 해, 혹은 그 전년에 내쉬는 자기가 만들려는 프로그램과 인터넷에 대해 닐제스에게 물어보곤 했다. 닐제스는 감명을 받았다. "내쉬의 컴퓨터 프로그램은 정말 멋졌습니다."

그리고 1992년 셰이플리가 프린스턴을 방문했을 때, 두 사람은 참으로 오랜만에 아주 즐거운 대화를 나눌 수 있었다. 셰이플리는 이렇게 회상했다. "그때 내쉬는 아주 예리했습니다. 정신착란 증세는 전혀 없었어요. 컴퓨터 사용법도 익혔더군요. 그는 빅뱅 이론을 연구하고 있었어요. 나는 여간 기쁘지 않았습니다."

내쉬가 그토록 오랫동안 심하게 앓고 난 후, 이제 "'수학적 퍼스낼리티'를 갖는 정상적 범주 속"에 들게 되었다는 것은 무수한 질문을 불러일으킨다. 내쉬는 정말 회복되었는가? 그렇게 회복된다는 것은 정말 희귀한 일인가? 모두가 알고 있듯 정신분열증이 불치의 병이라면, 그 "회복"이란 실은 내쉬가 정신분열증에 걸린 적이 없다는 것을 가리키는 것은 아닌가? 그렇다면 1950년대 말부터 1970년대까지 내쉬가 보인 증후는 사실상 양극성 장애(조울증)였는가? (일반적으로 양극성 장애는 정신분열증에 비해 쇠약의 정도가 약하고 회복 가능성이 상대적으로 높다.)

내쉬의 정신병 기록에 바탕을 둔 재진단을 하지 않고는 결정적인 대답을 한다는 것이 불가능하다. 오늘날 정신과의사들은 증후만으로는 "정신분열증 판정을 하지 못한다"는 데 동의한다. 또 오늘날의 정밀한 진단 기준으로도, 초기 증후만으로 정신분열증과 양극성 장애를 구분한다는 것은 여간 까다롭지 않다. 그런데도 내쉬의 최초 진단이 사실상 옳았으며, 내쉬가 오랫동안 심하게 정신분열증을 앓다가 극적으로 회복한 극소수의 사람 가운데 한 명이라고 믿을 만한 여러 가지 강력한 증거가 있다.

내쉬의 둘째 아들 조니가 편집증적 정신분열증과 정서분열증 *schizoaffective disorder*으로 진단되었다는 사실은, 내쉬도 정신분열증을 지녔다는 강력한 증거이다. 내쉬가 처음 진단을 받은 1950년대에 성행했던 프로이트 이론과 달리, 이제 정신분열증은 강한 유전적 요인을 지닌 것으로 생각되고 있기 때문이다.

내쉬의 증후가 오랫동안 심하게 계속되었다는 것 역시 강력한 증거이다―그는 발병에 앞서, 그리고 발병 이후, 주된 삶의 열정이었던 연구를 할 수 없었고, 사람들과의 접촉도 위축되었다. 게다가 내쉬는 조증과 울증 발작이 번갈아 나타나며 [양극성 장애처럼] 기분이 고조되었다가 침체된 것이 아니라, 지속적인 꿈같은 상태에 빠져 기괴한 신념에 사로잡혀 있었다고 스스로 말했는데, 그러한 말은 다른 정신분열증 환자가 하는 말과 전혀 다르지 않다. 그는 망상에 빠져 있었으며, 연구를 할 수 없었고, 주변 사람들과의 관계를 멀리했다고 말했다. 그러나 그는 그것을 이성의 무능이라고 정의했다. 실제로 그는 아직도 편집증적인 생각에 시달리고 있으며, 지난날에 비해

소리가 낮아지기는 했어도 계속 환청을 듣고 있다고, 해롤드 쿤 등의 사람들에게 말한 적이 있다. 내쉬는 끊임없이 의식적으로 노력해야 한다는 의미에서, 합리성을 다이어트에 비유했다. 살을 빼고자 하는 사람이 의식적으로 지방질이나 당분을 기피해야 하듯, 합리성을 유지하려면 생각을 다스리고, 편집증적인 관념들을 자각함으로써 그것들을 뿌리치려고 노력해야 한다고 그는 말했다.

정신의학은 질병을 정의 내리는 데에는 발전을 해왔지만, 회복의 정의에 대해서는 아직도 논란이 많다. 조지 위노커 *George Winokur*와 민 추앙 *Min Tsuang*은 이렇게 썼다. 명백한 증후가 사라졌다고 해도 "그것이 꼭 나았다는 것을 의미하는 것은 아니다. 안정된 결함 상태로 모습을 바꾼 것일 수도 있고, 그 상태에서 대처법을 터득하고 있는 것일 수도 있기 때문이다." 이러한 언급은 아마도 1970년대 후반과 1980년대 초반 내쉬의 상태에 대해서는 맞는 말이겠지만, 지금으로서는 지나치게 비관적인 말로 들린다. 내쉬를 잘 알고 있는 사람들은 내쉬에게 폭넓고 결정적인 변화가 일어났음을 감지했고, 내쉬 자신도 그 점을 지적했다. "존은 명백히 회복되었다"고 케네스 필즈는 말했다. 그는 1970년대 후반부터 내쉬를 잘 알고 있었고, 정신분열증을 앓는 사람들을 직접 겪어본 적이 아주 많은 사람이다.

내쉬의 회복 *recovery*은 "리미션 *remission*"이라고 말하는 것이 좀 더 정확할 것이다(리미션이란 어떤 질병의 증후가 비교적 장기간 나타나지 않거나 줄어든 상태를 말한다 : 옮긴이주). 그리고 그 리미션은 비록 기적적인 일이긴 해도 내쉬에게만 일어난 일이 아닌 것으로 밝혀졌다. 몇 년 전만 해도, 정신분열증 환자의 일생에 대해서는 그리 알려진 것이 없었다. 주립병원에 근무한 정신과의사들이 내놓은 1970년대 자료밖에 없었던 것이다. 연구 대상이었던 환자들 가운데 계속 주립병원에 남아 있던 환자들은 노인밖에 없었고, 계속 입원을 요할 만큼 중증이었기 때문에, 정신분열증은 퇴행성 질환으로 보였다. 그리고 정신분열증이 두뇌에 미치는 악영향은 큰 변동 없이 죽을 때까지 계속된다고 생각되었다.

체계적인 연구를 통해 이러한 견해에 최초로 도전한 사람은 독일의 정신과의사 만프레드 블로일러 *Manfred Bleuler*였다. 2백여 명의 환자를 20년 동안 추적한 결과, 그 중 20퍼센트가 "완전 회복"되었음을 그는 발견했다. 더욱이 장기 지속적인 회복은 치료의 결과가 아니라 자연 치유였다고 그는 결론지었다.

그후 본 대학의 독일 의료팀이 1940년대 후반과 1950년대 초반에 본의 여러 정신병원 가운데 한 곳을 선정해 그곳에 입원했던 환자들을 장기 추적했다. 그들은 과거의 기록을 뒤져 정신분열증 진단을 재검토해서, 현대 기준에 맞는 정신분열증 환자들만을 추려냈다. 5백 명 정도가 있었다. 이어 의료팀은 환자 본인이나 가족들을 찾아내서 면담을 한 후, 환자들이 어떻게 되었는지 상세히 기록해 나갔다.

많은 사람들—약 4분의 1—이 주로 자살을 했다. 일부는 아직도 입원중이었는데, 어떤 약물이나 전기충격 치료에도 전혀 반응하지 않았다—독일은 미국에 비해 그런 치료를 훨씬 더 많이 쓴다. 또 다른 그룹은 가족들과 함께 살고 있었지만, 이들은 아직도 부정적인 증후를 보였다. 특히 무기력증, 의욕 결핍, 삶에 대한 관심과 즐거움 결핍을 보였다. 그러나 놀랍도록 많은 사람들—약 4분의 1—이 증후를 보이지 않는 것 같았다. 이들은 독립된 삶을 살며, 친구들과도 널리 사귀었고, 발병 전에 가졌거나 훈련받은 전문직 일을 하고 있었다. 이들 가운데 대부분은 오래 전부터 의사의 도움도 받지 않았다.

조사연구자들은 매우 놀랐다. 이 연구 결과가 지구촌의 정신분열증 연구자들에게 빠르게 전해지자, 미국 버몬트 대학의 의료팀도 그와 유사한 장기 연구에 들어갔다. 당초에는 회의적이었던 그들도 놀랍도록 유사한 결과를 얻었다. 발병해서 10년이 지난 후, 대부분의 환자는 여전히 중증 상태였다. 그러나 30년 후에는, 의미 있는 소수가 꽤 정상적인 생활을 하고 있었다. 완전 퇴행해버린 환자는 5퍼센트밖에 되지 않았다. 환자들이 자살을 한 것은 처음 발병한 지 10년 이내인 경우가 대부분이었다. 이들은 중증을 보이던 도중에 충분히 호전되어본 경험이 있어서, 장차 다시 악화될 거라는 두려움과 절망에 빠져 자살한 것으로 드러났다. 정신분열증에 의한 정서와 사고력 손상은 대부분 처음 10년 동안 나타났다가 이후에는 소강상태를 보이는 것 같았다.

후속 연구들은 이런 낙관적인 결론을 다소 뒤집었다. 모든 장기 연구는 진단의 불확실성과 "회복"에 대한 견해 차이가 문제가 된다. 170명의 환자를 대상으로 한 위노커와 추앙의 연구는 아마도 가장 엄밀한 것으로 알려져 있는데, 이에 따르면 발병 30년 후, 8퍼센트만이 좋아진 것으로 나타났다.

따라서, 내쉬의 극적인 회복은 유일한 사건이 아니지만, 비교적 드문 일이다.

이들 연구는 회복에 기여하는 요소들을 꼭 집어 말하지 못했다. 다만 발병 전에 내쉬와 같은 이력을 가진 환자들이 회복될 가능성이 높다는 것만 암시하고 있다. 즉 높은 사회 계층, 높은 지능, 탁월한 업적, 정신분열증 친척의 부재, 30세 이후 비교적 늦게 발병, 신상에 커다란 변화가 있었던 시기에 발병, 발병 초기의 중증 경험 등이 그 것이다. 한편, 내쉬처럼 비교적 젊은 나이에 큰 업적을 쌓은 후 발병으로 영락해버렸을 경우, 그 양자의 차이가 현격할 때에는 대부분 자살을 하는 경향을 보였다. 입원 환자는 자살하는 경우가 비교적 드물었기 때문에, 1960년대에 마사가 내쉬를 강제 입원시켜야 한다고 주장했던 것이 내쉬의 목숨을 구해낸 결과를 낳았다고 할 수도 있다. 인슐린 요법이나 정신병 치료제 투약 덕분에 내쉬가 1960년대 전반기에 일시 회복된 것은 분명한데, 그런 치료가 후일의 회복 가능성도 높였는지는 분명치 않다. 약물요법이 널리 쓰인 1950년대에 발병한 다수의 환자들 가운데, 중년기 후반에 증후가 사라진 사람이 많다. 그러나 초기 약물 치료가 먼 훗날의 회복에 특별히 기여했다고는 볼 수 없다. 내쉬가 1970년 이후 약물 복용을 거부했고, 1960년대에도 입원하지 않은 시기에는 사실상 약을 먹지 않았는데, 그것은 불행중 다행이었는지도 모른다. 정신병 치료제를 정기적으로 복용하면 지연성 운동장애 *tardive dyskinesia* 같은 끔찍하고 지속적인 증후—머리와 목 근육이 뻣뻣해지고, 혀를 비롯한 신체 일부가 제멋대로 돌아가는 증후—에 시달리는 비율이 매우 높다. 또한 정신이 몽롱해진다. 내쉬가 그런 증후에 시달렸다면, 원만하게 수학계로 재진입하는 것은 거의 불가능했을 것이다.

후일 많은 사람들은 내쉬가 새로운 치료법 덕분에 회복되었다고 생각했지만, 그것은 사실이 아니다. 그는 1996년에 이렇게 말했다. "나는 마침내 비합리적 사고에서 벗어났다. 나는 약물을 쓰지 않았고, 다만 나이가 들면서 자연스럽게 호르몬이 변했을 뿐이다."

그는 자신의 회복 과정을 가리켜, 망상 상태의 불모성을 점점 확실히 깨닫는 한편, 망상적 사고를 거부하는 능력이 점점 더 커져간 과정이라고 말했다. 1995년에는 이렇게 썼다.

> 나는 점차 내 사고방식의 주된 특징이었던 망상적 경향을 띤 생각을 지적으로 거부하기 시작했다. 우선 정치에 편향된 생각을 아주 의식적으로 거부하는 일부터 시작했는데, 그런 생각이란 근본적으로 가망 없는 지적 노력의 낭비라는 것을 의식했기 때문이다.

옳든 그르든 간에, 그는 스스로 회복하려는 의지가 있었다고 믿고 있다.

사실상 그것은 효과적인 다이어트에서 발휘되는 의지력의 역할과 비슷하다고 할 수 있다. 자신의 생각을 "합리화"하려고 노력하다보면, 망상적 사고의 불합리한 가정을 인식하고 거부할 수 있게 된다.

내쉬는 노벨상 수상 약전에서 이렇게 썼다. "핵심적인 첫걸음은, 내 은밀한 세계와 관련된 정치에 신경을 쓰지 않겠다고 단호하게 결심함으로써 이루어졌다. 신경을 써봐야 얻는 게 없다는 것을 알았기 때문이다. 이렇게 되자, 종교적 쟁점과 관련된 것들, 이를테면 계몽하고 싶어하거나 계몽에 나서는 것도 포기하게 되었다.

나는 수학 문제를 연구하기 시작했고, 당시에 나타난 컴퓨터를 배우기 시작했다. 나는 도움을 받았다(내게 컴퓨터 시대를 열어준 수학자들에게서)."

1980년대 후반 무렵, 유수한 경제 저널에 실린 수십 편의 논문 제목 속에 내쉬의 이름이 나타나기 시작했다. 그러나 인간 내쉬는 알려지지 않았다. 많은 젊은 연구자들은 당연히 그가 죽었겠거니 하고 생각했다. 더러는 정신병원에서 괴로운 나날을 보내고 있다고 생각했고, 전두엽 수술을 받았다는 말을 들었다는 사람도 있었다. 비교적 정보에 밝은 사람들도 대부분 그를 유령 정도로 치부했다. 특히, 1978년에 로이드 셰이플리가 애써준 덕분에 폰 노이만상을 받았다는 것 외에는, 업적에 걸맞은 인정과 명예를 얻지도 못했다. 1987~1988년에는 특히 터무니없는 일화가 발생했는데, 이 일화는 정신병에 대한 선입관이 내쉬를 주변 인물로 치부해버리는 데 얼마나 강력하게 작용했는지 여실히 보여주었다—혁명을 이룩하는 데 내쉬가 도움을 주었던 경제학 분야에서도 그랬다.

계량경제학회의 펠로 *Fellow*로 선출된다는 것은, 전직 회장이 말했듯이, 진정한 경제이론가 클럽의 회원증을 얻는 것과 같다. 1987년 무렵 살아 있는 펠로는 350명쯤 되었다. 더글러스 노스 *Douglass North*를 제외한 모든 과거와 미래의 노벨 경제학상 수상자가 펠로였다(1993년 노벨 경제학상을 수상한 더글러스 노스는 아마도 수학적 경제학자가 아니라 경제사가였기 때문에 제외되었을 것이다). 그 밖에도 게임 이론에 기여한 주요 학자들—쿤, 셰이플리, 슈빅, 오맨, 하사니, 젤텐, 등—도 모두 펠로였는데 내쉬는 아니었다. 1988년 후반, 얼마 전 펠로로 선출된 에리얼 루빈슈타인 *Ariel Rubinstein*은 이런 "역사적인 실수"를 발견하고 깜짝 놀라서 즉각 내쉬를 후보로 지명했다.

루빈슈타인의 지명은 너무 늦었다. 1989년 11월로 예정된 펠로 선출까지는 시간이 너무 촉박했던 것이다. 더욱이 한 명의 펠로가 지명한 후보는 회칙에 따라 학회의 5인 지명위원회의 승인을 받아야 했다—이 위원회의 주된 임무 가운데 하나는, "이전 지명위원회가 누구를 간과했는지를 결정"해서 잘못을 바로잡는 것이었다. 그래서 루빈슈타인의 지명은 위원회 앞으로 보내졌고, 위원회는 1989년 봄에 소집되었다. 그 무렵, 텔 아비브 대학과 프린스턴 대학에 교수로 있던 게임 이론 학자 루빈슈타인도 그 위원회의 일원이었다. 다른 위원은 모두 경제학 교수였는데, 런던 경제학 스쿨의 머빈 킹 *Mervyn King*(잉글랜드 은행 부총재이기도 했다), 미네소타의 베스 앨런 *Beth Allen*, 하버드의 개리 챔벌린 *Gary Chamberlain*, 그리고 예일의 트루먼 뷸리 *Truman Bewley*가 그들이었다.

내쉬를 펠로 투표에 부치자는 제안은 루빈슈타인과 나머지 위원들 사이에 열띤 논란을 불러일으켰다. 이 논란은 수개월을 끌었다. 처음부터 쟁점이 된 것은 내쉬의 정신병이었다. 머빈 킹은 1996년에 이렇게 말했다. "사람들은 막연히 그의 정신병이 문제가 된다고 생각했다." 다른 위원들은 내쉬가 최근에 연구결과를 내놓은 적도 없고, 계량경제학회의 일반 회원도 아니며, 펠로로 선출된다고 하더라도 적극적으로 활동할 수 없을 것 같다는 점을 지적했다. 위원장 트루먼 뷸리는 그런 지명이 "경솔"한 행위라고 일축하며 루빈슈타인에게 이렇게 써 보낸 적이 있다. "그가 여러 해 동안 정신병자였다는 것이 널리 알려져 있기 때문에, 선출될 가능성이 없는 것 같습니다." 루빈슈타인이 후보 지명 철회를 거부하자, 뷸리는 "내쉬의 현재 건강 상태"를 좀더 알아봐 달라고 그에게 요청했다. 다른 후보의 경우 그러한 조사를 한 적이 없다는 이유로 루빈슈타인이 요청을 거절하자, 뷸리는 직접 알아보기로 하고 예일 대학의 동료인 마빈 슈빅에게 전화를 걸었다—슈빅은 내쉬와 대학원을 같이 다녔고, 내쉬의 "미친" 편지를 얼마간 받은 적도 있었다. 뷸리는 위원회에 이렇게 보고했다. "내쉬에 관해 문의해본 결과, 그가 아직도 환자임을 알게 되었다. 펠로십은 과거 업적의 보상이라기보다 현재의 활동을 중시한다. 펠로는 계량경제학회를 운영하는 궁극적 주체이다."

6월에 위원회는 4 대 1로 내쉬를 11월의 펠로 선출에 상정하는 안건을 부결시켰다. 루빈슈타인만 찬성했던 것이다. 베스 앨런은 이렇게 회고했다. "사람들은 후보를 서열화하라는 요청을 받았는데, 내쉬는 순번에 들지 못했습니다. 루빈슈타인은 화를 냈지요. 그는 무슨 일이 있어도 내쉬를 피선거인 명부에 넣어야 한다고 주장했어요." 뷸리는 그 문제가 종결되었다고 못을 박았는데, 그는 후일 그런 결정을 후회했다. "그것은 잘못된 결정이었다"고 그는 1996년에 말했다. 이 일화는 고등학문연구소가 세계적으로 유명한 논리학자 쿠르트 괴델을 수년 동안 수학 교수직에 임명하지 않았던 것을 연상시킨다. 그러나 고등학문연구소의 결정에는 그럴 만한 이유가 있었다. 연구소의 몇 명 안 되는 수학 교수들은 괴델의 유명한 편집증과 의사결정 공포심리가, 매년 방문학자를 결정하는 일을 비롯한 연구소 행정 수행능력을 마비시킬지도 모른다는 것을 우려했던 것이다.

이 사건의 최대 아이러니는, 내쉬가 1990년에 펠로 투표에 부쳐졌다는 것이다(루빈슈타인이 미시건 대학의 케네스 빈모어 *Kennth Binmore*, 노스웨스턴 대학의 로저 마이어슨 등과 함께 후보 지명서를 공동으로 제출함으로써 지명위원회의 심사를 피해갔기 때문이다). 학회의 사무총장인 줄리 고든 *Julie Gordon*의 말에 따르면, 내쉬는 "압도적 다수의 지지"를 받아 펠로가 되었다.

48 노벨상

당신이 (내쉬의 수상 스토리를) 알아내려면 50년은 기다려야 할 겁니다. 우리는 그것을 결코 공개하지 않을 테니까요.
―스웨덴 왕립 과학 아카데미 사무총장 칼-올로프 야콥슨, 1997년 2월

존과 앨리샤 내쉬, 1994년 12월, 스톡홀름 노벨상 시상식장에서

1994년 10월 12일 수요일. 젊고 의젓한 경제학 교수 외르겐 바이불 *Jörgen Weibul*은 50번도 넘게 손목시계를 바라보았다. 그는 스웨덴 왕립 과학 아카데미의 웅장한 세션스 홀 단상 가까이 서 있었다―그곳의 천장 장식은 화려한 보석상자 같았고, 벽에는 초상화가 즐비하게 걸려 있었다. U자형 테이블들 사이의 좁은 통로에는 기자들과 사진작가들이 밀집해 있었다. 이제 홀은 아수라장으로 변하기 직전이었다. 모두가 커다란 목소리로 시간이 지연되고 있는 이유를 추측해 외쳐대며 우왕좌왕하고 있었다.

바이불은 그날 오전 스톡홀름 대학의 사무실을 나설 때는 너무 마음이 들떠서, 반 마일 거리인 그 아카데미까지 거의 뛰다시피 걸어갔다. 노벨 경제학상 5인위원회의 위원장인 아사르 린드벡 *Assar Lindbeck*이 회견장에서 기자들의 질문을 대신 받아달라고 요청했던 것이다. 그것은 아주 영예로운 일이었다. 그러나 이제 바이불은 입이 바싹 탔고 두 어깨가 욱신거렸다. 그는 일이 잘못되는 것은 아닌가 싶어 머리까지 지끈거렸다.

노벨상 발표 기자회견은 통상 11시 반에 열렸다. 이 기자회견은 의례적인 최종 투표를 거쳐 수상자가 확정된 직후 항상 한치의 어김도 없이 정해진 대로 시행되었고, 항상 정시에 시작되었다. 그러나 벌써 오후 1시였다. 아카데미의 인사들 모습도 전혀 눈에 띄지 않았고, 한 마디 전갈도 없었다. 모든 기자들이 전에는 이런 일이 한 번도 없었다고 투덜거리고 있었다.

갑자기, 그의 옆에 있는 육중한 문이 열리더니 몇몇 아카데미 인사들이 홀로 들어섰다. 그들은 극장에 있다가 눈부신 거리로 나온 영화 관람객들처럼 다소 눈이 부신 듯한 표정을 지었다. 그들은 해명을 요구하며 질문 공세를 퍼붓는 기자들을 무시하고 황급히 앞으로 나아갔다. 그러나 바이불은 마이크 달린 테이블 옆에 서 있다가 잠시 린드벡과 눈길을 마주칠 수 있었다. 갑자기 그는 마음이 푹 놓였다. "린드벡은 무슨 신호를 보내지는 않았습니다." 바이불이 후일 말했다. "그러나 나는 모든 것이 제대로 되었다는 것을 직감할 수 있었습니다." 그리고 안도감은 곧 기쁨으로 바뀌었다. 은발에 용모가 수려한 사무총장 칼-올로프 야콥슨이 보도문의 첫 몇 마디를 낭독하는 소리를 들었던 것이다. "존 포브스 내쉬 주니어, 뉴저지 주…."

존 내쉬의 노벨상 수상에 얽힌 뒷얘기는, 수학자가 수상자가 되었다는 사실 못지않게 이례적이다. 게임 이론에 노벨상을 안겨주어야 한다는 것이 처음 공론화된 이후 수년 동안, 내쉬를 열렬히 지지하는 사람들조차도 그의 수상은 거의 불가능하다고 생각했다. 그러나 후일, 그의 수상이 사실상 확정되고, 그가 수상하게 되었다는 것이 본인에게까지 전달된 후, 그리고 공식 발표가 있기 한 시간 전, 이 절정의 영예는 하마터면 내쉬를 비켜갈 뻔했다―이 일은 노벨 경제학상의 미래에 장구한 영향을 미치게 되었다.

이것은 전에 밝혀진 적이 없는 스토리이다. 스웨덴 왕립 과학 아카데미와 노벨 재단―수상 배경에 대해 올림포스적인 분위기를 지키려고 하는 기관―은 이 사실을 덮어두려고 모진 노력을 다했다. 아카데미는 가장 비밀스러운 단체 가운데 하나이다. 그리고 기나긴 선출 과정의 모든 세부사항―후보지명, 배경조사, 심의, 투표 등-은 이 세상에서 가장 폐쇄적으로 보호되는 비밀에 속한다. 그것은 다름 아닌 노벨상 정관에 다음과 같이 규정되어 있다.

시상을 위해 접수한 제안, 그리고 시상 관련 조사 내용과 의견은 공개될 수 없다. 시상과 관련해서, 수상할 단체에 관한 다양한 의견이 개진되어야 한다면, 그런 의견은 기록되거나 공개되어서는 안 된다. 그러나 수상 단체는, 각기 개별적으로 정당한 숙의를 거친 후, 역사적 연구 목적을 위해, 시상 관련 평가와 결정의 기초 자료를 열람하는 것이 허가될 수 있다. 이러한 허가는 수상이 결정된 날로부터 최소한 50년이 경과한 후에 취득될 수 있다.

규정 위반이 물론 없지는 않았다. 1960년대와 1970년대에 노벨 문학상에 대한 고급 루머가 스웨덴 한림원으로부터 새어나오곤 했다. 1994년에는 평화상이 팔레스타인 지도자 야시르 아라파트에 돌아가려고 하자, 노르웨이 노벨상 위원회의 한 사람이 위원직 자리를 그만두고, 항의 사항을 언론에 공개하기도 했다. 노벨 재단의 집행 이사인 마이클 솔만은 지금도 그때의 일을 말할 때면 언성을 높인다.

그러나 물리학상과 화학상, 경제학상을 관장하는 스웨덴 왕립 과학 아카데미의 잿빛 보자르 *Beaux-Arts* 담벽들에는, 비유적으로라도 균열이, 전혀는 아니어도 거의, 나타난 적이 없었다. 내쉬의 수상이 발표되는 그날, 한 시간 반의 불가사의한 지연만 없었더라도, 그 아카데미는 당연히 과정의 비밀을 지키는 데 성공했을 것이다. 사실 아카데미 인사들은 지연 사유 해명을 거부했을 뿐만 아니라, 어찌되었든 그런 지연이 의미가 있다는 것을 부인했다. 사실상 그들은 아주 신속하게 그런 지연이 있지도 않았다고 주장하기 시작했다. 1994년 당시 경제학상 위원회의 일원이었고, 당시의 사건을 잘 알고 있는 칼-괴란 멜러 *Karl-Göran Mäler*는 최근 이렇게 말했다. "나는 그 어떠한 지연이 있었다는 기억도 없습니다."

노벨 경제학상은 일종의 의붓자식이다. 스웨덴의 기업가이자 발명가인 알프레드 노벨이 물리학과 화학, 의학, 문학, 평화 부분의 5개 상을 제정한다는 그 유명한 1894년의 유언장을 작성할 때, 그 음침한 학문 *dismal science*(토마스 칼라일이 경제학을 비꼬아서 한 말: 옮긴이주)은 전혀 염두에 없었다. 경제학상은 거의 70년이 지난 후 제정된 것으로, 당시 스웨덴 중앙은행 총재의 머리에서 나온 것이다. 경제학상은 이 중앙은행이 재정을 후원하고, 시상은 스웨덴 왕립 과학 아카데미와 노벨 재단이 맡게 되었다. 이 상은 사실상 노벨상이라기보다는 차라리 "알프레드 노벨을 추모하는 경제학 분야의 스웨덴 중앙은행상"이라고 하는 게 옳다. 그러나 일반인에게는 대동소이해 보인다. 초기 경제학상 수상자들—폴 새뮤얼슨, 케네스 애로, 군나르 뮈르달 *Gunnar Myrdal* 등—이 일반적으로 학계의 거인으로 인정받음에 따라 상의 권위가 높아지게 되었다. 그리고 적어도 아직까지는, 노벨상이 "과학자와 일반인 모두에게 탁월성의 궁극적 상징"이 되어왔고, 사실 경제학상 수상자도 "학자들 세계의 비세습 귀족"으로 여겨지게 되었다.

경제학상의 시상 기준과 규칙, 그리고 절차는 과학상과 마찬가지이다. 후보는 살아 있어야 한다. 공동 수상은 3인을 초과할 수 없다—팀으로 작업하는 것이 보통인 물리학 분야에 비해 경제학 분야에서는 이 3인 제한이 그리 문제가 되지 않는다. 지명 과정에 참가한 사람을 비롯한 많은 사람들이 제대로 알고 있지 못한 것이 하나 있다. 그것은 노벨상이 뛰어난 개인에게 주는 상이 아니며, 평생의 업적을 기려서 주는 상도 아니라는 사실이다. 노벨상은 특정 업적, 발명, 발견을 치하하기 위해 주는 상이다. 그 업적은 이론일 수도 있고, 분석 방법이나 순수 경험 결과일 수도 있다. 경제학에서 못지않게 수학이 커다란 역할을 하는 물리학의 경우, 수학적 업적만을 기려 상을 주는 것에는 반대하는 강한 편견이 있다. (노벨 자신도 수학자를 좋아하지 않았다고 한다. 그 이유가 성적인 혹은 직업적인 질투와 관련된다는 그럴듯한 소문은 모두 근거 없는 것으로 밝혀졌다.)

경제학상 수상자 선정 과정 역시 과학상과 실질적으로 다른 점이 없다. 스웨덴의 원로 경제학자로 구성된 5인의 위원회는 전세계의 엘리트 학자들로부터 후보자 추천을 받고 참고 자료를 수집한다. 위원회는 매해 봄, 보통 4월에 후보자를 선정한다. 소위 사회과학 클래스 *Social Sciences Class*라는 곳—경제학 등 사회과학 분야의 모든 아카데미 회원들 단체—에서 이른 가을(주로 8월 말이나 9월 초)에 단일 혹은 복수 후보를 승인한다. 그러면 아카데미는 10월 초에 지명자들에 대해 투표를 한 다음, 당일로 수상자를 발표한다.

적어도 서류상으로는, 5인위원회의 모든 위원은 후보자만큼이나 유명하며, 수상자의 선정은 세속에 초연하고, 사심 없고, 궁극적으로 과학적 판단이 민주적으로 행사된다—스포츠 경기의 우승자를 결정하는 일이 그러하듯, 개인적인 선호도와 편견, 혹은 정치적 금전적 고려 등과는 무관하게 이루어진다. 이와 같은 이상적인 언급에는 어느 정도, 아주 많이라고 해도 좋은, 진실이 담겨 있지만 그것이 스토리의 전부는 아니다.

아사르 린드벡은 1969년 5인위원회에 참여해 1980년에는 위원장이 되었으며, 역대 노벨 경제학상 시상에 커다란 영향력을 행사해왔다. 키가 크고 머리칼이 붉고 건장한 체구의 린드벡은 철공소나 탄광의 십장 같아 보이는 사람이다. 스웨덴 북단 출신인 그는 다소 거칠고, 다소 인습적이고, 꽤 퉁명스러운 데가 있다. 그는 자기가 참여하는 대화의 거의 모든 주제에 강렬한 주관을 가지고 있다. 그래서 그는 아카데미에서 별로 인기가 없는 사람이다. 그러나 그에게도 어떤 세속적인 매력이 없지는 않다. 그의 유머감각은 짓궂고 노골적이다. 그는 일요일마다 그림을 그리는 아마추어 화가이다—물감이 묻은 뿔테 안경을 쓰고 5인위원회 회의에 나타나기도 한다. 그의 대학 사무실에는 아주 커다란—그리고 너무나 생생한—에로틱한 그림이 걸려 있다.

린드벡은 스웨덴에서 가장 비중 있는 경제학자이다. 대학과 정부와 산업체가 오랫동안 긴밀히 연계되어온 스웨덴에서, 일류 경제학자는 전통적으로 미국 경제학자에 비해 훨씬 더 큰 정치적 영향력을 행사해왔다. 노벨상 5인위원회의 초대 위원장이었던 베르틸 올린은 수년 동안 스웨덴 야당의 지도자였다. 군나르 뮈르달은 1974년에 노벨 경제학상을 수상했는데, 사회민주당 내각의 각료를 역임했다. 린드벡도 올로프 팔메 총리의 오른팔로서 많은 정치 고문직을 맡았고, 1960년대 이래 대부분의 공공정책 토론에 참석해왔다.

올린이나 뮈르달과는 달리 린드벡은 교직을 떠나 직업 정치가가 되지는 않았다. 사실 그는 노벨 경제학상을 수상해도 손색이 없는 인물이다. 68세에 이른 지금도 스톡홀름 대학의 그의 책상 뒤쪽에 작은 작업선반이 있는데, 그 선반에는 "준비중인 논문", "제출된 논문", "수락된 논문"으로 표시된 엄청난 논문이 쌓여 있다. 그는 자신의 정치 감각과 권위를 이용해 경제학과와 연구소를 키우고 있다. "그는 일종의 마피아 지도자, 혹은 해결사"라고 칼-구스타프 뢰프그렌 *Karl-Gustaf Löfgren*은 말했다. 뢰프그렌은 노벨상 5인위원회의

하부 위원이며, 우메오 대학의 자원경제학 교수인데, 이렇게 덧붙여 말했다.

나는 자원경제학을 공부한 적이 없는데, 자원경제학 교수가 되었습니다. 린드벡은 사람을 적재적소에 기용할 줄 아는 사람입니다. 그는 남의 말을 경청합니다. 그리고 뚜렷한 주관을 지니고 있습니다. 나는 그를 좋아합니다. 그는 아주 건전하고, 대단히 날카롭습니다.

아사르 린드벡은 자기 주장을 관철하는 사람이라는 평판을 지니고 있다. 그는 회사의 최고경영자보다는 중앙은행 총재 같은 스타일을 지니고 있다. 그의 오랜 친구인 멜러의 말처럼, "아사르는 명령으로 통솔하지 않는다." 린드벡은 1980년대 중반에 쓴 노벨 경제학상에 관한 글에서 이렇게 자랑했다. "지금까지 5인위원회가 아카데미에 올린 제안은 만장일치로 통과되었다. 위원회 내에서는 아주 '자동적으로' 만장일치가 이루어졌다. 깊이 있는 논의 후 일종의 보이지 않는 손이 작용하는 것처럼." 보이지 않는 손은 물론 그의 손이었다. "그렇게 말할 수도 있겠지요." 뢰프그렌이 웃으며 말했다. "그래도 만장일치인 것은 부정할 수 없습니다.…그러나 그는 지배자적인 인물입니다. 우리는 공식적으로 투표를 하지 않습니다. 동의를 하는 거죠."

스웨덴 왕립 과학 아카데미의 총회장인 케르스틴 프레드가는 한때 이렇게 말했다. "아사르에게 '노 *no*'라고 말할 수 있는 사람은 거의 없습니다." 아이러니하게도 1994년 12월에, 그 말은 더 이상 옳지 않게 되었다.

존 내쉬의 이름이 노벨상 후보에 처음 오른 것은 1980년대 중반이었다. 수상자 선정 과정은 거대한 깔때기와 같다. 어느 특정 시점에, 경제학상 5인위원회는 가능한 후보 분야와 후보자 집단에 대한 10여 가지 "조사" 활동을 한다. 그러나 꽤 신속하게, 첨예한 분야와 후보자들에게 관심이 집중된다. 1984년까지는 노벨상이 새뮤얼슨과 애로, 제임스 토빈 *James Tobin* 등 누가 봐도 "명백한" 사람에게 시상되었다. 5인위원회는 경제학의 좀더 새로운 분야를 폭넓게 찾아 나섰고, 당시로서는 게임 이론보다 더 새롭고 더 열띤 분야는 없었다.

1984년에 5인위원회는 예루살렘의 히브리 대학에 있는 젊은 연구자 한 명에게 연락을 했다. 다름 아닌 에리얼 루빈슈타인이었는데, 참전용사이자 이스라엘 평화운동 활동가인 그는 게임 이론 분야의 수상자 후보에 대해, 수개월 동안 심혈을 기울여 10쪽짜리 보고서를 작성했다. 그는 존 내쉬를 후보 1순위에 올렸다.

루빈슈타인을 게임 이론 분야의 일급 연구자로 만들어준 1982년 논문은 내쉬의 1950년 협상 문제 논문을 확대한 것이었다. 그리하여 내쉬에 대한 부채감도 컸고, 내쉬의 독창적 업적에 대한 이해도도 높았다. 프린스턴 방문길에 내쉬를 만난 적도 있는 루빈슈타인은 내쉬의 과거 기여도와 현재 상황간의 차이가 너무나 현격한 것에 충격을 받지 않을 수 없었다. 그는 정신병이라는 낙인이 얼마나 뼈저린 것인지 직접 경험해본 적도 있어서 더욱 울분이 북받쳤다. 그의 어머니가 한때 우울증으로 입원한 적이 있었는데, 의사들과 친척들이 어머니를 인간 취급도 하지 않던 것을 그는 결코 잊지 못했던 것이다.

노벨상 위원회는 게임 이론 분야를 덮어두었다가, 1987년에 이르러 이번에는 바이불에게 2차 보고서를 의뢰했다. 그가 보고서를 제출하자, 린드벡은 위원회가 그에게 질문할 것이 있다면서 위원회 회의에 몇 차례 참석해달라고 요청했다. 바이불은 물론 철저히 비밀을 지키겠다고 서약했다.

바이불이 패널을 두른 회의실에 들어섰을 때, 서로를 소개할 필요는 없었다. 바이불도 작은 스웨덴 학계의 엘리트였으므로 거대한 테이블에 둘러앉은 다섯 인사들을 잘 알고 있었다. 그런데도 조금은 겁이 났다. 위원회의 질문을 듣는 순간, 자기가 역사적 결정의 초기 과정에 참여하고 있다는 것을 알았기 때문이다. "내 느낌으로는… 위원회가 이 문제를 고려하기 위해 모임을 갖는 것은 처음인 것 같았습니다."

바이불은 자신의 보고서 내용을 구두로 요약해서 설명했다. 게임 이론의 중심 개념, 경제 연구에서의 중요성, 핵심 기여자들에 대해 그는 말했다. 바이불 역시 여섯 명의 핵심 사상가 리스트의 첫머리에 내쉬를 올려놓았다.

위원들은 자기 의견을 감추기 위해 조심스러운 어법으로 질문을 했다. 그것이 첫 번째 회의였던 만큼, 게임 이론이 한때의 유행은 아닌지, 진정 폭넓은 경제 문제를 연구하는 중요 수단인지에 질문의 초점이 맞추어졌다. 그러나 두 번째 회의에서 린드벡 위원장은 존 내쉬에게 가늠자를 맞추었다. 내쉬의 업적이 단지 수학적인 것은 아닌가? 린드벡이 물었다. 경제학자들이 지난 백 년 동안 다루어온 것을 내쉬가 단지 수학적으로 정리하기만 한 것은 아닌가? 내쉬가 1950년대 초에 게임 이론에 대한 연구를 그만두었다는 것이 사실인가? 이 질문은 내쉬의 정신병에 대해 아주 완곡하게 물어본 것이었다.

바이불은 회의실을 나서며, 위원회가 게임 이론 분야에 시상을 할 가능성이 높다고 생각했다. 그러나 내쉬가 수상자가 될 거라고 확신할 수는 없었다. 정신병을 앓고 있을 뿐만 아니라, 일찍이 게임 이론 논문을 내놓은 이후 수십 년이 흘렀기 때문이다.

에릭 피셔는 그해에 스톡홀름 대학의 국제경제학 연구소를 방문 중이었는데, 린드벡으로부터 내쉬의 정신 건강에 대한 질문을 받았다고 회상했다. 피셔는 프린스턴의 학부생이었을 때, 내쉬가 파이어스톤 도서관을 배회하는 것을 보곤 했다. 린드벡이 알고 싶어한 것은 이런 것이었다. 내쉬가 "[노벨상] 수상에 따르는 화려한 스포트라이트를 감당할 수 있겠는가?"

2년 후 1989년 가을, 바이불은 처음으로 내쉬를 만나기 위해 다급히 프린스턴 대학 캠퍼스를 가로질러 갔다. 프린스턴 수학과 학과장을 사이에 두고 몇 주 동안 미묘한 협상을 벌인 끝에, 사람을 피하는 그 수학자가 마침내 점심식사를 같이 하기로 동의했던 것이다. 바이불이 그처럼 만나려고 한 데에는 특별한 동기가 있었다. 그가 스웨덴에서 떠나기 직전, 린드벡이 옆으로 불러 세우더니 내쉬의 정신상태에 대해 보고해달라고 요청했던 것이다. 내쉬가 얼마간 회복되어 아주 정상적으로 행동한다는 얘기가 있다고 린드벡은 말했다. 그것이 사실인가? 바이불은 그것을 알아볼 참이었다.

바이불은 프린스턴 교수 클럽인 프로스펙트 하우스 앞에 서 있는 키가 크고 흰머리에 수척해 보이는 남자가 내쉬라는 것을 직감했다. 그는 다소 어색하게 서서 담배를 피우며 땅을 굽어보고 있었다. 분명 이 만남을 위해 단정하게 옷을 차려입은 듯했는데, 하얀 테니스

운동화와 긴 소매 셔츠와 긴 바지 차림이었다. 바이불이 다가가자 내쉬는 안절부절못했다. 바이불이 다정하게 미소 지으며 손을 내밀 때, 내쉬는 바이불의 눈을 마주 보지 못했다. 내쉬는 재빨리 악수를 한 후, 곧장 다시 손을 주머니에 찔러 넣었다.

그들은 정식 레스토랑이 아닌 아래층의 작은 간이식당에서 식사를 했다. 점잖고 부드러운 말씨를 지닌 바이불은 내쉬의 연구에 대한 질문을 했다. 가끔 대화가 이상한 방향으로 흐르기도 했다. 바이불은 내쉬에게 참여자의 비합리적인 착수를 고려한 내쉬 균형 개념을 자세히 설명해달라고 부탁했다. 내쉬는 비합리성에 대해서가 아니라, 불멸성에 대해 말하는 것으로 대답을 갈음했다. 그러나 전체적으로 바이불이 보기에, 내쉬는 여느 학자에 비해 더 괴팍하거나, 더 불합리하거나, 더 편집증적인 것 같지 않았다. 바이불은 내쉬의 게임 이론 논문에 대해 그 동안 몰랐던 흥미로운 세부사항을 알게 되었다. 내쉬가 협상 해법의 아이디어를 얻은 것은 카네기 공대 시절 국가간의 무역 협정에 대해 생각하던 도중이었다는 것도 알게 되었다. 내쉬는 균형 결과를 증명하기 위해 브로우어와 가쿠타니 *Shizuo Kakutani*의 부동점 정리를 사용했는데, 아직까지도 브로우어에 따른 정리가 훨씬 더 아름답고 간편했다고 생각하고 있었다. 폰 노이만은 균형 아이디어를 반대했지만 터커 교수가 지지해주었다고 그는 말했다.

그러나 이 만남에서 바이불의 뇌리에 가장 강하게 남은 내쉬의 말은 따로 있었다. 그 말 때문에, 바이불은 초연한 관찰자이자 객관적인 정보 제공자 입장에서 열렬한 대변자로 돌아서게 되었다. 그들이 교수 클럽에 들어서기 전, 내쉬는 우물쭈물하며 이렇게 말했다. "내가 들어가도 될까요? 나는 교수가 아닌데요." 이 위대한, 위대한 학자가 자기 자신을 교수 클럽에서 식사할 자격조차 없는 사람이라고 생각한다는 것은, 바이불이 보기에 마땅히 바로잡아야 할 너무나 부당한 사태였다.

1993년 여름 무렵, 게임 이론 분야에 노벨상이 돌아갈 것이라는 소문이 파다하게 퍼졌다. 6월 중순, 아주 엄선된 학자들로 구성된 조촐한 게임 이론 심포지엄이 열렸다. 장소는 스톡홀름에서 북쪽으로 수백 킬로미터 떨어진 곳에 있는 알프레드 노벨의 옛 다이너마이트 공장 소재지인 비외르크보른이었다. 5인위원회가 개최한 이 심포지엄은 노벨상 후보의 얼굴 알리기 대회 같은 것이었는데, 칼-괴란 멜러가 바이불과 케임브리지 대학 경제학자인 파르타 다스굽타 *Partha Dasgupta*의 도움을 받아 조직한 것이었다. 린드벡은 그해 봄 학기를 케임브리지 대학에서 보내며 전화로 심포지엄 준비상황을 감독했다. 초대 연사인 10여 명의 학자들은 1세대와 2세대 게임 이론 연구자들이었는데, 주로 이론가이자 실험주의자였다. 그들 가운데 주요 인물은, 존 하사니, 라인하트 젤텐, 로버트 오만, 데이빗 크렙스 *David Kreps*, 에리얼 루빈슈타인, 알 로스, 폴 밀그롬 *Paul Milgrom*, 에릭 매스킨 *Eric Maskin* 등이었다. 심포지엄의 의제는 전략적 상호작용에서의 합리성과 균형이었다.

참가자들 대부분은 그들이 5인위원회의 판단을 돕기 위해 참석했다는 것을 알고 있었고, 그 그룹의 세 원로인 하사니, 젤텐, 오만이 수상자가 될 거라고 짐작했다. 하얀 턱수염을 기른 이스라엘 사람인 오만은 "이미 수상한 것처럼" 거들먹거리며 돌아다녔다. 의제 선택을 위해 많은 얘기가 오갔고, 의제는 협력 게임보다 비협력 게임에, 그리고 이론적인 것에 초점이 맞추어졌다. 초대받지 못한 학자들에 대한 얘기도 많았는데, 당연히 내쉬에 대한 언급이 가장 많았다.

나중에 밝혀졌지만, 5인위원회는 그 자리에서 어떤 후보를 결정하려는 것이 전혀 아니었다. 5인위원회의 한 사람이었던 토르스텐 페르손 *Torsten Persson*이 후일 한 말에 따르면, 그 심포지엄을 개최한 주된 동기는 "위원회 교육" 기회를 마련하기 위한 것이었다. 5인위원회 인사 가운데 참석한 사람은 심포지엄 조직 책임자인 멜러와 잉게마르 스탈 *Ingemar Stahl*뿐이었다. 스탈의 동생 인골프가 그 심포지엄의 연사였는데, 스탈은 동생의 연설을 들으러 왔다고 넌지시 말했다. 그러나 참석자들은 모두 그가 위원회의 스파이 자격으로 거기 왔다고 생각했다.

몇 주 후, 프린스턴 대학의 수학과 경제학 교수인 해롤드 쿤은 스톡홀름으로부터 긴급 팩스를 받았다. 바이불이 여러 가지 서류를 보내달라고 요청하는 팩스였는데, 내쉬의 박사논문과 랜드 시절의 실적을 "늦어도 8월 중순까지" 보내달라는 것이었다. 바이불은 또 역사학자 로버트 레너드가 내쉬를 인터뷰한 녹음 테이프도 보내달라고 요청했다. 그 인터뷰를 녹음해두지 않았던 레너드는 쿤에게 편지를 보내, 그 요청이 "노벨상과 관련이 있는 것 같다"는 의견을 피력했다.

한편 스톡홀름의 5인위원회는 아카데미의 소위 제9클래스 *Ninth Class*라는 곳—사회과학 분야의 모든 아카데미 회원들 단체—에 보고서를 상정하기 직전이었다. 보고서의 상당 부분은 1993년 수상 후보인 두 명의 경제사학자에 대한 것이었다. 한 사람은 시카고 대학의 로버트 포겔 *Robert Fogel*이었고 다른 한 사람은 세인트 루이스 소재 워싱턴 대학의 더글러스 노스였다. 이와 함께, 위원회는 이듬해의 가장 유력한 수상 제안 두어 건을 새로 포함시켰다. 그 중 하나가 게임 이론에 대한 수상이었다. 내쉬는 6명의 선발후보 리스트에 올라 있었다.

5인위원회는 적어도 한 가지만큼은 합의한 상태였는데, 그것은 존 폰 노이만과 오스카 모르겐슈테른의 위대한 공저 논문이 발표된 지 50년째인 1994년에 게임 이론 분야에 노벨상을 안겨주고 싶다는 것이었다.

린드벡과 다른 위원들은 여전히 두어 명의 수상자를 전제한 "모든 가능한 인물 조합"을 검토하고 있었다. 선발후보 리스트—위원회가 가장 관심을 집중시킨 후보들—는 노벨상이 제정된 이래 바뀐 적이 거의 없었다. 이 리스트에는 내쉬 외에도, 프린스턴 시절에 내쉬와 알고 지낸 로이드 셰이플리도 들어 있었다. 셰이플리는 폰 노이만과 모르겐슈테른의 가장 직계 후계자였고, 협력 게임이 주류를 이룬 1950년대와 1960년대에 그 분야의 명백한 선두주자였다. 비협력 게임 이론에 치중했던 라인하르트 젤텐과 존 하사니도 리스트에 들어 있었다. 하사니는 불완전 정보 게임의 분석에 돌파구를 마련했고, 젤텐은 게임의 합리적 결과와 비합리적 결과를 식별하는 방법을 개발했다. 게임에서 상식의 역할론을 전개한 로버트 오만도 리스트에 올라 있었다. 극단정책 *brinkmanship*의 전략적 가치 개념을 고안한 토마스 셸링도 게임 이론을 사회과학에 폭넓게 적용할 수 있는 비전을 제시했다는 공로로 리스트에 올랐다.

수상 결정은 단계별로 이루어진다. 해마다 위원회는 1월 31일 직후에 회의를 시작하는데, 이날은 전세계 유명 경제학자들로부터 200여 명의 후보자 추천을 받는 마감일이다. 4월 무렵, 위원회는 특정 후보들을 결정한다. 8월 말, 제안서를 제9클래스에 제출해 승인을 받는다. 제안서에는 검토보고서, 간행물, 기타 보충자료 등 20센티미터에 육박하는 두께의 서류가 첨부된다. 10월 초, 아카데미는 후보들에 대한 투표에 들어간다. 그러나 모든 관련자가 잘 알고 있듯이, 위원회 5명에게, 최근까지는 아사르 린드벡 한 사람에게, 진짜 결정권이 있었다. 뢰프그렌은 이렇게 말했다. "5인위원회는 1년 내내 회의를 합니다. 위원회보다 더 높은 단체에서 결정을 한다는 것은 기술적으로 불가능해요."

위원회 5명—린드벡, 멜러, 스탈, 페르손, 라르스 스벤손 *Lars Svenson*—의 토론은 첫 회의 때부터 이례적으로 격렬했다. 린드벡은 1994년의 경제학상이 비협력 게임 이론에만 주어져야 한다고 결론을 내렸다. 비협력 게임 이론이 경제학 분야에 많은 공헌을 했다고 생각했기 때문이다. 비협력 이론은 "지금까지 가장 중요한 이론"으로 입증된 것이라며, 린드벡은 이렇게 덧붙였다. "협력 이론이 경제학에서 응용되는 경우는 드물다. 오히려 정치학에서 더 많이 활용되고 있다." 멜러는 처음부터 린드벡 편이었다. 그러나 나머지 위원들을 설득하는 일이 린드벡이 예상했던 것만큼 쉽지 않았다. "나중에는 결론이 아주 자명해 보입니다. 그러나 그 결론에 이르는 데 오랜 시간이 걸렸습니다. 다른 위원들을 설득하는 것도 그랬습니다." 린드벡의 말이다. 물론, 그가 후일 시인했듯이, 그런 식으로 논의를 좁힌 결과 로이드 셰이플리와 토마스 셸링은 즉각 배제되었을 것이다. 그런데 바로 그 순간 진짜 문제점이 불거져 나왔다. 비협력 이론에 초점을 맞추게 되자 내쉬를 배제하기가 어려웠던 것이다. "일단 수상 분야를 비협력 이론으로 국한하자, 핵심 기여자가 누구인지를 결정하는 것은 아주 쉬웠습니다. 내쉬가 수상해야 한다는 것은 명확했지요." 린드벡은 비협력 게임의 균형을 정의한 세 학자—내쉬, 하사니, 젤텐—에게 상을 주자고 제안했다. 바로 그 순간, 토론은 험악해지기 시작했다.

위원회 인사 가운데 린드벡에게 눌리지 않고 지적으로 도전할 수 있는 사람은 잉게마르 스탈이었다. 당시 60세였던 스탈은 룬드 대학의 경제학과 법학 교수였다. 빨리 배우는 능력과 뛰어난 토론 능력을 지닌 스탈은 어떤 토론에서든 반대의견을 제시하는 것을 좋아했는데, 흔히 극단적인 반대 입장을 취했다. 그는 오랫동안 가장 활동적인 위원회 활동을 해왔고, 1980년대 초 이후 다수의 수상 후보 제안서를 작성하기도 했다.

스탈은 키가 작고 머리는 크고 배가 많이 나온 사람이다. 그를 헐뜯는 사람들은 등뒤에서 그를 즈베르겔 *Zwergel* 즉 "꼬마 난쟁이"라고 불렀다. 한때는 신동으로 소문났지만, 처음의 기대만큼 업적을 내지는 못했다. 룬드 대학의 명예로운 교수, 아카데미 회원, 5인위원회의 오랜 위원 등의 자리를 그가 차지할 수 있었던 것은, 그의 연구 업적 때문이라기보다 정치적 연줄과 공공정책 토론회에서의 높은 지명도 때문이었다. 린드벡과 마찬가지로 스탈도 일찍부터 줄타기를 시작한 사람이었다. 고교시절에 이미 팔메를 비롯한 사회민주당 소속의 여러 정치인에게 총애를 받았는데, 1960년대 후반에는 보수 야당 쪽으로 돌아섰다.

스탈은 내쉬가 수상하는 것을 완강하게 반대했다. 처음부터 그는 게임 이론 자체에 대단히 회의적이었다—모든 순수 이론에 대해 그랬다. 그는 제도주의자이고, 형식적 추론보다는 직관을 더 선호하고, 수학자와 "기교주의자 *technicians*"를 경계하는 사람이다. 예를 들어 그는 1986년 제임스 뷰캐넌 *James Buchanan*, 1991년 도널드 코어스 *Donald Coase*에게 노벨 경제학상이 돌아가도록 막후에서 힘을 썼는데, 이 두 사람은 정부와 사법 구조가 시장 기능에 영향을 미친다는 것에 초점을 맞춘 이론을 제시한 경제학자들이다. 스탈은 또 노벨상에 대한 정치적 영향력을 장악하고 있는 것에 자부심을 지니고 있기도 했다. 그는 내쉬에 대해 알면 알수록 상을 주고 싶은 생각이 없어졌다. 특히 그는 내쉬에게 상을 주는 것이 분별없는 짓이라고 생각했다. 곤혹스러운 결과를 낳기 십상이며, 무엇보다도 위원회의 위상에 먹칠을 하게 될 거라고 보았기 때문이다.

스탈은 후일 이렇게 말했다. "나는 내쉬가 앓아왔다는 것을 알고 있었다. 나는 그것을 모르는 사람이 많다고 생각했다. 나는 회르만더의 소견을 들은 듯하다."

스탈은 나름대로 조사를 많이 했다. 그해 초가을, 그는 라르스 회르만더에게 전화를 했다. 회르만더는 스웨덴의 가장 유명한 수학자였고, 1962년에는 필즈 메달을 받았다. 이때 회르만더는 룬드 대학을 은퇴한 직후였는데, 스탈은 자기가 노벨상 5인위원회의 한 사람이라고 신분을 밝혔다. 그는 회르만더가 1950년대와 1960년대의 내쉬를 아주 잘 알고 있다는 말을 들었다고 말했다. 노벨상 후보로 내쉬를 고려중인데, 내쉬에 대한 내막을 좀 알려줄 수 있겠는가?

회르만더는 깜짝 놀랐다. 여느 순수 수학자들과 마찬가지로, 그는 내쉬의 게임 이론 업적을 높이 평가하지 않았다. 회르만더가 내쉬를 마지막으로 본 것은 1977~1978년 프린스턴에서였다. 그는 내쉬가 파인홀 주위를 배회하는 것을 보았고, 그때 내쉬는 "유령"이었다. 내쉬는 그를 알아보지 못하는 것 같았고, 그의 존재조차 의식하지 못하는 것 같았다. 회르만더는 내쉬에게 말을 걸어보려고도 하지 않앉다. 그런 내쉬에게 상을 준다는 것은 "터무니없는, 위험한" 일 같았다.

회르만더는 솔직하고 간결하게 말했다. 내쉬에 대한 그의 기억은 아주 혐오스러운 것이었다. 내쉬가 시민권을 포기하려고 했던 일, 처음에는 스위스에서, 다음에는 프랑스에서 강제 출국당한 일, 1962년 파리 회의에서 내쉬가 한 기괴한 행동, 회르만더가 1962년 필즈 메달을 받은 이후 은연중 질투와 적개심을 담은 익명의 엽서 공세 등을 그는 언급했다.

스탈은 또 여러 정신과의사들에게도 문의한 적이 있어서, 내쉬의 병이 우울증이나 조증과는 다른 병이라는 것을 알고 있었다. 그는 후일 이렇게 말했다. "나는 이곳의 정신과의사를 몇 사람 알고 있습니다. 최고의 정신과의사 말입니다. 그들의 말을 듣자니 정신분열증 환자는 인성이 완전히 달라진다는 것이었습니다. 내쉬는 과거에 뭔가를 한 그 사람이 아닌 것입니다."

린드벡은 바이블과 쿤의 보고서를 믿고, 내쉬의 상태가 크게 좋아졌으며 사실상 회복이 되었다고 위원들에게 말했다. 그 점에 대해서도 스탈은 아주 회의적이었다. 그가 문의해본 정신과의사들은 정신분열증이 만성이며, 회복이 불가능한 퇴행성 질병이라고 말했기 때문이다. "그건 아주 비극적인 병입니다. 잠시 진정될 수는 있지만, 사실상의 회복은 차원이 다른 문제입니다."

스탈은 내쉬에 대한 동정심이 대단하다는 것을 알고 있었다. 또 린드벡이 사실상 마음을 굳혔다는 것도 알고 있었다. 그래서 그는 정면에서 공격하지 않고, 그저 잇따라 질문만 던졌다. 위원회의 다른 인사는 이렇게 말했다. "그가 이견을 내놓으면 다른 누군가가 논박합니다. 그러면 그는 또 다른 이견으로 옮겨갑니다. 이런 식으로 그는 일부러 우리를 짜증나게 하고 혼동시켜…의문을 갖도록 했습니다."

스탈은 말하곤 했다. "그는 아픕니다.…그런 사람은 알 수가 없어요." 또 그는 시상식장에서 어떤 일이 벌어질 것 같으냐고 물었다. "그가 오기는 올까요? 그가 감당할 수 있을까요? 그건 대단한 구경거리일 겁니다."

그는 1950년대와 1960년대에 내쉬를 알았던 회르만더와 다른 사람들의 말을 인용했다. 그는 내쉬의 대학원 동창인 마틴 슈빅이 쓴 책에서 특히 곤혹스러워 보이는 대목을 골라서 낭독했다. 그 대목을 스탈은 후일 이렇게 되뇌었다. "가장 곤혹스러운 것은, 내쉬를 직접 만나봐야만 내쉬 균형을 이해할 수 있다는 것이다. 그것은 하나의 게임인데, 혼자서 하는 게임이다."

그는 랜드에서 내쉬가 한 일을 문제삼았다. "그 친구들은 냉전중에 원자폭탄 관련 작업을 했습니다. 상을 받기엔 치욕스러운 일을 했다고 할 수 있습니다."

그는 내쉬가 대학원을 졸업한 후 게임 이론에 흥미를 잃었다는 점도 지적했다. 린드벡과 아카데미 사무총장 야콥슨, 그리고 다른 사람들이 후일 시사한 바와 같이, 노벨상 위원 가운데 특정 후보에게 깊은 반감을 드러내거나 특정 후보를 탈락시키려고 광범위한 지적이의를 제기한 사람은 스탈 이전에도 얼마든지 있었다. 그러나 그해 봄이 끝나갈 무렵, 스탈은 심야에도 숱한 전화를 걸었다. 바이불이 후일 회고했듯이, 스탈은 무슨 일이 있어도 내쉬를 탈락시키려고 갖은 노력을 다한 것 같다.

아카데미의 한 회원 말에 따르면 그 몇 달 동안 내내, 스탈은 물론 다른 사람에게도 다음과 같은 우려가 고조되고 있었다. "조금만 잘못된 선택을 해도 노벨상 자체가 함몰할 수 있다. 내쉬는 물론 아주 취약한 후보였다. 자칫 사건이 터질지도 모른다. 대형 스캔들이." 그리고 스탈은 분명 칼럼니스트 데이빗 워시에게 이런 내용을 흘린 것 같다. 워시는 계속해서 이렇게 썼다. "전세계의 지성인들이 스웨덴 왕립 과학 아카데미가 내쉬에 대해 어떻게 할 것인지를 지켜보고 있다. 스웨덴 사람들은 내쉬가 시상식장에서 뭐라고 말할지 우려하고 있는 것으로 알려졌다." 크리스터 키젤만 *Christer Kiselman* 은 당시 아카데미의 수학분과 과장이자 아카데미 평의회의 일원이었는데, 스탈과 나눈 얘기를 기억하고 있다. 그의 회상에 따르면, 스탈은 내쉬의 업적이 너무 오래 전에 이루어진 것이고, 너무 수학적이어서 수상자로는 부적당하다고 말했다. 키젤만은 아들 올라가 16세 때부터 정신분열증을 앓고 있어서 스탈과는 생각이 달랐다. "스탈은 정신분열증을 두려워하고 있더군요. 그래서 편견도 가지고 있었습니다. 다른 사람들도 자기처럼 생각하는 줄 알고 있었어요. 그는 위원회의 명예를 손상시킬 스캔들이라도 발생할까봐 전전긍긍했습니다."

린드벡은 스탈의 이의제기를 하나씩 차례로 꺾어나갔다. 린드벡은 굴하지 않기로 정평이 난 사람이었다. 그는 인기 없는 입장을 취하는 것도 두려워하지 않았다. 자신의 정치적 동지들과 갈라서는 위험도 마다하지 않을 정도였다. 예를 들어 1970년대 후반에, 그는 공장 노동자들의 자사 주식 취득을 장려하는 사회민주당의 법안 제안에 공개적으로 반대하고 나섰는데, 당시에는 자사주 취득이 대유행이었다.

이제 린드벡은 스탈의 반대 이유—내쉬는 수학자이고, 40년 전에 게임 이론 연구를 중단했으며, 정신병을 앓고 있다—에 아랑곳하지 않겠다는 입장을 취했다. 린드벡 역시 내쉬가 시상식장에서 이상한 행동을 할지 모른다는 것이 걱정되긴 했지만, 그 정도는 수습할 수 있다고 확신했다. 아무튼 그것이 상을 주지 말아야 할 이유는 될 수 없었다. 내쉬는 지적으로 분명 상을 받을 만한 가치가 있는 인물이었다.

게다가 린드벡은 이 문제에 자신이 지성이 아닌 감성으로도 접근하고 있다는 것을 자각하고 있었다. 대부분의 노벨상 수상자들은 수상 이전에도 이미 저명한데다가 충분히 존경을 받고 있었다. 노벨상은 이미 영예로운 자에게 관을 씌워 주는 것일 뿐이었다. 그러나 내쉬의 경우는 전혀 달랐다. 린드벡은 내쉬가 어느 모로 보아도 잊혀진 존재가 되어버렸다는 사실과 "그의 비참한 인생"에 대해 깊이 생각했다. 후일 그는 이렇게 말했다. "내쉬는 달랐습니다. 그는 인정을 받지 못했고, 참으로 비참하게 살고 있었습니다. 그러니 우리가 그를 양지로 들어올리는 데 한몫한 셈이지요. 어느 면에서는 그를 부활시켰다고 할 수 있습니다. 그것은 감성적으로 아주 흐뭇한 일이었습니다." 린드벡은 전에도 한 번 이와 비슷한 느낌을 받은 적이 있었다. 비엔나의 자유주의자이자 케인스 비판자였던 프리드리히 폰 하이에크 *Friedrich von Hayek*가 노벨 경제학상을 수상했을 때였다. "하이에크는 너무나 미움을 당하고 멸시당해서…너무나 우울하다고 내게 말했습니다. 그의 위대함을 천명한 것은 이루 말할 수 없이 흐뭇한 일이었지요." (하이에크는 화폐와 경제변동 연구 공로로 1974년 군나르 뮈르달과 공동으로 노벨 경제학상을 수상했다 : 옮긴이주)

5인위원회는 스탈의 말을 경청하긴 했지만, 곧 아무도 그를 지지하지 않는다는 것이 명백해졌다. 젊은 위원인 스벤손과 페르손은 게임 이론 분야에 시상하는 것을 열렬히 환영했고, 멜러는 처음부터 린드벡 편인데다가 린드벡과 다툴 생각도 없었다.

해결되지 않은 의견 불일치가 있을 경우 통상 절차는, 공식 유보사항—소수의견—을 위원회 보고서에 첨부하는 것이다. 아카데미 총회의 투표 때 당연히 보고되는 이러한 유보는 물리학상이나 화학상의 경우 전례가 있긴 했다. 수상자 발표 당시 이런 소수의견은 공개되지 않지만, 공식 기록으로 남아 50년이 지나면 공개될 수 있다. 경제학상 위원회의 경우에는 사정이 달랐다. 린드벡은 경제학상 위원회의 만장일치 전통을 아주 자랑스럽게 여겼고, 이 상의 신뢰도를 유지하기 위해서는 만장일치가 필요하다는 생각을 지니고 있었다.

제9클래스에 보낼 보고서가 작성되고 있을 때, 스탈은 공식 유보사항을 달겠다고 위협했다. 그러나 결국 그렇게 하지는 않았다. 린드벡의 압력 때문인지, 오랜 친구 멜러의 충고 때문인지, 그저 만장일치의 전통을 깬 첫 인물로 기록된다는 것이 부담스러웠기 때문인지는 알 수 없다. 위원회 제안에 이의를 다는 법이 없는 제9클래스는 당연히 그 제안을 승인했다.

린드벡에게는 이제 문제가 다 해결된 셈이었다. 그는 평소처럼 자기 소신을 관철시켰다. 그러나 일단 언론에서 취재경쟁에 나서게 되면, 모든 것이 순조롭게 진행되고 있다는 것을 확신시키기 위해 예외적인 조치를 취할 필요가 있다고 생각했다. 그는 프린스턴 대학의 쿤에게 전화를 걸어, 내쉬의 수상이 "이제 99퍼센트 확실하다"고 알려주었다. 그는 논란이 있었다는 말은 비치지 않고 "만장일치였다"

고 말했다. 그리고 대학측에서 미리 준비할 수 있도록, 수상이 임박했다는 것을 프린스턴 대학총장에게 알려도 좋다고 말했다. 쿤은 이 신명나는 소식을 총장에게 알리기 위해 노동절 이후까지 기다려야 했다. 총장 해롤드 샤피로가 휴가중이었기 때문이다.

린드벡은 뛰어난 정치 감각을 지녔는데도 이번만큼은 실수를 했다. 이때 린드벡이 예상했던 것보다 훨씬 더 분노했던 스탈이 폭발하기만 기다린 화약의 뇌관 같았기 때문만은 아니었다. 오히려, 린드벡의 오랜 지배, 나아가 노벨 경제학상 자체가 그가 상상했던 것보다 더 심하게 기반이 흔들리고 있었던 것이다. 아카데미의 과거 사무총장을 비롯한 내부 인사들과 다수의 저명한 물리학자들은 강력한 비판을 제기하며 어떤 행동에 나서려고 들썩이고 있었다. 이번 노벨 경제학상은 이들에게 쟁점이 되었다.

스웨덴 이외의 사람들, 아니 스웨덴 왕립 과학 아카데미 바깥의 사람들은 노벨 경제학상이 1968년에 제정된 이래 현재까지 얼마나 많은 논란이 계속되어 왔고 또 얼마나 취약했는지 거의 알지 못한다.

경제학상은 아카데미 내에서 특히 인기가 없었다. 아카데미의 오랜 회원 한 사람은 이렇게 말했다. "많은 사람들이 노벨 경제학상을 의문시한다." 원로 회원들은 아직도 원래의 노벨상에 새로운 상을 추가한 것이 중대한 실수였다고 생각한다. 성가를 떨어뜨렸다고 보는 것이다. 그래서 노벨 경제학상을 제정한 "실수" 이후 노벨 이름을 붙이는 어떤 상의 제정도 거부해왔다. 스웨덴의 재벌인 발렌베리 가문의 고문이었던 경제학자 에릭 다멘 *Erik Dahmen*은 이 상을 "소위 노벨 경제학상이라는 것"이라고 일컬으며 이렇게 덧붙였다.

그건 사실상 노벨상이 아닙니다. 그러니 다른 노벨상과 함께 묶어서 말하면 안 됩니다. 아카데미는 경제학상을 인정하지 말아야 했습니다. 나는 아카데미 회원이 된 이래 이 상을 반대해왔습니다.

한 물리학자는 이렇게 말했다. "경제학상은 노벨 목말을 타고 노벨상 행렬 악대차에 무임승차한 격이었습니다."

아카데미의 주류를 이루는 다수의 자연과학자들은 경제학을 그리 높게 평가하지 않았다. 그들의 말에 따르면, 경제학은 물리학이나 화학과 어깨를 나란히 할 만큼 충분히 과학적인 분야가 아니다. 경제학의 아이디어라는 것은 유행처럼 왔다가 가버린다. 과학적 발전으로 이어지지 못하며, 확실하고도 준세계적 동의에 이르는 이론체계 혹은 경험적 사실도 되지 못한다. 물리학자 안데르스 카를키스트 *Anders Karlquist*는 이렇게 말했다. "그것은 화학이나 물리학만큼 크고 견고한 사업이 아니다." 아카데미의 수학자 라르스 고르딩은 후일 내쉬의 노벨상이 "아주 작은 것"을 이룬 공로로 주어졌다고 말했다.

마지막으로, 특히 자연과학자들과 수학자들에게 널리 퍼진 믿음이 하나 있는데, 그것은 경제학 분야의 천박함으로 인해 노벨상 수상자의 질이 급격히 저하되고 있으며, 시간이 갈수록 불가피하게 악화될 수밖에 없다는 것이다. 노벨 물리학상 위원회의 벵트 나겔 *Bengt Nagel*은 한 경제학자가 1980년대 초에 한 말을 농담삼아 인용했다. "아름드리 전나무는 죄다 쓰러졌다. 이제 남아 있는 것은 잡목뿐이다."

그래서 경제학상을 폐지하자는 소리도 가끔 나온다. 뮈르달은 경제학상을 받은 후, 이제 더 이상 상을 받을 만한 후보가 없으니 경제학상을 폐지하자고 제안했던 것으로 알려져 있다. 1994년 현재, 전 재무장관이며 곧 스웨덴 은행—노벨 경제학상의 자금원—의 이사장에 취임하게 되는 칼 올로프 펠트는 한 정치 전문 월간지에 노벨 경제학상을 폐지해야 한다는 장문의 글을 실었다.

그러나 비록 많은 아카데미 회원들이 경제학상 제정을 후회하고는 있지만, 그것이 "움직일 수 없는 현실이라는 것을 깨닫고 있다"고 카를키스트는 말했다. 1994년 무렵, 사실상 경제학상 비판자들의 목적은 경제학자들에게서 그 상의 통제권을 빼앗자는 것이었다. 린드벡은 인간적으로 인기가 없었다. 특히 짜증이 나는 것은, 경제학상 위원회의 위원직이 한가한 종신직인 것 같을 뿐만 아니라, 위원들이 아카데미의 어떤 실제적 책임도 떠맡지 않고 수상자를 임의로 선정할 수 있다는 점이었다.

1994년 2월, 한 아카데미 위원회는 이런 "제안"을 했다. 즉, 경제학상 위원회도 물리학상이나 화학상 위원회에 적용되는 규칙과 똑같은 규칙에 따라 운영되어야 한다는 것이었다. 그 제안은 구속력이 있지는 않았지만 일종의 경고음, 즉 경제학상 비판자들의 반발이 가시화되고 있다는 첫 번째 구체적인 신호였다. 그리고 그것은 다음 아카데미 평의회가 열릴 때 특별 위임을 받은 별도 집단을 임명해 경제학상 문제를 다루기 위한 사전 조치이기도 했다. 그러한 조치는 다른 상임 위원회들의 경우처럼 시한이 있기는 하지만, 당연히 경제학상 위원회에 즉각적이고도 극적인 영향을 미칠 게 분명했다. 그래서 오랫동안 군림해온 린드벡, 멜러, 스탈을 제거하여, 그들의 지배를 사실상 종식시키게 될 것이다. 더욱 획기적인 또 다른 제안은 경제학상 위원직의 범위를 넓혀 비경제학자도 포함시키자는 것이었다. 그리하여 궁극적으로는 노벨 경제학상을 요컨대 "노벨 사회과학상"으로 탈바꿈시키고자 했다. 이것은 자연과학자에게뿐만 아니라, 아카데미 제9클래스의 심리학자, 사회학자, 기타 비경제학 전문 학자들에게도 귀가 솔깃한 제안이었다.

당초 내쉬가 타당한 후보인가에 대한 린드벡과 스탈 사이의 논란은, 사실상 내쉬를 선정했을 경우 위원회가 난처해질지도 모른다는 것에 대한 논란이었던 것으로 드러났는데, 유난히 적대적인 분위기에서 정밀 조사에 입각해 논란이 벌어졌다. 이때 경제학상의 장래는 과거 어느 때보다도 더욱 취약해 보였다. 앞서 말한 그 모든 막후의 의견과 책략 때문에 9월 초에서 10월 초까지 스탈은 막강한 우군 집단의 지원을 얻을 수 있었다. 이 우군은 내쉬의 수상 여부와는 전혀 관계없는 관점에서 스탈을 지원했지만, 아무튼 논란의 무대는 그렇게 마련된 것이었다.

결국, 1994년 노벨 경제학상 후보인 내쉬와 다른 두 사람은 아카데미 총회에서 근소한 표차로 투표를 통과했다—패배를 간신히 면한 것은 역사상 최초였다. 스웨덴 왕립 과학 아카데미의 총회에서 최종 발언을 하기 전까지는 누가 수상자인지 말할 수 없다는 것이 노벨상 시상 과정의 특징인데, 동시에 주된 행정적 논리적 골칫거리이기도 했다. 노벨 재단의 소책자에 의하면, 아카데미 총회가 "유일한 결정권"을 갖는다. 즉, "심지어 5인위원회에서 만장일치로 천거한 것도 파기될 수 있다." 총회에서 투표를 하고 검표를 해서 투표 결과가 나왔을 때, 비로소 아카데미 사무총장과 5인위원회의 위원들은 수상자에게 통지할 수 있다. 그런 다음 아카데미 세션스 홀로 가서 전세계 언론에 수상자 이름을 알릴 수 있다. 이와 달리, 수학 분야의 필즈 메달이나 경제학 분야의 존 베이츠 클라크 메달 *John*

*Bates Clark medal*과 같은 다른 상은 언론에 발표하기 몇 달 전에 모든 것이 결정된다. 수상자는 충분한 시간적 여유를 가지고 사전 통지를 받으며, 시상 기관에서 언론에 발표할 때까지 혹은 기념 행사를 개최할 때까지 비밀을 지켜달라는 지시를 받는다. 아마도 노벨상이 마지막 순간에 수상자 투표를 하는 불편을 감수하는 것은, 공식 발표에 앞서 비밀이 새어나가는 것을 막을 수 있다는 이점 때문일 것이다.

노벨상 투표는 전통적으로 거의 의례적 행사였고, 5인위원회의 원로 위원들이 거의 전적으로 장악하고 있는 길고 오랜 선정 절차 후 대미를 화려하게 장식하기 위한 행사였다. 매해 10월 둘째 주가 되면 주로 추천 후보의 과학적 업적에 대한 남다른 강연을 듣는 즐거움을 맛보기 위해 많은 학자들이 아카데미 총회에 모이는데, 경제학상의 경우에는 무작위의 수십 명 학자들만 모인다. 이것은 아카데미가 주도하는 다른 두 노벨상인 물리학상이나 화학상의 경우에 모이는 학자의 수에 비하면 극히 적은 수이다. 한 아카데미 회원이 말했듯이, "회원들은 투표를 한다기보다는 훌륭한 제안 설명을 듣기 위해 참석한다." 최근 들어서는 40명의 정족수를 채우기도 어려운 때가 있었다. 규정에 의하면 아카데미 회원은 세 가지 선택권을 가지고 있었다. 그들은 5인위원회가 제안하고 사회과학 클래스가 승인한 수상자 후보를 투표로 결정할 수 있다. 아니면, 회원들 자신이 선택한 대안 후보를 투표로 결정할 수 있다. 혹은, 그해에 상을 주지 않기로 투표할 수 있다. 1994년 이전에는 5인위원회가 제안한 수상자 후보가 압도적 지지를 받지 못한 적이 없었다.

아카데미 총회는 1994년 10월 12일 수요일 오전 10시 정각에 시작되었다. 장소는 아카데미 1층 끄트머리에 있는, 조명이 흐리고 다소 작은 강당이었다. 총회의 호응도는 예년과 다름없을 것으로 예상되었다. 60명 남짓한 회원들이 강당 여기저기 흩어져 앉아 있었지만, 관계 직원이 만족스럽게 기록해놓았듯, 정족수가 문제될 일은 없었다(몇 해 전에는 강당에 39명만이 앉아 있어서, 한 명이 더 올 때까지 기다려야만 했다). 아카데미 총회장인 천체물리학자 케르스틴 프레드가와 사무총장 칼-올로프 야콥슨은 연단에 나란히 앉아 있었다. 투표함은 연단 끝에 놓여 있었다. 아카데미 소속 5인위원회의 다섯 인사들은 강당의 맨 앞줄에 자리잡았다.

린드벡이 큰 걸음으로 성큼 몇 걸음 걸어 연단에 올라섰다. 두꺼운 검은 테 안경을 쓴 그는 평소처럼 미간을 찌푸리며 집중을 하고 곧장 본론으로 들어갔다. 그는 위원회가 게임 이론을 수상 분야로 천거하게 된 전체 과정을 설명했다. 줄곧 열정에 휩싸인 채, 흥분으로 말을 더듬으며, 긴 두 팔을 내두르며, 아주 적나라한 농담을 다수 섞어가며 그는 설명을 끝마쳤다. 이어 앞에 나선 야콥슨은 린드벡과는 대조적인 저음으로, 사회과학 클래스의 승인이 있었음을 밝혔다. 두 사람은 사회과학 클래스뿐만 아니라 5인위원회에서도 전과 다름없이 만장일치로 결정했다는 점을 강조했다. 린드벡은 만장일치가 "보이지 않는 손이 작용한 것처럼" 이루어졌다는 그의 상투적인 농담을 덧붙였다. 마지막으로 멜러가 나서서 주된 제안 설명, 즉 세 후보의 학문적 기여에 대한 강연을 했다.

그 강연은 꽤 실망스러웠다. 뛰어난 연사가 아닌 멜러는 평소보다 더 불안해서 안정감이 없었다. 그는 곧 전문용어와 어려운 내용만 늘어놓기 시작했다. 그는 원고를 거의 읽다시피 했다. 몇 주 전에 아내와 사별한 그는 심란하고 우울한 상태에서 강연을 준비하느라 애를 먹었다.

이 모든 과정을 마치는 데는 한 시간쯤 걸렸다. 일이 예전처럼 진행되었다면, 청중석에서 정중하게 몇 가지 형식적인 질문을 던지고, 아마도 원로 회원 가운데 한 명이 경제학상의 필요성에 대해 의문 어린 독백을 했을 것이다. 그리고 장내가 조용해지면 하얀 사각 종이와 연필을 돌리고, 재빨리 기표를 하고 종이를 접은 학자들은 연단 한쪽 끝으로 내려가 투표함에 투표용지를 집어넣었을 것이다.

그런 대신, 온갖 악귀가 지옥의 문을 빠져 나왔다. 후일 노벨 재단의 이사장은 이렇게 뼈있는 말을 했다. "트로이가 함락될 수 있었던 것은 성안에 있는 사람들에 의해서만 가능했다. 그날 회의장에서 일어난 일도 바로 그것이었다." 스탈이 먼저 구두의 수류탄을 던졌다는 것을 기억하고 있는 사람은 없지만, 린드벡과 멜러가 매복 기습을 당했다는 것만큼은 분명하다. 스탈은 멜러에게 게임 이론이 경험적 가치를 가지고 있다는 구체적 사례를 뭐든 하나만 들어보라고 다그쳤다. 질문에 대답할 준비를 하지 못했던 멜러는 말을 더듬었다. 스탈은 정신병을 이유로 내쉬의 수상을 철회해야 한다는 무모하고 위험한 발언을 하지는 않았다―6주 후 스웨덴의 2대 일간지 가운데 하나인 〈다옌스 뉘헤테르 *Dagens Nyheter*〉에는 스탈이 그런 발언을 했다고 보도되었지만 사실과 다르다. 스탈은 다만 비협력 게임 이론에 상을 준다는 것은 너무 협소하고, 너무 실속 없고, 너무 기술적이라는 점을 강력하고 설득력 있게 주장했다. 그는 또 내쉬의 업적이 거의 반세기 전에 이루어진 것일 뿐만 아니라, 경제학이라기보다 수학에 가깝다는 점을 청중에게 상기시켰다. 그리고 하사니와 젤텐을 "따분한", "단지 기교주의자"일 뿐이라고 매도했다. 다른 청중들도 곧 맞장구를 쳤다.

스탈은 자기도 서명한 위원회의 제안을 비판하는 실수만을 저지른 것이 아니었다. 그는 대안까지 제시했다. 회원들의 불만, 대답되지 않은 질문들, 멜러의 불충분한 제안 설명 등을 감안할 때, 게임이론에 시상하는 것을 연기하는 것이 신중한 처사가 아니겠는가? 위원회가 이듬해 수상 후보로 사실상 결정한 시카고 대학 교수 로버트 루카스 *Robert Lucas*를 대안 후보로 삼아 투표에 부치는 것이 어떻겠는가? 루카스에 대해서는 모든 사람이 열광하고 있다는 점을 스탈은 상기시켰다. 루카스는 경기순환을 통제하려는 정부의 노력이 실패할 수밖에 없는 이유를 설명하는 "합리적 기대 *rational expectations*"라는 이론을 고안해낸 학자였고, 분명 20세기의 가장 중요한 경제학자 가운데 한 명이었다. 루카스는 논란의 여지가 없는 선택이었다. (루카스는 합리적 기대 가설을 발전 적용한 업적으로 1995년 노벨 경제학상을 수상했다 : 옮긴이주)

린드벡은 스탈의 기습 공격을 받고 처음에는 깜짝 놀란 것 같았다. 그는 반격에 나서서, 스탈이 정작 무슨 이유로 반대하는지 회원들에게 명료하게 제시했다. 그는 스탈이 게임 이론을 수상 분야로 한다는 제안서에 이미 서명했음을 회원들에게 상기시킨 다음, 내쉬의 병을 문제삼으려 한다고 스탈을 비난했다. 그런 이유로 시상을 철회하면 심각한 부당 행위가 될 거라고 그는 회원들에게 호소했다. 그는 프린스턴 대학 총장과 앨리샤와 내쉬 본인에게 수상 소식을 이미 알려주었다는 얘기는 하지 않았다―그것은 심각한 노벨상 규정 위반이었다. 회원들에게 호소하는 동안 그는 규정 위반이 무척 마음에 걸렸을 것이다.

칼-올로프 야콥슨이 투표 개시를 선언했을 무렵, 강당에는 싸늘한 긴장감이 감돌았다. 유난히 많은 회원들이 끝까지 남아 검표 결과를 기다렸다. 모두가 지켜보는 가운데, 아카데미 총회장과 사무총장이 지명한 두 회원이 투표함을 열고 표를 세기 시작했다. 투표용지가 야콥슨에게 건네지면, 야콥슨은 용지에 적힌 이름을 읽었다. 린드벡으로서는 이루 말할 수 없이 긴장된 순간이었다고 그는 후일 회고했다. 미스터 내쉬…미스터 하사니…미스터 젤텐…미스터 루카스…수상자 없음….

잠시 후, 강당 안에는 프레드가, 야콥슨, 린드벡, 멜러만이 몹시 흥분한 채 남아 있었다. 그들이 상정한 후보는 모두 필요한 과반수 득표를 했다. 그러나 박빙의 승리였다.

후일 공개적으로는, 이례적인 일이 발생했다는 사실을 모두가 부인했다. 짐짓 멜러의 제안 설명이 유례없이 길었다거나, 워낙 많은 질문이 쏟아져 나왔다거나, 수상자 결정이 어려웠다고 둘러대거나, 아니면 그저 어떠한 지연도 없었다고 잡아뗐다. 그러나 닫힌 문 뒤쪽, 아카데미 내부에서는 충격과 경악과 손가락질이 뒤따랐을 것이다. "그건 특이한 사건이었다. 전에는 그런 일이 없었다"고 한 회원은 말했다. "아카데미 총회에서 비밀 투표를 하는 것은 좋지 않다"고 키젤만은 말했다. 바로 그 이튿날, 아카데미 평의회는 "경제학상의 장래를 연구하는" 특별 위원회를 서둘러 구성했다.

그후, 5인위원회에서 스탈에게 우호적이었던 한 인사는 스탈이 "물리학자들에게 이용"당했다고 말했다. 스탈의 배반은 역효과를 낳았다. 5인위원회를 난처한 처지에서 구해낸 사람으로 기억되기는커녕, 그가 그토록 두려워한 결과를 야기한 장본인이 되고 말았던 것이다. 내쉬와 프린스턴 동창들이 40년 전에 만들어낸 "친구 엿먹이기 *Fuck Your Buddy*" 곧 "안녕, 얼간이 *So Long, Sucker*"로 시판된 게임의 참여자들처럼, 린드벡과 멜러는 경제학상 비판자들과 일시적으로 연합을 했다. 그들은 규정 개정에 동의했던 것이다. 그들은 스탈을 징계하여 위원회에서 축출하기로 결심했다―새로운 규정 때문에 그들까지 그만두게 되는 한이 있어도 개의치 않았다. 한 위원회 인사는 그들의 전략이 "우아했다"고 평가했다. 내쉬가 이 사실을 알았다면, 매카시 보복 규칙 *McCarthy's Revenge Rule*을 모범적으로 실천했다고 칭찬했을 것이다. 특히 린드벡은 3년만 물러나 있으면 다시 위원회에 복귀될 것으로 예상되었기 때문이다. 그러나 스탈은 스캔들을 불러왔을 뿐만 아니라, 기자들에게 발설한 죄까지 가중되어 영원히 위원회에서 퇴출되었다.

파급 효과는 거기서 그치지 않았다. 아카데미의 여러 회원들 말에 따르면, 특별 위원회는 경제학상의 성격을 탈바꿈시킬 것을 제안했다. 그 제안서는 몇 달 뒤인 1995년 2월에 나왔는데, 근본적으로 경제학상을 사회과학상으로 탈바꿈시키고, 정치학과 심리학, 사회학 등의 학문적 기여에도 시상하자는 것이었다. 또 5인위원회의 위원직 2석을 비경제학자에게 개방하자고 제안했다. 이러한 획기적인 변화에 대한 공식 발표는 없었다. 하지만 1년 이내에 린드벡, 멜러, 스탈은 위원직에서 물러났고, 경제학자가 아닌 두 사회과학자, 즉 통계학자와 사회학자가 위원으로 임명되었다. 그리고 그해 수상 후보의 선두 그룹에 아모스 트베르스키 *Amos Tversky*가 포함되었는데, 그는 의사결정의 비합리성을 연구한 이스라엘 심리학자였다.

1994년 10월 12일, 아카데미 총회 강당에 남아 있던 세 사람은 다급히 어떤 위원회의 조그마한 사무실로 들어갔다. 야콥슨은 수상자들의 전화번호가 적힌 쪽지를 손에 쥐고 있었다. 그는 수상자들에게 영예로운 사실을 통보하기로 되어 있는 사람이었다.

그들은 먼저 젤텐에게 전화를 걸었다. 내쉬나 하사니와는 달리, 독일에 있는 젤텐은 자고 있을 시간이 아니었기 때문이다. 내쉬가 있는 뉴저지는 새벽이었고, 하사니가 있는 캘리포니아는 한밤중이었다. 젤텐은 먹을 거리를 사러 나가서 전화를 받지 못했다. 야콥슨은 이제 하사니에게 전화를 걸었다. 하사니가 전화를 받자 야콥슨은 재빨리 용건을 말하고 멜러에게 수화기를 건네주었다. 하사니를 잘 아는 멜러는 아주 활기찬 목소리로 야콥슨이 장난 전화를 건 학생이나 기자가 아니라고 확인해주었다.

마지막으로 내쉬에게 전화를 걸었다. 전화벨이 울리는 동안 야콥슨은 가슴을 두근거리며 기다렸다. 야콥슨의 아카데미 동료들도 잘 모르는 사실이 있었는데, 그의 형도 내쉬처럼 1950년대에 정신분열증 진단을 받아 줄곧 입원중이었다. 야콥슨은 그 순간 이루 말할 수 없는 걱정에 휩싸여 있었다. 아카데미에서의 20년 세월 동안 그때가 "가장 위대한 순간"이었다고 그는 후일 말했다.

"내쉬는 유달리 담담했습니다. 그래서 나는 이렇게 생각했지요. '그는 이 일을 아주 담담하게 받아들이고 있구나.'"

49 사상 최대의 경매

워싱턴 DC, 1994년 12월

존 내쉬, 스웨덴 국왕으로부터 노벨상 메달을 받은 후 관중에게 답례하는 모습

1994년 12월 5일 오후, 존 내쉬는 뉴와크 공항으로 가기 위해 택시를 탔다. 며칠 후 스웨덴 국왕으로부터 알프레드 노벨의 초상이 새겨진 금메달을 받기 위해 스톡홀름으로 가는 길이었다. 거의 같은 시간, 남쪽 몇 백 마일 지점에 있는 워싱턴 DC의 번화가에서 앨 고어 부통령은 떠들썩하게 팡파르를 울리며 "사상 최대의 경매"를 선언했다.

나중에 〈뉴욕 타임스〉에 실린 기사에 의하면, 그 행사장에는 말 빠른 경매인도, 의사봉도, 옛 대가들의 그림도 없었다. 경매대 위에는 공기가 있었다. 이 공기를 타고 전화와 호출기, 팩스 따위의 새로운 무선 기계장치에 사용되는 공중파가 흐르는데, 모든 미국 대도시에 막상막하의 이 세 가지 셀 방식 통신 서비스 *cellular phone service* 인허가를 내주는 조건만으로도 이 공기는 수십 억 달러의 가치가 있었다. 보안이 유지된 작전회의실과 경매실에는 전세계 유수의 커뮤니케이션 복합기업의 최고경영자들이 포진했고, 곁에서는 뜻밖에도 경제이론가들이 조언을 하고 있었다. 이듬해 3월, 경매가 최종 마감되었을 때 낙찰 총액은 70억 달러가 넘었다. 이것은 미국의 공공자산 판매 사상 최고의 액수였고, 공공정책에 경제이론을 가장 성공적으로 (그리고 돈이 되도록) 적용한 사례의 하나로 평가받았다. 프린스턴의 우드로 윌슨 스쿨 학장인 마이클 로스차일드는 후일 이 경매를 일컬어 이렇게 말했다. "문제에 대해 열심히 생각하는 사람들이 세상을 더 좋은 곳으로 만들 수 있다는 본보기 … 순수 사유의 승리."

고어와 내쉬를, 그리고 하이테크 경매와 노벨상 시상의 중세적 화려함을 이렇게 병치할 수 있게 된 것은 결코 우연이 아니었다. 연방통신위원회 FCC 경매는 존 내쉬와 존 하사니, 라인하르트 젤텐이 고안해낸 도구를 사용하는 젊은 경제학자들이 디자인한 것이었다. 세 학자의 아이디어는 특히 소수의 합리적 참여자들 사이의 경쟁과 협력을 분석하기 위해 구상된 것이었다. 참여자들은 사람들, 정부들, 기업들, 심지어 동물 종들일 수도 있는데, 세 학자는 이들간의 동종 이해관계와 갈등이 혼합된 합리적 게임을 다루었다.

게임 이론에 노벨상이 주어졌다는 것은, 경제학 조류의 변화, 즉 10년 이상 진행되어온 커다란 변화를 노벨상 위원회가 뒤늦게 인정한다는 뜻이었다. 하나의 학문으로서 경제학은 오랫동안 아담 스미스의 '보이지 않는 손'이라는 탁월한 은유의 지배를 받아왔다. 스미스의 완전 경쟁 개념은, 단일 구매자 혹은 판매자가 타인의 반응을 걱정할 필요가 없을 만큼 많은 구매자와 판매자가 있는 경우를 상정한다. 이것은 강력한 아이디어이다. 이 아이디어는 자유시장 경제가 얼마나 발달할 것인지를 예견했다. 그리고 정책 입안자들에게, 성장을 장려하고 경제적 과실을 공평하게 분배하는 지침을 마련해주었다. 그러나 거대 합병, 거대 정부, 대규모 해외 직접투자, 도매업의 사기업화 차원, 즉 소수의 참여자가 각자 타인의 행동을 고려하며 각자 최선의 전략을 추구하는 세계에서는, 게임 이론이 부각될 수밖에 없었다.

게임 이론은 수십 년 동안 저항을 받아왔다―폴 새뮤얼슨은 "n명 게임 이론의 늪"에 대해 조롱을 하곤 했다. 그러나 수십 년 후, 젊은 세대의 이론가들은 1970년대 후반과 1980년대 초반에 무역은 물론, 기업 조직과 공공 재정에 이르기까지 각종 분야에서 게임 이론을 활용하기 시작했다. 게임 이론은 "전에는 닫혀 있던 체계적 사고 영역"을 활짝 열어 젖혔다. 사실상 게임 이론과 정보 경제학이 날이 갈수록 깊이 얽히게 되자, 전통적으로 경쟁의 틀로만 인식되어 왔던 시장을 게임 이론 가설로 연구 분석하는 경우가 날이 갈수록 많아졌다. 오늘날 일류 경영대학원에서 사용하는 최신 교과서에서는, 회사와 소비자 및 경제학 기초에 관한 기본 이론을 모두 전략 게임의 관점에서 새롭게 조명하고 있다.

프린스턴 경제학자 애비내시 딕시트는 〈전략적으로 사고하기 *Thinking Strategically*〉의 저자이며 국제무역 연구에 게임 이론을 적용한 사람인데, 이렇게 말했다. "게임 이론에서 나온 개념과 용어와 모델은 경제학의 많은 분야를 지배하게 되었다. 마침내 우리는 폰 노이만과 모르겐슈테른이 촉발시킨 혁명의 진정한 잠재력을 구현하게 되었다." 그리고 게임 이론을 가장 경제학적으로 적용한 이론은 내쉬 균형 개념을 사용하고 있으므로, "내쉬는 출발점이다."

이 혁명은 각종 연구 저널, 칼텍과 피츠버그 대학의 실험 연구소, 유수 대학과 경영대학원의 교실을 뛰어넘어 널리 확산되었다. 경제정책을 입안하는 현재의 세대들—재무차관 로렌스 서머스, 경제자문협의회 의장 조셉 스티글리츠, 부통령 앨 고어 등—은 게임 이론에 깊이 빠져 있다. 이들은 게임 이론이 예산안은 물론, 연방준비위원회 정책과 환경오염 처리에 이르기까지의 모든 사안을 고려하는 데 매우 유용하다고 말한다.

게임 이론을 가장 극적으로 사용한 것은, 오스트레일리아에서 멕시코에 이르기까지의 각국 정부이다. 이들 정부는 희귀한 공공자원을 가장 잘 개발할 수 있는 구매자에게 팔기 위해 게임 이론을 이용했다. 무선주파 스펙트럼, 국채, 석유 시추권, 목재 벌목권, 환경오염 단속권 등이 이제는 게임 이론가들이 디자인한 경매를 통해 팔려 나가는데, 과거 정책보다 훨씬 더 큰 성공을 거두고 있다.

노벨상 수상자인 도널드 코어스 같은 경제학자들은 1950년대부터 정부에서 경매제도를 도입하라고 주장해왔다. 경매는 예컨대 고급 포도주에서 영화 제작권에 이르기까지 특별한 아이템을 팔려는 사람이 구매자의 희망 가격을 모를 경우 옛날에도 사용해온 방법이다. 경매의 근본 목적은 구매자들이 해당 아이템의 가치를 얼마로 평가하는지 드러내도록 하는 것이다. 그러나 코어스 같은 학자들의 주장은 추상적이었고, 전적으로 이론적인 관점에서만 기술되어 있었다. 그러한 경매가 실제로 어떻게 이루질 것인지는 따져보지 않았던 것이다. 그래서 미국 의회는 경매에 회의적이었다.

1994년 이전에 미국 정부는 각종 인허가를 무료로 내주었다. 1982년까지 각 회사가 인허가 요건을 갖추었는지 결정하는 것은 감독기관의 손에 달려 있었다. 말할 나위 없이, 이 과정에 정치적 압력이 작용했고, 고비용의 서류 작업이 필요했고, 장기 지연되기 일쑤여서, 인허가 속도는 시장 변동과 신기술을 전혀 따라가지 못했다. 1982년 이후 미정부는 추첨제로 인허가를 내주었는데, 이 인허가는 되팔 수 있었다. 이러한 개혁으로 인허가 속도가 빨라지기는 했지만, 그 과정은 여전히 너무나 비효율적이었고 불공정하기까지 했다. 실제 전화사업을 할 의도가 없는 신청자들이 횡재할 목적으로 수백만 달러를 들여가며 이 게임에 뛰어들었다. 더욱이 전화회사들이 인허가를 얻기 위한 비용을 지불하기는 했지만, 미정부(그리고 납세자)에게는 득이 되는 것이 아무 것도 없었다. 그러니 더 나은 방법을 찾지 않을 수 없었다.

이때 더 나은 방법을 제시한 것이 바로 젊은 세대의 게임 이론가들이었다—스탠퍼드 경영대학원의 폴 밀그롬, 존 로버츠 *John Roberts*, 로버트 윌슨 *Robert Wilson* 등이 그들이다. 밀그롬이 말했듯, "어떤 경매를 그저 디자인하는 것만으로는 충분치 않았다.… 제대로 디자인하는 것 역시 극히 중요했다"고 인식함으로써 그들은 커다란 기여를 할 수 있었다. 특히 그들은 가장 뻔한 경매 방식―건별 인허가 경매시 입찰가를 봉인해서 동시에 제시하도록 하는 것―으로는, 인허가를 가장 잘 사용할 업자에게 그것을 내주고자 하는 정부의 방침에 크게 어긋난 결과를 낳기 십상이라는 결론을 내렸다.

게임 이론가들은 규칙을 가진 게임처럼 경매를 다룬다. 그래서 주어진 일단의 규칙들이 입찰자의 행동에 어떤 영향을 미칠 것인가를 평가한다. 규칙이 허용하는 선택의 자유, 입찰자가 선택의 자유를 행사했을 때 얻게 되리라고 예상되는 결과, 다른 경쟁자들이 어떤 선택을 할 것인지 등을 게임 이론가들은 감정 평가한다.

이 경제학자들이 전통적인 경매 방식이 주효하지 못할 거라는 결론을 내린 이유는 무엇일까? 그것은 하나의 개별 인허가가 한 사용자에게 갖는 가치는, 그 사용자가 또 다른 어떤 인허가를 얻을 수 있는가에 달려 있기 때문이다. 어떤 인허가는 다른 인허가와 완벽하게 대체 가능하다. 특정 서비스에 유사한 스펙트럼 띠가 배정되는 경우 그러할 것이다. 그러나 어떤 인허가들은 서로 보완적이다. 한 국가의 서로 다른 지역에서 호출 서비스를 제공하는 인허가의 경우가 그러할 것이다.

앨 고어가 선언한 FCC 경매의 방식을 디자인한 경제학자 가운데 한 명인 폴 밀그롬은 이렇게 썼다. "효율적으로 인허가를 배정하기 위해서는, 경매에서 입찰자들이 다양한 인허가 패키지를 선택할 수 있도록 해야 한다. 즉, 경매가 진행되는 동안 보완적 서비스를 조합하고, 대체 가능한 서비스를 맞바꿀 수 있도록 해야 한다. 이러한 일이 가능한 경매를 디자인한다는 것은 참으로 어렵다."

경매를 복잡하게 하는 두 번째 요인은, 인허가의 목적이 새로운 서비스를 제공하는 업체들을 만드는 것인데, 이 업체들은 미지의 기술과 미지의 소비자 수요를 기반으로 한다는 점이다. 입찰자들의 의견은 아주 다양하기 때문에, 바람직한 서비스를 창출할 수 있는 능력보다 입찰자의 낙관론에 휩쓸린 인허가 배정이 이루어질 가능성이 있다. 따라서 이런 문제를 최소화할 수 있도록 디자인된 경매가 이상적이다.

미의회와 FCC가 스펙트럼 인허가를 경매하겠다는 생각에 점점 이끌리고 있을 무렵, 오스트레일리아 정부와 뉴질랜드 정부가 먼저 스펙트럼 경매를 시행했다. 두 경매가 값비싼 실패작이자 정치적 참패극으로 끝났다는 사실은, 시행 세칙에 악마가 도사리고 있다는 것을 여실히 보여주었다. 뉴질랜드에서는 최고가 낙찰이 아닌 2순위 입찰가 낙찰 방식의 경매를 부쳤는데, 입찰가를 대폭 낮춰서 낙찰받게 된 스토리가 대대적으로 언론에 보도되었다. 어떤 건의 경매에서는 최고가가 7백만 뉴질랜드 달러였는데, 2순위 입찰가는 5천 뉴질랜드 달러에 지나지 않아, 아주 낮은 가격에 낙찰이 이루어졌다. 또 다른 경매에서, 오타고 대학의 한 학생이 소도시의 텔레비전 방송 인허가를 단돈 1달러로 낙찰받았다. 다른 사람은 아무도 입찰을 하지 않았기 때문이다. 뉴질랜드 정부는 셀 방식의 통신 인허가권이 2억 4천만 뉴질랜드 달러에 이를 것으로 예상했다. 그러나 실제 수입은 당초 예상의 7분의 1인 3천 6백만 뉴질랜드 달러에 불과했다. 오스트레일리아의 경우, 선불리 경매를 했다가 졸부들이 정부의 눈을 속이려고 든 탓에 유료 텔레비전 도입이 1년 가까이 지연되었다.

FCC의 수석 경제학자는 경매 주창자였지만, 게임 이론가들이 FCC

경매 디자인의 첫 단계부터 관여한 것은 아니었다. FCC가 경매에 관한 이론적 문헌에 수십 개의 주석을 달아 하나의 경매 방식 시안을 제시한 후 비로소 게임 이론가들에게 전화가 빗발치기 시작했다. 그래서 마침내 대표적인 게임 이론 학자인 밀그롬과 그의 동료 로버트 윌슨이 이 디자인에 관여하게 되었다.

밀그롬과 윌슨은 동시 다회 경매를 제안했다. 동시 경매 *simultaneous auction*에서는 한 묶음의 인허가가 같은 시간에 경매된다. 다회 경매 *multiple round auction*에서는 1회 입찰 후 가격을 공지하며, 이때 입찰자들은 입찰을 철회하거나 입찰가를 높여 2회 경매에 나설 수 있다. 경매가 끝날 때까지 몇 회까지든 이러한 방식을 되풀이한다. 이 방식의 주된 이점은 입찰자들이 여러 인허가의 상대적 가치를 따져보며 경매에 참여할 수 있다는 것이다. 순차적 비공개입찰 경매 *sequential closed-bid auction*를 할 경우, 각 아이템에 대한 구매자들의 희망 가격을 알 수 있는 반면, 동시 다회 경매를 할 경우, 다르게 묶은 아이템들의 시장가를 알 수 있다.

이러한 초기의 제안—FCC가 궁극적으로 채택한 것—은 일견 사소해 보이지만 극히 중요한 세칙까지는 다루지 않았다. 입찰 보증금이 있어야 하는가? 입찰가 최소 증액 단위는? 시간 제한은? 입찰 시스템은 전적으로 전산화할 것인가, 수작업으로 할 것인가? 등등. 밀그롬, 로버츠, 그리고 게임 이론가이자 에어터치 사의 고문인 프레스톤 맥아피 *Preston McAfee*는 이런 쟁점에 대한 세칙안을 마련했다. FCC는 또 다른 게임 이론가인 샌디에이고의 캘리포니아 대학 교수 존 맥밀란 *John McMillan*을 고용해, 제안된 모든 규칙의 효과를 검토하게 했다. 폴 밀그롬의 말에 따르면, "게임 이론은 규칙의 분석에 핵심적인 역할을 했다. 내쉬 균형 외에도, 합리화 가능성, 역행

귀납 *backward induction*, 불완전 정보 등의 아이디어는 비록 아직 명쾌하게 명명되지는 않았어도, 경매 절차 세칙을 결정하는 기초 사항이었다."

1995년 늦봄 무렵, 미국 정부는 스펙트럼 경매를 통해 100억 달러 이상을 조달했다. 언론인과 정치가들은 환호성을 올렸다. 경매에 참가한 기업들은 로비 자금만 약탈당하는 경매를 피할 수 있었고, 경제적으로 의미가 있는 일단의 인허가를 취득할 수 있었다. 존 맥밀란이 말한 대로 그것은 "게임 이론의 승리"였다.

다시 깨어나다

프린스턴 1995~1997

수학은 젊은이의 게임이다. 그렇긴 하지만, 잠깐 이름을 빛내고 활동의 떡잎이나 보여주고… 남은 한평생 권태 속에서 지낸다는 것은 견딜 수 없는 노릇이다.
—노버트 위너

존 내쉬, 노벨상을 받고나서 며칠 후 웁살라 대학에서 강연할 때

노벨상 수상자가 발표된 날 오후, 기자회견이 있은 다음 파인 홀에서는 조촐한 샴페인 파티가 열렸다. 내쉬는 짧은 연설을 했다. 연설을 하고 싶지는 않지만, 세 가지 할 말이 있다고 그는 말했다. 첫째, 노벨상이 신용 등급을 높여줄 테니 이제 신용카드를 갖고 싶다. 둘째, 상을 나눠 갖게 되어 정말 기쁘다고 말해야겠지만, 돈이 너무나 필요하기 때문에 혼자 수상했으면 더 좋을 뻔했다. 셋째, 게임 이론 공로로 상을 받게 되었는데, 게임 이론은 초끈 이론 *string theory*과 닮은 점이 있는 듯하다. 오늘날 대단히 본질적인 지적 관심을 불러일으키고 있는 초끈 이론을 세상 사람들이 유익하게 활용할 수 있기를 바라마지 않는다는 점에서 그러하다. 그는 자기가 듣기에도 좀 한심하다는 듯이 말함으로써 사람들을 웃기려고 했다.

내쉬가 스톡홀름의 화려한 의식을 잘 치러낼까 싶은 스웨덴 사람들의 우려는 모두 근거 없는 것으로 드러났다―해롤드 쿤도 남몰래 걱정했다. 모든 것이 물 흐르듯 순조로웠다. 환영회. 기자 회견. 노벨상 시상식 자체. 그후 웁살라 대학에서의 강연. 정말이지 수상자 발표와 시상식 사이의 몇 주 동안, 내쉬는 지난 수십 년 동안 그에게 불가능했던 것들을 해냈고 또 느꼈다. 바이불의 기억에 의하면, 처음 스톡홀름에 도착했을 때 내쉬는 몇 년 전 바이불이 프린스턴에서 본 것과 다름없는 모습을 보여주었다. 즉, "그는 상대의 눈을 똑바로 바라보지 않았다. 말은 우물거렸다. 사교면에서는 아주 소심했고 아주 불안정했다. 그러나 기분상태는 날이 갈수록 좋아졌다. 점점 불행한 마음이 사그라졌다."

내쉬의 업적을 기리는 노벨 세미나를 주관키로 한 해롤드 쿤과 그의 아내 에스텔은 스톡홀름까지 내쉬와 앨리샤를 따라갔다. 그것은 유쾌한 일이었다. 그 주일에 가장 멋진 순간은 내쉬가 국왕을 알현할 때였는데, 줄곧 장엄하면서도 화려한 의식에 따라 알현이 이루어졌다. 전통적으로 스웨덴 국왕은 노벨상 수상자 한 사람과 이삼 분 정도 독대를 했다. 내쉬의 차례가 왔을 때 어찌나 얼굴을 찌푸리던지, 해롤드 쿤은 내쉬가 마지막 순간에 알현실로 들어가길 거부할 것만 같은 걱정이 들었지만, 그는 시종의 안내를 받으며 안으로 들어갔다.

5분이 지나고 7분이 지났다. 10분이 지났다. 그때 마침내 내쉬가 밖으로 나왔는데, 여유 만만했고 마냥 즐거워하기까지 했다. "무슨 얘기를 하셨습니까?" 모두가 이구동성으로 물었다. 존은 해롤드와 에스텔에게 왕과 나눈 얘기를 해주었다. 내쉬와 앨리샤는 1958년에 유럽 일주를 했는데, 새로 산 메르세데스 180을 몰고 스웨덴 남부에 들른 적이 있었다. 스웨덴 국왕은 당시 웁살라 대학의 학생이었고, 고속 스포츠카에 중독되어 있었다. 그 무렵 스웨덴은 좌측통행제에서 우측통행제로 바뀌고 있는 중이었다. 내쉬와 왕은 도로의 왼쪽에서 고속으로 질주하는 것의 위험성을 10분에 걸쳐 얘기했다.

황혼 녘에 내쉬와 바이불은 리무진을 타고 스톡홀름 북부의 시골길을 달렸다. 농가의 등불이 하나씩 켜지고, 하늘은 어두워지기 시작했다. 내쉬가 바이불 쪽으로 몸을 숙이고 말했다. "이보게, 외르겐. 정말 아름답군."

그들은 내쉬가 30년 만에 처음 연설을 한 웁살라 대학에서 돌아오는 길이었다. 내쉬는 노벨상 수상자에게 전통적으로 요청되는 스톡홀름에서의 한 시간짜리 연설은 요청받지 않았다. 웁살라 대학의 강연은 크리스터 키젤만이 주선한 것이었다. 내쉬가 강연 주제로 선택한 것은 발병 전부터 관심을 두었다가 회복 후에 다시 연구하기 시작한 것이었다. 그것은 물리적 관찰과 일치하는 비팽창 우주를 수학적으로 정확하게 설명하는 이론을 개발하는 것이었다. 물론 통설은 우주가 팽창하고 있다는 것이다. 이러한 통설을 뒤집으려 하는 것은, 젊은 날 내쉬가 늘 다수의 믿음에 반대하며 지적 내기를 걸곤 했던 것과 다를 바 없다.

"우주가 팽창하고 있지 않을 가능성"에 대한 내쉬의 강연은 텐서 미적분과 일반상대성이론으로 시작되었다—이 두 가지는 너무 어려워 아인슈타인조차도 유난히 정신이 맑을 때만 이해 가능했다고 말하곤 했다. 내쉬는 약간 긴장이 되었다고 나중에 고백했지만, 노트 없이 명료하고 설득력 있게 강의했다—물리학박사 학위를 지닌 바이불의 말이다. 강연을 들은 물리학자와 수학자들은 내쉬의 아이디어가 흥미롭고 일리가 있었으며, 자기 아이디어에 대한 적당한 수준의 회의도 밑바탕에 깔고 있었다고 후일 말했다.

스톡홀름에서의 동화 같은 일과 노벨상 수상자라는 높은 영예에도 불구하고, 그후의 삶은 고요하다. 내쉬 가족은 아직도 앞뜰에 수국이 피어나는 허름한 보온벽돌 집에서 산다. 프린스턴 기차역 맞은편 골목 바로 옆집이다. 새로 보일러를 들였고, 새로 지붕을 얹었고, 새로 가구 몇 점 들였지만, 그게 그것 같다(내쉬는 또 집값 할부금 반액을 미리 갚을 수 있었다). 그들이 정기적으로 만나는 소수의 친구들—짐 망가나로, 펠릭스와 에바 브로더, 아르망과 게이비 보렐 등—은 전부터 이미 수년째 만나온 사람들이다. 그들의 일과는 남들 생각만큼 달라지지 않았다. 물론 생활비를 벌고 조니를 돌보는 두 가지 일이 그들의 주된 일과를 이루고 있다. 앨리샤는 매일 뉴와크 행 기차를 탄다. 더 이상 운전을 하지 않는 내쉬는 "딩키"를 타고 시내로 들어가, 고등학문연구소에서 점심을 먹고, 도서관에서 오후를 보낸다. 아니면 아주 가끔, 새로 마련된 자기 사무실에 들른다. 아들 조니가 입원중이거나 여행중이 아닐 때면 곧잘 조니를 데리고 다닌다.

그것은 다시 시작된 삶이지만, 내쉬가 꿈꾸고 있는 동안 시간은 멈추어 있지 않았다. 립 밴 윙클처럼(어빙 워싱턴이 쓴 〈스케치 북〉의 한 단편. 그 책에서 주인공은 어느 날 잠을 자고 일어났는데, 세월이 20년이나 흐른 걸 알고 놀라게 된다 : 옮긴이주), 오디세우스처럼, 그리고 다른 무수한 소설의 우주여행자들처럼, 깨어보니 뒤에 남긴 세상은 그가 없는 동안에도 쉬지 않고 흘러갔음을 알게 되었다. 빛나던 젊은이들은 은퇴하거나 죽어가고 있다. 아이들은 중년이 되었다. 가녀린 미녀였던 아내는 이제 60대의 중후한 여인이 되었다. 그리고 그의 칠순 생일이 성큼 다가왔다.

그에게는 이런 날들도 있다. 시간의 참혹한 유린으로부터 벗어났다고 느끼는 날들, 그 동안 접어두었던 것을 펼쳐들 수 있다고 믿는 날들, "30대나 40대에 해냈을 수도 있는 연구를 뒤늦게 60대나 70대에 하고 싶어하는 사람처럼!" 들뜨는 날들도 있다. 노벨상 수상 약전에 그는 이렇게 썼다.

> 통계적으로, 어떤 수학자나 과학자가 66세의 나이에도 부단히 연구를 계속해서, 이전의 업적에 새로운 업적을 보탠다는 것은 불가능해 보일 것이다. 그러나 나는 아직도 그런 노력을 하고 있다. 일종의 휴가

랄 수 있는, 부당한 망상적 사고의 25년이라는 공백기간을 가진 내 상황은 남다르다고 할 수 있다. 그래서 나는 현재의 연구를 통해, 혹은 미래에 떠오를 어떤 새로운 아이디어로, 어떤 값진 것을 성취할 수 있으리라는 희망을 품고 있다.

그러나 연구에 몰두할 수 없는 날이 많다. 해롤드 쿤에게 이렇게 말한 적이 있다. "유령은 아주 늦게까지, 오후 6시까지는 나타나지 않더군. 유령도 보통사람들처럼 문제가 많아서, 의사를 찾아갈 시간이 필요하니까." 그리고 또 이런 날들도 있다. 계산이 틀렸다는 것을 발견하는 날들, 혹은 근사한 아이디어를 이미 다른 누군가가 발굴해버렸다는 것을 알게 되는 날들, 혹은 그가 애써 숙고한 것들을 볼품없이 만들어버리는 듯한 새로운 실험 데이터가 나왔다는 얘기를 듣는 날들도 있다.

그런 날 그는 회한에 잠긴다. 노벨상이 이미 잃어버린 것까지 회복시켜 줄 수는 없다. 내쉬에게는 인생의 주된 즐거움이 남들과의 정서적 친밀감에서 비롯하기보다는 창조적 작업에서 비롯한다. 그래서 과거 업적을 인정해준 것이 한편으로 향유와도 같았지만, 다른 한편으로는 이제 무엇을 할 수 있을 것인가라는 곤혹스러운 문제를 가혹하게 들춰낸 셈이었다. 1995년에 내쉬가 말했듯, 오래 정신병을 앓은 후 노벨상을 받는 것은 감동적이지 않았다. "정신병을 앓은 '후 AFTER', 고도의 정신 기능 수준(그저 고도의 사교성일 뿐인 것이 아닌 수준)을 달성한 사람"이었다면 감동적이었을 것이다.

내쉬는 많은 정신과의사들에게 "희망의 상징"으로 소개되었는데, 그들 앞에서 그는 자신의 상황에 대한 적나라한 평가를 했다. 1996년 마드리드 강연 끝에 나온 한 질문에 대해 그는 이렇게 대답했다.

"비합리적이었다가 합리성을 회복한다는 것, 정상적인 삶을 회복한다는 것, 그것은 멋진 일입니다!" 그리고 잠시 뜸을 들이더니, 뒤로 물러서면서 더욱 강하고 더욱 단정적인 목소리로 말했다. "그러나 그것은 그리 멋진 일이 아닐는지도 모릅니다. 여러분의 환자 중에 화가가 있다고 칩시다. 그는 합리적입니다. 그러나 그림을 그리지 못한다고 칩시다. 그는 정상적으로 활동합니다. 그것이 진정 치료가 된 것입니까? 그게 정말 구원입니까?… 나 또한 모범적인 회복 사례일 수가 없다고 봅니다. 내가 뭔가 훌륭한 연구를 해내지 못한다면 말입니다." 그리고 아쉬워하듯, 거의 들리지 않는 낮은 음성으로 덧붙였다. "내가 좀 늙었기는 하지만."

바로 이런 생각 때문에, 내쉬는 1995년 프린스턴 대학 출판부에서 3만 달러를 제시하며 그의 전집을 출판하겠다는 것까지 거절했다. "나는 오랫동안 연구 결과를 발간하지 못했기 때문에 심리적으로 부담을 느낀다"고 내쉬는 해롤드 쿤에게 말했다. 전집을 발간해서 평생의 연구가 완료되었다는 것을 인정함으로써, 장차의 연구 가능성을 덮어버리고 싶지 않다는 것을 그런 식으로 말한 것이다.

내쉬는 이렇게 말했다. "나는 전집을 발간하고 싶지 않다. 아직 나는 활발히 연구중인 수학자라고 생각하고 싶고, 그런 수학자인 척이라도 하고 싶기 때문이다. 나는 남들이 월계관이라고 말하는 것에 안주하지 않겠다. 물론 전집을 지금 내지 않는다 해도 후일 언젠가는 출판할 수 있다는 것을 나는 알고 있다. 그때 그 전집에 새로운 멋진 것을 보태고 싶다." 그러나 내쉬의 마음만 이런 것은 아니다. 그와 동시대를 산 뛰어난 다른 수학자들의 마음 역시 그러기는 마찬가지이다. 그들 역시 지난날의 업적에 버금가는 새로운 업적을 보탤 수는 없다는 사실을 직면하고 있거나 이미 직면했다. 더러는 남들보다 활동적이긴 했다. 그러나 나이를 먹는다는 것은 피할 수 없는 일이다. 그것은 수학자에게 특히 혹독하다. 대부분의 수학자들이 보기에, 수학은 젊은이의 게임이다.

30년에 가까운 공백기간을 거친 후, 다시 연구 생활로 돌아간다는 것은 비상한 용기를 필요로 한다. 그러나 내쉬는 그렇게 했다. 그는 마드리드 강연에서 이렇게 말했다. "나는 다시 과학적 연구에 몰두하고 있습니다. 판에 박힌 문제는 기피하고, '도락삼아' 연구합니다."

내쉬는 아인슈타인을 만나기 전부터 수학적 우주론을 구상해왔다. 웁살라 강연 이후 그는 여러 번 좌절했다. 1995년 8월에는 이렇게 말했다. "아주 오래 전의 내 연구에 근본적인 오류가 있었다는 것을 보여주는 결과를 얻었다. 나는…[그] 이론을 다시 세워야 한다. 분명, 특이적분 singular integration에서 뭔가 놓친 것이 있었다. 그리고 점 입자 대신 넓게 분포된 물질을 고려할 때, 뭔가 빠뜨린 것이 있다는 것도 알았다." 그는 자기 말을 뒤집는 독특한 버릇대로 이렇게 덧붙였다. "그건 좋은 일이다. 오류가 있는 연구 논문 발간을 피했으니까."

그는 계속해서 특정 오류를 설명하기 시작했다.

그 장 field에 모순이 있었다.…그것이 문제였다. 다시 계산해본 결과…계산에 몇 가지 오류가 있었다. 이제 중력이 작용하는 물질의 분포 질량에 대한 계산을 끝내야 한다. 적어도 1차 수준의 근사치라도 얻어야 한다. 그만한 수준만으로도 흥미로운(뚜렷한) 결과를 얻을 수 있을 것이다.

연구 과정에 발생한 난점을 이렇게 분석하고 있는 것을 보면, 작업중인 문제가 아주 야심에 찬 것이며, 위험성 높은 지적 내기 취향을 아직도 버리지 못했고(그 내기가 수학적 아이디어에 관한 것이든 주식이든!), 그의 사고력이 여전히 날카롭다는 것을 알 수 있다. 스스로 말하듯, 그가 새로운 돌파구가 될 업적을 내놓을 가능성은 적지만, 또 다시 문제에 몰두하는 즐거움만큼은 누리고 있는 셈이다.

그러나 사실상 그의 현재 생활이 주로 연구로 이루어졌다고는 할 수 없다. 그에게 중요한 것은 가족과 친구, 공동체 삶과 다시 연결된 삶을 살게 되었다는 것이다. 그것은 긴요한 일이 되었다. 그가 남들에게 의존하고, 남들이 그에게 의존하는 것에 대한 지난날의 두려움은 이제 사라졌다. 남들과 화해를 하고 그를 필요로 하는 사람을 보살펴주고 싶은 소망이 무엇보다 중요한 일이 되었다. 그와 여동생 마사는 거의 25년 동안 소원하게 지냈지만, 이제는 일주일에 한 번씩 전화를 주고받는다. 조니는 물론 그에게 가장 중요한 상수 *constant*이다.

먼저 경찰을 부르라고 말한 것은 내쉬였다. 조니는 그 동안 집에서 지내왔는데, 잠시 괜찮다가도 다시 종이 왕관을 쓰고 돌아다니기 시작했다. 어느 날 오후 조니는 돈이 필요했다. 그는 스스로를 군주 *sovereign*라고 믿었기 때문에 소브린 은행 *Sovereign Bank*에서 마음대로 돈을 인출할 수 있어야 한다고 생각했다. 그러나 은행 앞에 있는 현금자동입출기는 현금을 뱉어내려고 하지 않았다. 게다가 그의 은행 카드마저 삼켜버렸다. 화가 난 조니는 어머니에게 전화를 걸었다. 어머니는 소브린 은행 계좌를 가지고 있었다. 아들은 어머니에게 현금자동입출기가 있는 곳으로 나와서 자기 카드를 꺼내달라고 요구했다. 앨리샤는 내쉬에게 전화를 걸었다. 내쉬는 자기도 같이 가겠다고 고집했다. 그들은 애써보았지만 카드를 꺼낼 수 없었다. 역시 애써보았지만 조니를 진정시킬 수도 없었다. 그러자 조니는 버럭 화를 내며 커다란 막대기를 집어들고, 먼저 어머니를, 그리고 아버지를 찌르기 시작했다. 행인들 몇 명이 길 건너편에서 가던 걸음을 멈추고, 젊은이가 두 늙은이를 위협하는 것을 바라보았다. 내쉬는 그들에게 경찰을 불러달라고 외쳤다. 순찰차가 곧 나타났다. 조니를 잘 알고 있던 경찰은 트렌튼 주립병원으로 조니를 데려갔다.

스톡홀름에서 내쉬의 노벨상 수상 소식을 전해왔을 때, 조니는 정신병원에 있었다. 내쉬와 앨리샤는 먼저 조니에게 전화를 걸었다. 조니는 부모님이 자기를 놀린다고 생각하며 전화를 끊어버렸다. 나중에 조니는 CNN 뉴스를 통해 아버지의 얼굴을 보았다.

조니의 장래 문제는 여간 고민스러운 것이 아니다. 내쉬는 그 문제를 남 얘기하듯 객관적으로 말했다. 앨리샤는 참담한 표정을 지은 채 아무 말도 하지 않고, 소파에 몸을 파묻고 눈을 감았다. 그녀는 마침내 불쑥 말했다. "그 애는 그냥 그렇게 살아가고 싶어해요."
20대 초반에는 희망에 가득 차 보였던 조니의 수학적 삶이 끝장난 지는 이미 오래되었다. 가르치는 일이 버거웠기 때문이든, 사회적으로 고립되었기 때문이든, 단지 병의 진행 과정이 그러했기 때문이든, 마셜 대학에서의 1년은 참담했다. 그는 집으로 돌아왔고 다시는 일을 하지 않았다. "물론 내가 나쁜 본보기를 보인 탓"이라고 내쉬는 말했다.

조니는 일자리를 얻고 싶어했다고 내쉬는 말했다. 조니는 아직도 대학 수학과의 강사가 될 수 있다고 생각하는 것 같았다. 그는 노벨상 수상자의 아들이라고 자기를 소개하며 일자리를 부탁하는 편지를 여러 번 써 보낸 적도 있었다. 내쉬가 쿤 부부에게 한 말에 따르면, 조니는 퇴원한 후 약을 먹으려고 하지 않았다. 앨리샤는 이렇게 덧붙여 말했다. "그 애는 병원에 입원하면 좋아져요. 그래서 퇴원하면 약을 먹을 생각을 하지 않아요." 그러면 조니는 다시 앓게 되고, 환청을 듣고 망상에 시달린다. 다시 입원을 하면 좋아진다. 그렇게 마냥 되풀이된다. 이제 조니를 돌보는 것이 내쉬의 주된 삶의 과제가 되었다. 조니가 그레이하운드 버스를 갈아타며 전국을 일주하는 "도중 on the road"이 아니면, 내쉬가 그를 보살핀다. 내쉬는 아들이 자기 책임이라는 사실을 당연하게 여긴다. 내쉬는 언젠가 이렇게 말했다. "나의 망상적 사고의 시절은 아마도 지나간 것 같은데, 내 아들의 그 시절은 이제 시작된 것 같다." 내쉬 부자는 앨리샤가 출근한 후 같이 일어난다. 그들은 같이 아침을 먹는다. 내쉬는 아들을 데리고 도서관에 가고, 고등학문연구소에 가고, 파인홀에도 간다. 월요일 저녁에는 그들 모두가 같이 가족치료를 받으러 간다. 아들이 컴퓨터에 관심을 갖도록 애써왔던 내쉬는 아들과 함께 컴퓨터 체스를 둔다. 내쉬는 이렇게 말했다. "컴퓨터는 좋은 작업요법이 될 수 있습니다(헤일 트로터가 내게 컴퓨터 사용법을 가르쳐줌으로써 내가 작업요법의 효과를 볼 수 있었듯이)."

조니는 1997년 현재 38세이다. 아버지처럼 키가 크고 잘생겼다. 이들 부자는 똑같이 수학과 체스를 좋아한다. 그러나 조니의 병은 그의 반평생이 넘는 사반세기 동안 지속되어왔다. 그는 클로자릴 *Clozaril*, 리스페라돌 *Risperadol* 등 최신 약품과 가장 최신의 지프렉사 *Zyprexa* 같은 약품으로 치료를 받아왔다. 이런 약품들은 퇴원을 가능케 해주었지만, 참다운 삶을 안겨주지는 못했다. 그에게는 거의 시간이 흐르지 않는다. 더 이상 체스 대회에도 나가지 않는다—한때 그것은 그의 최고의 기쁨이었다. 더 이상 책도 읽지 않는다—독서를 하지 않은 지 벌써 오래 되었다. 그는 종종 화를 내고, 이따금 폭력적이 된다.

조니와 함께 산다는 것은 내쉬와 앨리샤에게 이루 말할 수 없는 긴장의 연속이다. 내쉬는 그런 삶이 "당혹스럽고", "잔혹"하다고 말한다. 조니는 종종 "표류와 붕괴"하고 싶은 마음에 사로잡힌다. 자주 있는 일이지만, 조니가 그레이하운드 버스를 갈아타며 전국 일주를 할 때조차 마음이 편치 않다. 예를 들어 내쉬와 앨리샤가 내쉬의 생일을 축하하기 위해 올리브 가든에 가 있을 때, 전국 일주중인 조니가 전화를 한다. 은행 카드를 잃어버려 돈이 없다는 것이다. 그날 저녁은 조니에게 송금하느라 시간이 다 가버린다. 앨리샤는 최근 이렇게 말했다. "우리는 정말 어째야 좋을지 모르겠어요. 그토록 열심히 일했고…남편은 병에서 벗어났건만. 조니에게는 노벨상도 전혀 도움이 되지 않았어요."

조니는 내쉬와 앨리샤를 뭉쳐놓기도 하고 떼어놓기도 한다. 그들 사이에는 깊은 갈등이 있다. 그들은 조니가 버릇없이 굴 때—집안 물건을 부수거나, 부모를 공격하거나, 남들 보는 데서 부적절한 행동을 할 때—마다 서로를 탓한다. 내쉬는 하고 싶지 않은 악역을 자기에게만 떠넘기고 앨리샤가 좋은 역만 맡으려 한다고 생각한다. 그러나 그들은 서로 의지한다. 그들은 매일 서로 해야 할 일을 의논해서 결정한다. 아들을 입원시키는 문제도 의논해서 처리한다. 내쉬는 비교적 비판적이어서 조니에게 스스로 자기 병의 책임을 지게 하려고 한다. 그것은 때로 잔인할 정도이다. 한번은 해롤드 쿤이나 다른 사람들에게 조니 같은 인간은 감옥에 넣어야 한다고 말하기도 했는데, 그것은 스스로 자초한 일이라는 것이었다. "나는 내 아들이…일방적인 희생자라고 생각하지 않는다. 부분적으로 그는 이 세상에서 탈출하겠다는 '선택'을 한 것이다."

이렇게 무자비한 말을 하는 순간도 있지만, 사실 내쉬는 희망을 버리지 않고 있으며 좋은 일이 있을 때는 기쁨을 감추지 않는다. 새로운 약이나 새로운 치료법이 나온다는 말을 들을 때 그렇다. 그리고 컴퓨터 체스를 가르쳐주는 일처럼, 아들에게 뭔가 도움이 될 것 같은 아이디어를 떠올렸을 때도 그렇다. 그의 친구 애비내시 딕시트가 저녁식사에 초대하자 그는 대뜸 조니를 데려가도 되느냐고 물었다.

딕시트의 집에서 조니가 체스판을 꺼내자 부자는 체스를 하기 시작했다. 내쉬의 실력은 "보통 이하"이다. 체스를 하다가 내쉬는 한 수를 무르고 싶어했다. 조니는 물러도 좋다고 했다. 그후 내쉬는 또 무르고 싶어했다.

"아빠, 그런 식으로 계속하시면 아빠가 이기겠어요." 조니가 말했다.

"컴퓨터와 체스를 할 때도 무를 수 있는데 뭘 그래." 내쉬가 말했다.

"하지만, 아빠." 조니가 따졌다. "나는 컴퓨터가 아니에요! 나는 인간이라구요!"

조니의 약을 타러 약국에 갈 때면 내쉬는 꼭 앨리샤와 함께 갔다. 조니가 가끔 등록하는 외래환자 프로그램에 참석할 때면 내쉬도 정시에 참석했다. 앨리샤는 이런 것을 보며, 내쉬에게서 도움을 받고 있다고 생각한다. 그녀는 내쉬 없이 혼자서는 살 수 없다고 생각한다.

　결혼은 인간관계 가운데 가장 신비한 것이다. 일견 피상적으로 보이는 애착 관계가 놀라울 정도로 깊고 지속적인 관계가 될 수도 있다. 내쉬와 앨리샤 사이의 유대관계도 그러하다. 돌이켜 보면, 두 사람이 서로를 필요로 한 이 결합이 결코 우연이 아니라는 생각이 든다. 앨리샤는 강인하고, 실제적이고, 독립적이다. 그리고 그 동안 온갖 실망과 환멸과 역경을 거쳤는데도, 앨리샤가 처녀 시절 내쉬에게 매혹되었던 마음은 그 모든 것을 이겨내고 살아남았다. 그녀는 내쉬를 데리고 옷을 사러 간다. 내쉬가 여행중이면 안절부절못한다―테러리스트에게 납치되지나 않을까, 비행기 사고로 죽지나 않을까, 혹은 그저 너무 피곤해하지나 않을까. 발을 삐어 내쉬의 발목이 부어올랐을 때, 그녀는 디너 파티도 마다하고 응급실에서 네 시간이나 그의 곁을 지켰다. 조금만 더 말하자면, 캘리포니아의 풀장 가에서 수영복을 입고 찍은 내쉬의 사진을 보며, 깔깔거리며 그녀는 이렇게 말한다. "그이의 다리가 멋지지 않아요?"

　한편 내쉬는 앨리샤의 일과에 자기 일과를 맞춘다. 내쉬는 완고하고, 내성적이고, 자기 중심적이고, 자기 시간(그리고 돈)에 인색한 사람이면서도, 먼저 앨리샤에게 묻지 않고는 아무 일도 하지 않는다. 그녀의 의사를 존중하며 도와주려고 애쓴다. 그래서 그는 설거지를 하고, 은행 일을 처리하고, 월요일 저녁마다 가족치료를 받으러 그녀와 함께 간다. 앨리샤에게 그날 있었던 일을 낱낱이 보고한다. 우연히 만난 사람, 강연 내용, 점심때 먹은 음식까지 일일이 얘기한다. 돈, 가사, 조니, 사교상의 약속에 대해 의논을 하면서도 내쉬는 앨리샤의 삶을 좀더 즐겁고 좀더 수월케 해주려고 애쓴다.

내쉬는 좀더 다정다감하고 자상해지려고 노력하고 있다. 그는 자아비판조로 이렇게 말했다. "내게는 사교상의 결함이 있다는 것을 안다. 앨리샤가 뭔가 말하고 있을 때, 말이 끝나기도 전에 내가 미리 넘겨짚고는, 그녀가 별로 중요하지도 않는 말을 하려고 한다는 듯이 앞질러 말함으로써 그녀를 속상하게 하기도 한다." 그는 자기가 천재라 해도 모든 문제의 권위자일 수야 있겠느냐고 농담조로 말한다. 다시 집을 저당 잡히고 대출을 받는 일이나, 가스 보일러를 놓을 것인지 기름 보일러를 놓을 것인지 선택하는 일이 생길 때 그는 익살스럽게 투덜거리곤 한다. 그가 "노벨상으로 빛나는… 경제학의 현자"라는 것을 앨리샤가 진지하게 인정해주지 않는다는 것이다.

물론 그가 그녀의 마음을 상하게 할 때도 많다. 그러나 곧 자기를 돌아보고 잘못을 바로잡는다. 전형적인 예를 들면 이렇다. 게이비와 아르망 보렐 부부의 디너 파티에서, 사람들이 다 모여 있을 때 앨리샤는 조니가 멕시코의 작은 대학에서 수학을 가르쳐달라는 임시 제안을 받았다고 말한다. 그러자 내쉬가 잔인한 말을 내뱉는다. "아니, 내 아들은 아칸소의 정신병원에 있는데 그런 제안을 다 받다니!" 내쉬는 정신병자와 대학 강사가 병치된다는 것에 웃음을 터트린다. 그것은 앨리샤에게 너무 심하다. "조니한테 너무 하는 거 아녜요!" 그녀가 쏘아 부친다. 내쉬는 대꾸하지 않는다. 그러나 그후 그는 잘못을 바로잡기 위해 갖은 노력을 다한다. 그는 보렐의 서가에서 멕시코 지도를 찾다가 앨리샤에게 조공으로 바친다. 그는 또 앤드류 와일스가 페르마의 마지막 정리를 풀었다는 얘기를 하다가, 조니가 대학원 시절에 "고전" 정수론 분야에서 뭔가 해냈다는 것을 거론할 기회를 잡는다. 조니는 "하나는 옳고 하나는 그른 결과를 내놓았는데, 옳은 것은 획기적 업적이었다"고 그는 다른 손님들에게 말한다. 앨리샤는 그 말에 귀를 기울이며 내쉬의 마음을 헤아리고 너그럽게 용서해준다.

그들이 결혼 생활의 새로운 국면으로 들어서게 된 것은 노벨상 수상 이후이다. 이제 그들은 서로 호혜적인 마음을 지니고 있다. 동년배의 존경을 회복하게 됨으로써, 내쉬는 남들에게 베풀어줄 수 있는 많은 것을 지니고 있다는 느낌을 갖게 되었다. 그리고 그와 가까운 사람들도, 특히 앨리샤도 그런 느낌을 갖게 되었다. 이 일은 자기 재강화의 계기가 되었다. 내쉬가 노벨상을 타기 전에는 한때 앨리샤가 내쉬를 "하숙생"이라고 부른 적도 있었다. 그때 두 사람은 한 지붕 밑에서 살면서도 근본적으로는 남남이었다. 이제는 법적 재결합까지 논의하기도 한다. 그러나 내쉬가 아마도 "합리성"을 고집한 탓에, 법적 재결합은 비현실적인 생각이라고 보고 포기했다. 그 경우, 관련 세금은 물론 사회보장연금 위약금 등을 내야 한다는 이유 때문에 나이든 커플들이 법적 재결합을 하지 못하는 경우가 많다. 그러나 법적 증명 따위는 실제로 중요한 게 아니다. 그들은 다시 진정한 부부가 되었다.

존 데이빗 스티어는 25년에 걸친 아버지와의 소원한 관계를 끝내기 위한 첫걸음을 뗐다. 그는 1993년 6월에 〈보스턴 글로브〉지에서 내쉬가 노벨상을 수상할 가능성이 있다고 추측 보도한 기사 사본을 내쉬에게 보낸 적이 있었다. 그 기사를 익명으로 보냈지만, 내쉬는 누가 보냈는지 즉시 알아차렸다. 내쉬는 존 스티어의 제스처를 비아냥거림으로 받아들여야 할지, 우호의 전주곡으로 받아들여야 할지 알 수 없었다. 그는 해롤드 쿤에게 그 편지가 발송된 방식만 보면 꼭 조롱하는 것 같다고 말했다. 그러나 1995년 2월, 내쉬가 스톡홀름에서 노벨상을 수상한 지 두 달이 지난 후, 내쉬는 큰아들과 다시 사귀며 주말을 보내기 위해 보스턴 행 버스에 몸을 실었다.

서러운 옛일을 잊어버리자는 그런 만남은 달곰쌉쌀하기 마련이다. 다시 만나게 되어 행복한 것 못지않게 가슴 아픈 수많은 기억과 실망과 오해를 되새기는 자리가 되기 때문이다. 두 사람이 마침내 대면했을 때, 존 데이빗은 내쉬가 마지막으로 만났을 때 기억에 새겨두었던 19세의 아머스트 대학 역사학 전공 학생이 아니었다. 존 스티어는 44세의 중년남자였다. 그들이 마지막으로 만났던 1972년에 내쉬는 44세였다. 몸매만 본다면 스티어는 아버지를 빼 닮았다. 인상적으로 큰 키, 떡 벌어진 어깨, 빛나는 눈, 영국인 같은 안색, 섬세하게 빚어진 코, 그 모든 것이 내쉬와 닮았다. 그러나 선택한 인생을 보면—그리고 남을 돕는 데서 커다란 만족을 느낀다는 것을 보면—그는 어머니를 빼 닮았다. 존 스티어는 결혼하지 않고 보스턴에서 줄곧 살아왔는데, 정식 간호사로 일하고 있었다. 이때 그는 대학원으로 돌아가 간호학석사 학위를 받을 생각을 하고 있었다.

그들은 주말 이틀을 함께 보냈다—한번에 그토록 긴 시간을 함께 보낸 것은 이때가 처음이었다. 그들은 사적인 얘기는 별로 하지 않았다. 사실 그들은 이틀 동안 다른 사람들과 함께 있는 시간이 훨씬 더 많았다. 그들이 화해했다는 것을 다른 사람들에게 확인시켜주는 것이 내쉬에게는 중요했다. 그들은 엘리너와 찍은 옛날 사진을 함께 보았고, 내쉬의 "첫 번째 가족"과 가장 가까운 친구라고 할 수 있는 아더 매틱과 같이 식사를 했다. 그리고 MIT의 인공지능 실험실에 있는 마빈 민스키도 찾아갔다. 또 내쉬는 존 스티어의 아파트에서 마사에게 전화를 걸어 스티어를 바꿔주기도 했다.

부자가 사적 대화로 들어서는 모험을 했을 때, 내쉬는 여느 때처럼 선의만 지니고 있었다. 그는 아들이 자기에게 얼마나 소중한 존재인지 아들에게 보여주고 싶었고, 자신의 최근 행운을 아들과 함께 나누고 싶었고, 아버지다운 조언도 해주고 싶었다. 그는 사랑과 책임감을 느꼈다. 그는 자기 재산을 두 아들에게 똑같이 나눠주겠다는 말도 했고, 베를린에서 열리는 대회에 함께 가자는 말도 했다. 이 모든 것은 선의로 한 말이었다. 그러나 내쉬 인생의 다른 많은 인간관계에서 그러했듯, 내쉬의 의도는 곧잘 감정 표현과 엇갈렸다. 그는 아들을 가까이 끌어당기려고 애쓰면서도, 무심하고 뜨악하다고밖에 할 수 없는 언행을 했다. 그는 실망감을 감추려 하지도 않았다. 그는 아들이 뚱뚱하다며 외모를 타박했다(아들은 뚱뚱하지 않았다). 그는 아들의 직업 선택도 헐뜯었다. 내쉬의 아들이 간호사라는 것은 품위가 떨어지니, 간호학석사가 되느니보다는 의과 대학원으로 가라고 다그쳤다. 이복동생을 보살펴주길 바란다는 강한 암시도 주었는데, "지적으로 열등한 형"이 옆에 있으면 조니에게 도움이 될 거라고 말함으로써 존 스티어의 울분만 부채질했다. 마지막으로, 존 스티어의 성을 내쉬로 바꾸길 바란다고 말했다. 내쉬에게는 그것이 아주 관대한 제안이었지만, 존에게는 과거를 모두 부정하라는 말과 같아서 사실상 마음의 상처만 안겨주었다. 엘리너도 물론 속상해했다.

몇 달 후, 내쉬는 약속한 대로 존 데이빗을 데리고 베를린으로 갔다. 그러자 지난번 만났을 때의 긴장이 재연되었다. 내쉬는 사소한 일로 아들을 자꾸만 자극했다. 책을 읽으려고 하면 불을 끄라고 했고, 디저트를 마음대로 시키지 못하게 했고, 버터나 빵을 먹지 말라고 했다. 그렇지만 존 데이빗은 내쉬가 강연을 하는 동안 커다란 긍지를 느꼈다. 내쉬는 해롤드 쿤에게 이렇게 편지를 써 보낼 수 있었다. "베를린은 아주 좋은 경험이었네.…아들도 여행을 즐겼지."

노벨상은 대단원의 성격을 지니고 있다. 하지만 둘도 없는 그 영예에도 불구하고, 스톡홀름의 동화 같은 의식이 끝난 후에도, 인생은 계속된다. 내쉬의 눈앞의 미래가 어떻게 전개될 것인지는, 다른 노벨상 수상자들보다 더 불확실하다. 그의 회복이 영구적인 것인지는 아무도 모른다. 수년 동안 증후가 나타나지 않다가도 재발하는 사람이 있기 때문이다. 하지만 현재는 소중한 것이다.

헥스 게임과 달리, 실제의 인생은 첫 수 혹은 50번째 수를 둔 후에도 미리 결말이 나는 법이 없다. 사람들을 놀라게 한 이 남자, 이 미국 천재의 이례적인 인생 역정은 계속되고 있다. 자기 말을 거듭 뒤집는 내쉬의 유머는 그의 자각이 커지고 있음을 시사한다. 슬픔과 즐거움과 애착에 대해 친구들과 허심탄회한 얘기를 한다는 것은, 그의 정서적 경험의 폭이 넓어지고 있음을 시사한다. 남들을 공정하게 대하려 하고, 남들이 그에게 공정한 대우를 요구할 권리가 있다는 것을 인정하려는 날마다의 노력은, 젊은 시절 차갑고 거만했던 것과는 매우 달라졌다는 것을 보여준다. 내쉬의 한 특성이었던 생각과 감정, 의도와 표현 사이의 괴리는 발병했을 때만이 아니라 그 이전에도, 그리고 지금도 적잖이 나타난다. 그러나 비록 말이 빗나갈 때가 있기는 해도, 비교적 균형 잡힌 인간관계가 이루어질 때, 그리고 서로 주고받는 것이 중요할 때, 그럴 때만큼은 생각과 감정이 전보다 더욱 긴밀하게 어우러지는 모습을 보여주게 되었다. 그는 지적으로는 전보다 못할지 모른다. 또 새로운 획기적 업적을 이루지는 못할지도 모른다. 그러나 그는 전보다 훨씬 더 넉넉한 사람, 앨리샤의 표현에 따르면 "아주 좋은 사람"이 되었다.

이제 우리가 그의 얘기를 접는 이 순간, 그는 어쩌면 파인홀로 이어진 아이젠하트 문 밑을 총총히 지나가고 있을지도 모른다…아니면 거실 소파에 앨리샤와 나란히 앉아 대형 텔레비전으로 〈닥터 후 *Dr. Who*〉를 보고 있을지도 모르고…아니면 조니와의 체스 게임에서 지고 있거나…아니면 아내와 사별한 로이드 셰이플리를 위로하는 전화 통화를 105분쯤 계속하거나…아니면 피사에서 있을 강연 원고를 준비하고 있느냐고 묻는 해롤드 쿤에게 개구쟁이 같은 표정을 지어 보이거나…아니면 점심 쟁반을 들고 고등학문연구소의 수학 테이블에 앉아, 방금 캐링턴의 연애편지를 읽고 편지 쓰기의 아취가 사라진 시대를 한탄하는 엔리코 봄비에리에게 고개를 주억거려 보이거나…아니면, 천문학 강연을 들은 후, 밤하늘에 반짝이는 아득히 먼 별을 망원경으로 지그시 바라보고 있을지도 모른다….

감사의 말

많은 분들이 이 책을 쓰는 데 도움을 주셨다. 그 중에서도 특히 엘렌 트렘퍼와 해롤드 쿤에게 감사드린다. 25년 지기인 엘렌 트렘퍼는 나를 계속 격려해주었고, 줄곧 더없이 값진 뒷바라지를 해주었다. 이 책의 집필을 열렬히 지지해주었고, 내쉬와 수학계를 너무나 잘 알고 있는 해롤드 쿤은 끊임없는 영감의 원천이자 안내자였다. 누구도 그 이상의 도움을 줄 수는 없었을 것이다.

앨리샤 라드 내쉬와 마사 내쉬 레그에게 깊이 감사드린다. 두 분의 지원이 없었다면 이 전기는 시작될 수도 완성될 수도 없었을 것이다. 또한 존 데이빗 스티어, 엘리너 스티어, 존 찰스 마틴 내쉬의 협조에도 감사드린다.

편집자 앨리스 메이휴와 대리인 캐시 로빈스가 나를 도와준 것보다 더 훌륭한 도움을 받은 작가는 달리 없을 것이다.

고등학문연구소에서 꼭 필요했던 1년간을 소장 방문객으로 머물 수 있도록 해준 아마티아 센과 필립 그리피스, 짧긴 했지만 마찬가지로 꼭 필요했던 몇 차례의 MIT 수학과 방문 때 도움을 준 지안-카를로 로타, 랜드에서 생산적인 일주일을 보낼 수 있도록 도와준 비비엔 아터베리, 이 모든 분들께 감사드린다.

〈뉴욕 타임스〉의 조셉 렐리벨드, 소마 골든 베어, 글렌 크라몬은 너그럽게 휴가 처리를 해주었고, 열렬한 지지를 보내주었다.

〈뉴욕 타임스〉의 동료 더그 프랜츠와 〈포춘〉의 로브 노튼은 중요 순간마다 너무나 고마운 조언과 격려를 아끼지 않았다.

애비내시 딕시트, 해롤드 쿤, 로저 마이어슨, 에리얼 루빈슈타인, 로버트 윌슨은 게임 이론에 대한 지혜를 참을성 있게 나누어주었고, 온갖 자문을 받아주었다.

도널드 스펜서, 해롤드 쿤, 라르스 회르만더, 마이클 아틴, 조셉 콘, 존 밀너, 루이스 니렌버그, 위르겐 모저는 순수 수학에 기여한 내쉬의 독창성을 명료하고 정확하게 내게 가르쳐주려고 모진 애를 썼다.

존 맥도널드, 윌리엄 파운드스톤, 프레드 캐플런, 데이빗 핼버스탬의 훌륭한 역사서는 내쉬의 랜드 시절을 이해하는 데 많은 도움이 되었다. 에드 레지스의 고등학문연구소에 대한 생생한 역사서, 레베카 골드스타인의 흥미진진한 소설 〈정신-신체의 문제 *The Mind-Body Problem*〉도 값진 자료였다.

리처드 제드 와이어트는 정신분열증에 관한 광범위하고 흥미로운 자료를 제공해주었다. 루이스 사스, 안토니 스토, 존 건더슨, 케네스 켄들러, 어빙 고츠먼, 리처드 키피, 제임스 글래스, 케이 레드필드 재미슨, 풀러 토리의 뛰어난 저서는 중요한 정보뿐만 아니라 영감까지 제공해주었다. 코니와 스티브 리버 부부에게도 특히 감사드린다. '정신분열증과 우울증 연구를 위한 전국 동맹'의 설립자인 두 분은 이 책의 집필에 큰 관심을 보여주었다.

정신과의사 폴 하워드, 조셉 브레너, 로버트 가버, 피터 보메커는 내쉬가 입원했던 병원에 대해 직접 경험한 내용을 알려주었고, 임상 정신의학의 신비도 엿보게 해주었다.

외르겐 바이불, 노벨 경제학상 위원회 위원들, 스웨덴 과학 아카데미 인사들은 내가 스톡홀름을 방문했을 때 극진히 환대해주었으며, 그 정점의 영예가 수여되는 일견 수수께끼 같은 과정을 해독하는 데 도움을 주었다. 사회학자 해리엇 주커만의 노벨상 수상자 연구서는 뛰어난 길잡이 구실을 해주었다.

"아름다운 정신 A Beautiful Mind"이라는 로이드 셰이플리의 애정 어린 멋진 말을 나는 캐시 로빈스의 제안에 따라 이 책의 제목으로 삼았다.

수백 명의 도움을 주신 분들께 무한히 감사드린다. 존 내쉬를 잘 아는 사람들, 수학자들, 경제학자들, 이 모든 분들의 회상에 힘입어 내쉬의 놀라운 삶의 이야기를 엮어낼 수 있었다. 아무리 사소한 얘기였다 해도 모든 단편적인 사실이 전체 이야기에 활력을 불어넣어 주었으며, 어느 단편 하나라도 소중하고 감사하지 않은 것이 없었다. 앞서 말씀드린 분들 외에도 다음 분들에게 큰 은혜를 입었다. 폴 새뮤얼슨, 아더 매틱, 폴 코언, 오데트 라드, 도로시 토마스, 피터 랙스, 캐슬린 모라웨츠, 도널드 뉴먼, 알 바스케스, 리처드 베스트, 존 무어, 아르망과 게이비 보렐, 지포라 레빈슨, 제롬 뉴워스, 펠릭스와 에바 브로더, 레오폴드 플라토, 존 댄스킨, 에마 더셰인, 조이스 데이비스.

카네기 멜론 대학, 프린스턴 대학, MIT, 하버드 대학, 고등학문연구소, 록펠러 문서 보관소, 맥린 병원, 스위스 국립 문서 보관소, 국립문서 보관소, 이 모든 기관의 문서보관 담당자와 사서들이 중요 자료를 제공해주었고, 전문적인 조언을 해주었다. 한 해 동안 고등학문연구소에 머물 때 많은 도움을 준 알렌 헤이스팅스, 모모타 강굴리, 엘리스 한센, 그리고 케임브리지 지식인 사회의 정보를 전해준 리처드 울프, 이분들께 특히 감사드린다.

엘렌 트렘퍼, 제프리 오브라이언, 해롤드 쿤, 애비내시 딕시트, 라르스 회르만더, 위르겐 모저, 마이클 아틴, 도널드 스펜서, 리처드 와이어트, 로브 노튼, 이분들은 여러 초고를 읽고 논평을 해주었다. 덕분에 실수를 바로잡고 문장을 다듬고, 새롭고 중요한 통찰을 덧붙일 수 있었다. 물론, 아직도 오류가 남아 있다면 그것은 모두 지은이의 책임이다.

3년 동안 괴롭히기만 하는 지은이와 함께 살아야 했고, 결국 이 책과 함께 살았다고 할 수 있는 남편 대릴 맥러드와 아이들, 클라라, 릴리, 잭, 이들은 특히 마감일이 슬슬 닥쳐오고 하늘이 무너질 것만 같을 때, 컴퓨터 작업으로, 도서관 검색으로, 집안 일로 눈코 뜰 새가 없었다. 가족의 사랑과 인내에 더없이 큰 빚을 졌다.

옮긴이 해설

내쉬 균형 Nash Equilibrium

체스나 포커 게임에서 적용되는 전략을 기초로 해서, 기업체 상호간의 작용과 시장 움직임 등을 예측하기 위한 이론이다. 게임의 각 참여자가 어떤 특정한 전략을 선택해서 하나의 결론에 도달했을 때, 모든 참여자가 이에 만족하고 더 이상 전략을 변화시킬 의도가 없는 경우를 일컫는 말이다. 내쉬 균형은 게임 참여자 각자가 최적 전략을 구사하며 각자의 이익을 추구하는 게임의 결과로서 유일할 수도 있고, 여러 가지일 수도 있다. 내쉬 균형에 도달했는가를 확인하기 위해서는, 그 어느 참여자도 그의 전략을 바꿈으로 일방적인 이익을 볼 수 없다는 것을 확인하면 된다.

리만 Riemann, Georg Friedrich Bernhard (1826~1866)

독일의 수학자. 괴팅겐 대학과 베를린 대학에서 가우스 Gauss와 디리클레 Dirichlet와 같은 수학자한테서 배웠다. 1859년에는 디리클레의 뒤를 이어 괴팅겐 대학의 정교수가 되었다. 말년에는 이론 물리학에도 많은 관심을 기울였고, 40세에 폐결핵으로 죽었다. 리만 기하학은 아인슈타인의 상대성이론에 적용된 수학 이론이다.

디오판투스 Diophantus

일반적으로 대수학의 아버지라고 불리우는 그의 삶에 대해서는 별로 알려진 게 없다. 200년경에 태어났고, 284년에 죽은 것으로 추측된다. 그의 저서 〈산학 Arithmetica〉을 페르마 Fermat가 공부하는 과정에서 유명한 '페르마의 마지막 정리 Fermat's Last Theorem'가 유래하게 되었다. 그의 삶의 단편을 알 수 있는 그의 묘비명도 유명하다.

디오판투스 방정식 Diophantine Equation

1개 이상의 변수를 포함하는 정수를 계수로 갖는 대수 방정식으로 간단히 부정 방정식이라고도 한다. 1994년 앤드류 와일스 Andrew J. Wiles에 의하여 증명된 유명한 페르마의 마지막 정리도 디오판투스 방정식의 한 예이다. 이 방정식에서는 정수해만을 고려한다.

힐버트 Hilbert, David (1862~1943)

20세기 최고의 수학자 중 하나로 여겨지는 독일의 수학자. 수학의 거의 전 분야와 이론 물리학에 많은 업적을 남겼다. 1900년 프랑스 파리에서 열린 제2회 국제수학자회의에서 행한 기조 강연에서 그가 제시한 23개의 수학 문제는 20세기의 수학 연구 방향에 지대한 영향을 끼쳤다. 흑인은 물론 동양 사람들에게도 심한 편견을 가졌던 것으로 알려져 있다.

힐버트 공간 Hilbert Space

n차원 벡터 공간의 개념을 무한차원으로 확장한 것이다. 미적분 방정식과 해석학 전반에 광범위하게 사용되며, 양자역학에도 불가결하다.

힐버트 5번 문제 Hilbert's Fifth Problem

수학자 리 Lie는 변환의 연속군 개념을 사용하여 기하학적 공리 체계를 제시하고, 그 공리 체계가 기하학의 충분한 공리 체계임을 증명하였다. 이때, 리는 군을 이루는 변환 함수들이 미분 가능이라고 가정하고 있다. 여기에서 기하학 공리로서 미분 가능성 가정은 불가피한가 라는 질문이 대두된다. 더 나아가 이 미분가능성 가정은 군의 개념과 다른 기하학적 공리로부터 유도 가능한지도 궁금하다. 힐버트 5번 문제는 이에 관련된다. 즉, 연속군은 자동적으로 미분 가능 군인가라는 것이다. 이것을 다음과 같이 기술할 수도 있다. 국소적 유클리드 군은 리 군인가? 이 문제는 1952년에 몽고메리 D. Montgomery, 지핀 L. Zippin, 폰 노이만 John von Neumann, 글리슨 Andrew Gleason 등의 업적으로 긍정적으로 풀렸다.

브로우어 Brouwer, Luitzen Egbertus Jan (1881~1966)

네덜란드의 수학자. 힐버트의 형식주의와 러셀의 논리주의에 반대하고 직관을 강조했다. 그는 수학 증명에서 배중률 Principle of the Excluded Middle을 인정하지 않았다. 위상수학에 특히 많은 업적을 남겼다.

브로우어의 부동점 정리 Brouwer's Fixed Point Theorem

어떤 볼록 convex인 폐 closed 집합에서 자기 자신으로의 연속 함수는 반드시 부동점을 가진다는 내용이다. 이 부동점 정리는 수학은 물론 게임 이론을 비롯한 경제학의 여러 분야에도 많은 영향을 끼쳤다.

연속기하학 continuous geometry

1930년대에 폰 노이만과 머리 F. J. Murray가 힐버트 공간상에서의 연산자 환 이론 von Neumann algebra을 연구하면서 창살 구조와 비슷한 수학적인 구조를 발견하였다. 이 구조의 특징을 규명하는 과정에서 확립한 기하학이다. 이 기하학의 가장 큰 특징은 기존의 기하학과는 달리, 서로 다른 차원 사이에 연속성이 있다는 것이다. 환론이나 사영기하학에 유용하다. 사실, 사영기하학은 연속기하학에서 차원이 이산적인 특별한 경우이다.

아인슈타인 Einstein, Albert (1879~1955)

독일에서 태어났으나 히틀러를 피해 미국 시민이 되었다. 1905년에 발표한 특수 상대성 이론과 1915년에 발표한 일반 상대성 이론은 기존의 이론 물리학에 큰 변화를 가져왔다. 1922년에는 상대성 이론에 관한 업적이 아닌 양자 역학의 기초에 관한 연구 업적으로 노벨 물리학상을 받았다.

특수상대성이론 Special Theory of Relativity

아인슈타인에 의하여 1905년에 발표된 이론으로 고전적인 뉴턴 역학과는 많이 다른 우주관을 제시한다. 이 이론에서는 공간과 시간이 독립적이지 않고, 4차원의 시공간 spacetime을 이룬다는 것이다. 또, 빛의 속도는 어떠한 관찰자에게도 일정하다는 것도 기본 공준의 하나이다. 이 이론에 의하면, 질량, 거리, 시간 등은 결코 절대적인 물리량이 아니다. 이 이론에서 유도되는 질량과 에너지의 관계식 $E=mc^2$는 원자탄 개발의 기본 원리가 되었다.

일반상대성이론 General Theory of Relativity

특수상대성이론에 중력 효과를 포함시켜 아인슈타인에 의하여 1915년에 정립된 이론이다. 이론을 위한 수학 모델로서 리만 기하학을 이용한다. 특히, 중력을 뉴턴 이론과는 다르게 설명한다. 이 이론에 근거하여 블랙홀의 존재를 비롯하여 여러 가지 주목할 만한 예언을 할 수 있다.

ABC 추측 ABC Conjecture

어떤 자연수 n에 대하여 $sqp(n)$은 n의 square-free part를 나타낸다고 하자. 이제 3개의 자연수 A, B, C에 대하여 $\frac{sqp(ABC)}{C}$의 값은 우리가 원하는 만큼 충분히 작게 할 수 있다는 것이 마세르 David W. Masser에 의하여 증명되었다. 그러나, 1보다 큰 어떠한 수(자연수가 아니어도 됨)에 대하여 $\frac{[sqp(ABC)]^h}{C}$은 최소값을 갖는다는 것이 ABC 추측이다. 이 추측은 1980년대 중반에 외스텔 Joseph Oesterle과 마세르에 의하여 공식화되었다. 앤드류 와일스가 1994년에 증명한 페르마의 마지막 정리를 비롯하여 그 밖의 여러 정수론 추측들이 ABC 추측이 증명되면 풀리게 된다.

대수학의 기본 정리 The Fundamental Theorem of Algebra

복소 계수를 가지는 n차 다항식은 n개의 복소근을 가진다는 내용이다. 복소수 체는 대수적 폐체 algebraically closed라는 말과 같다. 1799년 가우스가 그의 박사학위 논문에서 최초의 증명을 제시한 것으로 믿어진다. 지금은 다양한 증명 방법이 알려져 있다.

보셔상 Bôcher Prize

미국 수학회가 해석학 분야에서 5년마다 수여하는 상으로 보셔 Maxime Bôcher 교수의 기부금 1,450달러로 제정되었다. 이 책에 등장하는 노버트 위너 Norbert Wiener와 폰 노이만도 이 상을 받았다.

보숙 추측 Borsuk Conjecture

이 책에서 말하는 보숙 추측은 밀너가 1950년에 증명한 다음 정리를 뜻한다.

어떤 폐 단위 속력 곡선이 매듭지어져 있다면, 다음이 성립한다:

$$\int_0^L \kappa\, ds \geq 4\pi$$

여기서 κ는 곡률 함수이다.

그러나 일반적으로 말하는 보숙 추측은 위상수학에 관한 것으로 다음과 같다. 즉, 직경이 1인 임의의 d차원의 도형을 직경이 1미만인 $d+1$개의 부분들로 분할하는 것이 가능하다는 것이다. $d=1$인 경우는 자명하고, $d=2$인 경우는 1933년 보숙이 증명하였으며, $d=3$인 경우는 1955년 영국의 이글스톤이 증명하였다. 상당히 많은 d의 값에 대하여 보숙 추측이 참이지만, $d > 561$인 모든 d에 대하여는 참이 아니다.

음함수 정리 Implicit Function Theorem

역함수 정리 Inverse Function Theorem로부터 얻어지는 정리로서 해석학에서 매우 중요한 역할을 한다. 일반적으로는 $n+1$차원의 유클리드 공간 R^{n+1}상에서의 함수 f에 관하여 엄밀하게 기술되지만, 대충 다음과 같이 말할 수 있다. 즉, 어떤 점 (a, b)에서 $f(a,$

$b)=0$ 인 음함수 $f(x, y)=0$에 대하여 $g(a)=b$이며 $y=g(x)$를 만족시키는 함수 g의 존재성에 관한 정리이다. 이 정리는 미분 위상수학 differential topology에서 재해석되는데 이는 미분 위상수학에서 중요한 횡단성 transversality 연구에 필수 불가결하다.

국제수학연맹 International Mathematical Union

국제적인 수학 교류와 협력을 도모하기 위하여 1951년에 조직되었다. 현재 60여 국가가 참여하고 있다. 국제수학자회의를 비롯한 여러 수학 관련 활동을 주최 또는 후원하고 있다. 산하에 국제수학교육위원회 ICMI(International Commission on Mathematical Instruction)를 두고 있는데, 1998년 8월에 우리 나라에서는 처음으로 한국교원대학교에서 ICMI 아시아 지역 회의가 개최된 바 있다.

국제수학자회의 International Congress of Mathematicians

국제수학연맹이 주관하는, 국제적으로 가장 큰 규모의 수학회의로서 4년마다 열린다. 이 회의에서 필즈 메달 Fields Medal이 수여된다.

3체문제 Three-Body Problem

태양의 주위를 공전하는 지구의 운동은 태양과 지구 두 천체만을 고려한다면(Two-Body Problem), 뉴턴의 만유 인력 법칙으로도 정확히 기술될 수 있다. 그러나 태양과 지구 외에 다른 천체 하나(예를 들어 목성)를 더 고려하면 이 문제는 매우 어려워진다. 사실 이 3체 문제에 대한 해석적 해법이 아직 없다. 라그랑주 Joseph-Louis Lagrange는 이 문제를 다음과 같이 간소화하여 Restricted Three-

Body Problem 해를 제시하였다. 즉, 3체가 동일 평면 위에서 운동하고, 3체 중에서 하나(예를 들어, 지구)의 질량을 무시해도 좋을 정도로 적게 가정하는 것이다. 양자역학적인 3체문제 Quantum Three-Body Problem도 중요한 연구 문제이다. 양자 2체문제 Quantum Two-Body Problem는 쉽게 풀린다.

Hex 게임 The Game of Hex

1942년에 덴마크의 수학자 하인 Piet Hein에 의하여 고안된 게임이다. 1948년에 존 포브스 내쉬에 의해서도 독립적으로 만들어졌다. 게임판은 다음과 같은 모습이다. 보통 11×11 게임판을 사용한다.

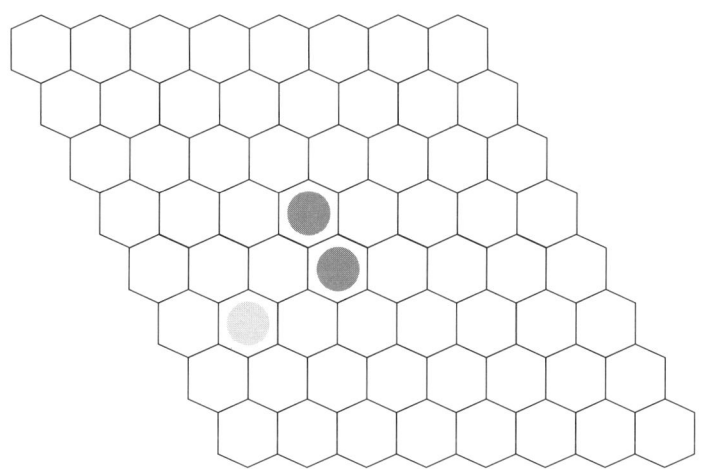

수평으로 게임하는 사람은 파란 수평선을 상징하는 의미에서 파란돌을 사용하고, 수직으로 게임하는 사람은 뜨고 지는 붉은 태양을 상징하는 의미에서 붉은돌을 사용하기도 하지만, 바둑돌을 사용하면 편리하다. 게임판을 종이에 그리고 연필을 사용하여 할 수도 있다.

이 게임에서는 결코 비길 수 없다는 것이 자명하다. 또, 먼저 둔 사람에게 필승의 전략이 있다는 것도 게임 이론을 통하여 증명할 수 있다. 그러나 그 필승의 전략이 무엇인지 아는 사람은 아직 없다. 아인슈타인도 이 게임을 즐겨 그의 서재에는 게임판이 항상 있었다고 한다. 게임 규칙과 방법에 대해서는 다음 웹사이트를 방문하면 알 수 있다.

http://www.gamerz.net/pbmserv/hex.html

찾아보기

ㄱ

가라베디언, 폴 Paul Garabedian, 408
가르시아, 아드리아노 Adriano Garsia, 440
가버, 로버트 Robert Garber, 536, 562, 723
가슨, 그리어 Greer Garson, 61
가우스, 칼 프리드리히 Carl Friedrich Gauss, 60, 123
    가우스의 대수 기본 정리 증명, 120
가쿠타니 Shizuo Kakutani, 669
갈마리노, 알베르토 Alberto Galmarino, 447
갈브레이스, 존 케네스 John Kenneth Galbraith, 211
강골리, 라메시 Ramesh Gangolli, 447
거식, 에이브러햄 Abraham Girschick, 212
건더슨, 존 John G. Gunderson, 24
건쇼, 해리 Harry Gonshor, 262, 634
게일, 데이빗 David Gale, 110
게임
    비제로섬 게임 non-zero-sum game, 156
    (2인) 제로섬 게임, 21, 140, 156, 174, 209

〈게임과 결정 Games and Decisions〉(루스, 레이파), 222
래스커 Lasker 게임, 327
크리그스필 Kriegspiel 게임, 136, 183, 202, 527
생명 게임 the game of life, 콘웨이 참고
"내쉬" 혹은 "존" 게임, 289
게임 이론 game theory, 78, 110~152,
    게임 이론의 기원, 17~22
    〈뉴 팔그레이브 New Palgrave〉의 언급, 32
    내쉬의 게임 이론 입문(게임 이론에 대한 기본통찰), 78
    내쉬의 대학원 시절 연구, 116, 120, 121, 137, 138, 156, 157, 163, 164, 174, 182, 240
    내쉬의 게임 이론 강좌, 275
    계량경제학회와 게임 이론, 655, 656
    노벨 경제학상 심의 관련, 666~681
    게임 이론의 적용, 692~700
    랜드와 게임 이론, 188~191, 195, 209~222, 273~277
    터커와 게임 이론, 115, 116, 138, 150, 163, 182, 215~217, 672

폰 노이만의 역할, 18~20, 146,
  149~158, 161, 166~178, 182, 201,
  209~217, 232, 273~276, 672
게임 이론과 핵무기, 216, 217
(내쉬의) 합리적 갈등과 협력의 이론,
  19
"2인 협력 게임"(내쉬), 219
협상, 최대 최소 정리, 내쉬 균형 참고
〈게임 이론과 경제행위 The Theory
  of Games and Economic
  Behavior〉(폰 노이만, 모르겐슈테
  른), 147, 149, 153, 156, 158, 273
〈경제 예측 Wirtschaftsprognose〉(모
  르겐슈테른), 151
경쟁적 균형, 내쉬 균형 참고
〈경제이론의 기초 Foundations of
  Economic Theory〉(새뮤얼슨), 155
고다이라, 구니히코 Kunihiko
  Kodaira, 183, 236
고든, 줄리 Julie Gordon, 657
고르딩, 라르스 Lars Gårdding, 407
고어, 앨 Al Gore, 693, 695, 697
고츠먼, 어빙 Irving I. Gottesman, 27
고티에, 재클린 Jacqueline Gauthier
  481
곡면 면적 이론 surface area theory,
  294, 페더러 참고
골드슈미트, 위베르 Hubert
  Goldschmidt, 550
골드스타인, 헤르만 Hermann
  Goldstine, 148

골딘, 클로디아 Goldin Claudia, 625
〈과학자 인명 사전 Dictionary of
  Scientific Biography〉(질레스피), 623
괴델, 쿠르트 Kurt Gödel, 95, 125, 657
교류 turbulence, 249, 404
구라시니, 마사다케 Masatake
  Kuranishi, 296
〈국방의 문제 The Questions of
  National Defense〉(모르겐슈테른),
  121
〈국부론 The Wealth of Nations〉, 159
국제수학연맹 International
  Mathematical Union, 296, 418
굿맨, 레오 Leo Goodman, 391
그로모프, 미하일 Mikhail Gromov, 16,
  289, 590
그로텐디크, 알렉산드르 Alexandre
  Grothendieck, 515, 618
글래스, 제임스 James Glass, 512, 620,
  723
글리슨, 앤드류 Andrew Gleason, 267
글리슨, 재키 Jackie Gleason, 359
기븐, 에드워드 Edward Gibbon, 102
기하학
  연속기하학 continuous geometry,
    146
  미분기하학 differential geometry,
    129, 287, 378, 640
  대수기하학 algebraic geometry,
    19, 120, 174, 239, 572
  대수적 위상수학 algebraic

topology, 104, 121
내쉬의 대학원 시절 연구, 121, 122
4차원 추상기하학, 427
깁스, 윌러드 Willard Gibbs, 90

ㄴ

나겔, 벵트 Bengt Nagel, 682
〈나는 천재다 I Am a Genius〉(위너), 248
〈나는 수학자다 I Am a Mathematician〉(위너), 248
나이젠후이스, 앨버트 Albert Nijenhuis, 382
나탄슨, 멜빈 Melvyn Nathanson, 641
내쉬 John Forbes Nash, Jr.
  탄생, 49
  편집증적 정신분열증 진단, 469~473
  위 진단에 대한 평가, 649
  기적적으로 회복하기 시작, 648, 649
  리미션 remission, 650
  폰 노이만상 수상, 616
  노벨 경제학상 등 참고
내쉬의 아내, 앨리샤 Alicia Larde Nash
  탄생, 346
  MIT 입학, 352
  결혼, 370
  이혼, 548
  재결합, 628
내쉬의 아버지, 존 시니어 John Forbes Nash, Sr.
  어린시절과 성장배경, 41, 42
  죽음, 377
내쉬의 어머니, 버지니아 Margaret Virginia Nash(처녀성 Martin)
  어린시절과 성장배경, 43, 44
  죽음, 43, 612
내쉬의 첫째 아들, 존 데이빗 스티어 John David Stier,
  탄생, 317
내쉬의 둘째 아들, 존 찰스 마틴 John Charles Martin Nash,
  탄생, 487
내쉬의 여동생, 마사 Martha Nash Legg
  탄생, 50
  결혼, 388
  남편, 찰리 Charlie Legg, 388, 394
내쉬의 장인, 카를로스 Carlos Larde Arthes, 355
내쉬의 장모, 앨리샤 로페스 Alicia Lopez-Harrison de Larde, 355
내쉬의 사촌, 리처드 Richard Nash, 541, 594
내쉬의 할아버지, 알렉산더 퀸시 Alexander Quincy Nash, 41
내쉬의 할머니, 마사 스미스 Martha Smith Nash, 41
내쉬의 외할아버지, 제임스 에버레트 James Everett Martin, 43
내쉬의 외할머니, 에마 Emma Martin, 43

내쉬-모저 정리 Nash-Moser theorem, 52, 290
내쉬 균형 Nash equilibrium, 22, 32, 168, 175~178, 186, 209, 215~219, 610, 626, 669, 677, 695, 699
내쉬 균형 평가, 174~178
내쉬 균형의 지배전략과 피지배전략, 176, 177
인간 행동에 대한 찬란한 통찰, 168
경쟁적 균형 competitive equilibrium, 195
노벨 경제학상(1994) 참고
내쉬 협상 해법 Nash bargaining solution, 32, 협상 참고
네르발, 제라르 드 Gerard de Nerval, 422
네이비어-스토크스 방정식 Navier-Stokes equations, 548
"네이비어-스토크스 일반 방정식을 위한 코시 문제 Cauchy problem for the general Navier-Stokes equations", 548
네일버프, 배리 Barry Nalebuff, 〈전략적으로 사고하기〉 참고
넬슨, 에드 Ed Nelson, 284, 286, 296, 524, 529, 554
노벨, 알프레드 Alfred Nobel, 662, 670, 693
노벨 경제학상(1994), 11, 77, 79, 178
수상식, 702
투표, 688, 689

노스, 더글러스 Douglass North, 655
노이만, 폰 노이만 참고
뉴먼, 도널드 Donald Newman, 17, 253, 262, 263, 305, 327, 457, 475, 476, 724
뉴먼, 허타 Herta Newman, 328, 367
뉴먼, 피터 Peter Newman, 610
뉴워스, 제롬 Jerome Neuwirth, 144, 262
뉴턴, 아이작 Isaac Newton, 20, 23, 27
니렌버그, 루이스 Louis Nirenberg, 378, 402, 405, 451, 555, 723
니미츠, 낸시 Nancy Nimitz, 335
니체, 프리드리히, Friedrich Nietzsche, 253, 436
닐제스, 에드워드 Edward G. Nilges, 648

ㄷ

다멘, 에릭 Erik Dahmen, 681
다스굽타, 파르타 Partha Dasgupta, 670
다양체
설명, 232~234
콤팩트 다양체 compact manifolds, 237
매끄러운 다양체 smooth manifolds, 237
실 대수 다양체 real algebraic varieties, 234, 572
부분다양체 submanifold, 289

대수 다양체 algebraic manifolds, 224
대수 다양체 algebraic variety, 122, 224, 237~240, 617
  algebraic varieties와 manifolds의 차이, 리만 참고
다이슨, 프리먼 Freeman Dyson, 33, 221
〈닥터 스트레인지러브 Dr. Strangelove〉, 144, 190
대수기하학, 기하학 참고
대수위상수학, 기하학 참고
대수 다양체 algebraic manifolds, 다양체 참고
대수 다양체 algebraic variety, 다양체 참고
댄스킨, 오데트 Odette Lard Danskin, 515, 519, 522~525, 529, 530, 546, 547, 558
댄스킨, 존 John Danskin, 515, 546, 547, 558, 578
댈키, N. Dalkey, 212
더디, 마크 Marc Dudey, 647
더셰인, 에마 Emma Duchane, 353, 367, 373, 413, 446, 449, 462, 471, 473, 475, 484, 485, 586, 724
더핀, 리처드 Richard Duffin, 70, 72, 77
데이비스, 개리 Garry Davis, 498, 500, 521
데이비스, 마이어 Meyer Davis, 498
데이비스, 마틴 Martin Davis, 120, 234

데이비스, 조이스(앨리샤의 친구) Joyce Davis, 363, 391, 523, 633, 724
데이비스, 존 John D. Davies, 90
데 지오르지, 엔니오 Ennio De Giorgi, 408, 409
데 지오르지-내쉬 결과 De Giorgi-Nash result, 32
데카르트, 르네 René Descartes, 23
도스토예프스키, Fyodor Dostoevsky, 29
도허티, 로버트 Robert Doherty, 69
드 램 Georges de Rham, 183
드레셔, 멜빈, Melvin Dresher, 209
디리클레 Peter Gustave Lejeune Dirichlet, 257
디마지오, 조 Joe DiMaggio, 359
디오판투스 방정식 Diophantine equations, 69, 79, 618
디커슨, H. L. Dickason, 225, 226
디킨슨, 에밀리 Emily Dickinson, 598, 614
딕스, 도로테아 Dorothea Dix, 533
딕시트, 애비내시 Avinash Dixit, 175, 695, 713, 723, 725

ㄹ

라디센스카야, 올가 Olga Ladyshenskaya, 435
라마누잔, 스리니바사 Srinivasa Ramanujan, 17, 79, 107, 108
라이데마이스터 군 Reidemeister

group, 호몰로지 이론 참고
라이드, 데이빗 David Lide, 71
라파포트, 아나톨 Anatole Rappaport, 559
랙스, 아넬리 Anneli Lax, 402
랙스, 피터 Peter Lax, 402, 403, 419, 456, 724
랜들, 버튼, Burton Randol, 527
랭, 서지 Serge Lang, 114. 131
러셀, 버트란트 Bertrand Russell, 21, 59, 214
러셀, 헨리 노리스 Henry Norris Russell, 89
레너드, 로버트 Robert Leonard, 91, 152, 170, 671
레비, 한스 Hans Lewy, 411
레빈슨, 노먼 Norman Levinson, 246, 250, 279, 281, 339, 425, 431, 453, 579, 582, 597
레빈슨, 지포라 "패기" Zipporah "Fagi" Levinson, 249, 251, 262, 279, 309, 414, 471, 474, 477, 479, 485~489, 591, 593, 596
레이놀즈, 도널드 Donald V. Reynolds, 62, 63, 64
레이놀즈, 말비나 Malvina Reynolds, 188
레이먼드 수녀, Sister Raymond, 361, 362
레이파, 하워드 Howard Raiffa, 게임 〈게임과 결정〉 참고

레트빈, 제롬 Jerome Lettvin, 245, 463
레프셰츠, 솔로몬 Solomon Lefschetz, 81, 89, 102, 279, 610
렘크, 칼 Carl Lemke, 626
로버츠, 존 John Roberts, 696
로빈슨, 줄리아 Julia Robinson, 64
로스, 알 Al Roth, 274, 670
로스, 클라우스 Klaus F. Roth, 419
로스차일드, 마이클 Michael Rothschild, 693
로웰, 로버트 Robert Lowell, 467, 470, 472, 477, 478, 480
로저스, 아드리엔 Adrienne Rogers, 414
로저스, 하틀리 Hartley Rogers, 136, 414, 448, 449
로즈, 위클리프 Wickliffe Rose, 93
로크, 존 John Locke, 170
로타, 지안-카를로 Gian-Carlo Rota, 105, 295, 409, 414, 439, 443, 464, 475, 722
로타, 테리 Terry Rota, 414
록펠러, 넬슨 Nelson Rockefeller, 621
뢰프그렌, 칼-구스타프 Karl-Gustaf Löfgren, 664
루단, 존 John Louthan, 65
루빈슈타인, 에리얼 Ariel Rubinstein, 655, 666, 670, 723
루소, 장 자크 Jean-Jacques Rousseau, 502
루스, 덩컨 Duncan Luce, 178, 222

루이스, 존 John L. Lewis, 45
루즈벨트, Franklin D. Roosevelt, 99
루카스, 로버트 Robert Lucas, 688
르레, 장 Jean Leray, 438, 439, 526
르불, 마크 Mark Reboul, 615
르윈, 로저 Roger Lewin, 620
르장드르, Adrien Marie Legendre, 425, 426, 427
리더, 솔 Sol Leader, 525
리더, 엘비라 Elvira Leader, 525
리드-솔로몬 코드 Reed-Solomon code, 솔로몬 참고
리만, 게오르크 프리드리히 베른하르트 Georg Friedrich Bernhard Riemann, 16
   리만 가설 Riemann Hypothesis, 30, 34, 251, 424~431, 438, 442, 448, 451, 457, 458, 464, 509, 645
   리만 다양체 Riemannian manifolds (매장), 283, 287, 291
   리만곡면, Riemann surface, 105
   리만-로흐 정리 Riemann-Roch theorem, 리만곡면 참고
   "주어진 크기 이하의 소수 개수에 관하여 Ueber die Anzahl der Primzahlen unter einer gegebenen Groesse"(리만), 427
리처드슨, 길리언 Gillian Richardson, 548
리카르도 David Ricardo, 159
리틀우드 J. E. Littlewood, 235

린드벡, 아사르 Assar Lindbeck, 659, 663, 665, 673

ㅁ

마르크스 Karl Marx, 159, 268
마르티네스, 에르난데스 Maximiliano Hernandez Martinez, 357
마셜, 알프레드 Alfred Marshall, 161
마오쩌둥 毛澤東, 614, 556, 593, 614
마이어슨, 로저 Roger Myerson, 163, 657, 723
마이트너, 리제 Lise Meitner, 99
마주르, 배리 Barry Mazur, 238, 239, 257
마틴, 윌리엄 테드 William Ted Martin, 241, 246
말그랑주, 베르나르 Bernard Malgrange, 241, 246
망가나로, 짐 Jim Manganaro, 704
〈망상 Delusion〉, 글래스 참고
매드 해터의 티파티 Mad Hatter's Tea Party, 484, 488
매스킨, 에릭 Eric Maskin, 670
매카시, 존 John McCarthy, 184, 476
매카시(상원의원) Joseph McCarthy, 180, 199
매카시즘, 188, 278, 279
매키, 조지 George Mackey, 475
매턱, 아더 Arthur Mattuck, 301, 319, 322, 375, 381, 472, 476, 484, 586, 636, 717, 725

맥밀란, 존 John McMillan, 699, 700
맥아피, 프레스톤 Preston McAfee, 699
맥킨지 J. C. C. McKinsey, 212, 342
맨해튼 프로젝트 Manhattan Project, 99, 147, 200, 279
메더, 앨버트 Albert E. Meder, Jr., 560
멜, 하워드 Howard Mele, 567, 572
멜러, 칼-괴란 Karl-Göran Mäler, 661, 665, 670, 671, 673, 674, 680, 683, 686~691
모라웨츠, 캐슬린 싱 Cathleen Synge Morawetz, 402, 407
모르겐슈테른, 오스카 Oskar Morgenstern, 147, 149, 164, 191, 524, 525, 526, 528, 547, 672
모샨, 레옹 Leon Motchane, 550
모스, 마스턴 Marston Morse, 98, 545
모스코비츠 David Moskovitz, 76
모저, 거트루드 Gertrude Moser, 445, 465, 475, 485
모저, 위르겐 Jürgen Moser, 289, 290, 297, 402, 412, 420, 475, 559, 589, 723, 725
모차르트 Wolfgang Amadeus Mozart, 353, 518
몽고메리, 딘 Deane Montgomery, 545, 570
뫼비우스 띠 Möbius Strip, 118
무드, 알렉산더(알렉스) Alexander Mood, 204, 339
무어, 존 John Coleman Moore, 369, 494, 636, 724
무어 강사직 C. L. E. Moore instructorships, 247, 297
뮈르달, 군나르 Gunnar Myrdal, 662, 664, 679
뮬러, 에그버트 Egbert Muller, 481~483
민스키, 글로리아 Gloria Minsky, 586
민스키, 마빈 Marvin L. Minsky, 173, 260, 373, 717
밀그롬, 폴 Paul Milgrom, 670, 696, 697, 699
밀너, 존 John Milnor, 114, 122, 128, 141, 202, 212, 240, 270, 531, 555, 578, 723
밀러, 제임스 James Miller, 559

ㅂ

바둑, 113, 134, 135, 136, 137, 139, 140, 181, 258, 604, 634
바스케스, 알 Al Vasquez, 446, 453, 474, 488, 518, 551, 582, 724
바이너, 제이콥 Jacob Viner, 155
바이불, 외르겐 Jörgen Weibull, 659, 724
바일, 헤르만 Hermann Weyl, 91, 94, 96, 132, 287
바흐 Johann Sebastian Bach, 17, 123, 205, 258, 345, 599
발레이우스 Valleius, 170
발렌베리 가문 Wallenberg family, 681

발자크 Honoré de Balzac, 602
방정식
　편미분 방정식 251, 284, 289, 290, 405, 407, 420, 451, 546, 548, 588
　비선형 편미분 방정식, 403, 404, 547
　포물선 방정식, 위 참고
　2계階 타원 방정식 second-order elliptic equations, 406
　네이비어-스토크스 방정식, 디오판투스 방정식 참고
뱀버거 가문 Bamberger family, 94
버, 스테판 Stefan Burr, 551
버코프 G. D. Birkhoff, 92, 96, 187, 248
〈범죄자의 성격 The Personality of Criminals〉, 스턴스 참고
〈변신 The Metamorphosis〉(카프카), 512
베르주, 클로드 Claude Berge, 451
베르트하임, 마가레트 Margaret Wertheim, 618
베블런, 메이 May Veblen, 86
베블런, 소스타인 Thorstein Veblen, 23, 87
베블런, 오스왈드 Oswald Veblen, 86, 87, 92, 95, 98
베스트, 리처드 Richard Best, 230, 334, 724
베유, 앙드레 Andre Weil, 437
벨 E. T. Bell, 57, 58, 60
벨맨, 리처드 Richard Bellman, 200, 335
보넨블러스트 H. Frederic Bohnenblust, 187, 213
보렐, 게이비 Gaby Borel, 489, 551, 636, 704, 724
보렐, 아르망 Armand Borel, 295, 501, 529, 545, 551, 555, 589, 5954, 715
보렐, 에밀 Emile Borel, 145
보메커, 피터 Peter Baumecker, 533, 723
보몰, 윌리엄 William Baumol, 184
보셔상 Bôcher Prize, 236, 251, 420, 421, 439, 450
보숙, 카롤 Karol Borsuk, 129
보숙 추측 Borsuk conjecture, 보숙 참고
보어, 닐스 Niels Bohr, 87, 99, 126
보어, 해롤드 Harold Bohr, 85, 87
보트, 라울 Raoul Bott, 72, 79, 378, 446
보트, 로버트 Robert Vaught, 381, 382
보흐너, 살로몬 Salomon Bochner, 115, 233
복소변수론 the theory of complex variables, 120
복소해석학 complex analysis, 235
볼테르 Voltaire, 502
봄비에리, 엔리코 Enrico Bombieri, 34, 425, 720
부시, 배너바 Vannevar Bush, 251
불가능성 정리 impossibility theorem, 195

뷰캐넌, 제임스 James Buchanan, 675
불리, 트루먼 Truman, Bewley, 656
브라우어, 프레드 Fred Brauer, 268
브라운, 더글러스 Douglas Brown, 229, 573
브라운 운동 Brownian motion, 97
브래들리, 버나드 Bernard E. Bradley, 481
브레너, 조셉 Joseph Brenner, 443, 477, 723
브레즈네프 Leonid Brezhnev(의 할례식), 615
브로더, 에바 Eva Browder, 433, 709, 724
브로더, 윌리엄 William Browder, 572, 619
브로더, 펠릭스 Felix Browder, 259, 281, 286, 423, 458, 475, 517
브로드, 월리스 Wallace Brode, 513
브로우어의 부동점 정리 Brouwer's fixed point theorem, 78, 669
브로트, 막스 Max Brod, 512
브리스콘, 에그버트 Egbert Brieskorn, 589
브리커, 제이콥(잭) 레온 Jacob(Jack) Leon Bricker, 263, 318, 319, 321, 326~332, 373, 374, 380, 384, 604
블랙웰, 데이빗 David Blackwell, 212
블레이크, 윌리엄 William Blake, 20
블로일러, 오이겐 Eugen Bleuler, 27
블로일러, 만프레드 Manfred Bleuler, 651
비제로섬 게임, 게임 참고
비트겐슈타인, 루트비히 Ludwig Wittgenstein, 23, 117
빈모어, 케네스 Kenneth Binmore, 657
빌첵크, 프랭크 Frank Wilczek, 616

ㅅ

〈사교게임의 이론에 관하여 Zur Theorie der Gesellschaftspiele〉(폰 노이만), 150
사르낙, 피터 Peter Sarnak, 645
사르트르, 장 폴 Jean-Paul Sartre, 23, 499
4색 추측 four-color conjecture(4색 문제 four-color problem), 288
사스, 루이스 Louis A. Sass, 29, 545, 723
사스, 토마스 Thomas Szasz, 564
사이먼, 허버트 Herbert Simon, 196, 212
사이어트, 리처드 Richard Cyert, 69
사코와 반제티 사건 Sacco and Vanzetti Case, 482
살라자르 Antonio de Oliveira Salazar, 536
상대성, 70, 79
　일반상대성이론 general theory of relativity, 72, 90, 125, 155, 427, 704
　특수상대성이론 special theory of

relativity, 90, 125, 155
3체문제 three-body problem, 234
새뮤얼슨, 폴 Paul A. Samuelson, 97, 155, 196, 212, 243, 490, 662, 694, 724
샤피로, 해롤드 Harold N. Shapiro, 269, 456, 681
서머스, 로렌스 Lawrence Summers, 695
설리번, 해리 스택 Harry Stack Sullivan, 479
섬유 다발 fiber bundles, 114
〈성 The Castle〉(카프카), 493, 503, 504, 511
세계 시민 등록소 World Citizen Registry, 499
세계연방주의자 World Federalists, 498
세르, 장-피에르 Jean-Pierre Serre, 577
〈세속 철학자들 The Wordly Philosophers〉, 헤일브로너 참고
세일리스, 존 John Sayles, 45
셀버그, 에이틀 Atle Selberg, 425, 447, 454, 545, 548, 577
셔먼, 마이클 Michael Sherman, 524
셔먼, 애그니스 Agnes Sherman, 524
셰이플리, 로이드 Lloyd Shapely, 66, 179, 180, 183, 202, 279, 340, 551, 626, 655, 672, 673, 720, 724
셰이플리, 할로 Harlow Shapely, 66, 180, 182, 279
셸, 해스켈 Haskell Schell, 462

셸리, 메리 월스톤크래프트 Mary Wollstonecraft Shelley, 502
셸리, 퍼시 비시 Percy Bysshe Shelley, 493
셸링, 토마스 Thomas C. Schelling, 201, 210, 222, 672, 673
소슨, 어빈 Ervin Thorson, 306
소포클레스 Sophocles, 170
솔로, 로버트 Robert Solow, 244
솔로몬, 거스타브 Gustave Solomon, 262
솔만, 마이클 Michael Sohlman, 661
수비학數秘學 numerology, 26, 30, 518, 529, 552, 618, 619, 647
〈수학의 사람들 Men of Mathematics〉(벨), 57, 58, 426
〈수학자의 변명 The Mathematician's Apology〉(하디), 422
쉬워츠 Jacob(Jack) Schwartz, 292, 294, 296, 428
슈나이더, 마크 Mark Schneider, 616
슈빅, 마틴 Martin Shubik, 112, 182, 184, 218, 528, 677
슈테른, 오토 Otto Stern, 70
슐레플리, 루트비히 Ludwig Schläfli, 287
스미스, 아담 Adam Smith, 20, 23, 159, 216, 276, 694
스벤손, 라르스 Lars Svenson, 673
스코트, 프랭크 Frank L. Scott, 557, 558, 566

스코트 T. H. Scott, 86
스타, 노튼 Norton Starr, 637
스타인, 엘리 Eli Stein, 415, 424, 433, 439
스탈, 인골프 Ingolf Stahl, 671
스탈, 잉게마르 Ingemar Stahl, 671, 673~690
스탠튼, 알프레드 Alfred H. Stanton, 478
스턴버그, 실로모 Shlomo Sternberg, 402
스턴스, 워렌 Warren Stearns, 482, 490
스털링의 공식 Stirling's formula, 647
스토, 앤소니 Anthony Storr, 〈창조의 역학〉 참고
스톤, 마셜 Marshall Stone, 96
스트래튼, 줄리어스 Julius Stratton, 453
스트루이크, 더크 Dirk Struik, 278
스티글리츠, 조셉 Joseph Stiglitz, 695
스티어, 엘리너 Eleanor Stier
　성장배경, 312
　내쉬와의 첫만남, 310
스틴로드, 노먼 Norman Steenrod, 114
스펜서, 도널드 Donald Spencer, 167, 235, 257, 526, 536, 545, 559, 560, 630, 723, 725
스푸트니크 Sputnik, 192, 243, 245, 361, 412, 587
스키조이드 schizoid, 23, 25, 49, 50
슬레이터, J. C. Slater, 413

시겔, 로버트 Robert Siegel, 73
실라르드, 레오 Leo Szilard, 99
〈심판 The Trial〉(카프카), 606
싱, 존 John L. Synge, 71, 519
싱, 존 밀링턴 John Millington Synge, 71
싱어, 이사도어 Isadore M. Singer, 293, 378, 480

─────○─────

아놀드, 헨리 Henry Arnold, 192
아들러 Alfred Adler, 170
아라파트, 야시르 Yasir Arafat, 661
아르키메데스 Archimedes, 170
아리스토텔레스 Aristotle, 170, 507
아리스토파네스 Aristophanes, 170
〈아마겟돈의 마법사들 The Wizards of Armageddon〉, 캐플런 참고
아바, 존 John Abbat, 519
아사디, 아미르 Amir Assadi, 624, 634
아시모프, 아이작 Isaac Asimov, 190
아우겐슈타인, 브루노 Bruno Augenstein, 194
아이스킬로스 Aeschylus, 170
아이젠하워 Dwight D. Eisenhower, 199, 201, 254, 334, 403
아이젠하트, 루터 Luthor Eisenhart, 92
아인슈타인, 앨버트 Albert Einstein, 17, 85, 90, 214, 499 외
　유클리드의 세계 경험(경이), 59
　젊은 수학자라면 등대지기처럼…,

104
신은 오묘…, 118
내쉬와 만남, 126
불확정성 원리를 비판, 410
칼루자 이론에 관해, 171
상대성 참고
아틴, 나타샤 Natasha Artin, 390
아틴, 마이클 Michael Artin, 238, 518, 723, 725
아틴, 에밀 Emil Artin, 30, 113, 115, 132, 240, 291, 390, 424, 443, 518
아프리아트, 납탈리 Napthali Afriat, 524
"안녕, 얼간이 So Long, Sucker", 185, 689
애로, 케네스 Kenneth Arrow, 195, 198, 205, 210~212, 214, 215, 662
앨런, 베스 Beth Allen, 656, 657
앨버트, 에이드리언 Adrian Albert, 437, 453
앰브로스, 워렌 Warren Ambrose, 260, 283, 297, 298, 378, 519
야콥슨, 칼-올로프 Carl-Olof Jacobson, 656, 660, 686, 688
양자역학(혹은 양자이론), 77, 79, 91, 117, 126, 146, 411
〈양자역학의 수학적 기초 Mathematische Grundlagen der Quantenmechanik〉(폰 노이만), 77
얼렌마이어-킴링, 니키 Nikki Erlenmeyer-Kimling, 341

얼리치, 필립 Phillip Ehrlich, 530
에르고드 정리 ergodic theorem, 143, 146
에머리, 리처드(리치) Richard Emery, 444, 445
에스미올, 패티슨 Pattison Esmiol, 582
에스터만, 이마누엘 Immanuel Estermann, 70
에어디쉬, 폴 Paul Erdős, 642
ABC 추측 ABC conjecture, 34
에일렌버그, 새뮤얼 Samuel Eilenberg, 121
에지워드, 프랜시스 이시드로 Francis Ysidro Edgeworth, 159
엔트로피 entropy, 415, 527
엘리너, 스티어 참고
연산자 환 rings of operators, 143, 146
연속기하학, 기하학 참고
연속성 정리 continuity theorem, 407, 408
오만, 로버트 Robert Aumann, 254, 255, 670, 672
오스트로프스키, 알렉산더 Alexander Ostrowski, 559
오일러 Leonhard Euler, 425
오티스, 윌리엄 William Otis, 564
오펜하이머, 로버트 Robert Oppenheimer, 31, 93, 168, 199, 279, 361
올린, 베르틸 Bertil Ohlin, 664
와인버거, 한스 Hans Weinberger, 73

와일더 Raymond Wilder, 124
와일스, 앤드류 Andrew Wiles, 379, 715
〈완전한 전략가 The Compleat Strategyst〉(윌리엄스), 149
우이티, 칼 Karl Uitti, 549, 574
"우주가 팽창하고 있지 않을 가능성", 704
울람, 스타니슬라프 Stanislaw Ulam, 40
워시, 데이빗 David Warsh, 678
워시니처, 제라드 Gerard Washnitzer, 114
워즈워드, 윌리엄 William Wordsworth, 13, 14, 39
워커, 넬슨 Nelson Walker, 63
워홀, 앤디 Andy Warhol, 70
원, 헨리 Henry Wan 490
월스테터, 알 Al Wohlstetter, 220
월터, 존 John Walter, 382
웨고너, 레이 Ray Waggoner, 559
웨스트, 앤드류 Andrew West, 109
웨이스블럼, 월터 Walter Weissblum, 262, 263
웨인스타인, 알렉산더 Alexander Weinstein, 72
웨인스타인, 틸라 Tilla Weinstein, 402
위그너, 유진 Eugene Wigner, 87, 94, 99
위너, 노버트 Norbert Wiener, 17, 26, 46, 97, 245, 247, 267, 376, 479, 511, 5687, 701
위노커, 조지 George Winokur, 650
윈터스, 로버트 Robert Winters, 536, 559
윌리엄 로웰 퍼트남 수학 경시대회 William Lowell Putnam Mathematical Competition, 퍼트남상 참고
윌리엄스, 존 John Williams, 65, 149, 202, 203, 212, 217, 223, 226, 307
윌슨, 로버트 Robert Wilson, 696, 699, 723
윌슨, 우드로 Woodrow Wilson, 89, 92, 109, 693
윌슨, 제임스 James Q. Wilson, 482
윌크스, 샘 Sam Wilks, 98
유리피데스 Euripides, 170
유체역학 fluid dynamics, 236, 249, 273, 543, 547, 548
유클리드 Euclid, 59, 233, 283, 287, 288, 289, 425
융 Carl Jung, 170
〈은밀한 공포/공개된 장소 Private Terror/Public Places〉, 글래스 참고
음함수 정리 implicit function theorem, 413, 452
"2인 협력 게임", 게임 이론 참고
이종구면존재 the existence of exotic spheres, 378
인검, 앨버트 Albert E. Ingham, 425
인공지능 artificial intelligence, 26, 173, 184, 247, 476, 717

일반상대성이론, 상대성 참고
"일반 유체의 미분방정식을 위한 코시 문제 Le Probleme de Cauchy Pour Les Equations Differentielles d'une Fluide Generale"(내쉬), 547

ㅈ

자리스키, 오스카 Oscar Zariski, 589
자켈, 만프레드 Manfred Sackel, 540
〈전략적으로 사고하기 Thinking Strategically〉(딕시트, 네일버프), 175, 695
정수론 number theory, 34, 58, 59, 60, 79, 81, 100, 143, 257, 419, 425, 426, 427, 428, 430, 447, 454, 456, 715 리만 가설 참고
〈정수론 Théorie des Nombres〉, 르장드르 참고
정신분열증 schizophrenia,
 발병원인, 228, 229, 341
 정신분열증과 창조성, 〈창조의 역학〉 참고
〈정신분열증에서 살아남기 Surviving Schizoprenia〉(풀러 토리), 풀러 참고
제로섬 게임 zero-sum game, 게임 참고
젤텐, 라인하르트 Reinhard Selten, 178, 547, 693
존 베이츠 클라크 메달 John Bates Clark medal, 684

〈죄수의 딜레마 Prisoner's Dilemma〉(파운드스톤), 파운드스톤 참고
죄수의 딜레마, 135, 215, 216, 273, 274
지겔, 칼 루트비히 Carl Ludwig Siegel, 419
"지구를 도는 실험적 우주선 예비 디자인 Preliminary Design of an Experimental World-Circling Spaceship", 192
지드, 앙드레 André Gide, 574
"지프" 문제 "Jeep" problem, 266
질레스피, 찰스 Charles Gillespie, 623
집합론의 공리화 the axiomatization of set theory, 146

ㅊ

〈창조의 역학 The Dynamics of Creation〉(스토), 23
챔벌린, 개리 Gary Chamberlain, 656
처치, 알론조 Alonzo Church, 113, 115
천, 싱선 Shiing-shen Chern, 129, 438, 514
천재(성)
 천재의 두 종류, 16
 장단거리 주자로서의 천재, 293
 내쉬의 천재성, 16
 사르트르의 천재성 정의, 24
 보호막으로서의 특성, 25
 천재들의 임계질량, 97
 고독은 천재의 학교, 102

천재와 환경, 107, 108
천재의 징표 가운데 하나, 123
천재들은 외로운 거인으로…, 170
천재의 대가對價, 171
천재의 오만과 괴팍함(비인습적 성격), 259
천재들의 역사, 314
천재 정자은행, 315
페니스를 가진 천재, 367
청, 가이 라이 Gai Lai Zhong(Kai Lai Chung), 117
초이든 Dane F. Zeuthen, 161
초실수 surreal numbers, 콘웨이 참고
최대 최소 정리 the min-max theorem, 97, 150, 156, 171, 174
추앙, 민 Min Tsuang, 650
츠바이펠, 폴 Paul Zweifel, 73, 74
치프라, 피터 Peter Cziffra, 618
"친구 엿먹이기 Fuck Your Buddy", 185, 689

ㅋ

카르탕, 엘리-조제프 Elie-Joseph Cartan, 287
카를키스트, 안데르스 Anders Karlquist, 682
카뮈, 알베르 Albert Camus, 499
카프카, 프란츠 Franz Kafka, 495
칸, 머튼 Merton J. Kahne, 468
칸, 허먼 Herman Kahn, 190, 197, 201
칸토어 집합론 Cantorian set theory, 91
칸트, 이마누엘 Immanuel Kant, 23
칼루자, 테오도르 Theodor F. E. Kaluza, 170
칼린, 샘 Sam Karlin, 212
칼슨, 레나트 Lennart Carleson, 415
캐펠 Sylvain Cappell, 99
캐플런, 프레드 Fred Kaplan, 179
캘러비, 유제니오 Eugenio Calabi, 114, 121, 430, 453
커시너, 허먼 Herman Kirchner, 63, 64
케네디 J. F. Kennedy, 516
케메니, 존 John Kemeny, 126, 498
케이슨, 칼 Carl Kaysen, 211
케인스, 존 메이나드 John Maynard Keynes, 21
코다이라, Kunihiko Kodaira, 183
코뱅, 장-피에르 Jean-Pierre Cauvin, 524, 550, 569
코시 문제 Cauchy problem, 547, 548
코어스, 도널드 Donald Coase, 675, 696
코언, 폴 Paul J. Cohen, 283, 293, 400, 425, 439, 446, 462, 465, 467, 474, 645, 724
콕스, 에드워드 Edward Cox, 513
콕토, 장 Jean Cocteau, 574
콘, 조셉 Joseph Kohn, 244, 254, 255, 287, 579, 582, 591, 625, 723
콘웨이, 존 John Conway, 289
콤턴, 칼 Karl Compton, 280

쾨헬 Ludwig Alois Ferdinand von Köchel, 518
쿠랑, 리처드 Richard Courant, 390, 401, 405
쿠르노, 앙투안-오귀스탱 Antoine-Augustin Cournot, 20
쿠브릭, 스탠리 Stanley Kubrick, 143
쿤, 에스텔 Estelle Kuhn, 506
쿤, 해롤드 Harold Kuhn, 35, 77, 110, 111, 114, 141, 142, 173, 228, 451, 576, 578, 591, 627, 650, 671, 702, 703, 706, 707, 712, 716, 718, 720
쿤지그, 로버트 Robert L. Kunzig, 278
크라이즐, 조지 Georg Kreisel, 524
크레펠린, 에밀 Emil Kraepelin, 29
크렙스, 데이빗 David Kreps, 670
크림, 세이무어 Seymour Krim, 537
클라인 병 Klein bottle, 288
키젤만, 크리스터 Christer Kiselman, 678, 704
킨지, 알프레드 Alfred Kinsey, 329
킹, 머빈 Mervyn King, 656

ㅌ

터커, 앨버트 Albert Tucker, 72, 114, 129, 166, 436, 438, 439
테이트, 존 John Tate, 114, 443, 575
테이트, 캐린 Karin Tate, 443, 449
테일러, 휴 Sir Hugh Taylor, 109, 111, 131, 380, 381
텐서 해석 tensor calculus, 72

텔러, 에드워드 Edward Teller, 199, 361
토리, 풀러 E. Fuller Torrey, 601, 723
토빈, 제임스 James Tobin, 666
토빈, 조셉 Joseph Tobin, 536
톰, 르네 René Thom, 419
톰슨, 존 John Thompson, 437
톰슨 F. B. Thompson, 212
통일장이론 unified field theory, 126, 127
튜링, 앨런 Alan Turing, 98, 342
트로터, 헤일 Hale Trotter, 618, 622, 625, 647, 711
트루먼, 해리 Harry S. Truman, 85, 110, 198, 224, 225, 335
트루스델, 클리포드 앰브로스 Clifford Ambrose Truesdell, 82
트베르스키, 아모스 Amos Tversky, 690
특수상대성이론, 상대성 참고
"특이점의 규범적 해법 canonical resolution of singularities"(내쉬), 590

ㅍ

파리 수수께끼 fly puzzle, 144
파멧, 벨 Belle Parmet, 567
파운드스톤, 윌리엄 William Poundstone, 135, 142, 192, 193, 723
파인, 헨리 버처드 Henry Burchard Fine, 92
파트리, 앤젤로 Angelo Patri, 56

팔레, 리처드 Richard Palais, 429, 578, 587, 591, 596
팔메, 올로프 Olof Palme, 664
퍼트남(상) Putnam, 75, 76, 77, 80, 129, 263
페더러, 허버트 Herbert Federer, 294
페르마 Pierre de Fermat, 58, 89
페르마의 마지막 정리 Fermat's Last Theorem, 255, 379, 425, 715
페르마의 정리, 59, 60
페르손, 토르스텐 Torsten Persson, 671
페이사코프, 멜빈 Melvin Peisakoff, 129, 131, 230
페이스, 에이브러햄 Abraham Pais, 411
펜버그, 대니얼 Daniel Feenberg, 621, 647
펠러, 윌리엄 William Feller, 235, 527
〈편미분 관계 Partial Differential Relations〉, 그로모프 참고
포겔, 로버트 Robert Fogel, 671
포레스터, 아마사 Amasa Forrester, 379, 594
포스트, 에밀 Emil Post, 327
포크너, 제임스 James Faulkner, 490
폭스, 랠프 Ralph Fox, 113, 135
폰 노이만, 존 John von Neumann, 17, 20, 46, 81, 91, 94, 134, 142, 187, 191, 399, 528, 626, 672
생애, 142~148

죽음, 404
수학 능력의 쇠퇴에 관하여, 423
존 폰 노이만 이론상, 626
폰 하이에크, 프리드리히 Friedrich von Hayek, 679
폴리아, 조지 George Polya, 425
푸앵카레, 쥘르 앙리 Jules Henri Poincaré, 16, 79, 167, 234
푹스, 클라우스 Klaus Fuchs, 199
푹스 함수 Fuchsian functions, 167, 168
풀브라이트 프로그램 Fulbright program, 438, 451
〈프랑켄슈타인 Frankenstein or The Modern Prometheus〉(셸리), 502
프레드가, 케르스틴 Kerstin Fredga, 165, 686
프로이트 Sigmund Freud, 58
프로이트 이론, 478, 649
프리드리히스, 쿠르트 Kurt Friedrichs, 419
플라토, 폴디 Leopold "Poldy" Flatto, 292
플라톤 Plato, 88, 170
플러드, 메릴 Merrill Flood, 222, 274, 559
플렉스너, 에이브러햄 Abraham Flexner, 95
피셔, 에릭 Eric Fisher, 668
피츠, 월터 Walter Pitts, 245
피츠제럴드 F. Scott Fitzgerald, 86, 629
피타고라스 Pythagoras, 170

〈피타고라스의 바지 Pythagoras'
  Trousers〉, 베르트하임 참고
필즈, 케네스 Kenneth Fields, 639, 650
필즈 메달 Fields Medal, 34, 236, 293,
  402, 417~420, 431, 435, 439, 515,
  555, 616, 675, 676, 684

ㅎ

하나의 세계 운동 one-world
  movement, 214, 498
하드위크, 엘리자베스 Elizabeth
  Hardwick, 472, 478
하디 G. H. Hardy, 108, 143, 235, 251,
  422, 423, 426
하사니, 존 John C. Harsanyi, 156, 178,
  547, 670, 672, 693
하버, 세이무어 Seymour Haber, 266
하우스도르프 공간 Hausdorff space,
  리만, 리만곡면 참고
하워드, 폴 Paul Howard, 412, 723
하이젠베르크, 베르너 Werner
  Heisenberg, 126
하이젠베르크의 불확정성 원리
  uncertainty principle, 410
하이페츠 Jascha Heifetz, 456, 457
하인, 피에트 Piet Hein, 137, 141
한, 오토 Otto Hahn, 99
〈함수 이론 Theories des Fonctions〉,
  보렐 참고
"해석적 데이터를 가진 음함수 문제
  에 대한 해의 가능성 Analyticity of
  Solutions of Implicit Function
  Problems with Analytic Data"(내쉬),
  588
핼모스, 폴 Paul Halmos, 16, 144, 283
허위츠, 레오 Leo Hurwicz, 153
허터, 크리스천 Christian A. Herter,
  513
헤일브로너, 로버트 Robert
  Heilbroner, 159
헥스 Hex, 137, 141, 551, 719
헨킨, 레온 Leon Henkin, 110, 114
협상 bargaining
  협상 문제와 경제학, 158~164
  협상 모델, 218
  (내쉬의) 4단계 협상, 218
  "협상 문제"(내쉬), 158~164
호모토피 고리 homotopy chains, 호
  몰로지 이론 참고
호몰로지 군 homology group, 호몰로
  지 이론 참고
호몰로지 이론 homology theory, 121
호스너, 멜빈 Melvin Hausner, 113,
  115, 123
호젤리츠, 베르트 Bert Hoselitz, 163
호튼, 아모리 Amory Houghton, 513
호프, 하인츠 Heinz Hopf, 296, 419
호프만, 앨런 Alan Hoffman, 627
홀더 추산 Holder estimates, 406
화이트헤드, 조지 George Whitehead,
  246, 256, 297, 406, 630
화이트헤드, 케이 Kay Whitehead, 466

확률이론 probability theory, 150, 211
회르만더, 라르스 Lars Hörmander, 402, 406, 554, 555, 675, 723
후쿠다 Hiroshi Fukuda, 135
휘트니, 해슬러 Hassler Whitney, 96, 378, 491, 519
흐루시초프 Nikita Khrushchev, 511, 516, 615, 619
히로나카 Heisuke Hironaka, 572, 616
히틀러 Adolf Hitler, 67, 95, 151, 605
힉스, 존 John Hicks, 161, 195
힌맨, 조지 George Hinman, 74, 76
힐버트, 데이빗 David Hilbert, 91, 146, 287
힐버트 공간 Hilbert spaces, 77, 78
힐버트(의) 제5문제 Hilbert's Fifth Problem, 146, 267

A Beautiful Mind

Copyright © 1998 by Sylvia Nasar
Korean translation copyright © 2002 by Seung San Publishers
Originally published by Simon & Schuster, Inc.

All rights reserved.

This Korean edition was published by arrangement with Sylvia Nasar
c/o The Robbins Office, Inc., NY through KCC, Seoul.

이 책의 한국어판 저작권은 한국저작권센터(KCC)를 통한 저작권자의
독점계약으로 도서출판 승산에 있습니다. 신저작권법에 의해 한국 내에서 보호를 받는
저작물이므로 무단전재와 무단복제를 금합니다.

뷰티풀 마인드

1판 1쇄 펴냄 | 2002년 2월 4일
1판 11쇄 펴냄 | 2015년 8월 17일

지은이 | 실비아 네이사
옮긴이 | 신현용, 승영조, 이종인

펴낸이 | 황승기
펴낸곳 | 도서출판 승산
등록일자 | 1998년 4월 2일

주소 | 서울시 강남구 테헤란로34길 17 혜성빌딩 402호
대표전화 | 02-568-6111
팩스 | 02-568-6118

웹사이트 | www.seungsan.com
전자우편 | books@seungsan.com

ISBN | 89-88907-27-2   03410